에듀윌과 함께 시작하면,
당신도 합격할 수 있습니다!

새로운 시작을 위해
열심히 자격증을 준비하는 비전공자

공부할 시간이 없어
단기간 합격을 원하는 직장인

퇴직 후 제2의 인생을 위해
책이 다 닳도록 공부하는 엄마

누구나 합격할 수 있습니다.
시작하겠다는 '다짐' 하나면 충분합니다.

마지막 페이지를 덮으면,

**에듀윌과 함께
뷰티 자격증 합격이 시작됩니다.**

합격스토리로 증명한 에듀윌 뷰티 교재

한○영 합격생

역시 에듀윌! 1주 만에 메이크업 필기 합격!

메이크업 필기책으로 에듀윌을 선택한 건 어찌 보면 당연한 일이었어요. 작년에도 네일미용사를 에듀윌 책으로 한 번에 합격했기 때문이에요. 사실 메이크업 필기 공부는 일주일도 못했는데 기출문제와 예상문제 위주로 풀었더니 수월하게 합격했어요. 주변 지인들에게도 꼭 에듀윌 책으로 공부하라고 적극 추천하고 있답니다. 에듀윌 항상 고마워요!

가○ 합격생

네일미용사 필기가 걱정된다면 에듀윌을 적극 추천할게요.

일을 그만두고 나서 네일아트를 배워보려고 학원을 등록했는데 학원에는 이론 수업이 없더라고요. 필기는 독학으로 시험을 봐야 한다고 해서 너무 당황스러웠죠. 그래서 제일 믿음이 가는 에듀윌 책을 선택했고 제 선택은 틀리지 않았습니다. 딱 일주일 공부하고 합격했어요. 요점 정리가 너무 잘 되어 있고, 챕터별로 문제가 마련되어 있어서 훨씬 이해하기 쉽더라고요. 처음에는 혼자 필기를 공부해야 하니 걱정이 가득이었지만, 에듀윌 덕에 높은 점수로 합격했습니다. 다 에듀윌 덕분입니다!

유○영 합격생

첫 도전이었던 맞춤형화장품 조제관리사, 한 번에 합격!

퇴직 후 새로운 도전을 해보고 싶었습니다. 우연히 맞춤형화장품 조제관리사 자격증을 알게 되었고, 에듀윌의 맞춤형화장품 조제관리사 도서명이 마음에 들어 구입을 했습니다. 책 이름처럼 한 권으로 이 자격증을 마스터할 수 있기를 바라면서요. 제가 비전공자라 초반에는 낯선 용어가 너무 많이 나와 겁을 먹었지만, 타 교재에 비해 책이 두껍지 않아서 쉽게 입문할 수 있었습니다. 무료특강 덕에 헷갈렸던 부분도 해결하고 암기팁도 얻을 수 있어 좋았습니다. 가장 좋았던 건 모의고사 자동채점 시스템입니다. 문제를 풀고 QR 코드를 찍어 답안을 기록하면 다른 사람들과의 점수 비교도 할 수 있고 제가 어느 위치인지도 알 수 있어서 많은 도움이 되었습니다. 첫 도전이라면 이 교재를 꼭 추천드리고 싶습니다.

다음 합격의 주인공은 당신입니다!

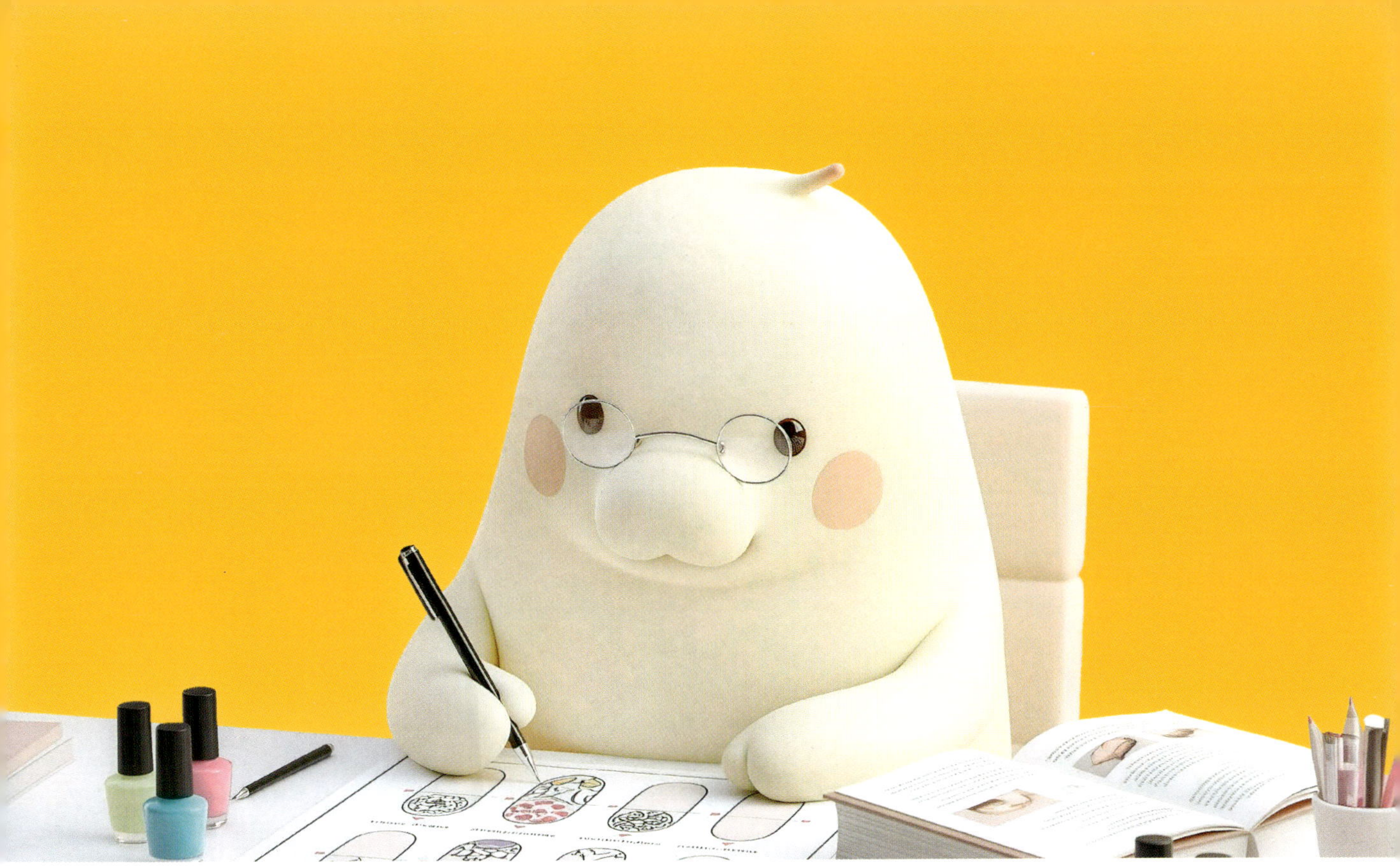

3시간 만에 자동암기
특강자료

에듀윌 네일미용사(네일아트)
필기 1주끝장
기출(복원) 모의고사 19회분+무료특강

무료특강 바로 보기
에듀윌 도서몰(book.eduwill.net)
▶ 동영상강의실 ▶ '네일' 검색

PART 01 | 네일미용 서비스

001 네일미용의 정의(국가직무능력표준 NCS)
네일에 관한 이론과 기술을 바탕으로 건강하고 아름다운 네일을 유지·보호하기 위해 네일미용 기구와 제품을 활용하여 자연네일관리, 인조네일관리, 네일아트 기법 등의 서비스를 고객에게 제공하는 일

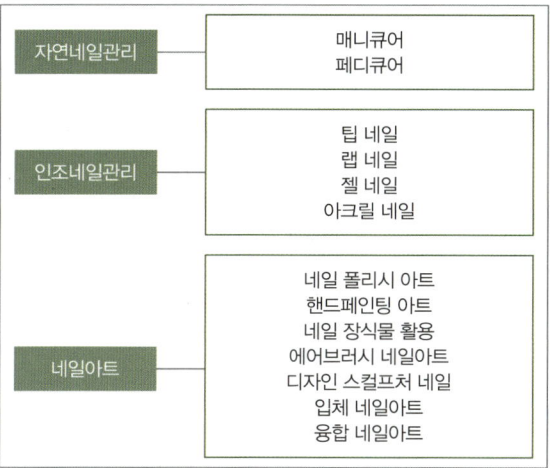

002 매니큐어와 페디큐어

매니큐어	정의	손톱의 형태를 다듬고 큐티클 정리, 마사지, 컬러링 등의 총체적인 '손과 손톱의 관리'
	어원	라틴어의 마누스(손)와 큐라(관리)의 합성어
페디큐어	정의	발톱의 형태를 다듬고 큐티클 정리, 마사지, 컬러링 등의 총체적인 '발과 발톱의 관리'
	어원	라틴어의 페디스 또는 페데스(발)와 큐라(관리)의 합성어

003 매니큐어의 종류

습식 매니큐어	• 큐티클 정리 시 미온수에 담가 관리하는 방법 • 물을 사용한 후 완벽히 물기를 제거하지 않으면 습기를 먹은 자연네일에 곰팡이나 균이 쉽게 번식하기 때문에 인조네일 작업 전에는 습식 관리를 하지 않음
건식 매니큐어	큐티클 정리 시 물과 다른 용액을 사용하지 않고 관리하는 방법, 인조네일 작업 전에 적절함

004 한국 네일미용의 역사

고려시대	봉선화 꽃물을 들이기 시작(한국 네일미용의 기원)
1989년	최초의 네일숍인 '그리피스 네일'이 개업
1996년	백화점 네일 코너 등 네일숍의 본격적인 도입
1997년	네일 산업의 대중화가 시작
1998년	최초의 네일 민간 자격시험제도가 시행
2014년	미용사(네일) 국가자격시험 시행

005 외국 네일미용의 역사(고대)
세계 네일미용의 기원: B.C. 3000년경 이집트와 중국

이집트	• 주술적인 의미로 헤나에서 추출한 붉은 오렌지색으로 손톱을 염색하였고 상류층은 짙은 색, 하류층은 옅은 색상으로 물들여 신분과 지위를 나타냄
중국	• 달걀 흰자, 꿀, 고무나무 수액을 손톱에 바름 • '조홍'이라고 하는 홍화를 손톱에 발라 신분 과시 • B.C. 600년경 귀족은 금색, 은색을 발라 신분 과시
그리스 로마	• 자연스럽고 건강한 아름다움을 이상적으로 여김 • 매니큐어의 어원인 '마누스', '큐라' 단어가 생김

006 외국 네일미용의 역사(중세, 근세)

유럽, 아시아	중세의 전쟁에서 군 지휘관들은 입술과 손톱에 같은 색을 칠하여 용맹을 과시함
중국	• 15세기: 흑색, 적색을 손톱에 발라 신분 과시 • 17세기: 상류층은 보석, 금 등으로 손톱 보호
프랑스	노크 대신 손톱을 길러 문을 긁어 방문을 알림
인도	상류층 여성들은 손톱 뿌리 부분에 문신 바늘로 색소를 주입하여 신분 과시

007 외국 네일미용의 역사(19~20세기)

1800년	끝이 뾰족한 포인트형 네일 유행
1830년	의사인 '시트'가 오렌지 우드스틱 개발
1885년	니트로셀룰로오스(네일 광택제) 개발
1900년	도구를 이용한 네일 케어 시작(금속 가위·네일 파일)
1935년	인조네일 개발(네일 팁)
1957년	페디큐어 시작, '토마스 슬래그'가 네일 폼 개발
1970년	인조네일의 활성기
1994년	라이트 큐어드 젤 등장으로 젤 네일 시작

008 네일숍 안전관리
- 작업장 내에 설치된 커튼 등은 단기적으로 세탁하고 관리함
- 쓰레기는 뚜껑이 달린 쓰레기통에 넣고 자주 비워야 함
- 창문을 설치하고 공기보다 무거운 성분이 있으므로 천장뿐만 아니라 아래쪽에도 환기구를 설치해야 함
- 겨울과 여름에는 냉·난방을 위해 공기청정기를 준비해야 함
- 네일 작업 시 먼지, 파우더 날림으로 선풍기의 사용은 피함
- 네일숍의 오염된 장소를 소독하기 위해서는 살균력이 높은 수준의 소독제를 사용하여 오염을 없애야 함

009 화학물질 사용 시 안전관리
- 환풍기나 창문을 열어 수시로 환기, 피부에 닿지 않도록 주의
- 재료는 뚜껑이 있는 용기를 사용하고 뚜껑을 닫아 보관
- 스프레이 형태보다 스포이트나 솔로 바르는 것을 선택
- 콘택트렌즈의 사용을 피하고 보안경과 마스크를 착용
- 빛을 차단하는 용기에 밀봉하고 라벨링 후 습기가 없는 서늘한 곳에 보관

010 네일미용 도구 소독법

자외선 소독법	• 네일 도구는 사용 전후 소독하고 자외선 소독기에 보관해야 함 • 소독 물품이 겹치지 않고 자외선에 직접 노출되게 넣어야 함
에탄올 소독법	• 에탄올 수용액 70%에 10분 이상 담가 둠 • 에탄올 수용액을 머금은 면이나 거즈로 기구의 표면을 닦아줌

011 네일미용 금속 도구

• 금속류(철제)의 도구는 오염 물질을 제거하고 에탄올 소독법으로 소독한 후 자외선 소독기에 보관함
• 락스는 부식의 가능성이 있으므로 금속 도구를 소독하면 안 됨

큐티클 니퍼	• 큐티클을 제거하거나 정리할 때 사용 • 소독을 고려하여 2개 이상을 구비해야 함
큐티클 푸셔	• 큐티클을 밀어 올릴 때 사용 • 45°로 부드럽게 밀어야 함
네일 클리퍼	손·발톱의 길이를 줄일 때 사용

012 네일미용 플라스틱 도구

핑거볼	손을 담가 큐티클을 불리는 용기
디스펜서	• 아세톤 등의 용액을 담는 용기 • 용액을 담아 펌프식으로 편리하게 사용

013 네일미용 일회용 도구

페디 파일	• 발바닥 각질을 부드럽게 밀어 줌 • 피부결(족문) 방향으로 안쪽에서 바깥쪽 사용
콘 커터 (크레도)	• 면도날 부착하여 발바닥의 두꺼운 굳은살을 제거하는 도구, 사용한 면도날은 반드시 폐기 • 출혈 우려로 가벼운 각질에는 사용하지 않음 • 피부결(족문) 방향으로 안쪽에서 바깥쪽 사용
토 세퍼레이터	발가락끼리 닿지 않게 해 줌
오렌지 우드스틱	큐티클을 밀어 올릴 때, 이물질 제거, 컬러링 수정 등에 사용

014 네일미용 재료

큐티클 오일	• 큐티클을 부드럽게 해 주거나 보호함 • 글리세린, 라놀린 등의 성분 함유
네일 강화제	네일의 손상 예방 또는 강화에 도움을 줌
네일 폴리시 시너	굳은 네일 폴리시를 묽게 해 줌
네일 폴리시 퀵 드라이	네일 폴리시의 건조를 빠르게 함
네일 표백제 (네일 블리치)	• 네일이 착색, 변색되었을 때 착색을 제거함 • 과산화수소, 레몬 등의 성분 함유
새니타이저	• 손을 대상으로 청결 및 소독하는 제품 • 에탄올(알코올)이 주성분임

015 관리할 수 있는 네일

손거스러미 (행 네일)	• 큐티클과 주변 피부에 거스러미가 일어남 • 큐티클과 피부가 균열, 건조해져 발생
교조증 (오니코파지)	• 물어뜯는 네일로, 프리에지가 없고 뜯겨짐 • 네일을 물어뜯어 발생, 인조네일로 관리
조갑익상편 (테리지움)	• 큐티클이 과잉 성장하여 네일 위로 자람 • 핫 크림·오일 매니큐어로 관리
조갑종렬증 (오니코렉시스)	• 세로로 골이 파져 갈라지거나 부서짐 • 매트릭스 외상, 네일의 균열, 건조 발생 • 거친 네일 파일, 인조네일로 발생
고랑 파인 네일 (퍼로우)	• 네일에 고랑이 파임 • 순환기 질병, 아연 부족, 루눌라에 충격 • 인조네일로 보강
조갑연화증 (에그셸 네일)	• 네일이 달걀껍질과 같이 얇게 벗겨짐 • 신경성, 다이어트 등으로 발생
조갑위축증 (오니카트로피아)	• 네일이 오므라들어 감소함 • 선천적, 질병, 매트릭스 손상으로 발생 • 보수시기를 놓친 인조네일로 발생
조갑비대증 (오니콕시스)	• 네일이 비정상적으로 두꺼워짐 • 유전, 질병, 내부의 감염으로 발생
조갑감입증 (오니코크립토시스)	• 네일의 양쪽이 살 속으로 파고듦 • 유전, 발톱을 너무 짧게 잘라서 발생 • 아크릴 네일로 관리하면 가장 효과적
조갑변색증 (디스컬러드 네일)	• 네일이 청색, 검푸른색 등으로 변색됨 • 혈액 순환, 심장 기능 이상, 착색으로 발생
조갑하혈종 (헤마토마)	• 네일에 피가 응결되어 파란 멍이 듦 • 충격으로 혈액이 응고되어 발생
흑조증 (멜라노니키아)	• 네일의 일부나 전부가 흑색으로 변함 • 멜라닌색소 증가, 색소 침착으로 발생
조갑청색증 (오니코사이아노시스)	• 파란 네일로, 네일이 푸르스름하게 변함 • 혈액 순환 저하로 발생

016 관리할 수 없는 네일

네일 몰드 (사상균, 곰팡이균)	• 네일이 녹색에서 갈색, 검은색으로 변함 • 곰팡이균으로 발생(23~25% 수분 함유) • 인조네일 작업 전 네일에 유·수분이 남을 경우 발생
조갑진균증, 조갑백선	• 네일이 누렇게 되고 냄새나는 손·발톱 무좀 • 진균 감염으로 발생
조갑염 (오니키아)	• 네일의 염증 • 네일 도구 등 박테리아 감염으로 발생
조갑주위염 (파로니키아)	• 네일 주위 피부의 염증 • 네일 도구 등 박테리아 감염으로 발생
조갑박리증 (오니코리시스)	• 네일이 분리됨 • 하이포니키움 손상과 감염으로 발생
조갑탈락증 (오니콥토시스)	• 네일이 떨어져 나감 • 매트릭스의 기능이 정지되어 발생
조갑구만증 (오니코그리포시스)	• 네일이 심하게 변형되어 돌출됨 • 치매, 정신분열증 등으로 발생

017 고객 응대 및 고객 상담
- 상담 시 고객의 경제 상태를 파악해서는 안 됨
- 관리 중에도 고객과 대화를 나누어 고객의 요구를 듣고 요구사항을 반영해야 함
- 고객의 학력과 가족사항, 은행 계좌정보, 월수입 등의 민감한 정보는 고객관리카드에 기재하지 말아야 함
- 전문적인 용어만 사용하는 것을 지양하고 고객이 이해하기 쉬운 단어로 자세히 설명해야 함
- 전화 상담은 고객과의 신뢰감, 전문성, 서비스 만족감이 상승함

018 고객관리
- 개인 사물함을 제공하여 고객의 소지품을 안전하게 관리
- 네일 제품으로 인한 알레르기 반응, 과민 반응이 일어난 경우 원인 제품의 사용을 멈추고 전문의에게 의뢰함
- 문제성 피부를 지닌 고객은 주의해서 관리해야 함
- 피부 습진이 있는 고객은 관리를 하지 않는 것이 적절함

019 뼈(골)의 특징
- 인체의 뼈는 206개임
- 체중의 약 20%를 차지함
- 구조: 골막, 골조직, 골수강, 골수
- 연골: 혈관과 신경세포가 없는 조직
- 관절: 2개 이상의 뼈와 뼈가 서로 맞닿아 연결되어 있는 곳

020 뼈(골)의 기능
- 지지 기능: 인체의 형태 유지, 체중 지지
- 보호 기능: 내부 장기를 외부의 충격으로부터 보호
- 저장 기능: 무기질 저장
- 운동 기능: 뼈, 관절 등에 부착된 근육으로 운동을 일으킴
- 조혈 기능: 뼈 속 적골수에서 혈액을 생산

021 손과 손목의 뼈(27개)

수지골 (손가락뼈)	• 손가락을 구성(14개) • 기절골(5개), 중절골(4개), 말절골(5개)
중수골 (손허리뼈)	손등과 손바닥을 구성(5개)
수근골 (손목뼈)	• 손목을 구성(8개) • 원위부: 소능형골, 대능형골, 유두골, 유구골 • 근위부: 두상골, 삼각골, 월상골, 주상골

022 발과 발목의 뼈(26개)

족지골 (발가락뼈)	• 발가락을 구성(14개) • 기절골(5개), 중절골(4개), 말절골(5개)
중족골 (발허리뼈)	발등과 발바닥을 구성(5개)
족근골 (발목뼈)	• 발목을 구성(7개) • 원위부: 내측설상골, 중간설상골, 외측설상골, 입방골 • 근위부: 주상골, 거골, 종골

023 근육의 구분

손의 근육	• 무지구근: 엄지손가락의 근육
	  (장무지신근, 장무지외전근, 장무지굴근, 무지내전근, 단무지신근, 단무지외전근, 단무지굴근, 무지대립근)
	• 소지구근: 새끼손가락의 근육
	  (소지신근, 소지굴근, 소지외전근, 소지대립근)
	• 중간근: 손허리뼈(중수골) 사이의 근육
	  (지신근, 천지굴근, 배측골간근, 충양근, 시지신근, 심지굴근, 장측골간근)

발의 근육	• 족배근: 발등의 근육 • 족척근: 발바닥의 근육 • 중간근: 발허리뼈(중족골) 사이의 근육

024 주요 근육
- 무지대립근(엄지맞섬근): 엄지손가락을 대립하여 물건을 잡는 작용
- 충양근(벌레근): 2~5지 손허리뼈 사이를 메워 주며, 굴곡, 신전에 관여하는 손의 근육
- 장지신근(긴발가락폄근): 2~5지 발가락 신전, 발등을 굽혀 발가락이 바닥에 닿게 해 줌

025 근육의 작용
- 신근(폄근): 관절을 펼치는 신전 작용
- 굴근(굽힘근): 관절을 굽히는 굴곡 작용
- 외전근(벌림근): 관절을 벌리는 외전 작용
- 내전근(모음근): 관절을 모으는 내전 작용
- 대립근(맞섬근): 관절을 손바닥으로 하여 물건을 잡는 작용
- 회내근(엎침근): 손을 안쪽으로 회전시켜 손등이 앞(위)쪽을 향하게 작용하는 팔의 근육
- 회외근(뒤침근): 손을 바깥쪽으로 회전시켜 손등이 뒤(아래)쪽을 향하게 작용하는 팔의 근육

026 시냅스
뉴런(신경)과 다른 뉴런(신경)을 연결해 주는 접촉 부위

027 상지신경
- 액와신경(겨드랑이신경): 겨드랑이 부위의 신경
- 정중신경(중앙신경): 엄지손가락의 모음과 맞섬에 관여
- 요골신경(노뼈신경): 손등 외측과 요골에 분포
- 척골신경(자뼈신경): 팔뚝, 손 소지에 분포, 소지대립근을 지배
- 수지신경(손가락신경): 손가락의 감각을 느낌, 손가락에 분포

028 하지신경
- 대퇴신경(넙다리신경): 허벅지 근육을 지배, 감각을 느끼는 신경
- 좌골신경(궁둥신경): 둔부 아래 다리 뒤쪽을 따라 아래로 분포
- 경골신경(정강신경): 종아리 뒤쪽과 발바닥의 근육, 피부에 분포
- 총비골신경(온종아리신경): 심비골신경(깊은종아리신경), 천비골신경(얕은종아리신경)으로 구분됨
- 비복신경(장딴지신경): 종아리 뒤쪽으로 연결되는 장딴지에 분포
- 복재신경(두렁신경): 정강이 안쪽과 발등 안쪽 피부에 분포

029 피부의 구조

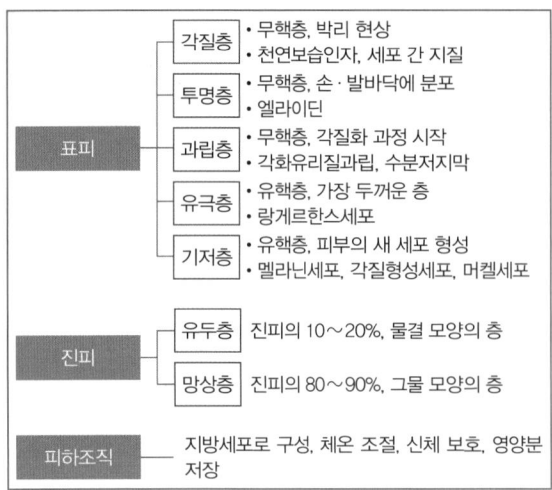

- 피부 표면의 형태: 삼각 또는 마름모꼴의 다각 형태
- 피부 표면: 인종, 개인, 나이, 부위에 따라 다름
- 얼굴관리 시 피부가 얇은 눈 부위는 주의해서 관리해야 함
- 각질형성세포가 사이토카인을 생성하여 면역 반응을 함

030 각질층의 구성 물질

천연보습인자 (NMF)	• 피부의 수분 보유량을 조절, 보습막을 형성 • 구성: 아미노산(40%), 젖산염, 피롤리돈 카르본산, 요소, 암모니아 등
세포 간 지질	• 각질세포 사이를 메꾸는 물질, 라멜라 구조 • 구성: 세라마이드(50%), 지방산, 콜레스테롤 등

031 표피의 구성 세포

랑게르한스 세포	유극층에 존재, 피부 면역에 관여
멜라닌세포	기저층에 존재, 피부의 색소를 제조
각질형성세포	기저층에 존재, 피부의 각질을 형성
머켈세포	기저층에 존재, 촉각을 감지

032 진피의 구성 세포

섬유아세포	콜라겐, 엘라스틴의 조직 성분을 생성
대식세포	항원의 정보를 T림프구에 전달, 면역 담당
비만세포	알레르기 반응에 관여

033 진피의 구성 물질

엘라스틴 (탄력섬유)	섬유아세포에서 생성, 피부 탄력에 관여, 피부 파열을 방지
콜라겐 (교원섬유)	섬유아세포에서 생성, 주름, 처짐 현상에 효과적, 보습 능력, 노화될수록 콜라겐의 함량이 낮아짐
기질	수분 보유력을 높임(히알루론산 40% 이상)

034 피부의 기능

보호 기능	산성막은 박테리아와 미생물의 침입을 막음
흡수 기능	세포 간 지질, 모낭, 피지선을 통해 친유성 물질, 소분자를 흡수
영양분 교환 기능	프로비타민 D가 자외선을 받으면 비타민 D로 전환
저장 기능	피하조직은 지방을 저장
호흡 기능	피부 표면을 통해 산소 흡수, 이산화탄소 방출
분비 기능	피지와 땀을 분비하여 피부에 윤기를 주고 인체의 노폐물을 배출
재생 기능	상처가 생기면 원래의 상태로 돌아가려 함
면역 기능	면역 세포가 존재하여 생체 반응기전에 관여
지각 기능	통각, 온각, 촉각 등 외부 자극에 대한 감각을 느낌
체온 조절 기능	체내에서 열 생산, 혈관, 한선으로 체온 조절을 함

035 피지선

- 모공을 통해 피지를 분비하는 선, 진피의 위치
- 코 주위에 발달되어 있고 손바닥, 발바닥에는 피지선이 없음
- 하루에 약 1~2g의 피지 분비, 안드로겐, 테스토스테론의 남성 호르몬이 증가하는 사춘기 남성에게 집중적으로 분비

036 피지막

- 피지와 땀이 섞여 피부 표면의 미생물 침입 방어, 피부 보호
- pH 4.5~6.5의 약산성, W/O의 유화 상태로 존재

037 한선(땀샘)의 분류

구분	에크린 한선(소한선)	아포크린 한선(대한선)
분비	한공을 통해 분비	• 모공을 통해 분비 • 사춘기 이후 주로 분비
냄새	냄새가 거의 없음	냄새가 남
분포	손·발바닥에 많음	겨드랑이, 배꼽 등 특정 부위

038 땀의 이상 분비 현상

무한증	땀이 분비되지 않는 증상
소한증	땀의 분비가 감소하는 증상
다한증	땀이 과다하게 분비되는 증상

039 입모근

추위에 피부가 노출되거나 공포를 느끼면 입모근이 수축하여 모공을 닫아 체온 조절의 역할을 함

040 모발의 구조

모수질	모발의 안쪽 부분
모피질	모발의 중간 부분, 멜라닌색소 함유
모표피	모발의 바깥 부분, 비늘과 같은 각질세포로 구성

041 피부 유형 분석

- 중성 피부: 피부가 매끄럽고 탄력이 있으며 촉촉함
- 건성 피부: 피부가 얇고 건조하며 미세한 각질이 보임
- 지성 피부: 피지가 많고 모공이 커 화장이 잘 지워짐
- 민감성 피부: 피부가 붉으며 자극에 민감한 반응을 나타냄
- 복합성 피부: T존은 지성, U존은 건성으로 두 가지 이상의 현상이 함께 있는 피부 상태
- 노화 피부: 유·수분 부족과 탄력 저하로 주름이 있고 색소 침착이 발생함

042 건강한 피부 유지 방법

- 수분을 유지하고 두꺼운 각질층을 제거해야 함
- 충분한 수면과 음식물을 통한 영양 공급이 필요함

043 영양소의 3대 작용 및 종류

- 열량 공급 작용: 탄수화물, 지방, 단백질
- 신체 조직 구성: 지방, 단백질, 무기질, 물
- 생리적 기능 조절: 무기질, 비타민, 물

044 영양소의 최소 단위

- 탄수화물: 포도당
- 단백질: 아미노산
- 지방: 지방산과 글리세린

045 비타민의 특징

구분	특징	결핍
비타민 A (레티놀)	점막 손상 방지, 피부 각화 정상화, 주름 개선, 피지 억제, 항산화 작용	피부 건조, 세균 감염, 야맹증, 모발 퇴색
비타민 D (칼시페롤)	자외선에 의해 피부 합성, 골격 발육 촉진, 칼슘 흡수 촉진	구루병, 골다공증, 골연화증
비타민 E (토코페롤)	호르몬 생성, 항산화 작용	불임증, 신경체계 손상
비타민 B₁ (티아민)	피부 면역에 관여	각기병
비타민 B₂ (리보플라빈)	피부 염증 예방	피부염, 구순염
비타민 C (아스코르빈산)	교원질 형성, 항산화 작용, 모세혈관 강화, 멜라닌색소 억제, 색소 침착 개선, 고온 요리 시 파괴	색소 침착, 괴혈병, 출혈, 빈혈

046 비타민의 구분

- 지용성 비타민: A, D, E, K
- 수용성 비타민: B, C, H, P

047 자외선의 분류

자외선 A (UV – A)	• 장파장, 320~400nm • 피부의 제일 깊은 진피까지 침투하여 주름 생성 • 색소 침착, 피부 건조, 인공선탠
자외선 B (UV – B)	• 중파장, 290~320nm • 진피의 상부까지 도달, 수포, 일광화상, 피부 홍반 • 자외선 A보다 홍반 발생 능력이 1,000배 높음
자외선 C (UV – C)	• 단파장, 200~290nm • 가장 강한 자외선, 피부암의 원인

048 자외선의 긍정적 영향

비타민 D 형성, 살균 작용, 소독 작용, 구루병 예방, 강장 효과, 식욕과 수면 증진

049 자외선의 부정적 영향

홍반, 일광화상, 색소 침착, 피부 건조, 수포

050 적외선이 미치는 영향

온열 작용(체온 상승), 모세혈관 확장 작용, 세포 증식 작용

051 획득 면역(후천적 면역)

면역 세포가 병원체의 특성을 기억했다가 병원체에 종류에 따라 선별적으로 세포가 작용하여 일어나는 면역 작용

T림프구	• 항원을 인식(세포성 면역)
B림프구	• 면역글로불린 항체를 생성(체액성 면역) • 보체, 항체 등이 존재, 항원전달세포에 해당

052 면역

- 항원: 침입한 세균 등의 면역 반응을 일으키는 원인 물질
- 항체: 항원에 대항을 위해 만드는 방어 물질

053 주요 노화이론

가교설, 유리기설, 자가면역설 등

054 피부의 내인성 노화(생리적 노화)

- 유전인자의 영향을 받으며, 나이에 따른 노화의 과정으로 자연적으로 발생
- 표피와 진피의 구조적 변화로 피부가 얇아져 잔주름 발생

055 피부의 외인성 노화, 광노화(환경적 노화)

- 자외선, 바람, 공해 등의 외부 환경에 의해 일어남
- 누적된 햇빛 노출에 의해 피부가 거칠고 건조해져 두꺼워지며 굵고 깊은 주름이 생김

056 원발진과 속발진의 분류

원발진	반점, 홍반, 팽진, 수포, 면포, 구진, 농포, 결절, 낭종, 종양
속발진	인설, 위축, 태선화, 균열, 가피, 찰상, 미란, 궤양, 켈로이드, 반흔

057 원발진의 특징

면포	피지, 각질세포, 박테리아가 엉겨 모공이 막힘
구진	표피에 1cm 미만의 묽은 액체를 포함한 융기로 여드름 균이 번식하면서 혈액이 몰려 붉게 부어오름
농포	박테리아로 인해 고름이 생기고 피부에 농이 보임
결절	염증이 진피까지 침범한 검붉은 단단한 융기로 통증 동반
낭종	액체, 반고체 혹으로 심한 통증과 흉터가 남는 여드름
종양	과잉 증식되는 세포의 집합조직에 고름, 피지가 축적됨

058 종아리 정맥류의 주요 원인
운동 부족, 유전, 임신, 정맥 순환 장애 등

059 여드름의 주요 원인
- 모낭 내 이상 각화, 피지의 과잉 분비로 모공이 막힘
- 사춘기에 피지 분비가 왕성하여 테스토스테론, 안드로겐의 남성 호르몬 영향
- 유전, 여드름 균의 군락 형성, 염증, 위장 장애, 변비 등

060 비염증성 여드름(면포성 여드름)의 종류

백면포 (흰 면포)	모공이 막혀 피지와 각질이 뒤엉킨 피부 위 좁쌀 형태의 흰색 여드름
흑면포 (검은 면포)	모공이 열려 있어 단단하게 굳어진 피지가 공기의 접촉으로 산화되어 검게 보이는 여드름

061 여드름의 진행단계
백면포 → 흑면포 → 구진 → 농포 → 결절 → 낭종

062 바이러스성 피부질환
대상포진, 단순포진, 수두, 홍역, 사마귀, 풍진

063 대상포진과 단순포진의 비교

구분	대상포진	단순포진
발생	대상포진 바이러스 감염	헤르페스 바이러스 감염
증상	신경띠를 따라 길게 나타나는 군집 수포성	한 곳에 국한하여 나타나는 수포성
통증	통증이 퍼짐	통증이 퍼지지 않음
재발	거의 재발하지 않음	같은 부위에 재발 가능
부위	노화 피부	얼굴, 입술, 손가락, 성기

064 세균성 피부질환
모낭염, 절종, 옹종, 농가진, 봉소염

065 진균성 피부질환
백선(무좀), 칸디다증, 어루러기

066 기계적 손상에 의한 피부질환
티눈, 굳은살, 욕창

067 색소성 피부질환

과색소	기미, 흑색증, 노인성반점, 주근깨, 검버섯, 몽고반점
저색소	백색증, 백반증

068 기미
- 표피형 기미, 진피형 기미, 혼합형 기미로 구분
- 중년 여성에게 잘 나타남
- 유전, 임신, 갱년기 장애, 내분비 장애로 발생

069 백색증
- 선천성 질환으로 피부가 유백색을 띰
- 멜라닌 합성에 필요한 티로시나아제의 이상으로 멜라닌을 생성하지 못해 일광화상을 입을 수 있음

070 백반증
후천성 탈색소 질환으로, 멜라닌세포가 결핍된 흰색 반점

071 흡연으로 인한 피부질환
- 표피를 얇아지게 해 피부의 잔주름 생성을 증가시킴
- 구강암, 식도암 등의 암을 유발할 수 있음
- 식욕 저하, 비타민 C 파괴, 피부혈관 기능 저하
- 폐기종의 영향이 있으며, 간접 흡연도 인체에 해로움

072 아토피 피부염
- 팔꿈치 안쪽 등의 피부가 거칠어지고 심한 가려움증을 유발하는 증상
- 유전적, 환경적 영향으로 발생
- 세척력이 강한 비누는 사용을 피하고, 목욕 후 보습제를 바름
- 실내에 적절한 온도와 습도를 유지하고, 면 소재의 의상을 착용

073 지루성 피부염
피부가 기름지며 죽은 각질이 인설(비듬)로 쌓여있고, 가려움을 동반하며 피지 과다로 인한 염증성 피부질환

074 기타 피부질환

주사	• 코를 중심으로 양 볼에 나비 모양으로 붉어짐 • 모세혈관이 파손, 구진 및 농포성 질환, 안면 홍조
벨록 피부염	• 향료에 함유된 요소가 원인인 광접촉 피부염 • 향수의 원액이 휘발되지 않고 자외선 조사 시 염증 반응
비립종	• 신진대사의 저조가 원인으로 피부의 유핵층에 위치 • 황백색의 구진으로 주로 눈 아래 발생함
한관종	• 땀샘관의 이상으로 생성된 양성 종양 • 오돌토돌한 반투명성 구진으로 물 사마귀라고도 함

075 화장품의 정의
- 인체를 청결·미화하여 매력을 더하고 용모를 밝게 변화시키기 위해 사용되는 물품
- 피부·모발의 건강을 유지, 증진시키기 위해 사용되는 물품
- 인체에 바르고 문지르거나 뿌리는 등 이와 유사한 방법으로 사용되는 물품
- 인체에 대한 작용이 경미해야 함
- 의약품은 제외함

076 화장품의 사용 목적
- 인체를 청결·미화하기 위해 사용
- 인체의 매력을 더하기 위해 사용
- 용모를 밝게 변화시키기 위해 사용
- 피부·모발의 건강을 유지, 증진시키기 위해 사용

077 화장품의 4대 요건

안전성	피부에 대한 자극, 알레르기, 독성이 없어야 함
안정성	변색, 변질되거나 미생물의 오염이 없어야 함
사용성	흡수성, 발림성 등 피부에 사용감이 좋아야 함
유효성	미백, 주름 개선, 자외선 차단 등의 효과가 있어야 함

078 1차 포장의 표시사항
화장품의 명칭, 영업자의 상호, 제조번호, 사용 기한 또는 개봉 후 사용 기간

079 의약품의 정의
- 사람이나 동물의 질병을 진단·치료·경감·처치 또는 예방할 목적으로 사용하는 물품
- 사람이나 동물의 구조와 기능에 약리학적 영향을 줄 목적으로 사용하는 물품(기구·기계 또는 장치가 아닌 것)

080 기능성 화장품의 정의
- 피부의 미백에 도움을 주는 제품
- 피부의 주름 개선에 도움을 주는 제품
- 피부를 곱게 태워 주거나 자외선으로부터 피부를 보호하는 데 도움을 주는 제품
- 모발의 색상 변화·제거 또는 영양 공급에 도움을 주는 제품
- 피부나 모발의 기능 약화로 인한 건조함, 갈라짐, 빠짐, 각질화 등을 방지하거나 개선하는 데 도움을 주는 제품

081 기능성 화장품의 종류
- 미백 화장품
- 피부 태닝 화장품
- 탈모 완화 화장품
- 염색·탈염·탈색 화장품
- 가려움 개선 화장품
- 주름 개선 화장품
- 자외선 차단 화장품
- 여드름 완화 세정용 화장품
- 체모 제거 화장품
- 튼살 개선 화장품

082 물
- 화장수, 로션의 기초 물질, 수분 공급 기능
- 세균과 금속이온이 제거된 정제수를 사용

083 알코올(에탄올)
- 소독 작용, 수렴 작용, 청량감과 휘발성이 있음
- 함량이 많으면 피부에 자극적이며 건조해짐
- 화장수에 사용하는 일반적 함량은 10% 전후가 적당함
- 다른 물질과 혼합해서 그것을 녹이는 성질이 있음
- 화장수, 양모제, 세니타이저 등에 사용함
- 화장품에서는 알코올 성분으로 에탄올을 사용함

084 보습제
- 수분 흡수, 보습 유지, 피부 건조의 완화 역할
- 다른 성분과 혼용성, 보습 능력이 좋아야 함
- 휘발성이 없고 응고점이 낮아야 함
- 예) 글리세린, 세라마이드, 히알루론산, 콜라겐

085 오일

식물성	• 추출: 식물의 꽃, 잎, 줄기, 뿌리, 열매 등 • 장점: 자극이 적고 향기가 좋음 • 단점: 흡수력이 떨어지고 부패하기 쉬움 • 예) 호호바 오일, 맥아 오일, 올리브 오일 등
동물성	• 추출: 동물의 피하조직, 장기 등 • 장점: 피부에 친화성, 흡수력이 가장 좋음 • 단점: 쉽게 변질, 냄새가 강해 정제 과정 필요 • 예) 라놀린, 밍크 오일, 스쿠알렌 등
광물성	• 추출: 석유, 원유 • 장점: 무색·무취이며 쉽게 변질되지 않음 • 단점: 분자량이 커 잘 흡수되지 않고 피부 호흡을 방해 • 예) 바셀린, 유동 파라핀, 미네랄 오일, 클렌징크림 등

* 피부 흡수력: 동물성 오일 〉식물성 오일 〉광물성 오일

086 왁스
- 고급지방산에 고급알코올이 결합된 에스테르를 의미함
- 실온에서 고형화제인 유성 성분이며, 제품의 변질이 적음
- 화장품의 굳기를 조절, 광택을 부여하는 역할
- 부서짐 예방과 광택성이 뛰어나 립스틱 성분으로 사용함

식물성	호호바 왁스, 카르나우바 왁스 등
동물성	라놀린(양모), 밀랍(벌집), 경랍(고래)

087 방부제
- 미생물 증가 억제를 통한 혼탁, 변색, 악취 등의 예방
- 일정 기간 보존을 위한 보존제 역할을 함
- 방부제는 독특한 색상과 냄새가 없어야 함
- 적용 농도에서 피부에 자극을 주어서는 안 됨
- 방부제로 인해 효과가 상실되거나 변해서는 안 됨

088 안료

무기 안료	유기 안료
• 빛·산·알칼리에 강함	• 빛·산·알칼리에 약함
• 내광성·내열성이 우수함	• 내광성·내열성이 떨어짐
• 선명도가 떨어짐	• 선명도가 높음
• 커버력이 우수함	• 색이 다양하고 착색력이 좋음

089 계면활성제의 특성
- 계면을 활성화시키고 계면의 성질을 변화시킬 수 있음
- 기체, 액체, 고체의 표면장력을 저하시키는 작용을 함
- 둥근 머리 모양의 친수성기와 막대 모양의 친유성기가 함께 있음

090 계면활성제의 분류

양이온성	살균 작용, 소독 작용, 정전기 발생 억제 ⑩ 헤어 린스, 헤어 트리트먼트
음이온성	세정 작용, 기포 형성 작용이 우수 ⑩ 샴푸, 비누, 치약
양쪽성	세정 작용, 저자극, 안정성이 높음 ⑩ 저자극 샴푸, 베이비 샴푸
비이온성	저자극, 유화력·가용화력·분산력이 우수 ⑩ 화장수 가용화제, 크림 유화제

091 계면활성제 세기
- 살균력의 세기: 양이온성 > 음이온성 > 양쪽성 > 비이온성
- 세정력의 세기: 음이온성 > 양쪽성 > 양이온성 > 비이온성

092 화장품의 3대 기술
가용화, 유화, 분산

093 가용화
물에 소량의 오일이 섞여 투명하게 용해되어 보이는 상태
⑩ 화장수(스킨) 제품류, 향수, 헤어 토닉 등

094 유화
물에 다량의 오일이 균일하게 혼합되어 우윳빛으로 백탁화된 상태

O/W 친수성, 수중유형	물 안에 오일이 혼합, 수분감이 많고 촉촉함 ⑩ 로션 제품류(핸드 로션, 보디 로션)
W/O 친유성, 유중수형	오일 안에 물이 혼합, 기름기가 많고 무거움 ⑩ 크림 제품류(자외선 차단 크림, 영양 크림)

095 분산
물 또는 오일에 미세한 고체입자가 균일하게 혼합된 상태
⑩ 메이크업 화장품류(마스카라, 파운데이션 등)

096 기초 화장품의 목적
- 클렌징 제품: 세안, 세정
- 딥 클렌징 제품: 묵은 각질 제거
- 화장수(스킨): 피부 정돈
- 로션(에멀션), 크림: 피부 보호, 보습

097 클렌징 제품

클렌징워터	세정용 화장수로, 가벼운 화장 제거에 사용
클렌징로션	저자극으로 민감성·복합성·지성 피부에 적합
클렌징크림	중성·건성 피부에 적합하며, 이중 세안 필요, 유성 성분이 많아 짙은 화장 제거에 사용
클렌징오일	민감성·건성 피부에 적합하며, 물에 용해됨, 포인트·베이스 메이크업을 동시에 제거 가능

098 화장수(스킨)
- 피부 잔여물 제거, 피부 정돈, 정상적인 pH 밸런스를 맞춤
- 다음 단계에 사용할 제품의 흡수를 용이하게 함

유연 화장수	보습제가 함유되어 피부에 수분·보습을 주어 건성·노화 피부에 적합
수렴 화장수	알코올 성분으로 모공 수축, 피부의 수렴 작용으로 노폐물 분비를 억제하여 지성·복합성 피부에 적합

099 보디 클렌저(보디 샴푸)
- 치밀한 기포 지속성과 부드러운 세정성을 가져야 함
- 세균의 증식을 억제, 피부에 대한 높은 안정성이 있어야 함
- 피부장벽의 구성 요소인 지질 성분을 보호해야 함
- 피부의 생리적 균형에 영향을 미치지 않아야 함

100 비누
- 세정 작용을 하며 기본적으로 살균·소독 효과는 없음
- 약산성 비누를 사용하는 것이 좋음
- 메디케이티드 비누는 소염제를 배합한 제품으로 여드름, 면도 상처 및 피부 거칠음 방지 효과가 있음

101 베이스 메이크업 화장품
- 메이크업 베이스: 피부 톤을 정돈하여 화장의 효과를 높임
- 파운데이션: 피부의 잡티 등 결점 보완, 피부색을 통일함
- 페이스 파우더: 파운데이션의 유분기 제거, 화장의 지속성을 높임
  [파우더는 마그네슘을 주성분으로 하는 암석인 활석(탈크)으로 만듦]

102 파운데이션

리퀴드 파운데이션	• 수분 함량이 많아 가벼우나 커버력이 약함 • 여름에 많이 사용
크림 파운데이션	• 유분 함량이 많아 끈적이나 커버력이 우수함 • 겨울에 많이 사용
스틱 파운데이션	• 유분 함량이 많은 고체 형태 • 부분적인 커버를 위해 주로 사용함

103 립스틱
- 입술의 색상을 부여하는 제품으로 냉각기로 제조됨
- 색소, 라놀린, 알란토인의 성분이 포함됨
- 시간의 경과에 따라 색의 변화가 없어야 함
- 피부 점막에 자극이 없고 입술에 부드럽게 잘 발려야 함

104 향수의 조건
- 조화성, 지속성이 있고 확산성이 높아야 함
- 향의 특징과 시대성에 부합되어야 함

105 부향률 단계
퍼퓸 〉 오데퍼퓸 〉 오데토일렛 〉 오데코롱 〉 샤워코롱

구분	원액 함유량	지속성
퍼퓸	15~30%	약 6~7시간
오데퍼퓸	9~12%	약 5~6시간
오데토일렛	6~8%	약 3~5시간
오데코롱	3~5%	약 1~2시간
샤워코롱	1~3%	약 1시간

106 발향에 따른 분류

톱 노트	첫 느낌의 향, 휘발성이 강한 향료
미들 노트	중간 느낌의 향, 휘발성이 중간인 향료
베이스 노트	마지막에 남는 잔향, 휘발성이 낮은 향료

107 에센셜 오일(아로마 오일)
- 식물의 꽃, 잎, 줄기, 뿌리 등 다양한 부위에서 추출한 오일
- 산소, 빛 등에 변질될 수 있어 뚜껑을 닫아 갈색병에 보관
- 직사광선을 피해 통풍이 잘 되는 곳에 보관해야 함
- 추출법: 수증기 증류법, 압착법, 휘발성·비휘발성 용매 추출법

108 에센셜 오일 주요 특징

레몬	• 미백 작용, 햇빛 노출 시 색소 침착 • 살균 작용, 지성·여드름 피부에 효과적
아줄렌	카모마일에서 추출한 오일, 진정 작용, 살균·소독·항염 작용, 여드름 피부에 효과적
라벤더	근육 이완, 상처 재생, 화상 치유, 심리적 안정

109 캐리어 오일(베이스 오일)
에센셜 오일을 피부에 효과적으로 침투시키기 위해 섞어 사용하는 오일로, 향이 없고, 피부 흡수력이 좋아야 함

110 캐리어 오일의 주요 특징
- 호호바 오일: 피부 친화성이 좋으며 안정성이 높음
- 맥아 오일: 토코페롤이 풍부하여 강력한 항산화 작용

111 모발 화장품
- 샴푸: 모발 세정
- 헤어 린스: 정전기 방지, 모발 보호, 유연성·광택 부여
- 헤어 트리트먼트·팩: 모발 영양 공급
- 포마드, 왁스, 헤어 스프레이·젤 등: 모발 세팅(정발)
- 헤어 토닉: 모발 및 두피에 영양 공급 및 혈액 순환 촉진

112 체취 방지 화장품
땀의 분비로 인해 발생한 냄새를 억제하는 체취 방지의 역할
예 데오도란트

113 주름 개선 화장품
- 콜라겐 합성과 표피의 신진대사를 촉진하여 피부 주름을 개선시키고 탄력을 증대시킴
- 성분: 레티놀(레티노산, 레티노이드), AHA(아하), 항산화제, 아데노신

114 미백 화장품
- 자외선 차단, 티로시나아제 활성을 억제하여 도파 산화 억제, 멜라닌 합성을 저해함
- 각질 세포의 탈락을 유도하여 멜라닌색소를 제거하고 비타민 C로 침착된 색소를 감소시켜 피부에 미백 효과를 줌
- 성분: 비타민 C, 코직산, 알부틴(티로시나아제 효소 억제), 하이드로퀴논, 레몬, 아하(AHA), 구연산, 감초, 플라센타

115 여드름 완화 화장품 성분
캠퍼, 카모마일, 하마멜리스, 로즈마리, 유황, 아줄렌, 티트리, 레몬, 솔비톨, 레티노산, 글리콜산, 살리실산, 글리시리진산, 과산화 벤조일 등

116 피부 태닝 화장품
- 피부 손상을 최소화하고 자외선에 천천히 그을리도록 도움
- 성분: 다이하이드록시아세톤(DHA) 등

117 자외선 차단 화장품
- 자외선으로부터 피부를 보호하기 위해 사용
- 일광 노출 전 발라야 하며, 시간이 지나면 덧발라야 함

자외선 흡수제	• 화학적 차단제, 자외선을 흡수하여 피부 침투 차단 • 투명하게 표현되나 민감한 피부에는 주의
자외선 산란제	• 물리적 차단제, 자외선을 피부 표면에서 산란 • 불투명하게 표현되나 차단 효과가 우수함 • 성분: 이산화 타이타늄(티타늄디옥사이드), 산화아연(징크옥사이드), 탈크, 카올린

118 자외선 차단지수(SPF)
- Sun Protection Factor의 약자
- UV-B 방어 효과를 나타내는 지수
- SPF 1은 자외선 B를 차단해 주는 약 15분을 의미
- 제품을 사용했을 때 홍반을 일으키는 자외선의 양을, 제품을 사용하지 않았을 때 홍반을 일으키는 자외선의 양으로 나눈 값

주요 문제 풀어보기

01
마누스(Manus)와 큐라(Cura)라는 단어에서 유래된 용어는?
① 네일 팁(Nail Tip)
② 매니큐어(Manicure)
③ 페디큐어(Pedicure)
④ 아크릴(Acrylic)

> 매니큐어는 라틴어의 마누스[Manus(손)]와 큐라[Cura(관리)]의 합성어로, 손톱의 형태를 다듬어 주고 큐티클을 정리, 마사지, 컬러링 등의 총체적인 '손과 손톱의 관리'라는 뜻임

02 [신규 문제 공략]
네일 도구 및 네일 재료가 네일 산업에 도입된 순서대로 나열된 것은?
① 오렌지 우드스틱 → 네일 폼 → 라이트 큐어드 젤 → 네일 광택제
② 오렌지 우드스틱 → 네일 광택제 → 네일 폼 → 라이트 큐어드 젤
③ 오렌지 우드스틱 → 네일 폼 → 네일 광택제 → 라이트 큐어드 젤
④ 오렌지 우드스틱 → 라이트 큐어드 젤 → 네일 광택제 → 네일 폼

> 오렌지 우드스틱(1830년) → 네일 광택제(니트로셀룰로오스, 1885년) → 네일 폼(1957년) → 라이트 큐어드 젤(1994년)

03
큐티클 정리 및 제거 시 필요한 도구로 알맞은 것은?
① 네일 파일, 톱코트
② 라운드 패드, 큐티클 니퍼
③ 샌딩 파일, 핑거볼
④ 큐티클 푸셔, 큐티클 니퍼

> • 큐티클 푸셔: 큐티클을 밀어주는 도구
> • 큐티클 니퍼: 큐티클을 정리하는 도구

04 [신규 문제 공략]
아크릴 프렌치 스컬프처의 인조네일 작업 시 전 처리 과정에 대한 설명으로 틀린 것은?
① 작업자와 고객의 손을 소독한다.
② 자연네일 표면에 에칭을 준다.
③ 습식 매니큐어를 한다.
④ 프라이머를 도포한다.

> 인조네일 작업 전에 습식 매니큐어를 하면 습기를 먹은 자연네일에 곰팡이나 균이 쉽게 번식할 수 있어 습식 관리를 피하고 건식 관리를 하는 것이 적절함

05
페디큐어 작업 과정에서 베이스코트를 바르기 전 발가락이 서로 닿지 않게 하기 위해 사용하는 도구는?
① 액티베이터
② 콘 커터
③ 네일 클리퍼
④ 토 세퍼레이터

> • 액티베이터: 네일 접착제를 빠르게 경화시키는 제품
> • 콘 커터: 발바닥의 두꺼운 굳은살을 제거하는 도구
> • 네일 클리퍼: 네일을 잘라 길이를 조절하는 도구

06
페디큐어 작업 시 굳은살을 제거하는 도구의 명칭은?
① 큐티클 푸셔
② 토 세퍼레이터
③ 콘 커터
④ 네일 클리퍼

> • 큐티클 푸셔: 큐티클을 밀어 올릴 때 사용하는 도구
> • 토 세퍼레이터: 발가락끼리 닿지 않게 해 주는 제품
> • 네일 클리퍼: 네일을 잘라 길이를 조절하는 도구

07
네일 재료에 대한 설명으로 적합하지 않은 것은?
① 네일 폴리시 시너 – 네일 폴리시를 묽게 해 주기 위해 사용한다.
② 큐티클 오일 – 글리세린을 함유하고 있다.
③ 네일 블리치 – 20볼륨 과산화수소를 함유하고 있다.
④ 네일 강화제 – 자연네일이 강한 고객에게 사용하면 효과적이다.

> 네일 강화제는 자연네일이 약한 고객에게 사용하면 효과적임

08
손톱에 네일 폴리시가 착색되었을 때 착색을 제거하는 제품은?
① 시너
② 네일 표백제
③ 네일 강화제
④ 네일 폴리시리무버

> • 네일 폴리시 시너: 굳은 네일 폴리시를 묽게 하는 제품
> • 네일 강화제: 네일의 손상 예방과 강화에 도움을 주는 제품
> • 네일 폴리시리무버: 네일 폴리시를 제거하는 제품

09 [신규 문제 공략]
네일미용사가 관리할 수 있는 네일은?
① 파로니키아
② 오니콥토시스
③ 오니코크립토시스
④ 오니코그리포시스

> • 파로니키아: 네일 주위 피부에 염증으로 관리 불가능
> • 오니콥토시스: 네일이 떨어져 나가는 증상으로 관리 불가능
> • 오니코크립토시스: 네일의 양쪽 옆면이 살 속으로 파고드는 증상으로 관리 가능
> • 오니코그리포시스: 네일이 심하게 변형되어 관리 불가능

정답 | 01 ② 02 ② 03 ④ 04 ③ 05 ④ 06 ③ 07 ④ 08 ② 09 ③

10
사람의 피부 표면은 주로 어떤 형태인가?
① 삼각 또는 마름모꼴의 다각형
② 삼각 또는 사각형
③ 삼각 또는 오각형
④ 사각 또는 오각형

피부 표면은 삼각 또는 마름모꼴의 다각형으로 이루어져 있음

11
멜라닌세포가 주로 위치하는 곳은?
① 각질층　　② 기저층
③ 유극층　　④ 망상층

피부 색상을 결정짓는 데 주요한 요인이 되는 멜라닌세포는 표피의 기저층에 주로 분포되어 있음

12
동물성 단백질의 일종으로 피부의 탄력 유지에 매우 중요한 역할을 하며 피부의 파열을 방지하는 스프링 역할을 하는 것은?
① 아줄렌　　② 엘라스틴
③ 콜라겐　　④ DNA

엘라스틴(탄력섬유)은 섬유아세포에서 생성되어 신축성이 강한 섬유단백질로 피부 탄력에 직접 관여하며, 화학 물질에 대한 저항력이 강해 피부 파열을 방지하는 역할을 함

13
피지선에 대한 설명으로 틀린 것은?
① 피지를 분비하는 선으로 진피 중에 위치한다.
② 피지선은 손바닥에는 없다.
③ 피지의 1일 분비량은 10~20g 정도이다.
④ 피지선이 많은 부위는 코 주위이다.

성인 기준으로 피지의 분비량은 하루에 약 1~2g 정도임

14
사춘기 이후 성호르몬의 영향을 받아 분비되기 시작하는 땀샘으로 체취선이라고 하는 것은?
① 소한선　　② 대한선
③ 갑상선　　④ 피지선

대한선(아포크린 한선)은 본래 무색, 무취, 무균성이나 표피에 배출된 후 세균의 작용을 받아 부패하여 냄새가 나며 사춘기 이후에 주로 분비되는 땀샘임

15
에크린 땀샘(소한선)이 가장 많이 분포된 곳은?
① 발바닥　　② 입술
③ 음부　　　④ 유두

에크린 땀샘(소한선)은 입술, 생식기, 손톱을 제외한 신체 전신에 분포하며 손바닥, 발바닥에 가장 많이 분포되어 있음

16
화장품의 요건 중 제품이 일정 기간 동안 변질되거나 분리되지 않는 것을 의미하는 것은 무엇인가?
① 안전성　　② 안정성
③ 사용성　　④ 유효성

화장품의 4대 요건
- 안전성: 피부에 대한 자극, 알레르기, 독성이 없어야 함
- 안정성: 변색, 변질되거나 미생물의 오염이 없어야 함
- 사용성: 흡수성, 발림성 등 피부에 사용감이 좋아야 함
- 유효성: 미백, 주름 개선, 자외선 차단 등의 효과가 있어야 함

17
화장품의 사용 목적과 가장 거리가 먼 것은?
① 인체를 청결, 미화하기 위하여 사용한다.
② 용모를 변화시키기 위하여 사용한다.
③ 피부, 모발의 건강을 유지하기 위하여 사용한다.
④ 인체에 대한 약리적인 효과를 주기 위해 사용한다.

화장품은 약리적인(약물이 인체에 미치는 영향) 효과를 주기 위하여 사용하지 않고, 인체에 대한 작용이 경미해야 함

18
화장품의 원료로서 알코올의 작용에 대한 설명으로 틀린 것은?
① 다른 물질과 혼합해서 그것을 녹이는 성질이 있다.
② 소독 작용이 있어 화장수, 양모제 등에 사용한다.
③ 흡수 작용이 강하기 때문에 건조의 목적으로 사용한다.
④ 피부에 자극을 줄 수도 있다.

알코올은 휘발성이 강하며 건조의 목적으로 사용하지 않음

19
일반적으로 많이 사용하고 있는 화장수의 알코올 함유량은?
① 70% 전후　　② 10% 전후
③ 30% 전후　　④ 50% 전후

알코올은 소독 작용을 하여 함량이 많으면 피부에 자극을 줄 수 있으므로 일반적인 함유량은 10% 전후임

20
보습제가 갖추어야 할 조건으로 틀린 것은?
① 다른 성분과 혼용성이 좋을 것
② 모공 수축을 위해 휘발성이 있을 것
③ 적절한 보습 능력이 있을 것
④ 응고점이 낮을 것

> 보습제는 피부의 건조한 증상을 완화하는 수용성 물질로 흡착성이 높아 수분을 흡수하는 효과를 지니고 있으며 보습을 유지시키는 제품으로 휘발성이 없어야 함

21
계면활성제 중 가장 살균력이 강한 것은?
① 음이온성
② 양이온성
③ 비이온성
④ 양쪽이온성

> 살균력의 세기: 양이온성 > 음이온성 > 양쪽성 > 비이온성

22
다량의 유성 성분을 물에 일정 기간 동안 안정한 상태로 균일하게 혼합시키는 화장품 제조 기술은?
① 유화
② 경화
③ 분산
④ 가용화

> 유화는 계면활성제에 의해 물에 다량의 오일이 균일하게 혼합되어 우윳빛으로 백탁화된 상태를 말함

23
메이크업 화장품에 주로 사용되는 제조 방법은?
① 유화
② 가용화
③ 겔화
④ 분산

> 분산은 물 또는 오일에 미세한 고체입자가 균일하게 혼합된 상태로 마스카라, 파운데이션 등 메이크업 화장품에 주로 사용되는 제조 방법임

24 신규 문제 공략
친유성 성분과 친수성 성분이 동시에 존재하는 것은?
① 에탄올
② 시스틴 결합
③ 계면활성제
④ 시스테인

> 계면활성제는 둥근 머리 모양의 친수성기와 막대 모양의 친유성기가 한분자 내에 함께 있어 기체, 액체, 고체의 표면장력을 저하시키는 작용을 하여 계면을 활성화하고 계면의 성질을 변화시킴

25 신규 문제 공략
물에 오일 성분이 혼합되어 있는 에멀션은?
① 수중유형 에멀션
② 복합 에멀션
③ 유중수형 에멀션
④ 다상 에멀션

> 물에 오일 성분이 혼합되어 있는 에멀션은 O/W 에멀션(Oil in Water Emulsion) 수중유형 에멀션이라고 하며, 수분감이 많고 촉촉한 로션 제품류로 핸드 로션, 보디 로션 등이 있음

26 신규 문제 공략
마그네슘을 주성분으로 하는 암석인 활석(Talc)으로 만든 화장품은?
① 스킨커버
② 메이크업 베이스
③ 파운데이션
④ 파우더

> 파우더는 마그네슘을 주성분으로 하는 암석인 활석(탈크)으로 만듦

27 신규 문제 공략
유연 화장수에 대한 설명으로 틀린 것은?
① 보습제가 함유되어 있다.
② 수분을 공급한다.
③ 모공을 수축한다.
④ 건성 피부에 적합하다.

> • 유연 화장수: 보습제가 함유되어 피부에 수분·보습을 주어 건성·노화 피부에 적합
> • 수렴 화장수: 알코올 성분으로 모공수축, 피부의 수렴 작용으로 노폐물 분비를 억제하여 지성·복합성 피부에 적합

28 신규 문제 공략
기능성 화장품의 정의에 대한 설명으로 틀린 것은?
① 자외선으로부터 피부를 보호하는 데 도움을 주는 제품
② 피부의 미백에 도움을 주는 제품
③ 피부의 주름 개선에 도움을 주는 제품
④ 피부·모발의 건강을 유지, 증진시키기 위해 사용되는 제품

> 피부·모발의 건강을 유지, 증진시키기 위해 사용되는 제품은 기능성 화장품의 정의가 아니라 화장품의 정의임

29 신규 문제 공략
향수의 향취 중 나무나 동물의 향을 내는 것은?
① 오리엔탈
② 프로랄
③ 그린
④ 시트러스

> • 프로랄 계열: 달콤한 꽃의 향
> • 그린 계열: 신선한 풀이나 나뭇잎의 향
> • 시트러스 계열: 레몬, 오렌지 등의 상큼한 감귤류의 향

정답 | 20 ② 21 ② 22 ① 23 ④ 24 ③ 25 ① 26 ④ 27 ③ 28 ④ 29 ①

PART 02 | 자연네일관리

001 네일의 태생

임신 9주	손톱의 형성·성장 시작
임신 14주	손톱의 자라는 모습 확인 가능
임신 20주	완전한 손톱 형성

002 네일의 구성

- 네일의 구성: 여러 개의 얇은 겹으로 3개의 층
- 네일의 주성분: 케라틴 경단백질과 이를 조성하는 아미노산
- 네일의 경도: 수분의 함유량과 케라틴의 조성에 따라 다름

003 네일의 성장

- 손톱의 성장: 1일 약 0.1~0.15mm
- 발톱의 성장: 손톱 성장 속도의 1/2 정도로 늦게 자람
- 손톱의 재생 기간: 약 4~6개월

004 네일의 성장 방향

네일은 매트릭스에서 생성된 네일세포들이 네일 베드를 따라 네일 보디의 앞쪽으로 자라며 점차 각질화됨

005 네일의 성장 속도

손톱의 성장 속도는 외부의 영향, 환경과 관련이 있어 많이 사용하는 손가락의 손톱 성장이 빠름

빠름	여름, 남성, 중지, 청소년, 임신 후반기
느림	겨울, 여성, 소지, 노인, 비임신

006 네일의 두께와 크기

- 네일의 두께: 매트릭스의 길이로 결정
- 네일의 크기: 매트릭스의 크기로 결정

007 건강한 네일의 조건

- 반투명한 핑크빛을 띠며 네일 베드에 단단하게 부착되어야 함
- 12~18%의 수분을 함유하고 있어야 함
- 탄력이 있고 유연성과 강도가 있어야 함
- 아치형을 이루며 모양이 고르고 표면이 균일해야 함
- 표면이 매끄럽고 광택이 나며 윤기가 있어야 함

008 네일 자체의 구조

네일 루트 (조근)	• 피부에 묻혀 있는 손·발톱의 뿌리 • 네일이 자라기 시작하는 부분
네일 보디, 네일 플레이트 (조체, 조판)	• 육안으로 보이는 손·발톱 판 • 신경과 혈관이 없으며 산소가 필요 없음
프리에지 (자유연)	• 모양과 길이를 조절할 수 있는 부분 • 네일 베드와 분리되어 자라 나온 손·발톱

009 네일 밑 피부조직의 구조

매트릭스 (조모)	• 네일을 만드는 세포를 생성, 성장 담당 • 매트릭스가 손상되면 네일이 변형됨 • 모세혈관, 림프, 신경조직 등이 있음
루눌라 (조반월)	• 연 케라틴으로 유백색의 반달 모양 • 루눌라의 크기, 두께는 손톱 건강과 관련 없음
네일 베드 (조상)	• 네일 보디 밑의 피부로 네일 보디를 받쳐줌 • 모세혈관이 있어 네일이 핑크빛을 보임 • 산소를 공급 받고 수분 공급 역할을 함 • 지각신경조직, 감각세포, 멜라닌세포가 있음
옐로 라인	• 노란빛의 얇은 라인 • 네일 보디가 네일 베드에서 분리되는 부분
스트레스 포인트	• 옐로 라인의 양쪽 끝 점 • 외부적인 충격을 많이 받는 부분

010 네일을 둘러싼 피부의 구조

네일 폴드 (조주름)	• 네일 보디의 윗부분과 옆선에 맞추어 형성됨 • 네일을 잡아주는 피부 속주름으로 방어막 역할
에포니키움 (상조피)	• 네일 보디의 시작점에서 자라나는 피부 • 큐티클 위에 있으며 매트릭스를 보호함 • 에포니키움 아래편은 끈적한 형질로 되어있음 • 손상, 감염되면 영구적으로 손상될 수 있음
큐티클 (조소피)	• 에포니키움 아래에 있음 • 에포니키움의 각질화 과정에서 생성됨 • 네일 주변을 덮고 있는 죽은 각질세포 • 큐티클은 완전히 제거할 수 없음
네일 월 (조벽)	네일 보디의 양 옆에 형성된 피부
네일 그루브 (조구)	네일 보디의 양 옆 피부 사이에 접혀진 홈
하이포니키움 (하조피)	• 프리에지 아래의 돌출된 피부조직 • 박테리아와 이물질의 침입을 막음

011 네일의 형태

스퀘어	• 양쪽 모서리가 90°인 사각 상태 • 대회용으로 많이 사용되며 강한 느낌을 줌 • 파고드는 발톱을 예방하기 위한 발톱의 형태
스퀘어 오프	• 사각형에서 양쪽 모서리의 각만 제거한 상태 • 세련된 느낌
라운드	• 원형의 둥근 상태 • 스트레스 포인트부터 직선이 존재 • 남성 매니큐어 시 가장 적합한 손톱의 형태
오발	• 타원형의 곡선 상태 • 스트레스 포인트부터 곡선의 형태 • 여성스럽고 우아함
포인트 (아몬드)	• 아몬드형의 뾰족한 상태 • 손이 길고 가늘어 보임 • 가장 약하고 손상되기 쉬움

012 네일 파일
- 네일의 길이를 조절하거나 형태를 조형하는 것
- 인조네일의 전처리 시 접착력을 높이기 위해 에칭할 때 사용
- 인조네일의 제거를 위해 두께를 제거할 때 사용
- 자연네일용 파일: 180그릿 이상으로 한쪽 방향으로 사용
- 샌딩 파일: 네일의 굴곡을 없애거나 광택을 제거하기 위해 사용
- 네일 파일은 그릿 숫자에 따라 거칠기를 분류함
- 그릿 수가 높을수록 부드럽고, 낮을수록 거칠어짐

013 아세톤
- 아크릴 등의 인조네일을 제거할 때 사용
- 휘발성이 강하며 인화성이 있는 물질
- 아세톤의 과다 사용은 네일과 주변 피부를 건조하게 하므로 사용 시 주변 피부를 보호하기 위해 큐티클 오일을 도포해야 함

014 인조네일 제거 주요 작업 방법
- 두께 제거: 시간을 단축하기 위해 최대한 제거
- 큐티클 오일 도포: 네일 주변 피부를 보호하기 위해
- 제거제 도포: 아세톤 사용
- 인조네일 제거: 오렌지 우드스틱, 큐티클 푸셔 등 사용
- 잔여물 제거: 손상 예방을 위해 부드러운 네일 파일 사용

015 네일 폴리시와 젤 네일 폴리시의 비교

구분	네일 폴리시	젤 네일 폴리시
특징	네일 폴리시 건조기를 사용	젤 램프기기를 사용
속도	건조가 느림	경화가 빠름
유지	빨리 벗겨짐	오래 지속됨
광택	광택이 떨어짐	광택이 매우 좋음
제거	제거가 용이함	제거가 어려움

*일반 네일 폴리시의 성분
- 필름제: 니트로셀룰로오스(대표적 피막 형성제)
- 용제: 초산부틸(부틸아세테이트), 초산에틸(에틸아세테이트)
- 자외선 차단제: 옥시벤존(햇빛 변색 방지용) 등

016 컬러링의 종류

풀 코트	네일 전체에 컬러링함
프렌치	프리에지 부분에만 컬러링함
딥 프렌치	네일의 전체 길이 1/2 이상에서 루눌라를 넘지 않게 컬러링함
그러데이션	네일의 전체 길이 1/2 이상에서 루눌라를 넘지 않게 컬러링함(프리에지로 갈수록 컬러가 진해짐)
슬림라인, 프리 월	네일의 양쪽 옆면을 남기고 컬러링함(네일이 길고 가늘어 보임)
하프문, 루눌라	루눌라(조반월)를 남기고 컬러링함
프리에지	프리에지에만 컬러링하지 않음
헤어라인 팁	네일 전체에 컬러링 후 프리에지 단면을 얇게 지움

017 매니큐어 주요 재료
에탄올 소독 용기(큐티클 푸셔, 큐티클 니퍼, 네일 클리퍼, 오렌지 우드스틱, 네일 더스트 브러시), 네일 폴리시, 톱코트, 베이스코트, 네일 파일, 핑거볼

018 매니큐어 주요 순서

> 손 소독 → 네일 폴리시 제거 → 손톱 형태 조형 → 표면 정리 → 분진 제거 → 큐티클 불리기(핑거볼) → 큐티클 밀기 → 큐티클 정리 → 손 중간 소독 → 유분기 제거 → 베이스코트 도포 → 네일 폴리시 도포 → 톱코트 도포 → 수정

019 매니큐어 주요 작업 방법
- 손톱 형태 조형: 한 방향으로 네일 파일링, 비비면 안 됨
- 큐티클 불리기: 핑거볼에 고객의 손 담그기
- 큐티클 밀기: 45°로 압력 없이 부드럽게 밀어야 함
- 큐티클 정리: 출혈이 발생할 수 있어 깊게 제거하면 안 됨
- 유분기 제거: 밀착력을 높여 컬러를 오래 유지하기 위해
- 베이스코트: 착색 방지를 위해 얇게 1회 도포
- 네일 폴리시: 45° 각도로 네일 폴리시를 2회 도포
- 톱코트: 광택과 컬러 보호를 위해 1회 도포

020 페디큐어 주요 재료
에탄올 소독 용기(큐티클 푸셔, 큐티클 니퍼, 네일 클리퍼, 오렌지 우드스틱, 네일 더스트 브러시), 네일 폴리시, 톱코트, 베이스코트, 네일 파일, 족욕기, 토 세퍼레이터

021 페디큐어 주요 순서

> 손·발 소독 → 네일 폴리시 제거 → 발톱 형태 조형(스퀘어) → 표면 정리 → 분진 제거 → 큐티클 불리기(족욕기) → 큐티클 밀기 → 큐티클 정리 → 발 중간 소독 → 유분기 제거 → 토 세퍼레이터 장착 → 베이스코트 도포 → 네일 폴리시 도포 → 톱코트 도포 → 수정

022 페디큐어 주요 작업 방법
- 발톱 형태 조형: 한 방향으로 네일 파일링, 비비면 안 됨(파고드는 발톱을 방지하기 위해 반드시 스퀘어 형태로 조형해야 함)
- 큐티클 불리기: 족욕기에 고객의 발 담그기
- 큐티클 밀기: 45°로 압력 없이 부드럽게 밀어야 함
- 큐티클 정리: 출혈이 발생할 수 있어 깊게 제거하면 안 됨
- 유분기 제거: 밀착력을 높여 컬러를 오래 유지하기 위해
- 토 세퍼레이터 장착: 작업 공간 확보를 위해 발가락 사이에 토 세퍼레이터 끼우기
- 베이스코트: 착색 방지를 위해 얇게 1회 도포
- 네일 폴리시: 45° 각도로 네일 폴리시를 2회 도포
- 톱코트: 광택과 컬러 보호를 위해 1회 도포

주요 문제 풀어보기

01
큐티클에 대한 설명으로 옳은 것은?
① 살아 있는 각질세포이다.
② 완전히 제거가 가능하다.
③ 네일 베드에서 자라 나온다.
④ 손톱 주위를 덮고 있다.

- 죽은 각질세포임
- 완전히 제거하면 안 됨
- 에포니키움의 각질화 과정에서 생성되며 네일에 붙어 자라 나옴

02
손톱의 구조에 대한 설명으로 가장 거리가 먼 것은?
① 네일 플레이트(조판)는 단단한 각질 구조물로 신경과 혈관이 없다.
② 네일 루트(조근)는 손톱이 자라나기 시작하는 곳이다.
③ 프리에지(자유연)는 손톱의 끝부분으로 네일 베드와 분리되어 있다.
④ 네일 베드(조상)는 네일 플레이트(조판) 위에 위치하며 손톱의 신진대사를 돕는다.

네일 베드는 네일 플레이트(네일 보디) 아래에 위치하며 손톱의 신진대사를 도움

03
네일의 구조에서 모세혈관, 림프 및 신경조직이 있는 부분은?
① 매트릭스
② 에포니키움
③ 큐티클
④ 네일 보디

- 에포니키움: 네일 보디의 시작점에서 자라나는 피부
- 큐티클: 네일에 붙어 자라 나오는 얇은 각질 막
- 네일 보디: 육안으로 보이는 손·발톱 판

04
다음 중 손톱 밑의 구조에 포함되지 않는 것은?
① 조반월(루눌라)
② 조모(매트릭스)
③ 조근(네일 루트)
④ 조상(네일 베드)

- 네일 밑 피부조직: 매트릭스, 루눌라, 네일 베드, 옐로 라인, 스트레스 포인트
- 네일 자체: 네일 루트, 네일 보디, 프리에지

05 신규 문제 공략
네일 폴리시의 성분이 아닌 것은?
① 초산부틸
② 니트로셀룰로오스
③ 초산에틸
④ MMA

MMA는 메틸메타크릴레이트로 1974~1975년 미국 식약청(FDA)에서 아크릴 제품에서 사용을 금지한 성분임

06
네일 파일의 거칠기 정도를 구분하는 기준은?
① 네일 파일의 두께
② 그릿(Grit) 숫자
③ 소프트(Soft) 숫자
④ 네일 파일의 길이

그릿 숫자는 네일 파일의 거칠기를 나타내며, 연마재가 많을수록 그릿 수가 높아 부드럽고, 그릿 수가 낮을수록 거칠어짐

07
매니큐어 작업 시 알코올 소독 용기에 담가 소독하는 기구로 적절하지 못한 것은?
① 네일 파일
② 네일 클리퍼
③ 오렌지 우드스틱
④ 네일 더스트 브러시

에탄올 소독 용기에는 큐티클 푸셔, 큐티클 니퍼, 네일 클리퍼, 오렌지 우드스틱, 네일 더스트 브러시를 담글 수 있음

08
매니큐어 작업에 관한 설명으로 옳은 것은?
① 자연네일의 형태를 조형할 때는 비벼서 네일 파일링한다.
② 큐티클은 상조피 바로 밑부분까지 완전히 제거한다.
③ 네일 폴리시를 도포하기 전에 유분기는 깨끗하게 제거한다.
④ 자연네일이 약한 고객은 네일 컬러링 후 톱코트(Topcoat)를 2회 도포한다.

- 자연네일은 비벼서 네일 파일링하면 안 됨
- 큐티클은 출혈이 발생할 수 있어 지저분한 부분만 정리해야 함
- 자연네일이 약한 고객은 컬러링 전 네일 강화제를 도포해야 함

09
페디큐어 작업 과정 중 (　)에 해당하는 것은?

손·발 소독 – 네일 폴리시 제거 – 길이 및 형태 조형하기 – (　) – 큐티클 정리 – 각질 제거하기

① 매뉴얼 테크닉
② 족욕기에 발 담그기
③ 페디 파일링
④ 톱코트 도포하기

큐티클 정리 전에는 족욕기에 발을 담가 큐티클을 불려 줌

10
네일 기본 관리 작업 과정으로 옳은 것은?
① 손 소독 → 프리에지 모양 만들기 → 네일 폴리시 제거 → 큐티클 정리하기 → 컬러 도포하기 → 마무리하기
② 손 소독 → 네일 폴리시 제거 → 프리에지 모양 만들기 → 큐티클 정리하기 → 컬러 도포하기 → 마무리하기
③ 손 소독 → 프리에지 모양 만들기 → 큐티클 정리하기 → 네일 폴리시 제거 → 컬러 도포하기 → 마무리하기
④ 프리에지 모양 만들기 → 네일 폴리시 제거 → 마무리하기 → 손 소독

네일 기본 관리 작업 순서
손 소독 → 네일 폴리시 제거 → 프리에지 모양 만들기 → 큐티클 정리하기 → 컬러 도포하기 → 마무리하기

| 정답 | 01 ④ 02 ④ 03 ① 04 ④ 05 ④ 06 ② 07 ① 08 ③ 09 ② 10 ②

PART 03 | 인조네일관리

001 중합 반응

젤 네일	• 광(빛) 중합(포토폴리머라이제이션) • 빛에 의해 일어나는 중합 반응
아크릴 네일	• 상온 화학 중합(폴리머라이제이션) • 상온에서 일어나는 화학 중합 반응

002 젤 네일의 특성
- 올리고머: 소프트 젤(저분자), 하드 젤(중분자)
- 폴리머: 완성된 젤 네일
- 광 중합 개시제: 광 중합 반응을 개시시키는 물질

003 아크릴 네일의 특성
- 모노머: 아크릴 리퀴드
- 폴리머: 아크릴 파우더, 완성된 아크릴 네일
- 화학 중합 개시제: 카탈리스트의 함유량에 따라 굳는 속도를 조절
  (카탈리스트: 아크릴 네일의 굳는 속도를 조절하는 촉매제)

004 스컬프처 네일
네일 팁을 사용하지 않고 네일 폼을 이용하여 아크릴 또는 젤로 길이를 연장하는 방법

005 스퀘어 형태의 네일 파일 방법
- 큐티클 부분은 인조네일에서 가장 얇아야 함
- 프리에지 형태는 모서리에서 90°의 직각으로 네일 파일링
- 콘 벡스와 콘 케이브는 곡선, 두께가 일정해야 함
- C 커브는 원형의 20~40% 사이로 네일 파일링
- 프리에지 두께는 1mm 이하로 네일 파일링

006 네일 팁
- 이미 만들어진 인조 손톱으로 길이를 연장하기 위해 사용
- 재질: 플라스틱, 아세테이트, 나일론

007 웰(Well)
- 웰: 네일 접착제를 바르는 곳, 약간의 홈이 파여 있는 부분
- 웰의 정지선: 네일 접착제가 넘치면 안 되는 부분

하프 웰	자연스러우나 웰이 적어 풀 웰에 비해 약함
풀 웰	부자연스러우나 웰이 넓어 하프 웰에 비해 강함

008 팁 네일 재료

필러 파우더	네일 팁 턱을 채우거나 보강과 두께 조절을 위해 네일 접착제와 함께 사용
팁 커터	네일 팁의 길이를 줄일 때 사용
경화 촉진제, 글루 드라이어	• 네일 접착제를 빠르게 경화시키는 제품 • 약 10~15cm 거리에서 약하게 분사

009 네일 팁 선택 방법
- 각진 네일: 하프 웰 네일 팁 선택
- 아래로 향한 네일: 일자 네일 팁 선택
- 넓적한 네일: 끝이 좁아지는 내로 네일 팁 선택
- 위로 솟아오른 네일: 옆면에 커브가 있는 네일 팁 선택
- 잘 모르겠을 경우: 한 사이즈 크게 선택하여 조절해서 사용

010 네일 팁 접착 방법
- 자연네일의 양쪽 옆면을 모두 커버하게 접착
- 자연네일의 45° 각도, 1/2 미만으로 접착
- 기포가 생기지 않도록 접착
- 네일 팁의 양쪽 끝부분도 접착
- 정면과 옆면에서 자연스럽게 연결되게 접착

011 팁 위드 랩 주요 재료
네일 팁, 네일 랩, 네일 접착제, 필러 파우더, 경화 촉진제, 팁 커터, 가위

012 네일 랩
- 페브릭 랩 자체를 지칭하며 일반적으로 실크를 말함
- 약한 네일, 찢어진 네일을 덮어 보강, 길이를 연장하는 데 사용
- 오염 예방과 접착력 저하 방지를 위해 봉지에 밀봉해서 보관

파이버 글라스	• 인조유리섬유로 짠 직물로, 투명하고 반짝거림 • 실크에 비해 조직이 느슨하며 접착제가 잘 스며듦
실크	• 명주실로 짠 직물로, 부드럽고 가벼움 • 조직이 얇고 섬세하여 가장 많이 사용
리넨	• 아마의 실로 짠 직물로 다른 소재에 비해 강함 • 천의 조직이 비치고 두꺼우며 투박함

013 네일 랩 접착 방법
- 큐티클 라인에서 약 1mm 정도 남기고 접착
- 네일 랩이 비틀어지거나 구겨지지 않게 접착
- 자연네일의 양쪽 옆면을 모두 커버하게 접착

014 젤(클리어)
- 네일의 두께를 보강하거나 길이를 연장하기 위해 사용
- 젤은 스스로 퍼지는 셀프 레벨링 현상이 나타남
- 젤 램프기기에 경화하기 전까지는 자유롭게 다룰 수 있음
- 냄새가 거의 없고 아크릴에 비해 강도가 약함
- 아크릴과 같은 성분을 함유하고 있어 알레르기 반응을 일으킬 수 있으므로 피부에 닿지 않게 해야 함
- 라이트 큐어드 젤: 자외선(UV), 가시광선(LED)에 경화
- 노 라이트 큐어드 젤: 광선을 사용하지 않고 응고제 사용

소프트 젤	• 대부분의 젤로 점도가 낮아 고르게 퍼지는 제품 • 제거제(아세톤)로 제거 가능, 유지 기간이 짧음
하드 젤	• 점도가 높아 다루기 어려우며 단단한 제품 • 제거제로 제거 어려움, 유지 기간이 긺

015 젤 램프기기
- UV, LED 전구가 들어 있는 기기로, 젤을 경화(큐어링)시킴
- 경화 시 정확한 시간을 맞추어야 함
- 광 중합 개시제에 따라 젤 램프기기의 종류가 달라짐
- UV 램프: 자외선 UV-A 약 320~400nm
- LED 램프: 가시광선 약 400~700nm

016 젤 네일의 히팅 현상
- 젤 램프기기는 경화 시 네일 베드가 뜨거워지는 히팅 현상이 발생할 수 있으므로 사전에 고객에게 얘기해야 함
- 젤 작업이 두껍게 되었을 경우나 네일이 얇거나 상처가 있을 경우에는 히팅 현상이 더욱 심해짐
- 젤 작업 시 얇게 여러 번 도포하고 경화하여 히팅 현상이 발생하지 않게 주의해야 함
- 히팅 현상 발생 시 잠시 손을 빼고 천천히 경화해야 함

017 네일 폼 접착 방법
- 자연네일과 네일 폼 사이의 공간이 없게 접착
- 하이포니키움이 손상되지 않도록 너무 깊지 않게 넣어 접착
- 네일 폼이 틀어지지 않도록 중심에 맞게 접착
- 정면과 옆면에서도 처지지 않게 자연스럽게 연결되도록 접착

018 아크릴 네일 재료

아크릴 파우더	아크릴 리퀴드와 혼합하는 분말
아크릴 리퀴드 (모노머)	• 아크릴 파우더와 함께 사용하는 액상 • 독특한 냄새로 환기 주의 • 오더리스 모노머: 냄새가 나지 않는 제품 • 라벨을 붙이고 어두운 색 용기에 넣어 서늘하고 통풍이 잘 되는 곳에 보관
아크릴 브러시	• 아크릴 볼을 만들 때 사용 • 위치별 사용방법 – 팁: 큐티클 라인, 스마일 라인, 디자인의 미세 작업 – 벨리: 전체적인 표면의 형태를 균일하게 정리 – 백: 볼을 펴주거나 두께, 길이 조절
네일 폼	스컬프처 네일 시 길이를 연장하기 위해 사용하는 받침대
다펜디시	• 화학물질에도 녹지 않는 재질의 작은 용기 • 아크릴 리퀴드 등을 덜어서 사용

019 네일 프라이머
- 자연네일의 유·수분을 제거하여 인조 네일의 접착 효과를 높여 줌
- 산성 성분으로 케라틴 단백질을 화학 작용으로 녹임
- pH 밸런스를 맞추어 박테리아 성장을 억제하는 방부제 역할
- 산성 성분이 포함되어 있어 네일의 부식 및 피부에 화상을 입힐 수 있으므로 최소량만을 사용
- 빛이 투과되지 않는 어두운 색 작은 유리 용기에 넣어 서늘한 공간에 보관
- 보수 시에는 자라 나온 자연네일에만 소량 도포해야 함

020 아크릴 네일의 특징
- 손·발톱 모양의 보정이 가능하며 파고드는 발톱과 물어뜯어 프리에지가 없는(오니코파지, 교조증) 손톱에 효과적임
- 온도가 높을수록 빨리 굳고 온도가 낮으면 잘 굳지 않음

021 아크릴 네일과 젤 네일의 비교

구분	아크릴 네일	젤 네일
강도	강도가 강함	아크릴보다 강도가 약함
아트	아트 시 수정이 어려움	아트 시 수정이 가능함
광택	젤보다 광택이 떨어짐	광택이 매우 좋음
제거	아세톤에 제거됨	아세톤에 제거되는 젤과 제거되지 않는 젤이 있음

022 아크릴 스컬프처 주요 재료
네일 폼, 아크릴 파우더, 아크릴 리퀴드(모노머), 아크릴 브러시, 다펜디시

023 스마일 라인 조형 방법
- 네일 상태에 따라 둥근 라인의 깊이를 조절할 수 있음
- 양쪽 포인트의 밸런스를 맞추고 좌우대칭이 되도록 함
- 얼룩지지 않고 깨끗하고 선명해야 함

024 자연네일 보강
약해지거나 손상되거나 찢어진 자연네일을 다양한 네일 재료를 사용하여 두께를 보강하는 것

025 자연네일 보강의 분류

네일 랩 자연네일 보강	• 네일 랩과 네일 접착제를 사용 • 손상 정도에 따라 필러 파우더 적용 가능 • 찢어진 자연네일의 경우 네일 랩이 가장 효과적
아크릴 자연네일 보강	• 아크릴은 한 번에 두께를 줄 수 있어 손상된 부분이 크고 두께를 형성해야 하는 경우 가장 적절함 • 아크릴은 단단하고 수축과 변형이 없으므로 파고드는 내향성 네일(조갑감입증)에도 효과적임
젤 자연네일 보강	• 젤은 퍼지는 성질이 있기 때문에 약해진 자연네일을 전체적으로 보강하거나 자연네일의 손상을 사전에 예방할 때 효과적임

026 인조네일의 보수시기
약 2~3주의 간격을 두고 보수해야 함

027 인조네일의 조기 손상 주요 원인
- 에칭을 제대로 주지 않아 자연네일의 광택이 충분히 제거되지 않은 경우
- 자연네일의 유·수분 제거를 충분히 하지 않은 경우
- 스트레스 포인트와 프리에지를 미흡하게 커버한 경우
- 큐티클 부분이 두껍고 충분히 네일 파일링하지 못한 경우
- 젤의 경화 시간(큐어링 시간)을 지키지 않았을 경우
- 아크릴 네일을 너무 낮은 온도에서 작업한 경우
- 아크릴, 젤 등이 주변 피부에 넘치고 이를 잘 닦지 않은 경우

주요 문제 풀어보기

01
팁 오버레이의 작업 과정에 대한 설명으로 <u>틀린</u> 것은?
① 네일 팁 접착 시 자연손톱 길이의 1/2 이상 덮지 않는다.
② 자연손톱이 넓은 경우, 좁게 보이기 위해 작은 사이즈의 네일 팁을 붙인다.
③ 네일 팁의 접착력을 높여 주기 위해 자연손톱의 에칭 작업을 한다.
④ 프리네일 프라이머를 자연손톱에만 도포한다.

> 자연네일이 넓은 경우, 좁게 보이기 위해 끝이 좁아지는 내로(Narrow) 네일 팁을 접착함

02
자연네일의 형태 및 특성에 따른 네일 팁 적용 방법으로 옳은 것은?
① 넓적한 네일에는 끝이 좁아지는 내로 네일 팁을 적용한다.
② 아래로 향한 네일(Claw Nail)에는 커브 네일 팁을 적용한다.
③ 위로 솟아 오른 네일(Spoon Nail)에는 옆선에 커브가 없는 네일 팁을 적용한다.
④ 물어뜯는 네일에는 네일 팁을 적용할 수 없다.

> • 아래로 향한 네일에는 커브가 없는 일자 팁을 적용함
> • 위로 솟아 오른 네일에는 옆선에 커브가 있는 네일 팁을 적용함
> • 물어뜯는 네일에는 아크릴 네일이 효과적이나 프리에지 라인이 일정한 경우라면 네일 팁을 적용할 수 있음

03
아크릴 네일 재료인 네일 프라이머에 대한 설명으로 <u>틀린</u> 것은?
① 네일 표면의 유·수분을 제거해 주고 건조시켜 주어 아크릴의 접착력을 강하게 해 준다.
② 산성 제품으로 피부에 화상을 입힐 수 있으므로 최소량만을 사용한다.
③ 인조네일 전체에 사용하며 방부제 역할을 해 준다.
④ 네일 표면의 pH 밸런스를 맞춘다.

> 네일 프라이머는 인조네일 전체에 사용하지 않고 자연네일에 최소량만 발라야 함

04
네일 프라이머의 특징이 아닌 것은?
① 아크릴 작업 시 자연네일에 잘 부착되도록 돕는다.
② 피부에 닿으면 화상을 입힐 수 있다.
③ 자연네일 표면의 단백질을 녹인다.
④ 알칼리 성분으로 자연네일을 강하게 한다.

> 네일 프라이머는 산성 성분을 포함하고 있으며, 네일 강화와는 관련 없음

05
라이트 큐어드 젤(Light Cured Gel)에 대한 설명으로 옳은 것은?
① 공기 중에 노출되면 자연스럽게 응고된다.
② 특수한 빛에 노출시켜 젤을 경화시키는 방법이다.
③ 경화 시 실내 온도와 습도에 민감하게 반응한다.
④ 네일 접착제(글루) 사용 후 액티베이터(글루 드라이어)를 분사시켜 말리는 방법이다.

> 라이트 큐어드 젤은 UV, LED 빛에 노출시켜 젤을 경화하는 방법임

06
자외선 램프기기에 조사해야만 경화되는 네일 재료는?
① 아크릴 모노머   ② 아크릴 폴리머
③ 아크릴 올리고머   ④ UV 젤

> UV 젤은 자외선 램프기기에 조사해야만 경화됨

07
젤 네일에 관한 설명으로 <u>틀린</u> 것은?
① 아크릴에 비해 강한 냄새가 없다.
② 일반 네일 폴리시에 비해 광택이 오래 지속된다.
③ 소프트 젤(Soft Gel)은 아세톤에 녹지 않는다.
④ 젤 네일은 하드 젤(Hard Gel)과 소프트 젤(Sofe Gel)로 구분된다.

> 소프트 젤은 아세톤에 녹음

08 〔신규 문제 공략〕
젤 네일에 대한 설명으로 <u>틀린</u> 것은?
① 분자량이 큰 올리고머 물질로 경화 후 유연성이 증가한다.
② 젤은 대부분 소프트 젤 이다.
③ LED 램프와 UV 램프를 사용하여 경화한다.
④ 분자량이 작은 올리고머의 물질로 경화 후 분자량이 촘촘해진다.

> 젤은 분자량이 크지 않은 저분자, 중분자의 올리고머 물질로 경화 후 단단해짐

09
젤 램프기기와 관련된 설명으로 <u>틀린</u> 것은?
① LED 램프는 400~700nm 정도의 파장을 사용한다.
② UV 램프는 UV-A 파장 정도를 사용한다.
③ 젤 네일에 사용되는 광선은 자외선과 적외선이다.
④ 젤 네일의 광택이 떨어지거나 경화 속도가 떨어지면 램프를 교체함이 바람직하다.

> 젤 네일에 사용되는 광선은 자외선과 가시광선으로, 적외선은 사용되지 않음

| 정답 | 01 ② | 02 ① | 03 ③ | 04 ④ | 05 ② | 06 ④ | 07 ③ | 08 ① | 09 ③ |

10
젤 경화 시 발생하는 히팅 현상과 관련된 내용으로 가장 거리가 먼 것은?
① 네일이 얇거나 상처가 있을 경우에 히팅 현상이 나타날 수 있다.
② 젤 작업이 두껍게 되었을 경우에 히팅 현상이 나타날 수 있다.
③ 히팅 현상 발생 시 경화가 잘 되도록 잠시 참는다.
④ 젤 작업 시 얇게 여러 번 도포하고 경화하여 히팅 현상에 대처한다.

히팅 현상 발생 시에는 잠시 손을 빼고 천천히 경화하는 것이 효과적임

11
네일 폼의 사용에 관한 설명으로 옳지 않은 것은?
① 측면에서 볼 때 네일 폼은 항상 20° 하향하도록 장착한다.
② 자연네일과 네일 폼 사이가 벌어지지 않도록 장착한다.
③ 하이포니키움이 손상되지 않도록 주의하며 장착한다.
④ 네일 폼이 틀어지지 않도록 균형을 잘 조절하여 장착한다.

옆면에서 볼 때 네일 폼이 처지지 않고 자연네일과 연결이 자연스럽게 이어지도록 접착함

12 신규 문제 공략
광 중합 젤에 대한 설명으로 틀린 것은?
① 베이스 젤은 컬러 젤보다 두껍게 도포한다.
② 셀프 레벨링이 나타난다.
③ 큐어링 시간을 맞추어야 한다.
④ 피부에 닿지 않게 해야 한다.

베이스 젤은 컬러 젤보다 두껍게 도포하지 않음

13 신규 문제 공략
잘못된 방법으로 네일 폼을 접착했을 경우에 해당하는 사항이 아닌 것은?
① 전체적인 균형이 깨질 수 있다.
② 스트레스 포인트 부분이 들뜰 수 있다.
③ 콘 벡스와 콘 케이브가 맞지 않을 수 있다.
④ 큐티클 라인을 조형하기 어려울 수 있다.

네일 폼을 잘못된 방법으로 접착하면 전체적인 균형이 깨져 들뜨거나 C-커브의 위아래(콘 벡스, 콘 케이브)가 맞지 않을 수 있으나 네일 폼 잘못 접착해도 큐티클 라인을 조형하는 것과는 관련이 없음

14 신규 문제 공략
아크릴 프렌치 스컬프처 작업 시 스마일 라인 조형 방법에 대해 틀린 것은?
① 얼룩지지 않게 조형한다.
② 스마일 라인을 조형할 경우 브러시는 네일 베드를 향한다.
③ 사이드 라인이 틀린 경우 샌딩 파일로 조절한다.
④ 네일 상태에 따라 둥근 라인의 깊이를 조절할 수 있다.

사이드 라인 양쪽 포인트의 밸런스를 맞추고 좌우대칭이 되도록 함

15 신규 문제 공략
아크릴 프렌치 스컬프처 작업 후 리프팅의 원인이 아닌 것은?
① 큐티클 부분이 두꺼운 경우
② 에칭을 제대로 주지 않은 경우
③ 주변으로 아크릴이 넘친 경우
④ 자연네일 자체에 유·수분이 많을 경우

자연네일 자체에 유·수분이 많다고 무조건 리프팅의 원인이 되는 것은 아니며, 자연네일의 유·수분 제거를 충분히 하지 않은 경우가 리프팅의 원인이 됨

16 신규 문제 공략
아크릴 스컬프처 작업 시 필요한 지식이 아닌 것은?
① 모노머 반응에 대한 지식
② 아크릴 브러시 사용 방법에 대한 지식
③ 접착제 사용에 대한 지식
④ 네일 구조에 대한 지식

• 아크릴 스컬프처 작업 시 접착제는 사용하지 않아 접착제 사용에 대한 지식은 필요하지 않음
• 접착제 사용 지식은 네일 팁이나 네일 랩 작업 시 필요함

17 신규 문제 공략
아크릴 네일에서 사용하는 재료는?
① 네일 팁 ② 네일 랩
③ 젤 ④ 모노머

아크릴 네일의 주요 재료: 네일 폼, 아크릴 파우더, 아크릴 리퀴드(모노머), 아크릴 브러시, 다펜디시

18
아크릴 네일의 보수 과정에 대한 설명으로 가장 거리가 먼 것은?
① 들뜬 부분의 경계를 네일 파일링한다.
② 아크릴 표면이 단단하게 굳은 후에 네일 파일링한다.
③ 새로 자라난 자연손톱 부분에 네일 프라이머를 바른다.
④ 들뜬 부분에 오일 도포 후 큐티클을 정리한다.

아크릴 네일의 보수 시에는 큐티클 오일을 사용하면 리프팅이 발생할 수 있으므로 큐티클 오일의 사용을 피해야 함

19
아크릴 네일 보수 과정 중 옳지 않은 것은?
① 심하게 들뜬 부분은 네일 파일과 큐티클 니퍼를 적절히 사용하여 세심히 잘라내고 경계가 없도록 네일 파일링한다.
② 새로 자라난 손톱 부분에 에칭을 주고 네일 프라이머를 도포한다.
③ 적절한 양의 비드로 큐티클 부분에 자연스러운 라인을 만든다.
④ 새로 비드를 얹은 부위는 네일 파일링이 필요하지 않다.

새로 비드(아크릴 볼)를 얹은 부위도 자연스럽게 연결되도록 네일 파일링이 필요함

PART 04 | 네일아트

001 색의 3속성
- 색상: 눈을 자극하여 얻어지는 지각 현상
- 명도: 색의 밝고 어두운 정도
- 채도: 색의 맑고 깨끗한 선명도

002 색의 온도감

난색	붉은색 계열로 따뜻하게 느껴짐
한색	파란색 계열로 차갑게 느껴짐
중성색	녹색이나 보라 계열로 온도감이 거의 없음

003 색의 중량감과 경연감
- 고명도의 밝은 색은 가볍고 부드러운 느낌
- 저명도의 어두운 색은 무겁고 딱딱한 느낌

004 4계절 색채

봄	부드러움, 은은함(노랑, 연두, 핑크, 파스텔 계열)
여름	정열, 젊음, 강렬함(파랑, 청록색, 청색 계열)
가을	차분함, 풍부함(베이지, 갈색, 적자색, 난색 계열)
겨울	차가움, 화려함(흰색, 회색, 무채색 계열)

005 네일 디자인의 배색 조건
미적인 부분과 안정감을 주는 유행성을 고려하여 실생활에 맞는 배색으로 표현함

006 워터 마블의 특성
- 물 위에 일반 네일 폴리시를 떨어뜨려 퍼짐성을 이용하여 색을 유연하게 만들고 움직임에 의한 디자인을 표현함
- 컬러가 물 위에서 퍼져야 하고 살짝 건조한 후 막을 형성해야 하기 때문에 일반 네일 폴리시로만 작업이 가능함

007 워터 마블의 단점
- 고객의 손톱을 직접 물에 담가야 하는 번거로움이 있음
- 손톱을 담그면서 디자인이 손상될 수 있음
- 손톱을 뺀 후 주변 피부에 네일 폴리시가 묻을 수 있음
- 물을 사용하기 때문에 손톱 표면에 기포가 생길 수 있음
- 제시한 디자인을 정확히 표현하기 어렵고 시간이 걸려 네일 팁에 디자인한 후 네일 팁을 접착하는 경우가 많음

008 워터 마블의 주의사항
- 자연네일에 직접 작업할 경우 주변 피부에 바세린이나 전용 크림을 발라주면 추후 잔여물 제거가 용이함
- 물에 손톱을 깊이 넣어 마블 디자인이 바닥에 닿으면 형태가 변형되므로 유의하고, 물기가 완전히 마른 후에 톱코트를 도포해야 함

009 아트 후 톱코트 도포 방법
- 톱코트로 인해 디자인이 뭉개질 수 있으므로 디자인을 네일 건조기에 잘 건조시킨 후 톱코트를 발라야 함
- 도트는 두께감이 있으므로 완성된 디자인이 번지지 않도록 톱코트는 좀 도톰하게 발라야 함
- 프리에지 부분까지 감싸 발라주어 유지력을 높여야 함
- 네일 주변에 묻은 톱코트를 제거한 후 건조시킴

010 디자인
주어진 목적을 조형적으로 실체화하는 모든 행위를 말함

011 조형의 기본 요소
점, 선, 면, 형(형태), 명암, 색, 질감, 공간

012 톱 젤
- 젤 네일 폴리시의 지속성을 높이고 광택을 부여함
- 매트한 질감으로 마무리하는 무광 톱 젤도 존재함
- 젤 네일 폴리시를 도포한 후 마지막에 도포함

유광 톱 젤	고광택을 주며 명료한 이미지를 표현하여 작품의 완성도를 높여줌
무광 톱 젤	• 포근한 이미지를 표현하며 벨벳 느낌과 고급스러움, 독특한 색감을 표현해 줌 • 유광 톱 젤보다 뿌연 색으로 점성이 강한 고무질감으로 제품이 분리될 수 있어 잘 섞어준 후 도포해야 매트한 느낌이 남 • 유지력을 위해 유광 톱 젤 후 덧바르기도 함 • 코팅된 느낌이 없어 때가 잘 타는 단점이 있음

013 젤 네일 폴리시 선 마블링 아트
- 선이 비뚤어지지 않고 색이 혼합되지 않게 그리기
- 색의 조화와 선이 깔끔하게 마블링되도록 자주 브러시를 닦아야 함
- 마블링 후 주변에 묻은 젤 네일 폴리시를 정리하고 경화해야 함

014 아트 후 톱 젤 도포 방법
- 톱 젤이 뭉치지 않게 공기방울이 생기지 않도록 부드럽게 잘 펴서 도포해야 함
- 톱 젤이 손톱 밖으로 넘치면 리프팅의 원인이 되므로 양을 적절히 조절해야 함
- 미경화 톱 젤은 젤 클렌저로 닦아 끈적임이 없도록 해야 함

015 점 표현 도구
도트 봉, 오렌지 우드스틱, 세필 브러시(라인 브러시)

016 스컬프처 통 젤 네일 폴리시
- 퍼짐이 매우 적은 젤로 가장 점성이 강함
- 젤을 도포하는 대로 형태가 유지되며 입체적으로 표현됨
- 완성 후 톱 젤을 두껍게 도포하면 입체감이 저하될 수 있으므로 톱 젤의 양을 적절히 조절해야 함

주요 문제 풀어보기

01
여름 네일아트 디자인에 어울리는 색채 배열로 가장 적절한 것은?
① 노랑, 연두, 핑크, 파스텔 계열
② 파랑, 청록색, 청색 계열
③ 베이지, 갈색, 적자색, 난색 계열
④ 흰색, 회색, 무채색 계열

- 봄: 부드러움, 은은함(노랑, 연두, 핑크, 파스텔 계열)
- 여름: 정열, 젊음, 강렬함(파랑, 청록색, 청색 계열)
- 가을: 차분함, 풍부함(베이지, 갈색, 적자색, 난색 계열)
- 겨울: 차가움, 화려함(흰색, 회색, 무채색 계열)

02
네일 디자인의 배색 조건으로 가장 적절한 것은?
① 미적인 부분보다 안정감을 최우선으로 배색한다.
② 실생활보다 최근 유행성을 고려하여 배색한다.
③ 미적인 부분이 가장 중요하므로 고객의 의견대로 배색한다.
④ 미적인 부분과 유행성을 고려하여 실생활에 맞게 배색한다.

네일 디자인의 배색 조건은 미적인 부분과 안정감을 주는 유행성을 고려하여 실생활에 맞는 배색으로 표현함

03
워터 마블 아트 시 주의사항으로 틀린 것은?
① 자연네일에 직접 작업할 경우 주변 피부에 아세톤을 미리 발라주면 추후 잔여물 제거가 용이하다.
② 물에 손톱을 넣을 시 깊게 넣어 마블 디자인이 바닥에 닿으면 형태가 변형되므로 유의해서 작업해야 한다.
③ 손톱 표면에 기포가 생기지 않도록 유의해야 한다.
④ 물기가 완전히 마른 후에 톱코트를 도포하여 마무리해야 한다.

자연네일에 직접 작업할 경우 주변 피부에 바셀린이나 전용 크림을 발라주면 추후 잔여물 제거가 용이함

04
워터 마블 기법에 대한 설명으로 틀린 것은?
① 물 표면에 만들어진 마블 디자인에 네일 팁을 넣고 지워지지 않게 바로 꺼낸다.
② 물 표면에 남아 있는 일반 네일 폴리시 막을 도구를 사용하여 정리해야 한다.
③ 물의 표면이 깨끗해진 것을 확인한 후 꺼내야 한다.
④ 마블 디자인 위에 네일 팁을 45°로 넣는다.

마블 디자인 위에 네일 팁을 45°로 천천히 눌러 물 속에 넣고 주변의 막을 정리할 때까지 그 상태로 유지해야 함

05
일반 네일 폴리시 아트 작업 후 톱코트 도포 방법에 대한 설명으로 틀린 것은?
① 도트는 두께감이 있으므로 톱코트를 최대한 눌러 얇게 도포해야 한다.
② 프리에지 부분까지 감싸 발라주어 유지력을 높여야 한다.
③ 톱코트로 인해 디자인이 뭉개질 수 있으므로 디자인을 네일 폴리시 건조기에 잘 건조시킨 후 톱코트를 도포해야 한다.
④ 네일 주변에 묻은 톱코트를 제거한 후 건조해야 한다.

도트는 두께감이 있으므로 완성된 디자인이 번지지 않도록 톱코트는 힘을 빼고 좀 도톰하게 도포해야 함

06
조형의 기본 요소가 아닌 것은?
① 점   ② 양
③ 면   ④ 선

조형의 기본 요소: 점, 선, 면, 형(형태), 명암, 색, 질감, 공간

07
톱 젤 도포 방법에 대한 설명으로 틀린 것은?
① 톱 젤이 뭉치지 않게 잘 펴서 도포해야 한다.
② 공기방울이 생기지 않도록 부드럽게 펴서 도포해야 한다.
③ 경화 후에도 미경화가 남는 톱 젤은 경화 시간이 부족한 것이므로 조금 더 경화해야 한다.
④ 톱 젤이 손톱 밖으로 넘치면 리프팅의 원인이 되므로 양을 적절히 조절해야 한다.

미경화가 남는 톱 젤은 젤 클렌저로 닦아 끈적임이 없도록 완성해야 함

08
통 젤 네일 폴리시 중 점성이 가장 강하여 젤을 도포하는 대로 형태가 유지되는 젤은?
① 스컬프처 통 젤 네일 폴리시
② 반투명 통 젤 네일 폴리시
③ 글리터 통 젤 네일 폴리시
④ 컬러 통 젤 네일 폴리시

스컬프처 통 젤 네일 폴리시는 점성이 가장 강하여 도포하는 대로 형태가 유지되어 조각한 것 같은 이미지를 연출하는 데 사용함

09
스컬프처 통 젤 네일 폴리시에 대한 설명으로 틀린 것은?
① 퍼짐이 매우 적은 통 젤 네일 폴리시이다.
② 입체감이 있어 톱 젤의 양을 도톰하게 도포하여 굴곡이 없게 완성한다.
③ 가장 점성이 강해 다루기 어려울 수 있다.
④ 젤을 도포하는 형태대로 유지되며 입체적으로 표현된다.

스컬프처 통 젤 네일 폴리시 완성 후 톱 젤을 두껍게 도포하면 입체감이 저하될 수 있으므로 톱 젤의 양을 적절히 조절해야 함

PART 05 | 공중위생관리

001 공중보건의 개념
조직화된 지역 사회의 노력으로 질병 예방, 생명 연장, 신체 및 정신적 효율을 증진시키는 기술이자 과학임

002 공중보건의 보건 관리 분야
보건행정, 보건통계, 사회보장제도, 보건 교육 등

003 영아사망률(대표적인 보건수준 평가지표)

$$\frac{\text{그 해의 1세 미만 사망아 수}}{\text{그 해의 연간 출생아 수}} \times 1,000$$

004 세계보건기구(WHO) 건강수준지표
비례사망지수, 평균수명, 조사망률

005 인구 구성 형태

피라미드형	• 후진국형, 인구 증가형 • 출생률보다 사망률이 낮음 • 14세 이하가 65세 이상 인구의 2배 이상
종형	• 이상형, 인구 정지형 • 출생률과 사망률이 모두 낮음 • 14세 이하가 65세 이상 인구의 2배 정도
항아리형	• 선진국형, 인구 감소형 • 출생률보다 사망률이 높음 • 14세 이하가 65세 이상 인구의 2배가 되지 않음
별형	• 도시형, 인구 유입형 • 생산층 인구 증가(전체 인구의 50% 이상)
농촌형	• 농촌형, 인구 유출형 • 생산층 인구 감소(전체 인구의 50% 미만)

006 질병 발생의 3대 요인
병인(병원체), 숙주, 환경

007 감염병 생성 과정의 6대 요소
병원체 → 병원소 → 병원체의 탈출 → 병원체의 전파 → 신숙주로 침입 → 숙주의 감수성

008 병원소
- 토양(흙): 각종 진균류
- 인간(사람): 건강보균자(감염병 관리상 가장 중요한 대상자)
- 동물(가축): 인수공통 감염병

009 건강 보균자
병원체 보유자로서 균을 배출하지만 임상 증상이 보이지 않아 건강해 보이는 보균자로 감염병 관리상 가장 중요한 대상자임

010 병원체의 탈출
호흡기계, 소화기계, 비뇨생식기계, 개방된 병소, 기계적 탈출

011 전파

호흡기계	• 말, 기침 등 오염된 공기로 전파되는 비말 감염 • 인플루엔자, 디프테리아, 홍역, 결핵 등
혈액, 성 매개	• 면도날, 혈액, 성적인 접촉을 통해 전파되는 감염 • B형 간염, 후천성 면역결핍증(에이즈), 매독, 임질
소화기계	• 오염된 식품과 물(수인성)에 의한 경우 감염 • 세균성 이질, 장티푸스, 콜레라, 파라티푸스 등
개달물	• 환자가 사용한 의복, 침구, 수건 등에 의한 감염 • 트라코마(감염성 안질), 백선 등

012 절지동물 전파

모기	일본뇌염, 말라리아, 사상충, 황열, 뎅기열
파리	장티푸스, 이질, 콜레라, 파라티푸스, 결핵
이	발진티푸스, 재귀열, 참호열
진드기	쯔쯔가무시증, 신증후군 출혈열(유행성 출혈열) 등

013 후천적 면역

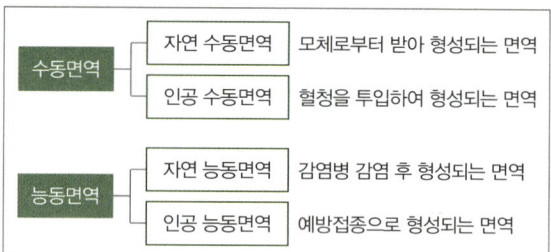

014 예방접종 주요 시기

생후 직후	B형 간염
생후 4주 이내	BCG(결핵)
2, 4, 6개월	DPT(디프테리아, 백일해, 파상풍), 폴리오

015 기생충의 원인

말라리아, 사상충	모기
요충	어린이 접촉, 집단 감염
유구조충	돼지고기 생식
무구조충	소고기 생식
아니사키스충	오징어, 고등어 생식
긴촌충	송어, 연어 생식
요코가와흡충	은어, 숭어 생식
폐흡충	가재, 게 생식
간흡충	잉어, 붕어, 피라미 생식

016 검역
- 외국 질병의 국내 침입 방지를 위한 감염병의 예방 대책
- 감염병 유행 지역의 입국자에 대하여 감염병 감염이 의심되는 사람의 강제 격리로서 '건강 격리'라고도 함

017 역학
- 인간 집단을 대상으로 질병의 발생 원인을 규명
- 질병의 예방 대책을 모색하여 감염병을 연구하는 학문

018 주요 감염병

제1급	두창, 탄저, 페스트, 라싸열, 마버그열, 디프테리아, 보툴리눔독소증, 야토병, 신종인플루엔자, 중동 호흡기 증후군(MERS), 중증급성 호흡기 증후군(SARS)
제2급	결핵, 수두, 홍역, 풍진, 폴리오, 콜레라, 성홍열, 한센병, 백일해, A형 간염, 장티푸스, 파라티푸스, 세균성 이질, 유행성 이하선염
제3급	매독, 황열, 큐열, 뎅기열, 발진열, 파상풍, 라임병, 공수병, 말라리아, 발진티푸스, 일본뇌염, B형 간염, C형 간염
제4급	임질, 임플루엔자, 코로나바이러스감염증-19

019 성인보건

당뇨병	혈중 당 수치가 높은 증상으로, 감염병이 아님
폐암	폐에 발생하는 암으로, 국내 암 사망률 1위
폐결핵	폐에 결핵균이 침입한 호흡기 감염병으로, 폐결핵환자는 공중보건사업의 기본 개념에 따라 우선적 관리 대상임

020 노인 비율에 따른 사회 구분

고령화 사회	65세 이상 인구의 비율이 7~13%인 사회
고령 사회	65세 이상 인구의 비율이 14~19%인 사회
초고령화 사회	65세 이상 인구의 비율이 20% 이상인 사회

021 기후
- 기후(체감 온도)의 3요소: 기온, 기습, 기류
- 실내 직장 온도: 18±2℃(쾌적 온도: 18℃)
- 실내 적정 습도: 40~70%(쾌적 습도: 60%)
- 실내·외 온도 차: 5~7℃

022 이산화탄소(CO_2)
실내공기 오염의 지표, 온난화 현상의 원인이 되는 대표 가스

023 공기의 자정 작용
- 희석 작용: 공기 자체의 희석 작용
- 살균 작용: 자외선에 의한 살균 작용
- 탄소 동화 작용: 식물에 탄소 동화 작용에 의한 이산화탄소(CO_2), 산소(O_2)의 교환 작용
- 산화 작용: 산소, 오존, 과산화수소 등에 의한 산화 작용
- 세정 작용: 비나 눈에 의한 가스, 분진 등 세정 작용

024 대기오염 물질

일산화탄소(CO)	• 헤모글로빈과 결합 능력이 뛰어남 • 공기보다 가벼워, 확산성과 침투성이 강함
아황산가스, 이산화황(SO_2)	• 대표적인 대기오염 지표 • 피해: 식물 고사, 생리적 장애, 폐렴

025 군집독
- 다수인이 밀집한 실내 공기가 물리·화학적 변화를 거쳐 불쾌감, 두통, 권태, 현기증, 구토 등을 일으키는 것
- 실내에 다수가 밀집하면 기온, 이산화탄소, 습도가 높아짐

026 1차 오염물질
발생원이 직접 대기오염을 일으키는 물질
예 분진, 매연, 이산화황(SO_2), 일산화탄소(CO), 이산화질소(NO_2)

027 상수의 구분

연수	• 칼슘과 마그네슘의 함유량이 적음 • 거품이 잘 일어나고 부드러움
경수	• 칼슘과 마그네슘의 함유량이 많음 • 거품이 일어나지 않고 뻣뻣함

028 대장균
상수오염의 생물학적 지표

029 수질오염 측정 주요 지표

용존산소 (DO)	• 물 속에 용해된 유리산소 • DO가 낮으면 오염도가 높음
생물학적 산소요구량 (BOD)	• 하수오염지표 • BOD가 높으면 DO가 낮아 오염도가 높음
화학적 산소요구량 (COD)	COD가 높으면 오염도가 높음

030 하수 처리 과정

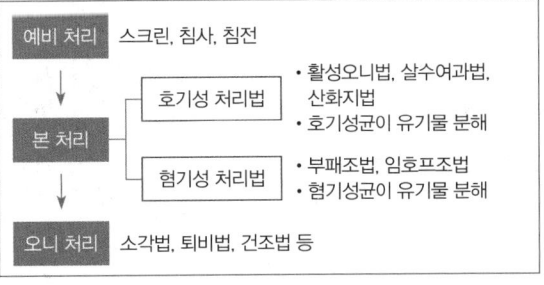

031 소각법
불에 태우는 방법, 가장 위생적인 폐기물 처리 방법

032 의복의 함기량
모피 > 모직 > 무명 > 견직 > 마직

033 인공 조명

직접 조명	눈이 부시고 강한 음영으로 눈의 피로를 유발하여 균등한 조도 분포를 얻기 힘듦
간접 조명	눈부심과 음영이 적고 부드러운 빛으로 눈의 보호에 좋으며 균등한 조도를 얻을 수 있음

034 산업재해 지표

도수율, 건수율(발생률), 강도율

035 식중독의 분류

화학물질		유해성 금속화합물, 농약의 잔류
곰팡이독		• 땅콩(아플라톡신) • 쌀(황변미독소) • 빵(푸른곰팡이)
자연독	식물성	• 버섯(무스카린) • 감자(솔라닌) • 맥각류(에르고톡신) • 미나리(시큐톡신) • 청매(아미그달린)
	동물성	• 복어(테트로도톡신) • 조개류(삭시톡신, 베네루핀)
세균성	감염형	살모넬라균, 병원성 대장균, 장염비브리오균
	독소형	포도상구균, 보툴리누스균, 웰치균

036 보건행정

- 의의: 공중보건의 목적을 달성하기 위해 공공의 책임하에 수행하는 행정 활동
- 특성: 공공성, 교육성, 과학성, 사회성, 봉사성, 조장성, 기술성

037 주요 사회 보장 제도

사회보험	• 소득보장: 산재보험, 연금보험, 고용보험 • 의료보장: 건강보험, 산재보험
공공부조	• 기초생활보장: 생활보호 • 의료 급여: 의료보호

038 의료보호

자력으로 의료 문제를 해결할 수 없는 생활 무능력자 및 저소득층을 대상으로 공적으로 의료를 보장하는 제도

039 의료보험(건강보험)

- 목적: 의료비 경감을 목적으로 하는 사회보험
- 의료급여 대상자: 북한 이탈 주민, 의상자 및 의사자의 유족, 국가유공자 등

040 세계보건기구(WHO)

- 우리나라: 1949년에 가입, 서태평양 지역에 소속됨
- 북한: 1973년에 가입, 동남아시아 지역에 소속됨
- 보건행정 범위: 보건 관계 기록의 보존, 환경위생, 감염병 관리, 모자 보건, 보건 간호, 의료 제공, 보건 교육

041 소독의 정의 및 분류

멸균	미생물 및 아포를 가진 것을 전부 사멸시킨 무균 상태
살균	물리적·화학적 처리로 미생물을 급속 사멸시키는 것
소독	병원성 미생물을 가능한 제거하여 사람에게 감염의 위험이 없도록 하는 것
방부	미생물의 부패나 발효를 방지하는 것
희석	일차적으로 청결하게 세척하는 것
여과	여과기로 침전물과 입자를 걸러내는 것

* 소독력의 크기: 멸균 〉 살균 〉 소독 〉 방부

042 소독에 영향을 주는 인자

온도, 수분, 시간, 농도

043 소독약의 구비조건과 주의사항

구비 조건	• 인체에 독성과 자극성이 없고, 냄새가 없는 것이 좋음 • 살균력, 용해성, 안정성이 높고 소독 효력은 즉시 나타나야 함
주의 사항	• 소독 대상물의 성질, 아포 형성 유무를 고려하여 선택 • 미생물 종류, 소독의 목적, 소독법, 시간을 고려하여 선택 • 소독약은 밀폐시켜 열과 빛을 차단하는 냉암소에 보관 • 취급 방법, 농도 표시, 소독제 병의 오염을 확인 • 소독제를 희석하여 사용할 경우 물의 경도에 주의

044 종말소독

환자가 퇴원, 사망하거나 격리수용된 감염병을 완전 제거하기 위한 소독

045 세균 증식에 적합한 수소이온 농도

pH 6.0~8.0(중성)임

046 결핵균

결핵을 일으키며 세포벽에 지질이 많아 춥고 건조한 환경에 강함

047 미생물의 종류

유산균, 효모, 바이러스, 리케차, 세균, 진균, 원충 등

비병원성	유산균, 효모 등
병원성	바이러스, 리케차, 세균, 진균, 원충 등

048 바이러스

- 미생물 중 가장 작아 전자현미경으로만 관찰 가능
- 핵산 DNA와 RNA 중 하나만 가지고 있음
- 살아 있는 세포 내에서 증식하며, 항생제에 반응하지 않음
- 황열바이러스는 인간 질병 최초의 바이러스임

049 세균(박테리아)

- 증식 환경이 부적당하면 저항력을 높이기 위해 아포를 형성
- 협막: 백혈구의 식균 작용에 대항하여 세균의 세포를 보호
- 편모: 운동성을 지닌 부속기관

050 물리적 소독 방법

일광 소독법	20분 이상 조사
자외선 소독법	자외선에 직접 노출
건열 멸균법	170℃ 1~2시간 가열 후 냉각
화염 멸균법	불꽃에서 20초 이상 직접 접촉
소각법	불에 태워 없앰
자비(열탕) 소독법	100℃ 15~20분 가열
고압증기 멸균법	121℃ 15파운드 20분 가열
유통증기 멸균법	100℃ 30~60분 가열
간헐 멸균법	100℃ 30~60분간 하루마다 가열 3회 반복
초고온 순간 멸균법	130~140℃ 2~4초 살균
고온 살균법	72~75℃ 15~20초 살균
저온 살균법	62~63℃ 30분 살균
여과 멸균법	열에 의해 변성, 불안정한 액체를 멸균
초음파 멸균법	초음파 파장으로 미생물을 파괴하여 멸균
방사선 멸균법	방사선을 투과하여 미생물을 멸균

051 물리적 소독법의 대상물

- 일광 소독법: 수건, 의류
- 자외선 소독법: 미용도구(철제 도구, 브러시, 빗)
- 건열 멸균법: 유리, 도자기, 주사침, 바셀린, 파우더
- 화염 멸균법: 백금선, 시험관
- 소각법: 오염된 휴지, 환자복, 환자의 객담
- 자비(열탕) 소독법: 수건, 의류, 금속 기구, 도자기
- 고압증기 멸균법: 의류, 금속 기구, 거즈, 아포, 에이즈, B형 간염
- 유통증기 멸균법: 도자기, 의류
- 간헐 멸균법: 도자기, 금속 기구, 아포
- 초고온 순간·고온·저온 살균법: 유제품
- 여과 멸균법: 당, 혈청, 약제
- 초음파 멸균법: 액체
- 방사선 멸균법: 포장 물품

052 화학적 소독법의 대상물

- 석탄산(페놀): 하수구, 토사물, 기구
- 승홍수: 피부, 아포
- 알코올: 손, 피부, 유리, 금속 도구
- 포르말린: 아포
- 크레졸: 손, 아포, 바닥, 배설물
- 역성비누: 손, 식기, 기구
- 과산화수소: 구강, 피부 상처
- 표백분: 음료수, 수영장
- 염소: 채소, 과일, 음용수, 상수도, 하수도, 아포
- 오존: 물
- 과망가니즈산칼륨(과망간산칼륨): 피부 창상
- 생석회: 하수도, 쓰레기통, 화장실, 분변
- E.O가스: 전자기기, 고무, 플라스틱, 아포

053 소독제의 작용기전

- 단백질 변성 작용: 석탄산, 알코올, 크레졸, 승홍수, 포르말린
- 산화 작용: 과산화수소, 오존, 과망가니즈산칼륨, 염소, 표백분
- 가수 분해 작용: 생석회

054 소독제의 부적합

- 승홍수: 금속 기구, 상처, 음료수
- 석탄산: 피부 점막, 금속 기구, 아포, 바이러스
- 알코올: 고무, 플라스틱, 아포
- 포르말린: 배설물, 객담

055 소독제의 농도

- 석탄산: 3%
- 알코올: 70%
- 크레졸: 3%
- 과산화수소: 3%
- 승홍수: 0.1%
- 포르말린: 1~1.5%
- 역성비누: 0.01~0.1%

056 「공중위생관리법」의 목적

공중이 이용하는 영업의 위생관리 등에 관한 사항을 규정함으로써 위생수준을 향상시켜 국민의 건강 증진에 기여함

057 공중위생영업의 정의

다수인을 대상으로 위생관리서비스를 제공하는 영업으로 숙박업, 목욕장업, 이용업, 미용업, 세탁업, 건물위생관리업을 말함

058 미용업의 정의

미용업은 손님의 얼굴·머리·피부 및 손톱·발톱 등을 손질하여 손님의 외모를 아름답게 꾸미는 영업을 말함

059 미용업의 구분 및 정의

일반 미용업	파마·머리카락 자르기·머리카락 모양내기·머리피부 손질·머리카락염색·머리감기, 의료기기나 의약품을 사용하지 않는 눈썹손질을 하는 영업
피부 미용업	의료기기나 의약품을 사용하지 않는 피부 상태 분석·피부관리·제모·눈썹손질을 하는 영업
네일 미용업	손톱과 발톱을 손질·화장하는 영업
화장·분장 미용업	얼굴 등 신체의 화장, 분장 및 의료기기나 의약품을 사용하지 않는 눈썹손질을 하는 영업

060 영업신고

보건복지부령이 정하는 시설 및 설비를 갖추고 시장·군수·구청장에게 신고

061 영업신고 제출서류

- 영업신고서
- 영업시설 및 설비개요서
- 위생교육 수료증
- 면허증 원본

062 이·미용업 시설 및 설비기준

일반기준	• 공중위생영업장은 시설 및 설비와 분리 또는 구획으로 구분되어야 함 • 미용업을 2개 이상 함께 하여 각각의 시설이 선·줄 등으로 서로 구분될 수 있는 경우에는 별도로 분리 또는 구획하지 않음
개별기준	• 이·미용기구는 소독한 기구와 소독하지 않은 기구를 구분하여 보관할 수 있는 용기를 비치해야 함 • 소독기·자외선 살균기 등 미용기구를 소독하는 장비를 갖춰야 함 • 이용업은 영업소 안에 별실 그 밖에 이와 유사한 시설을 설치해서는 안 됨

063 변경신고
보건복지부령이 정하는 중요사항을 변경할 때에는 시장·군수·구청장에게 신고

064 변경신고 사항
- 영업소의 명칭 또는 상호
- 영업소의 주소(소재지)
- 신고한 영업장 면적의 3분의 1 이상의 증감
- 대표자의 성명 또는 생년월일
- 미용업 업종 간 변경

065 폐업신고
보건복지부령이 정하는 폐업신고를 하려는 자는 공중위생영업을 폐업일로부터 20일 이내에 시장·군수·구청장에게 신고

066 영업의 승계
- 영업자의 지위를 승계하는 자는 1개월 이내에 보건복지부령이 정하는 바에 따라 시장·군수·구청장에게 신고
- 승계 조건: 면허 소지자

067 승계 제출서류
- 영업자 지위승계 신고서
- 양도 시: 양도·양수 증명서류 사본
- 상속 시: 가족관계증명서, 상속자 증명서류
- 양도, 상속 이외: 해당 사유별로 영업자의 지위승계 증명서류

068 이·미용업자 위생관리기준
- 미용업자는 점 빼기, 귓불 뚫기 등의 의료 행위 금지
- 미용업자는 피부미용을 위해 의약품, 의료기기 사용 금지
- 이·미용기구 중 소독을 한 기구와 소독을 하지 않은 기구는 각각 다른 용기에 넣어 보관
- 1회용 면도날은 손님 1인에 한하여 사용
- 영업장 안의 조명도를 75룩스 이상 유지
- 이·미용업 신고증, 개설자의 면허증 원본, 최종지불요금표를 영업소 내에 게시(영업장 면적이 66제곱미터 이상인 경우에는 외부에도 최종지불요금표를 게시 또는 부착)

069 미용기구의 소독기준 및 방법

자외선 소독	$1cm^2$ 당 85μW 이상의 자외선을 20분 이상 쬐어 줌
건열 멸균 소독	100℃ 이상 건조한 열에 20분 이상 쬐어 줌
증기 소독	100℃ 이상 습한 열에 20분 이상 쬐어 줌
열탕 소독	100℃ 이상 물 속에 10분 이상 끓여 줌
석탄산수 소독	석탄산 3%, 물 97%에 10분 이상 담가 둠
크레졸수 소독	크레졸 3%, 물 97%에 10분 이상 담가 둠
에탄올 소독	에탄올 수용액 70%에 10분 이상 담가 두거나, 에탄올 수용액을 머금은 면이나 거즈로 기구의 표면을 닦아 줌

070 면허
면허 취득, 면허취소·정지 처분의 세부적인 기준은 보건복지부령으로 정하고 시장·군수·구청장에게 발급

071 면허 발급 금지 사유
- 피성년후견인
- 정신질환자
- 감염병환자
- 약물중독자(마약 등)
- 면허가 취소된 후 1년이 경과되지 않은 자

072 면허 발급 조건
- 전문대학 또는 이와 같은 수준 이상의 학력이 있다고 교육부장관이 인정하는 학교에서 이·미용 학과를 졸업한 자
- 대학 또는 전문대학을 졸업한 자와 같은 수준 이상의 학력이 있는 것으로 인정되어 이·미용 학위를 취득한 자
- 고등학교 또는 이와 같은 수준의 학력이 있다고 교육부장관이 인정하는 학교에서 이·미용 학과를 졸업한 자
- 각종 학교에서 1년 이상 이·미용 과정을 이수한 자
- 「국가기술자격법」에 의한 이·미용사의 자격을 취득한 자

073 면허 재발급
면허증의 재발급을 받고자 하는 자는 시장·군수·구청장에게 신청서를 제출

074 면허 재발급 사유
- 면허증의 기재 사항에 변경이 있는 때(성명, 주민번호 등)
- 면허증이 헐어 못 쓰게 된 때
- 면허증을 잃어버린 때

075 면허정지 및 취소
- 시장·군수·구청장은 면허를 취소하거나 6개월 이내의 기간을 정하여 면허정지를 명할 수 있음
- 면허취소, 정지명령을 받은 자는 지체 없이 시장·군수·구청장에게 면허증을 반납하고 관할 시장·군수·구청장은 면허정지 기간 동안 반납한 면허증을 보관해야 함
- 면허취소 시 1년 경과 후 재취득할 수 있음

076 이·미용사의 업무 범위
- 업무 범위와 업무보조 범위는 보건복지부령으로 정함
- 이·미용사의 면허를 받은 자가 아니면 이·미용업을 개설하거나 업무에 종사할 수 없음
- 이·미용사의 감독을 받아 이·미용 업무의 보조를 행하는 경우는 종사할 수 있음

077 영업소 외의 장소에서 가능한 특별한 사유
- 질병이나 고령·장애 그 밖에 사유로 인하여 영업소에 나올 수 없는 자에 대하여 이·미용하는 경우
- 혼례나 그 밖에 의식에 참여하는 자에 대하여 그 의식 직전에 이·미용하는 경우
- 사회복지시설에서 봉사활동으로 이·미용하는 경우
- 방송 등의 촬영에 참여하는 사람에 대하여 그 촬영 직전에 이·미용하는 경우
- 특별한 사정이 있다고 시장·군수·구청장이 인정하는 경우

078 보고
특별시장·광역시장·도지사 또는 시장·군수·구청장은 공중위생관리상 필요하다고 인정한 때 공중위생영업자에 대하여 필요한 보고를 하게 할 수 있음

079 영업의 제한
시·도지사는 공익상 또는 선량한 풍속의 유지를 위하여 필요하다고 인정하는 때에는 공중위생영업자 및 종사원에 대하여 영업시간과 영업행위에 관한 필요한 제한을 할 수 있음(2025년 7월 31일부터 시장·군수·구청장도 영업의 제한을 할 수 있게 됨)

080 개선명령
- 개선명령 집행자: 시·도지사 또는 시장·군수·구청장
- 개선명령 기간: 6개월
- 개선명령 사항: 공중위생영업의 종류별 시설 및 설비기준 위반, 위생관리의무 위반

081 영업소의 폐쇄
영업정지, 일부 시설의 사용중지, 영업소 폐쇄명령 등의 세부적 기준은 보건복지부령으로 정하고 시장·군수·구청장이 집행

082 폐쇄명령 위반, 무신고 영업 시 조치사항
- 해당 영업소 간판 및 기타 영업표지물을 제거
- 해당 영업소가 위법한 영업소임을 알리는 게시물을 부착
- 영업을 위해 필요한 기구, 시설물을 사용할 수 없게 봉인

083 청문 실시 사유
- 이·미용사 면허정지
- 이·미용사 면허취소
- 영업소 영업정지
- 일부 시설의 사용중지
- 영업소 폐쇄명령

084 과징금 처분
- 시장·군수·구청장은 영업정지가 불편을 주거나 공익을 해할 수 있는 경우 1억 원 이하의 과징금을 부과할 수 있음
- 과징금을 부과하는 위반행위의 종별·정도 등에 따른 과징금의 금액 등에 관하여 필요한 사항은 대통령령으로 정함
- 과징금을 납부기한까지 납부하지 않은 경우 대통령령으로 정하는 바에 따라 과징금 부과처분을 취소하고, 영업정지 처분을 하거나 「지방행정제재·부과금의 징수 등에 관한 법률」에 따라 이를 징수함

085 과징의 금액
시장·군수·구청장은 공중위생영업자의 사업규모·위반행위의 정도 및 횟수 등을 고려하여 과징금의 2분의 1 범위에서 과징금을 늘리거나 줄일 수 있으며 과징금을 늘리는 때에도 총액은 1억 원을 초과할 수 없음

086 과징금 산정 기준
- 1일당 과징금의 금액: 연간 총매출액 기준
- 연간 총매출액: 처분일이 속한 연도의 전년도 1년간 총매출액을 기준

087 위생서비스 수준 평가
- 위생서비스 평가주기·방법, 위생관리등급의 기준 및 기타 평가에 관한 필요사항은 보건복지부령으로 정함
- 시·도지사는 위생관리수준을 향상시키기 위하여 위생서비스 평가계획을 수립하여 시장·군수·구청장에게 통보
- 시장·군수·구청장은 위생서비스 평가를 2년에 한 번씩 실시

088 위생관리등급

최우수업소	녹색등급
우수업소	황색등급
일반관리 대상 업소	백색등급

089 위생관리등급 공표
- 위생관리등급은 보건복지부장관이 정하여 고시함
- 시장·군수·구청장은 위생관리등급을 공중위생영업자에게 통보하고 공표해야 함
- 공중위생영업자는 위생관리등급의 표지를 영업소 명칭과 함께 영업소의 출입구에 부착할 수 있음
- 시·도지사 또는 시장·군수·구청장은 위생서비스의 수준이 우수한 영업소에 대해 포상을 실시할 수 있음
- 시·도지사 또는 시장·군수·구청장은 위생관리등급별로 영업소에 대한 위생 감시를 실시할 수 있음

090 위생 감시 기준
- 영업소에 대한 출입, 검사
- 위생 감시의 실시 주기 및 횟수

091 공중위생 감시원
- 공중위생 감시원의 자격·임명 등은 대통령령으로 정함
- 공중위생영업의 위생관리 업무 등 관계 공무원의 업무를 행하기 위해 특별시·광역시·도 및 시·군·구에 공중위생 감시원을 둠
- 특별시장·광역시장·도지사 또는 시장·군수·구청장은 공중위생 감시원 자격에 해당하는 소속 공무원 중에서 임명함

092 공중위생 감시원 자격
- 위생사 또는 환경기사 2급 이상의 자격증이 있는 사람
- 대학에서 화학·화공학·환경공학·위생학 분야를 전공하고 졸업한 사람 또는 같은 수준의 학력이 있다고 인정되는 사람
- 외국에서 위생사 또는 환경기사의 면허를 받은 사람
- 1년 이상 공중위생행정에 종사한 경력이 있는 사람

093 공중위생 감시원 업무 범위
- 시설 및 설비 확인
- 공중위생영업 관련 시설, 설비의 위생상태 확인·검사
- 위생관리의무 및 영업자 준수사항 이행 여부의 확인
- 위생지도 및 개선명령 이행 여부의 확인
- 영업의 정지, 사용중지, 영업소 폐쇄명령 이행 여부의 확인
- 위생교육 이행 여부의 확인

094 위생교육
- 위생교육의 방법·절차 등에 관하여 필요한 사항은 보건복지부령으로 정하고, 위생교육의 세부사항은 보건복지부장관이 정함
- 매년 3시간의 위생교육을 받아야 함
- 위생교육의 내용은 공중위생관리법규, 소양교육, 기술교육으로 함
- 공중위생업소를 개설하기 전에 미리 위생교육을 받아야 함

095 위생교육 대상자
- 공중위생영업자(이·미용영업자)
- 공중위생영업을 승계한 자
- 공중위생영업의 신고를 하고자 하는 자
- 영업에 직접 종사하지 않거나 두 개 이상의 장소에서 영업을 하는 자는 영업장별 공중위생 책임자

096 위생교육 주요 유예사항
- 동일한 공중위생영업자가 둘 이상의 미용업을 같은 장소에서 하는 경우에는 그중 하나의 미용업에 대한 위생교육을 받으면 나머지 미용업에 대한 위생교육도 받은 것으로 봄
- 위생교육을 받은 자가 위생교육을 받은 날부터 2년 이내에 위생교육을 받은 업종과 같은 업종의 영업을 하려는 경우에는 해당 영업에 대한 위생교육을 받은 것으로 봄

097 위생교육 실시단체
- 위생교육은 보건복지부장관이 허가한 단체가 실시함
- 실시단체의 장은 수료증을 교부하고, 교육실시 결과를 교육 후 1개월 이내에 시장·군수·구청장에게 통보해야 하며, 수료증 교부대장 등 교육에 관한 기록을 2년 이상 보관·관리해야 함

098 1년 이하의 징역 또는 1천만 원 이하의 벌금
- 영업의 신고를 하지 않고 영업소를 개설한 자
- 영업정지 또는 일부 시설의 사용중지 명령을 받고도 그 기간 중에 영업을 하거나 그 시설을 사용한 자
- 영업소 폐쇄명령을 받고도 계속하여 영업한 자

099 6개월 이하의 징역 또는 500만 원 이하의 벌금
- 중요사항을 변경하고도 변경신고를 하지 않은 자
- 공중위생영업의 지위를 승계한 자로 1개월 내에 신고하지 않은 자
- 건전한 영업질서를 위하여 공중위생영업자가 준수해야 할 사항을 준수하지 않은 자

100 300만 원 이하의 벌금
- 면허가 취소된 후에도 계속하여 이·미용업을 한 사람
- 면허정지 기간 중에 이·미용업을 한 사람
- 면허를 받지 않고 이·미용업을 개설, 업무에 종사한 사람
- 다른 사람에게 이·미용사의 면허증을 빌려주거나 빌린 사람
- 이·미용사의 면허증을 빌려주거나 빌리는 것을 알선한 사람

101 과태료

300만 원 이하	• 개선명령을 위반한 자 • 필요한 보고를 당국에 하지 않거나 관계공무원의 출입·검사, 기타 조치를 거부·방해·기피한 자
200만 원 이하	• 이·미용업소의 위생관리의무를 지키지 않은 자 • 영업소 외의 장소에서 이·미용 업무를 행한 자 • 위생교육을 받지 않은 자

102 과태료를 2분의 1 범위에서 줄일 수 있는 경우
- 위반행위자가 「질서위반행위규제법 시행령」에 해당한 경우
- 위반행위가 사소한 부주의나 오류로 인정되는 경우
- 위반의 내용·정도가 경미하다고 인정되는 경우
- 위반행위자가 법 위반상태를 시정하거나 해소하기 위해 노력한 것이 인정되는 경우
- 과태료 금액을 줄일 필요가 있다고 인정되는 경우

103 1차 위반 시 면허취소
- 면허 발급 금지 사유에 해당된 경우(피성년후견인, 정신질환자, 감염병환자, 약물중독자)
- 이중으로 면허를 취득한 경우(나중에 발급받은 면허)
- 「국가기술자격법」에 따라 자격이 취소된 경우
- 면허정지 처분을 받고도 그 정지 기간 중 업무를 한 경우

104 1차 위반 시 영업장 폐쇄명령
- 영업신고를 하지 않은 경우
- 영업정지 처분을 받고도 영업정지 기간에 영업을 한 경우
- 정당한 사유 없이 6개월 이상 계속 휴업하는 경우
- 관할 세무서장에게 폐업신고를 하거나 관할 세무서장이 사업자 등록을 말소한 경우
- 영업을 하지 않기 위해 영업시설의 전부를 철거한 경우

주요 문제 풀어보기

01 다음 감염병 중 호흡기계 감염병에 속하는 것은?
① 발진티푸스 ② 파라티푸스
③ 디프테리아 ④ 황열

> 디프테리아는 비말핵이 먼지와 섞여 공기를 통해 감염되는 호흡기계 감염병임

02 다음 중 수인성 감염병에 속하는 것은?
① 유행성 출혈열 ② 성홍열
③ 세균성 이질 ④ 탄저병

> 수인성 감염은 물에 의한 감염으로 세균성 이질, 장티푸스, 콜레라, 파라티푸스 등이 있음

03 다음 중 이·미용실에서 사용하는 수건을 철저하게 소독하지 않았을 때 주로 발생할 수 있는 감염병은?
① 장티푸스 ② 트라코마
③ 페스트 ④ 일본뇌염

> 트라코마는 환자의 눈물, 콧물 등의 분비물이 수건 등에 묻어 감염되는 눈의 접촉 감염병으로, 위생 상태가 좋지 않은 이·미용실에서 주로 발생함

04 다음 중 이·미용업소에서 가장 쉽게 옮겨질 수 있는 질병은?
① 폴리오 ② 뇌염
③ 비활동성 결핵 ④ 감염성 안질

> 감염성 안질(트라코마)은 환자의 눈물, 콧물 등의 분비물이 수건 등에 묻어 감염되는 눈의 접촉 감염병으로, 수건의 사용이 많은 이·미용업소에서 가장 쉽게 옮겨질 수 있는 질병임

05 절지동물에 의해 매개되는 감염병이 아닌 것은?
① 유행성 일본뇌염 ② 발진티푸스
③ 탄저 ④ 페스트

> 절지(절족)동물은 곤충류, 거미류, 갑각류를 말하며 탄저는 돼지, 소, 말, 양에 의해 매개되는 감염병임

06 파리가 매개할 수 있는 질병과 거리가 먼 것은?
① 아메바성 이질 ② 장티푸스
③ 발진티푸스 ④ 콜레라

> 발진티푸스는 이가 매개할 수 있는 질병임

07 감염병을 옮기는 질병과 그 매개곤충을 연결한 것으로 옳은 것은?
① 말라리아 – 진드기
② 발진티푸스 – 모기
③ 쯔쯔가무시증 – 진드기
④ 일본뇌염 – 체체파리

> • 말라리아 – 모기
> • 발진티푸스 – 이
> • 일본뇌염 – 모기

08 〔신규 문제 공략〕 B형 간염의 전파 요소 중 가장 위험한 것은?
① 면도날 ② 클리퍼(전동형)
③ 빗 ④ 가운

> B형 간염은 면도날, 혈액, 성적인 접촉을 통해 전파되는 감염병으로 특히 면도날은 전파 위험성이 가장 높음

09 〔신규 문제 공략〕 노인 비율에 따른 사회 구분으로 다음 괄호에 알맞은 것은?

> 총인구 중 65세 이상 인구가 ( )%인 사회를 고령화 사회라고 하며, 총인구 중 65세 이상 인구가 ( )%인 사회를 고령 사회라고 하며, 총인구 중 65세 이상 인구가 ( )%인 사회를 초고령화 사회라고 한다.

① 6, 12, 18 ② 5, 10, 15
③ 7, 14, 20 ④ 10, 20, 30

> • 고령화 사회: 총인구 중 65세 이상 인구가 7~13%인 사회
> • 고령 사회: 총인구 중 65세 이상 인구가 14~19%인 사회
> • 초고령화 사회: 총인구 중 65세 이상 인구가 20% 이상인 사회

| 정답 | 01 ③ 02 ③ 03 ② 04 ④ 05 ③ 06 ③ 07 ③ 08 ① 09 ③

10 신규 문제 공략
다음 ( ) 안의 알맞은 용어를 순서대로 나열한 것은?

> 세계보건기구(WHO)의 본부는 스위스 제네바에 있으며 6개 지역사무소를 운영하고 있다. 이 중 우리나라는 (　　) 지역에, 북한은 (　　) 지역에 소속되어 있다.

① 서태평양, 서태평양
② 동남아시아, 동남아시아
③ 동남아시아, 서태평양
④ 서태평양, 동남아시아

- 우리나라 소속 지역: 서태평양
- 북한 소속 지역: 동남아시아

11 신규 문제 공략
감염병 환자의 퇴원 시 소독 방법으로 가장 효과적인 것은?
① 지속소독   ② 수시소독
③ 반복소독   ④ 종말소독

- 지속소독: 감염병 유행 중 환자가 접촉한 물체나 접촉자 등에게 수시로 반복하는 소독
- 종말소독: 환자가 퇴원, 사망하거나 격리수용된 감염병을 완전 제거하기 위한 소독

12 신규 문제 공략
일광 소독의 가장 큰 장점으로 옳은 것은?
① 비용이 감소된다.
② 산화되지 않는다.
③ 소독의 효과가 크다.
④ 아포도 사멸한다.

일광 소독은 아포를 사멸하지 못해 소독 효과가 크지 않으며, 별도의 비용이 거의 들지 않은 것이 가장 큰 장점임

13
이·미용업 영업신고를 하면서 신고인이 첨부해야 하는 서류가 아닌 것은?
① 영업시설 및 설비개요서
② 위생교육 필증
③ 이·미용사 자격증
④ 면허증

영업신고 제출서류
- 영업신고서
- 영업시설 및 설비개요서
- 위생교육 수료증
- 면허증 원본

14
이·미용업 영업신고 신청 시 필요한 구비서류에 해당하는 것은?
① 이·미용사 자격증 원본
② 면허증 원본
③ 호적등본 및 주민등록등본
④ 건축물 대장

영업신고 제출서류
- 영업신고서
- 영업시설 및 설비개요서
- 위생교육 수료증
- 면허증 원본

15
「공중위생관리법」상 이·미용업자의 변경신고 사항에 해당되지 않는 것은?
① 영업소의 주소(소재지) 변경
② 영업소의 명칭 또는 상호 변경
③ 대표자의 성명
④ 신고한 영업장 면적의 5분의 1 이하의 변경

변경신고 사항
- 영업소의 명칭 또는 상호
- 영업소의 주소(소재지)
- 신고한 영업장 면적의 3분의 1 이상의 증감
- 대표자의 성명 또는 생년월일
- 미용업 업종 간 변경

16
이·미용업소 내에 게시하지 않아도 되는 것은?
① 이·미용업 신고증
② 개설자의 면허증 원본
③ 근무자의 면허증 원본
④ 최종지불요금표

영업소 내에 게시 항목
이·미용업 신고증, 개설자의 면허증 원본, 최종지불요금표

17
이·미용업자는 신고한 영업장 면적을 얼마 이상 증감하였을 때 변경신고를 해야 하는가?
① 5분의 1   ② 4분의 1
③ 3분의 1   ④ 6분의 1

신고한 영업장 면적의 3분의 1 이상을 증감한 경우 변경신고를 해야 함

| 정답 | 10 ④ | 11 ④ | 12 ① | 13 ③ | 14 ② | 15 ④ | 16 ③ | 17 ③ |

18
이·미용업 영업장 안의 조명도 기준은?

① 50룩스 이상
② 75룩스 이상
③ 100룩스 이상
④ 125룩스 이상

> 이·미용업 영업장 안의 조명도는 75룩스 이상이 되도록 유지해야 함

19
「공중위생관리법」상 이·미용기구의 소독 기준 및 방법으로 틀린 것은?

① 건열 멸균 소독: 섭씨 100℃ 이상의 건조한 열에 10분 이상 쐬어 준다.
② 증기 소독: 섭씨 100℃ 이상의 습한 열에 20분 이상 쐬어 준다.
③ 열탕 소독: 섭씨 100℃ 이상의 물 속에서 10분 이상 끓여 준다.
④ 석탄산수 소독: 석탄산수(석탄산 3%, 물 97%의 수용액)에 10분 이상 담가 둔다.

> 건열 멸균 소독: 섭씨 100℃ 이상의 건조한 열에 20분 이상 쐬어 주어야 함

20
이·미용사의 면허를 받을 수 없는 자는?

① 전문대학에서 이용 또는 미용에 관한 학과를 졸업한 자
② 교육부장관이 인정하는 이·미용 고등학교에서 이용 또는 미용에 관한 학과를 졸업한 자
③ 교육부장관이 인정하는 고등기술학교에서 6개월 과정의 이용 또는 미용에 관한 소정의 과정을 이수한 자
④ 국가기술자격법에 의한 이·미용사의 자격을 취득한 자

> 고등기술학교에서 6개월 과정이 아닌 1년 이상 이·미용에 관한 소정의 과정을 이수한 자는 가능함

21 신규 문제 공략
이·미용사의 면허를 받을 수 있는 자는?

① 감염병 환자
② 약물중독자
③ 전과자
④ 정신질환자

> 면허 발급 금지 사유
> - 피성년후견인
> - 정신질환자
> - 감염병환자
> - 약물중독자
> - 면허가 취소된 후 1년이 경과되지 않은 자

22
이·미용사의 면허가 취소되거나 면허의 정지명령을 받은 자는 누구에게 면허증을 반납해야 하는가?

① 보건복지부장관
② 시·도지사
③ 시장·군수·구청장
④ 보건소장

> 면허증은 시장·군수·구청장에게 반납해야 함

23 신규 문제 공략
공중위생 감시원이 될 수 없는 사람은?

① 위생사 또는 환경기사 2급 이상의 자격증이 있는 사람
② 「고등교육법」에 의한 대학에서 화학, 화공학, 위생학 분야를 전공하고 졸업한 사람
③ 외국에서 위생사 또는 환경기사의 면허를 받은 사람
④ 6개월 이상 공중위생행정에 종사한 경력이 있는 사람

> 공중위생 감시원의 자격
> - 위생사 또는 환경기사 2급 이상의 자격증이 있는 사람
> - 「고등교육법」에 따른 대학에서 화학·화공학·환경공학 또는 위생학 분야를 전공하고 졸업한 사람 또는 법령에 따라 이와 같은 수준 이상의 학력이 있다고 인정되는 사람
> - 외국에서 위생사 또는 환경기사의 면허를 받은 사람
> - 1년 이상 공중위생행정에 종사한 경력이 있는 사람

24
공중위생업자가 매년 받아야 하는 위생교육 시간은?

① 5시간
② 4시간
③ 3시간
④ 2시간

> 공중위생업자는 위생교육을 매년 3시간 받아야 함

25
처분기준이 2백만 원 이하의 과태료가 아닌 것은?

① 규정을 위반하여 영업소 이외 장소에서 이·미용 업무를 행한 자
② 위생교육을 받지 않은 자
③ 위생관리의무를 지키지 않은 자
④ 관계공무원의 출입·검사·기타 조치를 거부·방해 또는 기피한 자

> 200만 원 이하 과태료
> - 이·미용업소의 위생관리의무를 지키지 않은 자
> - 영업소 외의 장소에서 이·미용 업무를 행한 자
> - 위생교육을 받지 않은 자

| 정답 | 18 ② | 19 ① | 20 ③ | 21 ③ | 22 ③ | 23 ④ | 24 ③ | 25 ④ |

MEMO

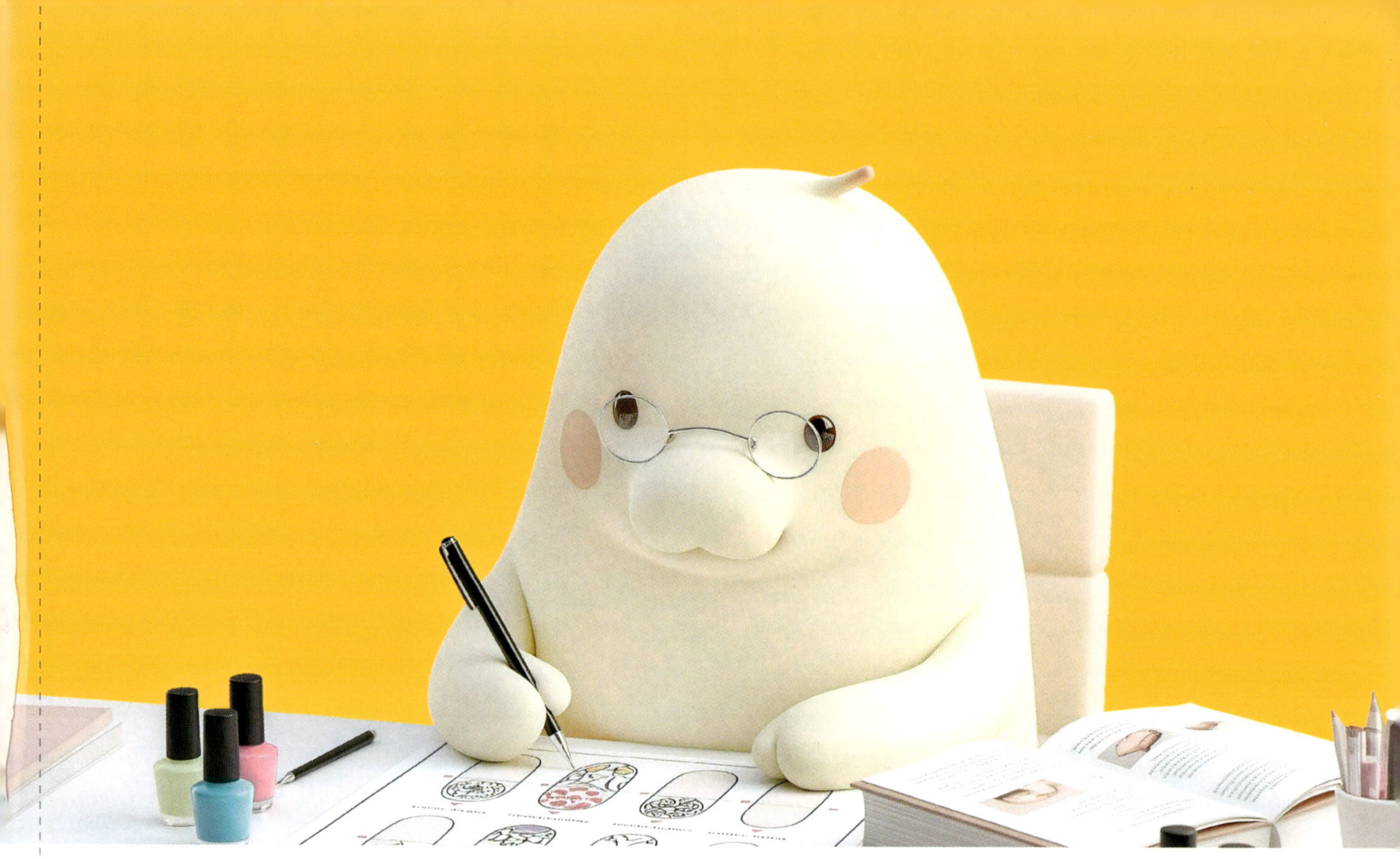

3시간 만에 자동암기
특강자료

에듀윌 네일미용사(네일아트)
필기 1주끝장
기출(복원) 모의고사 19회분+무료특강

무료특강 바로 보기
에듀윌 도서몰(book.eduwill.net)
▶ 동영상강의실 ▶ '네일' 검색

네일 재료·도구(가나다 순)

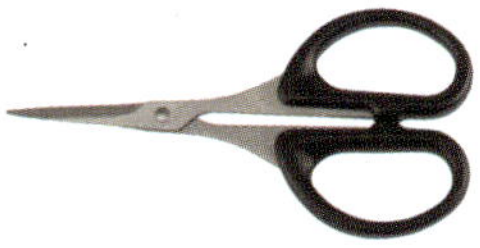

가위	경화 촉진제 (글루 드라이어)	광택용 파일
네일 강화제 (네일 영양제)	네일 더스트 브러시	네일 랩 (실크)
네일 접착제 (스틱 글루, 브러시 글루)	네일 클리퍼	네일 팁
네일 폴리시	네일 폴리시 건조기	네일 폴리시리무버
네일 폴리시 시너	네일 폴리시 퀵 드라이	네일 폼

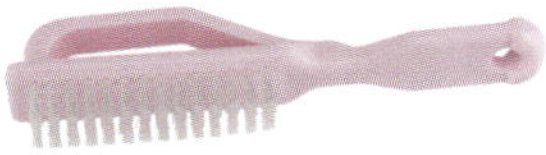

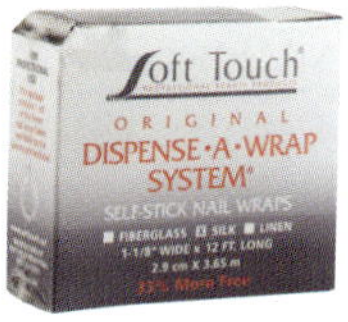

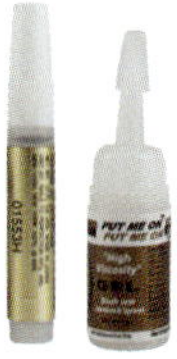

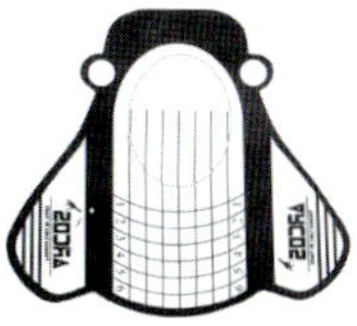

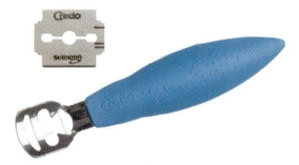	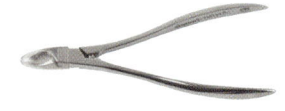	
콘 커터 + 면도날	큐티클 니퍼	큐티클 연화제 (큐티클 오일·리무버·크림 등)

큐티클 푸셔	클리어 젤	톱 젤
	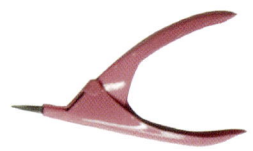	
토 세퍼레이터	팁 커터	파라핀
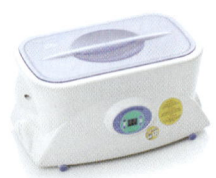		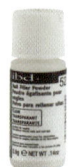
파라핀기기	페디 파일	필러 파우더
		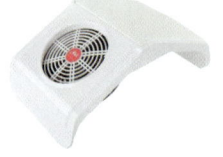
핑거볼	항균비누	흡진기

에탄올 소독용기

오렌지 우드스틱

인조네일용 파일

자연네일용 파일

자외선 소독기

작업 테이블

톱코트

젤 네일 폴리시

젤 네일 폴리시리무버

젤 본더

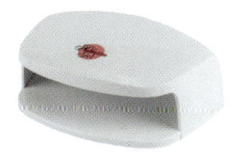
젤 램프기기

젤 브러시

젤 클렌저

족욕기(족탕기)

지혈제

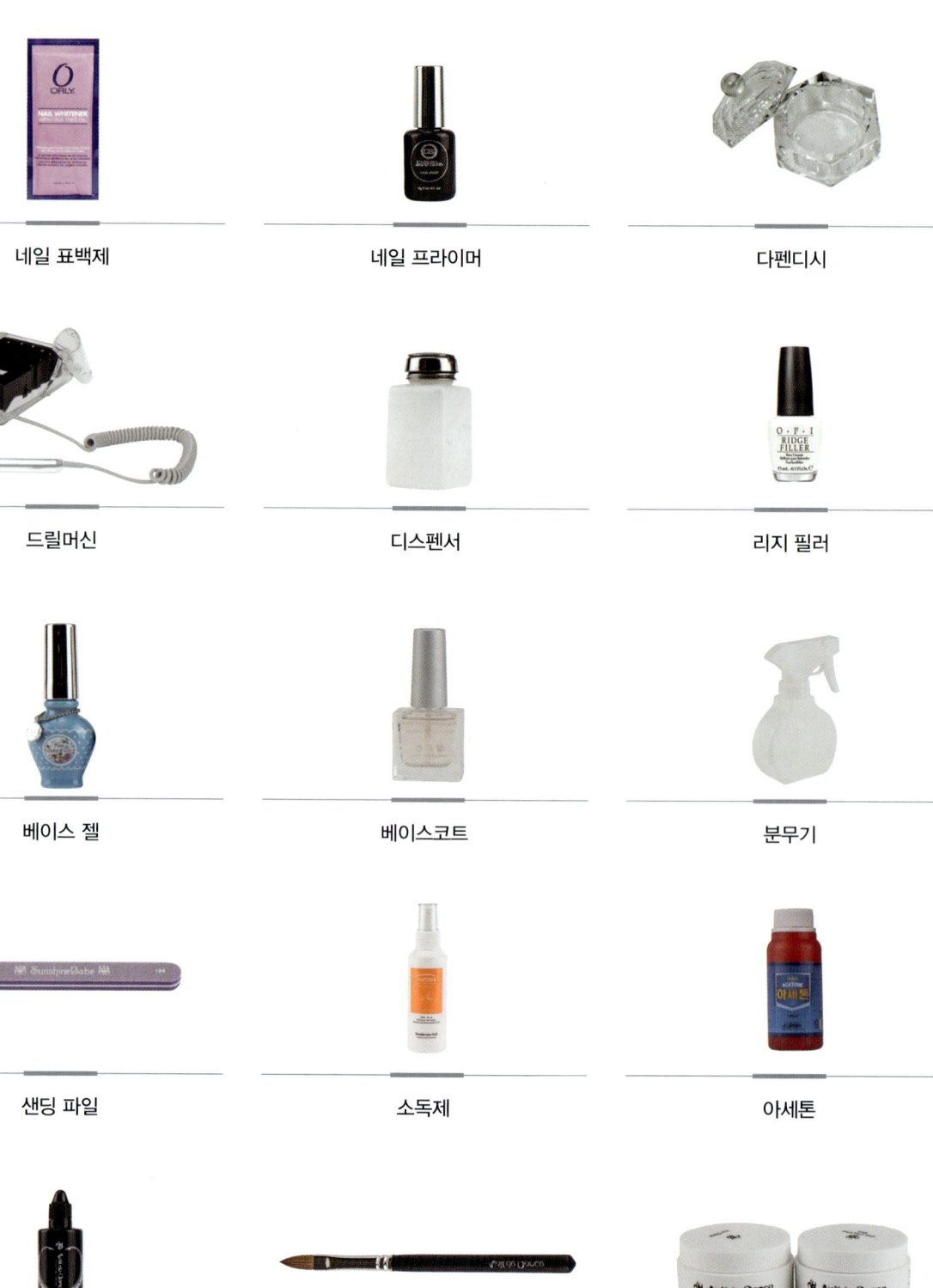

네일 표백제	네일 프라이머	다펜디시
드릴머신	디스펜서	리지 필러
베이스 젤	베이스코트	분무기
샌딩 파일	소독제	아세톤
아크릴 리퀴드	아크릴 브러시	아크릴 파우더 (클리어 또는 핑크, 화이트)

팁 위드 랩

① 소독제
② 자연네일용 파일
③ 인조네일용 파일
④ 샌딩 파일
⑤ 광택용 파일
⑥ 네일 더스트 브러시
⑦ 네일 팁
⑧ 팁 커터
⑨ 네일 접착제
⑩ 필러 파우더
⑪ 경화 촉진제
⑫ 네일 랩
⑬ 가위

작업 순서	주요 작업 도구
1. 손 소독	소독제
2. 자연네일 형태 조형	자연네일용 파일
3. 표면 정리 및 광택 제거	샌딩 파일
4. 네일 팁 접착	네일 팁 + 네일 접착제
5. 네일 팁 재단	팁 커터
6. 네일 팁 턱 제거	인조네일용 파일
7. 채우기	필러 파우더 + 네일 접착제
8. 구조 조형	인조네일용 파일
9. 네일 랩 재단	네일 랩 + 가위
10. 네일 랩 접착	네일 접착제(스틱 글루)
11. 네일 랩 고정	경화 촉진제(글루 드라이어)
12. 네일 랩 턱 제거	인조네일용 파일
13. 표면 정리	샌딩 파일
14. 코팅	네일 접착제(브러시 글루)
15. 광택	광택용 파일

네일 랩 익스텐션

① 소독제
② 자연네일용 파일
③ 인조네일용 파일
④ 샌딩 파일
⑤ 광택용 파일
⑥ 네일 더스트 브러시
⑦ 네일 랩
⑧ 가위
⑨ 네일 접착제
⑩ 필러 파우더
⑪ 경화 촉진제

작업 순서	주요 작업 도구
1. 손 소독	소독제
2. 자연네일 형태 조형	자연네일용 파일
3. 표면 정리 및 광택 제거	샌딩 파일
4. 네일 랩 재단	네일 랩 + 가위
5. 네일 랩 접착	네일 랩 + 네일 접착제
6. 네일 랩 고정	경화 촉진제(글루 드라이어)
7. 채우기	필러 파우더 + 네일 접착제
8. 구조 조형	인조네일용 파일
9. 표면 정리	샌딩 파일
10. 코팅	네일 접착제(브러시 글루)
11. 광택	광택용 파일

아크릴 원톤 스컬프처

① 소독제
② 자연네일용 파일
③ 인조네일용 파일
④ 샌딩 파일
⑤ 광택용 파일
⑥ 네일 더스트 브러시
⑦ 네일 폼
⑧ 가위
⑨ 네일 프라이머
⑩ 아크릴 파우더(클리어)
⑪ 아크릴 리퀴드
⑫ 아크릴 브러시
⑬ 다펜디시

작업 순서	주요 작업 도구
1. 손 소독	소독제
2. 자연네일 형태 조형	자연네일용 파일
3. 표면 정리 및 광택 제거	샌딩 파일
4. 네일 폼 재단	네일 폼 + 가위
5. 네일 폼 접착	네일 폼
6. 전 처리제 도포	네일 프라이머
7. 아크릴 적용(원톤)	클리어 볼
8. 네일 폼 제거	
9. 핀치 넣기	
10. 구조 조형	인조네일용 파일
11. 표면 정리	샌딩 파일
12. 광택	광택용 파일

아크릴 프렌치 스컬프처

① 소독제
② 자연네일용 파일
③ 인조네일용 파일
④ 샌딩 파일
⑤ 광택용 파일
⑥ 네일 더스트 브러시
⑦ 네일 폼
⑧ 가위
⑨ 네일 프라이머
⑩ 아크릴 파우더(클리어)
⑪ 아크릴 파우더(화이트)
⑫ 아크릴 리퀴드
⑬ 아크릴 브러시
⑭ 다펜디시

작업 순서	주요 작업 도구
1. 손 소독	소독제
2. 자연네일 형태 조형	자연네일용 파일
3. 표면 정리 및 광택 제거	샌딩 파일
4. 네일 폼 재단	네일 폼 + 가위
5. 네일 폼 접착	네일 폼
6. 전 처리제 도포	네일 프라이머
7. 아크릴 적용(프렌치)	화이트 볼 + 클리어 볼
8. 네일 폼 제거	
9. 핀치 넣기	
10. 구조 조형	인조네일용 파일
11. 표면 정리	샌딩 파일
12. 광택	광택용 파일

젤 원톤 스컬프처

① 소독제
② 자연네일용 파일
③ 인조네일용 파일
④ 샌딩 파일
⑤ 네일 더스트 브러시
⑥ 네일 폼
⑦ 가위
⑧ 젤 본더
⑨ 베이스 젤
⑩ 클리어 젤
⑪ 톱 젤
⑫ 젤 브러시
⑬ 젤 클렌저
⑭ 젤 램프기기

작업 순서	주요 작업 도구
1. 손 소독	소독제
2. 자연네일 형태 조형	자연네일용 파일
3. 표면 정리 및 광택 제거	샌딩 파일
4. 네일 폼 재단	네일 폼 + 가위
5. 네일 폼 접착	네일 폼
6. 전 처리제 도포	젤 본디
7. 베이스 젤 도포 및 경화	베이스 젤 + 젤 램프기기
8. 클리어 젤 도포 및 경화	클리어 젤 + 젤 램프기기
9. 미경화 젤 제거	젤 클렌저
10. 네일 폼 제거	
11. 구조 조형	인조네일용 파일
12. 표면 정리	샌딩 파일
13. 잔여물 제거	네일 더스트 브러시
14. 톱 젤 도포 및 경화	톱 젤 + 젤 램프기기
15. 미경화 젤 제거	젤 클렌저

인조네일 제거

① 소독제
② 자연네일용 파일
③ 인조네일용 파일
④ 샌딩 파일
⑤ 네일 더스트 브러시
⑥ 오렌지 우드스틱
⑦ 큐티클 푸셔
⑧ 네일 클리퍼
⑨ 큐티클 오일
⑩ 아세톤
⑪ 탈지면
⑫ 알루미늄 포일

작업 순서	주요 작업 도구
1. 손 소독	소독제
2. 길이 재단	네일 클리퍼
3. 두께 제거	인조네일용 파일
4. 분진 제거	네일 더스트 브러시
5. 큐티클 오일 도포	큐티클 오일
6. 제거제 도포	아세톤 + 탈지면
7. 마감	알루미늄 포일
8. 인조네일 제거	오렌지 우드스틱 또는 큐티클 푸셔 등
9. 잔여물 제거	인조네일용 파일
10. 표면 정리	샌딩 파일
11. 자연네일 형태 조형	자연네일용 파일

작업별 네일 재료 · 도구

매니큐어

① 소독제
② 네일 폴리시리무버
③ 자연네일용 파일
④ 샌딩 파일
⑤ 네일 더스트 브러시
⑥ 핑거볼
⑦ 큐티클 연화제
⑧ 큐티클 푸셔
⑨ 큐티클 니퍼
⑩ 베이스코트
⑪ 네일 폴리시
⑫ 톱코트
⑬ 오렌지 우드스틱
⑭ 탈지면
⑮ 네일 클리퍼

작업 순서	주요 작업 도구
1. 손 소독	소독제
2. 네일 폴리시 제거	네일 폴리시리무버
3. 손톱 형태 조형	자연네일용 파일
4. 표면 정리	샌딩 파일
5. 분진 제거	네일 더스트 브러시
6. 큐티클 불리기	핑거볼
7. 선택사항	큐티클 연화제(리무버, 오일, 크림 등)
8. 큐티클 밀기	큐티클 푸셔
9. 큐티클 정리	큐티클 니퍼
10. 손 중간 소독	소독제
11. 유분기 제거	네일 폴리시리무버
12. 베이스코트 도포	베이스코트
13. 네일 폴리시 도포	네일 폴리시
14. 톱코트 도포	톱코트
15. 수정	오렌지 우드스틱

페디큐어

① 소독제
② 네일 폴리시리무버
③ 자연네일용 파일
④ 샌딩 파일
⑤ 네일 더스트 브러시
⑥ 족욕기 또는 분무기
⑦ 큐티클 연화제
⑧ 큐티클 푸셔
⑨ 큐티클 니퍼
⑩ 토 세퍼레이터
⑪ 베이스코트
⑫ 네일 폴리시
⑬ 톱코트
⑭ 오렌지 우드스틱
⑮ 탈지면
⑯ 네일 클리퍼

작업 순서	주요 작업 도구
1. 손, 발 소독	소독제
2. 네일 폴리시 제거	네일 폴리시리무버
3. 발톱 형태 조형	자연네일용 파일
4. 표면 정리	샌딩 파일
5. 분진 제거	네일 더스트 브러시
6. 큐티클 불리기	족욕기 또는 분무기
7. 선택사항	큐티클 연화제(리무버, 오일, 크림 등)
8. 큐티클 밀기	큐티클 푸셔
9. 큐티클 정리	큐티클 니퍼
10. 발 중간 소독	소독제
11. 유분기 제거	네일 폴리시리무버
12. 토 세퍼레이터 장착	토 세퍼레이터
13. 베이스코트 도포	베이스코트
14. 네일 폴리시 도포	네일 폴리시
15. 톱코트 도포	톱코트
16. 수정	오렌지 우드스틱

에듀윌이
너를
지지할게
ENERGY

시작하라.  그 자체가 천재성이고,
힘이며, 마력이다.

— 요한 볼프강 폰 괴테(Johann Wolfgang von Goethe)

에듀윌
네일미용사
(네일아트)

필기 1주끝장 + 무료특강

시험 소개 | 필기 시험

필기 TALK

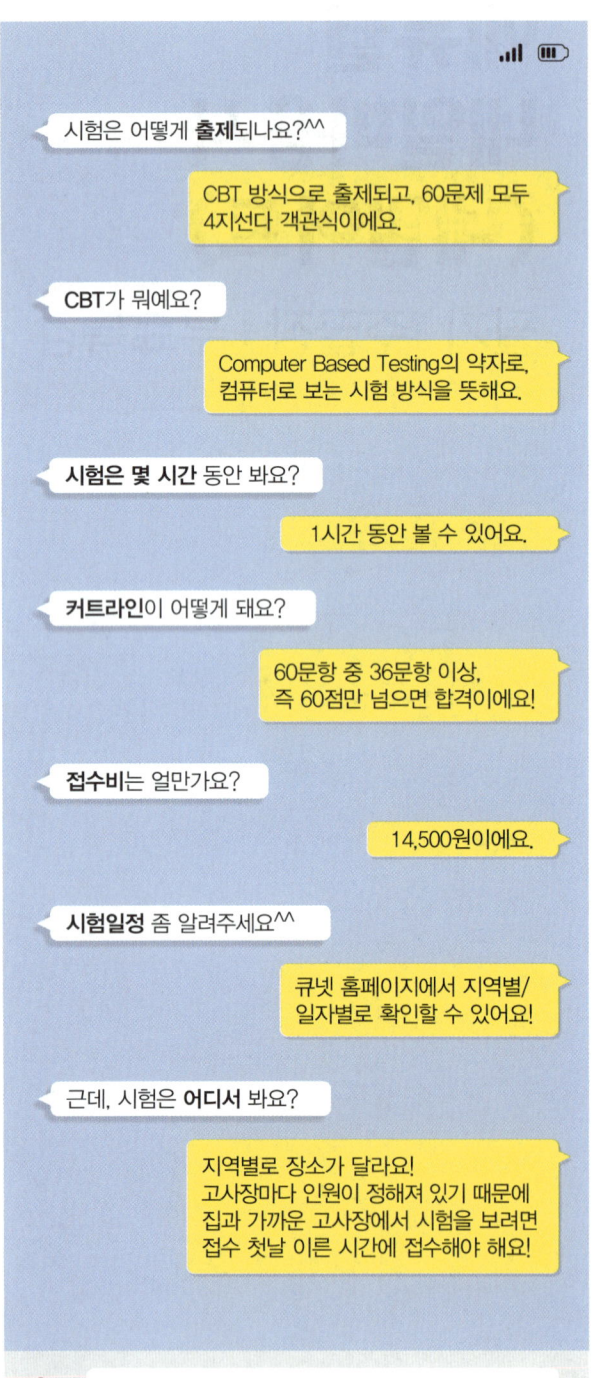

2026년 필기 시험일정

2026년 일정은 2025년 11월 말~12월 중 공지됩니다.
큐넷 홈페이지(www.q-net.or.kr)를 통해 확인 바랍니다.

*실제 시험일은 각 지역마다 다를 수 있습니다. 큐넷 홈페이지에서 지역별 시험일정을 반드시 확인하시기 바랍니다.

시험 접수 TIP

| 접수는 남들보다 빠르게!

원서접수 시간은 접수 첫날 오전 10시부터 마지막 날 오후 6시까지입니다. 하지만 선착순 마감이기 때문에 수험자가 원하는 시험장과 시간을 선택하려면 첫날 10시~11시 사이에 접수하는 것이 좋습니다. 특히 교통편이 좋은 시험장은 인기가 좋은 편이니 빠르게 접수하는 것을 권장합니다.

| 신용카드보다는 무통장입금으로 결제!

결제까지 완료되어야 접수된 것으로 처리하기 때문에 1분이라도 빠르게 시험장을 선점하는 것이 좋습니다. 신용카드 결제는 카드번호를 입력해야 하므로 시간이 오래 걸리는 반면, 무통장입금은 접수 후 결제할 수 있기 때문에 더 빠른 접수가 가능합니다.

시험 화면 미리보기

검색창에 '자격검정 CBT 웹체험 서비스 안내' 또는 주소창에 'www.q-net.or.kr/cbt/index.html'을 입력하면 CBT 웹체험을 할 수 있습니다.

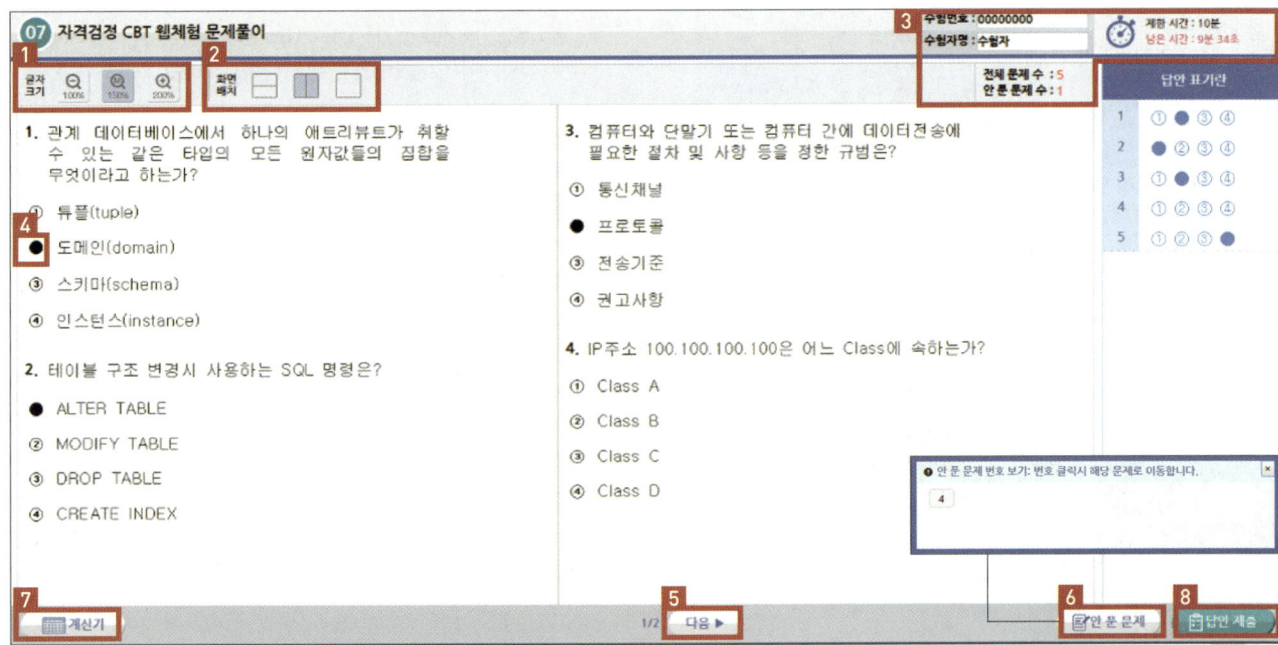

1 **글자크기 조정**: 본인에게 편한 글자 크기로 변경할 수 있습니다.

2 **화면배치 변경**: 화면에 문제가 2개/ 2단으로 여러 개/ 1개씩 보이도록 변경할 수 있습니다.

3 **정보 확인**: 문제풀이 전, [수험번호]와 [수험자명]에 본인의 정보가 들어가 있는지 확인합니다.

　문제풀이 시에는 [남은 시간]과 [안 푼 문제 수]를 수시로 체크하며 시간을 분배합니다.

4 **정답체크**: 선택지 번호를 클릭하면 ●으로 변경되며, 우측 [답안 표기란]에 체크됩니다.

　[답안 표기란]에서 직접 번호를 클릭하셔도 됩니다.

5 **다음▶**: 다음 페이지에 있는 문제를 풀고자 할 때 사용합니다.

6 **안 푼 문제**: 버튼을 눌러 안 푼 문제 번호를 클릭하면 해당 문제가 있는 페이지로 바로 이동할 수 있습니다.

7 **계산기**: 계산이 필요한 문제가 나올 경우 사용할 수 있습니다.

8 **답안제출**: 문제를 모두 푼 후 해당 버튼을 눌러 합격 여부를 확인합니다.

시험 준비물

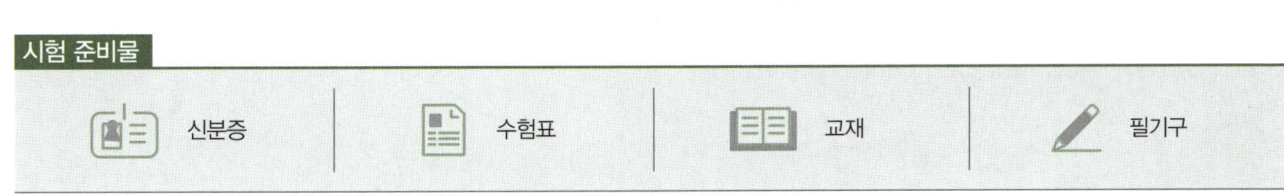

시험 소개 | 실기 시험

실기 TALK

- 실기 과제는 어떻게 **출제**되나요?
  - 당일 랜덤으로 총 4과제가 출제되어요.^^
- 과제를 **미리** 알 수 없나요?
  - 네ㅠㅠ 어떤 과제가 나올지 모르니 모든 과제를 연습해 두어야 해요.
- 과제마다 **시험시간**이 다른가요?
  - 네, 맞아요.
    1과제(매니큐어, 페디큐어): 60분
    2과제(젤 매니큐어): 35분
    3과제(인조네일): 40분
    4과제(인조네일 제거): 15분
    각 과제 사이에 따로 10~15분의 재료 준비시간을 주어요.
- **커트라인**이 어떻게 돼요?
  - 100점 만점에 60점 이상이어야 해요.
- **접수비**는 얼만가요?
  - 17,200원이에요.
- **시험일정** 좀 알려주세요^^
  - 큐넷 홈페이지에서 지역별/일자별로 확인할 수 있어요!
- 근데, 시험은 **어디서** 봐요?
  - 지역별로 장소가 달라요! 고사장마다 인원이 정해져 있기 때문에 집과 가까운 고사장에서 시험을 보려면 접수 첫날 이른 시간에 접수해야 해요!

2026년 실기 시험일정

2026년 일정은 2025년 11월 말~12월 중 공지됩니다.
큐넷 홈페이지(www.q-net.or.kr)를 통해 확인 바랍니다.

* 실제 지역별 시행 여부 및 시험일정은 시행처의 사정에 따라 변동될 수 있으니 큐넷 홈페이지에서 시험일정을 반드시 확인하시기 바랍니다.

시험 전날 유의사항

| 준비물 체크는 필수!

각 과제별 준비물을 시험 전날에 모두 꺼내서 빠진 준비물이 없는지 꼼꼼히 체크해 봅니다.

| 모델에게도 유의사항 미리 알려주기

시험 당일 모델의 역할은 아주 중요합니다. 시행처에서 요구하는 응시 조건에 모두 해당하는지 확인하고, 모델의 준비물, 위생 상태 등을 최종적으로 체크해야 합니다.

실기 과제유형

1과제(40점)		2과제(20점)	3과제(30점)	4과제(10점)
매니큐어(20점)	페디큐어(20점)	젤 매니큐어	인조네일	인조네일 제거
①~④ 중 택1 ① 풀 코트 레드 ② 프렌치 화이트 ③ 딥 프렌치 화이트 ④ 그러데이션 화이트	①~③ 중 택1 ① 풀 코트 레드 ② 딥 프렌치 화이트 ③ 그러데이션 화이트	①~② 중 택1 ① 선 마블링 ② 부채꼴 마블링	①~④ 중 택1 ① 내추럴 팁 위드 랩 ② 젤 원톤 스컬프처 ③ 아크릴 프렌치 스컬프처 ④ 네일 랩 익스텐션	인조네일 제거

※ 총 4과제로 당일 각 과제가 아래와 같이 랜덤 선정
 · 1과제: 매니큐어 4개의 과제 중 1개 선정, 페디큐어 3개의 과제 중 1개 선정
 · 2과제: 젤 매니큐어 2개의 과제 중 1개 선정
 · 3과제: 인조네일 4개의 과제 중 1개 선정
 · 4과제: 3과제 시 선정된 인조네일 제거(3지 손톱)

시험 준비물

| 수험자

 신분증　 수험표　 흰 위생가운 + 긴 바지　 네일 재료 및 도구

| 모델

 신분증　 흰 상의 + 긴 바지

| 공통

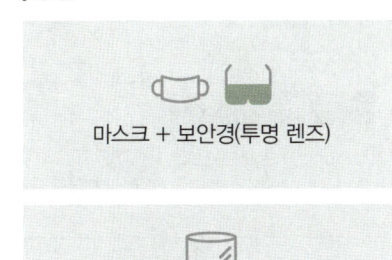 마스크 + 보안경(투명 렌즈)

 위생봉투(투명 비닐) 사용

액세서리 착용 금지

교재 구성 & 맞춤형 학습법

한 번에 붙고 싶다면?
한방 합격 플랜

STEP 1 | 핵심이론 + 무료특강
어려운 부분은 무료특강의 힘을 빌려요.
특강자료는 복습용 워크북으로 활용하세요.

STEP 2 | 출제 예상문제
이론을 학습한 뒤에는 예상문제를 통해
복습하고, 출제 동향을 파악하세요.

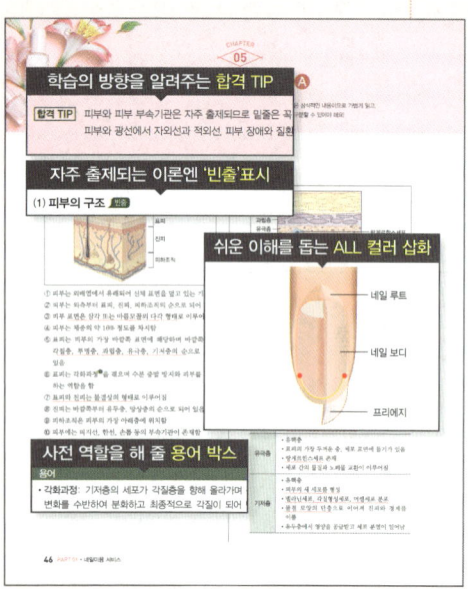

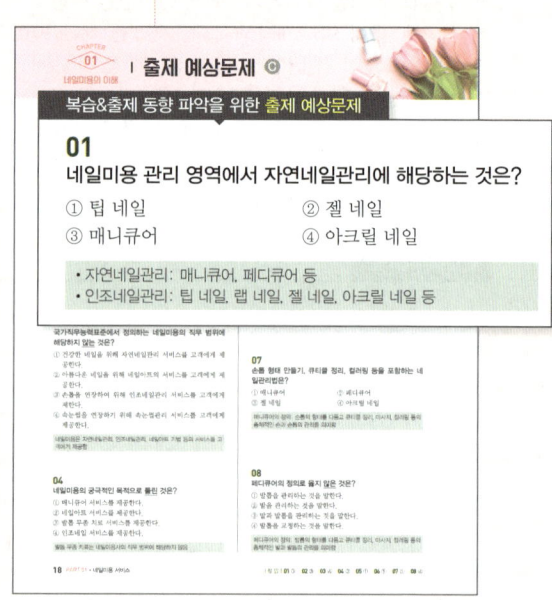

시험이 코앞이라면?
초스피드 합격 플랜

STEP 1 | 특강자료 + 무료특강
무료특강으로 이론 학습을 끝내요.
교재를 보지 않는 대신 '3시간 만에 자동암기' 특강자료는
정독하세요.

STEP 3 | 공개 기출문제

공개된 기출문제를 풀고, 틀린 문제는 외우세요.
카테고리 장치로 해당 이론을 찾아 다시 학습할 수 있어요.

STEP 4 | 비공개 기출 복원문제

시간을 재며 실전처럼 문제를 풀어 보세요.
틀린 문제는 해설을 보고 다시 익히세요.

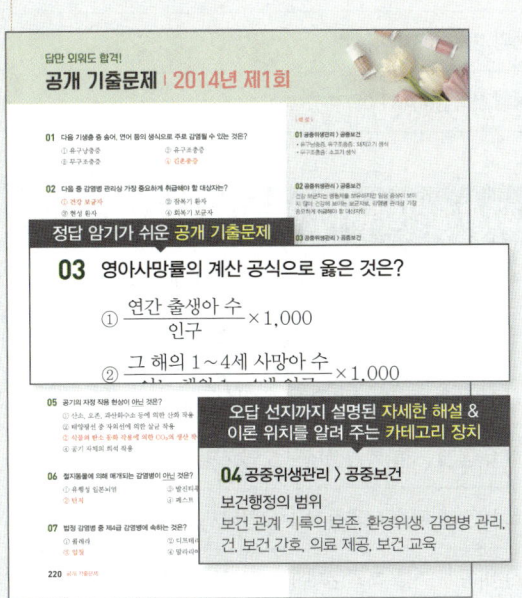

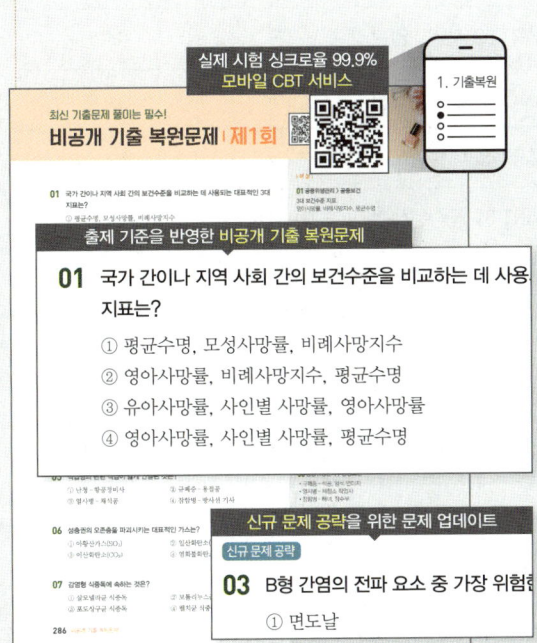

STEP 2 | 공개 기출문제

문제풀이는 NO! 문제와 답만 외우세요.
외우기 어려운 문제는 체크해 두었다가 반복해서 다시 보세요.

STEP 3 | 비공개 기출 복원문제

시간을 재며 실전처럼 문제를 풀어보세요.
60점이 넘지 않는다면 모바일로도 다시 풀어봅니다.

합격 플랜 & 차례

한방 합격 플랜
학습이 끝나면 네모 칸에 체크하세요.

[이론편] 이론 + 자동암기특강 + 출제 예상문제

- ☐ PART 01 네일미용 서비스(CH.01~03)
- ☐ PART 01 네일미용 서비스(CH.04~06)
- ☐ PART 02 자연네일관리
- ☐ PART 03 인조네일관리
- ☐ PART 04 네일아트
- ☐ PART 05 공중위생관리(CH.01~02)
- ☐ PART 05 공중위생관리(CH.03)

[문제편] 공개 기출문제 + 비공개 기출 복원문제

- ☐ 2014년 제1회, 2015년 제2회 공개 기출문제 답 외우기
- ☐ 2015년 제4회, 제5회 공개 기출문제 답 외우기
- ☐ 2016년 제1회, 제2회, 제4회 공개 기출문제 답 외우기
- ☐ 제1회 비공개 기출 복원문제 + 오답문제 복습
- ☐ 제2회 비공개 기출 복원문제 + 오답문제 복습
- ☐ 제3회 비공개 기출 복원문제 + 오답문제 복습
- ☐ 제4회 비공개 기출 복원문제 + 오답문제 복습
- ☐ 제5회 비공개 기출 복원문제 + 오답문제 복습
- ☐ 제6회 비공개 기출 복원문제 + 오답문제 복습

초스피드 합격 플랜
학습이 끝나면 네모 칸에 체크하세요.

[이론편] 3시간 만에 자동암기특강 + 특강자료

- ☐ 자동암기특강(PART 01)
- ☐ 자동암기특강(PART 02)
- ☐ 자동암기특강(PART 03)
- ☐ 자동암기특강(PART 04)
- ☐ 자동암기특강(PART 05)

[문제편] 공개 기출문제 + 비공개 기출 복원문제

- ☐ 2014년 제1회, 2015년 제2회 공개 기출문제 답 외우기
- ☐ 2015년 제4회, 제5회 공개 기출문제 답 외우기
- ☐ 2016년 제1회, 제2회, 제4회 공개 기출문제 답 외우기
- ☐ 제1회 비공개 기출 복원문제 + 오답문제 복습
- ☐ 제2회 비공개 기출 복원문제 + 오답문제 복습
- ☐ 제3회 비공개 기출 복원문제 + 오답문제 복습
- ☐ 제4회 비공개 기출 복원문제 + 오답문제 복습
- ☐ 제5회 비공개 기출 복원문제 + 오답문제 복습
- ☐ 제6회 비공개 기출 복원문제 + 오답문제 복습

| 출제 (예상)문제 수 | Ⓐ 7~5문제   Ⓑ 4~2문제   Ⓒ 2~1문제
*실제 시험의 출제 문제 수는 위와 다를 수 있습니다.

PART 01 | 네일미용 서비스   출제비중 33%

- Ⓒ CHAPTER 01   네일미용의 이해 …… 16
- Ⓑ CHAPTER 02   네일미용 위생서비스 …… 22
- Ⓒ CHAPTER 03   네일미용 고객서비스 …… 34
- Ⓑ CHAPTER 04   손발의 구조와 기능 …… 36
- Ⓐ CHAPTER 05   피부의 이해 …… 46
- Ⓐ CHAPTER 06   화장품 분류 …… 68

PART 02 | 자연네일관리   출제비중 12%

- Ⓑ CHAPTER 01   자연네일의 구조와 특성 …… 86
- Ⓒ CHAPTER 02   네일 화장물 제거 …… 96
- Ⓑ CHAPTER 03   네일 컬러링 …… 100
- Ⓑ CHAPTER 04   손톱 및 발톱관리 …… 104

PART 03 | 인조네일관리   출제비중 17%

- Ⓒ CHAPTER 01   인조네일의 분류와 구조 …… 112
- Ⓑ CHAPTER 02   팁 네일 …… 116
- Ⓒ CHAPTER 03   랩 네일 …… 122
- Ⓑ CHAPTER 04   젤 네일 …… 124
- Ⓑ CHAPTER 05   아크릴 네일 …… 128
- Ⓒ CHAPTER 06   자연네일 보강 …… 132
- Ⓒ CHAPTER 07   인조네일 보수 …… 136

PART 04 | 네일아트   출제비중 5%

- Ⓒ CHAPTER 01   일반 네일 폴리시 아트 …… 142
- Ⓒ CHAPTER 02   젤 네일 폴리시 아트 …… 146
- Ⓒ CHAPTER 03   통 젤 네일 폴리시 아트 …… 150

PART 05 | 공중위생관리   출제비중 33%

- Ⓐ CHAPTER 01   공중보건 …… 156
- Ⓐ CHAPTER 02   소독 …… 178
- Ⓐ CHAPTER 03   공중위생관리법규 …… 190

공개 기출문제

- 2014년 제1회 공개 기출문제 …… 220
- 2015년 제2회 공개 기출문제 …… 229
- 2015년 제4회 공개 기출문제 …… 238
- 2015년 제5회 공개 기출문제 …… 247
- 2016년 제1회 공개 기출문제 …… 256
- 2016년 제2회 공개 기출문제 …… 265
- 2016년 제4회 공개 기출문제 …… 274

비공개 기출 복원문제

- 제1회 비공개 기출 복원문제 …… 286
- 제2회 비공개 기출 복원문제 …… 295
- 제3회 비공개 기출 복원문제 …… 304
- 제4회 비공개 기출 복원문제 …… 313
- 제5회 비공개 기출 복원문제 …… 322
- 제6회 비공개 기출 복원문제 …… 331

특강자료

3시간 만에 자동암기

PART
01
NAIL TECHNICIAN

네일미용 서비스

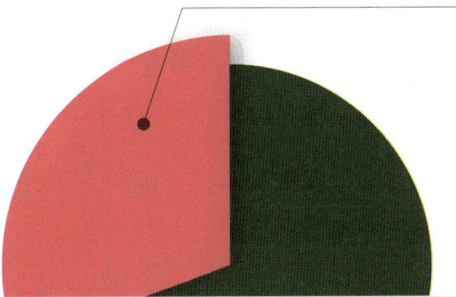

출제비중 **33%**

| 출제 (예상)문제 수 | Ⓐ 7~5문제 Ⓑ 4~2문제 Ⓒ 2~1문제

- Ⓒ **CHAPTER 01** 네일미용의 이해
- Ⓑ **CHAPTER 02** 네일미용 위생서비스
- Ⓒ **CHAPTER 03** 네일미용 고객서비스
- Ⓑ **CHAPTER 04** 손발의 구조와 기능
- Ⓐ **CHAPTER 05** 피부의 이해
- Ⓐ **CHAPTER 06** 화장품 분류

CHAPTER 01

네일미용의 이해

합격 TIP 네일미용의 정의와 매니큐어의 정의는 꼭 암기하세요! 네일미용의 역사 부분에서는 시대별 네일관리의 의미가 중요합니다. 과거에는 신분 과시를 위해 각 나라에서 네일에 어떻게 표시를 했는지를 중점으로 학습하세요.

1 네일미용의 개념

(1) 네일의 정의

네일	손톱(Fingernail)과 발톱(Toenail)을 총칭
자연네일	내추럴한 상태의 손·발톱
인조네일	인위적으로 만든 가짜 손·발톱

(2) 네일미용의 정의(국가직무능력표준 NCS)

네일에 관한 이론과 기술을 바탕으로 건강하고 아름다운 네일을 유지·보호하기 위해 네일미용 기구와 제품을 활용하여 자연네일관리, 인조네일관리, 네일아트 기법 등의 서비스를 고객에게 제공하는 일

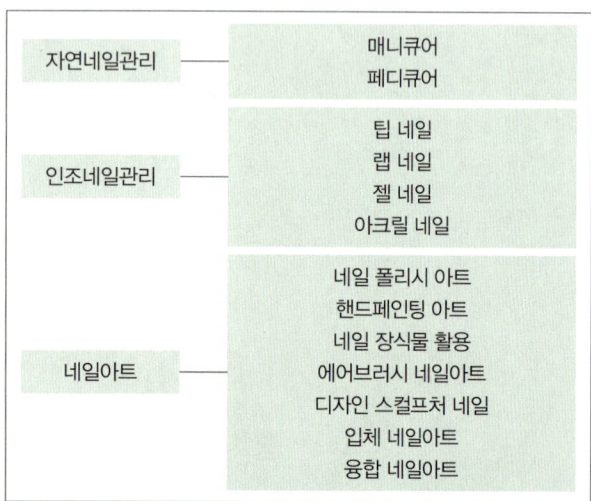

용어
- 국가직무능력표준(NCS): 산업 현장에서 직무를 수행하기 위해 요구되는 지식·기술·소양 등의 내용을 국가가 산업 부문별·수준별로 체계화한 것으로, 국가적 차원에서 표준화한 것을 의미

(3) 네일 화장물의 정의

네일 위에 적용 가능한 네일 화장품, 네일 제품, 채색 제품, 기타 액세서리 등을 말함

(4) 매니큐어의 정의 및 어원 [빈출]

정의	손톱의 형태를 다듬고 큐티클 정리, 마사지, 컬러링 등의 총체적인 손과 손톱의 관리를 의미함
어원	• 라틴어의 마누스(손)와 큐라(관리)의 합성어 • 마누스(Manus) + 큐라(Cura)=매니큐어(Manicure)

(5) 페디큐어의 정의 및 어원

정의	발톱의 형태를 다듬고 큐티클 정리, 마사지, 컬러링 등의 총체적인 발과 발톱의 관리를 의미함
어원	• 라틴어의 페디스(발)와 큐라(관리)의 합성어 • 페디스(Pedis) + 큐라(Cura)=페디큐어(Pedicure)

(6) 매니큐어의 종류 [빈출]

① 습식 매니큐어
- 큐티클을 정리할 때 핑거볼에 미온수를 담가 습식으로 관리하는 방법
- 물을 사용한 후 완벽히 물기를 제거하지 않으면 습기를 먹은 자연네일에 곰팡이나 균이 쉽게 번식하기 때문에 인조네일 작업 전에는 습식 관리를 하지 않음

② 건식 매니큐어
- 물과 다른 용액을 사용하지 않고 건식으로 관리하는 방법
- 인조네일 작업 전에는 건식 관리를 하는 것이 적절함

③ 핫 크림, 핫 오일 매니큐어
- 핑거볼 대신 온열기기에 크림 또는 오일을 넣어 데우고, 딱딱한 큐티클을 부드럽게 불린 후 관리하는 방법
- 큐티클의 과잉 성장(테리지움)과 두껍고 딱딱한 큐티클에 효과적임

④ 파라핀 매니큐어
- 매니큐어 관리와 더불어 손에 유·수분을 공급하고 혈액 순환을 촉진시켜 피로를 풀어 주는 효과를 더한 관리 방법
- 손톱이 매우 얇고 약한 경우에는 파라핀 용액의 온도로 더욱 약해질 수 있으므로 주의해야 함
- 손 주위의 염증, 사마귀 등의 감염 위험이 있는 경우에는 사용을 금함

2 네일미용의 역사

(1) 한국의 네일미용 [빈출]

고려시대	고려 충선왕 때 부녀자와 처녀들 사이에서 '염지갑화'라고 하는 봉선화 꽃물을 들이기 시작
조선시대	「동국세시기」 문헌에는 신분에 관계없이 봉선화 꽃물을 들이는 풍속이 유행한 기록이 있음
1989년	최초의 네일숍인 '그리피스 네일'이 개업
1995년	최초의 네일 전문 아카데미가 개원
1996년	백화점 네일 코너 등 네일숍의 본격적인 도입
1997년	한국네일협회 창립, 네일 산업의 대중화
1998년	네일 민간자격시험 시행, 대학에서 네일 수업 신설
2002년	네일 제품의 전문화, 네일 산업의 호황기
2014년	미용사(네일) 국가자격시험 시행

용어
- 그리피스 네일: 88 서울올림픽에서 육상선수인 '그리피스 조이너'의 손톱이 화제가 되어 이름을 딴 네일숍(1989.2.26. 김동이 대표)

(2) 외국의 네일미용 [빈출]

① 고대

세계 네일미용의 기원: B.C. 3000년경 이집트와 중국

이집트	• 미라의 무덤에서 매니큐어 제품이 발견됨 • 주술적인 의미로 헤나에서 추출한 붉은 오렌지색으로 손톱을 염색하였고 상류층은 짙은 색, 하류층은 옅은 색상으로 물들여 신분과 지위를 나타냄
중국	• 달걀 흰자, 꿀, 고무나무 수액을 손톱에 바름 • '조홍'이라고 하는 홍화를 손톱에 발라 신분 과시 • B.C. 600년: 귀족은 금색, 은색을 발라 신분 과시
그리스 로마	• 자연스럽고 건강한 아름다움을 이상적으로 여김 • 매니큐어를 남성의 전유물로 여김 • 매니큐어의 어원인 '마누스와 큐라' 단어가 생김

② 중세, 근세

유럽, 아시아	중세의 전쟁에서 군 지휘관들은 입술과 손톱에 같은 색을 칠하여 용맹을 과시함
중국	• 15세기: 명 왕조는 흑색, 적색을 손톱에 발라 신분 과시 • 17세기: 상류층은 부의 상징으로 손톱을 기르고 보석, 금, 대나무 부목 등으로 손톱 보호
프랑스	• 15세기: 미의 기준은 손톱이 붉고 손가락이 길고 흰 손 • 17세기: 궁전에서 노크 행위는 예의에 어긋난 행동으로 여겨 손톱을 길러 문을 긁도록 함
인도	17세기의 상류층 여성들은 손톱 뿌리 부분에 문신바늘로 색소를 주입하여 신분 과시

③ 19~20세기

19세기 초	영국의 상류층은 손톱에 장밋빛 파우더를 사용
19세기 말	중국의 '서태후'가 손톱 미용법을 기술
1800년	• 끝이 뾰족한 포인트형 네일이 유행 • 샤모아 가죽으로 손톱에 광택을 냄
1830년	의사인 '시트'가 오렌지 우드스틱을 개발
1885년	네일 폴리시 필름 형성제인 니트로셀룰로오스 개발
1892년	네일리스트가 여성들의 직업으로 미국에 도입
1900년	• 도구를 이용한 네일 케어 시작(금속 가위·네일 파일) • 크림이나 파우더로 손톱에 광을 내고 낙타털로 네일 폴리시를 바름
1917년	'닥터 코로니'가 홈 케어 제품을 보그 잡지에 소개
1925년	• 네일 폴리시 산업 본격화로 일반상점에서 판매 • 문 매니큐어가 유행함
1927년	화이트 네일 폴리시, 큐티클 크림·리무버 출시
1930년	네일 폴리시리무버, 큐티클 오일이 등장
1932년	• 최초로 염료가 들어간 네일 폴리시 개발 • 최초로 립스틱과 어울리는 네일 폴리시 출시
1935년	인조네일이 개발됨(네일 팁)
1940년	• 남성들도 이발소에서 네일관리를 받기 시작 • 레드 컬러를 풀로 바르는 것이 유행
1956년	'헬렌 걸리'가 미용학교에서 네일 강의 시작
1957년	• 근대적 페디큐어 시작 • '토마스 슬래그'가 네일 폼 개발 • 포일을 사용한 아크릴 네일 시작
1960년	약한 손톱을 보강하는 네일 랩(실크) 관리 시작
1970년	• 부와 사치의 상징으로 인조네일의 활성기 • 치과 재료에서 발전한 아크릴 네일 제품 개발
1973년	미국 'IBD'가 네일 접착제와 접착식 인조네일을 개발
1974~1975년	미국 식약청(FDA)에서 메틸메타크릴레이트(MMA)의 아크릴 제품 사용 금지
1976년	• 스퀘어 형태의 손톱 유행, 파이버 랩 등장 • 네일아트의 미국 정착
1981년	네일 전문 제품, 핸드 제품, 네일 액세서리가 등장
1982년	'타미 테일러'가 아크릴 제품을 개발함
1992년	• NIA가 창립되어 네일 산업이 정착함 • 인기 스타들에 의해 네일관리가 대중화됨
1994년	• 독일: 라이트 큐어드 젤 등장으로 젤 네일 시작 • 미국: 뉴욕에서 네일 테크니션 면허제도 도입

용어
- 문 매니큐어(Moon Manicure): 손톱의 반월과 가장자리를 제외한 중앙 부분에만 투명한 장밋빛 컬러를 바르는 기법

출제 예상문제

1 네일미용의 개념

01
네일미용 관리 영역에서 자연네일관리에 해당하는 것은?
① 팁 네일 ② 젤 네일
③ 매니큐어 ④ 아크릴 네일

- 자연네일관리: 매니큐어, 페디큐어 등
- 인조네일관리: 팁 네일, 랩 네일, 젤 네일, 아크릴 네일 등

02
인조네일관리에 해당하지 않는 것은?
① 랩 네일 ② 팁 위드 젤
③ 페디큐어 ④ 아크릴 네일

- 인조네일관리: 팁 네일, 랩 네일, 젤 네일, 아크릴 네일 등
- 자연네일관리: 매니큐어, 페디큐어 등

03
국가직무능력표준에서 정의하는 네일미용의 직무 범위에 해당하지 않는 것은?
① 건강한 네일을 위해 자연네일관리 서비스를 고객에게 제공한다.
② 아름다운 네일을 위해 네일아트의 서비스를 고객에게 제공한다.
③ 손톱을 연장하여 위해 인조네일관리 서비스를 고객에게 제한다.
④ 속눈썹을 연장하기 위해 속눈썹관리 서비스를 고객에게 제공한다.

네일미용은 자연네일관리, 인조네일관리, 네일아트 기법 등의 서비스를 고객에게 제공함

04
네일미용의 궁극적인 목적으로 틀린 것은?
① 매니큐어 서비스를 제공한다.
② 네일아트 서비스를 제공한다.
③ 발톱 무좀 치료 서비스를 제공한다.
④ 인조네일 서비스를 제공한다.

발톱 무좀 치료는 네일미용사의 직무 범위에 해당하지 않음

05
네일 화장물에 해당하는 것을 모두 고르시오.

| ㉠ 아크릴 | ㉡ 네일 액세서리 |
| ㉢ 네일 폴리시 | ㉣ 네일 파일 |

① ㉠, ㉡, ㉢ ② ㉠, ㉡, ㉣
③ ㉠, ㉢, ㉣ ④ ㉡, ㉢, ㉣

네일 화장물: 네일 위에 적용 가능한 네일 화장품, 네일 제품, 채색 제품, 기타 액세서리 등을 말함

06
매니큐어의 어원으로 마누스는 어디를 지칭하는가?
① 손 ② 발
③ 손톱 ④ 발톱

라틴어인 마누스(Manus)는 손을 지칭함

07
손톱 형태 만들기, 큐티클 정리, 컬러링 등을 포함하는 네일관리법은?
① 매니큐어 ② 페디큐어
③ 젤 네일 ④ 아크릴 네일

매니큐어의 정의: 손톱의 형태를 다듬고 큐티클 정리, 마사지, 컬러링 등의 총체적인 손과 손톱의 관리를 의미함

08
페디큐어의 정의로 옳지 않은 것은?
① 발톱을 관리하는 것을 말한다.
② 발을 관리하는 것을 말한다.
③ 발과 발톱을 관리하는 것을 말한다.
④ 발톱을 교정하는 것을 말한다.

페디큐어의 정의: 발톱의 형태를 다듬고 큐티클 정리, 마사지, 컬러링 등의 총체적인 발과 발톱의 관리를 의미함

09
핫 크림 매니큐어가 효과적인 고객은?
① 큐티클이 얇은 고객 ② 큐티클이 딱딱한 고객
③ 큐티클이 거의 없는 고객 ④ 큐티클이 부드러운 고객

핫 크림 매니큐어는 큐티클이 두껍고 딱딱하거나, 큐티클이 과잉 성장한 고객에게 적절함

| 정답 | 01 ③ | 02 ③ | 03 ④ | 04 ③ | 05 ① | 06 ① | 07 ① | 08 ④ | 09 ② |

10
팁 오버레이 작업 시 고객의 네일을 물에 불리면 안 되는 가장 큰 이유는?

① 습기를 먹은 자연네일에는 곰팡이나 균이 쉽게 번식하기 때문이다.
② 네일 접착제가 잘 접착되지 않기 때문이다.
③ 인조네일이 금방 떨어지기 때문이다.
④ 네일 파일링을 할 때 네일이 쉽게 갈리기 때문이다.

> 인조네일 작업 전에 습식으로 관리하면 습기를 먹은 자연네일에 곰팡이나 균이 쉽게 번식할 수 있음

11 신규 문제 공략
아크릴 프렌치 스컬프처의 인조네일 작업 시 전 처리 과정에 대한 설명으로 틀린 것은?

① 작업자와 고객의 손을 소독한다.
② 자연네일 표면에 에칭을 준다.
③ 습식 매니큐어를 한다.
④ 네일 프라이머를 도포한다.

> 인조네일 작업 전에 습식 매니큐어를 하면 습기를 먹은 자연네일에 곰팡이나 균이 쉽게 번식할 수 있어 습식 관리를 피하고 건식 관리를 하는 것이 적절함

12
손에 효과적으로 유·수분을 공급하고 부드럽게 해 주는 매니큐어는?

① 파라핀 매니큐어   ② 프렌치 매니큐어
③ 풀커버 매니큐어   ④ 핫 오일 매니큐어

> - 프렌치 매니큐어: 큐티클 정리 후 프렌치로 컬러를 도포함
> - 풀커버 매니큐어: 큐티클 정리 후 풀커버로 컬러를 도포함
> - 핫 오일 매니큐어: 큐티클 정리 시 핫 오일 기기에 손을 담가 큐티클을 정리함

13
파라핀 매니큐어에 대한 설명으로 틀린 것은?

① 피부가 건조한 고객에게 보습을 공급해 주는 관리 방법이다.
② 약하고 아주 부드러운 네일에 효과적이다.
③ 파라핀이 녹는 데 시간이 걸리므로 미리 준비한다.
④ 혈액 순환 촉진으로 손의 피로를 풀어주는 데 도움을 준다.

> 네일이 얇고 약한 경우에는 뜨거워진 파라핀 용액의 온도로 더욱 약해질 수 있으므로 주의해야 함

2 네일미용의 역사

14
한국의 네일미용 역사에 대한 설명으로 틀린 것은?

① 고려시대부터 시작하였다.
② 최초의 네일숍인 '그리피스 네일'이 1989년 서울에 오픈하였다.
③ 1997년 최초의 한국네일협회가 창립되어 네일아트가 대중화되며 발전하였다.
④ 1988년에 네일 민간자격증이 도입되었다.

> 1998년에 네일 민간자격증이 도입됨

15 신규 문제 공략
한국에서 미용사(네일) 국가자격시험이 처음 실시된 시기는?

① 2014년   ② 2016년
③ 2018년   ④ 2020년

> 미용사(네일) 국가자격시험은 2014년에 처음 시행됨

16
한국의 네일미용 발달에 대한 설명으로 옳은 것은?

① 1997년에 한국네일협회가 창립되었다.
② 한국의 네일 산업은 1960년대 중반에 대중화되기 시작했다.
③ 조선시대에 봉선화 꽃물을 들이는 풍속이 시작되었다.
④ 우리나라에서도 손톱의 색으로 신분을 구별하던 시대가 있었다.

> - 한국 네일 산업의 대중화는 1990년대임
> - 고려시대에 봉선화 꽃물을 들이는 풍속이 시작됨
> - 우리나라에서는 신분에 관계없이 봉선화 꽃물을 들임

17 신규 문제 공략
한국의 네일미용 역사에 대한 설명으로 옳은 것은?

① 헤나를 사용하여 손톱을 물들였다.
②「유국관시기」문헌에는 신분에 관계없이 봉선화 꽃물을 들이는 풍속이 유행한 기록이 있다.
③ 1900년대 백화점에 네일숍이 도입되고 네일 산업이 대중화 되었다.
④ 2016년 국가자격시험이 실시되었다.

> - 헤나를 사용하여 손톱을 물들인 나라는 이집트임
> - 「동국세시기」문헌에는 신분에 관계없이 봉선화 꽃물을 들이는 풍속이 유행한 기록이 있음
> - 2014년에 국가자격시험이 실시됨

18
네일미용의 기원에 대한 내용으로 옳은 것은?

① 최초의 네일미용은 기원전 3000년경 이집트에서 시작되었다.
② 프랑스에서 한 손만 손톱을 길러 문을 두드리는 대신 긁도록 한 것이 최초의 기원이다.
③ 인도에서 신분을 표시하기 위해 손톱 뿌리 부분에 문신 바늘로 물감을 주입시키던 것이 최초의 기원이다.
④ 중국의 상류층에서 손톱을 기르고 보석, 금, 대나무 부목 등으로 손톱을 보호하던 것이 최초의 기원이다.

> B.C. 3000년경 이집트와 중국에서 상류층을 중심으로 네일관리를 한 것이 네일미용의 기원이며, 이집트의 경우 헤나를 손톱에 물들여 신분과 지위를 상징함

19
각 나라의 네일미용 역사에 대한 설명으로 틀린 것은?

① 그리스 로마: 네일관리로서 '마누스, 큐라'라는 단어가 시작되었다.
② 미국: 노크 행위는 예의에 어긋난 행동으로 여겨 손톱을 길게 길러 문을 긁도록 하였다.
③ 인도: 상류 여성들은 손톱의 뿌리 부분에 문신 바늘로 색소를 주입하여 상류층임을 과시하였다.
④ 중국: 명 왕조 때는 흑색과 적색을 손톱에 칠하여 장식하였다.

> 궁전에서 노크 대신 손톱을 길러 문을 긁도록 하여 방문을 알린 나라는 프랑스임

20 신규 문제 공략
염색 등이 아닌 네일 자체에 도포하는 방법을 가장 먼저 시행한 나라는?

① 중국 ② 그리스
③ 인도 ④ 미국

> 중국은 달걀 흰자, 꿀, 고무나무 수액을 손톱에 바르거나 홍화를 손톱에 발라 염색이 아닌 네일 자체에 도포하는 방법을 가장 먼저 시행함

21
고대 이집트에 대한 설명으로 틀린 것은?

① 네일미용의 기원으로 매니큐어의 어원인 '마누스와 큐라' 단어가 생겨났다.
② 미라의 무덤에서 매니큐어 제품이 발견되었다.
③ 주술적인 의미로 헤나에서 추출한 붉은 오렌지색으로 손톱을 염색하였다.
④ 상류층은 짙은 색, 하류층은 옅은 색상으로 물들여 신분과 지위를 나타냈다.

> 그리스 로마 시대에 매니큐어의 어원인 '마누스와 큐라' 단어가 생겨남

22 신규 문제 공략
네일미용의 유래에 대한 설명으로 틀린 것은?

① B.C. 3000년경 이집트와 중국에서 손톱을 칠한 것이 네일미용의 기원이다.
② 중세시대에는 금색, 은색 또는 적색, 흑적색을 손톱에 발라 특권층임을 과시하였다.
③ 17세기 인도의 상류층 여성들은 손톱 뿌리 부분에 문신 바늘로 색소를 주입하여 상류층임을 과시했다.
④ 고대 이집트에서 왕족은 짙은 색으로, 낮은 계층의 사람들은 옅은 색만을 사용하게 하였다.

> • 중세시대에는 군 지휘관들이 용맹 과시를 위해 입술과 손톱에 같은 색을 칠함
> • 귀족이 금색, 은색을 발라 신분을 과시한 것은 고대 중국임

23
외국의 네일미용 역사와 관련하여 시대별 내용으로 틀린 것은?

① 중국의 상류층은 부의 상징으로 손톱을 기르고, 금, 대나무 부목 등으로 보호하였다.
② 기원전 시대에는 관목이나 음식물, 식물 등에서 색상을 추출하였다.
③ 인도에서는 매니큐어를 남성의 전유물로 여겨 남성만 관리를 받았다.
④ 네일관리는 지금까지 5000년에 걸쳐 변화되어 왔다.

> 그리스 로마 시대에는 매니큐어를 남성의 전유물로 여김

24 신규 문제 공략
네일 재료가 네일 산업에 도입된 순서대로 나열된 것은?

① 니트로셀룰로오스 → 네일 파일 → 네일 폼 → 젤 네일
② 니트로셀룰로오스 → 네일 폼 → 네일 파일 → 젤 네일
③ 네일 파일 → 니트로셀룰로오스 → 젤 네일 → 네일 폼
④ 네일 파일 → 네일 폼 → 니트로셀룰로오스 → 젤 네일

> 니트로셀룰로오스(1885년) → 네일 파일(1900년) → 네일 폼(1957년) → 젤 네일(1994년)

25 신규 문제 공략
외국의 네일 재료의 발달 시기를 바르게 연결한 것은?

① 1970년대: 네일 폴리시 ② 1950년대: 페디큐어
③ 1980년대: 젤 네일 ④ 1990년대: 네일 폼

> • 1880년대: 네일 폴리시
> • 1990년대: 젤 네일
> • 1950년대: 네일 폼

26 신규 문제 공략
외국의 네일미용 역사에 대해 옳은 것은?

① 1900년대: 니트로셀룰로오스가 개발되었다.
② 1800년대: 네일 파일이 개발되었다.
③ 1900년대: '시트'가 오렌지 우드스틱을 개발하였다.
④ 1900년대: '토마스 슬래그'가 아크릴을 조형할 때 사용하는 네일 폼을 개발하였다.

- 1800년대: 니트로셀룰로오스, 오렌지 우드스틱이 개발됨
- 1900년대: 네일 파일이 개발됨

27
외국 네일미용의 인물과 발전을 바르게 연결한 것은?

① 헬렌 걸리: 네일 팁 개발
② 시트: 오렌지 우드스틱 개발
③ 닥터 코로니: 큐티클 리무버 개발
④ 토마스 슬래그: 네일 폴리시리무버 개발

- 헬렌 걸리: 최초로 네일 수업 강의
- 닥터 코로니: 홈 케어 제품 소개
- 토마스 슬래그: 네일 폼 개발

28
네일 재료의 개발에 대한 설명으로 틀린 것은?

① 아크릴 네일 제품은 미술 조형 작품에 사용하던 아크릴 재료에서 비롯된 것이다.
② 오렌지 우드스틱은 치과에서 사용하던 도구에서 착안되었다.
③ 니트로셀룰로오스는 네일 폴리시의 필름 형성제로 사용되었다.
④ 에어로졸 테크닉에서 스프레이형 네일 폴리시 드라이가 개발되었다.

아크릴 네일 제품은 치과에서 사용하던 재료임

29
연도별 네일 산업의 발달 과정을 바르게 연결한 것은?

① 1885년: 니트로셀룰로오스 개발
② 1935년: 근대적 페디큐어 등장
③ 1967년: 포인트(아몬드)형 네일 유행
④ 1992년: 실크와 리넨을 이용한 네일 랩 작업 시작

- 1957년: 근대적 페디큐어 등장
- 1800년: 포인트(아몬드)형 네일 유행
- 1960년: 네일 랩 작업 시작

30
시기별 네일 역사에 대한 내용이 잘못 연결된 것은?

① 1930년대 – 인조네일 개발
② 1950년대 – 페디큐어 등장
③ 1960년대 – 포인트형 네일 유행
④ 1970년대 – 인조네일의 활성기

1800년대: 포인트형 네일 유행

31
미국에서 메틸메타크릴레이트(MMA)의 아크릴 화학 제품의 사용을 금지시킨 기관은?

① NIA ② FDA
③ WHO ④ KNA

1974~1975년 미국의 식약청(FDA)에서 메틸메타크릴레이트(MMA)의 아크릴 화학 제품의 사용을 금지시킴

32
1976년 네일미용의 특징이 아닌 것은?

① 인조네일의 등장
② 스퀘어 형태의 손톱 유행
③ 파이버 랩 등장
④ 네일아트의 미국 정착

인조네일이 등장한 시기는 1935년임

33
네일 도구 및 네일 재료가 네일 산업에 도입된 순서대로 나열된 것은?

① 아크릴 네일 – 네일 팁 – 젤 네일 – 네일 폴리시
② 네일 폴리시 – 네일 팁 – 아크릴 네일 – 젤 네일
③ 네일 팁 – 네일 폴리시 – 젤 네일 – 아크릴 네일
④ 네일 폴리시 – 네일 팁 – 젤 네일 – 아크릴 네일

네일 폴리시(1910년 이전) → 네일 팁(1935년) → 아크릴 네일(1957년) → 젤 네일(1994년)

34
연도별 네일 산업의 발달 과정에 대한 내용으로 틀린 것은?

① 1994년: 뉴욕 주에서 네일 테크니션 면허제도가 생겼다.
② 1900년: 도구를 이용한 케어가 시작되었다.
③ 1935년: 네일 팁이 개발되었다.
④ 1940년: 인조네일은 부와 사치의 상징이 되었다.

1970년: 인조네일이 부와 사치의 상징이 됨

| 정답 | 26 ④ 27 ② 28 ① 29 ④ 30 ③ 31 ② 32 ① 33 ② 34 ④

CHAPTER 02

네일미용 위생서비스 B

합격 TIP 화학물질 사용 시 안전관리 수칙과 네일미용 기구 소독을 집중적으로 학습하세요.
네일의 병변은 원인과 증상을 연결하여 학습하고 관리의 가능 여부를 구별할 수 있어야 해요.

1 네일숍 위생 및 안전관리

(1) 네일숍 시설 및 물품 청결 [빈출]
① 청소는 높고 깨끗한 곳에서 시작해서 낮고 더러운 곳으로 함
② 바닥은 약품 등이 떨어질 수 있으므로 카펫은 피함
③ 작업장 내에 설치된 커튼 등은 단기적으로 세탁하고 관리함
④ 쓰레기는 뚜껑이 달린 쓰레기통에 넣고 자주 비워야 함
⑤ 냉·난방기와 냉·온수기는 필터를 자주 청소·교체하고 정기적으로 위생 점검을 받음
⑥ 수건은 재사용하지 않고 사용 후 젖은 수건은 뚜껑이 있는 용기에 보관하여 자비 소독 후 일광에 건조함
⑦ 네일 재료의 유효기간이 지나면 반드시 폐기함
⑧ 네일숍의 오염된 장소를 소독하기 위해서는 살균력이 높은 소독제를 사용하여 오염을 없애야 함
⑨ 외부 접촉이 쉬운 카운터는 출입구와 가까운 곳으로 배치함

(2) 네일숍 환경 위생관리 [빈출]
① 자연 환기와 신선한 공기 유입을 위해 창문을 설치해야 함
② 공기보다 무거운 성분이 있으므로 천장뿐만 아니라 아래쪽에도 환기구를 설치해야 함
③ 천장에 배관을 설치하여 인공 환기 장치를 설치해야 함
④ 겨울과 여름에는 냉·난방을 위해 공기청정기를 준비해야 함
⑤ 네일 작업 시 먼지, 파우더 날림으로 선풍기의 사용은 피함
⑥ 먼지의 발생을 줄이기 위해 흡진기를 사용함
⑦ 네일숍 내에서는 금연하고 음식물의 섭취를 피함
⑧ 고객이 테이블에 앉기 전에 소독의 관리 준비를 마쳐야 함

(3) 작업자의 안전관리
① 눈의 피로를 덜어주기 위해 밝은 불빛을 작업대에 설치하고, 눈 운동을 하거나 먼 곳을 응시하여 눈의 피로를 덜어줌
② 계속적인 작업으로 인해 골격과 근육에 불편함과 통증이 발생할 수 있으므로 정기적으로 휴식을 취함
③ 규칙적으로 간단한 스트레칭을 하여 피로 회복에 도움을 주도록 함

(4) 네일숍 안전관리 수칙
① 응급 처치 용품을 구비하고 응급 상황 시 연락할 기관의 연락망처를 누구나 볼 수 있게 함
② 네일숍에 소화기를 비치하고 스모크 알람을 설치하며, 화재의 위험이 있는 곳에 인화성 제품을 두지 않음
③ 전기 장치는 젖은 손으로 만지지 않으며, 습기가 많은 곳을 피해 사용·보관함
④ 전기 장치에 과부하를 주지 말고 전기 안전 수칙을 숙지
⑤ 마모된 전기코드는 교체하고, 문어발식 배선 사용 금지
⑥ 전기를 사용하지 않을 때에는 플러그를 뽑아 전원 차단

(5) 화학물질 사용 시 안전관리 수칙 [빈출]

네일미용 화학물질	과다 노출 시 부작용
네일 폴리시, 시너, 아세톤, 아크릴 리퀴드, 경화 촉진제	두통, 호흡장애, 불면증, 목 아픔, 피로감, 피부발진, 충혈

① 화학물질을 안전하게 사용·관리하기 위해 필요한 정보를 기재한 안전 데이터 시트인 'MSDS❷'에 따름
② 환풍기를 사용하거나 창문을 열어 수시로 환기
③ 냄새를 흡입하는 흡진기의 사용을 권장
④ 작업대에 바로 쏟아지지 않게 재료 정리함에 보관
⑤ 화상과 트러블을 일으킬 수 있어 피부에 닿지 않도록 주의
⑥ 재료는 뚜껑이 있는 용기를 사용하고 뚜껑을 닫아 보관
⑦ 스프레이 형태보다 스포이트나 솔로 바르는 것을 선택
⑧ 재료를 덜 때에는 스패츌러를 사용하고, 액체는 스포이트 사용
⑨ 한 번 덜어내어 사용한 네일 제품은 재사용하지 않고 폐기
⑩ 콘택트렌즈의 사용을 피하고 보안경과 마스크를 착용
⑪ 페이퍼타월, 탈지면은 사용 즉시 뚜껑 있는 쓰레기통에 폐기
⑫ 빛을 차단하는 용기에 밀봉하고 라벨링 후 습기가 없는 서늘한 곳에 보관

용어
• MSDS(Material Safety Data Sheet): 물질안전보건자료

2 네일미용 기구 소독

(1) 네일미용 기기

① 작업 테이블
- 네일미용사가 고객의 네일을 작업하는 테이블
- 각도 조정이 가능한 40W의 램프를 부착하여 사용
- 소독 용액을 사용하여 작업 전후 소독함

② 냉·온장고
- 수건을 데우거나 차가운 상태를 유지하는 기기
- 온장고의 적정 온도는 70°, 냉장고의 적정 온도는 4°임
- 수건에서 물이 흐르지 않게 넣고, 오래 보관하면 안 됨
- 사용하지 않을 때에는 냄새 방지를 위해 문을 열어 둠
- 물과 락스를 10:1 비율로 혼합하여 냉·온장고의 내부와 외부를 닦고 도어에 있는 패킹 사이도 깨끗이 닦음

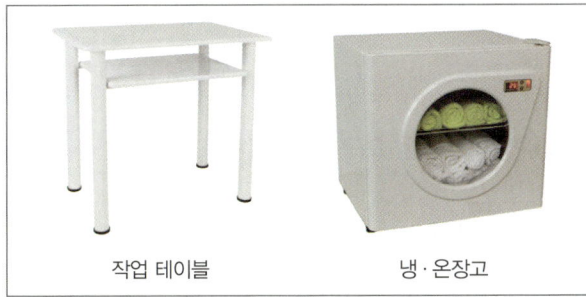

작업 테이블 / 냉·온장고

③ 파라핀 기기
- 파라핀❓을 녹이는 기기
- 파라핀 용액이 녹은 후 약 52~55℃의 온도를 유지함
- 손·발을 2~3회 담근 후 약 10~20분 후 제거
- 사용 후에는 세척 또는 닦아 정해진 장소에 보관

용어
- 파라핀: 피부에 유·수분을 공급하고 혈액 순환을 촉진시켜 손·발의 피로 회복에 도움을 주는 제품으로, 사용한 파라핀은 폐기함

④ 족욕기(족탕기)
- 발을 세척하고 발의 큐티클과 각질을 불려주는 기기
- 항균비누를 넣고 약 40~43℃ 온도로 사용함
- 피로 회복 시에는 20분, 각질을 불릴 때에는 5~10분
- 족욕기의 물은 관리 때마다 갈아 주고 매번 소독해야 함

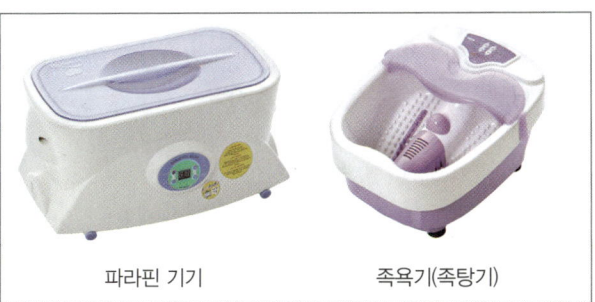

파라핀 기기 / 족욕기(족탕기)

⑤ 흡진기
- 네일 작업 시 분진을 흡입하는 기능을 하는 기기
- 네일을 흡진기 팬 위에 놓고 사용

⑥ 드릴머신
- 인조네일 제거와 네일 케어를 도와주는 기기
- 드릴머신 본체에 핸드피스를 연결하고 작업에 맞는 드릴비트를 장착한 후 RPM❓을 조절하여 사용함
- 드릴머신은 분진을 제거하고 청결히 닦아 보관
- 금속 드릴비트는 에탄올 소독 후 자외선 소독기에 보관

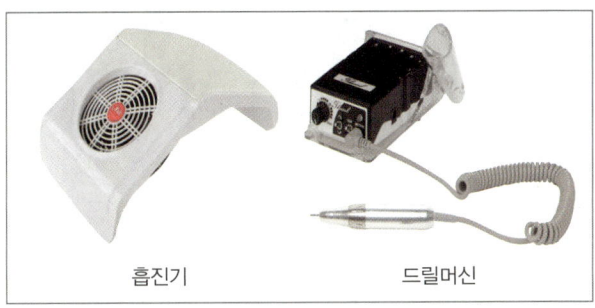

흡진기 / 드릴머신

용어
- RPM: 분당 회전수의 단위

⑦ 젤 램프기기
- 젤을 경화(큐어링)시키는 기기로, UV, LED 전구가 들어 있음
- 젤 네일의 경화 속도가 떨어지면 램프를 교체해야 함
- 사용 전후 소독제로 닦아서 보관

⑧ 네일 폴리시 건조기
- 윗면에 선풍기와 같은 팬의 회전으로 네일 폴리시의 건조를 도와주는 기기
- 양쪽 엄지가 닿지 않게 손을 넣고 약 20분 정도 건조
- 사용 전후 소독제로 닦아 보관

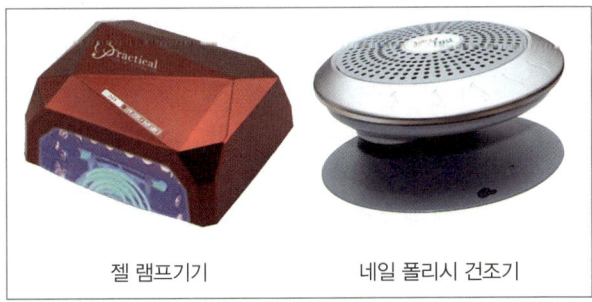

젤 램프기기 / 네일 폴리시 건조기

⑨ 자외선 소독기
- 자외선(UV)을 이용하여 큐티클 니퍼 등의 네일 도구를 소독·보관하는 기기
- 내부를 청결히 청소하고 내부가 습한 경우 곰팡이가 생길 수 있으므로 주의해야 함

(2) 네일미용 도구 소독법 [빈출]

구분	자외선 소독법	에탄올 소독법
특징	• 네일 도구는 사용 전후 소독하고 자외선 소독기에 보관해야 함 • 소독 물품이 겹치지 않고 자외선에 직접 노출되게 넣어야 함	• 에탄올 수용액 70%에 10분 이상 담가 둠 • 에탄올 수용액을 머금은 면이나 거즈로 기구의 표면을 닦아줌
이미지		

(3) 네일미용 금속 도구 [빈출]

금속류(철제)의 도구는 오염 물질을 제거하고 에탄올 소독법으로 소독한 후 자외선 소독기에 보관해야 하며, 락스는 부식의 가능성이 있으므로 금속 도구를 소독하면 안 됨

① 큐티클 니퍼
- 큐티클을 제거하거나 정리할 때 사용하는 도구
- 출혈이 발생할 수 있어 감염의 우려가 높음
- 소독을 고려하여 최소 2개 이상을 구비해야 함

② 큐티클 푸셔
- 큐티클을 밀어 올릴 때 사용
- 큐티클을 밀어 올릴 때 과도한 압력이 가해질 경우 네일 보디에 굴곡이 생길 수 있으므로 45°로 압력을 가하지 않고 부드럽게 밀어야 함

③ 네일 클리퍼
- 손·발톱의 길이를 줄일 때 사용
- 건조한 네일이나 한꺼번에 많이 재단하면 충격이 발생하여 프리에지가 균열될 수 있어 손·발톱 손상의 원인이 됨
- 손·발톱의 곡선을 따라 조금씩 잘라주고 깊게 자를 경우 출혈이 발생할 수 있으므로 주의해야 함
- 조금의 길이 조절은 네일 파일을 사용하는 것이 적절함

큐티클 니퍼 　 큐티클 푸셔 　 네일 클리퍼

④ 네일 가위
- 네일 랩을 자르거나 네일 폼을 자를 때 사용
- 네일 랩을 자르는 가위는 별도로 사용하는 것이 좋음

(4) 네일미용 플라스틱 도구

플라스틱은 전용 세제와 물로 세척 후 위생타월로 닦고 건조함

① 핑거볼
- 큐티클을 불려 주기 위해 손을 담그는 용기
- 미온수를 넣고 고객의 손끝을 넣어 사용

② 디스펜서
- 네일 폴리시리무버, 아세톤 등의 용액을 담는 용기
- 용액을 담아 펌프식으로 편리하게 사용

③ 네일 더스트 브러시
- 네일의 먼지, 분진을 제거하는 도구
- 네일 사이의 분진을 털어 사용

핑거볼 　 디스펜서 　 네일 더스트 브러시

(5) 네일미용 일회용 도구 [빈출]

① 페디 파일
- 발바닥 각질을 부드럽게 밀어 주는 도구로 사용 후 폐기함
- 피부결(족문) 방향으로 안쪽에서 바깥쪽으로 밀어줌

② 콘 커터(크레도)
- 면도날을 부착하여 발바닥의 두꺼운 굳은살을 제거하는 도구로, 사용한 면도날은 반드시 폐기함
- 출혈의 우려로 가벼운 각질에는 사용하지 않음
- 피부결(족문) 방향으로 안쪽에서 바깥쪽으로 제거함

③ 토 세퍼레이터
- 컬러링을 할 때 발가락끼리 닿지 않게 하기 위해 발가락 사이에 끼워 사용
- 페이퍼타월, 솜으로 대체 가능하며, 사용 후 폐기함

페디 파일 　 콘 커터 + 면도날 　 토 세퍼레이터

④ 오렌지 우드스틱
- 큐티클을 밀어 올릴 때, 이물질 제거, 컬러링 수정에 사용
- 용도에 맞게 사용하고 사용 후 폐기함

⑤ 네일 파일
- 네일의 길이 조절, 형태 조형 등에 사용
- 재질에 따라 사용 후 폐기하거나 소독해서 사용

(6) 네일미용 재료 [빈출]

① 큐티클 오일
- 큐티클을 부드럽게 해 주거나 보호해 주는 제품
- 스프레이 타입: 큐티클에 분사하여 사용
- 스포이트 타입: 큐티클에 떨어뜨려 사용
- 성분: 글리세린, 라놀린, 식물성 오일, 비타민 등

② 큐티클 리무버
- 큐티클 정리 시 큐티클을 부드럽게 연화시켜 주는 제품
- 큐티클 푸셔를 사용 전 큐티클 부분에 바름

③ 리지 필러
- 작은 천 조각들이 들어 있어 굴곡진 네일을 채우는 제품
- 베이스코트 전에 도포, 두께감이 있어 잘 건조되지 않음

④ 네일 강화제(네일 영양제)
- 네일이 약해지는 것을 예방 또는 강화에 도움을 주는 제품
- 컬러링을 할 경우에는 베이스코트 도포 전에 도포함

⑤ 지혈제
- 가벼운 출혈을 멈추게 해 주는 제품
- 탈지면에 적셔 출혈 부위를 가볍게 눌러 지혈해야 하며 출혈 부위를 문지르면 안 됨

리지 필러   네일 강화제   지혈제

⑥ 네일 폴리시 시너(Thinner)
- 굳은 네일 폴리시를 묽게 해 주기 위해 사용하는 제품
- 네일 폴리시 병에 1~2방울 넣고 섞어 사용

⑦ 네일 폴리시 퀵 드라이
- 네일 폴리시의 건조를 빠르게 하기 위해 사용하는 제품
- 톱코트 도포 후 사용하며, 스프레이 타입은 약 10~15cm 거리에서 분사하고 스포이트 타입은 네일에 떨어뜨려 사용

⑧ 네일 표백제(네일 블리치)
- 네일이 착색, 변색되었을 때 착색을 제거하는 제품
- 용기에 분말을 넣고 약 5~10분 정도 네일을 담가 줌
- 성분: 과산화수소, 레몬 등

네일 폴리시 시너   네일 폴리시 퀵 드라이   네일 표백제

3 개인위생관리

(1) 작업자 복장
① 세탁 완료된 흰색 위생 가운과 보안경, 마스크를 착용함
② 마스크는 1회 사용 후 폐기, 보안경은 사용 후 소독해야 함

작업자 복장 예시

(2) 손발 소독 제품 [빈출]

항균비누	• 특성: 손을 세정하거나 페디큐어 시 발의 세균을 살균하기 위해 사용하는 제품 • 방법: 손을 씻거나 족욕기에 넣어 사용(입욕제는 일회용으로 한 고객에게만 사용)
안티셉틱	• 특성: 에탄올(알코올)을 포함하고 있으며, 손·발을 소독하는 제품 • 방법: 탈지면에 적셔 손·발 전체를 닦아냄
새니타이저	• 특성: 에탄올(알코올)을 주성분으로 청결 및 소독을 목적으로 손을 대상으로 하는 제품 • 물로 손을 씻는 것을 대신하는 대용제를 총칭 • 방법: 손에 적당량을 덜어 낸 후 손과 손톱 주변을 문질러 줌

(3) 손 소독
① 네일미용사는 모든 작업 전에 작업자의 손과 고객의 손·발 및 작업 부위를 소독해야 함
② 가장 위생적인 손 위생 방법은 비누로 손을 세척하여 오염 물질을 떨어뜨리고, 에탄올 70% 소독제로 병원균을 제거함
③ 소독제를 탈지면에 분사하여 작업자의 손등과 손바닥, 손가락 사이, 손톱을 소독하고 동일한 방법으로 고객의 손을 소독함

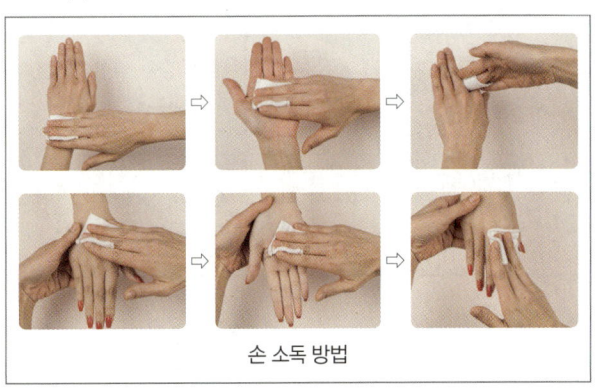

손 소독 방법

4 네일의 병변

네일과 관련된 질병을 총칭하여 '오니코시스'라고 함

(1) 관리할 수 있는 네일 [빈출]

구분	이미지	증상	원인	관리
손거스러미 (행 네일)		큐티클과 주변 피부에 거스러미가 일어남	• 화학 제품 등으로 인한 균열, 건조 • 피부를 뜯거나 잘못된 큐티클 정리	• 화학 제품 자제, 장갑 착용 • 노 바이트 · 보습 제품 사용
교조증 (오니코파지)		물어뜯는 네일로, 프리에지가 없고 뜯겨짐	• 네일을 물어뜯어 발생 • 심리적 불안감, 스트레스 등	• 인조네일로 관리 • 심리적 안정, 스트레스 조절 • 노 바이트 제품 사용
조갑익상편 (테리지움, 표피조막)		큐티클이 과잉 성장하여 네일 위로 자람	• 유해 성분, 변질된 네일 제품 사용 • 매트릭스의 염증, 말초 혈류 장애	• 조심스럽게 큐티클 정리 • 핫 크림 · 오일 매니큐어 관리
조갑종렬증 (오니코렉시스)		세로로 골이 파져 갈라지거나 부서지는 네일	• 화학 제품, 네일의 균열, 건조 발생 • 거친 네일 파일, 인조네일로 발생 • 네일 폴드의 감염, 매트릭스 외상	• 네일 강화제, 인조네일 관리 • 화학 제품 자제, 보습 관리
고랑 파인 네일❓ (퍼로우, 커러제이션)		네일에 고랑이 파임	• 순환기 질병, 아연 부족 식습관 • 큐티클 푸셔로 루눌라에 충격 • 빈혈, 고열, 임신, 홍역, 신경성 등	• 네일 강화제, 인조네일 관리 • 압력 주의, 건강 관리
조갑연화증 (에그쉘 네일, 오니코말라시아)		달걀껍질과 같이 얇게 벗겨지며, 부드럽고 하얗게 되어 네일 끝이 굴곡짐	• 신경성, 다이어트, 불규칙한 식습관 • 비타민, 철 결핍성의 빈혈로 발생 • 내과적 질병, 신경 계통의 이상	• 네일 강화제, 인조네일 관리 • 규칙적인 식습관, 장갑 착용
조갑위축증 (오니카트로피아)		네일에 광택이 없고 얇고 오므라들어 위축된 네일	• 선천적 요인 내과적 질병 • 화학 제품 사용, 매트릭스 손상 • 보수시기를 놓친 인조네일로 발생	• 네일 강화제, 인조네일 관리 • 건강 관리
조갑비대증 (오니콕시스)		네일이 비정상적으로 두꺼워지는 비대한 네일	• 유전이나 질병, 내부의 감염 • 네일 밑 조직 증식, 작은 신발 착용	• 부석 가루로 두께 제거 • 발은 습하지 않게 관리
스푼 네일 (코일로니키아)		네일의 가운데 부분이 움푹 들어간 숟가락 네일	• 선천성 요인, 빈혈, 갑상샘 질병 • 습관적으로 네일을 누르는 행동	• 네일을 짧게 유지 • 인조네일 관리, 제거 시 주의
조갑감입증 (오니코크립토시스, 인그로운 네일)		네일 양쪽 옆면이 살 속으로 파고드는 네일	• 발톱을 너무 짧게 잘라 발생 • 유전, 작은 신발, 외상	• 발톱을 스퀘어 형태로 너무 짧지 않게 관리 • 신발 통풍에 유의 • 아크릴 네일이 가장 효과적
조갑변색증 (변색된 네일, 디스컬러드 네일)		네일이 청색, 황색, 검푸른 색으로 변색된 네일	• 혈액 순환, 심장 기능 이상 • 베이스코트를 바르지 않아 착색됨 • 흡연, 과도한 자외선 노출로 발생	• 네일 표백제 사용 • 금연, 운동

구분	이미지	증상	원인	관리
조갑하혈종 (헤마토마, 브루이즈드 네일)		네일에 피가 응결되어 파란 멍이 듦	• 외부의 충격 • 혈액이 응고되어 발생	• 네일이 고정된 경우는 관리 가능 • 심한 경우는 관리를 피함
조백반증 (루코니키아)		네일에 흰색 반점이 생김	• 네일 생성 중 구조적 이상 발생 • 압력으로 인한 수분 응집 현상	• 표면 발생시 표면을 정리 • 내부 발생시 경과를 지켜봄
흑조증 (멜라노니키아, 니버스)		네일 일부나 전부가 흑색으로 변한 검은 네일	• 멜라닌색소 증가 및 색소 침착 • 약물 부작용, 악성흑색종 가능성	• 색소가 없어질 때까지 컬러링 • 악성흑색종이면 전문의 상담
조갑청색증 (오니코사이아노시스)		네일의 색이 푸르스름하게 변하는 파란 네일	• 혈액 순환 저하로 혈색소 증가 • 산소 포화도가 떨어져 발생	• 일반적 관리 가능 • 치료를 위해 전문의 상담

(2) 관리할 수 없는 네일 [빈출]

구분	이미지	증상	원인
네일 몰드 (곰팡이 · 사상균)		네일이 녹색에서 점차 갈색에서 검은색으로 변함	• 네일 사이에 습기, 열에 의한 녹황균, 곰팡이균의 번식으로 발생 • 23~25%의 수분을 함유 • 인조네일 작업 전 자연네일에 유·수분이 남을 경우 발생 • 보수 시기가 지나 균이 번식된 경우 발생
조갑진균증, 조갑백선 (오니코마이코시스)		네일이 누렇게 변색되고 냄새나는 손·발톱 무좀	• 프리에지 틈을 통해 들어온 진균의 감염으로 발생 • 네일에 습도가 높은 환경이 유지될 경우 주로 발생
조갑염 (오니키아)		네일의 염증으로 네일 밑의 피부조직이 붉어지며 고름이 형성됨	• 네일에 위생 처리가 되지 않은 네일 도구 등으로 인한 박테리아 감염으로 발생 • 네일을 자를 때 하이포니키움의 상처가 생겨 발생
조갑주위염 (파로니키아)		네일 주위 피부의 염증으로 네일 주위 피부가 부어 올라 고름과 살이 물러짐	• 급성 조갑주위염은 네일 폴드의 감염으로 발생 • 네일 주변 피부에 위생 처리가 되지 않은 네일 도구 등으로 인한 박테리아 감염으로 발생
조갑박리증 (오니코리시스)		네일이 분리됨	• 하이포니키움 손상과 감염으로 네일 보디가 네일 베드에서 분리되어 발생 • 빈혈, 내과적 질병, 화학 제품의 과도한 사용
조갑탈락증 (오니콥토시스)		네일의 일부분 혹은 전체가 떨어져 나감	• 매독, 고열, 약물의 부작용, 건강 장애, 심한 외상 • 매트릭스 기능이 정지되어 네일과 연결이 끊어짐 • 네일 폴드의 염증으로 네일 베드의 일부가 소실
조갑구만증 (오니코그리포시스)		네일이 심한 변형을 동반하여 손가락이나 발가락 밖으로 돌출됨	• 치매, 정신분열증, 정신발달지체 등과 같은 질병 때문에 네일을 관리하기 힘든 사람에게서 발생

용어
• **고랑 파인 네일**: 가로나 세로로 고랑이 파여 홈, 줄 등이 있는 네일로 가로 고랑은 조갑횡구증, 세로 고랑은 조갑종구증이라고도 함

출제 예상문제

1 네일숍 위생 및 안전관리

01 신규 문제 공략
안전한 네일숍의 청결과 환경에 대한 설명으로 틀린 것은?
① 네일숍의 오염된 장소를 소독하기 위해 소독제를 선택할 때는 높은 수준의 소독제를 택하지 않아야 한다.
② 필요 시에는 소독제를 구입한 후 사용 전에 미리 희석 용액을 만들어 놓고 같은 농도로 사용한다.
③ 화학물질을 안전하게 사용·관리하기 위해 필요한 정보를 기재한 안전 데이터 시트인 MSDS에 따른다.
④ 네일숍의 청소 계획은 주기적으로 실시한다.

> 네일숍의 오염된 장소를 소독하기 위해서는 살균력이 높은 소독제를 사용하여 오염을 없애야 함

02
네일숍 시설 및 환경 위생관리에 대한 설명으로 틀린 것은?
① 먼지의 발생을 줄이기 위해 흡진기를 사용한다.
② 신선한 공기를 위해 선풍기를 항상 틀어 놓는다.
③ 환풍기를 사용하거나 창문을 열어 수시로 환기한다.
④ 쓰레기통은 반드시 뚜껑이 달린 것을 사용하며 자주 비운다.

> 네일 작업 시 먼지, 파우더 날림으로 인해 선풍기는 가급적 사용하지 않는 것이 적절함

03 신규 문제 공략
네일숍 위생에 대한 설명으로 옳은 것은?
① 통풍을 위해 항상 문을 열어둔다.
② 재료는 사용하기 편리하도록 뚜껑을 열어둔다.
③ 경제성을 위해 쓰레기는 한꺼번에 모아 버린다.
④ 뚜껑이 달린 쓰레기통을 사용한다.

> • 자주 환기하되 항상 문을 열어두면 안 됨
> • 재료는 뚜껑을 닫아야 함
> • 쓰레기는 자주 비워야 함

04 신규 문제 공략
위생과 화학물질에 대한 설명으로 틀린 것은?
① 화학물질을 포함한 용기에는 라벨을 붙인다.
② 모든 재료들의 뚜껑을 닫아둔다.
③ 쓰레기는 한꺼번에 버린다.
④ 사고에 대한 대비책을 미리 마련해 놓는다.

> 쓰레기는 뚜껑이 달린 쓰레기통에 넣고 자주 비워야 함

05
화학물질을 안전하게 사용·관리하기 위해 필요한 정보를 기재한 안전 데이터 시트는?
① EPA   ② MSDS
③ DOH   ④ OSHA

> MSDS는 물질안전보건자료로, 중요 화학물질을 안전하게 사용하고 관리하기 위해 필요한 정보를 기재한 안전 데이터 시트임

06
네일숍의 위생관리에 대한 설명으로 틀린 것은?
① 작업 중에 버리는 폐기물은 반드시 뚜껑이 있는 쓰레기통에 담아둔다.
② 사용한 수건은 재사용하지 않고 교체한다.
③ 작업 테이블 위의 네일 제품 용기는 뚜껑을 닫아둔다.
④ 네일 제품을 사용할 때에는 재료 받침대를 사용하지 않는다.

> 네일 제품은 화학물질을 포함하고 있기 때문에 작업대에 바로 쏟아지지 않게 재료 정리함에 보관하는 것이 좋음

07 신규 문제 공략
네일숍에서 사용하는 화학물질과 소독 제품의 주의사항으로 틀린 것은?
① 제품의 소독 및 안전관리를 철저히 한다.
② 화학 제품에는 라벨을 표시한다.
③ 화학 제품은 밝은 곳에 눈에 띄게 보관한다.
④ 화학 제품 사용 시 환기가 제대로 되고 있는지를 반드시 확인한다.

> 화학 제품은 빛을 차단하는 용기에 넣어 밀봉하고 라벨을 붙인 후 서늘한 곳에 보관해야 함

08
네일숍에서의 감염 예방 방법으로 가장 거리가 먼 것은?
① 작업 장소에서 흡연 시 환기에 유의해야 한다.
② 네일관리 시 상처를 내지 않도록 항상 조심해야 한다.
③ 감기 등 감염 가능성이 있거나 감염이 된 상태에서는 작업하지 않는다.
④ 먼지의 발생을 줄이기 위해 흡진기를 사용한다.

> 작업 장소에서는 금연해야 함

| 정답 | 01 ① | 02 ② | 03 ④ | 04 ③ | 05 ② | 06 ④ | 07 ③ | 08 ① |

2 네일미용 기구 소독

09
네일 작업 시 표준형 작업 테이블의 램프 밝기는?
① 20W ② 40W
③ 60W ④ 80W

> 작업 테이블은 작업자의 눈을 보호하기 위해 각도 조정이 가능한 40W의 램프를 부착하여 사용해야 함

10
냉·온장고의 사용과 소독 방법에 대한 설명으로 틀린 것은?
① 수건에서 물을 짠 후 물이 흐르지 않게 넣어 보관한다.
② 수건을 넣고 오래 보관하면 안 된다.
③ 사용하지 않을 때에는 오염 방지를 위해 문을 꼭 닫아야 한다.
④ 청소 시에는 물과 락스를 혼합하여 깨끗이 닦아야 한다.

> 사용하지 않을 때에는 냄새 방지를 위해 문을 열어 두어야 함

11
파라핀 매니큐어 시 파라핀을 고객에게 사용하는 적정 온도는?
① 약 40~45℃ ② 약 45~50℃
③ 약 52~55℃ ④ 약 60~65℃

> 파라핀 용액이 녹은 후 약 52~55℃의 온도를 유지해야 함

12
피로 회복을 위한 족욕기 사용 시 적절한 물 온도와 사용 시간은?
① 36~40℃, 20분간 ② 36~40℃, 40분간
③ 40~43℃, 20분간 ④ 40~43℃, 40분간

> • 족욕기는 항균비누를 넣고 약 40~43℃ 온도로 사용함
> • 피로 회복 시에는 20분, 각질을 불릴 때에는 5~10분 사용함

13
고객의 발을 담가 세척하고 각질을 불려주는 역할을 하며 피로 회복의 효과를 주는 기기는?
① 핑거볼 ② 파라핀 기기
③ 족욕기(족탕기) ④ 젤 램프기기

> • 핑거볼: 큐티클을 불려 주기 위해 손을 담그는 용기
> • 파라핀 기기: 파라핀 용액을 녹이는 기기
> • 젤 램프기기: 젤을 경화시키는 기기

14
소독 처리된 네일 도구를 보관하는 곳은?
① 자외선 소독기 ② 유통증기 멸균기
③ 화염 멸균기 ④ 고온 살균기

> 철제 도구는 에탄올 소독법으로 소독한 후 자외선 소독기에 넣어 보관함

15
젤 램프기기에 대한 설명으로 틀린 것은?
① 젤을 경화시키는 기기이다.
② 젤 네일의 경화 속도가 떨어지면 램프를 교체해야 한다.
③ 젤 네일에 사용되는 광선은 적외선과 가시광선이다.
④ 사용 전 후 소독제로 닦아 보관한다.

> 젤 네일에 사용되는 광선은 자외선(UV)과 가시광선(LED)임

16
라이트 큐어드 젤을 굳게 할 수 있는 UV, LED의 전구가 들어 있는 기기의 명칭은?
① 젤 램프기기 ② 파라핀 기기
③ 경화 촉진제 ④ 드릴머신

> • 파라핀 기기: 파라핀 용액을 녹이는 기기
> • 경화 촉진제: 네일 접착제를 빠르게 경화시키는 제품
> • 드릴머신: 인조네일 제거와 네일 케어를 도와 주는 기기

17
네일 클리퍼, 큐티클 니퍼 등의 철제 도구를 소독할 때 사용하는 에탄올의 농도는?
① 40% ② 50%
③ 60% ④ 70%

> 네일 클리퍼, 큐티클 니퍼 등의 철제 도구를 에탄올 수용액 70%에 소독해야 함

18
에탄올 수용액에 소독할 수 없는 네일 도구는?
① 큐티클 니퍼 ② 큐티클 푸셔
③ 네일 클리퍼 ④ 콘 커터의 면도날

> 콘 커터의 면도날은 일회용으로 사용 후 폐기해야 함

19
네일 도구에 대한 설명으로 틀린 것은?
① 큐티클 푸셔: 큐티클을 밀어 올릴 때 사용하는 도구이다.
② 토 세퍼레이터: 네일 폴리시를 도포할 때 발가락 사이에 끼워 발가락을 분리해 주는 제품이다.
③ 네일 클리퍼: 네일 팁을 잘라 길이를 조절할 때 사용한다.
④ 네일 더스트 브러시: 네일과 네일 주변의 먼지와 가루 이물질을 제거할 때 사용한다.

> • 네일 클리퍼: 손·발톱을 잘라 길이를 조절할 때 사용함
> • 팁 커터: 네일 팁을 잘라 길이를 조절할 때 사용함

20
네일 도구에 대한 설명으로 틀린 것은?
① 네일 더스트 브러시는 네일의 분진을 제거하는 데 사용한다.
② 네일 클리퍼는 빠른 시간 내에 네일의 길이를 줄일 수 있으므로 고객에게 적극 사용하도록 권한다.
③ 팁 커터는 네일 팁의 길이를 빠른 시간 내에 재단할 수 있는 도구이다.
④ 네일 도구는 사용 후 위생·소독한다.

> 네일 클리퍼는 건조한 네일이나 한꺼번에 많이 재단하면 강한 충격이 발생하여 프리에지가 균열될 수 있어 손·발톱 손상의 원인이 되므로 조금의 길이 조절은 네일 파일을 사용하는 것이 적절함

21
네일 도구 중 감염이 되기 가장 쉬운 도구로 다른 것보다 더 철저한 소독이 필요한 것은?
① 오렌지 우드스틱　② 큐티클 니퍼
③ 네일 파일　　　　④ 샌딩 파일

> 큐티클 니퍼는 잘못된 사용으로 출혈이 발생할 수 있으므로 감염의 우려가 높은 철제 도구로, 사용 전후에는 반드시 소독을 해야 함

22
미지근한 물을 넣어 고객의 손끝을 담가 큐티클을 불려 주는 데 사용하는 것은?
① 핑거볼　　② 솜용기
③ 디스펜서　④ 재료 정리함

> • 솜용기: 탈지면을 담는 용기
> • 디스펜서: 아세톤 등의 용액을 담는 용기
> • 재료 정리함: 재료를 정리하는 바구니

23
딱딱하고 매우 두꺼운 발뒤꿈치 굳은살을 정리하기 위해 사용되는 네일 도구의 명칭은?
① 팁 커터　　　② 콘 커터
③ 큐티클 푸셔　④ 토 세퍼레이터

> • 팁 커터: 네일 팁의 길이를 줄일 때 사용하는 도구
> • 큐티클 푸셔: 큐티클을 밀어 올릴 때 사용하는 도구
> • 토 세퍼레이터: 발가락끼리 닿지 않게 해 주는 제품

24
페디 파일의 사용 방법으로 옳은 것은?
① 피부결 반대 방향으로 안쪽에서 바깥쪽으로 사용한다.
② 피부결 방향으로 안쪽에서 바깥쪽으로 사용한다.
③ 피부결 반대 방향으로 바깥쪽에서 안쪽으로 사용한다.
④ 피부결 방향으로 바깥쪽에서 안쪽으로 사용한다.

> 페디 파일은 피부결(족문) 방향으로 안쪽에서 바깥쪽으로 사용해야 함

25 신규 문제 공략
가정용 락스를 이용한 소독법을 적용하지 않는 것은?
① 타월　　　② 금속 가위
③ 유리 그릇　④ 플라스틱 빗

> 락스에는 금속을 녹슬게 하는 성분이 있어 금속 소재는 소독할 수 없음

26
네일 도구 중 일회용으로 사용하지 않아도 되는 것은?
① 큐티클 니퍼　　② 콘 커터의 면도날
③ 오렌지 우드스틱　④ 토 세퍼레이터

> 큐티클 니퍼는 일회용이 아니며 사용 전후 소독해서 사용하는 철제 도구임

27 신규 문제 공략
네일숍에서 사용하는 금속도구의 소독 시간으로 적절한 것은?
① 3분 이상　② 5분 이상
③ 7분 이상　④ 10분 이상

> 금속류(철제)의 도구는 에탄올 수용액 70%에 10분 이상 담가 소독한 후 자외선 소독기에 보관함

28 신규 문제 공략
네일 재료의 소독과 보관 방법에 대하여 틀린 것은?
① 큐티클 니퍼는 에탄올로 소독한 후 자외선 소독기에 보관한다.
② 토 세퍼레이터는 사용 후 폐기해야 한다.
③ 사용한 네일 파일류와 네일 화장물을 분리하여 청결한 장소에 보관한다.
④ 핑거볼은 전용 세제와 물로 세척 후 위생타월로 닦고 건조한 후 보관한다.

> 일반적인 네일 파일류는 사용 후 폐기해야 하며, 사용한 네일 화장물도 폐기해야 함

29 신규 문제 공략
큐티클 보습제의 사용 방법에 대한 설명으로 틀린 것은?
① 큐티클 오일(스프레이 타입): 반드시 솜에 적셔 사용한다.
② 큐티클 오일(스포이트 타입): 떨어뜨려 사용한다.
③ 큐티클 크림(병 타입): 스패출러로 덜어서 사용한다.
④ 큐티클 크림(튜브 타입): 짜서 손톱에 직접 도포하여 사용한다.

> 큐티클 오일(스프레이 타입)은 솜에 적시지 않고 큐티클에 직접 분사하여 사용함

| 정답 | 20 ② | 21 ② | 22 ① | 23 ② | 24 ② | 25 ② | 26 ① | 27 ④ | 28 ③ | 29 ① |

30
굴곡진 손톱의 보강을 위해 작은 천 조각들을 넣어 만든 제품은?

① 안티셉틱 ② 리지 필러
③ 네일 표백제 ④ 네일 강화제

> 리지 필러는 작은 천 조각들이 들어 있어 굴곡진 네일을 채우는 제품으로 베이스코트 전에 도포함

31
과산화수소와 레몬산이 주성분이며 자연네일이 누렇게 변화하였을 경우 사용되는 제품은?

① 네일 강화제 ② 네일 표백제
③ 네일 폴리시리무버 ④ 네일 폴리시 시너

> - 네일 강화제: 네일의 손상 예방과 강화에 도움을 주는 제품
> - 네일 폴리시리무버: 네일 폴리시를 제거하는 제품
> - 네일 폴리시 시너: 굳은 네일 폴리시를 묽게 하는 제품

32
네일 폴리시의 건조를 빠르게 하기 위해 사용하는 제품은?

① 네일 폴리시리무버
② 네일 강화제
③ 네일 폴리시 시너
④ 네일 폴리시 퀵 드라이

> - 네일 폴리시리무버: 네일 폴리시를 제거하는 제품
> - 네일 강화제: 네일의 손상 예방과 강화에 도움을 주는 제품
> - 네일 폴리시 시너: 굳은 네일 폴리시를 묽게 하는 제품

33 [신규 문제 공략]
다음 중 (   ) 안에 가장 적합한 것은?

> 큐티클 오일, 큐티클 크림, 큐티클 로션 등의 사용하는 보습 성분을 (   )이라고 한다.

① 에탄올 ② 레이크
③ 글리세린 ④ 고급 지방산

> 글리세린은 수분을 흡수하는 능력이 있어 큐티클을 보호하는 큐티클 오일·크림 등의 화장품 보습 성분으로 사용함

34
네일 폴리시 퀵 드라이 제품을 사용할 때는?

① 손 소독 후
② 베이스코트를 도포하기 전
③ 톱코트를 도포하기 전
④ 톱코트를 도포한 후

> 네일 폴리시 퀵 드라이 제품은 톱코트 도포까지의 컬러링이 전부 끝난 후에 사용함

3 개인위생관리

35
이·미용사의 위생복을 흰색으로 하는 것이 좋은 주된 이유는?

① 오염된 상태를 쉽게 발견하기 때문에
② 열의 흡수가 가장 잘 되기 때문에
③ 값싸고 쉽게 구할 수 있기 때문에
④ 미관상 보기가 가장 좋기 때문에

> 오염된 상태를 쉽게 발견할 수 있어 이·미용사는 흰색 위생복을 착용함

36
이·미용사의 손을 소독하는 제품이 아닌 것은?

① 안티셉틱(Antiseptic)
② 세니타이저(Sanitizer)
③ 항균비누(Soap)
④ 핸드크림(Hand Cream)

> 핸드크림은 손의 유·수분을 공급하는 보습 제품임

37
이·미용사의 손 소독 방법으로 가장 적절한 것은?

① 작업 전후에는 20% 알코올이나 소독 용액으로 작업자와 고객의 손을 닦는다.
② 작업 전후에는 50% 알코올이나 소독 용액으로 작업자와 고객의 손을 닦는다.
③ 작업 전후에는 70% 알코올이나 소독 용액으로 작업자와 고객의 손을 닦는다.
④ 작업 전후에는 100% 알코올이나 소독 용액으로 작업자와 고객의 손을 닦는다.

> 작업 전후에는 70% 알코올이나 소독 용액으로 작업자와 고객의 손을 닦음

38
족욕기에 항균비누를 넣는 이유는?

① 포자를 멸균하기 위해
② 큐티클을 제거하기 위해
③ 박테리아 살균을 위해
④ 상처를 치료하기 위해

> 항균비누는 발의 세균을 살균하기 위해 사용함

| 정답 | 30 ② 31 ② 32 ④ 33 ③ 34 ④ 35 ① 36 ④ 37 ③ 38 ③

4 네일의 병변

39
네일과 관련된 모든 질병을 총칭하는 용어는?
① 오닉스
② 오니코시스
③ 오니코파지
④ 오니코렉시스

> 네일과 관련된 질병을 총칭하여 오니코시스라고 함

40
화학 제품의 잦은 사용이나 거친 네일 파일 등으로 발생하는 상태로서 네일이 갈라지며 세로로 골이 파여 있는 증상은?
① 조갑종렬증(오니코렉시스)
② 조백반증(루코니키아)
③ 조갑비대증(오니콕시스)
④ 조갑탈락증(오니콥토시스)

> - 조백반증(루코니키아): 네일에 흰색 반점이 생김
> - 조갑비대증(오니콕시스): 네일이 비정상으로 두꺼워짐
> - 조갑탈락증(오니콥토시스): 네일이 떨어져 나감

41 신규 문제 공략
인조네일로 발생할 수 있는 병변이 <u>아닌</u> 것은?
① 조갑구만증(오니코그리포시스)
② 몰드(곰팡이)
③ 조갑종렬증(오니코렉시스)
④ 조갑위축증(오니카트로피아)

> 조갑구만증(오니코그리포시스)은 치매, 정신분열증, 정신발달지체 등과 같은 질병 때문에 네일을 관리하기 힘든 사람에게서 발생함

42
세로나 가로로 긴 골이 잡혀 있고, 순환기 계통의 질환이나 빈혈, 고열, 임신, 홍역이나 신경성 등에 의해 발생하며, 유전성과 아연 부족의 식습관으로도 발생할 수 있는 증상은?
① 조갑비대증(오니콕시스)
② 손거스러미(행 네일)
③ 고랑 파인 네일(퍼로우)
④ 조백반증(루코니키아)

> - 조갑비대증(오니콕시스): 네일이 두꺼운 증상으로 네일 밑 조직의 증식 및 손상, 질병이나 상해, 꽉 끼는 신발의 착용으로 발생
> - 손거스러미(행 네일): 거스러미가 일어난 증상으로 물과 화학 제품의 잦은 사용으로 큐티클과 네일 주변 피부가 건조해져 발생
> - 조백반증(루코니키아): 흰색 반점이 생긴 증상으로 네일 생성 중에 구조적 이상, 물리적인 압력으로 인한 수분 응집 현상으로 발생

43
네일미용사가 관리할 수 있는 네일의 증상은?
① 조갑박리증(오니코리시스)
② 조갑진균증(오니코마이코시스)
③ 고랑 파인 네일(퍼로우)
④ 조갑주위염(파로니키아)

> - 조갑박리증: 네일이 분리되어 관리 불가능
> - 조갑진균증: 네일에 진균 감염으로 관리 불가능
> - 고랑 파인 네일: 고랑이 파여 있는 증상으로 관리 가능
> - 조갑주위염: 네일 주위 피부염증으로 관리 불가능

44
매니큐어 작업 시 부주의한 큐티클 정리로 인해 생길 수 있는 증상은?
① 교조증(오니코파지)
② 손거스러미(행 네일)
③ 조갑감입증(오니코크립토시스)
④ 조갑탈락증(오니콥토시스)

> - 교조증(오니코파지): 네일을 물어뜯어 발생
> - 조갑감입증(오니코크립토시스): 유전적 요인, 꽉 끼는 신발 착용 등으로 인해 발생
> - 조갑탈락증(오니콥토시스): 건강 장애 등으로 네일 매트릭스와 네일 보디와의 연결이 끊어진 경우에 발생

45 신규 문제 공략
네일미용사가 관리할 수 있는 네일로만 짝지어진 것은?
① 테리지움 – 오니코렉시스
② 오니코그리포시스 – 오니콥토시스
③ 오니키아 – 티니아 페디스
④ 몰드 – 워트

> - 테리지움: 큐티클이 과잉 성장하여 네일 위로 자라는 증상으로 관리 가능
> - 오니코렉시스: 세로로 골이 파져 갈라지거나 부서지는 네일로 관리 가능

46
네일이 달걀껍질과 같이 얇게 벗겨지는 증상인 조갑연화증의 관리 방법으로 적절하지 <u>않은</u> 것은?
① 손상된 네일을 정리한다.
② 항생제 연고를 꾸준히 발라준다.
③ 네일 강화제를 발라준다.
④ 인조네일을 작업하여 보강해 준다.

> 얇게 벗겨지는 증상의 네일은 항생제 연고와 관련이 없음

47 신규 문제 공략
오니코파지(교조증)의 관리 방법으로 가장 적절한 것은?
① 핫 크림·오일 매니큐어로 관리한다.
② 혈액순환을 개선하기 위해 운동을 한다.
③ 물어뜯는 손톱으로 인조손톱으로 관리한다.
④ 항생제 연고로 관리한다.

> 오니코파지는 습관적으로 네일을 물어뜯어 프리에지가 없고 네일 보디가 뜯겨져 있는 상태로 인조네일로 관리해야 함

48
네일의 양 사이드 부분이 네일 그루브 사이의 살로 파고드는 증상은?
① 파로니키아　　② 행 네일
③ 퍼로우　　　　④ 오니코크립토시스

> - 조갑주위염(파로니키아): 네일 주위 피부에 염증
> - 손거스러미(행 네일): 큐티클과 피부에 거스러미가 일어남
> - 고랑 파인 네일(퍼로우): 네일에 고랑이 파임

49 신규 문제 공략
오니코크립토시스에 대한 설명으로 옳은 것은?
① 각질층이 얇아지는 증상이다.
② 네일숍에서 관리가 가능한 병변이다.
③ 피부과에서 관리 받아야 하며 발톱에만 발생하는 증상이다.
④ 세로로 균열이 생기는 증상이다.

> 오니코크립토시스(조갑감입증)은 파고드는 네일 증상으로, 아크릴 네일 등으로 보정할 수 있으며 네일숍에서 관리 가능함

50
오니코크립토시스(조갑감입증)에 대한 설명으로 틀린 것은?
① 인그로운 네일이라고도 한다.
② 파고들이기 때문에 네일을 짧게 잘라주어야 한다.
③ 네일미용사가 관리 가능한 이상 증세이다.
④ 발톱은 반드시 스퀘어 형태로 다듬어야 한다.

> 파고드는 발톱을 예방하기 위해서는 발톱은 너무 짧지 않게 잘라주어야 함

51
손상이 생긴 틈을 통한 진균 감염이 원인이 되어 관리할 수 없는 네일의 증상은?
① 조갑비대증　　② 손거스러미
③ 고랑 파인 네일　④ 조갑백선

> - 조갑비대증(오니콕시스): 네일이 비정상으로 두꺼워짐
> - 손거스러미(행 네일): 큐티클과 피부에 거스러미가 일어남
> - 고랑 파인 네일(퍼로우): 네일에 고랑이 파임

52
변색된 네일(Discolored Nails)의 특징이 아닌 것은?
① 네일에 흰색 반점이 나타난다.
② 혈액 순환이나 심장이 좋지 못한 상태에서 나타날 수 있다.
③ 네일이 착색된 경우에 발생한다.
④ 변질된 네일 제품 사용으로 발생할 수 있다.

> 네일에 흰색 반점이 생긴 증상은 조백반증(루코니키아)임

53
녹색의 점처럼 보이며 네일 사이에 습기가 들어가 곰팡이균이 서식하는 증상은?
① 네일 몰드　　② 루코니키아
③ 오니코파지　④ 행 네일

> - 루코니키아(조백반증): 네일에 흰색 반점이 생김
> - 오니코파지(교조증): 네일을 뜯어 프리에지가 없음
> - 행 네일(손거스러미): 큐티클과 피부에 거스러미가 일어남

54
네일관리 시 소독이 잘 안 된 도구로 인해 생길 수 있는 박테리아의 감염 증상으로 네일 주위 피부가 빨갛게 부어오르며 살이 물러지는 증상은?
① 조갑탈락증(오니콥토시스)
② 조갑구만증(오니코그리포시스)
③ 조갑감입증(오니코크립토시스)
④ 조갑주위염(파로니키아)

> - 조갑탈락증(오니콥토시스): 네일이 떨어져 나감
> - 조갑구만증(오니코그리포시스): 네일이 돌출되며 심하게 변형됨
> - 조갑감입증(오니코크립토시스): 네일의 양쪽 옆면이 살 속으로 파고듦

55
네일의 일부분 혹은 네일 전체가 손가락에서 떨어져 나가는 증상으로, 외상이나 매독, 고열, 약물의 부작용, 건강 장애 등으로 인해 매트릭스의 기능이 일시적으로 정지되어 네일 보디와의 연결이 끊어진 경우에 발생하는 증상은?
① 조갑위축증(오니카트로피아)
② 조백반증(루코니키아)
③ 조갑비대증(오니콕시스)
④ 조갑탈락증(오니콥토시스)

> - 조갑위축증(오니카트로피아): 네일이 오므라들어 감소함
> - 조백반증(루코니키아): 네일에 흰색 반점이 생김
> - 조갑비대증(오니콕시스): 네일이 비정상으로 두꺼워짐

CHAPTER 03
네일미용 고객서비스

합격 TIP 고객 응대 및 상담은 상식적인 문제가 출제되므로 가볍게 읽고 넘어가세요.
문제를 끝까지 차분히 읽고 함정에 주의한다면 고득점을 받을 수 있는 챕터입니다.

1 고객 응대 및 상담

(1) 고객의 특성
① 고객은 고객 자신이 중요한 사람으로 인식되어지고 편안해지기를 바라는 주관적 욕구와 적절한 가격으로 최고의 서비스를 받고 싶은 실제적 욕구가 존재함
② 주관적 욕구는 실제적 욕구를 지배하기 때문에 고객에게는 실제적 욕구보다 주관적 욕구가 더 중요하며 주관적 욕구가 충족되지 않으면 더 이상 네일숍에 방문하지 않음

(2) 고객 상담의 목적
① 고객의 생활 환경 및 손·발의 상태 등을 파악하여 도움을 줄 수 있는 요인을 도출함
② 고객의 요구사항을 만족시킬 수 있는 네일관리 방법과 절차 등을 설명함으로써 고객의 이해를 도움

(3) 고객 응대 및 상담 [빈출]
① 네일관리를 시작하기 전에 고객과의 충분한 상담을 통해 고객이 원하는 서비스가 어떤 것인지를 확인해야 함
② 고객의 건강 상태와 피부, 네일 상태, 알레르기 여부 등을 고려하여 선택 가능한 작업 및 관리 방법을 설명하고 고객이 원하는 가장 적합한 서비스를 제공해야 함
③ 고객의 직무와 취향 등을 파악하여 관리 방법을 제시하나, 고객의 경제 상태를 파악해서는 안 됨
④ 관리 중에도 고객과 대화를 나누어 고객의 요구를 듣고 요구사항을 반영해야 함
⑤ 관리 후 고객이 불만족할 경우 불만족 부분을 파악하고 해결 방안을 모색함
⑥ 전문적인 용어만 사용하는 것을 지양하고 고객이 이해하기 쉬운 단어로 자세히 설명해야 함
⑦ 전화 상담을 하면 고객과의 신뢰감과 전문성, 서비스 만족감이 상승하는 효과를 볼 수 있음

(4) 고객관리카드(고객관리대장) [빈출]
① 고객이 방문하면 상담을 하고 개인 정보 수집의 사전 동의를 얻어 고객관리카드를 작성함
② 관리가 끝난 후에 그날의 관리 내용과 추가사항을 기재함
③ 재방문 시에도 그날의 변경사항과 추가사항을 작성해야 함
④ 고객의 학력과 가족사항, 은행 계좌 정보, 월수입 등의 민감한 정보는 고객관리카드에 기재하지 말아야 함
⑤ 고객관리카드에 작성된 고객 정보에 대한 유출은 금지함

고객관리카드 기재사항	• 성명, 주소, 연락처, 직업 • 질병의 유무, 피부 타입 등 • 손·발톱의 병변 및 상태 • 관리 내용 및 주의사항 • 예약사항, 제품 판매 • 사후 관리 조언과 대처 방법 • 담당자 이름, 서비스 금액

(5) 네일미용사의 자세
① 항상 스케줄을 확인하여 고객과의 예약 시간을 지킴
② 단정한 복장과 청결한 헤어스타일로 신뢰 받는 용모를 유지
③ 네일의 구조를 숙지하고 관련 질병과 감염 여부를 학습
④ 미용업 관련 법규의 위생 및 안전 규정과 네일숍의 운영 정책을 준수하며 직업윤리에 저촉되는 행위는 하지 않음

(6) 고객관리 [빈출]
① 개인 사물함을 제공하여 고객의 소지품을 안전하게 관리
② 네일 제품으로 인한 알레르기 반응, 과민 반응이 일어난 경우 원인 제품의 사용을 멈추고 전문의에게 의뢰함
③ 문제성 피부를 지닌 고객은 주의해서 관리해야 함
④ 피부 습진이 있는 고객은 관리를 하지 않는 것이 적절함
⑤ 작업 중 피가 날 경우에는 지혈하고 과도한 출혈이 발생한 경우에는 응급 처치 후 전문의에게 치료를 받도록 함

CHAPTER 03 네일미용 고객서비스 | 출제 예상문제

1 고객 응대 및 고객 상담

01
서비스를 하기 전에 고객의 건강, 알레르기, 네일의 상태, 생활 습관, 원하는 서비스의 여부, 최종적으로 선택한 서비스 등에 대한 것들을 작성하도록 하는 고객관리의 내용은?
① 고객에 대한 자세
② 관리 후 처리
③ 고객 상담
④ 제품 판매

> 고객과의 상담을 통해 고객관리 내용을 작성함

02 신규 문제 공략
손님과의 상담이 필요한 이유를 설명한 것 중 가장 거리가 먼 것은?
① 고객이 원하는 네일 서비스 정보를 알 수 있다.
② 기술력의 향상을 위한 준비가 가능하다.
③ 사후관리에 대한 조언과 대처 방법을 알 수 있다.
④ 알맞은 서비스를 시행할 수 있는 관리가 가능하다.

> 손님과의 상담이 기술력 향상을 위한 준비라고 볼 수 없음

03 신규 문제 공략
네일미용사 상담 방법으로 가장 거리가 먼 것은?
① 고객의 질문에 경청하며 성의 있게 대답한다.
② 전문적인 용어만 사용한다.
③ 고객의 건강 상태와 피부, 네일 상태, 등을 고려하여 가장 적합한 서비스를 제공해야 한다.
④ 고객의 직무와 취향 등을 파악하여 관리 방법을 제시한다.

> 전문적인 용어만 사용하는 것을 지양하고 고객이 이해하기 쉬운 단어로 자세히 설명해야 함

04
네일미용사의 자세로 바람직하지 않은 것은?
① 네일은 피부에 위치하고 있음을 인식해야 한다.
② 네일의 구조에 대해 잘 알고 있어야 한다.
③ 고객을 배려하는 마음에서 어떠한 고객이라도 작업해 주도록 한다.
④ 새로운 기술에 대한 탐구와 숙련된 서비스를 위해 노력한다.

> 감염의 위험성이 있는 고객은 관리할 수 없음

05
네일미용사의 자세로 적절하지 않는 것은?
① 고객과의 예약 시간을 반드시 지킨다.
② 청결한 용모와 복장을 유지하도록 한다.
③ 고객이 테이블에 앉으면 그때부터 작업 준비를 한다.
④ 동료들과 협조적으로 행동하고 지식 습득을 위해 노력한다.

> 고객이 테이블에 앉기 전 소독 등의 작업 준비를 미리 해야 함

06
네일 서비스 고객관리카드에 기재해야 하는 것은?
① 고객의 연락처
② 고객의 은행 계좌 정보
③ 고객의 월수입
④ 고객의 학력사항

> 고객의 학력과 가족사항, 은행 계좌 정보, 월수입 등의 민감한 정보는 고객관리카드에 기재하지 말아야 함

07
고객관리카드에 기재하지 않아도 되는 것은?
① 네일의 상태
② 고객의 월수입액
③ 알레르기 유무
④ 이름, 주소, 전화번호

> 고객의 월수입액은 민감한 개인 정보이므로 기재하지 않음

08
고객관리에 대한 설명으로 옳은 것은?
① 발톱 무좀이 있는 고객은 감염에 주의하면서 서비스한다.
② 진한 메이크업을 하고 고객을 응대한다.
③ 네일 제품으로 인한 알레르기 반응이 생길 수 있으므로 원인이 되는 제품의 사용을 멈추도록 한다.
④ 피부 습진이 있는 고객에게 주어진 업무 수행을 자유롭게 한다.

> • 발톱 무좀이 있는 고객은 서비스할 수 없음
> • 단정한 용모로 고객서비스를 해야 함
> • 피부 습진이 있는 고객은 관리를 하지 않는 것이 적절함

09 신규 문제 공략
전화 상담의 효과가 아닌 것은?
① 고객과의 불신감 상승
② 고객과의 신뢰감 상승
③ 서비스 만족감 상승
④ 전문성 상승

> 전화 상담으로 인해 고객과의 불신감이 상승하지는 않음

| 정답 | 01 ③ 02 ② 03 ② 04 ③ 05 ③ 06 ① 07 ② 08 ③ 09 ①

손발의 구조와 기능

CHAPTER 04

> **합격 TIP** 손과 발 뼈의 부위별 개수를 정확히 암기하세요. 신경은 상지와 하지의 신경을 구분하는 문제가 주로 출제되므로 구분할 수 있어야 하고, 손과 발의 근육은 이름이 비슷하므로 손의 근육은 꼭 암기하세요!

1 뼈의 형태 및 발생

뼈는 중배엽에서 유래되었으며, 사람의 골격을 이루는 단단한 결합조직으로 인체의 뼈는 206개이며, 체중의 약 20%를 차지함

(1) 뼈(골)의 발생과 성장

① 골화: 단단하게 변화하여 뼈가 형성되는 과정

연골내골화	완전한 뼈가 되기 전, 연골조직이 형성되고 연골이 뼈로 변하는 뼈의 골화 초기 발생 과정
막내골화	골막 또는 연골막에 직접 골조직이 형성되는 과정

② 골단연골(성장판연골): 뼈의 길이 성장이 일어나는 곳
③ 골단판(성장판): 성장기까지 뼈의 길이 성장을 주도하는 곳
④ 골단: 완전한 뼈가 형성되는 장골의 양쪽 둥근 끝부분

> **용어**
> • 연골: 연골세포와 그것을 둘러싸는 탄력이 있으면서도 연하여 구부러지기 쉬운 무른 뼈로 혈관과 신경세포가 없는 조직

(2) 뼈(골)의 구조

① 골막(뼈막): 뼈 표면의 이중 막, 골내막과 골외막으로 구성된 결합조직으로 뼈 형성과 뼈 성장에 관여하며, 뼈를 보호함
② 골조직(뼈조직)
  • 치밀골: 뼈의 바깥쪽으로 단단하며 하버스관이 있는 신경과 혈관의 통로
  • 해면골: 뼈의 안쪽으로 구멍이 많고 불규칙하게 결합
③ 골수강: 뼈 속 터널 같은 공간으로 안쪽에는 골수가 있음
④ 골수: 골수강 사이의 공간을 채우고 있는 혈액세포를 만드는 조혈조직

적골수	혈액을 생성하는 조혈 기능을 함
황골수	조혈 기능을 거의 하지 않음

(3) 뼈(골)의 기능 [빈출]

지지 기능	인체의 형태 유지, 체중을 지지하는 지렛대 역할
보호 기능	내부 장기를 외부의 충격으로부터 보호
저장 기능	무기질을 저장
운동 기능	뼈와 관절, 골격근의 연결 및 뼈에 부착된 근육의 수축을 이용하여 운동을 일으킴
조혈 기능	뼈 속 적골수에서 혈액을 생산함

(4) 뼈(골)의 형태 [빈출]

장골 (긴 뼈)	상완골, 요골, 척골, 대퇴골, 경골, 비골 등
단골 (짧은 뼈)	수근골, 수지골, 족근골, 족지골 등
편평골 (납작 뼈)	견갑골, 두개골, 늑골 등
불규칙골	척추, 관골 등
종자골 (작은 뼈)	슬개골 등
함기골 (공간이 있는 뼈)	전두골, 상악골, 측두골, 접형골, 사골 등

(5) 관절 [빈출]

2개 이상의 뼈와 뼈가 서로 맞닿아 연결되어 있는 곳

2 손과 발의 뼈대

(1) 손의 뼈 빈출

수지골 14개, 중수골 5개, 수근골 8개로 총 27개의 뼈로 구성

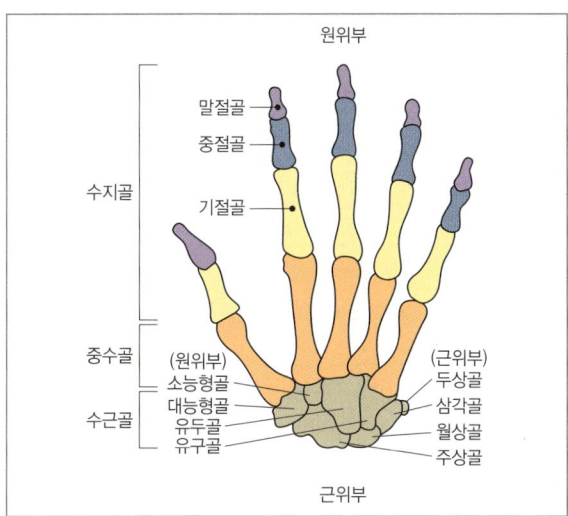

① 수지골(손가락뼈)
- 손가락을 구성하는 14개의 뼈
- 엄지손가락의 뼈는 기절골, 말절골 2개
- 둘째~다섯째 손가락은 기절골, 중절골, 말절골로 이루어져 3개씩 네 손가락으로 12개
- 기절골(5개), 중절골(4개), 말절골(5개)

② 중수골(손허리뼈): 손등과 손바닥을 구성하는 5개의 뼈

③ 수근골(손목뼈): 손목을 구성하는 8개의 뼈

원위부	• 소능형골(작은마름뼈) • 대능형골(큰마름뼈) • 유두골(알머리뼈) • 유구골(갈고리뼈)
근위부	• 두상골(콩알뼈) • 삼각골(세모뼈) • 월상골(반달뼈) • 주상골(손배뼈)

(2) 발의 뼈 빈출

족지골 14개, 중족골 5개, 족근골 7개로 총 26개의 뼈로 구성

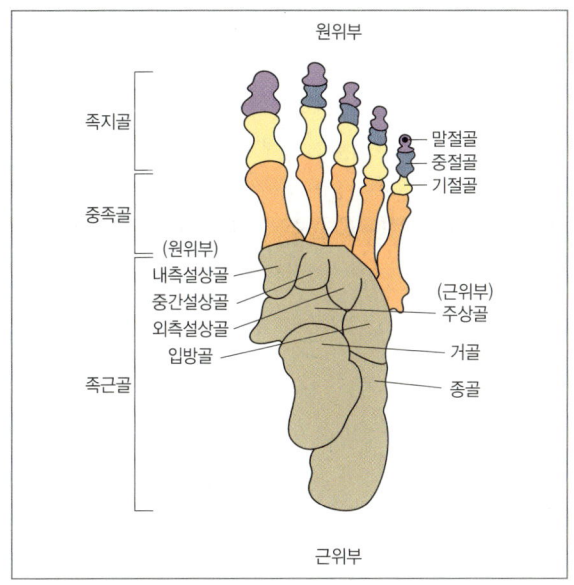

① 족지골(발가락뼈)
- 발가락을 구성하는 14개의 뼈
- 엄지발가락의 뼈는 기절골, 말절골 2개
- 둘째~다섯째 발가락은 기절골, 중절골, 말절골로 이루어져 3개씩 네 발가락으로 12개
- 기절골(5개), 중절골(4개), 말절골(5개)

② 중족골(발허리뼈): 발등과 발바닥을 구성하는 5개의 뼈

③ 족근골(발목뼈): 발목을 구성하는 7개의 뼈

원위부	• 내측설상골(안쪽쐐기뼈) • 중간설상골(중간쐐기뼈) • 외측설상골(가쪽쐐기뼈) • 입방골(입방뼈)
근위부	• 주상골(발배뼈) • 거골(목말뼈) • 종골(발꿈치뼈)

용어
- 종골: 걸음을 걸을 때 신체를 지탱해 주며 균형을 잡게 하는 지지대로, 발뒤꿈치를 형성하여 발뒤꿈치뼈라고도 함

3 손과 발의 근육

(1) 근육의 이해
근육은 수축과 이완에 의해 인체를 움직일 수 있도록 함
① 골격근: 횡문근으로 골격에 부착되어 뼈의 움직임이나 힘을 만드는 근육(수의근)
② 평활근: 민무늬근으로 내장의 벽을 구성하며 자율신경이 분포되어 있고 수축은 느리게 지속됨(불수의근)
③ 심근: 횡문근으로 심장벽을 구성하는 근육, 심장박동에 관여

> **참고**
> • 앞톱니근(전거근): 톱날 모양의 근육으로 가슴 옆에 있는 근육임

(2) 근육의 기능
운동 기능, 열 생산 기능, 자세 유지 기능

(3) 손의 근육 [빈출]
① 무지구근: 엄지손가락의 근육
② 소지구근: 새끼손가락의 근육
③ 중간근: 손허리뼈(중수골) 사이의 근육

구분	근육	작용
무지구근	장무지신근(긴엄지폄근)	엄지손가락 신전
	단무지신근(짧은엄지폄근)	
	장무지외전근(긴엄지벌림근)	엄지손가락 외전
	단무지외전근(짧은엄지벌림근)	
	장무지굴근(긴엄지굽힘근)	엄지손가락 굴곡
	단무지굴근(짧은엄지굽힘근)	
	무지내전근(엄지모음근)	엄지손가락 내전
	무지대립근(엄지맞섬근)	엄지손가락 대립
소지구근	소지신근(새끼손가락폄근)	소지손가락 신전
	소지외전근(새끼손가락벌림근)	소지손가락 외전
	소지굴근(새끼손가락굽힘근)	소지손가락 굴곡
	소지대립근(새끼손가락맞섬근)	소지손가락 대립
중간근	지신근(손가락폄근)	2~5지 손가락 신전
	시지신근(검지손가락폄근)	2지 손가락 신전
	천지굴근(얕은손가락굽힘근) 심지굴근(깊은손가락굽힘근)	2~5지 손가락 굴곡
	충양근(벌레근)	2~5지 손허리뼈 사이를 메워 주며, 굴곡, 신전
	배측골간근(손등쪽뼈사이근)	2~5지 손가락 외전, 굴곡, 신전
	장측골간근(손바닥쪽뼈사이근)	2, 4, 5지 손가락 내전

(4) 발의 근육 [빈출]
① 족배근: 발등의 근육
② 족척근: 발바닥의 근육
③ 중간근: 발허리뼈(중족골) 사이의 근육

구분	근육	작용
족배근 (발등)	장무지신근(긴엄지폄근)	엄지발가락 신전
	단무지신근(짧은엄지폄근)	
	장지신근(긴발가락폄근)	2~5지 발가락 신전, 발등을 굽혀 발가락이 바닥에 닿게 해 줌
	단지신근(짧은발가락폄근)	1~4지 발가락 신전
족척근 (발바닥)	소지외전근(새끼발가락벌림근)	소지발가락 외전
	단소지굴근(짧은소지굽힘근)	소지발가락 굴곡
	무지외전근(엄지벌림근)	엄지발가락 외전
	무지내전근(엄지모음근)	엄지발가락 내전
	장무지굴근(긴엄지굽힘근)	엄지발가락 굴곡
	단무지굴근(짧은엄지굽힘근)	
	장지굴근(긴발가락굽힘근)	2~5지 발가락 굴곡
	단지굴근(짧은발가락굽힘근)	
	족저/족척방형근(발바닥네모근)	발가락 굴곡
중간근	충양근(벌레근)	2~5지 발허리뼈 사이를 메워 주며, 굴곡, 신전
	배측골간근(발등쪽뼈사이근)	2~5지 발가락 외전
	저측골간근(발바닥뼈사이근)	3~5지 발가락 내전

> **참고**
> • 족궁: 발바닥에 있는 아치로, 걸을 때 완충 작용을 하여 체중을 분산시켜 발에 무리한 힘이 실리지 않도록 펌프 역할을 함

(5) 근육의 작용 [빈출]

신근(폄근)	관절을 펼치는 신전 작용
굴근(굽힘근)	관절을 굽히는 굴곡 작용
외전근(벌림근)	관절을 벌리는 외전 작용
내전근(모음근)	관절을 모으는 내전 작용
대립근(맞섬근)	관절을 손바닥으로 향하여 물건을 잡는 작용
회내근(엎침근)	손을 안쪽으로 회전시켜 손등이 앞(위)쪽으로 향하게 작용하는 팔의 근육
회외근(뒤침근)	손을 바깥쪽으로 회전시켜 손등이 뒤(아래)쪽으로 향하게 작용하는 팔의 근육

4 손과 발의 신경

(1) 인체의 생태학적 단계 [빈출]

> 세포 – 조직 – 기관 – 계통 – 인체

(2) 신경기관

① 신경: 신경세포의 돌기가 모인, 신경세포들의 그물망으로 구성된 결합조직
② 뉴런(신경원): 구조적 최소 단위인 신경세포이며, 신경세포체에 자극을 전달하는 역할을 함
③ 시냅스: 뉴런(신경)과 다른 뉴런(신경)을 연결해 주는 접촉 부위

(3) 상지신경 [빈출]

인체 윗부분인 어깨와 팔, 손을 지칭함

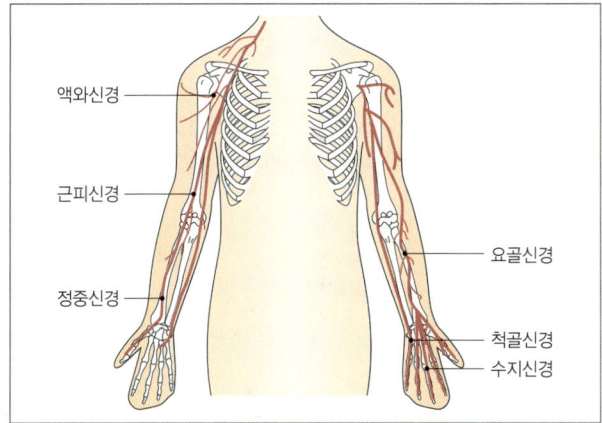

액와신경 (겨드랑이신경)	• 겨드랑이 부위의 신경 • 삼각근과 소원근에 분포
근피신경 (근육피부신경)	• 위쪽 팔 근육의 운동 기능과 아래팔 바깥쪽 피부의 감각 기능 담당 • 근육과 피부신경으로 갈라져 분포
정중신경 (중앙신경)	• 손바닥 감각, 움직임, 운동 기능 담당 • 팔을 관통하여 아래팔 앞쪽, 손바닥 분포 • 엄지손가락의 모음과 맞섬에 관여
요골신경 (노뼈신경)	• 팔, 손등의 외측을 지배하는 혼합성 신경 • 손등 외측과 요골에 분포
척골신경 (자뼈신경)	• 손바닥 안쪽의 근육 지배, 피부감각 주관 • 팔꿈치를 통과하며 팔꿈, 손 소지에 분포 • 소지대립근을 지배
수지신경 (손가락신경)	• 손가락의 촉감, 통증 등의 감각을 느낌 • 손가락에 분포

(4) 하지신경 [빈출]

인체의 아랫부분인 골반과 다리, 발을 지칭함

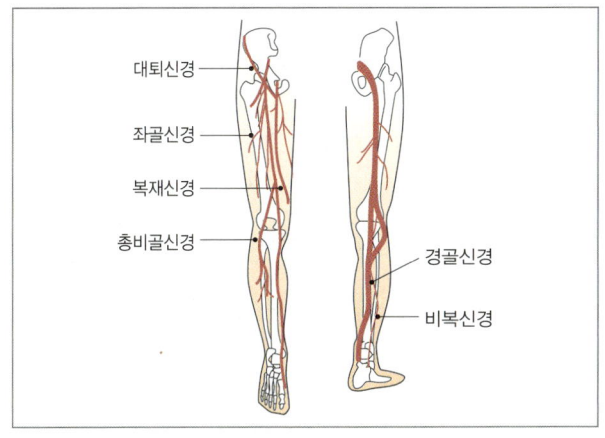

대퇴신경 (넙다리신경)	• 허벅지 근육을 지배, 감각을 느끼는 신경 • 대퇴부의 신근과 하부 피부에 분포
좌골신경 (궁둥신경)	• 다리의 감각과 근육의 운동을 조절하는 신경 • 둔부 아래 다리 뒤쪽을 따라 아래로 분포
경골신경 (정강신경)	• 종아리 뒤쪽과 발바닥의 운동 기능 담당 • 종아리 뒤쪽과 발바닥의 근육, 피부에 분포
총비골신경 (온종아리신경)	• 종아리 바깥쪽과 발등의 종아리신경 • 무릎 뒤에서 경골로 내려가 둘로 나뉨 • 심비골신경(깊은종아리신경), 천비골신경(얕은종아리신경)으로 구분됨
비복신경 (장딴지신경)	• 장딴지 바깥 부분, 발목, 발뒤꿈치 감각 • 종아리 뒤쪽으로 연결되는 장딴지에 분포
복재신경 (두렁신경)	• 다리 안쪽과 무릎에 감각을 전하는 신경 • 정강이 안쪽과 발등 안쪽 피부에 분포

(5) 신경계 [빈출]

신체 내부, 외부에서 일어나는 정보를 받아들이고 신체 활동을 조절하는 역할을 함

① 중추신경: 우리 몸에서 신경정보들을 통합하고 조정함
② 말초신경: 외부나 체내에 가해진 자극에 의해 감각기에 발생한 신경흥분을 중추신경에 전달함

중추신경계	뇌, 척수	
말초신경계	체성신경	뇌신경(12쌍), 척수신경(31쌍)
	자율신경	교감신경, 부교감신경

CHAPTER 04 손발의 구조와 기능 | 출제 예상문제 B

1 뼈의 형태 및 발생

01 〔신규 문제 공략〕
연골에 대한 설명으로 틀린 것은?
① 혈관과 신경이 있다.
② 연골세포와 그것을 둘러싸고 있다.
③ 탄력이 있으면서도 연하다.
④ 구부러지기 쉬운 무른 뼈 조직이다.

> 연골은 연골세포와 그것을 둘러싸는 탄력이 있으면서도 연하여 구부러지기 쉬운 무른 뼈로 혈관과 신경세포가 없는 조직임

02
골격계에 대한 설명으로 틀린 것은?
① 인체의 골격은 약 206개의 뼈로 구성되어 있다.
② 골은 형태에 따라 장골, 단골, 편평골, 불규칙골, 함기골, 종자골로 나뉜다.
③ 골의 구조는 골막, 골조직, 골수강, 골수로 되어 있다.
④ 인체의 모든 골격에서는 혈액세포를 생성한다.

> 골격 중 적골수에서 조혈 작용을 하여 혈액세포를 생성함

03
뼈의 성질에 대한 설명으로 틀린 것은?
① 해면골은 뼈의 안쪽으로 스펀지와 같이 구멍이 많은 모양이다.
② 치밀골은 뼈의 바깥쪽으로 단단하다.
③ 뼈 내부에는 뼈막이 구성되어 있어 단단하다.
④ 적골수에서는 혈액세포를 만드는 조혈 작용을 한다.

> 뼈 내부에는 골수강과 골수가 있고, 뼈막은 뼈의 표면을 덮고 있음

04
성장기까지 뼈의 길이 성장을 주도하는 것은?
① 골막
② 골단판
③ 골수
④ 골조직

> • 골막: 뼈 표면의 이중 막으로 뼈를 보호함
> • 골수: 뼈 속 골수강 사이에 혈액세포를 만드는 조혈조직
> • 골조직: 실질적으로 뼈를 형성하는 조직

05
단단하지 않은 조직에서 단단하게 변화하여 뼈가 형성되는 과정은?
① 수화
② 장화
③ 골화
④ 연수

> 뼈는 골화라는 과정을 거쳐 형성되는 단단한 결합조직임

06
뼈의 길이 성장에 관여하며, 골단연골의 성장이 멈추면서 완전한 뼈가 형성되는 장골의 양쪽 둥근 끝부분은?
① 골화
② 골단
③ 연화
④ 연단

> • 골화: 조직이 단단하게 변화하여 뼈가 형성되는 과정
> • 골단: 완전한 뼈가 형성되는 장골의 양쪽 둥근 끝부분

07
뼈의 기본 구조가 아닌 것은?
① 골막
② 심막
③ 골수
④ 골조직

> 심막은 심장을 둘러싸고 있는 막임

08
뼈의 기능으로 옳은 것을 모두 고른 것은?

A. 지지	B. 보호	C. 조혈	D. 운동

① A, C
② B, D
③ A, B, C
④ A, B, C, D

> 뼈의 기능: 지지·보호·운동·저장·조혈 기능

09 〔신규 문제 공략〕
관절에 대한 설명으로 옳은 것은?
① 3개 이상의 뼈와 뼈가 만나는 곳
② 2개 이상의 뼈와 뼈가 만나는 곳
③ 3개 이상의 근육과 근육이 만나는 곳
④ 2개 이상의 근육과 근육이 만나는 곳

> 관절은 2개 이상의 뼈와 뼈가 서로 맞닿아 연결되어 있는 곳임

| 정답 | 01 ① | 02 ④ | 03 ③ | 04 ② | 05 ③ | 06 ② | 07 ② | 08 ④ | 09 ② |

2 손과 발의 뼈대

10
손의 뼈에 해당하지 않는 것은?
① 중수골　　　　② 수근골
③ 족근골　　　　④ 수지골

- 손의 뼈: 수지골, 중수골, 수근골
- 발의 뼈: 족지골, 중족골, 족근골

11
손허리뼈(중수골)는 몇 개의 뼈로 구성되어 있는가?
① 4개　　　　② 5개
③ 6개　　　　④ 7개

손허리뼈는 손등과 손바닥을 구성하는 뼈로, 5개로 구성됨

12
몸쪽 손목뼈(근위 수근골)가 아닌 것은?
① 주상골　　　　② 유구골
③ 삼각골　　　　④ 두상골

수근골의 근위부: 두상골, 삼각골, 월상골, 주상골

13
기절골, 중절골, 말절골로 이루어지는 14개의 손가락뼈를 무엇이라고 하는가?
① 수근골　　　　② 수지골
③ 경골　　　　④ 중족골

수지골은 기절골, 중절골, 말절골로 이루어지며 손가락 마디를 구성하는 14개의 손가락뼈임

14
수지골에 대한 설명으로 옳은 것은?
① 손가락뼈를 말한다.
② 손허리뼈를 말한다.
③ 손목뼈를 말한다.
④ 새끼손가락의 끝마디 뼈를 말한다.

수지골은 손가락 마디를 구성하는 14개의 뼈로, 손가락뼈를 말함

15
손과 발의 뼈 구조에 대한 설명으로 틀린 것은?
① 손에는 총 27개의 뼈가 있다.
② 수지골은 총 14개의 뼈로 구성되어 있다.
③ 발의 뼈는 족근골, 중족골, 족지골, 종골 4로 나뉜다.
④ 발에는 총 26개의 뼈가 있다.

발의 뼈는 족근골, 중족골, 족지골 3개의 종류로 나뉘며, 종골은 족근골에 속함

16
원위 수근골이 아닌 것은?
① 소능형골　　　　② 유두골
③ 대능형골　　　　④ 두상골

수근골의 원위부: 소능형골, 대능형골, 유두골, 유구골

17
손목뼈(수근골)가 아닌 것은?
① 입방골(입방뼈)　　　　② 유두골(알머리뼈)
③ 삼각골(세모뼈)　　　　④ 소능형골(작은마름뼈)

- 손목뼈: 소능형골, 대능형골, 유두골, 유구골, 두상골, 삼각골, 월상골, 주상골
- 발목뼈: 내측설상골, 중간설상골, 외측설상골, 입방골, 주상골, 거골, 종골

18
중수골은 어느 부위의 뼈를 말하는가?
① 손가락뼈　　　　② 손허리뼈
③ 손목뼈　　　　④ 발가락뼈

중수골은 손등과 손바닥을 구성하는 손허리뼈임

19
손목뼈(수근골)는 몇 개의 뼈로 구성되어 있는가?
① 6개　　　　② 7개
③ 8개　　　　④ 9개

손목뼈(수근골)는 손목을 구성하는 뼈로 8개로 구성됨

20
발목뼈(족근골)가 아닌 것은?
① 거골　　　　② 내측설상골
③ 입방골　　　　④ 두상골

- 발목뼈: 내측설상골, 중간설상골, 외측설상골, 입방골, 주상골, 거골, 종골
- 손목뼈: 소능형골, 대능형골, 유두골, 유구골, 두상골, 삼각골, 월상골, 주상골

21
손과 발의 뼈 구조에 대한 설명으로 틀린 것은?
① 손목뼈: 8개의 작고 불규칙한 형태의 뼈들이 두 줄로 배열되어 있는 뼈이다.
② 손가락뼈: 5개의 손가락 마디에 있는 뼈들로 엄지에 2개, 나머지 손가락에 3개씩 총 14개의 뼈로 구성되어 있다.
③ 발목뼈: 5개의 길고 가는 뼈이며 발가락뼈로 연결된다.
④ 발가락뼈: 발가락 마디에 있는 뼈로 엄지는 2개씩, 나머지는 3개씩 총 14개의 뼈로 구성되어 있다.

발목뼈는 7개의 뼈로 체중을 지탱함

22
손과 발의 뼈 구조에 대한 설명으로 틀린 것은?

① 발목뼈는 7개의 뼈로 체중을 지탱하기 위해 튼튼하다.
② 발가락뼈는 14개의 뼈로 구성되어 있다.
③ 손목뼈는 7개의 작고 불규칙한 형태의 뼈이다.
④ 손가락뼈는 14개의 뼈로 구성되어 있다.

> 손목뼈는 8개의 뼈로 구성되어 있음

23
발가락뼈(족지골)는 몇 개의 뼈로 구성되어 있는가?

① 11개　　② 12개
③ 13개　　④ 14개

> 발가락뼈(족지골)은 발가락을 구성하는 뼈로 14개로 구성됨

24
발가락뼈를 무엇이라고 하는가?

① 족근골　　② 중족골
③ 족지골　　④ 수지골

> 족지골은 발가락뼈라고 하며, 발가락을 구성하는 14개의 뼈를 말함

25
족근골에서 걸음을 걸을 때 신체를 지탱해 주며 균형을 잡게 하는 지지대로 발뒤꿈치를 형성하는 뼈는?

① 거골　　② 중족골
③ 종골　　④ 경골

> 종골은 걸음을 걸을 때 신체를 지탱해 주며 균형을 잡게 하는 지지대로 발뒤꿈치를 형성하여 발뒤꿈치뼈라고도 함

26
몸쪽 발목뼈(근위 족근골)가 아닌 것은?

① 내측설상골　　② 거골(목말뼈)
③ 종골(발꿈치뼈)　　④ 주상골(발배뼈)

> • 족근골의 근위부: 주상골, 거골, 종골
> • 족근골의 원위부: 내측설상골, 중간설상골, 외측설상골, 입방골

27
발허리뼈(중족골)는 몇 개의 뼈로 구성되어 있는가?

① 4개　　② 5개
③ 6개　　④ 7개

> 발허리뼈는 발등과 발바닥을 구성하는 뼈로 5개로 구성됨

3 손과 발의 근육

28
골격근에 대한 설명으로 옳은 것은?

① 심장벽을 구성하고 있다.
② 민무늬근이라고도 한다.
③ 불수의근이라고도 한다.
④ 대부분이 골격에 부착되어 있다.

> • 대부분이 골격에 부착되어 있음
> • 횡문근(가로무늬근)이라고도 함
> • 수의근이라고도 함

29
3대 근육조직의 종류가 아닌 것은?

① 길항근　　② 심근(심장근)
③ 평활근(내장근)　　④ 골격근

> 근육은 골격근(뼈대근), 평활근(내장근), 심근(심장근)으로 분류됨

30
근육은 어떤 작용으로 움직일 수 있는가?

① 수축에 의해서만 움직인다.
② 이완에 의해서만 움직인다.
③ 수축과 이완에 의해 움직인다.
④ 성장에 의해서만 움직인다.

> 근육은 근세포들이 결합한 수축성이 강한 조직으로 수축과 이완에 의해 움직임

31
손 근육의 역할에 대한 설명으로 틀린 것은?

① 손이 세밀하고 복잡한 운동을 할 수 있도록 돕는 역할을 한다.
② 물건을 잡는 역할을 한다.
③ 손가락을 벌리는 역할을 한다.
④ 손가락을 지지하는 역할을 한다.

> 손가락을 지지하는 역할은 뼈의 기능임

32
손의 중간근에 해당하는 것은?

① 장무지신근(긴엄지폄근)
② 단무지신근(짧은엄지폄근)
③ 충양근(벌레근)
④ 소지신근(새끼손가락폄근)

> 손의 중간근: 지신근, 시지신근, 천지굴근, 심지굴근, 충양근, 배측골간근, 장측골간근

33
손허리뼈 사이를 메워주고 근육으로 충양근과 함께 손목 손허리 관절은 굽히고 손가락뼈 사이 관절을 펴는 기능을 하는 손의 근육은?

① 배측골간근(손등쪽뼈사이근)
② 장무지굴근(긴엄지굽힘근)
③ 장무지신근(긴엄지폄근)
④ 무지대립근(엄지맞섬근)

- 장무지굴근(긴엄지굽힘근): 엄지손가락을 굽히는 근육
- 장무지신근(긴엄지폄근): 엄지손가락을 펴는 근육
- 무지대립근(엄지맞섬근): 엄지손가락을 다른 손가락과 마주 보고 물건을 잡게 하는 근육

34
엄지손가락을 새끼손가락으로 당겨 물건을 잡게 하는 중요한 기능을 하는 손의 근육은?

① 장무지신근(긴엄지폄근)
② 장무지굴근(긴엄지굽힘근)
③ 단무지외전근(짧은엄지벌림근)
④ 무지대립근(엄지맞섬근)

- 장무지신근(긴엄지폄근): 엄지손가락을 펴는 근육
- 장무지굴근(긴엄지굽힘근): 엄지손가락을 굽히는 근육
- 단무지외전근(짧은엄지벌림근): 엄지손가락을 벌리는 근육

35
새끼손가락을 벌리는 기능을 하는 손의 근육은?

① 소지외전근(새끼손가락벌림근)
② 장무지굴근(긴엄지굽힘근)
③ 소지대립근(새끼손가락맞섬근)
④ 소지굴근(새끼손가락굽힘근)

- 장무지굴근(긴엄지굽힘근): 엄지손가락을 굽히는 근육
- 소지대립근(새끼손가락맞섬근): 새끼손가락을 굽히고 모이주는 근육
- 소지굴근(새끼손가락굽힘근): 새끼손가락을 굽히는 근육

36
엄지손가락을 굽히는 기능을 하는 손의 근육은?

① 무지대립근(엄지맞섬근)
② 장무지굴근(긴엄지굽힘근)
③ 장무지신근(긴엄지폄근)
④ 소지신근(새끼손가락폄근)

- 무지대립근(엄지맞섬근): 엄지손가락을 다른 손가락과 마주 보고 물건을 잡게 하는 근육
- 장무지신근(긴엄지폄근): 엄지손가락을 펴는 근육
- 소지신근(새끼손가락폄근): 새끼손가락을 펴는 근육

37
손 근육의 분류에 해당하지 않는 것은?

① 무지구근
② 중간근
③ 족배근
④ 소지구근

- 손 근육의 분류: 무지구근, 소지구근, 중간근
- 발 근육의 분류: 족배근, 족척근, 중간근

38 신규 문제 공략
엄지손가락을 앞으로 모으는 역할을 하는 근육은?

① 지골 외전근
② 지골 신근
③ 지골 회내근
④ 지골 내전근

- 외전근(벌림근): 관절을 벌리는 외전 작용
- 신근(폄근): 관절을 펼치는 신전 작용
- 회내근(엎침근): 손을 안쪽으로 회전시켜 손등이 앞(위)쪽으로 향하게 작용하는 팔의 근육

39
손의 근육이 아닌 것은?

① 지신근
② 무지대립근
③ 소지대립근
④ 족척방형근

족저/족척방형근은 발바닥네모근으로 발의 근육에 해당함

40
발등의 근육을 무엇이라고 하는가?

① 족배근
② 족척근
③ 족수근
④ 족구근

- 족배근: 발등의 근육
- 족척근: 발바닥의 근육

41
발의 근육에 해당하지 않는 것은?

① 족저방형근
② 배측골간근
③ 전두근
④ 저측골간근

전두근은 이마에 있는 근육임

42
무지구근 중 엄지맞섬근(무지대립근)의 가장 큰 역할은?

① 손가락을 벌리는 역할
② 손가락을 펴는 역할
③ 물건을 잡는 역할
④ 손가락을 메꿔주는 역할

무지대립근(엄지맞섬근)은 엄지손가락을 다른 손가락과 마주 보고 물건을 잡게 하는 근육임

| 정답 | 33 ① 34 ④ 35 ① 36 ② 37 ③ 38 ④ 39 ④ 40 ① 41 ③ 42 ③

43 신규 문제 공략
상완의 근육이 아닌 것은?
① 앞톱니근(전거근)
② 위팔근(상완근)
③ 두갈래 위팔근(상완이두근)
④ 세갈래 위팔근(상완삼두근)

> 앞톱니근(전거근)은 톱날 모양의 근육으로 가슴 옆에 있는 근육임

44
발바닥에 생기는 발아치를 말하며 완충 작용을 하여 하체의 체중을 효율적으로 분산시켜 체중이 바닥에 닿는 충격을 흡수, 발에 무리한 힘이 실리지 않도록 받침대 역할을 하는 것은?
① 족궁
② 족근골
③ 굴근
④ 신근

> 족궁은 걸음을 걸을 때 완충 작용을 하여 하체의 체중을 분산시키고, 체중이 바닥에 닿는 충격을 흡수하여 발에 무리한 힘이 실리지 않도록 펌프 역할을 함

45
엄지발가락을 굽히는 작용을 하며 엄지발가락 굴곡에 관여하는 근육은?
① 충양근(벌레근)
② 장지신근(긴발가락폄근)
③ 장무지신근(긴엄지폄근)
④ 장무지굴근(긴엄지굽힘근)

> • 충양근(벌레근): 둘째~다섯째 발가락에 발허리뼈 사이를 메워 주는 근육
> • 장지신근(긴발가락폄근): 둘째~다섯째 발가락을 펴고 발가락이 바닥에 닿게 해 줌
> • 장무지신근(긴엄지폄근): 엄지발가락을 펴는 근육

46
손가락을 붙이고 모으는 역할을 하는 근육의 명칭은?
① 내전근
② 외전근
③ 신근
④ 벌림근

> • 외전근(벌림근): 관절을 벌리는 외전 작용을 함
> • 신근(폄근): 관절을 펼치는 신전 작용을 함

47
발의 근육에 해당하는 것은?
① 비복근
② 대퇴근
③ 장골근
④ 족척근

> 족척근은 발바닥의 근육임

48
손의 근육에 대한 설명으로 틀린 것은?
① 회내근: 안쪽으로 손을 회전시켜 손등이 위, 손바닥이 아래를 향하게 작용한다.
② 내전근: 손가락과 손가락이 서로 붙게 하거나 모으는 내향에 작용한다.
③ 외전근: 새끼손가락과 엄지손가락을 벌리는 작용을 한다.
④ 대립근: 엄지손가락을 손바닥 쪽으로 향하게 하여 물건을 잡을 수 있게 한다.

> 회내근은 손의 근육이 아닌 팔의 근육에 해당함

49 신규 문제 공략
손을 안쪽으로 회전시켜 손등이 앞쪽을 향하게 작용하는 팔의 근육은?
① 신근
② 외전근
③ 회외근
④ 회내근

> • 신근: 관절을 펼치는 신전 작용
> • 외전근: 관절을 벌리는 외전 작용
> • 회외근: 손을 바깥쪽으로 회전시켜 손등이 뒤(아래)쪽으로 향하게 작용하는 팔의 근육

50
손가락과 손가락 사이가 붙지 않고 벌어지게 하는 외향에 작용하는 손등의 근육은?
① 외전근
② 내전근
③ 대립근
④ 회외근

> • 내전근: 관절을 모으는 내전 작용을 하는 근육
> • 대립근: 물건을 잡는 작용을 하는 근육
> • 회외근: 손등이 뒤쪽으로 향하게 작용하는 팔의 근육

51
손의 근육과 가장 거리가 먼 것은?
① 벌림근(외전근)
② 모음근(내전근)
③ 맞섬근(대립근)
④ 뒤침근(회외근)

> 뒤침근(회외근)은 팔의 근육임

52
발의 중간근에 속하는 것은?
① 엄지맞섬근(무지대립근)
② 엄지모음근(무지내전근)
③ 벌레근(충양근)
④ 작은원근(소원근)

> 발의 중간근(발허리뼈 사이의 근육): 충양근, 배측골간근, 저측골간근

4 손과 발의 신경

53 신규 문제 공략
신경과 신경을 연결해 주는 접촉 부위는?
① 시냅스 ② 핵
③ 축삭 ④ 세포체

> 시냅스는 뉴런(신경)과 다른 뉴런(신경)을 연결해 주는 접촉 부위임

54
신경조직에 대한 설명으로 옳은 것은?
① 자율신경은 12쌍의 뇌신경과 31쌍의 척수 신경으로 이루어져 있다.
② 중추신경은 우리 몸의 감각기관에서 받아들인 신경 정보들을 통합하고 조정한다.
③ 중추신경계는 뇌신경, 척수신경 및 자율신경으로 구성된다.
④ 체성신경은 교감신경과 부교감신경으로 구성된다.

> • 자율신경은 교감신경과 부교감신경으로 구성됨
> • 중추신경계는 뇌와 척수로 구성됨
> • 체성신경은 12쌍의 뇌신경과 31쌍의 척수신경으로 이루어짐

55
일부 손바닥의 감각, 움직임, 손목의 뒤집힘 등의 운동 기능을 담당하는 신경은?
① 근피신경(근육피부신경) ② 좌골신경(궁둥신경)
③ 정중신경(중앙신경) ④ 액와신경(겨드랑이신경)

> • 근피신경(근육피부신경): 위쪽 팔 근육의 운동 기능과 아래팔 바깥쪽 피부의 감각 기능을 담당하는 신경
> • 좌골신경(궁둥신경): 다리의 감각을 느끼고 근육의 운동을 조절하는 신경
> • 액와신경(겨드랑이신경): 겨드랑이 부위의 신경

56
상지신경에 해당하지 않는 것은?
① 액와신경(겨드랑이신경): 삼각근에 분포
② 정중신경(중앙신경): 팔의 중앙부를 관통하는 신경
③ 근피신경(근육피부신경): 굴근에 분포
④ 대퇴신경(넙다리신경): 대퇴부에 분포하는 신경

> • 상지신경: 액와신경, 근피신경, 정중신경, 요골신경, 척골신경, 수지신경
> • 하지신경: 대퇴신경, 좌골신경, 경골신경, 총비골신경(심비골신경, 천비골신경), 비복신경, 복재신경

57 신규 문제 공략
척골신경에 지배를 받는 것은?
① 소지외전근 ② 무지대립근
③ 소지대립근 ④ 무지내전근

> 척골신경은 손바닥 안쪽의 근육을 지배하며, 손 소지에 분포하는 소지대립근을 지배함

58 신규 문제 공략
엄지손가락의 모음과 맞섬에 관여하는 신경은?
① 노신경 ② 정중신경
③ 정강신경 ④ 자신경

> • 정중신경(중앙신경): 팔을 관통하여 아래팔 앞쪽, 손바닥에 분포하고 엄지손가락의 모음과 맞섬에 관여함
> • 노신경은 노뼈신경, 자신경은 자뼈신경과 동의어임

59
신경에 대한 설명으로 틀린 것은?
① 정중신경 – 삼각근과 소원근에 분포
② 비복신경 – 종아리 뒤쪽으로 연결되는 장딴지에 분포
③ 요골신경 – 손등의 외측과 요골에 분포
④ 수지신경 – 손가락에 분포

> • 정중신경 – 팔을 관통하여 아래팔 앞쪽, 손바닥 분포
> • 액와신경 – 삼각근과 소원근에 분포

60
아래팔 바깥쪽 피부의 감각 기능과 위쪽 팔 근육의 운동 기능을 담당하는 신경은?
① 근피신경(근육피부신경) ② 좌골신경(궁둥신경)
③ 정중신경(중앙신경) ④ 액와신경(겨드랑이신경)

> • 좌골신경(궁둥신경): 다리의 감각과 근육의 운동을 조절하는 신경
> • 정중신경(중앙신경): 손바닥의 감각, 움직임, 운동 기능을 담당하는 신경
> • 액와신경(겨드랑이신경): 겨드랑이 부위의 신경

61
다리의 감각을 느끼고 근육의 운동을 조절하는 신경으로 다리 뒤쪽을 따라 아래로 분포되어 있는 신경은?
① 복재신경(두렁신경) ② 대퇴신경(넙다리신경)
③ 좌골신경(궁둥신경) ④ 정중신경(중앙신경)

> • 복재신경(두렁신경): 다리 안쪽과 무릎에 감각을 전하는 신경
> • 대퇴신경(넙다리신경): 허벅지 근육을 지배하고 감각을 느끼는 신경
> • 정중신경(중앙신경): 손바닥의 감각, 움직임, 운동 기능을 담당하는 신경

62 신규 문제 공략
다음 괄호 안에 들어갈 말로 옳은 것은?

> 둔부 아래 위치한 (   )은 정강신경과 (   )이 되며 이 중 (   )은 깊은 신경과 얕은 신경으로 나눠진다.

① 궁둥신경 – 종아리신경 – 온종아리신경
② 궁둥신경 – 온종아리신경 – 종아리신경
③ 온종아리신경 – 궁둥신경 – 종아리신경
④ 온종아리신경 – 종아리신경 – 궁둥신경

> 둔부 아래 위치한 (궁둥신경)은 정강신경과 (종아리신경)이 되며 이 중 (온종아리신경)은 깊은 신경과 얕은 신경으로 나눠짐

피부의 이해 A

합격 TIP 피부와 피부 부속기관은 자주 출제되므로 밑줄은 꼭 암기하세요. 피부의 유형은 상식적인 내용이므로 가볍게 읽고, 피부와 광선에서 자외선과 적외선, 피부 장애와 질환에서 원발진과 속발진은 구분할 수 있어야 해요!

1 피부와 피부 부속기관

(1) 피부의 구조 빈출

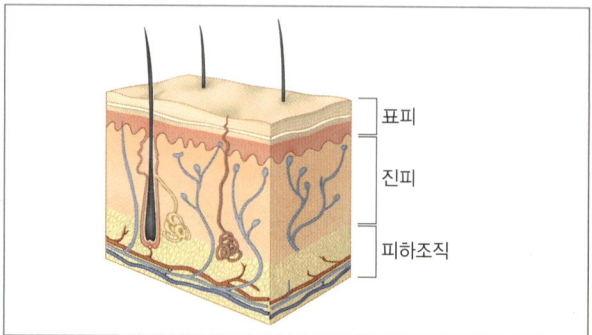

① 피부는 외배엽에서 유래되어 신체 표면을 덮고 있는 기관임
② 피부는 외측부터 표피, 진피, 피하조직의 순으로 되어 있음
③ 피부 표면은 삼각 또는 마름모꼴의 다각 형태로 이루어짐
④ 피부 표면은 인종, 개인, 나이, 부위에 따라 다르다.
⑤ 피부는 체중의 약 16% 정도를 차지함
⑥ 표피는 피부의 가장 바깥쪽 표면에 해당하며 바깥쪽부터 각질층, 투명층, 과립층, 유극층, 기저층의 순으로 되어 있음
⑦ 표피는 각화과정❓을 겪으며 수분 증발 방지와 피부를 보호하는 역할을 함
⑧ 표피와 진피는 물결상의 형태로 이루어짐
⑨ 진피는 바깥쪽부터 유두층, 망상층의 순으로 되어 있음
⑩ 피하조직은 피부의 가장 아래층에 위치함
⑪ 피부에는 피지선, 한선, 손톱 등의 부속기관이 존재함
⑫ 각질형성세포(사이토카인 생성), 대식세포, 비만세포, 랑게르한스세포는 피부의 면역 작용을 함
⑬ 얼굴관리 시 피부가 얇은 눈 부위는 특히 주의해서 관리해야 함

용어
- **각화과정**: 기저층의 세포가 각질층을 향해 올라가며 구조상의 변화를 수반하여 분화하고 최종적으로 각질이 되어 박리되는 현상(정상적인 각화 주기: 약 28일 정도 소요)

(2) 표피 빈출

① 표피의 구조

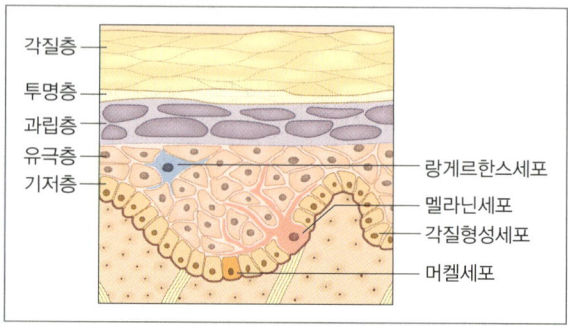

각질층	• 무핵층 • 10~20%의 수분을 함유 • 피부의 방어벽 역할을 함 • 죽은 각질세포가 비늘 형태로 쌓여 박리 현상을 일으키며, 각질세포 사이는 세포 간 지질로 형성 • 친수성 성분의 천연보습인자(NMF) 존재
투명층	• 무핵층 • 손·발바닥에 분포하고 자외선을 반사함 • 반유동성 물질인 엘라이딘을 함유하고 있어 피부 윤기를 담당하고 수분 침투를 방지함
과립층	• 케라틴의 각화유리질과립을 함유 • 핵이 퇴화되면서 각질화 과정이 시작됨 • 수분저지막(레인방어막)이 외부 이물질의 침투 방어, 내부의 수분 증발 저지, 피부염 유발 억제 • 입안의 점막은 과립층이 없음
유극층	• 유핵층 • 표피의 가장 두꺼운 층, 세포 표면에 돌기가 있음 • 랑게르한스세포 존재 • 세포 간의 물질과 노폐물 교환이 이루어짐
기저층	• 유핵층 • 피부의 새 세포를 형성 • 기저층이 손상되면 흉터가 남음 • 멜라닌세포, 각질형성세포, 머켈세포 분포 • 물결 모양(원주형) 세포가 단층으로 이어져 진피와 경계를 이룸 • 유두층에서 영양을 공급받고 세포 분열이 일어남

② 각질층의 구성 물질

천연보습인자	• NMF(Natural Moisturizing Factor) • 피부의 수분 보유량을 조절, 보습막을 형성 • 구성: 아미노산(40%), 젖산염, 피롤리돈 카르본산, 요소, 암모니아 등
세포 간 지질	• 각질세포 사이를 메꾸는 물질 • 라멜라 구조로 되어 있음 • 구성: 세라마이드(50%), 지방산, 콜레스테롤 등

③ 표피의 구성 세포

랑게르한스 세포	• 유극층에 존재 • 피부의 면역을 담당하는 세포
멜라닌세포	• 기저층에 존재 • 피부의 색상을 결정짓는 색소 제조세포
각질형성세포	• 기저층에 존재 • 피부의 케라틴을 형성하는 세포
머켈세포	• 기저층에 존재 • 촉각을 감지하는 세포

> **용어**
> • 멜라닌세포
>   – 자외선을 받으면 왕성하게 활동하여 피부 보호
>   – 멜라닌세포 수는 민족과 피부색에 관계없이 일정함
>   – 피부색은 멜라닌과 헤모글로빈, 카로틴의 분포로 결정됨
>   – 멜라닌(흑색소), 헤모글로빈(적색소), 카로틴(황색소)
>   – 자외선을 받아 만들어진 멜라닌은 각질층에서 배출되어 벗겨짐

(3) 진피 빈출

① 진피의 구조

유두층	• 진피의 10~20% 차지 • 유두 돌기를 형성하는 물결 모양의 층 • 표피의 기저층에 산소와 영양을 공급 • 모세혈관, 림프관, 신경 등이 존재
망상층	• 진피의 80~90%를 차지 • 그물 모양의 층으로 유두층 아래 존재함 • 콜라겐과 엘라스틴의 결합조직으로 피부 탄력, 주름에 중요한 역할 • 림프관, 신경, 한선, 피지선, 입모근 등이 존재

② 진피의 구성 세포

섬유아세포	• 결합조직이 가장 중요한 세포 • 콜라겐, 엘라스틴 등의 조직 성분 생성
비만세포	• 알레르기 반응에 관여하는 세포 • 히스타민, 세로토닌 생성
대식세포	• 면역을 담당하는 세포 • 백혈구의 한 유형, 식균 작용

③ 진피의 구성 물질

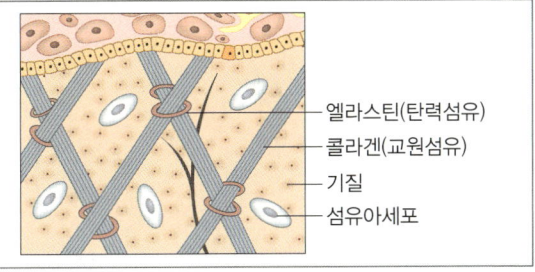

엘라스틴 (탄력섬유)	• 반유동성 물질로 신축성이 강한 섬유단백질 • 피부 탄력에 관여하고, 피부 파열을 방지함
콜라겐 (교원섬유)	• 콜라겐으로 구성되어 그물 모양으로 짜여 있음 • 피부 주름과 처짐 현상에 효과적, 보습 능력이 있음 • 노화될수록 콜라겐의 함량이 낮아짐
기질	• 콜라겐과 엘라스틴 사이를 채워 주는 물질 • 무코다당류로 피부의 수분 보유력을 높임 • 히알루론산(40% 이상), 헤파린 황산 등

(4) 피하조직 빈출

① 피부의 가장 아래층에 위치하고 진피와 연결되며 섬유의 불규칙한 결합으로 수많은 지방세포로 구성되어 있음
② 체온 조절 및 탄력 유지와 외부 충격으로부터 신체를 보호하고 영양분을 저장하는 기능을 함

(5) 피부의 기능 빈출

보호 기능	• 피부 표면의 산성막은 박테리아, 미생물 침입을 막음 • 외부 충격을 진피와 피하조직이 완충 작용을 함 • 멜라닌세포를 생성하여 광선으로의 침입을 막음
흡수 기능	세포 간 지질, 모낭, 피지선을 통해 친유성 물질, 소분자를 흡수
영양분 교환 기능	프로비타민 D가 자외선을 받으면 비타민 D로 전환
저장 기능	피하조직은 지방을 저장, 피부는 영양 물질, 수분 보유
호흡 기능	피부 표면을 통해 산소 흡수, 이산화탄소 방출
분비 기능	피지와 땀을 분비하여 피부에 윤기를 주고 인체의 노폐물을 배출
재생 기능	상처가 생기면 원래 상태로 돌아가려 함
면역 기능	면역세포가 존재하여 생체 반응기전에 관여
지각 기능	• 통각, 온각, 촉각 등 외부에 대한 자극을 느낌 • 통각이 가장 예민하며, 온각이 가장 둔함
체온 조절 기능	• 체내에서 열 생산, 혈관, 한선으로 체온 조절을 함 • 열 생산 기능보다 열 발산 기능이 더 활발함 • 체온 상승: 혈관 확장→ 열 발산→ 체온 하강 • 체온 하강: 혈관 수축→ 열 억제→ 체온 상승

(6) 피부 부속기관의 구조 및 기능 [빈출]

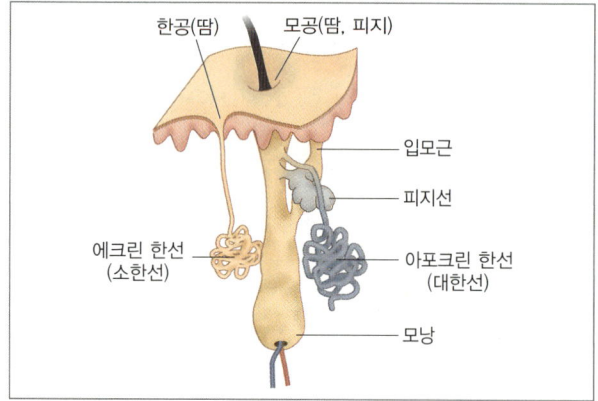

① 피지선
- 역할: 모낭에 연결되어 모공을 통해 피지를 분비함
- 위치: 진피에 위치하며, 코 주위에 발달됨

큰 피지선	얼굴 T존, 목, 등, 가슴
작은 피지선	전신(손바닥, 발바닥 제외)
독립 피지선	입술, 성기, 유두
피지선 없음	손바닥, 발바닥

- 구성: 트리글리세라이드, 왁스에스테르, 스쿠알렌, 지방산
- 분비: 성인은 하루에 약 1~2g의 피지를 분비하며, 안드로겐, 테스토스테론의 남성호르몬이 증가하는 사춘기에 집중적으로 분비
- 작용: 살균 작용, 유화 작용, 수분 증발 억제 작용

② 피지막
- 피지와 땀이 섞여 피부 표면의 미생물 침입 방어, 피부 보호
- 피지막은 pH 4.5~6.5의 약산성, W/O의 유화 상태로 존재
- 피부의 pH는 계절별로 변하고 성별에 따라 다름

③ 한선(땀샘)
- 역할: 노폐물 배출, 땀 분비로 체온을 조절함
- 위치: 진피와 피하조직의 경계
- 구성: 수분(99%), 염분, 젖산, 우로칸산 등

구분	에크린 한선(소한선)	아포크린 한선(대한선)
분비	• 털과 관계없음 • 한공을 통해 분비	• 털과 함께 존재 • 모공을 통해 분비 • 흑인 > 백인 > 동양인 • 사춘기 이후 주로 분비
냄새	냄새가 거의 없음	냄새가 남(남성보다 여성 생리 중에 냄새가 강함)
분포	• 전신에 분포(입술, 생식기, 손톱 제외) • 손바닥, 발바닥에 많음	• 특정 부위에 분포 • 겨드랑이, 배꼽, 유두, 항문 주변

④ 땀의 이상 분비 현상

무한증	땀이 분비되지 않는 증상
소한증	갑상선 기능 저하, 신경계 질환의 원인으로 땀의 분비가 감소하는 증상
다한증	자율신경계의 이상으로 땀이 과다하게 분비되는 증상
액취증	대한선 분비물이 세균에 의해 부패되어 악취가 나는 증상
땀띠	땀의 분비 통로가 막혀 땀이 쌓여 발생되는 증상

⑤ 입모근: 추위에 피부가 노출되거나 공포를 느끼면 입모근이 수축하여 모공을 닫아 체온 조절의 역할을 함

⑥ 모발
- 모발의 성분: 케라틴, 수분, 지질, 멜라닌색소 등
- 모발의 성장: 1일 – 약 0.3~0.5mm, 1달 – 약 1~1.5cm

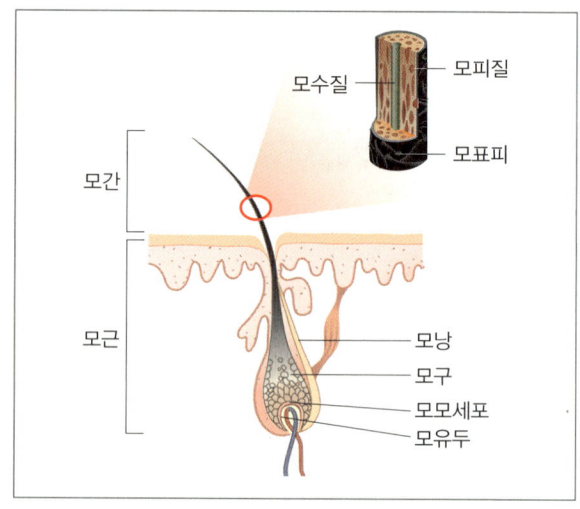

	모수질	안쪽 부분, 모발에 따라 수질의 크기가 다름
모간	모피질	중간 부분, 멜라닌색소 함유
	모표피	바깥 부분, 비늘과 같은 각질세포로 구성
	모낭	피지선, 대한선, 입모근 부착
모근	모구	모근의 아랫부분, 모발이 성장됨
	모모세포	세포가 분열 증식되는 모발의 기원, 모유두와 연결, 모발 성장 담당
	모유두	모근의 가장 아래 부분, 산소와 영양 공급

- 모발의 주기: 성장기 → 퇴화기 → 휴지기

구분	성장기	퇴화기	휴지기
시기	지속적 성장	성장 멈춤	모발 빠짐
기간	3~5년	3~4주	3~4개월
모발 비율	약 80~90%	약 1%	약 14~15%

2 피부 유형 분석

기본적인 피부 유형은 중성·건성·지성 피부로 구분하며, 분석 기준은 피지의 분비 상태임

정상 (중성) 피부	• 한선과 피지선의 기능이 정상으로 유·수분의 균형이 잡힌 pH 4.5~6.5의 상태 • 가장 이상적인 피부의 pH는 5.5임 • 피부 표면이 매끄럽고 탄력이 있으며 촉촉함 • 모공이 섬세하고, 전반적으로 주름이 없음 • 세안 후 피부 당김이 거의 느껴지지 않음 • 여드름이나 색소 침착이 없고 저항력이 좋음 • 계절이나 연령에 따라 다른 타입의 피부로 변화할 수 있으므로 항상 꾸준한 손질이 필요함 • 피부의 pH는 계절별로 변하고 성별에 따라 다름
건성 피부	• 피지와 땀의 분비 저하로 유·수분의 균형이 정상적이지 못하여 피부가 건조하고 윤기가 부족한 상태 • 피부결이 얇고 섬세하며 탄력 저하로 주름이 쉽게 형성 • 모공이 작고 피지와 땀의 분비 저하로 건조함 • 보습 능력의 저하로 미세한 각질이 보이고 피부가 당기며 화장이 잘 받지 않고 잘 지워지지 않음
지성 피부	• 피지선의 기능이 항진되어 피지 분비량이 많아 번들거리는 피부 상태 • 정상 피부보다 피지 분비량이 많고 모공이 커 화장이 잘 지워짐 • 피부결이 거칠며, 색소 침착과 트러블, 여드름, 지루성 피부염이 발생하기 쉬움 • 남성호르몬이나 여성호르몬 작용이 활발해져 생김
민감성 피부	• 정상적인 피부와 달리 조절 기능 및 면역 기능이 저하되어 가벼운 자극에도 민감한 반응을 나타내는 피부 상태 • 피부결이 섬세하지만 피부가 얇고 붉은색이 많음 • 피부 홍반, 염증, 혈관 확장과 발열감이 있음 • 면역 기능 저하로 색소 침착이 발생하기 쉬움
복합성 피부	• 두 가지 이상의 현상이 함께 있는 피부 상태 • T존❶은 지성으로 피부결이 거칠고 모공이 커 기름기가 많음 • U존❷은 건성으로 피부결이 얇고 모공이 작고 섬세함
노화 피부 빈출	• 피부의 기능이 저하되고 구조와 생리적 기능에 변화가 발생한 피부 상태 • 각질층의 증가로 피부가 뻣뻣해지며 수분이 부족 • 탄력 저하로 피부가 늘어져 보이고 주름이 발생 • 피지 분비가 원활하지 못해 유분이 부족하고 피부의 윤기가 떨어짐 • 자외선 방어 능력이 떨어져 기미 등 색소 침착이 발생함

> **용어**
> • T존: 이마와 코를 중심으로 피지 분비가 많은 부위
> • U존: 볼과 턱선으로 연결되는 부위로 피지 분비가 적은 부위

3 피부와 영양

(1) 체형과 영양

① 비만의 원인
- 잘못된 식습관으로 음식의 섭취량과 소비 열량 간의 불균형으로 인해 나타남
- 운동량 부족과 유전적 요인 및 스트레스로 인한 내분비계의 이상이나 호르몬 기능 저하 등

② 비만도

정상체중	표준체중 ±10%
과체중	표준체중 10% 이상
비만	표준체중 20% 이상

③ 셀룰라이트
- 몸에서 배출되는 노폐물, 독소 등이 배설되지 못하고 피부 조직에 정체되어 있어 비만으로 보이며, 림프 순환이 원인
- 소성결합조직이 경화되어 뭉치고 피하지방이 비대해져 피부 위로 울퉁불퉁한 살이 보이며, 여성에게 많이 나타남
- 임신, 폐경, 피임약 복용 등으로 인한 여성 호르몬 이상으로 발생하며, 식이조절과 운동만으로는 제거하기 어려움

(2) 건강한 피부를 위한 조건 빈출

① 항상 수분을 유지해야 함
② 피부 표면의 두꺼운 각질층을 제거해야 함
③ 충분한 수면을 취해야 함
④ 음식물을 통한 영양 공급을 해야 함

(3) 영양소 빈출

식품을 통해 신체 구성, 성장 촉진, 신체 조직 유지 기능을 조절하는 성분임

기초 칼로리	1일 성인 기준 1,200~1,800kcal
기초 대사량	생명 유지를 위해 필요한 최소 에너지량

① 영양소의 분류
- 3대 영양소: 탄수화물, 지방, 단백질
- 5대 영양소: 탄수화물, 지방, 단백질, 무기질, 비타민

② 영양소의 3대 작용 및 종류
- 신체의 열량 공급 작용: 탄수화물, 지방, 단백질
- 신체의 조직 구성 작용: 지방, 단백질, 무기질, 물
- 신체의 생리적 기능 조절 작용: 무기질, 비타민, 물

(4) 3대 영양소, 비타민, 무기질

① 탄수화물

최소 단위	포도당(장에서 포도당, 과당, 갈락토오스 흡수)
특징	1g당 4kcal 에너지 공급, 소화흡수율은 99%
역할	세포를 활성화하여 건강한 피부로 유지시켜 줌
결핍	기력 부족, 체중 감소, 피부 기능 저하
과잉	피부 산성화로 지성 피부, 접촉성 피부염, 비만

② 지방

- 포화 지방산: 상온에서 고체 또는 반고체 상태
- 불포화 지방산(필수 지방산): 상온에서 액체 상태, 동물성 지방보다 식물성 지방을 섭취하는 것이 건강에 좋음
  ⓔ 리놀산, 리놀렌산, 아라키돈산

최소 단위	지방산과 글리세린(소장에서 글리세린으로 흡수)
특징	1g당 9kcal 에너지 공급, 체지방 형태로 에너지 저장
역할	체조직 구성, 피부 건강 유지, 피부 탄력
결핍	체중 감소, 신진대사 저하, 거친 피부
과잉	비만, 고혈압, 지방간 유발 등

③ 단백질

- 필수 아미노산: 식품으로 얻고 성장, 세포 재생 필수 조건
  ⓔ 히스티딘, 아르기닌, 트립토판, 트레오닌, 발린, 리신 등
- 비필수 아미노산: 체내 합성이 가능한 아미노산
  ⓔ 시스테인, 글루탐산, 글루타민, 글리신, 알라닌 등

최소 단위	아미노산(소장에서 아미노산의 형태로 흡수)
특징	1g당 4kcal 에너지 공급, 주요 생체 기능 수행
역할	케라틴 함유, 결합조직과 탄력섬유 구성의 필수 요소, 수분 조절, pH 평형 유지, 항체 형성, 피부 재생
결핍	콰시오르코르❼, 빈혈, 발육 저하, 조기 노화
과잉	신경과민, 혈압 상승, 불면증 유발로 피부 악영향

용어
- 콰시오르코르: 단백질 결핍성 영양실조

④ 무기질

- 생리적 기능 조절 작용을 하며, 열, 빛, 산, 알칼리에 의해 분해되지 않음
- 결핍 시 손톱이 약해지고 얇아짐

칼슘	뼈와 치아 형성, 결핍 시 혈액 응고 현상, 신경 전달, 근육의 수축과 이완을 담당
요오드	갑상선과 부신의 기능을 활성화시켜 피부 건강 유지, 모세혈관 기능 정상화, 기초대사율 조절
철분	헤모글로빈 구성 요소, 피부 혈색 관여, 결핍 시 빈혈
황	케라틴 합성을 돕는 물질로, 모발, 손·발톱에 관여
마그네슘	산과 알칼리의 평형 유지, 신경 전달과 근육 이완
나트륨	수분 균형 유지, 삼투압 조절, 근육의 탄력 유지

⑤ 비타민

- 에너지원으로 사용되지는 않지만, 생리대사의 보조 역할
- 신경 안정, 면역 기능 강화, 신진대사 촉진, 노화 방지, 조혈 작용, 조직 기능 유지, 피로 회복, 호르몬 분비 조절
- 비타민 C는 고온 요리 시 파괴되기 쉬우므로 주의함
- 지용성 비타민: A, D, E, K
- 수용성 비타민: B, C, H, P

구분	특징	결핍
비타민 A (레티놀❼)	점막 손상 방지, 피부 각화 정상화, 주름 개선, 피지 억제, 항산화 작용	피부 건조, 세균 감염, 야맹증, 모발 퇴색
비타민 D (칼시페롤)	자외선에 의해 피부 합성, 골격 발육 촉진, 칼슘 흡수 촉진	구루병, 골다공증, 골연화증
비타민 E (토코페롤)	호르몬 생성, 항산화 작용	불임증, 신경체계 손상
비타민 K	혈액 응고 촉진	과다 출혈
비타민 B_1 (티아민)	피부 면역에 관여	각기병
비타민 B_2 (리보플래빈)	피부 염증 예방	피부염, 구순염
비타민 B_3 (나이아신)	손상 피부 회복	피부염, 펠라그라
비타민 B_{12} (코발라민)	조혈 작용에 관여	빈혈
비타민 C (아스코르빈산)	교원질 형성, 항산화 작용, 모세혈관 강화, 멜라닌색소 억제, 색소 침착 개선	색소 침착, 괴혈병, 출혈, 빈혈
비타민 H (바이오틴)	신진대사 활성, 염증 치유	혈액 순환 악화, 피부염
비타민 P (바이오플라보노이드)	모세혈관 강화	모세혈관 약화

용어
- 레티놀: 레티노이드라고도 하며, 비타민 A를 통칭함

4 피부와 광선

(1) 자외선 〔빈출〕

자외선 A (UV-A)	• 장파장, 320~400nm • 피부의 가장 깊은 진피까지 침투하여 주름 생성 • 색소 침착, 피부 건조, 인공선탠
자외선 B (UV-B)	• 중파장, 290~320nm • 유리에 의해 차단 가능 • 표피의 기저층이나 진피의 상부까지 침투 • 수포, 일광화상, 피부 홍반 • 자외선 A보다 홍반 발생 능력이 1,000배 높음
자외선 C (UV-C)	• 단파장, 200~290nm, 가장 강한 자외선 • 오존층에 의해 차단되나, 최근 오존층 파괴로 주의가 필요하며 도달하게 되면 피부암의 원인이 됨

(2) 자외선이 미치는 영향 〔빈출〕

① 긍정적 영향: 비타민 D 형성, 살균 작용, 소독 작용, 구루병 예방, 강장 효과, 식욕과 수면 증진
② 부정적 영향: 홍반, 일광화상, 색소 침착, 피부 건조, 수포

(3) 적외선이 미치는 영향 〔빈출〕

① 온열 작용(체온 상승), 모세혈관 확장 작용, 세포 증식 작용
② 혈액 순환 개선, 노폐물 배출, 식균 작용, 신진대사 촉진
③ 피부·근육 이완, 통증 완화, 영양물의 피부 흡수를 도움

5 피부 면역 〔빈출〕

(1) 면역

체내로 침입하는 미생물을 공격, 저항하는 인체 방어기전
① 자연 면역: 선천적으로 타고난 저항력으로 비특이성 면역
② 획득 면역: 후천적 면역으로 항원을 기억하는 특이성 면역으로, 면역세포가 병원체의 특성을 기억했다가 병원체에 종류에 따라 선별적으로 세포가 작용하여 일어나는 면역 작용

T림프구 (T세포)	항원을 인식하는 역할(세포성 면역)
B림프구 (B세포)	• 면역글로불린 항체를 생성하는 역할(체액성 면역) • 보체, 항체 등이 존재, 림프구의 20~30%를 차지 • 항원전달세포에 해당하며, 혈액을 운반

용어
• 항원: 침입한 세균 등의 면역 반응을 일으키는 원인 물질
• 항체: 항원에 대항을 위해 만드는 방어 물질

(2) 면역 작용

각질형성세포(사이토카인 생성), 대식세포, 비만세포, 랑게르한스세포

6 피부 노화

(1) 노화

나이가 들면서 생체 구조와 기능이 쇠퇴하는 현상

(2) 노화이론 〔빈출〕

가교설, 유리기설, 자가면역설, 세포사멸 프로그램 이론, 세포분열 제한설, 텔로미어설, 대사속도설, 자유라디칼설 등

(3) 노화의 원인 〔빈출〕

① 노화유전자와 세포의 노화, 텔로미어 단축
② 아미노산 라세미화, 활성산소 라디칼
③ 결합조직의 약화, 피부 구조의 기능 저하
④ 자외선, 열, 흡연 등 외부적 요인
⑤ 영양의 불균형, 피하지방의 결핍

용어
• 라세미화: 광학활성물질의 선광도가 감소·상실되는 현상

(4) 노화 억제 작용

항산화제	• 활성산소를 불활성화시키는 노화 억제 물질 • 종류: 베타-카로틴, 수퍼옥사이드 디스뮤타제(SOD), 비타민 A, 비타민 C, 비타민 E
항산화 효소 (SOD)	산소 라디칼을 방어하고 활성산소를 제거하여 노화를 억제하는 중심적인 역할을 하는 효소

(5) 피부의 노화 현상 〔빈출〕

① 내인성 노화(생리적 노화)
• 나이에 따른 노화의 과정으로 자연적으로 발생
• 유전적으로 발생하는 유전인자의 영향을 받음
• 표피와 진피의 구조적 변화로 피부가 얇아져 잔주름 발생
• 각화주기가 지연되면서 각질층의 두께가 증가함
• 피지선과 한선이 퇴화되어 피부의 윤기가 떨어짐
• 피부 보호 능력 저하, 랑게르한스세포, 멜라닌세포의 감소
• 면역력 저하와 신진대사의 기능 저하
• 세포 재생 주기 지연으로 인한 상처 회복 둔화
• 콜라겐섬유의 구조 변화로 탄력이 저하되어 피부가 늘어져 보이고 주름이 발생

② 외인성 노화, 광노화(환경적 노화)
• 자외선, 바람, 공해 등의 외부 환경에 의해 일어남
• 누적된 햇빛 노출에 의해 피부가 거칠고 건조해짐
• 피부가 두꺼워지며 굵고 깊은 주름이 생김
• 자외선 방어 능력 저하로 과색소 침착증 발생
• 모세혈관이 확장됨

7 피부 장애와 질환

(1) 원발진과 속발진 빈출

① **원발진**: 정상 피부에서 발생하는 피부질환의 초기 증상

반점	피부의 함몰 없이 색조가 변화한 상태
홍반	모세혈관의 충혈과 확장으로 피부가 붉게 발적됨
팽진	가려움을 동반하고 불규칙적으로 붉게 부푸는 부종
수포	액체가 국소적으로 차 부풀어 오른 물집
면포	피지, 각질세포, 박테리아가 엉겨 모공이 막힘
구진	표피에 1cm 미만의 묽은 액체를 포함한 융기로, 여드름 균이 번식하면서 혈액이 몰려 붉게 부어오름
농포	박테리아로 인해 고름이 생기고 피부에 농이 보임
결절	염증이 진피까지 침범한 검붉은 단단한 융기로, 통증 동반
낭종	액체, 반고체 혹으로 심한 통증과 흉터가 남는 여드름
종양	과잉 증식되는 세포 집합조직에 고름, 피지가 축적됨

② **속발진**: 원발진 이후나 외적 요인에 의해 발생하는 피부질환의 후기 단계

인설	표피에서 가볍게 흩어지고 죽은 각질이 축적된 비듬
위축	진피세포나 성분의 감소로 인해 피부가 얇아진 상태
태선화	장기간에 걸쳐 긁어 표피와 진피의 일부가 건조하고 두꺼워지며 거친 잔주름이 뚜렷해진 상태
균열	심한 건조증, 질병, 외상에 의해 표피가 갈라진 상태
가피	표피층 소실 부위에 혈청, 고름, 분비물이 말라 굳음
찰상	긁거나 자극으로 생긴 표피의 박리, 흉터 없이 치유
미란	수포가 터진 후 표피가 벗겨짐, 흉터 없이 치유
궤양	진피와 피하지방층까지의 조직 결손으로 깊숙이 상처가 생긴 상태로, 치료 후 흉터가 남음
켈로이드	상처가 치유되면서 결합조직이 과다 증식되어 흉터가 표면 위로 굵게 융기된 상태
반흔❓	진피 이하까지 조직이 손상되어 세포 재생이 불가한 상태로 흉터가 남음

용어
- 반흔: 피지선, 한선이 없고 상처의 흔적이 남는 것, 흉터라고도 함

(2) 종아리 정맥류 피부질환 빈출

① **주요 원인**: 운동 부족, 유전, 임신, 정맥 순환 장애 등

참고
- 정맥 순환 장애: 정맥 혈관 문제로 혈액이 다리 쪽으로 흘러 고임
- 혈액 순환 장애: 동맥 내부의 혈관이 좁아지고, 혈류량이 줄어듦

(3) 여드름 빈출

① **특징**
- 모낭에 생기는 피지선의 질환, 비염증성·염증성 피부발진
- 피부가 붉고 열감 동반, 번들거림, 과다 각질로 거칠어짐

② **원인**
- 모낭 내 이상 각화, 피지의 과잉 분비로 모공이 막힘
- 사춘기에 피지 분비가 왕성하여 테스토스테론, 안드로겐의 남성호르몬 영향
- 유전, 여드름 균의 군락 형성, 염증, 위장 장애, 변비 등

③ **비염증성 여드름의 종류**

백면포 (흰 면포)	모공이 막혀 피지와 각질이 뒤엉킨 피부 위의 좁쌀 형태의 흰색 여드름
흑면포 (검은 면포)	모공이 열려 있어 단단하게 굳어진 피지가 공기의 접촉으로 산화되어 검게 보이는 여드름

④ **염증성 여드름의 종류**

1단계	2단계	3단계	4단계
구진	농포	결절	낭종

⑤ **여드름의 진행 단계**

백면포 → 흑면포 → 구진 → 농포 → 결절 → 낭종

(4) 바이러스성 피부질환 빈출

① **종류**: 대상포진, 단순포진, 수두, 홍역, 사마귀, 풍진
② **대상포진과 단순포진의 비교**

구분	대상포진	단순포진
발생	대상포진 바이러스 감염	헤르페스 바이러스 감염
증상	신경띠를 따라 길게 나타나는 군집 수포성	한 곳에 국한하여 나타나는 수포성
통증	통증이 퍼짐	통증이 퍼지지 않음
재발	거의 재발하지 않음	같은 부위에 재발 가능
부위	노화 피부	얼굴, 입술, 손가락, 성기

(5) 세균성 피부질환 빈출

모낭염	세균 감염으로 모낭에 염증, 고름이 발생
절종, 옹종	황색포도상구균 감염으로 모낭에 화농성 염증
농가진	미용도구의 비위생적인 관리로 화농성구균 감염으로 발생하며, 감염성이 높은 표재성 농피 증상
봉소염	연쇄상 구균 감염으로, 결합조직이 거친 부위에 생기는 고름·염증으로 홍반과 통증 동반

(6) 진균성 피부질환 빈출

백선 (무좀)	• 사상균(곰팡이균) 감염으로 발생 • 피부가 가려우며 습한 발에서 자주 발생함 • 손톱(조갑백선), 손(수부백선), 발(족부백선), 머리(두부백선), 몸(체부백선)
칸디다증	• 진균 감염으로 발생 • 붉은 반점, 가려움 동반
어루러기	• 곰팡이 감염으로 발생 • 작은 점에서 퍼지면 황갈색, 검은색으로 변함

(7) 기계적 손상❼에 의한 피부질환 빈출

티눈	• 같은 부위에 압박으로 생기는 각질층의 이상 증식 • 원추형의 국한성 비후증으로 통증을 동반함 • 중심핵이 있으며, 경성티눈, 연성티눈이 있음
굳은살	만성적인 자극과 마찰로 각질층이 두꺼워지는 현상
욕창	오래 누워 지내 신체에 지속적인 압박으로 환자의 엉덩이나 등의 조직이 괴사된 현상

용어
• 기계적 손상: 외력이 가해져 생기는 손상을 말함

(8) 색소성 피부질환 빈출

① 과색소

기미	• 색소 침착으로 인한 갈색 점으로, 주로 얼굴에 발생 • 표피형 기미, 진피형 기미, 혼합형 기미로 구분 • 유전, 임신, 갱년기 장애, 내분비 장애로 발생 • 자외선, 선탠 기기로 인한 멜라닌의 과도한 합성으로 발생 • 중년 여성에게 잘 나타나며, 재발이 잘 됨
흑색증 (흑피증)	• 색소 침착으로 인한 짙은 갈색의 반점 • 주로 볼, 이마, 관자놀이 등에 발생
노인성 반점	• 경계가 뚜렷한 갈색, 흑갈색의 구진으로 나타남 • 주로 40대 이후 손등이나 얼굴 등에 발생
주근깨	색소성 반점으로 자외선 노출 부위에 주로 발생
검버섯	거무스름한 얼룩으로 주로 노인 피부에 발생
몽고반점	멜라닌세포의 침착에 의한 푸른색 반점, 아기 피부에 발생

② 저색소

백색증 (백피증)	• 선천성 질환으로 피부가 유백색을 띰 • 멜라닌 합성에 필요한 티로시나제의 이상으로 자외선에 대한 방어능력이 약화되어 일광화상을 입을 수 있음
백반증	• 후천성 탈색소 질환 • 멜라닌세포가 결핍된 흰색 반점

(9) 습진성 피부질환 빈출

아토피 피부염	• 팔꿈치 안쪽 등의 피부가 거칠어지고 심한 가려움증을 유발하는 증상 • 유전적·환경적 영향으로 발생 • 세척력이 강한 비누는 사용을 피함 • 목욕 후 보습제(로션 등)를 바름 • 실내에 적절한 온도와 습도를 유지 • 화학섬유보다 면 소재의 의상을 착용
지루성 피부염	피부가 기름지며 죽은 각질이 인설(비듬)로 쌓여있고, 가려움을 동반하며 피지 과다로 인한 염증성 피부질환

⑽ 온도에 의한 피부질환

① 화상: 불이나 뜨거운 물, 화학물질 등에 의해 피부 및 조직이 손상된 상태

제1도	피부가 붉어짐
제2도	홍반, 부종, 진피층까지 손상되어 수포 형성
제3도	흉터가 남음

② 동상: 영하의 추위에 노출되어 살갗이 얼어 조직이 상한 상태

제1도	붉은 반점이 생긴 상태
제2도	물집이 생긴 상태
제3도	피부에 궤양이 생긴 상태
제4도	피부 깊숙이 괴사가 일어난 상태

⑾ 흡연으로 인한 피부질환 빈출

① 표피를 얇아지게 해 피부의 잔주름 생성을 증가시킴
② 구강암, 식도암 등의 암을 유발할 수 있음
③ 식욕 저하, 비타민 C 파괴, 피부혈관 기능 저하
④ 폐기종의 영향이 있으며, 간접 흡연도 인체에 해로움

⑿ 기타 피부질환 빈출

주사	• 코를 중심으로 양 볼에 나비 모양으로 붉어짐 • 모세혈관이 파손, 구진 및 농포성 질환, 안면 홍조
벨록 피부염	• 향료에 함유된 요소가 원인인 광접촉 피부염 • 원액이 휘발되지 않고 자외선 조사 시 염증 반응
비립종	• 신진대사의 저조가 원인으로 피부의 유핵층에 위치 • 황백색의 작은 구진으로 주로 눈 아래 발생함
한관종	• 땀샘관의 이상으로 생성된 양성 종양 • 오돌토돌한 반투명성 구진으로 물 사마귀라고도 함
섬유종	결합조직세포와 섬유로 이루어진 양성 종양
지방종	지방세포로 구성된 양성 종양
약진	약물에 의해 일어나는 알레르기성 부작용

CHAPTER 05 피부의 이해 | 출제 예상문제 A

1 피부와 피부 부속기관

01
피부의 발생은 어디에서부터 시작되는가?
① 피지선   ② 한선
③ 간엽   ④ 외배엽

> 피부는 외배엽에서 유래되어 신체 표면을 덮고 있는 기관임

02
성인의 경우 피부가 차지하는 비중은 체중의 약 몇 % 정도인가?
① 5~7%   ② 15~17%
③ 25~27%   ④ 35~37%

> 피부는 체중의 약 16%를 차지함

03
인체 피부 표피의 각질세포는 어느 정도의 수분을 함유하고 있어야 정상인가?
① 5~10%   ② 25~35%
③ 30~40%   ④ 10~20%

> 피부의 각질층은 10~20%의 수분을 함유하고 있으며, 10% 이하가 되면 피부가 거칠어짐

04 신규 문제공략
피부 표면에 대한 설명으로 옳은 것은?
① 부위에 따라 같다.
② 인종에 따라 같다.
③ 부위에 따라 같고 나이에 따라 다르다.
④ 인종, 개인, 나이, 부위에 따라 다르다.

> 피부 표면은 인종, 개인, 나이, 부위에 따라 다름

05
피부의 세포가 기저층에서 생성되어 각질세포로 변화하여 피부 표면으로부터 떨어져 나가는 데 걸리는 기간은?
① 약 60일   ② 약 28일
③ 약 120일   ④ 약 280일

> 정상적인 각화 주기는 약 28일 정도 소요됨

06
피부의 각화과정(Keratinization)에 대한 설명으로 옳은 것은?
① 피부가 손톱, 발톱으로 딱딱하게 변하는 것을 말한다.
② 피부세포가 기저층에서 각질층까지 분열되어 올라가 죽은 각질세포로 되는 현상을 말한다.
③ 기저세포 중의 멜라닌색소가 많아져 피부가 검게 되는 것을 말한다.
④ 피부가 거칠어지고 주름이 생기는 것을 말한다.

> 각화과정은 기저층의 세포가 각질층을 향해 올라가며 구조상의 변화를 수반하여 분화하고 최종적으로 각질이 되어 박리하는 현상임

07
표피층을 순서대로 나열한 것은?
① 각질층, 유극층, 투명층, 과립층, 기저층
② 각질층, 유극층, 망사층, 기저층, 과립층
③ 각질층, 과립층, 유극층, 투명층, 기저층
④ 각질층, 투명층, 과립층, 유극층, 기저층

> 표피의 구조는 가장 바깥부터 각질층, 투명층, 과립층, 유극층, 기저층 순임

08
피부 각질층에 대한 설명으로 틀린 것은?
① 생명력이 없는 세포   ② 혈관이 얇게 분포
③ 비늘의 형태   ④ 피부의 방어벽 역할 담당

> 각질층은 죽은 각질세포가 쌓여 박리 현상을 일으킨 것으로, 피부의 가장 바깥 부분으로 피부의 방어벽 역할을 함

09
비듬이나 때처럼 박리 현상을 일으키는 피부층은?
① 표피의 기저층   ② 표피의 과립층
③ 표피의 각질층   ④ 진피의 유두층

> 표피의 각질층은 죽은 각질세포가 쌓여 계속적인 박리 현상을 일으킴

10
천연보습인자에 대한 설명으로 틀린 것은?
① NMF(Natural Moisturizing Factor)이다.
② 피부의 수분 보유량을 조절한다.
③ 아미노산, 젖산, 요소 등으로 구성되어 있다.
④ 수소이온 농도의 지수 유지를 말한다.

> 천연보습인자는 수소이온 농도(pH)의 지수 유지를 말하는 것이 아님

정답 | 01 ④ 02 ② 03 ④ 04 ④ 05 ② 06 ② 07 ④ 08 ② 09 ③ 10 ④

11
천연보습인자(NMF)에 해당하지 않는 것은?
① 아미노산 ② 암모니아
③ 젖산염   ④ 글리세린

> 천연보습인자는 아미노산(40%), 젖산염(12%), 피롤리돈 카르본산(12%), 요소(7%), 암모니아 등으로 구성됨

12
무핵층이며 손바닥과 발바닥에 주로 분포하는 것은?
① 과립층 ② 유극층
③ 각질층 ④ 투명층

> - 과립층: 수분 증발을 막고 각질화 과정이 시작되는 층
> - 유극층: 유핵층, 표피의 대부분을 구성하는 가장 두꺼운 층
> - 각질층: 무핵층, 죽은 각질세포가 쌓여 있는 가장 바깥층

13
투명층에 대한 설명으로 틀린 것은?
① 유핵층의 각화세포는 피부를 보호한다.
② 엘라이딘을 함유하고 있어 피부를 윤기 있게 해준다.
③ 손바닥과 발바닥 부위에 주로 분포되어 있다.
④ 자외선을 반사하는 성질이 있다.

> 투명층은 무핵층임

14
피부 표피의 투명층에 존재하는 반유동성 물질은?
① 엘라이딘   ② 콜레스테롤
③ 단백질   ④ 세라마이드

> 엘라이딘은 반유동성 물질로 피부 윤기를 담당하며 투명층에 존재함

15
표피 중 피부로부터 수분이 증발하는 것을 막는 층은?
① 각질층 ② 기저층
③ 과립층 ④ 유극층

> 과립층의 수분저지막이 내부의 수분 증발을 저지함

16
레인방어막의 역할이 아닌 것은?
① 외부로부터 침입하는 각종 물질을 방어한다.
② 체액이 외부로 새어나가는 것을 방지한다.
③ 피부의 색소를 만든다.
④ 피부염 유발을 억제한다.

> 피부 색상을 결정짓는 색소 제조세포는 멜라닌세포임

17
피부 보호를 위해 본격적인 각질화 과정을 시작하는 층은?
① 과립층 ② 유극층
③ 기저층 ④ 투명층

> - 유극층: 표피의 대부분을 구성하는 가장 두꺼운 층
> - 기저층: 원주형의 세포가 단층으로 이어져 있는 층
> - 투명층: 손바닥과 발바닥 등에 분포하고 투명하게 보이는 층

18
피부 표피층 중 가장 두꺼운 층으로 세포 표면에 가시 모양의 돌기가 나 있는 피부 세포층은?
① 유극층 ② 과립층
③ 각질층 ④ 기저층

> - 과립층: 수분 증발을 막고 각질화 과정이 시작되는 층
> - 각질층: 죽은 각질세포가 쌓여 있는 가장 바깥층
> - 기저층: 원주형의 세포가 단층으로 이어져 있는 층

19
원주형의 세포가 단층으로 이어져 있으며 각질형성세포와 색소형성세포가 존재하는 피부 세포층은?
① 기저층 ② 투명층
③ 각질층 ④ 유극층

> - 기저층: 멜라닌세포, 각질형성세포, 머켈세포
> - 투명층: 엘라이딘
> - 각질층: 천연보습인자, 세포 간 지질
> - 유극층: 랑게르한스세포

20
피부의 새 세포 형성은 어디에서 이루어지는가?
① 기저층 ② 유극층
③ 과립층 ④ 투명층

> 기저층은 피부의 새 세포를 형성하는 중요한 역할을 함

21
표피에서 촉감을 감지하는 세포는?
① 멜라닌세포   ② 머켈세포
③ 각질형성세포 ④ 랑게르한스세포

> - 멜라닌세포: 피부 색상을 결정짓는 색소 제조세포
> - 각질형성세포: 피부의 각질을 형성하는 세포
> - 랑게르한스세포: 피부 면역에 관여하는 세포

22
표피층에 존재하는 세포가 아닌 것은?
① 각질형성세포   ② 멜라닌세포
③ 랑게르한스세포 ④ 비만세포

> - 표피의 세포: 랑게르한스세포, 멜라닌세포, 각질형성세포, 머켈세포
> - 진피의 세포: 섬유아세포, 비만세포, 대식세포

| 정답 | 11 ④ 12 ④ 13 ① 14 ① 15 ③ 16 ③ 17 ① 18 ① 19 ① 20 ① 21 ② 22 ④

23
피부의 각질(케라틴)을 만들어 내는 세포는?
① 색소세포　　　② 기저세포
③ 각질형성세포　④ 섬유아세포

- 멜라닌세포: 피부 색상을 결정짓는 색소 제조세포
- 섬유아세포: 콜라겐, 엘라스틴 등의 조직 성분을 생성하는 세포

24 신규 문제 공략
멜라닌세포의 주요 기능은?
① 호흡 기능　　② 보호 기능
③ 흡수 기능　　④ 저장 기능

멜라닌세포는 자외선을 받으면 왕성하게 활동하여 피부를 보호하는 기능을 함

25
멜라닌세포에 대한 설명으로 옳은 것은?
① 자외선을 받으면 활동이 정지된다.
② 멜라닌은 자외선으로부터 피부를 보호한다.
③ 각질을 제조하는 세포이다.
④ 멜라닌형성세포는 주로 과립층에 위치한다.

- 자외선을 받으면 왕성하게 활동함
- 색소를 제조하는 세포임
- 기저층에 존재함

26
피부의 색소와 관련 없는 것은?
① 에크린　　② 멜라닌
③ 카로틴　　④ 헤모글로빈

멜라닌은 흑색소, 카로틴은 황색소, 헤모글로빈은 적색소에 관여함

27
표피층에 존재하는 면역 기능 담당 세포는?
① 섬유아세포　　② 멜라닌세포
③ 랑게르한스세포　④ 머켈세포

- 섬유아세포: 콜라겐, 엘라스틴 등의 조직 성분을 생성하는 세포
- 멜라닌세포: 피부 색상을 결정짓는 색소 제조세포
- 머켈세포: 촉각을 감지하는 세포

28
진피의 구성 세포는?
① 멜라닌세포　　② 랑게르한스세포
③ 섬유아세포　　④ 머켈세포

- 진피의 구성 세포: 섬유아세포, 비만세포, 대식세포
- 표피의 구성 세포: 랑게르한스세포, 멜라닌세포, 각질형성세포, 머켈세포

29
얇은 표피에 진피의 동맥성 모세혈관이 붉은 혈색을 나타내는 피부의 색소는?
① 카로틴　　② 알부민
③ 헤모글로빈　④ 멜라닌

헤모글로빈은 혈색소로, 혈액의 색이 붉은 것은 적혈구 속 헤모글로빈의 색 때문임

30
진피의 80~90%를 차지하며 가장 두꺼운 부분으로, 길고 섬세한 섬유가 그물 모양으로 구성되어 있는 층은?
① 과립층　　② 유두하층
③ 망상층　　④ 유두층

망상층은 진피의 80~90%를 차지하며 섬세한 그물 모양의 층으로 유두층 아래 존재함

31 신규 문제 공략
피하조직의 기능이 아닌 것은?
① 체온 조절 기능　② 저장 기능
③ 보호 기능　　　④ 소화 기능

피하조직의 기능: 체온 조절, 탄력 유지, 신체 보호, 영양분 저장

32
외부로부터 충격이 있을 때 완충 작용으로 피부를 보호하는 역할을 하는 것은?
① 피하지방　　② 한선과 피지선
③ 모공과 모낭　④ 외피 각질층

피하지방은 섬유의 불규칙한 결합으로 수많은 지방세포로 구성되어 있어 외부 충격으로부터 신체를 보호함

33
피부의 기능이 아닌 것은?
① 외부의 충격을 완화시키는 보호 작용을 한다.
② 체외에서 열을 생산하고 혈관의 수축과 이완, 한선을 통해 체온 조절을 한다.
③ 땀과 피지를 통해 노폐물을 분비한다.
④ 표면을 통해 호흡 작용을 한다.

피부는 체내에서 열을 생산하고 혈관의 수축과 이완, 한선을 통해 체온 조절을 함

| 정답 | 23 ③　24 ②　25 ②　26 ①　27 ③　28 ③　29 ③　30 ③　31 ④　32 ①　33 ②

34
피부의 흡수 작용에 대한 설명으로 틀린 것은?
① 분자가 작고 친수성 물질일수록 흡수가 용이하다.
② 세포 간 지질을 통해 흡수된다.
③ 수분저지막은 피부의 물질 흡수를 방해한다.
④ 모낭과 피지선을 통해 흡수된다.

친유성 물질과 분자가 작은 소분자일 경우 매우 제한적으로 흡수함

35
체온 조절 기능에 대한 설명으로 옳은 것은?
① 인체는 체내에서 열을 생산한다.
② 피부는 열 발산 기능보다 열 생산 기능이 더 활발하다.
③ 신체는 신진대사만으로 열을 생산한다.
④ 신체와 환경의 열 교환 현상은 없다.

피부는 체내에서 열을 생산하며 혈관의 수축과 이완, 한선을 통해 체온을 조절하고 열 생산 기능보다 열 발산 기능이 더 활발함

36
피부의 기능이 아닌 것은?
① 보호 기능 ② 체온 조절 기능
③ 지각 기능 ④ 순환 기능

피부의 기능: 보호·흡수·영양분 교환·저장·호흡·분비·재생·면역·지각·체온 조절 기능

37
피부가 느낄 수 있는 감각 중 가장 예민한 감각은?
① 통각 ② 냉각
③ 촉각 ④ 압각

피부는 고통을 느끼는 통각이 가장 예민하며, 온각이 가장 둔함

38
피부가 느끼는 오감 중 감각이 가장 둔한 것은?
① 냉각(冷覺) ② 온각(溫覺)
③ 통각(痛覺) ④ 압각(壓覺)

피부는 온도를 느끼는 온각이 가장 둔하게 반응함

39
피지선에 대한 설명으로 틀린 것은?
① 피지를 분비하는 선으로 진피 중에 위치한다.
② 손바닥에는 피지선이 없다.
③ 피지의 1일 분비량은 10~20g 정도이다.
④ 피지선이 많은 부위는 코 주위이다.

성인은 하루에 약 1~2g의 피지를 분비함

40
피지에 대한 설명으로 틀린 것은?
① 피지막은 피부를 보호하는 작용을 한다.
② 피지가 외부로 분출이 안 되면 여드름 요소인 면포로 발전한다.
③ 일반적으로 남자가 여자보다 피지의 분비가 많다.
④ 피지는 아포크린 한선에서 분비된다.

피지는 피지선(기름샘)에서 분비됨

41
피지선에서 분비되는 피지의 작용과 관련 없는 것은?
① 털과 피부에 광택을 준다.
② 피지 속에는 유화 작용을 하는 물질이 포함되어 있다.
③ 땀의 분비 기능을 도와준다.
④ 수분이 증발되는 것을 막아 준다.

땀의 분비 기능은 한선이 담당하며, 피지의 작용과 관련 없음

42
피부에서 피지가 하는 작용과 관련 없는 것은?
① 수분 증발 억제 ② 살균 작용
③ 열 발산 방지 작용 ④ 유화 작용

열 발산 방지 작용은 한선의 역할임

43
입술에 있는 피지선이 해당하는 것은?
① 큰 피지선 ② 독립 피지선
③ 작은 피지선 ④ 피지선 없음

- 큰 피지선: 얼굴 T존, 목, 등, 가슴
- 독립 피지선: 입술, 성기, 유두
- 작은 피지선: 전신(손바닥, 발바닥 제외)
- 피지선 없음: 손바닥, 발바닥

44
아포크린 한선에 대한 설명으로 틀린 것은?
① 아포크린 한선 냄새는 여성보다 남성이 강하게 나타난다.
② 땀의 산도가 붕괴되면 심한 냄새를 동반한다.
③ 겨드랑이, 배꼽, 항문 주변에 존재한다.
④ 흑인에게서 가장 많이 분비된다.

아포크린 한선의 냄새는 남성보다 여성이 강하게 나타남

45 신규 문제 공략
피부 표면의 피지막은 어떤 상태로 존재하는가?
① 약산성
② 약알칼리성
③ 강알칼리성
④ 산성

> 피지막은 pH 4.5~6.5의 약산성으로 W/O의 친유성 유화 상태로 존재함

46
땀샘에 대한 설명으로 틀린 것은?
① 에크린 한선은 입술뿐만 아니라 전신 피부에 분포되어 있다.
② 에크린 한선에서 분비되는 땀샘은 냄새가 거의 없다.
③ 아포크린 한선에서 분비되는 땀은 소량이지만 나쁜 냄새의 요인이 된다.
④ 아포크린 한선에서 분비되는 땀 자체는 무색, 무취, 무균성이지만, 표피에 배출된 후 세균의 작용으로 부패하여 냄새가 난다.

> 에크린 한선은 입술, 생식기, 손톱을 제외한 전신 피부에 분포되어 있음

47
액취증의 원인이 되는 아포크린 한선이 분포되어 있지 <u>않은</u> 곳은?
① 배꼽 주변
② 겨드랑이
③ 항문 주변
④ 발바닥

> 발바닥, 손바닥, 이마에는 에크린 한선이 분포되어 있음

48
대한선에 대한 설명으로 옳은 것은?
① 동양인에게서 가장 많이 분비된다.
② 무색·무취의 약산성 액체이다.
③ 손바닥과 발바닥, 이마에 가장 많이 분포되어 있다.
④ 아포크린 한선의 냄새는 남성보다 여성이 강하게 나타난다.

> • 흑인 > 백인 > 동양인 순으로 분비됨
> • 냄새가 나며, 남성보다 여성이 강하게 나타남
> • 특정 부위에 분포함(겨드랑이, 배꼽, 유두, 항문 주변)

49
에크린 한선에 대한 설명으로 틀린 것은?
① 한공을 통해 분비한다.
② 사춘기 이후에 주로 발달한다.
③ 특수한 부위를 제외한 거의 전신에 분포한다.
④ 손바닥, 발바닥, 이마에 가장 많이 분포한다.

> 사춘기 이후에 주로 분비하는 것은 아포크린 한선임

50
피부의 한선(땀샘) 중 대한선이 분포되어 있는 곳은?
① 얼굴과 손발
② 배와 등
③ 겨드랑이와 유두 주변
④ 팔과 다리

> 대한선(아포크린 한선)은 겨드랑이, 배꼽, 유두, 항문 주변 등 특정 부위에 분포되어 있음

51
다한증에 대한 설명으로 옳은 것은?
① 갑상선 기능의 저하, 신경계 질환의 원인으로 땀의 분비가 감소하는 증상이다.
② 대한선 분비물이 세균에 의해 부패되어 악취가 나는 증상이다.
③ 땀이 과다하게 분비되는 증상이다.
④ 땀의 분비 통로가 막혀 땀이 쌓여 발생되는 증상이다.

> • 소한증: 갑상선 기능의 저하, 신경계 질환의 원인으로 땀의 분비가 감소하는 증상
> • 액취증: 대한선 분비물이 세균에 의해 부패되어 악취가 나는 증상
> • 땀띠: 땀의 분비 통로가 막혀 땀이 쌓여 발생되는 증상

52
땀의 분비가 감소하고 갑상선 기능의 저하, 신경계 질환의 원인이 되는 것은?
① 다한증
② 소한증
③ 무한증
④ 액취증

> • 다한증: 땀이 과다하게 분비되는 증상
> • 무한증: 땀이 분비되지 않는 증상
> • 액취증: 대한선 분비물이 세균에 의해 부패되어 악취가 나는 증상

53
세포의 분열 증식으로 모발이 만들어지는 곳은?
① 모모세포
② 모유두
③ 모구
④ 모소피

> • 모유두: 산소와 영양 공급이 이루어짐
> • 모구: 모발이 성장됨
> • 모표피(모소피): 모발의 바깥 부분으로 각질세포로 구성됨

54
전체 모발의 약 14~15%를 차지하며 모발이 위축되면서 모근이 위쪽으로 올라가 모발이 제거되는 시기는?
① 성장기
② 퇴화기
③ 휴지기
④ 발생기

> • 성장기: 지속적 성장, 3~5년, 전체 모발의 약 80~90%
> • 퇴화기: 성장 멈춤, 3~4주, 전체 모발의 약 1%

2 피부 유형 분석

55
건성 피부, 중성 피부, 지성 피부를 구분하는 가장 기본적인 피부 유형 분석 기준은?

① 피부의 조직 상태
② 피지 분비 상태
③ 모공의 크기
④ 피부의 탄력도

> 피부 유형의 분석 기준은 피지의 분비 상태로 구분함

56
가장 이상적인 피부의 pH 범위는?

① pH 3.5~4.5
② pH 5.2~5.8
③ pH 6.5~7.2
④ pH 7.5~8.2

> 가장 이상적인 피부의 pH는 5.5(5.2~5.8)임

57
중성 피부에 대한 설명으로 옳은 것은?

① 화장이 오래가지 않고 쉽게 지워진다.
② 계절이나 연령에 따른 변화가 전혀 없이 항상 중성 상태를 유지한다.
③ 외적인 요인에 의해 건성이나 지성 쪽으로 되기 쉬우므로 항상 꾸준한 손질을 해야 한다.
④ 자연적으로 유분과 수분의 분비가 적당하므로 다른 손질은 하지 않아도 된다.

> - 화장이 오래가지 않고 쉽게 지워지는 것은 지성 피부임
> - 피부는 계절이나 연령에 따라 변화가 발생함
> - 중성 피부도 변화할 수 있으므로 꾸준한 관리가 필요함

58
피지와 땀의 분비 저하로 유·수분의 균형이 정상적이지 못하고, 피부결이 얇고 섬세하여 화장이 잘 받지 않으며 쉽게 지워지지 않는 피부는?

① 지성 피부
② 중성 피부
③ 민감성 피부
④ 건성 피부

> - 지성 피부: 피지가 많고 모공이 커 화장이 잘 지워짐
> - 중성 피부: 피부가 매끄럽고 탄력이 있으며 촉촉함
> - 민감성 피부: 피부가 붉으며 자극에 민감한 반응을 나타냄

59
피부결이 거칠고 모공이 크며 화장이 쉽게 지워지는 피부는?

① 지성 피부
② 민감성 피부
③ 중성 피부
④ 건성 피부

> - 민감성 피부: 피부가 붉으며 자극에 민감한 반응을 나타냄
> - 중성 피부: 피부가 매끄럽고 탄력이 있으며 촉촉함
> - 건성 피부: 피부가 얇고 건조하며 미세한 각질이 보임

60
지성 피부에 대한 설명으로 틀린 것은?

① 정상 피부보다 피지 분비량이 많다.
② 피부결이 섬세하지만 피부가 얇고 붉은색이 많다.
③ 남성호르몬인 안드로겐이나 여성호르몬인 프로게스테론의 기능이 활발해져 나타난다.
④ 관리는 피지 제거 및 세정을 주목적으로 한다.

> 피부결이 섬세하지만 피부가 얇고 붉은 색이 많은 피부는 민감성 피부임

61
피부의 혈관 확장과 발열감이 있으며 면역 기능 저하로 색소 침착이 발생하기 쉬운 피부 유형은?

① 여드름성 피부
② 민감성 피부
③ 복합성 피부
④ 지성 피부

> 민감성 피부는 조절 기능 및 면역 기능이 저하되어 가벼운 자극에도 민감한 반응을 나타내며 색소 침착이 발생하기 쉬움

62
복합성 피부에 대한 설명으로 틀린 것은?

① 두 가지 이상의 다른 현상이 함께 있는 피부 상태를 말한다.
② T존은 대체로 피부결이 거칠고 모공이 크며 기름기가 많다.
③ 피부의 기능이 저하되고 구조와 생리적 기능에 변화가 발생한 피부 상태를 말한다.
④ U존은 대체로 예민한 피부로 피부결이 얇고 모공이 작으며 섬세하다.

> 피부의 기능이 저하되고 구조와 생리적 기능에 변화가 발생한 피부 상태는 노화 피부임

63
피부 유형에 대한 설명으로 틀린 것은?

① 정상 피부: 유·수분 균형이 잘 잡혀 있다.
② 민감성 피부: 각질이 드문드문 보인다.
③ 노화 피부: 미세하거나 선명한 주름이 보인다.
④ 지성 피부: 모공이 크고 표면이 귤껍질 같이 보이기 쉽다.

> - 건성 피부: 각질이 드문드문 보임
> - 민감성 피부: 피부가 붉으며 자극에 민감한 반응을 나타냄

64
얼굴에서 T존 부위는 번들거리고, 볼 부위는 당기는 피부 유형은?

① 지성 피부
② 중성 피부
③ 건성 피부
④ 복합성 피부

> - 지성 피부: 피지가 많고 모공이 커 화장이 잘 지워짐
> - 중성 피부: 피부가 매끄럽고 탄력이 있으며 촉촉함
> - 건성 피부: 피부가 얇고 건조하며 미세한 각질이 보임

| 정답 | 55 ② | 56 ② | 57 ③ | 58 ④ | 59 ① | 60 ② | 61 ② | 62 ③ | 63 ② | 64 ④ |

3 피부와 영양

65
우리 몸의 노폐물, 독소 등이 배설되지 못하고 피부조직에 남아 비만으로 보이며 림프 순환이 원인인 피부 현상은?

① 두드러기　　② 켈로이드
③ 알레르기　　④ 셀룰라이트

- 두드러기: 음식, 환경 등에 변화로 가려움증을 동반한 피부질환
- 켈로이드: 결합조직이 과다 증식되어 흉터가 표면 위로 융기된 상태
- 알레르기: 면역계의 과민 반응에 의해 나타나는 일시적 발진

66
셀룰라이트에 대한 설명으로 틀린 것은?

① 노폐물 등이 정체되어 있는 상태
② 피하지방이 비대해져 정체되어 있는 상태
③ 소성결합조직이 경화되어 뭉쳐 있는 상태
④ 근육이 경화되어 딱딱하게 굳어 있는 상태

셀룰라이트는 근육의 경화와 관련 없음

67
생명 유지를 위해 최소한의 기능을 유지하는 데 필요한 생리적 최소 에너지량은?

① 기초 대사량　　② 비교에너지 대사량
③ 열량 소요량　　④ 작업에너지 대사량

기초 대사량: 생명 유지를 위해 필요한 최소 에너지량

68
영양소의 3대 작용에 해당하지 않는 것은?

① 신체의 열량 공급 작용
② 신체의 조직 구성 작용
③ 신체의 사회 적응 작용
④ 신체의 생리 기능 조절 작용

영양소의 3대 작용
열량 공급 작용, 조직 구성 작용, 생리적 기능 조절 작용

69
에너지원으로 작용하는 것끼리 짝지어진 것은?

① 지방, 탄수화물　　② 비타민, 무기질
③ 무기질, 지방　　④ 탄수화물, 비타민

신체의 열량 공급 작용: 탄수화물, 지방, 단백질

70
탄수화물, 지방, 단백질 3가지를 지칭하는 명칭은?

① 구성 영양소　　② 열량 영양소
③ 조절 영양소　　④ 구조 영양소

탄수화물, 지방, 단백질은 열량 공급 작용을 하는 열량 영양소임

71
3대 영양소가 아닌 것은?

① 탄수화물　　② 지방
③ 단백질　　④ 비타민

- 3대 영양소: 탄수화물, 지방, 단백질
- 5대 영양소: 탄수화물, 지방, 단백질, 무기질, 비타민

72
영양소와 그 최종 분해를 바르게 연결한 것은?

① 단백질 – 글리세린　　② 탄수화물 – 포도당
③ 지방 – 아미노산　　④ 비타민 – 미네랄

- 단백질의 최소 단위: 아미노산
- 지방의 최소 단위: 지방산과 글리세린
- 비타민: 최종 분해 산물이 없음

73 신규 문제 공략
근육과 신경에 영향을 미치며 혈액 응고에 관여하는 것은?

① 인　　② 철분
③ 요오드　　④ 칼슘

칼슘은 뼈와 치아 형성, 결핍 시 혈액 응고 현상, 신경 전달, 근육의 수축과 이완을 담당함

74
체조직 구성 영양소에 대한 설명으로 틀린 것은?

① 지질은 체지방의 형태로 에너지를 저장하며 생체막 성분으로 체구성 역할, 피부 보호 역할을 한다.
② 지방이 분해되면 지방산이 되는데, 이 중 불포화 지방산은 체내에서 합성할 수 없으므로 필수 지방산이라고도 부른다.
③ 필수 지방산은 식물성 지방보다 동물성 지방을 먹는 것이 좋다.
④ 불포화 지방산은 상온에서 액체 상태를 유지한다.

필수 지방산은 동물성 지방보다 식물성 지방을 섭취하는 것이 건강에 좋음

75
필수 지방산에 해당하지 않는 것은?

① 리놀산　　② 리놀렌산
③ 아라키돈산　　④ 타르타르산

불포화 지방산(필수 지방산): 리놀산, 리놀렌산, 아라키돈산

76
필수 아미노산에 해당하지 않는 것은?

① 트립토판　　② 트레오닌
③ 발린　　④ 알라닌

- 필수 아미노산: 히스티딘, 아르기닌, 트립토판, 트레오닌, 발린, 리신 등
- 비필수 아미노산: 시스테인, 글루탐산, 글루타민, 글리신, 알라닌 등

| 정답 | 65 ④ | 66 ④ | 67 ① | 68 ③ | 69 ① | 70 ② | 71 ④ | 72 ② | 73 ④ | 74 ③ | 75 ④ | 76 ④ |

77
피부의 각질, 털, 손톱의 구성 성분인 케라틴을 가장 많이 함유한 것은?

① 동물성 단백질 ② 동물성 지방질
③ 식물성 지방질 ④ 탄수화물

단백질은 모발, 손·발톱의 구성 성분인 케라틴을 함유하고 있고, 결합조직과 탄력섬유 구성의 필수 요소임

78
갑상선과 부신의 기능을 활성화시켜 피부를 건강하게 해 주며 모세혈관의 기능을 정상화시키는 것은?

① 나트륨 ② 마그네슘
③ 철분 ④ 요오드

- 나트륨: 수분 균형 유지, 삼투압 조절, 근육의 탄력 유지
- 마그네슘: 산과 알칼리의 평형 유지, 신경 전달과 근육 이완
- 철분: 헤모글로빈의 구성 요소로, 면역 기능과 피부 혈색을 유지함

79
무기질에 대한 설명으로 틀린 것은?

① 생리적 기능 조절 작용을 한다.
② 열, 빛, 산, 알칼리에 의해 분해되지 않는다.
③ 결핍 시 손톱이 약해지고 얇아진다.
④ 에너지의 공급원으로 이용된다.

에너지 공급원은 탄수화물, 지방, 단백질임

80
성장 촉진, 생리대사의 보조 역할, 신경 안정과 면역 기능 강화 등의 역할을 하는 영양소는?

① 단백질 ② 비타민
③ 무기질 ④ 지방

- 단백질: 에너지 공급, 주요 생체 기능 수행
- 무기질: 생리적 기능을 조절하는 작용
- 지방: 에너지 공급, 체지방의 형태로 에너지를 저장

81
헤모글로빈을 구성하는 물질로 피부의 혈색과 관련 있으며, 결핍되면 빈혈이 일어나는 영양소는?

① 철분(Fe) ② 칼슘(Ca)
③ 요오드(I) ④ 마그네슘(Mg)

- 칼슘: 신경 전달과 근육의 수축과 이완을 담당하고, 골격과 치아를 형성하며, 결핍 시 혈액의 응고 현상이 나타남
- 요오드: 모세혈관 기능을 정상화하고 기초대사율을 조절함
- 마그네슘: 산과 알칼리의 평형 유지, 신경 전달과 근육 이완

82
손톱이 약해지고 얇아지는 것과 관련 있는 영양소의 결핍은?

① 비타민 D ② 지방
③ 무기질 ④ 탄수화물

- 비타민 D 결핍: 구루병, 골다공증, 골연화증
- 지방 결핍: 세포의 활약 감소로 피부가 거칠어짐
- 탄수화물 결핍: 신진대사의 저하로 피부의 기능이 떨어짐

83
수용성 비타민의 명칭으로 틀린 것은?

① Vitamin B_1 → 티아민(Thiamine)
② Vitamin B_6 → 피리독신(Phyridoxin)
③ Vitamin B_{12} → 나이아신(Niacin)
④ Vitamin B_2 → 리보플래빈(Riboflavin)

Vitamin B_{12}는 코발라민임

84
비타민 결핍 시 발생할 수 있는 질병의 연결이 틀린 것은?

① 비타민 E – 불임증
② 비타민 D – 괴혈병
③ 비타민 B_1 – 각기병
④ 비타민 A – 야맹증

비타민 D 결핍: 구루병, 골다공증, 골연화증

85
각 비타민의 효능에 대한 설명으로 옳은 것은?

① 비타민 E – 아스코르빈산의 유도체와 미백제로 이용된다.
② 비타민 A – 혈액 순환 촉진과 피부 청정 효과가 우수하다.
③ 비타민 P – 바이오플라보노이드라고도 하며, 모세혈관을 강화하는 효과가 있다.
④ 비타민 D – 신진대사를 활성화시키며, 피부 탄력과 염증 치유에 효과적이다.

- 비타민 E – 호르몬 생성, 항산화 작용
- 비타민 A – 점막 손상 방지, 피부 각화 정상화, 주름 개선, 피지 억제, 항산화 작용
- 비타민 D – 자외선에 의해 피부 합성, 골격 발육 촉진, 칼슘 흡수 촉진

86
지용성 비타민에 해당하지 않는 것은?

① 비타민 A ② 비타민 B
③ 비타민 E ④ 비타민 D

- 지용성 비타민: A, D, E, K
- 수용성 비타민: B, C, H, P

| 정답 | 77 ① 78 ④ 79 ④ 80 ② 81 ① 82 ③ 83 ③ 84 ② 85 ③ 86 ②

87
상피조직의 신진대사에 관여하며, 피부의 각화 정상화 및 재생을 돕고 노화 방지에 효과가 있는 비타민은?

① 비타민 C ② 비타민 D
③ 비타민 A ④ 비타민 K

- 비타민 C: 교원질 형성, 항산화 작용, 모세혈관 강화, 멜라닌색소 억제, 색소 침착 개선
- 비타민 D: 자외선에 의해 피부 합성, 골격 발육 촉진, 칼슘 흡수 촉진
- 비타민 K: 혈액 응고 촉진

88
유용성 비타민으로, 결핍되면 건성 피부가 되고 각질층이 두터워지며 세균 감염을 일으킬 수 있는 비타민은?

① 비타민 A ② 비타민 B_1
③ 비타민 B_2 ④ 비타민 C

- 비타민 B_1 결핍: 각기병
- 비타민 B_2 결핍: 피부염, 구순염
- 비타민 C 결핍: 색소 침착, 괴혈병, 출혈, 빈혈

89
항산화 비타민과 관련 없는 것은?

① 비타민 A ② 비타민 C
③ 비타민 D ④ 비타민 E

항산화 비타민: 비타민 A, 비타민 C, 비타민 E

90 신규 문제 공략
부족 시 구순염, 설염의 발생 원인이 되는 비타민은?

① 비타민 B_2 ② 비타민 C
③ 비타민 A ④ 비타민 B_1

비타민 B_2가 부족하면 피부염, 구순염 등이 발생함

91
자외선에 의해 피부에서 만들어지며 칼슘과 인의 흡수를 촉진하는 기능이 있어 골다공증 예방에 효과적인 비타민은?

① 비타민 D ② 비타민 E
③ 비타민 K ④ 비타민 P

비타민 D는 자외선에 의해 피부에 합성되며, 골격 발육과 칼슘 흡수를 촉진하여 골다공증을 예방함

92
비타민 E에 대한 설명으로 옳은 것은?

① 부족하면 야맹증이 발생한다.
② 자외선을 받으면 피부 표면에서 만들어져 흡수된다.
③ 부족하면 피부나 점막에서 출혈이 발생한다.
④ 호르몬 생성, 임신 등의 생식 기능과 관련 있다.

- 비타민 A: 부족 시 야맹증 발생
- 비타민 D: 자외선에 의해 피부 합성
- 비타민 K: 부족 시 과다 출혈

93
결핍 시 불임증과 관련 있는 비타민은?

① 비타민 E ② 비타민 D
③ 비타민 B_1 ④ 비타민 B_2

- 비타민 D 결핍: 구루병, 골다공증, 골연화증
- 비타민 B_1 결핍: 각기병
- 비타민 B_2 결핍: 피부염, 구순염

94
결핍 시 과민 피부, 습진, 부스럼 등이 나타나는 비타민은?

① 비타민 A ② 비타민 D
③ 비타민 C ④ 비타민 B_2

- 비타민 A 결핍: 피부 건조, 세균 감염, 야맹증, 모발 퇴색
- 비타민 D 결핍: 구루병, 골다공증, 골연화증
- 비타민 C 결핍: 색소 침착, 괴혈병, 출혈, 빈혈

95
항산화 비타민으로 아스코르빈산으로 불리는 것은?

① 비타민 A ② 비타민 H
③ 비타민 C ④ 비타민 D

- 비타민 A의 명칭: 레티놀
- 비타민 H의 명칭: 바이오틴
- 비타민 D의 명칭: 칼시페롤

96
비타민 C가 피부에 미치는 영향으로 틀린 것은?

① 멜라닌색소 생성 억제 ② 광선에 대한 저항력 약화
③ 모세혈관의 강화 ④ 진피의 결합조직 강화

비타민 C는 광선에 대한 저항력을 강화하며, 교원질(콜라겐)을 형성하여 진피의 결합조직을 강화함

97
체내에 부족시 괴혈병을 유발시키며, 피부와 잇몸에서 피가 나오고 빈혈을 일으켜 피부를 창백하게 하는 비타민은?

① 비타민 A ② 비타민 B_2
③ 비타민 C ④ 비타민 K

- 비타민 A 결핍: 피부 건조, 세균 감염, 야맹증, 색소 침착, 모발 퇴색
- 비타민 B_2 결핍: 피부염, 구순염
- 비타민 K 결핍: 과다 출혈

98
비타민 결핍 시 발생할 수 있는 질병과 연결이 틀린 것은?

① 비타민 B_2 – 구순염 ② 비타민 D – 구루병
③ 비타민 A – 야맹증 ④ 비타민 C – 각기병

각기병은 비타민 B_1 결핍 시 발생함

| 정답 | 87 ③ 88 ① 89 ③ 90 ① 91 ① 92 ④ 93 ① 94 ④ 95 ③ 96 ② 97 ③ 98 ④

4 피부와 광선

99 신규 문제 공략
강한 자외선에 노출될 때 생길 수 있는 현상과 거리가 먼 것은?

① 지루성 피부염 ② 홍반
③ 광노화 ④ 일광화상

> 지루성 피부염은 피지선이 발달된 부위에 나타나는 피지 과다로 인한 염증성 피부질환으로 강한 자외선과는 관련이 없음

100 신규 문제 공략
자외선 과다로 인한 반응이 아닌 것은?

① 비타민 D 합성 ② 아토피 피부염
③ 홍반 ④ 색소 침착

> 아토피 피부염은 피부가 거칠고 가려움증을 유발하는 증상으로 유전, 환경적 영향으로 발생하며 자외선 과다 현상과는 관련이 없음

101
UV – A(장파장 자외선)의 파장 범위는?

① 320~400nm ② 290~320nm
③ 200~290nm ④ 100~200nm

> • 자외선 A 파장 범위: 320~400nm
> • 자외선 B 파장 범위: 290~320nm
> • 자외선 C 파장 범위: 200~290nm

102
자외선 중 홍반을 주로 유발시키는 것은?

① UV – A ② UV – B
③ UV – C ④ UV – D

> • UV – A 부작용: 색소 침착, 피부 건조, 인공선탠
> • UV – B 부작용: 수포, 일광화상, 피부 홍반
> • UV – C 부작용: 피부암의 원인

103
UV – C에 대한 설명으로 틀린 것은?

① 320~400nm의 장파장 자외선이다.
② 가장 강한 자외선이다.
③ 최근 오존층의 파괴로 인해 주의가 필요하다.
④ 피부암의 원인이 된다.

> UV – C는 200~290nm 범위의 단파장 자외선임

104
적외선을 피부에 조사할 때 미치는 영향이 아닌 것은?

① 신진대사에 영향을 미친다.
② 혈관을 확장시켜 순환에 영향을 미친다.
③ 전신의 체온 저하에 영향을 미친다.
④ 식균 작용에 영향을 미친다.

> 적외선을 피부에 조사하면 전신의 체온이 상승함

5 피부 면역

105
체내로 침입하는 미생물이나 화학물질을 공격하고 저항할 수 있는 인체의 방어기전은?

① 항원 ② 면역
③ 항체 ④ 면체

> 면역은 질병에 대해 저항성을 나타내는 인체의 방어기전임

106 신규 문제 공략
후천적 면역에 대한 설명으로 옳은 것은?

① 면역세포가 병원체의 특성을 기억했다가 그 병원체가 들어오면 싸우는 작용이다.
② 병원체의 종류나 감염 유무에 관계없이 즉각적으로 싸우는 작용이다.
③ 생물이 태어날 때부터 가지고 있는 병원체에 대한 방어 작용이다.
④ 면역세포가 병원체의 특성을 인식하지 못하는 작용이다.

> 후전적 면역은 면역세포가 병원체의 특성을 기억했다가 병원체에 종류에 따라 선별적으로 세포가 작용하여 일어나는 면역 작용임

6 피부 노화

107 신규 문제 공략
노화이론이 아닌 것은?

① 가교설 ② 위생가설
③ 유리기설 ④ 자가면역설

> • 노화이론: 가교설, 유리기설, 자가면역설, 세포사멸 프로그램 이론, 세포분열 제한설, 텔로미어설, 대사속도설, 자유라디칼설 등
> • 위생가설: 어릴 적 과도한 위생관리로 질병에 걸릴 가능성이 증가한다는 가설

108
피부의 노화 원인과 관련 없는 것은?

① 노화 유전자와 세포 노화
② 항산화제
③ 아미노산 라세미화
④ 텔로미어 단축

> 항산화제는 피부 노화를 억제하는 기능이 있음

109
산소 라디칼 방어에서 가장 중심적인 효소는?

① FDA ② SOD
③ AHA ④ NMF

> SOD 효소는 활성산소 라디칼을 방어하는 중심적 역할을 함

110
내인성 노화가 진행될 때 감소하는 것은?

① 각질층의 두께
② 주름
③ 피부 처짐 현상
④ 랑게르한스세포

> 내인성 노화가 진행되면 랑게르한스세포가 감소함

111
광노화와 가장 거리가 먼 것은?

① 피부 두께가 두꺼워진다.
② 과색소 침착증이 발생한다.
③ 콜라겐이 비정상적으로 늘어난다.
④ 모세혈관이 확장된다.

> 콜라겐은 노화가 진행됨에 따라 점차적으로 감소하며 내인성 노화의 현상으로 나타남

112 신규 문제 공략
내인성 노화의 원인이 아닌 것은?

① 자외선이 원인이다.
② 랑게르한스세포 감소가 원인이다.
③ 콜라겐섬유의 구조 변화가 원인이다.
④ 표피와 진피의 구조적 변화가 원인이다.

> 자외선은 외인성 노화, 광노화의 원인임

113 신규 문제 공략
노화에 대한 설명으로 틀린 것은?

① 교원섬유와 탄력섬유의 결합이 강화되어 주름이 감소한다.
② 피부 구조의 기능 저하로 주름이 증가한다.
③ 자외선, 열, 흡연 등 외부적 요인이 있다.
④ 영양의 불균형으로 노화가 나타난다.

> 교원섬유와 탄력섬유의 결합이 약화되어 주름이 증가함

114
피부 노화 현상에 대한 설명으로 옳은 것은?

① 피부 노화가 진행되어도 진피의 두께는 유지된다.
② 내인성 노화는 누적된 햇빛 노출에 의해 일어난다.
③ 광노화는 나이에 따른 노화의 과정으로 자연적으로 발생한다.
④ 내인성 노화보다 광노화에서 표피 두께가 두꺼워진다.

> • 피부 노화가 진행되면 진피의 두께가 얇아짐
> • 내인성 노화는 나이에 따른 노화의 과정으로 자연적으로 발생함
> • 광노화는 누적된 햇빛 노출에 의해 일어남

7 피부 장애와 질환

115
정상 피부에서 발생하는 피부질환의 초기 증상을 무엇이라고 하는가?

① 원발진
② 발진열
③ 알레르기
④ 속발진

> • 원발진: 정상 피부에서 발생하는 피부질환의 초기 증상임
> • 속발진: 원발진 후 진행된 질병이나, 외적 요인에 의해 발생하는 피부질환의 후기 단계

116
원발진으로만 짝지어진 것은?

① 농포, 수포
② 색소 침착, 찰상
③ 티눈, 흉터
④ 동상, 궤양

> • 원발진: 반점, 홍반, 팽진, 수포, 면포, 구진, 농포, 결절, 낭종, 종양
> • 속발진: 인설, 위축, 태선화, 균열, 가피, 찰상, 미란, 궤양, 켈로이드, 반흔

117
피부 표면에 융기나 함몰 없이 색조의 변화만으로 나타나는 병변은?

① 가피
② 인설
③ 찰상
④ 반점

> • 가피: 혈청, 고름, 분비물이 말라 굳은 상태
> • 인설(비듬): 표피에 죽은 각질이 축적된 상태
> • 찰상: 자극으로 생긴 표피의 박리 상태로, 흉터 없이 치유됨

118
표피로부터 가볍게 흩어지고 지속적이며 무의식적으로 생기는 죽은 각질세포는?

① 비듬
② 농포
③ 두드러기
④ 종양

> • 농포: 고름이 생기고 피부 표면에 농이 보이는 상태
> • 두드러기: 음식, 환경 등의 변화로 가려움증을 동반한 피부질환
> • 종양: 세포의 집합조직에 고름과 피지가 축적된 상태

119
장기간에 걸쳐 긁어 표피가 건조하고 두꺼워진 상태는?

① 가피
② 낭종
③ 태선화
④ 반흔

> • 가피: 혈청, 고름, 분비물이 말라 굳은 상태
> • 낭종: 염증성 여드름 4단계로, 심한 통증과 흉터가 남는 상태
> • 반흔: 세포 재생이 불가한 상태로, 피지선과 한선이 없고 피부에 상처의 흔적이 남은 상태

120
모세혈관의 충혈에 의해 피부가 발적된 상태는?

① 수포　　　　② 종양
③ 홍반　　　　④ 가피

- 수포: 액체가 국소적으로 차 부풀어 오른 물집 상태
- 종양: 세포의 집합조직에 고름과 피지가 축적된 상태
- 가피: 혈청, 고름, 분비물이 말라 굳은 상태

121
피부발진 중 일시적인 증상으로 가려움증을 동반하여 불규칙적인 모양을 한 피부 현상은?

① 농포　　　　② 팽진
③ 구진　　　　④ 결절

- 농포: 고름이 생기고 피부 표면에 농이 보이는 상태
- 구진: 표피에 1cm 미만의 묽은 액체를 포함한 융기
- 결절: 염증이 진피까지 침범한 검붉은색의 단단한 융기

122
수포가 터진 후 표피가 벗겨진 표피의 결손 상태로, 흉터 없이 치유가 되는 피부 현상은?

① 미란　　　　② 낭종
③ 태선화　　　④ 궤양

- 낭종: 염증성 여드름 4단계로, 심한 통증과 흉터가 남는 상태
- 태선화: 장기간 긁어 표피와 진피가 건조하고 두꺼워진 상태
- 궤양: 진피와 피하지방의 조직 결손으로 상처가 생긴 상태

123
세포 재생이 더 이상 되지 않으며 피지선과 땀샘이 없는 것은?

① 흉터　　　　② 면포
③ 두드러기　　④ 습진

- 흉터는 진피 이하까지 조직이 손상되어 흔적이 남은 상태임

124
공기의 접촉 및 산화와 관련 있는 것은?

① 흰 면포　　　② 검은 면포
③ 구진　　　　④ 팽진

- 흑면포(검은 면포)는 모공이 열려 공기 접촉으로 산화되어 검게 보임

125
진피에 자리하고 있으며 통증이 동반되고, 여드름 피부의 4단계에서 생성되는 것으로 치료 후 흉터가 남는 것은?

① 가피　　　　② 농포
③ 면포　　　　④ 낭종

- 농포: 염증성 여드름 2단계로, 고름이 생기고 피부에 농이 보이는 상태
- 면포: 피지, 각질세포, 박테리아가 서로 엉겨 모공이 막힌 상태

126
결절에 대한 설명으로 틀린 것은?

① 표피 내부에 직경 1cm 미만의 묽은 액체를 포함한 융기이다.
② 여드름 피부의 3단계에 나타난다.
③ 구진이 서로 엉켜 큰 형태를 이룬 것이다.
④ 구진과 낭종의 중간 염증이다.

- 구진: 표피에 1cm 미만의 묽은 액체를 포함한 융기
- 결절: 염증이 진피까지 침범한 검붉은색의 단단한 융기

127
모낭 내에 축적된 피지에 여드름 균이 번식하면서 혈액이 몰려 붉게 부어 오르며 약간의 통증이 동반되는 여드름은?

① 구진　　　　② 농포
③ 면포　　　　④ 낭종

- 농포: 염증성 여드름 2단계로, 고름과 피부에 농이 보이는 상태
- 면포: 피지, 각질세포, 박테리아가 서로 엉겨 모공이 막힌 상태
- 낭종: 염증성 여드름 4단계로, 심한 통증과 흉터가 남는 상태

128
염증으로서 주변 조직이 파손되지 않도록 빨리 짜주어야 하는 것은?

① 담마진　　　② 수포
③ 반점　　　　④ 농포

농포는 염증성 여드름 2단계로, 염증 반응이 진전되면서 박테리아로 인해 악화되어 고름이 생기고 피부 표면에 농이 보이는 상태로, 가능한 빨리 짜주면 흉터가 남지 않음

129
피부질환 중 지성 피부에 여드름이 많이 나타나는 이유로 적절한 것은?

① 한선의 기능이 왕성하므로
② 림프의 역할이 왕성하므로
③ 피지가 계속 많이 분비되어 모공이 막히므로
④ 피지선의 기능이 왕성하므로

여드름은 피지의 과잉 분비로 모공이 막혀 발생함

130
여드름의 주요 발생 원인으로 적절하지 않은 것은?

① 아포크린 한선의 분비 증가
② 모낭 내 이상 각화
③ 여드름 균의 군락 형성
④ 염증 반응

여드름의 원인은 피지선과 관련 있으며, 아포크린 한선은 땀을 분비하는 역할을 함

131
켈로이드는 어떤 조직이 비정상으로 성장한 것인가?
① 피하지방조직   ② 정상 상피조직
③ 정상 분비선조직   ④ 결합조직

> 켈로이드는 상처가 치유되면서 결합조직이 과다 증식되어 흉터가 표면 위로 굵게 융기된 상태임

132
여드름의 발생 원인으로 적절하지 않은 것은?
① 위장 장애   ② 호르몬의 불균형
③ 변비   ④ 피부의 수분 감소

> 피부의 수분 감소는 건성 피부를 유발하며, 여드름과 관련 없음

133
각질층의 병변 현상과 관련 없는 것은?
① 여드름   ② 티눈
③ 건선   ④ 비듬

> 여드름은 모낭 내 이상 각화 현상임

134
사춘기 이후에 분비되며, 피지선을 자극하여 여드름을 발생시키는 호르몬은?
① 여성 호르몬   ② 테스토스테론
③ 갑상선 호르몬   ④ 인슐린 호르몬

> 여드름은 테스토스테론, 안드로겐의 남성호르몬 영향을 받음

135
염증성 여드름에 해당하지 않는 것은?
① 흑면포   ② 결절
③ 농포   ④ 구진

> • 비염증성 여드름: 백면포, 흑면포
> • 염증성 여드름: 구진, 농포, 결절, 낭종

136
바이러스에 의한 피부질환은?
① 대상포진   ② 농가진
③ 발 무좀   ④ 식중독

> • 바이러스성: 대상포진, 단순포진, 수두, 홍역, 사마귀, 풍진
> • 세균성: 모낭염, 절종, 옹종, 농가진, 봉소염
> • 진균성: 백선(무좀), 칸디다증, 어루러기
> • 식중독: 오염된 음식물 섭취로 인한 건강 장애

137
바이러스성 피부질환이 아닌 것은?
① 수두   ② 대상포진
③ 사마귀   ④ 켈로이드

> 켈로이드는 속발진의 종류임

138
바이러스성 질환으로 수포가 입술 주위에 잘 생기고 흉터 없이 치유되나 재발이 잘 되는 것은?
① 습진   ② 태선화
③ 단순포진   ④ 대상포진

> 단순포진
> • 헤르페스 바이러스 급성 감염으로 발생
> • 한 곳에 발생하는 수포성 증상으로 통증이 다른 부위로 퍼지지 않음
> • 흉터 없이 치유되나 같은 부위에 재발 가능
> • 입술 주위, 손가락, 성기에 주로 나타남

139
대상포진에 대한 설명으로 옳은 것은?
① 지각신경 분포를 따라 군집 수포성 발진이 생기며 통증이 동반된다.
② 바이러스를 갖고 있지 않다.
③ 감염되지 않는다.
④ 목과 눈꺼풀에 나타나는 감염성 비대 증식 현상이다.

> 대상포진
> • 대상포진 바이러스 감염으로 발생
> • 신경띠를 따라 길게 나타나는 군집 수포성 증상으로 심한 통증을 동반하며 통증이 퍼짐
> • 심한 통증을 동반하며 거의 재발하지 않음
> • 노화 피부에 주로 나타남

140
바이러스성 질환으로 연령이 높은 층에서의 발생 빈도가 높고 심한 통증을 유발하는 것은?
① 대상포진   ② 모낭염
③ 습진   ④ 태선화

> • 모낭염: 박테리아 감염으로 모낭에 염증이 발생하며 고름이 형성됨
> • 습진: 자극물로 인한 피부에 염증으로 가려움을 동반함
> • 태선화: 장기간에 걸쳐 긁어 피부가 건조하고 두꺼워진 상태

141
비위생적인 이·미용기구에 의해 감염의 우려가 있는 세균성 피부질환은?
① 수두   ② 욕창
③ 풍진   ④ 농가진

> 농가진은 화농성구균에 의해 발생하며 감염성이 높은 표재성 농피 증상으로, 미용도구의 비위생적인 관리로 감염될 수 있음

142
피부 진균에 의해 발생하며 습한 곳에서 발생 빈도가 가장 높은 것은?

① 모낭염　　② 족부백선
③ 봉소염　　④ 티눈

> 족부백선은 발에 생기는 진균 감염으로 발의 무좀임

143
감염성 피부질환인 두부백선의 병원체는?

① 리케차　　② 바이러스
③ 사상균　　④ 원생동물

> 두부백선의 병원체는 사상균(곰팡이균)임

144
기계적 손상에 의한 피부질환이 아닌 것은?

① 티눈　　② 지루성 피부염
③ 욕창　　④ 굳은살

> - 기계적 손상에 의한 피부질환: 티눈, 욕창, 굳은살 등
> - 습진성 피부질환: 지루성 피부염, 아토피 피부염 등

145
티눈에 대한 설명으로 틀린 것은?

① 피부에 계속적인 압박으로 생기는 각질층의 이상 증식 현상이다.
② 경성과 연성으로 나눌 수 있다.
③ 중심핵을 가지고 있다.
④ 통증을 동반하지 않는다.

> 티눈은 통증을 동반하는 경우가 많음

146
각 피부질환의 증상에 대한 설명으로 옳은 것은?

① 무좀: 홍반에서 시작되며 수 시간 후에는 구진이 발생된다.
② 지루성 피부염: 기름기가 있는 인설(비듬)이 특징이며 호전과 악화를 되풀이하고 약간의 가려움증을 동반한다.
③ 수족구병: 홍반성 결절이 하지 부분에 여러 개 나타나며 손으로 누르면 통증을 느낀다.
④ 여드름: 구강 내 병변으로 동그란 홍반에 둘러싸여 작은 수포가 나타난다.

> - 무좀: 사상균에 의해 발생, 피부껍질이 벗겨지고 가려움 동반
> - 수족구병: 손, 발, 입에 발진이 생기는 감염성 질환
> - 여드름: 피지의 과잉 분비로 모낭에 생기는 피지선의 질환

147
흑갈색의 사마귀 모양으로 40대 이후에 손등이나 얼굴 등에 생기는 것은?

① 기미　　② 주근깨
③ 흑색증　　④ 노인성 반점

> - 기미: 색소 침착으로 생기는 갈색 점으로, 주로 얼굴에 발생함
> - 주근깨: 색소성 반점으로, 자외선 노출 부위에 주로 발생함
> - 흑색증(흑피증): 색소 침착으로 인한 짙은 갈색의 반점으로, 주로 볼, 이마, 관자놀이 등에 발생함

148
기미에 대한 설명으로 틀린 것은?

① 피부 내에 멜라닌이 합성되지 않아 발생한다.
② 30~40대 중년 여성에게 잘 나타난다.
③ 선탠 기기에 의해서도 생길 수 있다.
④ 재발이 잘 된다.

> 기미는 멜라닌의 과도한 합성으로 인해 발생함

149 신규 문제 공략
피부가 기름지며 죽은 각질이 비듬(인설)으로 쌓여 있는 피부질환은?

① 지루성 피부염　　② 아토피 피부염
③ 어루러기　　④ 단순포진

> 지루성 피부염은 피부가 기름지며 죽은 각질이 인설(비듬)으로 쌓여있고, 가려움을 동반하며 피지 과다로 인한 염증성 피부질환임

150
강한 유전 현상을 보이는 특별한 습진으로 팔꿈치 안쪽이나 목 등의 피부가 거칠어지고 아주 심한 가려움증을 유발하는 것은?

① 아토피 피부염　　② 일광 피부염
③ 벨록 피부염　　④ 약진

> - 일광 피부염: 자외선에 의한 피부의 염증
> - 벨록 피부염: 향료에 함유된 요소가 원인인 광접촉 피부염
> - 약진: 약물에 의해 일어나는 알레르기성 부작용

151 신규 문제 공략
아토피 피부관리에 대한 설명으로 옳은 것은?

① 항상 비누로 깨끗이 씻는다.
② 습도를 낮게 유지한다.
③ 면소재의 의상을 착용한다.
④ 자주 씻고 로션을 바르지 않는다.

> - 세척력이 강한 비누는 사용을 피함
> - 실내에 적절한 온도와 습도를 유지함
> - 목욕 후 보습제(로션 등)를 바름

CHAPTER 06
화장품 분류 A

합격 TIP 화장품, 의약품, 기능성 화장품을 정확히 구분할 수 있어야 해요.
화장품의 종류와 기능은 우리가 일상에서 사용하는 것들이 많으니 이해하면서 천천히 학습하세요!

1 화장품 기초

(1) 화장품의 정의 [빈출]
① 인체를 청결·미화하여 매력을 더하고 용모를 밝게 변화시키기 위해 사용되는 물품
② 피부·모발의 건강을 유지, 증진시키기 위해 사용되는 물품
③ 인체에 바르고 문지르거나 뿌리는 등 이와 유사한 방법으로 사용되는 물품
④ 인체에 대한 작용이 경미해야 함
⑤ 의약품은 제외함

(2) 화장품의 사용 목적 [빈출]
① 인체를 청결·미화하기 위해 사용
② 인체의 매력을 더하기 위해 사용
③ 용모를 밝게 변화시키기 위해 사용
④ 피부·모발의 건강을 유지, 증진시키기 위해 사용

(3) 화장품의 4대 요건 [빈출]

안전성	피부에 대한 자극, 알레르기, 독성이 없어야 함
안정성	변색, 변질되거나 미생물의 오염이 없어야 함
사용성	흡수성, 발림성 등 피부에 사용감이 좋아야 함
유효성	미백, 주름 개선, 자외선 차단 등의 효과가 있어야 함

(4) 화장품의 사용 시 주의사항(공통사항)
① 화장품 사용 시 또는 사용 후 직사광선에 의해 사용 부위가 붉은 반점, 부어 오름 또는 가려움증 등의 이상 증상이나 부작용이 있는 경우 전문의 등과 상담할 것
② 상처가 있는 부위 등에는 사용을 자제할 것
③ 보관 및 취급 시 주의사항
 • 어린이의 손이 닿지 않는 곳에 보관할 것
 • 직사광선을 피해 보관할 것

(5) 화장품 포장의 기재·표시사항 [빈출]
① 화장품의 명칭
② 영업자의 상호 및 주소
③ 모든 성분(인체 무해 소량 성분 제외)
④ 내용물의 용량 또는 중량
⑤ 제조번호
⑥ 사용 기한 또는 개봉 후 사용 기간
⑦ 가격
⑧ 기능성 화장품의 경우 식품의약품안전처장이 정하는 도안
⑨ 사용할 때의 주의사항
⑩ 식품의약품안전처장이 정하는 바코드
⑪ 기능성 화장품의 경우 심사받거나 보고한 효능·효과, 용법·용량
⑫ 성분명을 제품 명칭의 일부로 사용한 경우 그 성분명과 함량(방향용 제품은 제외)
⑬ 인체 세포·조직 배양액이 들어있는 경우 그 함량
⑭ 화장품에 천연 또는 유기농으로 표시·광고하려는 경우에는 원료의 함량
⑮ 수입 화장품인 경우 제조국의 명칭, 제조회사명 및 그 소재지
⑯ 기능성 화장품의 경우에는 "질병의 예방 및 치료를 위한 의약품이 아님"이라는 문구
⑰ 보존제의 함량 표시
 • 만 3세 이하의 영유아용 제품류인 경우
 • 만 4세 이상부터 만 13세 이하까지의 어린이가 사용할 수 있는 제품임을 특정해 표시·광고하려는 경우

(6) 1차 포장❼의 표시사항
① 화장품의 명칭
② 영업자의 상호
③ 제조번호
④ 사용 기한 또는 개봉 후 사용 기간

용어
• 1차 포장: 화장품 제조 시 내용물과 직접 접촉하는 포장용기

(7) 안전용기·포장 기준

① 안전용기·포장을 사용해야 하는 품목
- 네일 폴리시리무버 및 네일 에나멜리무버(아세톤 함유)
- 어린이용 오일 등 개별포장 당 탄화수소류를 10퍼센트 이상 함유하고 운동점도가 21센티스톡스(섭씨 40도 기준) 이하인 에멀션 형태가 아닌 액체상태의 제품
- 개별포장당 메틸 살리실레이트를 5퍼센트 이상 함유하는 액체상태의 제품

② 안전용기·포장의 기준
안전용기·포장은 성인이 개봉하기는 어렵지 않으나 만 5세 미만의 어린이가 개봉하기는 어렵게 된 것이어야 함

(8) 의약품의 정의 [빈출]

① 사람이나 동물의 질병을 진단·치료·경감·처치 또는 예방할 목적으로 사용하는 물품
② 사람이나 동물의 구조와 기능에 약리학적 영향을 줄 목적으로 사용하는 물품
③ 기구·기계 또는 장치가 아닌 것

(9) 화장품과 의약품의 비교

구분	화장품	의약품
상태	정상적인 상태	질병에 노출된 상태
목적	청결·미화	진단, 치료
범위	전신	특정 부위
작용	작용이 경미해야 함	약리적인 영향을 줘야 함
부작용	없어야 함	있을 수 있음
종류	로션, 클렌징 제품 등	외용약, 내복약 등

(10) 천연화장품의 정의

동식물 및 그 유래 원료 등을 함유한 화장품으로서 식품의약품안전처장이 정하는 기준에 맞는 화장품

(11) 유기농화장품의 정의

유기농 원료, 동식물 및 그 유래 원료 등을 함유한 화장품으로서 식품의약품안전처장이 정하는 기준에 맞는 화장품

(12) 맞춤형화장품의 정의

① 제조 또는 수입된 화장품의 내용물에 다른 화장품의 내용물이나 식품의약품안전처장이 정하는 원료를 추가하여 혼합한 화장품
② 제조 또는 수입된 화장품의 내용물을 소분한 화장품(고형 비누 등 총리령으로 정하는 화장품의 내용물을 단순 소분한 화장품은 제외)

(13) 영유아 또는 어린이 화장품의 정의

① 만 3세 이하의 영유아, 만 4세 이상부터 만 13세 이하의 어린이가 사용하는 화장품
② 표시·광고하는 경우에는 제품별로 안전과 품질을 입증할 수 있는 '제품별 안전성 자료'를 작성 및 보관해야 함(제품 및 제조 방법에 대한 설명 자료, 화장품의 안전성 평가 자료, 제품의 효능·효과에 대한 증명 자료)

(14) 기능성 화장품의 정의 [빈출]

(총리령으로 정하는 화장품)
① 피부의 미백에 도움을 주는 제품
② 피부의 주름 개선에 도움을 주는 제품
③ 피부를 곱게 태워 주는 데 도움을 주는 제품
④ 자외선으로부터 피부를 보호하는 데 도움을 주는 제품
⑤ 모발의 색상 변화·제거 또는 영양 공급에 도움을 주는 제품
⑥ 피부나 모발의 기능 약화로 인한 건조함, 갈라짐, 빠짐, 각질화 등을 방지하거나 개선하는 데 도움을 주는 제품

(15) 기능성 화장품의 범위 [빈출]

미백 화장품	• 피부에 멜라닌색소가 침착하는 것을 방지하여 기미·주근깨 등의 생성을 억제함으로써 피부의 미백에 도움을 주는 기능을 가진 화장품 • 피부에 침착된 멜라닌색소의 색을 엷게 하여 피부의 미백에 도움을 주는 기능을 가진 화장품
주름 개선 화장품	피부에 탄력을 주어 피부의 주름을 완화 또는 개선하는 기능을 가진 화장품
피부 태닝 화장품	강한 햇볕을 방지하여 피부를 곱게 태워 주는 기능을 가진 화장품
자외선 차단 화장품	자외선을 차단 또는 산란시켜 자외선으로부터 피부를 보호하는 기능을 가진 화장품
탈모 완화 화장품	• 탈모 증상의 완화에 도움을 주는 화장품 • 코팅 등 물리적으로 모발을 굵게 보이게 하는 제품 제외
여드름 완화 화장품	• 여드름성 피부를 완화하는 데 도움을 주는 화장품 • 인체 세정용 제품류로 한정
염색·탈염·탈색 화장품	• 모발의 색상을 변화(탈염·탈색 포함)시키는 기능을 가진 화장품 • 일시적으로 모발의 색상을 변화시키는 제품 제외
체모 제거 화장품	• 체모를 제거하는 기능을 가진 화장품 • 물리적으로 체모를 제거하는 제품 제외
가려움 개선 화장품	피부장벽(각질층의 표피)의 기능을 회복하여 가려움 등의 개선에 도움을 주는 화장품
튼살 개선 화장품	튼살로 인한 붉은 선을 엷게 하는 데 도움을 주는 화장품

2 화장품 제조

화장품은 분자량이 적고 피지에 잘 녹는 지용성 성분이 피부 흡수율이 높으며, 세포 간 지질을 통하는 경로가 흡수 효과가 가장 큼

(1) 수성원료 [빈출]

① 물
- 화장수, 로션의 기초 물질로 사용
- 수분 공급의 기능으로 피부의 보습 작용을 함
- 물은 세균과 금속이온이 제거된 정제수를 사용

② 알코올(에탄올)
- 소독 작용, 수렴 작용, 청량감과 휘발성이 있음
- 알코올 함량이 많으면 피부에 자극적이며 건조해짐
- 화장수에 사용하는 일반적 함량은 10% 전후가 적당함
- 다른 물질과 혼합해서 그것을 녹이는 성질이 있음
- 화장수, 양모제, 세니타이저 등에 사용함
- 화장품에서는 알코올 성분으로 에탄올을 사용함

③ 보습제
- 수분 흡수, 보습 유지, 피부 건조의 완화 역할
- 다른 성분과 혼용성, 보습 능력이 좋아야 함
- 휘발성이 없고 응고점이 낮아야 함
  예) 글리세린, 세라마이드, 히알루론산, 콜라겐

(2) 유성원료 [빈출]

① 오일

천연 오일	식물성	• 추출: 식물의 꽃, 잎, 줄기, 뿌리, 열매 등 • 장점: 자극이 적고 향기가 좋음 • 단점: 흡수력이 조금 떨어지고 부패하기 쉬움 예) 호호바 오일, 맥아 오일, 올리브 오일, 아보카도 오일, 피마자 오일 등
	동물성	• 추출: 동물의 피하조직, 장기 등 • 장점: 피부에 친화성, 흡수력이 가장 좋음 • 단점: 쉽게 변질, 냄새가 강해 정제 과정 필요 예) 라놀린, 밍크 오일, 스쿠알렌 등
	광물성	• 추출: 석유, 원유 • 장점: 무색·무취이며 쉽게 변질되지 않음 • 단점: 분자량이 커 피부에 잘 흡수되지 않고 막을 형성하여 피부 호흡을 방해함 예) 바셀린, 유동 파라핀, 미네랄 오일, 클렌징크림 등
합성 오일		• 방법: 에스테르화의 공정을 거쳐 유도체로 이용 • 장점: 사용성 및 화학적 안정성이 우수함 • 단점: 자연 분해가 안 되어 환경에 나쁨 예) 실리콘 오일, 미리스틴산, 아이소프로필 등

* 피부 흡수력: 동물성 오일 〉 식물성 오일 〉 광물성 오일

② 고급 지방산
- 동식물 유지 또는 납의 가수 분해로 얻어짐
- 비누, 계면활성제, 첨가제 등의 원료로 사용
  예) 스테아르산, 올레산, 팔미트산, 미리스트산

③ 왁스
- 고급지방산에 고급알코올이 결합된 에스테르를 의미함
- 실온에서 고형화제인 유성 성분이며, 제품의 변질이 적음
- 화장품의 굳기를 조절하며, 광택을 부여하는 역할을 함
- 부서짐을 예방하고 광택성이 뛰어나 립스틱 성분으로 사용함

식물성	호호바 왁스, 카르나우바 왁스, 칸데릴라 왁스 등
동물성	라놀린(양모), 밀랍(벌집), 경랍(고래) 등

(3) 방부제
- 미생물 증가 억제를 통한 혼탁, 변색, 악취 등의 예방
- 일정 기간 보존을 위한 보존제 역할을 함
- 방부제는 독특한 색상과 냄새가 없어야 함
- 적용 농도에서 피부에 자극을 주어서는 안 됨
- 방부제로 인해 효과가 상실되거나 변해서는 안 됨
  예) 파라옥시안식향산메틸, 파라옥시안식향산프로필, 파라벤류 등

(4) 색소
- 염료: 물과 오일에 녹음
- 안료: 물과 오일에 녹지 않음, 주로 메이크업 화장품

무기 안료	유기 안료
• 빛·산·알칼리에 강함 • 내광성·내열성이 우수함 • 선명도가 떨어짐 • 커버력이 우수함	• 빛·산·알칼리에 약함 • 내광성·내열성이 떨어짐 • 선명도가 높음 • 색이 다양하고 착색력이 좋음

(5) 기타

① 유연제: 수분 증발을 억제하여 피부를 부드럽게 함
  예) 실리콘 오일

② 점증제: 화장품의 점도를 조절함
  예) 펙틴, 알긴산, 점토 광물, 전분, 젤라틴

③ 산화방지제: 화장품이 산화되는 것을 방지함
  예) 토코페롤 아세테이트, BHT, BHA

④ 향료: 좋은 향을 부여함
- 오리엔탈 계열: 동양적인 향으로 동물이나 나무의 향
- 시트러스 계열: 레몬, 오렌지 등의 상큼한 감귤류의 향
- 프로랄 계열: 달콤한 꽃의 향
- 그린 계열: 신선한 풀이나 나뭇잎의 향

(8) 계면활성제 빈출

① 특성
- 계면을 활성화시키고 계면의 성질을 변화시킬 수 있음
- 기체, 액체, 고체의 표면장력을 저하시키는 작용을 함
- 둥근 머리 모양의 친수성기와 막대 모양의 친유성기가 한 분자 내에 함께 있음

② 분류

양이온성 +	살균 작용, 소독 작용, 정전기 발생 억제 예 헤어 린스, 헤어 트리트먼트
음이온성 −	세정 작용, 기포 형성 작용이 우수함 예 샴푸, 비누, 치약
양쪽성 − +	세정 작용, 저자극, 안정성이 높음 예 저자극 샴푸, 베이비 샴푸
비이온성	저자극, 유화력·가용화력·분산력이 우수함 예 화장수 가용화제, 크림 유화제

③ 세기
- 살균력의 세기: 양이온성 > 음이온성 > 양쪽성 > 비이온성
- 세정력의 세기: 음이온성 > 양쪽성 > 양이온성 > 비이온성

(9) 화장품의 기술 빈출

① 가용화: 물에 소량의 오일이 섞여 투명하게 용해된 상태
   예 화장수(스킨) 제품류, 향수, 헤어 토닉 등
② 유화: 물에 다량의 오일이 균일하게 혼합되어 우윳빛으로 백탁화된 상태

구분	O/W 에멀션 (친수성, 수중유형)	W/O 에멀션 (친유성, 유중수형)
이미지	물/오일	오일/물
특징	물 안에 오일이 혼합되어 수분감이 많고 촉촉함	오일 안에 물이 혼합되어 기름기가 많고 무거움
예	로션 제품류 (핸드 로션, 보디 로션)	크림 제품류 (자외선 차단 크림, 영양 크림)

③ 분산: 물 또는 오일에 미세한 고체입자가 균일하게 혼합된 상태
   예 메이크업 화장품류(마스카라, 파운데이션 등)

3 화장품의 종류와 기능

(1) 기초 화장품 빈출

① 클렌징 제품
- 피지, 메이크업 잔여물, 노폐물의 제거
- 피부의 신진대사 촉진, 생리적 기능 정상화 촉진
- 제품 흡수의 효율과 피부 호흡을 원활히 하는 데 도움

클렌징워터	세정용 화장수로, 가벼운 화장 제거에 사용
클렌징로션	저자극으로 민감성·복합성·지성 피부에 적합
클렌징크림	중성·건성 피부에 적합하며, 이중 세안 필요, 유성 성분이 많아 짙은 화장 제거에 사용
클렌징오일	민감성·건성 피부에 적합하며, 물에 용해됨, 포인트·베이스 메이크업을 동시에 제거 가능

② 딥 클렌징 제품: 묵은 각질 제거 가능, 민감성 피부는 주의
   예 AHA(아하), 스크럽, 효소, 고마쥐
③ 화장수(스킨)
- 잔여물을 제거하여 정상적인 pH 밸런스를 맞춤
- 피부를 정돈하여 다음 단계 제품의 흡수를 용이하게 함

유연 화장수	보습제가 함유되어 피부에 수분·보습을 주어 건성·노화 피부에 적합
수렴 화장수	알코올 성분으로 모공 수축, 피부의 수렴 작용으로 노폐물 분비를 억제하여 지성·복합성 피부에 적합

④ 로션: 유분이 적어 사용감이 산뜻하며 유·수분 공급으로 피부 보호
⑤ 크림: 로션보다 많은 유분과 보습제로 피부 보호
   예 마사지 크림, 보습 크림, 아이 크림 등

(2) 보디 관리 화장품 빈출

① 보디 클렌저(보디 샴푸)
- 치밀한 기포 지속성과 부드러운 세정성을 가져야 함
- 세균의 증식을 억제, 피부에 대한 높은 안정성이 있어야 함
- 피부장벽의 구성 요소인 지질 성분을 보호해야 함
- 피부의 생리적 균형에 영향을 미치지 않아야 함

② 비누
- 세정 작용을 하며, 기본적으로 살균·소독 효과는 없음
- 비누의 세정 작용은 비누 수용액이 오염 물질과 피부 사이에 침투하여 부착을 약화시켜 떨어지기 쉽게 하는 것임
- 정상 피부의 pH는 4.5~6.5(약산성)이므로 약산성 비누를 사용하는 것이 좋고, 강알칼리성 비누는 세정력이 강하지만 피부를 건조하게 하여 피부 클렌저로는 적절하지 않음
- 메디케이티드 비누는 소염제를 배합한 제품으로 여드름, 면도 상처 및 피부 거칠음 방지 효과가 있음

(3) 메이크업 화장품 빈출

① 베이스 메이크업 화장품
- 메이크업 베이스: 피부 톤을 정돈하여 화장의 효과를 높임
- 파운데이션: 피부의 잡티 등 결점 보완, 피부색을 통일함

리퀴드 파운데이션	• 수분 함량이 많아 사용감이 가볍고 산뜻함 • 여름에 많이 사용하며, 커버력이 약함 • 피부에 결점이 적은 경우에 사용함
크림 파운데이션	• 유분 함량이 많아 사용감이 무겁고 끈적임 • 겨울에 많이 사용하며, 커버력이 우수함 • 건성 피부가 주로 사용함
스틱 파운데이션	• 유분 함량이 많은 고체 형태 • 부분적인 커버를 위해 주로 사용함

- 페이스 파우더: 파운데이션의 유분기 제거, 화장의 지속성을 높임

② 포인트 메이크업 화장품

아이섀도	눈에 색채와 음영을 주어 입체감을 표현
블러셔	볼에 색상을 부여하여 얼굴의 혈색 보완
아이브로펜슬	눈썹 모양을 수정·보완하고 색상을 조정
아이라이너	눈 모양을 조정하여 개성적인 눈매 연출
마스카라	속눈썹의 숱과 길이를 보완하여 돋보이게 함
립스틱	입술에 색상을 부여하여 혈색, 개성 표현

용어
- 파우더: 마그네슘을 주성분으로 하는 암석인 활석(탈크)으로 만든 화장품
- 립스틱
  - 냉각기로 제조된 제품, 색소, 라놀린, 알란토인 성분 포함
  - 시간의 경과에 따라 색의 변화가 없어야 함
  - 피부 점막에 자극이 없고 입술에 부드럽게 잘 발려야 함

(4) 방향 화장품 빈출

① 향수의 조건
- 조화성과 지속성이 있고, 확산성이 높아야 함
- 향의 특징과 시대성에 부합되어야 함

② 부향률 단계

퍼퓸 > 오데퍼퓸 > 오데토일렛 > 오데코롱 > 샤워코롱

구분	원액 함유량	지속성
퍼퓸	15~30%	약 6~7시간
오데퍼퓸	9~12%	약 5~6시간
오데토일렛	6~8%	약 3~5시간
오데코롱	3~5%	약 1~2시간
샤워코롱	1~3%	약 1시간

③ 발향에 따른 분류

톱 노트	첫 느낌의 향, 휘발성이 강한 향료
미들 노트	중간 느낌의 향, 휘발성이 중간인 향료
베이스 노트	마지막의 잔향, 휘발성이 낮은 향료

(5) 에센셜 오일(아로마 오일) 빈출

① 특징
- 식물의 꽃, 잎, 줄기, 뿌리 등 다양한 부위에서 추출한 오일
- 분자량이 작아 피지·지방 물질에 용해되어 침투력이 강함
- 면역 기능 향상에 도움을 주며, 여드름 등의 피부관리에 사용
- 에센셜 오일의 발향은 주로 베이스 노트임

② 사용 및 보관 방법
- 안전성 확보를 위해 사전에 패치 테스트를 실시
- 캐리어 오일에 희석하여 사용하고 점막 등에는 사용 자제
- 변질될 수 있으므로 뚜껑을 닫아 갈색병에 보관해야 함
- 직사광선을 피해 통풍이 잘 되는 곳에 보관해야 함

③ 추출법

수증기 증류법		• 식물의 향기 부분을 물에 담가 가온하여 증발된 기체를 냉각하여 천연향을 추출하는 방법 • 대량으로 천연향을 얻어 가장 많이 이용됨 • 고온에서 일부 향기 성분이 파괴될 수도 있음
압착법		식물의 과실을 직접 압착하여 얻는 방법
용매 추출법	휘발성	꽃을 이용하여 향기 성분을 녹임
	비휘발성	동·식물의 지방유를 이용

④ 활용법
- 흡입법: 기체 상태에서 코를 통해 흡입하는 방법
- 확산법: 분자 상태로 확산시키는 방법(램프, 스프레이)
- 입욕법: 코 흡입, 피부 흡수 효과를 같이 가지는 방법
- 마사지법: 캐리어 오일에 희석하여 피부에 도포하는 방법

⑤ 종류

레몬	• 미백 작용, 햇빛 노출 시 색소 침착 • 살균 작용, 지성·여드름 피부에 효과적
아줄렌	카모마일에서 추출한 오일, 진정 작용, 살균·소독·항염 작용, 여드름 피부에 효과적
라벤더	근육 이완, 상처 재생, 화상 치유, 심리적 안정
티트리	피지 조절, 소독 작용, 여드름 피부에 효과적
자스민	피지 조절, 항우울, 분만 촉진, 자궁 건강
페퍼민트	혈액 순환 촉진(멘톨), 피로 회복, 졸음 방지

⑥ 캐리어 오일(베이스 오일): 에센셜 오일을 피부에 효과적으로 침투시키기 위해 섞어 사용하는 오일로, 향이 없고, 흡수력이 좋아야 함

호호바 오일	피부 친화성이 좋아 여드름의 발생 가능성이 적으며 쉽게 산화되지 않아 안정성이 높음
맥아 오일	토코페롤이 풍부하여 강력한 항산화 작용, 건성·손상 피부에 효과적
살구씨 오일	적은 끈적임, 피부 윤기와 탄력성에 효과적
아보카도 오일	영양 풍부, 건성·민감성·노화 피부에 효과적
아몬드 오일	유연 작용, 가려움증·건성 피부에 효과적
달맞이 오일	항알레르기 효과, 항혈전 작용, 항염증 작용
코코넛 오일	피부 노화, 목주름에 효과적, 선탠 오일로 사용

(6) 모발 화장품 빈출
① 샴푸: 모발과 두피의 오염 물질을 제거함
② 헤어 린스: 정전기 방지, 모발 보호, 유연성과 광택 부여
③ 헤어 트리트먼트·팩: 모발의 손상 예방과 영양 공급
④ 포마드, 왁스, 헤어 스프레이·젤: 모발 세팅(정발)
⑤ 헤어 토닉: 모발과 두피에 영양 공급 및 혈액 순환 촉진

(7) 체취 방지 화장품 빈출
땀의 분비로 인해 발생한 냄새를 억제하는 체취 방지의 역할
예) 데오도란트

(8) 기능성 화장품 빈출
① 주름 개선 화장품
- 콜라겐 합성과 표피의 신진대사를 촉진하여 피부 주름을 개선시키고 탄력을 증대시킴
- 성분: 레티놀(레티노산, 레티노이드), AHA(아하), 항산화제, 아데노신

레티놀	• 콜라겐과 엘라스틴의 회복을 촉진 • 비타민 A 유도체로 콜라겐 생성을 촉진 • 세라마이드의 증식 촉진 • 표피의 두께 증가, 히아루론산 생성을 촉진
AHA (아하)	• 화학적으로 각질을 제거하여 주름을 완화 • pH 3~4에서 5~10% 농도가 가장 효과적 • 글리콜산은 침투력이 좋음 • BHA보다 AHA가 많이 사용됨

② 미백 화장품
- 자외선 차단, 티로시나아제 활성을 억제하여 도파 산화 억제, 멜라닌 합성을 저해함
- 각질 세포의 탈락을 유도하여 멜라닌색소를 제거하고 비타민 C로 침착된 색소를 감소시켜 피부에 미백 효과를 줌
- 성분: 비타민 C, 코직산, 알부틴(티로시나아제 효소 억제), 하이드로퀴논, 레몬, 아하(AHA), 구연산, 감초, 플라센타

③ 여드름 완화 화장품
- 피지 조절, 살균, 소독, 항균, 항염 등의 작용을 함
- 성분: 캠퍼, 카모마일, 하마멜리스, 로즈마리, 유황, 아줄렌, 티트리, 레몬, 솔비톨, 레티노산, 글리콜산, 살리실산, 글리시리진산, 과산화 벤조일 등

④ 피부 태닝 화장품
- 피부 손상을 최소화하고 자외선에 천천히 그을리도록 도와주는 제품으로, 태닝 크림·오일·스프레이 등이 있음
- 성분: 다이하이드록시아세톤(DHA) 등

⑤ 자외선 차단 화장품(선스크린)
- 자외선으로부터 피부를 보호하기 위해 사용함
- 일광 노출 전 발라야 하며, 시간이 지나면 덧발라야 함

구분	자외선 흡수제 (화학적 차단제)	자외선 산란제 (물리적 차단제)
이미지	화학 반응 후 열로 배출	난반사
방법	자외선을 화학적으로 흡수하여 피부 침투 차단	자외선을 물리적으로 피부 표면에서 산란
특징	투명하게 표현되어 산뜻하며 화장이 용이하나, 트러블이 발생할 수 있음	불투명하게 표현되어 두꺼우며 화장이 밀리나, 차단 효과가 우수함
성분	파라아미노안식향산, 옥틸디메틸파바, 옥틸메톡시신나메이트, 벤조페논, 옥시벤존, 살리실레이트	이산화 타이타늄(티타늄 디옥사이드), 산화아연(징크옥사이드), 탈크, 카올린

⑥ 자외선 차단지수(SPF)
- UV-B 방어 효과를 나타내는 지수
- Sun Protection Factor의 약자
- SPF 1은 자외선 B를 차단해 주는 약 15분을 의미함
- 숫자로 표시하며, 숫자가 높을수록 자외선 차단지수가 높음
- 제품을 사용했을 때 홍반을 일으키는 자외선의 양을, 제품을 사용하지 않았을 때 홍반을 일으키는 자외선의 양으로 나눈 값

$$SPF = \frac{\text{자외선 차단제품을 바른 피부의 최소 홍반량(MED)}}{\text{자외선 차단제품을 바르지 않은 피부의 최소 홍반량(MED)}}$$

⑦ PA
- UV-A 방어 효과를 나타내는 지수
- +로 표시하며, 표시가 많을수록 차단력이 높음

CHAPTER 06 화장품 분류 | 출제 예상문제 A

1 화장품 기초

01 「화장품법」상 화장품의 정의에 대한 내용이 아닌 것은?
① 신체의 구조, 기능에 영향을 미치는 것과 같은 사용 목적을 겸하지 않는 물품
② 인체를 청결히 하고 미화하며 매력을 더하고 용모를 밝게 변화시키기 위해 사용하는 물품
③ 피부 혹은 모발을 건강하게 유지 또는 증진하기 위한 물품
④ 인체에 사용되는 물품으로 인체에 대한 작용이 경미한 것

> 「화장품법」상 화장품의 정의: 인체를 청결·미화하여 매력을 더하고 용모를 밝게 변화시키기거나 피부·모발의 건강을 유지, 증진시키기 위하여 인체에 바르고 문지르거나 뿌리는 등 이와 유사한 방법으로 사용되는 물품으로서 인체에 대한 작용이 경미한 것

02 「화장품법」상 화장품이 인체에 사용되는 목적으로 틀린 것은?
① 인체를 청결하게 한다.
② 인체를 미화한다.
③ 인체의 용모를 변화시킨다.
④ 인체의 용모를 치료한다.

> 화장품은 인체의 용모를 치료하는 목적으로 사용되지 않음

03 화장품의 4대 요건에 대한 설명으로 틀린 것은?
① 안전성: 피부에 대한 자극, 알레르기, 독성이 없을 것
② 안정성: 변색, 변취, 미생물의 오염이 없을 것
③ 사용성: 피부에 사용감이 좋고 잘 스며들 것
④ 유효성: 질병 치료 및 진단에 사용할 수 있을 것

> 유효성: 미백, 주름 개선, 자외선 차단 등의 효과가 있어야 함

04 화장품의 요건에 해당하지 않는 것은?
① 효과성   ② 유효성
③ 안정성   ④ 안전성

> 화장품의 4대 요건: 안전성, 안정성, 사용성, 유효성

05 화장품의 사용 및 보관 시 주의사항으로 적절하지 않은 것은?
① 가려움증 등의 증상이 있는 경우 전문의 등과 상담할 것
② 어린이의 손이 닿지 않는 곳에 보관할 것
③ 직사광선을 피해 보관할 것
④ 상처가 있는 부위 등은 소량만 사용할 것

> 화장품의 사용, 보관 및 취급 시 주의사항
> • 화장품 사용 시 또는 사용 후 직사광선에 의해 사용 부위가 붉은 반점, 부어 오름 또는 가려움증 등의 이상 증상이나 부작용이 있는 경우 전문의 등과 상담할 것
> • 상처가 있는 부위 등에는 사용을 자제할 것
> • 어린이의 손이 닿지 않는 곳에 보관할 것
> • 직사광선을 피해 보관할 것

06 안전용기를 사용해야 하는 품목은?
① 핸드 로션   ② 영양 크림
③ 자외선 차단제   ④ 네일 폴리시리무버

> 아세톤을 함유하고 있는 네일 폴리시리무버 및 네일 에나멜리무버는 안전용기·포장을 사용해야 하는 품목임

07 [신규 문제공략] 화장품 포장의 기재·표시사항에 해당하지 않는 것은?
① 화장품의 명칭   ② 영업자의 상호 및 주소
③ 사업자등록번호   ④ 제조번호

> 화장품 포장의 기재·표시사항
> • 화장품의 명칭   • 영업자의 상호 및 주소
> • 모든 성분(인체 무해 소량 성분 제외)
> • 내용물의 용량 또는 중량   • 제조번호
> • 사용 기한 또는 개봉 후 사용 기간   • 가격
> • 기능성 화장품의 경우 식품의약품안전처장이 정하는 도안
> • 사용할 때의 주의사항
> • 식품의약품안전처장이 정하는 바코드
> • 기능성 화장품의 경우 심사받거나 보고한 효능·효과, 용법·용량
> • 성분명을 제품 명칭의 일부로 사용한 경우 그 성분명과 함량(방향용 제품은 제외)
> • 인체 세포·조직 배양액이 들어있는 경우 그 함량
> • 화장품에 천연 또는 유기농으로 표시·광고하려는 경우에는 원료의 함량
> • 수입 화장품인 경우 제조국의 명칭, 제조회사명 및 그 소재지
> • 기능성 화장품의 경우에는 "질병의 예방 및 치료를 위한 의약품이 아님"이라는 문구
> • 보존제의 함량 표시(만 3세 이하의 영유아용 제품류와 만 4세 이상부터 만 13세 이하까지의 어린이가 사용할 수 있는 제품임을 특정해 표시·광고하려는 경우)

| 정답 | 01 ① | 02 ④ | 03 ④ | 04 ① | 05 ④ | 06 ④ | 07 ③ |

08 신규 문제 공략
화장품 용기와 포장에 꼭 기재해야 할 것이 아닌 것은?
① 기능성 화장품의 경우 심사받거나 보고한 효능·효과, 용법·용량
② 성분명을 제품 명칭의 일부로 사용한 경우 그 성분명과 함량
③ 보건복지부장관이 정한 바코드
④ 인체 세포·조직 배양액이 들어있는 경우 그 함량

> 식약의약품안전처장이 정하는 바코드를 기재해야 함

09
화장품과 의약품의 차이에 대한 설명으로 옳은 것은?
① 화장품의 사용 목적은 질병의 치료 및 진단이다.
② 화장품은 특정 부위에만 사용 가능하다.
③ 의약품의 사용 대상은 정상적인 상태인 자로 한정된다.
④ 의약품의 부작용은 어느 정도까지는 인정된다.

> - 의약품의 사용 목적은 질병의 치료 및 진단임
> - 화장품은 전신에 사용 가능함
> - 의약품의 사용 대상은 질병에 노출된 상태인 자로 한정됨

10
화장품과 의약품에 대한 설명으로 틀린 것은?
① 화장품은 인체에 미치는 영향이 경미하여 장기간 사용해도 부작용이 없어야 한다.
② 화장품은 정상인을 대상으로 한다.
③ 의약외품의 종류에는 연고, 내복약 등이 있다.
④ 의약품은 질병의 치료를 위해 약간의 부작용이 있을 수 있다.

> 외용약(연고), 내복약은 의약품에 해당함

11
화장품의 사용 목적과 가장 거리가 먼 것은?
① 인체를 청결, 미화하기 위해 사용한다.
② 용모를 밝게 변화시키기 위해 사용한다.
③ 피부와 모발의 건강을 유지하기 위해 사용한다.
④ 인체에 약리적인 효과를 주기 위해 사용한다.

> - 화장품: 인체에 대한 작용이 경미해야 함
> - 의약품: 인체의 구조와 기능에 약리적인 영향을 줘야 함

12 신규 문제 공략
화장품에 대한 설명으로 틀린 것은?
① 일정 기간 사용하고 특정 부위에만 바른다.
② 피부의 건강을 유지시키기 위해 바른다.
③ 모발의 건강을 증진시키기 위해 바른다.
④ 인체를 청결·미화하여 매력을 더하기 위해 바른다.

> 일정 기간 사용하고 특정 부위에만 바르는 것은 의약품에 대한 설명임

13 신규 문제 공략
기능성 화장품의 정의에 대한 설명으로 틀린 것은?
① 자외선으로부터 피부를 보호하는 데 도움을 주는 제품
② 피부의 미백에 도움을 주는 제품
③ 피부의 주름 개선에 도움을 주는 제품
④ 피부·모발의 건강을 유지, 증진시키기 위해 사용되는 제품

> 피부·모발의 건강을 유지, 증진시키기 위해 사용되는 제품은 기능성 화장품의 정의가 아니라 화장품의 정의임

14
기능성 화장품의 종류에 해당하지 않는 것은?
① 미백 크림
② 주름 개선 크림
③ 자외선 차단 크림
④ 데오도란트 크림

> **기능성 화장품의 범위**
> - 미백 화장품
> - 피부 태닝 화장품
> - 탈모 완화 화장품
> - 염색·탈염·탈색 화장품
> - 가려움 개선 화장품
> - 주름 개선 화장품
> - 자외선 차단 화장품
> - 여드름 완화 화장품
> - 체모 제거 화장품
> - 튼살 관리 화장품

15
기능성 화장품에 대한 설명으로 옳은 것은?
① 자외선에 의해 피부가 심하게 그을리거나 일광화상이 생기는 것을 지연시켜 준다.
② 피부 표면의 더러움이나 노폐물을 제거하여 피부를 청결하게 해 준다.
③ 피부 표면의 건조함을 방지해 주고 피부를 매끄럽게 한다.
④ 비누 세안에 의해 손상된 피부의 pH를 정상적인 상태로 빨리 돌아오게 한다.

> 피부 태닝 화장품은 자외선에 피부가 천천히 그을리도록 도와주며 일광화상 등의 피부 손상을 최소화하는 기능성 화장품임

16
기능성 화장품에 대한 설명으로 옳은 것은?
① 튼살로 인한 붉은 선을 없애주는 연고
② 탈모 증상의 완화에 도움을 주는 제품
③ 일시적으로 모발의 색상을 변화시키는 제품
④ 피부장벽(유두층의 진피)의 기능을 회복하여 가려움 등의 개선에 도움을 주는 제품

> - 연고는 의약품으로, 기능성 화장품이 아님
> - 일시적으로 모발의 색상을 변화시키는 제품은 기능성 화장품이 아님
> - 피부장벽은 각질층의 표피를 말함

| 정답 | 08 ③ 09 ④ 10 ③ 11 ④ 12 ① 13 ④ 14 ④ 15 ① 16 ②

2 화장품 제조

17
화장품을 구성하는 수성 원료에 대한 설명으로 틀린 것은?
① 물은 화장품에서 가장 큰 비율을 차지하는 주요 용매이다.
② 화장품 제조에 사용되는 물은 금속이온과 불순물을 제거한 경수를 사용한다.
③ 에탄올은 화장수, 향수, 헤어 토닉 제조 시 포함되는 수성 원료이다.
④ 글리세린은 물과 에탄올에 잘 녹고 보습력이 우수한 수성 원료이다.

화장품 제조에 사용되는 물은 세균과 금속이온이 제거된 정제수를 사용해야 함

18
피부의 자극을 주지 않기 위해 일반적으로 사용하고 있는 화장수의 적정한 알코올 함유량은?
① 10% 전후
② 20% 전후
③ 30% 전후
④ 40% 전후

알코올 함량이 많으면 피부에 자극적이기 때문에 일반적으로 많이 사용하고 있는 화장수의 알코올 함유량은 10% 전후임

19
알코올에 대한 설명으로 틀린 것은?
① 항바이러스제로 사용한다.
② 화장품에서 용매, 운반체, 수렴제로 쓰인다.
③ 알코올이 함유된 화장수는 오랫동안 사용하면 피부를 건성화시킬 수 있다.
④ 인체 소독용으로는 메탄올(Methanol)을 주로 사용한다.

인체 소독용으로는 에탄올을 주로 사용함

20
화장품에 배합되는 에탄올의 역할이 아닌 것은?
① 청량감
② 수렴 효과
③ 보습 작용
④ 소독 작용

보습 작용은 보습제의 역할로, 글리세린 등이 해당함

21
글리세린의 가장 중요한 작용은?
① 소독 작용
② 수분 유지 작용
③ 탈수 작용
④ 금속염 제거 작용

글리세린은 보습제의 주요 성분으로, 수분 흡수, 보습 유지, 피부 건조 완화에 효과적인 작용을 함

22
오일에 대한 설명으로 옳은 것은?
① 식물성 오일: 향은 좋으나 부패하기 쉽다.
② 동물성 오일: 무색 투명하고 냄새가 없다.
③ 광물성 오일: 색이 진하며, 피부 흡수가 늦다.
④ 합성 오일: 냄새가 나빠 정제한 것을 사용한다.

• 동물성 오일: 쉽게 변질되며 냄새가 강해 탈취·탈색의 정제 과정을 거쳐야 함
• 광물성 오일: 무색·무취이며 쉽게 변질되지 않음
• 합성 오일: 사용성 및 화학적 안정성이 우수하나 자연 분해가 되지 않아 환경에 좋지 않음

23
식물성 오일이 아닌 것은?
① 아보카도 오일
② 피마자 오일
③ 올리브 오일
④ 실리콘 오일

• 식물성 오일: 호호바 오일, 맥아 오일, 올리브 오일, 아보카도 오일, 피마자 오일 등
• 합성 오일: 실리콘 오일, 미리스틴산, 아이소프로필 등

24
식물성 오일에 대한 설명으로 틀린 것은?
① 식물의 꽃이나 잎, 열매, 뿌리, 껍질 등에서 추출한다.
② 동물성 오일에 비해 흡수력이 떨어지나, 피부 부작용 및 자극이 적다.
③ 색이나 냄새가 강해 탈취, 탈색의 정제 과정을 거친 뒤 사용한다.
④ 식물성 오일의 종류에는 호호바 오일, 맥아 오일, 올리브 오일 등이 있다.

색이나 냄새가 강해 탈취, 탈색의 정제 과정을 거친 뒤 사용하는 오일은 동물성 오일임

25
광물성 오일에 해당하는 것은?
① 올리브유
② 스쿠알렌
③ 실리콘 오일
④ 바셀린

광물성 오일에는 바셀린, 유동 파라핀, 미네랄 오일 등이 있음

26
고급지방산에 해당하지 않는 것은?
① 스테아르산
② 팔미트산
③ 레티노산
④ 올레산

• 고급지방산에는 스테아르산, 올레산, 팔미트산, 미리스틴산 등이 있음
• 레티노산은 주름 개선 화장품의 성분임

| 정답 | 17 ② | 18 ① | 19 ④ | 20 ③ | 21 ② | 22 ① | 23 ④ | 24 ③ | 25 ④ | 26 ③ |

27 신규 문제 공략
광물성 오일(유동 파라핀)으로 만든 것은?
① 스킨   ② 로션
③ 크림   ④ 화장수

> 광물성 오일은 분자량이 커 피부에 잘 흡수되지 않고 막을 형성하는 특징으로 바셀린이나 클렌징크림 등에 사용됨

28 신규 문제 공략
왁스(Wax) 기제의 화장품인 것은?
① 립스틱   ② 아이브로우
③ 파우더   ④ 마스카라

> 왁스는 부서짐을 예방하고 광택성이 뛰어나 립스틱 성분으로 주로 사용함

29
화장품에 사용되는 주요 방부제는?
① 에탄올   ② 벤조산
③ 파라옥시안식향산메틸   ④ BHT

> 주요 방부제: 파라옥시안식향산메틸, 파라옥시안식향산프로필, 파라벤류 등

30
화장품 성분 중 무기 안료의 특성으로 옳은 것은?
① 내광성·내열성이 우수하다.
② 선명도와 착색력이 뛰어나다.
③ 유기 용매에 잘 녹는다.
④ 유기 안료에 비해 색의 종류가 다양하다.

> 무기 안료
> • 빛·산·알칼리에 강함
> • 내광성·내열성이 우수함
> • 선명도가 떨어짐
> • 커버력이 우수함
>
> 유기 안료
> • 빛·산·알칼리에 약함
> • 내광성·내열성이 떨어짐
> • 선명도가 높음
> • 색이 다양하고 착색력이 좋음

31
색소를 염료(Dye)와 안료(Pigment)로 구분할 때, 이에 대한 설명으로 틀린 것은?
① 염료는 메이크업 화장품을 만드는 데 주로 사용된다.
② 안료는 물과 오일에 모두 녹지 않는다.
③ 무기 안료는 커버력이 우수하고, 유기 안료는 빛, 산, 알칼리에 약하다.
④ 염료는 물이나 오일에 녹는다.

> • 염료: 물과 오일에 녹음
> • 안료: 물과 오일에 녹지 않음(주로 메이크업 화장품)

32
화장품의 성분과 작용으로 틀린 것은?
① 방부제: 세균의 성장을 방해·억제하기 위해 첨가하는 물질
② 표백제: 자외선을 차단하기 위해 첨가하는 물질
③ 점증제: 화장품의 점도를 조절하기 위해 첨가하는 물질
④ 보습제: 피부의 건조를 방지하여 피부를 촉촉하게 하는 물질

> 표백제는 화장품의 성분이 아님

33
피부 표면의 수분 증발을 억제하여 피부를 부드럽게 해 주는 물질은?
① 산화방지제   ② 점증제
③ 유연제   ④ 방부제

> • 산화방지제: 화장품이 산화되는 것을 방지하기 위해 첨가하는 물질
> • 점증제: 화장품의 점도를 조절하는 물질
> • 방부제: 미생물 증가 억제를 통한 오염 예방을 위한 보존제 역할

34 신규 문제 공략
친유성 성분과 친수성 성분이 동시에 존재하는 것은?
① 에탄올   ② 시스틴 결합
③ 계면활성제   ④ 시스테인

> 계면활성제는 둥근 머리 모양의 친수성기와 막대 모양의 친유성기가 한분자 내에 함께 존재함

35
계면활성제에 대한 설명으로 틀린 것은?
① 계면활성제는 계면을 활성화시키는 물질이다.
② 계면활성제는 친수성기와 친유성기 모두를 가지고 있다.
③ 계면활성제는 표면장력을 높이고 기름을 유화시킨다.
④ 계면활성제는 표면활성제라고도 한다.

> 계면활성제는 표면장력을 저하시킴

36
계면활성제에 대한 설명으로 옳은 것은?
① 계면활성제는 일반적으로 둥근 머리 모양의 소수성기와 막대꼬리 모양의 친수성기를 가진다.
② 계면활성제의 세력력은 양쪽성 > 음이온성 > 양이온성 > 비이온성 순이다.
③ 비이온성 계면활성제는 피부 자극이 적어 화장수의 가용화제, 크림의 유화제, 클렌징크림의 세정제 등에 사용된다.
④ 양이온성 계면활성제는 세정 작용이 우수하여 비누, 샴푸 등에 사용된다.

> • 계면활성제는 일반적으로 둥근 머리 모양의 친수성기와 막대 모양의 친유성기를 가짐
> • 계면활성제의 세력력은 음이온성 > 양쪽성 > 양이온성 > 비이온성 순임
> • 음이온성 계면활성제는 세정 작용이 우수하여 비누, 샴푸 등에 사용됨

| 정답 | 27 ③ 28 ① 29 ③ 30 ① 31 ① 32 ② 33 ③ 34 ③ 35 ③ 36 ③

37
세정 작용과 기포 형성 작용이 우수하여 비누, 샴푸, 클렌징 폼 등에 주로 사용되는 계면활성제는?

① 양이온성　　② 음이온성
③ 비이온성　　④ 양쪽성

- 양이온성: 살균, 소독, 정전기 억제(헤어 린스, 헤어 트리트먼트)
- 양쪽성: 세정, 저자극, 안정성 높음(저자극·베이비 샴푸)
- 비이온성: 저자극, 유화력·가용화력·분산력이 우수(화장수 가용화제, 크림 유화제, 클렌징크림 세정제)

38
음이온성 계면활성제에 대한 설명으로 옳은 것은?

① 세정력이 약하다.
② 탈지 기능이 거의 없다.
③ 세정 작용, 기포 형성 작용이 우수하다.
④ 피부 자극이 거의 없다.

음이온성 계면활성제는 세정 작용, 기포 형성 작용이 우수하여 샴푸, 비누, 치약 등에 사용됨

39
계면활성제에 대한 설명으로 틀린 것은?

① 양이온성 계면활성제: 친수성 머리 부분이 양이온을 가지고 있다.
② 음이온성 계면활성제: 물과 상호 작용을 하는 머리 부분이 음이온을 가지고 있다.
③ 양쪽성 계면활성제: 양이온과 음이온을 동시에 머리 부분에 가지고 있다.
④ 비이온성 계면활성제: 물에 녹이면 이온으로 나누어진다.

- 양이온성 계면활성제: 양이온을 가짐
- 음이온성 계면활성제: 음이온을 가짐
- 양쪽성 계면활성제: 양이온과 음이온을 동시에 가짐
- 비이온성 계면활성제: 이온으로 나누어지지 않음

40
유아용 제품과 저자극성 제품에 많이 사용되는 계면활성제에 대한 설명으로 옳은 것은?

① 물에 용해될 때, 친수기에 양이온과 음이온을 동시에 갖는 계면활성제
② 물에 용해될 때, 이온으로 해리하지 않는 수산기, 에테르 결합, 에스테르 등을 분자 중에 갖고 있는 계면활성제
③ 물에 용해될 때, 친수기 부분이 음이온으로 해리되는 계면활성제
④ 물에 용해될 때, 친수기 부분이 양이온으로 해리되는 계면활성제

저자극 샴푸, 베이비 샴푸는 물에 용해될 때, 친수기에 양이온과 음이온을 동시에 갖는 양쪽성 계면활성제임

41
세정 작용이 있으며 피부 자극이 적으며 안정성이 높아 유아용 샴푸제에 주로 사용되는 것은?

① 음이온성　　② 양이온성
③ 양쪽성　　　④ 비이온성

- 음이온성: 세정, 기포 형성 우수(샴푸, 비누, 치약)
- 양이온성: 살균, 소독, 정전기 억제(헤어 린스, 헤어 트리트먼트)
- 비이온성: 저자극, 유화력·가용화력·분산력이 우수(화장수 가용화제, 크림 유화제, 클렌징크림 세정제)

42
계면활성제 중 가장 살균력이 강한 것은?

① 양이온성　　② 음이온성
③ 양쪽성　　　④ 비이온성

살균력의 세기: 양이온성 > 음이온성 > 양쪽성 > 비이온성

43
계면활성제 중 가장 세정력이 강한 것은?

① 양이온성　　② 음이온성
③ 양쪽성　　　④ 비이온성

세정력의 세기: 음이온성 > 양쪽성 > 양이온성 > 비이온성

44
계면활성제 중 살균보다 세정 효과가 더 큰 것은?

① 양쪽성 계면활성제
② 비이온성 계면활성제
③ 양이온성 계면활성제
④ 음이온성 계면활성제

음이온성 계면활성제는 세정 작용과 기포 형성 작용이 우수함

45
화장품 제조의 3가지 주요 기술이 아닌 것은?

① 가용화 기술　　② 유화 기술
③ 분산 기술　　　④ 용융 기술

화장품 제조 기술: 가용화, 유화, 분산

46
가용화 기술을 적용하여 만든 것은?

① 마스카라　　② 향수
③ 파운데이션　④ 크림

가용화는 물에 소량의 오일이 섞여 투명하게 용해된 상태로, 대표적으로 향수가 있음

47
물 또는 오일에 미세한 고체입자가 균일하게 혼합된 상태를 만드는 화장품 제조 기술은?
① 분산 ② 경화
③ 유화 ④ 가용화

- 경화: 물건이나 조직 따위가 단단하게 굳어진 상태
- 유화: 물에 다량의 오일이 균일하게 혼합되어 백탁화된 상태
- 가용화: 물에 소량의 오일이 섞여 투명하게 용해된 상태

48
물에 다량의 오일이 균일하게 혼합되어 우윳빛으로 백탁화된 상태를 만드는 화장품 제조 기술은?
① 가용화 ② 유화
③ 경화 ④ 분산

- 가용화: 물에 소량의 오일이 섞여 투명하게 용해된 상태
- 경화: 물건이나 조직 따위가 단단하게 굳어진 상태
- 분산: 물 또는 오일에 고체입자가 균일하게 혼합된 상태

49
물에 오일 성분이 혼합되어 있는 유화 상태는?
① O/W 에멀션 ② W/O 에멀션
③ W/S 에멀션 ④ W/O/W 에멀션

- O/W 에멀션: 물에 오일이 혼합, 수분감이 많고 촉촉함
- W/O 에멀션: 오일에 물이 혼합, 기름기가 많고 무거움

50 〔신규 문제 공략〕
물에 오일 성분이 혼합되어 있는 에멀션은?
① 수중유형 에멀션 ② 복합 에멀션
③ 유중수형 에멀션 ④ 다상 에멀션

물에 오일 성분이 혼합되어 있는 에멀션은 O/W 에멀션(Oil in Water Emulsion) 또는 수중유형 에멀션이라고 하며, 수분감이 많고 촉촉한 로션 제품류로 핸드 로션, 보디 로션 등이 있음

51
화장품의 제형에 따른 특징으로 틀린 것은?
① 유화 제품: 물에 오일 성분이 계면활성제에 의해 우윳빛으로 백탁화된 상태의 제품
② 유용화 제품: 물에 다량의 오일 성분이 계면활성제에 의해 현탁하게 혼합된 상태의 제품
③ 분산 제품: 물 또는 오일 성분에 미세한 고체입자가 계면활성제에 의해 균일하게 혼합된 상태의 제품
④ 가용화 제품: 물에 소량의 오일 성분이 계면활성제에 의해 투명하게 용해된 상태의 제품

②는 유화 제품에 대한 설명임

3 화장품의 종류와 기능

52
유분 성분이 다량 포함되어 있어 포인트 메이크업과 베이스 메이크업을 동시에 제거할 수 있으며, 물로 헹구어 낼 수 있는 세정제는?
① 클렌징워터 ② 클렌징오일
③ 클렌징로션 ④ 클렌징크림

- 클렌징워터: 세정용 화장수로, 가벼운 화장 제거에 사용
- 클렌징로션: 피부 자극이 적어 민감성·복합성·지성 피부에 적합함
- 클렌징크림: 클렌징로션보다 유성 성분 함량이 많아 짙은 화장 제거에 효과적이며, 중성·건성 피부에 적합함

53
클렌징 제품에 대한 설명으로 틀린 것은?
① 클렌징밀크는 O/W 타입으로 친유성이며, 건성, 노화, 민감성 피부에만 사용할 수 있다.
② 클렌징오일은 물에 용해되는 특성이 있고, 탈수 피부, 민감성 피부, 약건성 피부에 사용하면 효과적이다.
③ 비누는 역사가 오래된 클렌징 제품으로, 종류가 다양하다.
④ 클렌징크림은 친유성이므로 이중 세안을 해서 클렌징 제품이 피부에 남아 있지 않도록 해야 한다.

클렌징밀크(로션)는 O/W 타입의 친수성이며, 건성과 노화 피부는 피부가 건조하므로 유성 성분이 많은 클렌징크림이나 클렌징오일을 사용하는 것이 적합함

54
일반적인 클렌징에 해당하는 사항이 아닌 것은?
① 메이크업 잔여물 제거
② 먼지 및 피지 제거
③ 피부 표면의 노폐물 제거
④ 효소나 고마쥐를 이용한 깊은 단계의 묵은 각질 제거

효소나 고마쥐를 이용한 깊은 단계의 묵은 각질 제거는 딥 클렌징에 해당함

55
화장수(스킨)를 사용하는 목적으로 적절하지 않은 것은?
① 세안을 하고 나서도 지워지지 않는 피부의 잔여물을 제거하기 위해
② 세안 후 남아 있는 세안제의 알칼리성 성분 등을 닦아 내 피부 표면의 산도를 약산성으로 회복시켜 피부 본래의 정상적인 pH 밸런스를 맞추기 위해
③ 보습제, 유연제의 함유로 각질층을 촉촉하고 부드럽게 하면서 다음 단계에 사용할 제품의 흡수를 용이하게 하기 위해
④ 각종 영양 물질을 통해 피부의 탄력을 증진시키기 위해

각종 영양 물질을 통해 피부의 탄력을 증진시키기 위해 사용하는 것은 에센스와 팩의 사용 목적임

| 정답 | 47 ① | 48 ② | 49 ① | 50 ① | 51 ② | 52 ② | 53 ① | 54 ④ | 55 ④ |

56
기초 화장품의 기능에 해당하지 않는 것은?
① 세정
② 미백
③ 피부 정돈
④ 피부 보호

> 미백은 기능성 화장품의 기능임

57
일반적인 클렌징에 대한 설명으로 틀린 것은?
① 피부의 피지, 메이크업 잔여물을 없애기 위한 작업이다.
② 모공 깊숙이 있는 불순물과 피부 표면의 각질 제거를 주목적으로 한다.
③ 제품 흡수를 효율적으로 도와준다.
④ 피부의 생리적인 기능을 정상적으로 도와준다.

> 모공 깊숙이 있는 불순물과 피부 표면의 각질 제거를 목적으로 사용하는 것은 딥 클렌징임

58
화장수에 대한 설명으로 틀린 것은?
① 피부의 각질층에 수분을 공급한다.
② 피부에 청량감을 준다.
③ 피부에 남아 있는 잔여물을 닦아 준다.
④ 피부의 각질을 제거한다.

> 피부의 각질을 제거하는 것은 딥 클렌징 제품임

59
보디 샴푸(보디 클렌저)의 기능으로 적절하지 않은 것은?
① 피부 각질층의 세포 간 지질 보호
② 부드럽고 치밀한 기포 부여
③ 높은 기포 지속성 유지
④ 강력한 세정성 부여

> 보디 샴푸(보디 클렌저)는 지속적으로 사용하는 제품으로, 피부에 대한 자극이 없는 부드러운 세정성을 가져야 함

60
화장품의 종류와 사용 목적으로 적절하지 않은 것은?
① 보디 클렌저: 세정
② 데오도란트: 탈색
③ 선스크린: 자외선 방어
④ 향수: 향취 부여

> 데오도란트는 체취 방지를 목적으로 사용함

61
피지 분비의 과잉을 억제하고 모공을 수축시켜 주는 화장수는?
① 유연 화장수
② 수렴 화장수
③ 소염 화장수
④ 영양 화장수

> 수렴 화장수는 알코올 성분이 많아 모공 수축 효과가 있음

62
크림 파운데이션에 대한 설명으로 옳은 것은?
① 얼굴의 형태를 바꾸어 준다.
② 피부의 잡티나 결점을 커버해 주는 목적으로 사용한다.
③ O/W형은 W/O형에 비해 사용감이 무겁고 퍼짐성이 낮다.
④ 화장 시 산뜻하고 청량감이 있으나 커버력이 약하다.

> 크림 파운데이션은 유분 함량이 많아 건성 피부와 겨울에 많이 사용하며, 커버력이 우수함

63
오일 양이 적은 O/W형 유화 타입이며, 투명감 있게 마무리되므로 피부에 결점이 별로 없어 여름철에 많이 사용하고 젊은 연령층이 선호하는 파운데이션?
① 트윈 케이크
② 스틱 파운데이션
③ 리퀴드 파운데이션
④ 크림 파운데이션

> - 트윈 케이크: 파운데이션과 파우더의 기능을 하나로 합친 커버력이 높은 고형 제품
> - 스틱 파운데이션: 유분 함량이 많은 고체 형태로, 부분적인 커버를 위해 주로 사용
> - 크림 파운데이션: 유분 함량이 많고 커버력이 우수하지만 끈적임

64
유분 함량이 가장 많은 파운데이션으로 고체 형태로 부분적인 커버를 위해 주로 사용되는 파운데이션은?
① 크림 파운데이션
② 리퀴드 파운데이션
③ 스틱 파운데이션
④ 파우더 파운데이션

> - 크림 파운데이션: 유분 함량이 많고 커버력이 우수하지만 끈적임
> - 리퀴드 파운데이션: 오일량이 적고 수분 함량이 많아 사용감이 가벼우나 커버력이 약해 피부에 결점이 적은 경우에 사용
> - 파우더 파운데이션: 파운데이션에 파우더의 기능이 있는 팩트형 제품

65
파운데이션의 일반적인 기능으로 옳지 않은 것은?
① 피부색을 기호에 맞게 바꾼다.
② 피부의 기미, 주근깨 등 결점을 커버한다.
③ 피부색을 균일하게 정돈한다.
④ 피지를 억제하고 화장을 지속시켜 준다.

> 피지를 억제하고 화장을 지속시켜 주는 것은 페이스 파우더임

| 정답 | 56 ② 57 ② 58 ④ 59 ④ 60 ② 61 ② 62 ② 63 ③ 64 ③ 65 ④

66
포인트 메이크업 화장품에 해당하지 않는 것은?

① 블러셔 ② 아이섀도
③ 파운데이션 ④ 립스틱

- 베이스 메이크업 화장품: 메이크업 베이스, 파운데이션, 페이스 파우더
- 포인트 메이크업 화장품: 아이섀도, 블러셔, 아이브로펜슬, 아이라이너, 마스카라, 립스틱

67 신규 문제 공략
다음 설명에 해당하는 것은?

> 활석(Talc)이 주성분이며 탄산마그네슘, 규산칼슘 등을 첨가해 땀과 피지를 흡수한다.

① 파우더 ② 에탄올
③ 스킨커버 ④ 파운데이션

파우더는 마그네슘을 주성분으로 하는 암석인 활석(탈크)으로 만든 화장품이며, 땀과 피지를 흡수하는 역할을 함

68
냉각기에 의해 제조된 제품은?

① 립스틱 ② 화장수
③ 아이섀도 ④ 에센스

립스틱은 냉각기로 제조된 제품임

69
블러셔가 속하는 화장품의 분류는?

① 세정 화장품 ② 메이크업 화장품
③ 모발 화장품 ④ 방향 화장품

블러셔는 볼에 색상을 부여할 때 사용하는 메이크업 화장품임

70
방향 화장품에 해당하지 않는 것은?

① 오데코롱 ② 샤워코롱
③ 오데토일렛 ④ 선스크린

선스크린은 자외선을 차단하여 피부를 보호하는 제품으로 기능성 화장품임

71
향료의 함유량이 가장 적은 것은?

① 퍼퓸 ② 오데토일렛
③ 샤워코롱 ④ 오데코롱

- 퍼퓸: 15~30%, 약 6~7시간
- 오데퍼퓸: 9~12%, 약 5~6시간
- 오데토일렛: 6~8%, 약 3~5시간
- 오데코롱: 3~5%, 약 1~2시간
- 샤워코롱: 1~3%, 약 1시간

72 신규 문제 공략
향수에 대한 설명으로 틀린 것은 것은?

① 퍼퓸은 15~30%의 원액으로 약 6~7시간 지속된다.
② 오데토일렛은 6~8%의 원액으로 약 3~5시간 지속된다.
③ 오데퍼퓸은 9~12%의 원액으로 약 8~9시간 지속된다.
④ 오데코롱은 3~5%의 원액으로 약 1~2시간 지속된다.

오데퍼퓸은 9~12%의 원액으로 약 5~6시간 지속됨

73
향수를 뿌린 후 즉시 느껴지는 향수의 첫 느낌으로, 주로 휘발성이 강한 향료들로 이루어져 있는 노트(Note)는?

① 톱 노트 ② 하트 노트
③ 미들 노트 ④ 베이스 노트

- 미들 노트(하트 노트): 중간 느낌의 향으로, 휘발성이 중간인 향료
- 베이스 노트: 마지막에 남는 잔향으로, 휘발성이 낮은 향료

74
에센셜 오일에 대한 설명으로 틀린 것은?

① 면역 기능을 높여 준다.
② 감기, 피부 미용에 효과적이다.
③ 화상, 여드름, 염증 치유에도 쓰인다.
④ 피지에 쉽게 용해되지 않으므로 다른 첨가물을 혼합하여 사용한다.

에센셜 오일은 피지·지방 물질에 용해됨

75
다음 설명에 해당하는 천연향의 추출 방법은?

> 식물의 향기 부분을 물에 담가 가온하여 증발된 기체를 냉각하면 물 위에 향기 물질이 뜨게 되는데, 이를 분리하여 순수한 천연향을 얻어 내는 방법이다.

① 수증기 증류법 ② 압착법
③ 휘발성 용매 추출법 ④ 비휘발성 용매 추출법

- 압착법: 식물의 과실을 직접 압착하여 얻는 방법
- 휘발성 용매 추출법: 꽃을 이용하여 향기 성분을 녹임
- 비휘발성 용매 추출법: 동·식물의 지방유를 이용함

76
에센셜 오일의 추출 방법이 아닌 것은?

① 수증기 증류법 ② 혼합법
③ 압착법 ④ 용매 추출법

에센셜 오일의 추출 방법: 수증기 증류법, 압착법, 휘발성 용매 추출법, 비휘발성 용매 추출법

| 정답 | 66 ③ 67 ① 68 ① 69 ② 70 ④ 71 ③ 72 ③ 73 ① 74 ④ 75 ① 76 ②

77
에센셜 테라피에 사용되는 에센셜 오일에 대한 설명으로 틀린 것은?
① 주로 수증기 증류법에 의해 추출된 것이다.
② 공기 중의 산소, 빛 등에 의해 변질될 수 있으므로 갈색병에 보관하여 사용하는 것이 좋다.
③ 원액을 그대로 피부에 사용해야 한다.
④ 안전성 확보를 위해 사전에 패치 테스트를 실시해야 한다.

에센셜 오일은 캐리어 오일과 함께 섞어 사용해야 함

78
에센셜 오일의 활용법 중 확산법에 대한 설명으로 옳은 것은?
① 따뜻한 물에 넣고 몸을 담근다.
② 에센셜 램프나 스프레이를 이용한다.
③ 수건에 적신 후 피부에 붙인다.
④ 손수건, 티슈 등에 1~2방울 떨어뜨리고 심호흡을 한다.

확산법은 아로마 램프, 스프레이를 이용하여 확산시키는 방법임

79
레몬 에센셜 오일의 사용에 대한 설명으로 틀린 것은?
① 무기력한 기분을 전환시킨다.
② 기미, 주근깨가 있는 피부에 좋다.
③ 여드름, 지성 피부에 사용된다.
④ 진정 작용이 뛰어나며 색소 침착이 되지 않는다.

레몬은 살균 작용을 하며, 햇빛에 노출했을 때 색소 침착의 우려가 있음

80
캐리어 오일에 대한 설명으로 틀린 것은?
① 마사지 오일을 만들 때 필요한 오일이다.
② 베이스 오일이라고도 한다.
③ 에센셜 오일을 추출할 때 오일과 분류되어 나오는 증류액을 말한다.
④ 향이 없고 피부 흡수력이 좋아야 한다.

캐리어 오일은 에센셜 오일을 피부에 효과적으로 침투시키기 위해 섞어 사용하는 오일임

81
모발과 두피에 영양을 주면서 두피의 혈액 순환을 좋게 해 주는 모발 화장품은?
① 헤어 토닉   ② 헤어 오일
③ 헤어 스프레이   ④ 포마드

헤어 오일, 헤어 스프레이, 포마드는 정발제임

82
천연 토코페롤을 풍부하게 함유하고 있어 피부에서 강력한 항산화 작용을 하는 캐리어 오일은?
① 호호바 오일   ② 맥아 오일
③ 달맞이 오일   ④ 코코넛 오일

• 호호바 오일: 피부 친화성이 좋으며 안정성이 높음
• 달맞이 오일: 항알레르기 효과, 항혈전 작용, 항염증 작용
• 코코넛 오일: 피부 노화, 목주름에 효과적, 선탠 오일로 사용

83
모발 화장품의 기능으로 옳은 것은?
① 정발제: 모발과 두피에 영양을 주고 두피의 혈액 순환을 좋게 한다.
② 샴푸: 모발, 두피를 청결하게 하여 생리 기능을 활성화한다.
③ 헤어 토닉: 모발에 유연성을 부여하고 대전성을 방지한다.
④ 트리트먼트: 광택, 감촉, 질감 손질을 용이하게 하기 위해 모발을 고정시키거나 세팅한다.

①은 헤어 토닉, ③은 헤어 트리트먼트제, ④는 정발제의 기능임

84
주름 개선 화장품의 효과로 적절하지 않은 것은?
① 피부 탄력 강화
② 콜라겐 합성 촉진
③ 표피 신진대사 촉진
④ 섬유아세포 분해 촉진

섬유아세포 분해 촉진은 탄력성을 떨어뜨려 주름 발생의 원인이 됨

85
주름 개선 성분에 해당하지 않는 것은?
① 레티놀   ② 코직산
③ 아하(AHA)   ④ 항산화제

• 주름 개선 화장품 성분: 레티놀(레티노산, 레티노이드), 아하(AHA), 항산화제, 아데노신
• 미백 화장품 성분: 비타민 C, 코직산, 알부틴, 하이드로퀴논, 레몬, 아하(AHA), 구연산, 감초, 플라센타

86
각질 제거용 화장품에 주로 쓰이는 것으로 죽은 각질을 빨리 떨어져 나가게 하고 건강한 세포가 피부를 자극할 수 있도록 도와주는 주름 개선 화장품의 성분은?
① 코직산   ② 알부틴
③ AHA   ④ 하이드로퀴논

AHA(아하)는 화학적 필링제의 성분으로 각질을 제거하여 주름을 완화하는 동시에 침착된 색소를 감소시키는 미백 효과가 있음

87
미백 화장품에 사용되는 원료가 아닌 것은?
① 알부틴　　　② 코직산
③ 레티놀　　　④ 비타민 C 유도체

> 레티놀은 콜라겐과 엘라스틴을 회복하고 표피의 두께 증가, 히아루론산 생성을 촉진하는 주름 개선 화장품의 성분임

88
미백 화장품의 메커니즘이 아닌 것은?
① 자외선 차단
② 도파 산화 억제
③ 티로시나아제 활성화
④ 멜라닌 합성 저해

> 미백 화장품은 티로시나아제의 활성을 억제함

89
미백 화장품의 기능으로 옳지 않은 것은?
① 각질 세포의 탈락을 유도하여 멜라닌색소 제거
② 티로시나아제를 활성화하여 도파 산화 억제
③ 자외선 차단 성분이 자외선 흡수 방지
④ 비타민 C로 침착된 색소 감소

> 미백 화장품은 티로시나아제 활성을 억제하여 도파 산화를 억제함

90
진달래과의 월귤나무의 잎에서 추출한 하이드로퀴논의 배당체로, 멜라닌 활성을 도와주는 티로시나아제 효소의 작용을 억제하는 미백 화장품의 성분은?
① 감마　　　② 알부틴
③ AHA　　　④ 비타민 C

> 알부틴은 티로시나아제 효소의 작용을 억제하는 미백 화장품 성분임

91
자외선 차단제에 대한 설명으로 틀린 것은?
① 자외선 차단제는 SPF의 지수가 매겨져 있다.
② SPF는 수치가 낮을수록 자외선 차단지수가 높다.
③ 자외선 차단제의 효과는 피부의 멜라닌 양과 자외선에 대한 민감도에 따라 달라질 수 있다.
④ 자외선 차단지수는 제품을 사용했을 때 홍반을 일으키는 자외선의 양을, 제품을 사용하지 않았을 때 홍반을 일으키는 자외선의 양으로 나눈 값이다.

> SPF 수치가 높을수록 자외선 차단지수가 높음

92
자외선 차단지수(SPF)는 자외선 차단 제품을 사용했을 때와 사용하지 않았을 때의 무엇을 나눈 값인가?
① 최소 흑화량　　　② 최소 홍반량
③ 최대 흑화량　　　④ 최대 홍반량

> 자외선 차단지수(SPF)는 자외선 차단 제품을 사용했을 때와 사용하지 않았을 때의 최소 홍반량을 나눈 값임

93
자외선 차단을 도와주는 화장품 성분이 아닌 것은?
① 파라아미노안식향산　　　② 옥틸디메틸파바
③ 콜라겐　　　④ 티타늄디옥사이드

> • 자외선 흡수제: 파라아미노안식향산, 옥틸디메틸파바, 옥틸메톡시신나메이트, 벤조페논, 옥시벤존, 살리실레이트
> • 자외선 산란제: 이산화 타이타늄(티타늄디옥사이드), 산화아연(징크옥사이드), 탈크, 카올린

94
자외선 차단 방법 중 자외선 흡수제가 아닌 것은?
① 이산화 타이타늄　　　② 옥틸메톡시신나메이트
③ 벤조 페논　　　④ 살리실레이트

> 이산화 타이타늄(이산화티탄)은 자외선을 물리적으로 피부 표면에서 반사하는 산란제임

95
여드름 완화와 잔주름 개선에 널리 사용되는 것은?
① 레티노산(Retinoic Acid)
② 아스코르빈산(Ascorbic Acid)
③ 토코페롤(Tocopherol)
④ 칼시페롤(Cacliferol)

> 여드름 화장품 성분: 유황, 레티노산, 글리콜산, 아줄렌, 티트리, 레몬, 솔비톨, 살리실산, 글리시리진산, 과산화 벤조일, 캠퍼, 로즈마리, 카모마일, 하마멜리스 등

96
여드름 관리에 효과적인 성분은?
① 유황　　　② 하이드로퀴논
③ 코직산　　　④ 알부틴

> • 하이드로퀴논, 코직산, 알부틴은 미백 화장품의 성분임
> • 유황은 피지 조절과 살균 작용을 하여 여드름 피부에 효과적임

97
여드름을 유발하지 않는(Noncomedogenic) 화장품 성분은?
① 바셀린　　　② 유동 파라핀
③ 솔비톨　　　④ 미네랄 오일

> 광물성 오일인 바셀린, 유동 파라핀, 미네랄 오일은 피부 호흡을 방해하여 여드름을 유발할 수 있음

PART

02

NAIL TECHNICIAN

자연네일관리

출제비중 **12%**

| 출제 (예상)문제 수 | Ⓐ 7~5문제 Ⓑ 4~2문제 Ⓒ 2~1문제

- Ⓑ **CHAPTER 01**   자연네일의 구조와 특성
- Ⓒ **CHAPTER 02**   네일 화장물 제거
- Ⓑ **CHAPTER 03**   네일 컬러링
- Ⓑ **CHAPTER 04**   손톱 및 발톱관리

CHAPTER 01

자연네일의 구조와 특성

합격 TIP 자연네일의 구조와 특성은 출제 비중이 아주 높습니다. 네일의 구성과 네일의 성장, 건강한 네일을 집중적으로 학습하고 구조는 일러스트를 참고하여 전체를 암기한다는 마음으로 학습하세요!

1 자연네일의 특성

(1) 네일의 태생

임신 9주	태아의 손톱의 성장 부위가 형성되어 피부가 휘어져 들어가 손톱의 형성·성장이 시작됨
임신 14주	손톱이 나타나기 시작, 자라는 모습 확인 가능
임신 20주	완전한 손톱이 형성됨

(2) 네일의 구성 [빈출]

① 약 0.15~0.75%의 유분과 약 12~18%의 수분을 함유함
② 각질층이 변형된 것이며, 여러 개의 얇은 겹으로 3개의 층으로 이루어져 있음
③ 반투명의 케라틴 경단백질❓이 주성분으로 이를 조성하는 아미노산 등으로 구성되어 있음
④ 수분의 함유량과 케라틴의 조성에 따라 네일의 경도가 다름
* 케라틴의 구성 성분: 시스틴(함유량이 가장 많음), 글루탐산, 알기닌 등의 아미노산
* 케라틴의 화학적 구성 비율: 탄소 > 산소 > 질소 > 황 > 수소

> **용어**
> • 경단백질: 물이나 염류 용액에 녹지 않고 피부, 손·발톱, 뼈의 성분을 이루는 단백질

(3) 네일의 성장 [빈출]

① 성장 길이
• 손톱은 1일에 약 0.1~0.15mm, 1달에 약 3~5mm 자람
• 발톱은 손톱 성장 속도의 1/2 정도로 늦게 자람
② 재생 기간: 손톱이 탈락한 후 재생되는 기간은 약 4~6개월
③ 성장 방향
• 매트릭스에서 생성된 네일세포들이 네일 베드를 따라 네일 보디의 앞쪽으로 자라며 점차 각질화됨
• 네일 베드와 네일 보디 사이에는 네일의 성장 방향에 영향을 주는 피부 조직인 네일 베드 상피(베드 에피더리움)가 존재함
• 네일 루트에서 프리에지 방향으로 자라 나옴

④ 성장 속도
손톱의 성장 속도는 외부의 영향, 환경과 관련이 있어 많이 사용하는 손가락의 손톱 성장이 빠름

빠름	여름, 남성, 중지, 청소년, 임신 후반기
느림	겨울, 여성, 소지, 노인, 비임신

⑤ 네일의 두께(매트릭스의 길이로 결정)
• 얇은 네일: 매트릭스의 세포 배열 길이가 짧음
• 두꺼운 네일: 매트릭스의 세포 배열 길이가 긺

⑥ 네일의 크기(매트릭스의 크기로 결정)
• 작은 네일: 매트릭스의 세포 크기가 작음
• 큰 네일: 매트릭스의 세포 크기가 큼

⑦ 네일의 층과 각질 배열

매트릭스	프리에지	각질 배열
뒷부분	프리에지의 위층	세로
중간 부분	프리에지의 중간층	가로
앞부분	프리에지의 아래층	세로

(4) 네일의 기능 [빈출]

① 손가락 끝의 예민한 신경을 강화하고 손끝, 발끝을 보호
② 감염이나 외부 환경으로부터 손가락을 보호
③ 물건을 긁거나, 잡고 들어 올리는 기능
④ 모양을 구별하며 섬세한 작업을 가능하게 함
⑤ 방어와 공격, 미용의 장식적인 기능

(5) 건강한 네일의 조건 [빈출]

① 네일 베드에 단단하게 부착되어야 함
② 12~18%의 수분을 함유하고 있어야 함
③ 탄력이 있고 유연성과 강도가 있어야 함
④ 아치형을 이루며 모양이 고르고 표면이 균일해야 함
⑤ 반투명한 핑크빛을 띠어야 함
⑥ 표면이 매끄럽고 광택이 나며 윤기가 있어야 함
⑦ 박테리아의 침범이 없고 진균의 감염이 없어야 함

2 자연네일의 구조 `빈출`

(1) 네일 자체

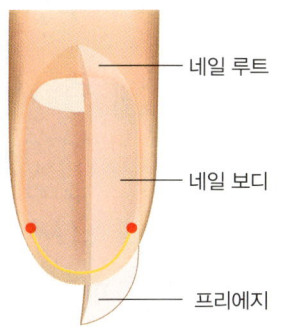

네일 루트 (조근)	• 피부 밑에 묻혀 있는 네일의 근원으로, 손상되면 네일이 빠짐 • 네일이 자라기 시작하는 얇고 부드러운 손·발톱의 뿌리
네일 보디, 네일 플레이트 (조체, 조판)	• 육안으로 보이는 손·발톱 판으로, 일반적으로 손톱이라고 부르는 부분 • 신경과 혈관이 없으며, 산소를 필요로 하지 않음 • 땀을 배출하지 않고 네일 베드에서 공급받은 수분을 통과하는 역할만 함 • 각질층이 변형된 것으로, 얇은 겹으로 이루어져 네일 베드를 덮고 있음
프리에지 (자유연)	• 모양과 길이를 자유롭게 조절할 수 있는 부분 • 네일의 끝부분으로 네일 베드와 분리되어 자라나온 손·발톱 • 옐로 라인 아래부터 네일의 끝부분 단면까지를 지칭함 • 프리에지 끝은 수분 공급이 더디기 때문에 네일이 건조해져 갈라질 수 있음

(2) 네일 밑 피부조직

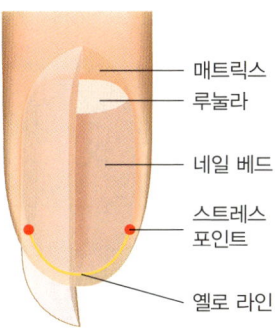

매트릭스 (조모)	• 네일을 만드는 세포를 생성하며 성장을 담당하는 역할 • 매트릭스가 손상되면 네일이 더 이상 자라지 않거나 변형을 가져옴 • 네일 루트 밑에 있으며, 모세혈관, 림프, 신경조직이 있음 • 네일세포를 생성시키는 데 필요한 산소를 모세혈관을 통해 공급받음
루눌라 (조반월)	• 케라틴화가 덜 된 연 케라틴으로 유백색의 반달 모양인 부분 • 루눌라의 크기와 두께는 손톱 건강과 관련 없음 • 외부에서 보이는 매트릭스에 해당하며, 네일 베드, 네일 루트를 연결해 줌
네일 베드 (조상)	• 네일 보디 밑의 피부로 네일 보디를 받쳐주고 단단히 부착하는 역할을 함 • 모세혈관이 있어 네일이 핑크빛을 보이며 산소를 공급받음 • 신진대사와 수분 공급 역할을 하며, 지각신경과 감각세포, 멜라닌세포가 있음
옐로 라인	네일 보디가 네일 베드에서 분리되는 노란빛의 얇은 라인
스트레스 포인트	• 옐로 라인의 양쪽 끝 점으로 라운드와 오발 형태를 구분하는 부분 • 외부적인 충격을 많이 받는 부분으로 쉽게 찢어질 수 있기 때문에 인조네일 작업 시 잘 커버해야 함

(3) 네일을 둘러싼 피부

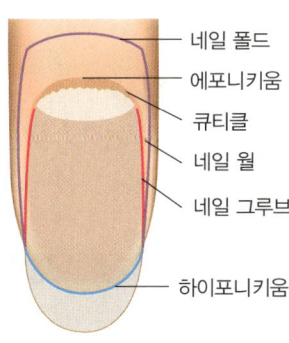

네일 폴드 (조주름)	• 네일 루트를 시작으로 네일 보디의 윗부분과 옆선에 맞추어 형성되어 있음 • 네일을 잡아주는 피부 속주름으로 단단한 방어막 역할을 함
에포니키움 (상조피)	• 네일 보디의 시작점에서 자라나는 피부로 매트릭스를 보호하는 역할을 함 • 에포니키움 아랫편은 끈적한 형질로 되어있음 • 에포니키움이 손상되면 질병에 감염되거나 영구적인 손상을 초래할 수 있음
큐티클 (조소피)	• 에포니키움 아래에 있으며 에포니키움의 각질화 과정에서 생성됨 • 네일 주변을 덮고 있는 죽은 각질세포로 얇은 각질 막으로 되어 있음 • 세균의 침입으로 네일을 보호하는 역할을 하여 미관상 지저분한 부분은 제거하나 완전히 제거할 수 없음
네일 월 (조벽)	네일의 옆면 피부로 네일의 양 옆에 벽으로 형성되어 있음
네일 그루브 (조구)	네일의 양 옆 피부 사이에 접혀진 홈
하이포니키움 (하조피)	• 프리에지 아래의 돌출된 피부조직으로, 박테리아와 이물질의 침입을 막음 • 네일 아랫부분을 보호하는 방어막 역할을 함

3 자연네일의 형태

(1) 자연네일의 형태 [빈출]

구분	이미지	형태	특징
스퀘어		• 양쪽 모서리가 90°의 직각인 사각 상태 • 스트레스 포인트부터 프리에지까지 직선이 존재하고, 프리에지 단면이 직선인 형태	• 대회용으로 많이 사용되며 강한 느낌을 줌 • 파고드는 발톱을 예방하기 위한 발톱의 형태 • 내구성이 강해 컴퓨터 등 손끝을 많이 사용하는 사무직에 어울림
스퀘어 오프		• 사각형에서 각이 없는 상태 • 스퀘어 형태에서 양쪽 모서리의 각만 제거함	• 세련된 느낌을 줌 • 남성과 여성에게 모두에게 잘 어울림
라운드		• 원형의 둥근 상태 • 스트레스 포인트부터 일정 부분 직선이 존재하고, 끝부분은 원형의 형태	• 남성 매니큐어 시 가장 적합한 손톱의 형태
오발		• 타원형의 곡선 상태 • 스트레스 포인트부터 곡선의 형태	• 손이 길어 보이며 우아한 느낌을 줌 • 여성스러움이 가장 돋보임
포인트 (아몬드)		• 아몬드형의 뾰족한 상태 • 스트레스 포인트부터 깊은 곡선의 형태	• 손이 길고 가늘어 보임 • 가장 약하고 손상되기 쉬움

(2) 네일 파일의 특징 [빈출]

① 네일 파일은 자연네일과 인조네일 작업 시 필요한 모든 네일 파일류를 총칭함
② 네일 파일은 에머리 보드(Emery Board)라고도 하며 나무 재질은 우드 파일, 스펀지 재질은 스펀지 파일 등 재질에 따라 명칭이 다양함
③ 네일의 길이를 조절하거나 형태를 조형하는 것
④ 인조네일의 작업 전처리 시 접착력을 높이기 위해 에칭❓할 때 사용함
⑤ 인조네일의 제거를 위해 두께를 제거할 때 사용함
⑥ 네일 파일은 한번 사용하고 폐기하는 일회용 네일 파일과 소독 후 재사용이 가능한 워셔블❓ 네일 파일이 있으므로 구분하여 사용함
⑦ 철제 파일은 재사용 가능하나 열을 발생시켜 네일을 건조하고 약해지게 하므로 주의해야 함
⑧ 네일 파일로 인해 주변 피부가 손상되어 출혈이 발생할 수 있으므로 주의해서 사용해야 함

> **용어**
> • 에칭(Etching): 자연네일 표면에 광택을 제거하기 위해 네일 파일로 스크래치를 내는 것
> • 워셔블(Washable): 물로 헹구어 재사용할 수 있는 제품

(3) 자연네일용 파일 [빈출]

① 용도: 부드러운 우드 파일로 자연네일의 길이와 모양을 조절할 때 사용
② 사용 방법
- 자연 네일에는 180그릿 이상의 부드러운 우드 파일을 사용해야 함
- 힘을 주어 비비거나 왕복하지 말고 한쪽 방향으로 네일 파일링해야 함

(4) 인조네일용 파일

① 용도: 인조네일의 길이 조절과 형태 조형, 제거 시 사용
② 사용 방법: 그릿 숫자에 따른 적절한 네일 파일을 선택하여 사용해야 함

(5) 샌딩 파일

① 용도
- 네일의 표면 굴곡을 없애 매끄럽게 해 주기 위해 사용
- 네일의 표면 광택을 제거하기 위해 사용

② 사용 방법: 비비거나 문질러 인조네일의 표면을 매끄럽게 네일 파일링해야 함

(6) 광택용 파일

① 용도
- 최종 단계에서 광택을 내기 위해 사용
- 2단계는 2 way, 3단계는 3 way라고 함

② 사용 방법
- 네일 표면을 비비거나 문질러 광택을 내며 면에 따라 점차 더 부드러워짐
- 최종 단계는 연마재가 없고 세미가죽으로 되어 있어 광택이 남

(7) 네일 파일의 그릿(Grit)

① 네일 파일은 그릿으로 표시되며, 그릿 숫자에 따라 거칠기를 분류함
② 그릿은 하나의 네일 파일 위에 연마재의 수를 표시하는 단위임
③ 그릿 수가 높을수록 부드럽고, 낮을수록 거칠어짐

(8) 네일 파일 선택 방법

150그릿 이하	• 인조네일의 심한 두께 조절, 길이 조절 • 아크릴 네일 제거
150~180그릿	• 인조네일의 두께 조절, 제거, 형태 조형, 표면 정리 • 네일 팁 턱 제거
180~240그릿	• 자연네일의 길이와 모양 조절, 광택 제거 • 인조네일의 세밀한 형태 조형, 표면 정리
240~400그릿	표면을 보다 세밀하게 다듬기
400그릿 이상	점차적으로 광택을 내기 위해 사용

CHAPTER 01 자연네일의 구조와 특성

출제 예상문제 B

1 자연네일의 특성

01
태아의 손톱이 나타나기 시작하며, 자라는 모습을 확인할 수 있는 시기는?

① 임신 약 4주
② 임신 약 9주
③ 임신 약 14주
④ 임신 약 20주

- 임신 9주: 손톱의 형성·성장이 시작됨
- 임신 14주: 손톱이 자라는 모습을 확인할 수 있음
- 임신 20주: 완전한 손톱이 형성됨

02
네일의 주요 구성 성분에 해당하는 것은?

① 엘라스틴
② 콜라겐
③ 케라틴
④ 비타민

네일은 반투명의 케라틴 경단백질이 주성분으로 이루어져 있음

03 신규 문제 공략
손톱에 대한 설명으로 틀린 것은?

① 루눌라의 크기와 건강은 관련이 없다.
② 여러 개의 얇은 겹으로 이루어져 있다.
③ 손톱은 조단백질로 구성된다.
④ 12~18%의 수분을 함유하고 있다.

손톱은 케라틴 경단백질이 주성분으로 이를 조성하는 아미노산 등으로 구성되어 있음

04
네일에 대한 설명으로 틀린 것은?

① 매우 단단하면서도 유연성이 탁월한 케라틴세포로 구성되어 있다.
② 프리에지에서 네일세포를 생성하며 네일이 만들어진다.
③ 3개의 층으로 이루어져 있다.
④ 매트릭스의 세포들은 네일 베드를 따라 네일 보디의 앞쪽으로 자라며 점차 각질화된다.

매트릭스에서 네일세포를 생성하며 네일이 만들어짐

05
손톱의 특성으로 틀린 것은?

① 아미노산과 시스테인이 많이 함유되어 있다.
② 네일의 성장은 조소피(큐티클)가 오래된 세포를 밀어내는 현상이다.
③ 피부의 부속물로 신경, 혈관, 털이 없으며 반투명의 각질판이다.
④ 주로 경단백질인 케라틴과 이를 조성하는 아미노산 등으로 구성되어 있다.

네일의 성장은 매트릭스에서 생성된 네일세포들이 네일 베드를 따라 네일 보디의 앞쪽으로 자라며 점차 각질화되는 현상임

06
손톱에 대한 설명으로 틀린 것은?

① 정상적인 손톱의 교체는 약 4~6개월 정도 걸린다.
② 개인에 따라 성장 속도는 차이가 있지만 매일 1mm 정도 성장한다.
③ 손톱은 손끝을 보호한다.
④ 물건을 잡을 때 받침대 역할을 한다.

손톱은 1일에 약 0.1~0.15mm 정도 자람

07
손톱의 성장에 대한 설명으로 틀린 것은?

① 한 달에 약 3~5mm 정도 자란다.
② 손톱이 전체적으로 다시 자라나는 데 소요되는 기간은 약 4~6개월이다.
③ 사람마다 다를 수 있으나 일반적으로 중지 손톱이 가장 빨리 자라고 소지 손톱이 가장 늦게 자란다.
④ 손톱은 여름보다 겨울에 빨리 자란다.

손톱은 겨울보다 여름에 빨리 자람

08
네일은 몇 개의 층으로 구성되어 있는가?

① 1개 층
② 2개 층
③ 3개 층
④ 4개 층

네일은 3개의 층으로, 프리에지의 위층은 세로, 중간층은 가로, 아래층은 세로의 각질 배열로 구성되어 있음

| 정답 | 01 ③ 02 ③ 03 ③ 04 ② 05 ② 06 ② 07 ④ 08 ③

09
네일 베드와 네일 보디를 연결하고 네일의 성장 방향에 영향을 주는 조직은?

① 에포니키움　② 하이포니키움
③ 네일 폴드　④ 베드 에피더리움

> 네일 베드와 네일 보디 사이에는 네일의 성장 방향에 영향을 주는 네일 베드 상피(베드 에피더리움)가 존재함

10
네일의 성장 속도에 대한 설명으로 틀린 것은?

① 엄지 손톱이 가장 빠르게 자란다.
② 겨울보다 여름에 빨리 자란다.
③ 손톱은 하루에 약 0.1~0.15mm 자란다.
④ 발톱은 손톱 성장 속도의 1/2 정도로 늦게 자란다.

> 중지의 손톱이 가장 빠르게 자람

11
손톱의 특성이 아닌 것은?

① 머리카락과 같은 케라틴과 칼슘으로 만들어져 있다.
② 여성보다 남성이 잘 자란다.
③ 손톱이 탈락한 후 재생되는 기간은 약 4~6개월 소요된다.
④ 엄지 손톱의 성장이 가장 느리며, 중지 손톱의 성장이 가장 빠르다.

> 소지 손톱의 성장이 가장 느리며, 중지 손톱의 성장 속도가 가장 빠름

12
손톱의 성장에 대한 설명으로 틀린 것은?

① 손가락마다 손톱의 성장이 다르다.
② 많이 사용하는 손가락의 손톱 성장이 빠르다.
③ 임신 기간에는 손톱의 성장이 느리다.
④ 손톱은 계절에 따라 성장 속도가 다르다.

> 임신 후반기에는 손톱의 성장이 빠름

13
매트릭스의 세포 배열 길이로 결정되는 것은?

① 네일의 각화 주기　② 네일의 색상
③ 네일의 두께　④ 네일의 성장 속도

> · 네일의 두께: 매트릭스의 길이로 결정
> · 네일의 크기: 매트릭스의 크기로 결정

14
매트릭스의 세포 크기에 따라 결정되는 것은?

① 네일의 성장 속도　② 네일의 색상
③ 네일의 두께　④ 네일의 크기

> · 네일의 크기: 매트릭스의 크기로 결정
> · 네일의 두께: 매트릭스의 길이로 결정

15
네일의 성장 방향으로 볼 때 매트릭스의 뒷부분은 프리에지의 어느 층에 해당하는가?

① 위층　② 중간층
③ 아래층　④ 가로층

> · 매트릭스 뒷부분: 프리에지의 위층
> · 매트릭스 중간 부분: 프리에지의 중간층
> · 매트릭스 앞부분: 프리에지의 아래층

16
네일의 기능에 대한 설명으로 틀린 것은?

① 손가락 끝의 예민한 신경을 강화하고 손끝과 발끝을 보호한다.
② 물건을 긁거나, 잡고 들어올리는 기능을 한다.
③ 손톱의 표면을 통해 산소를 흡수하고 이산화탄소를 방출한다.
④ 모양을 구별하며 섬세한 작업을 가능하게 한다.

> 손톱의 표면인 네일 보디는 산소를 필요로 하지 않으며, 네일 베드에서 공급받은 수분을 통과하는 역할만 함

17
건강한 네일의 특성이 아닌 것은?

① 네일 베드에 단단하게 부착되어 있어야 한다.
② 탄력이 있고 유연성과 강도가 있어야 한다.
③ 약 8~10%의 수분을 함유하고 있다.
④ 반투명한 핑크빛을 띤다.

> 건강한 네일은 약 12~18%의 수분을 함유하고 있어야 함

18
건강한 네일의 조건으로 틀린 것은?

① 루눌라(조반월)이 손가락마다 진하게 보여야 한다.
② 박테리아의 침범이 없고 진균의 감염이 없어야 한다.
③ 표면이 매끄럽고 광택이 나며 윤기가 있어야 한다.
④ 아치형을 이루며 모양이 고르고 표면이 균일해야 한다.

> 루눌라(조반월)가 진하게 보이는 것과 손톱의 건강은 관련 없음

2 자연네일의 구조

19
손톱 밑의 구조에 해당하지 않는 것은?
① 네일 베드(조상) ② 루눌라(조반월)
③ 매트릭스(조모) ④ 네일 보디(조체)

- 네일 밑 피부조직: 매트릭스(조모), 루눌라(조반월), 네일 베드(조상), 옐로 라인, 스트레스 포인트
- 네일 자체: 네일 루트(조근), 네일 보디(조체), 프리에지(자유연)

20
네일 자체에 해당하지 않는 것은?
① 네일 루트 ② 프리에지
③ 네일 베드 ④ 네일 보디

- 네일 자체: 네일 루트(조근), 네일 보디(조체), 프리에지(자유연)
- 네일 밑 피부조직: 매트릭스(조모), 루눌라(조반월), 네일 베드(조상), 옐로 라인, 스트레스 포인트

21 [신규 문제 공략]
네일의 근원이며 네일이 자라기 시작하는 얇고 부드러운 손·발톱의 뿌리로, 손상 시 네일이 빠지는 부위는?
① 네일 보디 ② 네일 루트
③ 네일 베드 ④ 프리에지

- 네일 보디(조체): 각질층이 얇은 겹으로 이루어진 손·발톱 판
- 네일 베드(조상): 네일 보디 밑의 피부로, 산소를 공급 받음
- 프리에지(자유연): 모양과 길이를 자유롭게 조절하는 부분

22
신경이 없는 여러 층의 각질로 이루어져 네일 자체를 구성하는 곳은?
① 네일 베드 ② 네일 보디
③ 매트릭스 ④ 네일 그루브

- 네일 베드(조상): 네일 보디 밑의 피부로, 산소를 공급 받음
- 매트릭스(조모): 네일을 만드는 세포를 생성하며 성장을 담당
- 네일 그루브(조구): 네일의 양 옆 피부 사이에 접혀진 홈

23
네일의 특징으로 틀린 것은?
① 각질층이 변형된 것이다.
② 네일 보디는 산소를 필요로 한다.
③ 약 12~18%의 수분을 함유하고 있다.
④ 네일 베드의 모세혈관으로부터 산소를 공급받는다.

- 네일 보디는 신경과 혈관이 없으며 산소를 필요로 하지 않음

24
손톱의 구조에 대한 설명으로 틀린 것은?
① 네일 베드는 네일 플레이트 위에 있다.
② 네일 루트는 손톱이 자라나기 시작하는 곳이다.
③ 네일 플레이트는 신경과 혈관이 없다.
④ 프리에지는 네일 아랫부분을 보호하는 역할을 한다.

- 네일 베드는 네일 플레이트(네일 보디) 아래에 위치하며, 손톱의 신진대사를 도움

25
네일 루트 바로 밑에 있으며 모세혈관, 림프, 신경조직 등이 있어 네일을 만드는 세포를 생성, 성장시키며, 손상을 입게 되면 네일의 성장에 저해가 되는 중요한 부분은?
① 매트릭스(조모) ② 네일 베드(조상)
③ 루눌라(조반월) ④ 하이포니키움(하조피)

- 네일 베드(조상): 네일 보디 밑의 피부로, 산소를 공급 받음
- 루눌라(조반월): 연 케라틴으로 유백색의 반달 모양인 부분
- 하이포니키움(하조피): 프리에지 아래 피부조직으로, 박테리아의 침입을 막음

26
매트릭스(Matrix)에 대한 설명으로 옳은 것은?
① 모양과 길이를 자유롭게 조절할 수 있는 부분이다.
② 모세혈관, 림프, 신경조직이 있다.
③ 손톱이 자라기 시작하는 곳이다.
④ 네일 보디가 네일 베드에서 분리되는 노란빛의 얇은 라인이다.

- 프리에지: 모양과 길이를 자유롭게 조절하는 부분
- 네일 루트: 손톱이 자라기 시작하는 부분
- 옐로 라인: 네일 보디가 네일 베드에서 분리되는 노란 라인

27
네일 보디 밑에 있는 피부이며 지각신경조직과 모세혈관이 있고 수분을 공급하는 부위는?
① 네일 베드(조상) ② 루눌라(조반월)
③ 매트릭스(조모) ④ 에포니키움(상조피)

- 루눌라(조반월): 연 케라틴으로 유백색의 반달 모양인 부분
- 매트릭스(조모): 네일을 만드는 세포를 생성하며 성장을 담당
- 에포니키움(상조피): 네일 보디의 시작점에서 자라나는 피부로, 매트릭스를 보호함

| 정답 | 19 ④ 20 ③ 21 ② 22 ② 23 ② 24 ① 25 ① 26 ② 27 ①

28
매트릭스에 속하면서 네일 표면에 유백색의 반달 모양으로 비치는 부분은?

① 조체 ② 조구
③ 조반월 ④ 조주름

- 네일 보디(조체): 각질층이 얇은 겹으로 이루어진 손·발톱 판
- 네일 그루브(조구): 네일 보디의 양 옆 피부 사이에 접혀진 홈
- 네일 폴드(조주름): 네일을 잡아주는 피부 속주름

29
네일 구조와 이의 설명으로 틀린 것은?

① 스트레스 포인트: 네일 보디가 피부에서 떨어져 나가기 시작하는 양 옆 끝의 포인트를 말한다.
② 네일 루트: 얇고 부드러운 곳으로 네일이 자라기 시작하는 부분이다.
③ 네일 보디: 육안으로 보이는 네일 부분으로 신경조직은 없으며 여러 개의 얇은 층으로 이루어져 있다.
④ 프리에지: 네일의 성장을 담당하는 곳으로 세포조직을 형성한다.

- 프리에지: 모양과 길이를 자유롭게 조절하는 부분
- 매트릭스: 네일의 성장을 담당하고 세포조직을 형성함

30 신규 문제 공략
네일 구조에 대한 설명으로 옳은 것은?

① 하이포니키움은 상조피로 네일 보디의 시작점에서 매트릭스를 보호하는 역할을 한다.
② 네일 베드는 육안으로 보이는 손·발톱 판이다.
③ 큐티클은 네일과 에포니키움 사이에 존재하는 얇은 각질막이다.
④ 네일 그루브는 피부 밑에 묻혀 있는 네일의 뿌리이다.

- 하이포니키움은 하조피로 프리에지 아래에서 박테리아의 침입을 막음
- 네일 베드는 네일 보디(손·발톱 판) 밑의 피부임
- 네일 그루브는 네일의 양 옆 피부 사이에 접혀진 홈을 말함

31
큐티클에 대한 설명으로 틀린 것은?

① 죽어 있는 각질세포이다.
② 완전히 제거하면 안 된다.
③ 네일 베드에서 자라 나온다.
④ 손톱 주위를 덮고 있다.

- 큐티클은 에포니키움의 각질화 과정에서 생성되며 네일에 붙어 자라 나옴

32
에포니키움에 대한 설명으로 틀린 것은?

① 큐티클 아래에 있는 얇은 각질막이다.
② 에포니키움 아래편은 끈적한 형질로 되어 있다.
③ 에포니키움의 부상은 영구적인 손상을 초래한다.
④ 네일 보디의 시작점에서 자라나는 피부로 매트릭스를 보호하는 역할을 한다.

- 에포니키움은 큐티클 위에 존재함

33
하이포니키움(하조피)에 대한 설명으로 옳은 것은?

① 케라틴화가 덜 된 연 케라틴으로 유백색의 반달 모양인 부분이다.
② 프리에지 아래의 돌출된 피부조직으로, 박테리아와 이물질의 침입을 막는다.
③ 네일의 양 옆 피부 사이에 접혀진 홈이다.
④ 매트릭스를 병원균으로부터 보호한다.

- 하이포니키움은 네일 보디가 끝나는 프리에지 아래의 돌출된 피부조직으로, 박테리아와 이물질의 침입을 막아 네일 아랫부분을 보호하는 방어막 역할을 함

34
하이포니키움(하조피)에 대한 설명으로 틀린 것은?

① 프리에지 아래의 돌출된 피부조직이다.
② 박테리아와 이물질의 침입을 막아준다.
③ 네일 아랫부분을 보호하는 방어막 역할을 한다.
④ 에포니키움의 아랫부분으로 얇은 각질 막이다.

- 에포니키움의 아랫부분이며 얇은 각질 막은 큐티클임

35
네일 루트를 시작으로 네일 보디의 윗부분과 옆선에 맞추어 형성되어 있으며 단단한 방어막을 하는 곳은?

① 네일 보디(조체) ② 네일 그루브(조구)
③ 루눌라(조반월) ④ 네일 폴드(조주름)

- 네일 보디(조체): 각질층이 얇은 겹으로 이루어진 손·발톱 판
- 네일 그루브(조구): 네일의 양 옆 피부 사이에 접혀진 홈
- 루눌라(조반월): 연 케라틴으로 유백색의 반달 모양인 부분

정답 | 28 ③ 29 ④ 30 ③ 31 ③ 32 ① 33 ② 34 ④ 35 ④

3 자연네일의 형태

36
강한 느낌을 주며 내구성이 강해 손끝을 많이 사용하는 직업에 어울리는 손톱의 형태는?

① 오발 ② 스퀘어
③ 라운드 ④ 아몬드

- 오발: 손이 길고 우아한 느낌을 주며 가장 여성스러움
- 라운드: 남성 매니큐어 시 가장 적합한 손톱의 형태
- 포인트(아몬드): 손이 길고 가늘어 보이나 가장 약함

37
스퀘어 형태에 대한 설명으로 <u>틀린</u> 것은?

① 파고드는 발톱을 예방하기 위한 발톱의 형태이다.
② 대회용으로 많이 사용되며, 강한 느낌을 준다.
③ 네일 양끝 모서리 부분이 사각의 형태이다.
④ 네일 양끝 모서리의 각도는 75°인 형태이다.

네일 양끝 모서리의 각도는 90°인 직각의 형태임

38
라운드 형태에 대한 설명으로 <u>틀린</u> 것은?

① 스트레스 포인트부터 일정 부분 직선이 유지되어야 한다.
② 네일 끝부분은 원의 일부를 옮겨다 놓은 듯이 부드러운 형태이다.
③ 스트레스 포인트부터 각 없이 둥글게 네일 파일링한다.
④ 좌우대칭을 맞추어 가며 네일 파일링한다.

- 라운드 형태: 스트레스 포인트부터 일정 부분 직선으로 네일 파일링함
- 오발 형태: 스트레스 포인트부터 곡선으로 네일 파일링함

39
세련된 느낌으로 남성과 여성 모두에게 잘 어울리며, 사각형에서 양쪽의 각만 제거한 네일 형태는?

① 라운드 ② 오발
③ 스퀘어 ④ 스퀘어 오프

- 라운드: 남성 매니큐어 시 가장 적합한 손톱의 형태
- 오발: 손이 길고 우아한 느낌을 주며 가장 여성스러움
- 스퀘어: 대회용으로 많이 사용되며, 강한 느낌을 줌

40
손톱이 가늘어 보일 수 있지만 끝이 뾰족하고 가장 약하며 손상되기 쉬운 네일 형태는?

① 스퀘어 형태 ② 라운드 형태
③ 스퀘어 오프 형태 ④ 포인트(아몬드) 형태

포인트(아몬드) 형태는 손이 길고 가늘어 보이나, 가장 약하고 손상되기 쉬움

41
오발 형태에 대한 설명으로 옳은 것은?

① 네일의 끝부분이 뾰족한 형태이다.
② 손이 길고 가늘어 보이며 가장 약하고 손상되기 쉽다.
③ 남성 매니큐어 시 가장 적합한 손톱의 형태이다.
④ 스트레스 포인트부터 곡선의 형태이다.

- 포인트: 네일의 끝부분이 뾰족한 형태로 손이 길고 가늘어 보이며 가장 약하고 손상되기 쉬움
- 라운드: 남성 매니큐어 시 가장 적합한 손톱의 형태

42
네일 파일에 대한 설명으로 <u>틀린</u> 것은?

① 인조네일의 접착력을 높이기 위해 사용한다.
② 워셔블로 표기되어 있는 제품은 소독 후 재사용이 가능하다.
③ 자연네일의 길이를 조절하기 위해 사용한다.
④ 철제 파일은 소독 후 재사용이 가능하여 고객에게 적극 권장한다.

철제 파일은 재사용이 가능하나 열을 발생시켜 네일을 건조하고 약해지게 하므로 주의해야 함

43
네일 파일에 대한 설명으로 <u>틀린</u> 것은?

① 샌딩 파일은 네일의 표면의 굴곡을 없애주기 위해 사용한다.
② 네일 파일은 출혈이 발생하지 않으므로 네일 주변 피부에 닿아도 괜찮다.
③ 네일 표면을 비비거나 문질러 광택을 내기 위해 사용한다.
④ 물로 헹구어 재사용할 수 있는 네일 파일도 존재한다.

네일 파일로 인해 주변 피부가 손상되어 출혈이 발생할 수 있으므로 주의해서 사용해야 함

44
네일의 길이 조절, 프리에지의 형태를 만들 때 사용하며, 그릿(Grit) 숫자에 따라 분류하는 네일 도구는?

① 네일 파일 ② 팁 커터
③ 네일 클리퍼 ④ 오렌지 우드스틱

네일 파일은 네일의 길이를 조절하거나 형태를 조형할 때 사용하며, 그릿으로 표시되고, 그릿 숫자에 따라 거칠기를 분류함

| 정답 | 36 ② | 37 ④ | 38 ③ | 39 ④ | 40 ④ | 41 ④ | 42 ④ | 43 ② | 44 ① |

45
가장 거친 네일 파일은?

① 100그릿 ② 150그릿
③ 180그릿 ④ 240그릿

네일 파일은 그릿 수가 높을수록 부드럽고, 낮을수록 거칠어짐

46
자연네일의 프리에지 형태를 조형할 때 사용하는 네일 파일의 그릿은?

① 100그릿 이하 ② 130그릿 이하
③ 150그릿 이하 ④ 180그릿 이상

자연네일에는 180그릿 이상의 부드러운 우드 파일을 사용함

47
인조네일의 접착력을 높이기 위해 자연네일 표면에 스크래치를 내는 것을 무엇이라고 하는가?

① 그릿(Grit) ② 에칭(Etching)
③ 리페어(Repair) ④ 오버레이(Overlay)

• 그릿: 네일 파일 위에 연마재의 수를 표시하는 단위
• 리페어: 보수, 수리하는 것
• 오버레이: 표면을 메꾸어 덮는 것

48 신규 문제 공략
네일의 표면 굴곡을 없애 매끄럽게 해 주기 위해 사용하는 네일 재료는?

① 에머리 보드(Emery Board)
② 네일 클리퍼(Nail Clipper)
③ 샌딩 파일(Sanding File)
④ 우드 파일(Wood File)

샌딩 파일은 네일의 표면 굴곡을 없애 매끄럽게 해 주기 위해 사용함

49
아크릴 네일의 두께 제거 시 사용하는 네일 파일의 가장 적절한 그릿 수는?

① 150그릿 이하 ② 240~320그릿
③ 320~500그릿 ④ 500그릿 이상

아크릴 네일은 네일 파일링이 용이하지 않기 때문에 비교적 강한 150그릿 이하를 사용하여 두께를 제거하는 것이 적절함

50
네일 팁 턱 제거에 사용하는 네일 파일의 그릿으로 가장 적절한 것은?

① 100그릿 이하 ② 150~180그릿
③ 240~300그릿 ④ 400그릿 이상

네일 팁 턱 제거에는 150~180그릿이 적절함

51
자연네일의 네일 파일링에 대한 설명으로 틀린 것은?

① 한 방향으로 네일 파일링한다.
② 180그릿 이상의 네일 파일을 사용하여 네일 파일링한다.
③ 100그릿 이하의 네일 파일을 사용하여 네일 파일링한다.
④ 왕복으로 비벼 네일 파일링해서는 안 된다.

자연네일은 180그릿 이상의 네일 파일을 사용하여 한 방향으로 네일 파일링해야 함

52
네일 파일에 대한 설명으로 틀린 것은?

① 약한 자연네일에는 철제 네일 파일이 적합하다.
② 자연네일에는 180그릿 이상의 우드 네일 파일을 사용해야 한다.
③ 그릿 수가 높을수록 부드럽고, 그릿 수가 낮을수록 거칠다.
④ 인조네일과 자연네일을 구분지어 사용하는 것이 좋다.

철제 네일 파일은 열을 발생시켜 네일을 더욱 약해지게 함

53
자연네일의 형태와 조형 방법에 대한 설명으로 옳은 것은?

① 발톱은 라운드 형태로 조형한다.
② 자연발톱이므로 비비지 말고 중앙을 중심으로 네일 파일링한다.
③ 발톱은 두껍기 때문에 100그릿 이상의 네일 파일을 사용한다.
④ 발톱 표면이 울퉁불퉁하면 샌딩 파일을 사용하여 굴곡을 부드럽게 제거한다.

• 발톱은 스퀘어 형태로 조형함
• 중앙을 중심으로 네일 파일링하는 것은 라운드 형태임
• 자연네일(손톱·발톱)에는 180그릿 이상의 네일 파일을 사용해야 함

| 정답 | 45 ① 46 ④ 47 ② 48 ③ 49 ① 50 ② 51 ③ 52 ① 53 ④

CHAPTER 02

네일 화장물 제거 ⓒ

합격 TIP 네일 화장물 유형과 유형별로 사용해야 하는 제거제를 연결해서 학습하세요.
인조네일 제거에서는 자연네일이 손상되지 않도록 재료와 도구를 어떻게 사용해야 하는지를 중점으로 학습하세요!

1 네일 화장물 유형과 제거제

(1) 네일 화장물 유형 빈출

① 일반 네일 폴리시
- 네일에 컬러를 부여하며 건조를 시켜 말리는 제품
- 일반 네일 폴리시리무버를 사용하여 제거함

② 젤 네일 폴리시
- 네일에 컬러를 부여하며 젤 램프기기에 경화하여 굳히는 제품
- 젤 네일 폴리시는 경화되면 딱딱해지기 때문에 일반 네일 폴리시리무버로는 제거가 되지 않음
- 젤 네일 폴리시리무버나 아세톤으로 제거해야 함
- 소프트 젤은 제거제로 용해되나, 하드 젤은 제거제로 용해되지 않을 수 있기 때문에 네일 파일로 갈아 제거해야 함

③ 인조네일
- 아크릴 네일, 팁 네일, 랩 네일, 젤 네일 등을 말하며, 혼합된 네일 화장물도 인조네일의 유형임
- 인조네일은 두께가 있고 밀착력이 강하여 네일 파일로 두께를 줄인 후 아세톤으로 용해시켜 제거함
- 드릴머신을 사용하여 제거할 수도 있음
- 인조네일과 자연네일 사이에 곰팡이가 생긴 경우에는 인조네일을 즉시 제거해야 하며, 제거한 후 바로 인조네일을 할 수 없음
- 사용한 네일 파일과 오렌지 우드스틱은 즉시 폐기해야 하며, 네일 도구는 소독해야 함

용어
- 네일 화장물: 네일미용 작업 시 네일에 올려지는 모든 재료와 제품 등을 지칭하며, 네일 재료와 네일 장식물이 포함됨

(2) 네일 화장물 제거제 사용 시 주의사항

① 제거제는 인화성 물질로 화기 옆에 두지 않아야 함
② 과다 사용은 네일과 주변 피부를 건조하게 할 수 있음
③ 호흡기를 보호하기 위해 마스크를 착용하고 환기에 유의해야 함
④ 제거 후에는 네일 강화제를 도포하고, 보습을 위해 피부에 큐티클 오일과 로션을 발라주는 것이 적절함

(3) 네일 화장물 제거제의 종류 빈출

일반 네일 폴리시리무버 (네일 에나멜 리무버)	• 일반 네일 폴리시를 제거할 때 사용 • 성분: 아세톤(함유량이 적음), 에틸아세테이트, 오일, 글리세롤 • 아세톤이 함유되어 있어 손톱 주변 피부가 건조해질 수 있으므로 네일 폴리시리무버를 적신 탈지면을 전부 올려 두면 안 되며, 한 손톱씩 제거해야 함
젤 네일 폴리시리무버	• 젤 네일 폴리시를 제거할 때 사용 • 성분: 아세톤(함유량이 많음), 에틸아세테이트, 오일, 글리세롤 • 아세톤 함유량이 많아 사용 시에는 주변 피부를 보호하기 위해 큐티클 오일을 도포해야 함
아세톤	• 인조네일을 제거할 때 사용 • 독특한 냄새가 있고 투명하며 휘발성이 강함 • 유기 용매에 용해되며 인화성이 있는 물질 • 아세톤은 네일과 주변 피부를 건조하게 할 수 있으므로 과도한 사용은 피함 • 아세톤 사용 시에는 주변 피부를 보호하기 위해 큐티클 오일을 도포해야 함 • 성분: 퓨어 아세톤
논 아세톤, 아세톤 프리	• 아세톤 성분을 포함하고 있지 않은 제품 • 백화 현상이 없는 특징이 있음 • 성분: 메틸아세테이트, 아이소프로필 미리스테이트, 토코페롤아세테이트

용어
- 백화 현상: 아세톤의 성분으로 네일과 주변 피부가 하얗게 변하거나 표면이 하얀 가루를 뿌린 것처럼 되는 현상

2 네일 화장물 제거

(1) 일반 네일 폴리시 제거

① 손 소독 및 전체 제거: 작업자와 고객의 손을 소독한 뒤 일반 네일 폴리시리무버를 탈지면에 적셔 제거하기
② 잔여물 제거: 일반 네일 폴리시리무버를 탈지면에 적시고 오렌지 우드스틱에 탈지면을 말아 잔여물을 깨끗이 제거하기

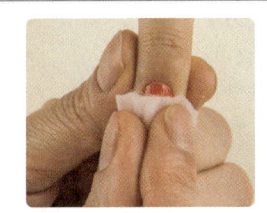 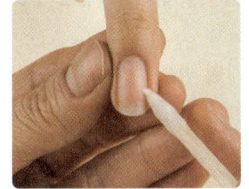

전체 제거 　　　　 잔여물 제거

(2) 젤 네일 폴리시 제거

① 손 소독: 소독제를 사용하여 작업자와 고객의 손 소독하기
② 길이 재단: 필요시 네일 클리퍼를 사용하여 연장된 젤 네일 폴리시의 길이 재단하기
③ 두께 제거: 150~180그릿의 네일 파일을 사용하여 두께 제거하기
④ 분진 제거: 네일 더스트 브러시를 사용하여 네일 주변의 분진 제거하기
⑤ 큐티클 오일 도포: 네일 주변 피부를 보호하기 위해 큐티클 오일 도포하기
⑥ 제거제 도포: 젤 네일 폴리시리무버나 아세톤을 탈지면에 적셔 네일 위에 올리기
⑦ 포일 마감: 포일을 사용하여 감싸준 후 약 10분 후 포일 제거하기
⑧ 젤 네일 폴리시 제거: 오렌지 우드스틱, 큐티클 푸셔 등으로 용해된 부분 제거하기
⑨ 잔여물 제거: 손톱의 손상 예방을 위해 180그릿 이상의 부드러운 네일 파일로 잔여물 제거하기

젤 네일 폴리시 제거 　　 잔여물 제거

⑩ 표면 정리: 샌딩 파일을 사용하여 자연네일의 표면 부드럽게 다듬기
⑪ 자연네일 형태 조형: 자연네일용 파일을 사용하여 자연네일의 형태 조형하기

(3) 인조네일 제거 _{빈출}

주요 재료	소독제, 네일 파일, 네일 더스트 브러시, 오렌지 우드스틱, 큐티클 푸셔, 네일 클리퍼, 큐티클 오일, 아세톤, 탈지면, 알루미늄 포일
주요 순서	손 소독 → 길이 재단 → 두께 제거 → 분진 제거 → 큐티클 오일 도포 → 제거제 도포 → 포일 마감 → 인조네일 제거 → 잔여물 제거 → 표면 정리 → 자연네일 형태 조형

① 손 소독: 소독제를 사용하여 작업자와 고객의 손 소독하기
② 길이 재단: 네일 클리퍼를 사용하여 연장된 인조네일의 길이 재단하기
③ 두께 제거: 인조네일용 파일을 사용하여 두께 제거하기
　* 팁 네일: 150~180그릿, 아크릴 네일 100~150그릿

 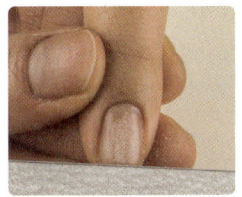

길이 재단 　　　　 두께 제거

④ 분진 제거: 네일 더스트 브러시를 사용하여 네일 주변의 분진 제거하기
⑤ 큐티클 오일 도포: 네일 주변 피부를 보호하기 위해 큐티클 오일 도포하기
⑥ 제거제 도포: 아세톤을 탈지면에 적셔 네일 위에 올리기
⑦ 포일 마감: 포일을 사용하여 감싸준 후 약 10분 후 포일 제거하기
⑧ 인조네일 제거: 오렌지 우드스틱, 큐티클 푸셔 등으로 용해된 부분 제거하기

포일 마감 　　　　 인조네일 제거

⑨ 잔여물 제거: 손톱의 손상 예방을 위해 180그릿 이상의 부드러운 네일 파일로 잔여물 제거하기
⑩ 표면 정리: 샌딩 파일을 사용하여 자연네일의 표면 부드럽게 다듬기
⑪ 자연네일 형태 조형: 자연네일용 파일을 사용하여 자연네일의 형태 조형하기

CHAPTER 02 네일 화장물 제거 | 출제 예상문제 ⓒ

1 네일 화장물 유형과 제거제

01
젤 네일 폴리시에 대한 설명으로 틀린 것은?
① 젤 램프기기에 경화하여 굳히는 제품을 말한다.
② 경화되면 딱딱해지기 때문에 일반 네일 폴리시리무버로는 제거가 되지 않는다.
③ 젤 네일 폴리시리무버나 아세톤으로 제거해야 한다.
④ 소프트 젤은 제거제로 용해되지 않을 수 있기 때문에 네일 파일로 갈아 제거해야 한다.

> 소프트 젤은 제거제로 용해되며, 하드 젤이 용해되지 않을 수 있기 때문에 네일 파일로 갈아 제거해야 함

02
인조네일을 제거하는 용제로 옳은 것은?
① 퓨어 아세톤(Pure-acetone)
② 알코올(Alcohol)
③ 네일 폴리시리무버(Nail Polish Remover)
④ 큐티클 리무버(Cuticle Remover)

> • 알코올: 네일 도구를 소독하는 제품
> • 네일 폴리시리무버: 네일 폴리시를 제거하는 제품
> • 큐티클 리무버: 큐티클을 부드럽게 연화시켜 주는 제품

03
네일숍에서 사용되는 아세톤의 가장 중요한 역할은?
① 용해력
② 접착력
③ 소독력
④ 해독력

> 아세톤은 인조네일을 녹이는 용해력의 역할을 함

04
논 아세톤에 대한 설명으로 틀린 것은?
① 아세톤 50%, 메틸아세테이트, 토코페롤아세테이트 등이 함유되어 있다.
② 백화 현상이 없다.
③ 아세톤 성분이 없어 손톱이 건조해지지 않는다.
④ 네일 폴리시를 제거할 때 사용하는 용액으로 아세톤 성분 없이 다른 성분이 함유되어 있다.

> 논 아세톤(Non-acetone)은 아세톤이 함유되어 있지 않음

05
인조네일 제거의 재료가 아닌 것은?
① 아세톤
② 큐티클 오일
③ 네일 파일
④ 큐티클 리무버

> 큐티클 정리 시 큐티클을 부드럽게 연화시켜 주는 큐티클 리무버는 인조네일 제거의 재료가 아님

06
아세톤의 성분이 없고 다른 성분으로 인조네일 위에 가벼운 네일 폴리시를 제거할 때 사용하는 제품은?
① 아세톤
② 큐티클 리무버
③ 논 아세톤 네일 폴리시리무버
④ 큐티클 오일

> • 아세톤: 인조네일을 제거하는 제품
> • 큐티클 리무버: 큐티클을 부드럽게 연화시켜 주는 제품
> • 큐티클 오일: 큐티클을 부드럽게 하거나 보호하는 제품

07
아세톤에 대한 설명으로 틀린 것은?
① 과다한 아세톤 사용은 네일을 손상시킬 수 있다.
② 아세톤은 네일과 피부를 건조하게 할 수 있다.
③ 인조네일 위의 네일 폴리시를 제거할 때에는 아세톤을 사용한다.
④ 아세톤은 인화성 물질이므로 취급에 주의를 기울인다.

> 아세톤은 인조네일을 녹일 수 있기 때문에 논 아세톤 네일 폴리시리무버를 사용해야 함

08
네일 화장물 제거제 사용 시 주의사항으로 틀린 것은?
① 제거제는 인화성 물질로 화기 옆에 두지 않아야 한다.
② 과다 사용은 네일과 주변 피부를 건조하게 할 수 있다.
③ 호흡기를 보호하기 위해 마스크를 착용하고 환기에 유의해야 한다.
④ 제거 후에는 광택용 파일로 반드시 광택을 내야 한다.

> 제거 후 다른 관리를 하지 않을 경우에는 네일 강화제를 도포하고 보습을 위해 피부에 큐티클 오일과 로션을 발라주는 것이 적절함

| 정답 | 01 ④ 02 ① 03 ① 04 ① 05 ④ 06 ③ 07 ③ 08 ④

2 네일 화장물 제거

09
젤 네일 폴리시 제거에 대한 설명으로 틀린 것은?
① 제거제 도포 전에 필요시 길이를 재단할 수 있다.
② 젤 네일 폴리시는 경화되면 딱딱해지기 때문에 일반 네일 폴리시리무버로 제거되지 않는다.
③ 젤 네일 폴리시는 얇기 때문에 제거제 도포 전 두께를 제거하면 안 된다.
④ 제품에 따라 제거제로 용해되지 않을 수 있기 때문에 네일 파일로 갈아 제거하기도 한다.

> 젤 네일 폴리시도 용해 시간을 줄이기 위해 두께를 제거하는 것이 적절함

10
아크릴 네일의 제거 방법으로 옳은 것은?
① 큐티클 리무버를 탈지면에 적셔 포일로 감싸 불린 후 오렌지 우드스틱으로 떼어 낸다.
② 아세톤을 탈지면에 적셔 포일로 감싸 불린 후 부드러운 네일 파일로 제거한다.
③ 아세톤을 탈지면에 적셔 포일로 감싸 불린 후 오렌지 우드스틱으로 떼어 내어 거친 네일 파일로 잔여물을 제거한다.
④ 네일 폴리시리무버를 탈지면에 적셔 포일로 감싸 불린 후 오렌지 우드스틱으로 떼어 낸다.

> 아세톤을 탈지면에 적셔 포일로 감싸 불린 후 오렌지 우드스틱, 큐티클 푸셔, 네일 파일 등을 사용할 수 있으며, 네일 파일의 경우 자연네일이 손상될 수 있으므로 거칠지 않아야 함

11
아크릴 네일의 제거 전 주변 피부를 보호하기 위한 도포 방법으로 옳은 것은?
① 큐티클 리무버를 도포한다.
② 네일 폴리시리무버를 도포한다.
③ 큐티클 오일을 도포한다.
④ 에탄올을 도포한다.

> 아세톤에 의한 건조를 막고 네일 주변 피부를 보호하기 위해 큐티클 오일을 도포해야 함

12 신규 문제 공략
젤 제거에 대한 설명으로 틀린 것은?
① 퓨어 아세톤으로 제거한다.
② 네일 파일로 톱 젤과 컬러 젤을 제거한다.
③ 오렌지 우드스틱 등으로 용해된 부분을 제거한다.
④ 발열감이 나도록 비빈다.

> 발열감이 나도록 비비지 않고 손톱의 손상 예방을 위해 부드러운 네일 파일로 잔여물을 조심히 제거해야 함

13 신규 문제 공략
네일 화장물 제거에 대한 설명으로 틀린 것은?
① 네일 파일로 제거한다.
② 알코올로 제거한다.
③ 아세톤으로 제거한다.
④ 드릴기기로 제거한다.

> 알코올은 네일 화장물을 제거할 수 없음

14
인조네일의 제거에 대한 설명으로 옳은 것은?
① 인조네일은 두께가 두껍기 때문에 제거 전 길이를 재단하지 않고 아세톤에 의해 용해시킨다.
② 아세톤을 도포하기 전 피부 보호를 위해 큐티클 리무버를 도포한다.
③ 하드 젤은 아세톤에 의해 제거되지 않을 수 있기 때문에 포일을 감싼 후 1시간 정도 후 제거한다.
④ 인조네일이 용해된 이후에는 오렌지 우드스틱, 큐티클 푸셔, 네일 파일 등 다양한 도구를 사용할 수 있다.

> • 인조네일은 제거 전 길이를 재단해야 함
> • 아세톤을 도포하기 전 피부 보호를 위해 큐티클 오일을 도포해야 함
> • 하드 젤은 아세톤에 의해 제거되지 않을 수 있기 때문에 1시간이 경과해도 용해되지 않으므로 네일 파일로 갈아 내야 하며, 소프트 젤이라도 아세톤을 감싼 후 20분을 넘기지 않는 것이 적절함

15
아크릴 원톤 스컬프처 제거에 대한 설명으로 틀린 것은?
① 큐티클 니퍼로 네일에 무리를 주면서 뜯는 행위는 피한다.
② 사전에 두께를 줄여 아크릴 제거가 수월하도록 한다.
③ 아세톤을 사용하여 아크릴을 용해시킨다.
④ 네일 파일링만으로 제거하는 것이 원칙이다.

> 아크릴은 아세톤에 녹기 때문에 네일 파일링만으로 제거하는 것이 원칙인 것은 아님

16
인조네일의 제거에 대한 설명으로 틀린 것은?
① 인조네일을 제거하고 네일의 손상 예방을 위해 네일 강화제를 도포할 수 있다.
② 인조네일이 두꺼운 경우 아세톤과 알코올을 혼합하여 제거하면 용해력이 증가한다.
③ 인조네일의 길이가 길 경우 네일 클리퍼를 사용하여 재단할 수 있다.
④ 아세톤을 도포하기 전 피부 보호를 위해 큐티클 오일을 도포한다.

> 아세톤과 알코올을 혼합하는 것은 용해력과 관련 없으며, 혼합하여 사용할 수 없음

CHAPTER 03
네일 컬러링

> **합격 TIP** 일반 네일 폴리시와 젤 네일 폴리시를 정확히 구분할 수 있어야 해요.
> 컬러링은 도포 방법보다 컬러링의 종류가 자주 출제되므로 종류는 반드시 암기하세요!

1 네일 폴리시 [빈출]

(1) 일반 네일 폴리시

① 특성
- 네일 에나멜, 네일 락커 등으로 불림
- 컬러를 부여하기 위해 사용, 일반적으로 2회 도포
- 네일 폴리시 건조기에 건조해야 하며, 건조가 느림
- 제거가 용이하나, 빨리 벗겨짐
- 인화성과 휘발성이 있어 취급 시 주의해야 함
- 네일 폴리시가 분리되면 기포가 발생할 수 있으므로 위아래로 흔들지 말고 좌우로 돌려 섞이게 하여 사용함

② 조건
- 네일에 바르기 적당한 점도여야 하며 신속히 건조될 것
- 일상생활에서 네일 폴리시가 쉽게 벗겨지지 않을 것
- 네일 폴리시리무버로 제거가 쉽고, 독성이 없을 것
- 안료가 균일하게 분산되고 일정한 컬러를 유지할 것
- 균일한 막을 형성하고 광택을 유지할 것

③ 성분
- 필름제: 피막을 형성하여 코팅을 주고 광택을 냄
  - 예 니트로셀룰로오스(대표적 피막 형성제) 등
- 용제: 흐름을 좋게 해서 사용하기 쉽게 만들어 줌
  - 예 초산부틸(부틸아세테이트), 초산에틸(에틸아세테이트), 톨루엔
- 가소제: 유연성을 높여 갈라지지 않게 하기 위해 사용함
  - 예 캠퍼, 토실아마이드 등
- 자외선 차단제: 햇빛을 차단하여 변색되는 것을 방지함
  - 예 옥시벤존 등
- 기포 방지제: 거품처럼 둥그렇게 부푸는 것을 방지함
  - 예 아이소프로필알코올 등
- 착색제: 색상을 주기 위해 사용함
  - 예 안료

(2) 베이스코트
① 컬러의 밀착력을 높이고 착색 방지를 위해 사용하는 제품
② 처음에 얇게 1회 도포하며 니트로셀룰로오스가 주성분임

(3) 톱코트
① 컬러를 보호하고 광택을 부여하기 위해 사용하는 제품
② 마지막에 1회 도포하며 니트로셀룰로오스가 주성분임

2 네일 컬러링

(1) 종류 [빈출]

종류		설명
풀 코트		네일 전체에 컬러링하는 기법
프렌치		프리에지 부분에만 컬러링하는 기법
딥 프렌치		네일의 전체 길이 1/2 이상에서 루눌라를 넘지 않게 컬러링하는 기법
그러데이션		네일의 전체 길이 1/2 이상에서 루눌라를 넘지 않게, 프리에지로 갈수록 자연스럽게 컬러가 진해지는 기법
슬림라인, 프리 월		네일의 양쪽 옆면을 남기고 컬러링하는 기법으로, 네일이 길고 가늘어 보이게 함
하프문, 루눌라		루눌라(조반월) 부분을 남기고 컬러링하는 기법
프리에지		프리에지 부분에만 컬러링하지 않는 기법
헤어라인 팁		네일 전체에 컬러링한 후 프리에지 단면 부분을 얇게 지우는 기법

(2) 풀코트 컬러링 도포 방법

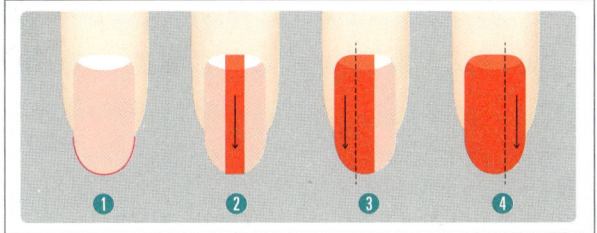

① 네일 폴리시 브러시의 끝부분을 사용하여 프리에지에 컬러 도포하기
② 큐티클 라인에 맞추어서 손톱의 중앙 부분에 컬러 도포하기
③ 큐티클 왼쪽 사이드 라인에 맞추어 손톱의 왼쪽 부분에 컬러 도포하기
④ 큐티클 오른쪽 사이드 라인에 맞추어 손톱의 오른쪽 부분에 컬러 도포하기

* 풀코트 컬러링 시 브러시 각도는 45°임

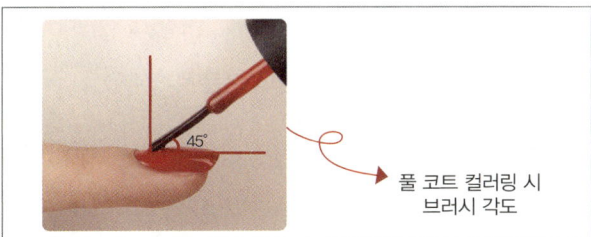

풀 코트 컬러링 시 브러시 각도

(3) 프렌치 컬러링 도포 방법

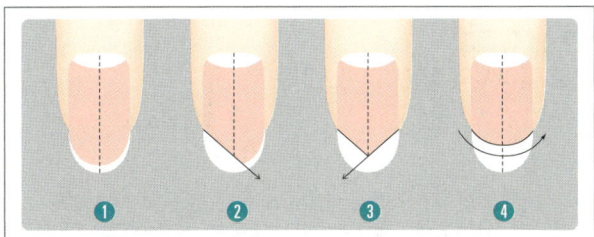

① 네일 폴리시 브러시의 끝부분을 사용하여 프리에지에 컬러 도포하기
② 왼쪽 사이드 포인트에서 프리에지 중앙 부분을 향해 프렌치 라인 그리기
③ 오른쪽 사이드 포인트에서 프리에지 중앙 부분을 향해 프렌치 라인 그리기
④ 왼쪽 사이드 포인트에서 오른쪽 사이드를 향해 프렌치 라인 연결하기

* 프렌치 라인은 일반적으로 옐로 라인을 따라 그림

(4) 딥 프렌치 컬러링 도포 방법

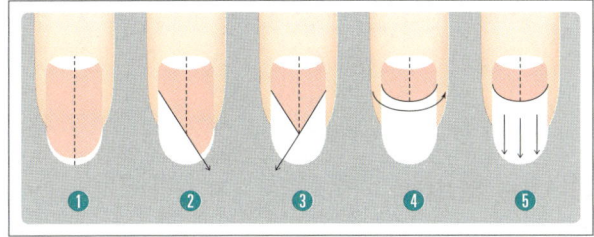

① 네일 폴리시 브러시의 끝부분을 사용하여 프리에지에 컬러 도포하기
② 왼쪽 사이드의 1/2 이상 부분에서 프리에지 중앙 부분을 향해 딥 프렌치 라인 그리기
③ 오른쪽 사이드의 1/2 이상 부분에서 프리에지 중앙 부분을 향해 딥 프렌치 라인 그리기
④ 왼쪽 사이드의 1/2 이상 부분에서 오른쪽 1/2 이상 부분을 향해 딥 프렌치 라인 연결하기
⑤ 딥 프렌치 라인을 맞추어 가며 세로 방향으로 컬러 도포하기

(5) 그러데이션 컬러링 도포 방법 [빈출]

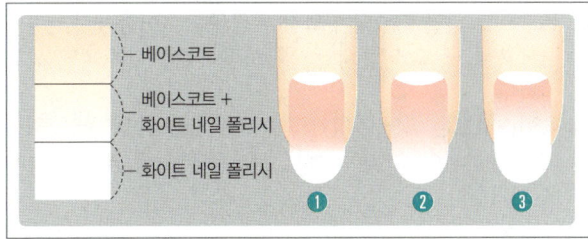

* 스펀지를 3등분하여 아랫부분에 화이트 네일 폴리시를 적시고 윗부분에 베이스코트를 적신 후 중간 부분을 자연스럽게 그러데이션함
* 그러데이션은 하나의 컬러나 여러 컬러를 혼합하는 것도 가능함

① 스펀지를 사용하여 프리에지에 화이트 네일 폴리시 도포하기
② 스펀지 아랫부분의 짙은 화이트 폴리시 부분이 프리에지에 닿고, 윗부분의 베이스코트 부분이 반월에 닿게 한 후 스펀지를 손톱에 가볍게 두드려 주기
③ 반복적으로 가볍게 두드려 컬러의 경계를 없애 자연스러운 그러데이션이 되도록 하기

(6) 컬러 도포 시 주의사항

① 컬러가 뭉쳐지면 안 됨
② 컬러가 얼룩지면 안 됨
③ 브러시 자국이 남으면 안 됨

출제 예상문제 B

1 네일 폴리시

01
네일 폴리시에 대한 설명으로 틀린 것은?
① 네일 폴리시가 분리되면 위아래로 잘 흔들어 사용한다.
② 2번 도포하는 것을 원칙으로 하나, 제대로 색상이 나오지 않았을 경우 3번 도포할 수도 있다.
③ 유분기가 남아 있으면 네일 폴리시가 잘 밀착되지 않는다.
④ 휘발성이 있어 뚜껑을 오래 열어두면 빠르게 굳는다.

> 네일 폴리시를 위아래로 흔들면 기포가 발생할 수 있으므로 좌우로 조심히 돌려 섞이게 하여 사용함

02
네일 화장품에 대한 설명으로 틀린 것은?
① 톱코트는 네일에 광택과 화려한 색채를 부여한다.
② 니트로셀룰로오스는 네일 폴리시의 주성분이며 피막을 형성한다.
③ 베이스코트는 네일 폴리시의 착색 방지를 위해 사용한다.
④ 네일 폴리시리무버의 아세톤 성분은 네일 폴리시의 피막을 제거한다.

> 톱코트는 컬러를 보호하고 광택을 부여하기 위해 사용함

03
네일 폴리시에 대한 설명으로 틀린 것은?
① 네일에 컬러를 부여하기 위해 사용하는 화장품이다.
② 피막 형성제로 바세린이 함유되어 있다.
③ 대부분 니트로셀룰로오스를 주성분으로 한다.
④ 네일 컬러, 네일 에나멜이라고도 한다.

> 피막 형성제로 니트로셀룰로오스가 함유되어 있음

04 신규 문제 공략
네일 에나멜을 바르기 전 접착력을 높이기 위해 사용되는 네일 재료는?
① 네일 락커   ② 에나멜 리무버
③ 톱코트   ④ 베이스코트

> • 네일 락커(네일 폴리시): 컬러를 부여하기 위해 사용하는 제품
> • 에나멜 리무버: 일반 네일 폴리시를 제거할 때 사용하는 제품
> • 톱코트: 컬러를 보호하고 광택을 내기 위해 사용하는 제품

05
네일 폴리시의 구비조건에 해당하지 않는 것은?
① 네일에 바르기 적당한 점도가 있어야 한다.
② 열이나 물리적 힘에 의해 쉽게 제거되어야 한다.
③ 신속히 건조되고 균일한 막을 형성해야 한다.
④ 네일 폴리시리무버로 쉽게 제거되어야 한다.

> 열이나 물리적 힘에 의하거나 일상생활에서 네일 폴리시가 잘 제거되지 않아야 함

06 신규 문제 공략
네일 폴리시의 색상을 결정하는 성분은?
① 가소제   ② 용제
③ 광중합 개시제 ④ 안료

> 안료는 착색제로 네일 폴리시의 색상을 주기 위해 사용함

07 신규 문제 공략
네일 폴리시의 성분이 아닌 것은?
① 초산부틸   ② 니트로셀룰로오스
③ 초산에틸   ④ MMA

> • 네일 폴리시의 성분: 니트로셀룰로오스, 초산부틸(부틸아세테이트), 초산에틸(에틸아세테이트), 톨루엔, 캠퍼, 토실아마이드, 옥시벤존, 아이소프로필알코올, 안료 등
> • MMA는 메틸메타크릴레이트로 1974~1975년 미국 식약청(FDA)에서 아크릴 제품에서 사용을 금지한 성분임

08 신규 문제 공략
네일 재료에 대한 성분으로 틀린 것은?
① 네일 폴리시리무버 – 아세톤
② 베이스코트 – 니트로셀룰로오스
③ 큐티클 오일 – 글리세린
④ 네일 에센스 – 포름알데하이드

> 포름알데하이드(포름알데히드)는 메탄올의 산화로 얻는 무색의 기체로 네일 화장품 성분으로 사용하지 않음

| 정답 | 01 ① 02 ① 03 ② 04 ④ 05 ② 06 ④ 07 ④ 08 ④

2 네일 컬러링

09
컬러링에 대한 설명으로 **틀린** 것은?

① 베이스코트는 네일 폴리시의 착색을 방지한다.
② 네일 폴리시 브러시는 90°로 잡는 것이 가장 적합하다.
③ 네일 폴리시는 얇게 바르는 것이 빨리 건조되고 색상도 오래 유지된다.
④ 톱코트는 네일 폴리시의 광택을 더해 주고 지속력을 높인다.

> 네일 폴리시 브러시는 45°로 잡는 것이 가장 적합함

10
프리에지 부분에 네일 폴리시로 도포하는 컬러링 기법은?

① 프렌치 컬러링　　② 루눌라 컬러링
③ 프리에지 컬러링　④ 풀 코트 컬러링

> • 루눌라 컬러링: 루눌라 부분을 남기고 컬러링함
> • 프리에지 컬러링: 프리에지 부분에만 컬러링하지 않음
> • 풀 코트 컬러링: 네일 전체에 컬러링함

11
프렌치 컬러링에 대한 설명으로 **틀린** 것은?

① 네일의 전체 길이 1/2 이상에서 루눌라를 넘지 않게 네일 폴리시를 도포한다.
② 네일 폴리시의 밀착력을 높이고 착색 방지를 위해 베이스코트를 도포한다.
③ 프렌치 라인을 그린 후 톱코트를 도포한다.
④ 네일이 손상되었을 때에는 네일 강화제를 도포한다.

> 네일의 전체 길이 1/2 이상에서 루눌라를 넘지 않게 네일 폴리시를 도포하는 기법은 딥 프렌치 컬러링임

12 〔신규 문제 공략〕
풀 코트 컬러링의 도포 순서로 옳은 것은?

① 일반 네일 폴리시 → 일반 네일 폴리시 → 베이스코트 → 톱코트
② 일반 네일 폴리시 → 베이스코트 → 일반 네일 폴리시 → 톱코트
③ 베이스코트 → 일반 네일 폴리시 → 일반 네일 폴리시 → 톱코트
④ 톱코트 → 일반 네일 폴리시 → 베이스코트 → 일반 네일 폴리시

> 일반 네일 폴리시 컬러링 도포 순서: 베이스코트 1회 → 일반 네일 폴리시 2회 → 톱코트 1회

13
네일이 가늘고 길게 보이도록 네일 폴리시를 도포하는 컬러링 기법은?

① 하프문 컬러링
② 슬림라인(프리 월) 컬러링
③ 프리에지 컬러링
④ 풀 코트 컬러링

> • 하프문 컬러링: 루눌라 부분을 남기고 컬러링함
> • 프리에지 컬러링: 프리에지 부분에 컬러링하지 않음
> • 풀코트 컬러링: 네일 전체에 컬러링함

14
루눌라(조반월) 부분만 남겨 놓고 도포하는 컬러링 기법은?

① 프리에지 컬러링　　② 헤어라인 팁 컬러링
③ 프리 월 컬러링　　　④ 하프문 컬러링

> • 프리에지 컬러링: 프리에지 부분에만 컬러링하지 않음
> • 헤어라인 팁 컬러링: 전체 컬러링 후 프리에지 단면을 얇게 지움
> • 슬림라인, 프리 월 컬러링: 네일의 양쪽 옆면을 남기고 컬러링함

15
벗겨지기 쉬운 프리에지 부분에 네일 폴리시를 도포하지 않는 컬러링 기법은?

① 딥 프렌치 컬러링　　② 그러데이션 컬러링
③ 프리에지 컬러링　　　④ 프렌치 컬러링

> • 딥 프렌치 컬러링: 네일의 1/2 이상에서 루눌라를 넘지 않게 컬러링함
> • 그러데이션 컬러링: 프리에지로 갈수록 컬러가 진해지게 컬러링함
> • 프렌치 컬러링: 프리에지 부분에만 컬러링함

16
풀 코트 후 프리에지 단면 부분만 얇게 지우는 컬러링 기법은?

① 슬림라인 컬러링　　② 헤어라인 딥 컬러링
③ 하프문 컬러링　　　④ 루눌라 컬러링

> • 슬림라인, 프리 월 컬러링: 네일의 양쪽 옆면을 남기고 컬러링함
> • 하프문, 루눌라 컬러링: 루눌라(조반월) 부분을 남기고 컬러링함

17 〔신규 문제 공략〕
풀 코트 컬러링의 작업 방법에 대하여 **틀린** 것은?

① 큐티클 라인에 맞추어서 깨끗이 컬러를 도포한다.
② 프리에지도 꼼꼼히 도포한다.
③ 주변에서 2mm 정도 남기고 도포한다.
④ 얼룩지지 않게 도포한다.

> 풀 코트 컬러링은 네일 전체를 꽉 채워서 도포하여 컬러링하는 기법임

CHAPTER 04

손톱 및 발톱관리 B

합격 TIP 매니큐어와 페디큐어는 연결해서 같이 학습하고, 특히 매니큐어를 집중적으로 학습하세요.
페디큐어는 차이점만 확실히 암기하고 전체적인 순서와 작업 방법은 꼭 학습하세요!

1 매니큐어

(1) 매니큐어 주요 재료 및 주요 순서 [빈출]

주요 재료	에탄올 소독 용기(큐티클 푸셔, 큐티클 니퍼, 네일 클리퍼, 오렌지 우드스틱, 네일 더스트 브러시), 네일 폴리시, 톱코트, 베이스코트, 소독제, 탈지면, 자연네일용 파일, 샌딩 파일, 네일 폴리시리무버, 큐티클 연화제(큐티클 오일·리무버 등), 핑거볼
주요 순서	손 소독 → 네일 폴리시 제거 → 손톱 형태 조형 → 표면 정리 → 분진 제거 → 큐티클 불리기(핑거볼) → 큐티클 밀기 → 큐티클 정리 → 손 중간 소독 → 유분기 제거 → 베이스코트 도포 → 네일 폴리시 도포 → 톱코트 도포 → 수정

(2) 매니큐어 작업 방법 [빈출]

① 손 소독: 소독제를 탈지면에 분사하여 작업자와 고객의 손등, 손바닥, 손가락 사이, 손톱 소독하기

② 네일 폴리시 제거: 네일 폴리시리무버를 탈지면에 적셔 네일 폴리시 제거하기

③ 손톱 형태 조형: 자연네일용 파일을 사용하여 라운드 형태로 조형하기

> **손톱 형태 조형 방법**
> - 프리에지의 중앙을 중심으로 한 방향으로 네일 파일링해야 하며, 비비면 안 됨
> - 형태를 조형하기 전에 네일 클리퍼를 사용하여 길이를 조절할 수 있음

④ 표면 정리: 샌딩 파일을 사용하여 네일 표면 다듬기

⑤ 분진 제거: 네일 더스트 브러시를 사용하여 네일 주변의 분진 제거하기

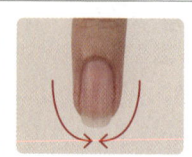
손톱 형태 조형　　표면 정리　　분진 제거
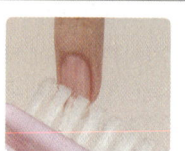

⑥ 큐티클 불리기: 핑거볼에 고객의 손 담그기(큐티클 연화제 사용 가능)

⑦ 큐티클 밀기: 큐티클 푸셔를 45°로 압력을 가하지 않고 부드럽게 큐티클을 밀어 주기

⑧ 큐티클 정리: 큐티클 니퍼를 사용하여 조심스럽게 큐티클 정리하기

> **큐티클 정리 방법**
> - 출혈이 발생할 수 있으므로 큐티클을 깊게 제거하면 안 됨
> - 큐티클 니퍼 날의 모든 부분이 닿지 않게 사용함
> - 큐티클 주위 피부가 손상되지 않고 거스러미가 일어나지 않게 피부의 결대로 뒤로 빼듯이 정리해야 함

 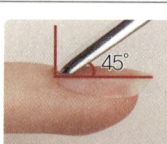 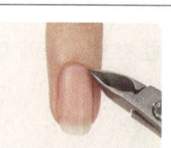
큐티클 불리기　　큐티클 밀기　　큐티클 정리

⑨ 손 중간 소독: 소독제를 사용하여 고객의 손 큐티클 주변 소독하기

⑩ 유분기 제거: 베이스코트의 밀착력을 높이기 위해 네일의 유분기 제거하기

⑪ 베이스코트 도포: 네일 폴리시의 밀착력을 높이고 착색 방지를 위해 베이스코트를 손톱 전체에 1회 도포하기

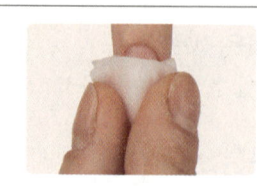 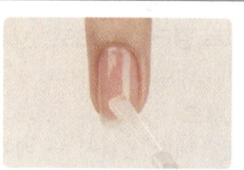
유분기 제거　　베이스코트 도포

⑫ 네일 폴리시 도포: 45°로 네일 폴리시를 손톱에 2회 도포하기

⑬ 톱코트 도포: 광택과 컬러 보호를 위해 톱코트를 손톱에 1회 도포하기

⑭ 수정: 오렌지 우드스틱을 사용하여 네일 폴리시 수정하기

2 페디큐어

(1) 페디큐어 주요 재료 및 주요 순서 [빈출]

주요 재료	에탄올 소독 용기(큐티클 푸셔, 큐티클 니퍼, 네일 클리퍼, 오렌지 우드스틱, 네일 더스트 브러시), 네일 폴리시, 톱코트, 베이스코트, 소독제, 탈지면, 자연네일용 파일, 샌딩 파일, 네일 폴리시리무버, 큐티클 연화제(큐티클 오일·리무버 등), 족욕기, 토 세퍼레이터
주요 순서	손·발 소독 → 네일 폴리시 제거 → 발톱 형태 조형 → 표면 정리 → 분진 제거 → 큐티클 불리기(족욕기) → 큐티클 밀기 → 큐티클 정리 → 발 중간 소독 → 유분기 제거 → 토 세퍼레이터 장착 → 베이스코트 도포 → 네일 폴리시 도포 → 톱코트 도포 → 수정

(2) 페디큐어 작업 방법 [빈출]

① **손·발 소독**: 소독제를 탈지면에 분사하여 작업자의 손등, 손바닥, 손가락 사이, 손톱과 고객의 발등, 발바닥, 발가락 사이, 발톱 소독하기

② **네일 폴리시 제거**: 네일 폴리시리무버를 탈지면에 적셔 네일 폴리시 제거하기

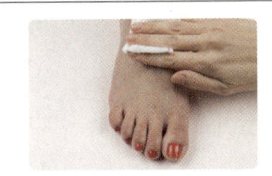
발 소독
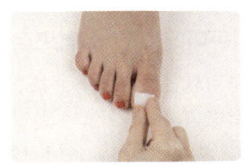
네일 폴리시 제거

③ **발톱 형태 조형**: 자연네일용 파일을 사용하여 스퀘어 형태로 조형하기

> 발톱 형태 조형 방법
> - 한 방향으로 네일 파일링해야 하며, 비비면 안 됨
> - 파고드는 발톱을 방지하기 위해 발톱은 반드시 스퀘어 형태로 조형해야 함

④ **표면 정리**: 샌딩 파일을 사용하여 네일 표면 다듬기

⑤ **분진 제거**: 네일 더스트 브러시를 사용하여 네일 주변의 분진 제거하기

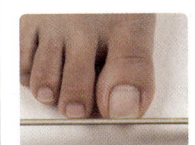
발톱 형태 조형
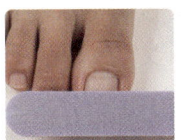
표면 정리
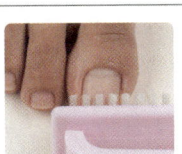
분진 제거

⑥ **큐티클 불리기**: 족욕기에 고객의 발 담그기(분무기, 큐티클 연화제 사용 가능)

⑦ **큐티클 밀기**: 큐티클 푸셔를 45°로 압력을 가하지 않고 부드럽게 큐티클을 밀어 주기

⑧ **큐티클 정리**: 큐티클 니퍼를 사용하여 조심스럽게 큐티클 정리하기

> 큐티클 정리 방법
> - 출혈이 발생할 수 있으므로 큐티클을 깊게 제거하면 안 됨
> - 큐티클 니퍼 날의 모든 부분이 닿지 않게 사용함
> - 큐티클 주위 피부가 손상되지 않고 거스러미가 일어나지 않게 피부의 결대로 뒤로 빼듯이 정리해야 함

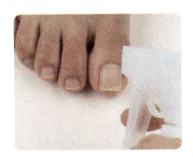
큐티클 불리기
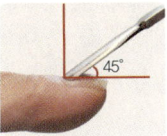
큐티클 밀기

큐티클 정리

⑨ **발 중간 소독**: 소독제를 사용하여 고객의 발 큐티클 주변 소독하기

⑩ **유분기 제거**: 베이스코트의 밀착력을 높이기 위해 네일의 유분기 제거하기

⑪ **토 세퍼레이터 장착**: 작업 공간 확보를 위해 발가락 사이에 토 세퍼레이터 끼우기

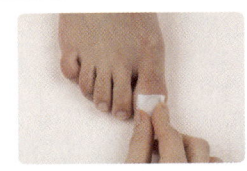
유분기 제거
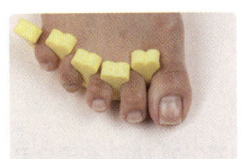
토 세퍼레이터 장착

⑫ **베이스코트 도포**: 네일 폴리시의 밀착력을 높이고 착색 방지를 위해 베이스코트를 발톱에 1회 도포하기

⑬ **네일 폴리시 도포**: 45°로 네일 폴리시를 발톱에 2회 도포하기

⑭ **톱코트 도포**: 광택과 컬러 보호를 위해 톱코트를 발톱에 1회 도포하기

⑮ **수정**: 오렌지 우드스틱을 사용하여 네일 폴리시 수정하기

네일 폴리시 도포
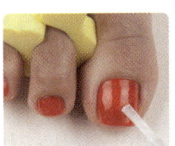
톱코트 도포
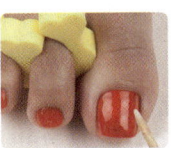
수정

CHAPTER 04 손톱 및 발톱관리 | 출제 예상문제

1 매니큐어

01
매니큐어에서 포함되지 <u>않는</u> 과정은?
① 손톱의 형태 조형   ② 네일 폴리시 도포
③ 네일 프라이머 도포   ④ 유분기 제거

> 네일 프라이머는 인조네일 시 사용하는 재료임

02
매니큐어에 대한 설명으로 <u>틀린</u> 것은?
① 네일 폴리시를 2회 도포한다.
② 착색 방지를 위해 베이스코트를 도포한다.
③ 네일 폴리시를 바르기 전 큐티클을 유연하게 하기 위해 큐티클 오일을 바른다.
④ 톱코트는 힘을 주지 않고 가볍게 도포한다.

> 네일 폴리시를 바르기 전 큐티클 오일을 바르면 안 되고 유분기를 제거해야 함

03
매니큐어에 대한 설명으로 옳은 것은?
① 자연네일의 형태를 조형할 때에는 비벼서 네일 파일링한다.
② 큐티클은 정리 시 큐티클 니퍼 날의 모든 부분이 닿게 사용하여 완전히 제거한다.
③ 네일 폴리시를 바르기 전에 유분기는 깨끗하게 제거한다.
④ 자연네일이 약한 고객은 베이스코트를 2회 도포한다.

> • 자연네일의 형태를 조형할 때에는 비비면 안 됨
> • 큐티클 니퍼 날의 모든 부분이 닿지 않게 사용하며 깊게 제거하면 안 됨
> • 자연네일이 약한 고객은 네일 강화제를 도포해야 함

04
매니큐어 시 큐티클을 밀어 올리는 각도는?
① 15°   ② 30°
③ 45°   ④ 90°

> 큐티클 푸셔를 사용하여 45°로 압력을 가하지 않고 부드럽게 밀어야 함

05
큐티클 니퍼에 대한 설명으로 <u>틀린</u> 것은?
① 큐티클을 정리할 때 사용하는 도구이다.
② 큐티클 니퍼 날의 모든 부분이 닿지 않게 사용한다.
③ 큐티클 주위 피부가 손상되지 않도록 주의하며 정리한다.
④ 네일미용사는 1개의 큐티클 니퍼를 계속 사용한다.

> 큐티클 니퍼는 출혈이 발생할 수 있어 감염의 우려가 높은 도구로 사용 전후에는 반드시 소독을 해야 하며, 소독 시간을 고려하여 최소한 2개 이상을 구비해야 함

06
매니큐어에 대한 설명으로 옳은 것은?
① 큐티클은 세게 밀어 올린다.
② 소량의 유분기가 네일에 남아 있어도 컬러링에는 별 무리가 없다.
③ 큐티클은 죽은 각질 세포이므로 완전히 잘라낸다.
④ 큐티클을 완전히 깊게 제거하지 않아야 한다.

> • 큐티클은 압력을 가하지 않고 부드럽게 밀어야 함
> • 유분기가 네일에 남아 있으면 밀착력이 떨어져 지속력이 저하됨
> • 큐티클은 출혈이 발생할 수 있어 깊게 제거하면 안 됨

07
습식 매니큐어의 순서로 옳은 것은?
① 손 소독 – 네일 폴리시 제거 – 프리에지 형태 조형 – 큐티클 불리기 – 큐티클 정리 – 소독 – 컬러 도포
② 네일 폴리시 제거 – 손 소독 – 프리에지 형태 조형 – 큐티클 불리기 – 큐티클 정리 – 소독 – 컬러 도포
③ 손 소독 – 네일 폴리시 제거 – 프리에지 형태 조형 – 큐티클 불리기 – 큐티클 정리 – 컬러 도포 – 소독
④ 네일 폴리시 제거 – 손 소독 – 프리에지 형태 조형 – 큐티클 불리기 – 큐티클 정리 – 컬러 도포 – 소독

> 가장 먼저 손 소독을 하여 큐티클을 정리하고 반드시 중간 소독이 필요함

| 정답 | 01 ③　02 ③　03 ③　04 ③　05 ④　06 ④　07 ①

2 페디큐어

08
페디큐어에 대한 설명으로 옳은 것은?

① 발톱은 네일 클리퍼를 사용하지 않고 네일 파일로만 길이를 줄인다.
② 발톱 표면이 울퉁불퉁하면 큐티클 푸셔로 밀어 준다.
③ 티눈이 있는 경우 반드시 제거한다.
④ 파고드는 발톱을 방지하기 위해 스퀘어 형태로 조형한다.

- 발톱이 긴 경우에는 네일 클리퍼를 사용함
- 발톱 표면이 울퉁불퉁하면 샌딩 파일로 표면을 정리함
- 티눈이 있는 경우 제거하면 안 됨

09 신규 문제 공략
페디큐어의 작업 방법에 대한 설명으로 옳은 것은?

① 가벼운 각질이라도 크레도를 사용한다.
② 페디 파일은 족문 방향으로 파일링한다.
③ 족욕기의 물은 출·퇴근 시 갈아주고 반드시 소독한다.
④ 발톱은 동그랗게 자른다.

- 가벼운 각질은 콘 커터(크레도)를 사용하지 않음
- 족욕기의 물은 관리 때마다 갈아 주고, 매번 소독해야 함
- 발톱은 스퀘어 형태로 조형해야 함

10
페디큐어 작업 시 토 세퍼레이터를 장착할 시기는?

① 네일 폴리시 도포 전
② 톱코트 도포 전
③ 베이스코트 도포 전
④ 네일 폴리시 도포 후

토 세퍼레이터는 베이스코트 도포 전에 장착함

11
페디큐어에 대한 설명으로 틀린 것은?

① 작업 공간 확보를 위해 발가락 사이에 토 세퍼레이터를 장착한다.
② 네일 컬러 도포 시 브러시의 각도는 90°가 가장 적합하다.
③ 족욕기를 사용하여 발의 큐티클을 불릴 수 있다.
④ 오렌지 우드스틱을 사용하여 네일 폴리시를 수정한다.

네일 폴리시 브러시는 45°로 잡는 것이 가장 적합함

12
습식 페디큐어 작업 과정이다. ( ) 안에 들어갈 내용으로 옳은 것은?

소독 – 네일 폴리시 제거 – 형태 조형 – 표면 정리 – 분진 제거 – ( ) – 큐티클 밀기

① 족욕기에 발 담그기
② 콘 커터 사용하기
③ 네일 폴리시 바르기
④ 토 세퍼레이터 끼우기

큐티클을 밀기 전 족욕기에 발을 담가 충분히 큐티클을 불려 줌

13 신규 문제 공략
에탄올 소독제에 담구면 안 되는 것은?

① 큐티클 니퍼   ② 네일 클리퍼
③ 스펀지 네일 파일   ④ 오렌지 우드스틱

에탄올 소독 용기에는 큐티클 푸셔, 큐티클 니퍼, 네일 클리퍼, 오렌지 우드스틱, 네일 더스트 브러시를 담굴 수 있음

14
페디큐어 작업 시 컬러 도포 전 유분기를 제거하는 이유로 적절하지 않은 것은?

① 컬러를 오래 유지하기 위해
② 베이스코트의 밀착력을 높이기 위해
③ 큐티클 연화제 등의 작업물이 남아 있기 때문에
④ 발톱이 약하게 되는 것을 예방하기 위해

발톱이 약하게 되는 것을 예방하기 위해 네일 강화제를 도포해야 함

15
페디큐어 관리 순서로 옳은 것은?

① 네일 폴리시 제거 – 손·발 소독 – 프리에지 형태 조형 – 큐티클 불리기 – 큐티클 정리 – 토 세퍼레이터 장착 – 컬러 도포 – 소독
② 네일 폴리시 제거 – 손·발 소독 – 프리에지 형태 조형 – 큐티클 불리기 – 큐티클 정리 – 소독 – 컬러 도포 – 토 세퍼레이터 장착
③ 손·발 소독 – 네일 폴리시 제거 – 토 세퍼레이터 장착 – 프리에지 형태 조형 – 큐티클 불리기 – 큐티클 정리 – 컬러 도포 – 소독
④ 손·발 소독 – 네일 폴리시 제거 – 프리에지 형태 조형 – 큐티클 불리기 – 큐티클 정리 – 소독 – 토 세퍼레이터 장착 – 컬러 도포

가장 먼저 손·발 소독을 한 후 컬러 도포 전에 토 세퍼레이터를 장착해야 함

| 정답 | 08 ④ 09 ② 10 ③ 11 ② 12 ① 13 ② 14 ④ 15 ④

인생은 끊임없는 반복.
반복에 지치지 않는 자가 성취한다.

– 윤태호 「미생」 중

PART

03

NAIL TECHNICIAN

인조네일관리

출제비중 **17%**

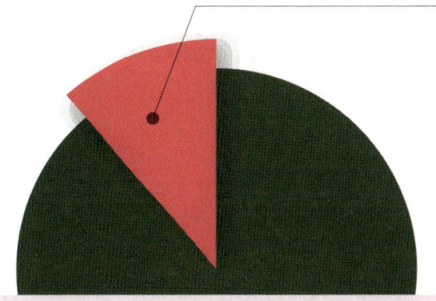

| 출제 (예상)문제 수 | Ⓐ 7~5문제 Ⓑ 4~2문제 Ⓒ 2~1문제 |

- Ⓒ **CHAPTER 01** 인조네일의 분류와 구조
- Ⓑ **CHAPTER 02** 팁 네일
- Ⓒ **CHAPTER 03** 랩 네일
- Ⓑ **CHAPTER 04** 젤 네일
- Ⓑ **CHAPTER 05** 아크릴 네일
- Ⓒ **CHAPTER 06** 자연네일 보강
- Ⓒ **CHAPTER 07** 인조네일 보수

인조네일의 분류와 구조

합격 TIP 명칭을 듣고 어떤 인조네일인지 구분할 수 있어야 해요. 젤 네일과 아크릴 네일은 비교해서 암기하세요.
인조네일의 구조는 일러스트를 참고해서 어디를 지칭하는지 먼저 이해하고 조형 방법 위주로 학습하세요!

1 인조네일의 분류

(1) 팁 네일
① 네일 팁을 사용하여 길이를 연장해 주고 다양한 재료를 사용하여 오버레이하는 종목을 총칭하는 용어임
② 네일 팁을 붙인 후 필러 파우더, 네일 랩, 아크릴, 젤로 오버레이함으로써 인조네일을 튼튼하게 유지시켜 주는 방법으로, 팁 오버레이라고도 함
③ 주요 재료에 따른 명칭

명칭	주요 재료	필수 재료
팁 위드 파우더	필러 파우더	+ 네일 팁
팁 위드 랩	네일 랩(실크)	
팁 위드 아크릴	아크릴	
팁 위드 젤	젤(클리어)	

④ 컬러에 따른 명칭

명칭	주요 재료	필수 재료
화이트/프렌치 팁 위드 파우더	필러 파우더	+ 화이트 팁
화이트/프렌치 팁 위드 랩	네일 랩(실크)	
화이트/프렌치 팁 위드 아크릴	아크릴	
화이트/프렌치 팁 위드 젤	젤(클리어)	

용어
• 오버레이(Overlay): 표면을 메꾸어 덮는 것을 의미함

(2) 랩 네일
① 네일 랩을 사용하여 길이를 연장하거나 약한 네일, 찢어지거나 부러진 네일을 오버레이하여 단단하게 보강하는 모든 종목을 총칭하는 용어임
② 네일 랩 익스텐션(실크 익스텐션): 네일 랩을 사용하여 길이를 연장하는 종목
③ 랩핑 또는 네일 랩 오버레이: 길이를 연장하지 않고 약한 네일, 찢어진 네일의 자연네일을 보강하는 종목

(3) 중합반응 빈출
① 분자의 구조

구분	모노머	올리고머	폴리머
특징	아주 작은 구슬 형태	2개 이상 연결된 그물구조	구슬이 연결된 체인 구조
이미지			

② 젤 네일
젤 네일은 빛에 의해 일어나는 중합 반응인 광(빛) 중합(포토폴리머라이제이션)을 함

올리고머	2개 이상의 분자 화합물이 결합한 저분자·중분자로 점성이 있고 반응이 완료되지 않은 물질(소중합체) 예 소프트 젤(저분자), 하드 젤(중분자)
폴리머	분자의 기본 단위가 반복된 고분자 화합물(고중합체) 예 완성된 젤 네일
광 중합 개시제	광원으로부터 에너지를 흡수하여 광 중합 반응을 개시시키는 물질

③ 아크릴 네일
아크릴 네일은 상온에서 일어나는 화학 중합 반응인 상온 화학 중합(폴리머라이제이션)을 함

모노머	고분자 화합물을 만들 때 단위가 되는 물질(단위체) 예 아크릴 리퀴드
폴리머	단위체가 결합하여 이루어진 고분자 화합물(고중합체) 예 아크릴 파우더, 완성된 아크릴 네일
화학 중합 개시제	카탈리스트의 함유량에 따라 굳는 속도를 조절

용어
• 카탈리스트: 촉매제

(4) 스컬프처 네일 [빈출]

네일 팁을 사용하지 않고 네일 폼을 이용하여 아크릴 또는 젤로 길이를 연장하는 방법

명칭	주요 재료	세부 명칭
아크릴 스컬프처	네일 폼＋아크릴	아크릴 원톤 스컬프처, 아크릴 투톤/프렌치 스컬프처, 아크릴 디자인 스컬프처
젤 스컬프처	네일 폼＋젤	젤 원톤 스컬프처, 젤 투톤/프렌치 스컬프처, 젤 디자인 스컬프처

2 인조네일의 구조(실기시험 기준 스퀘어 형태) [빈출]

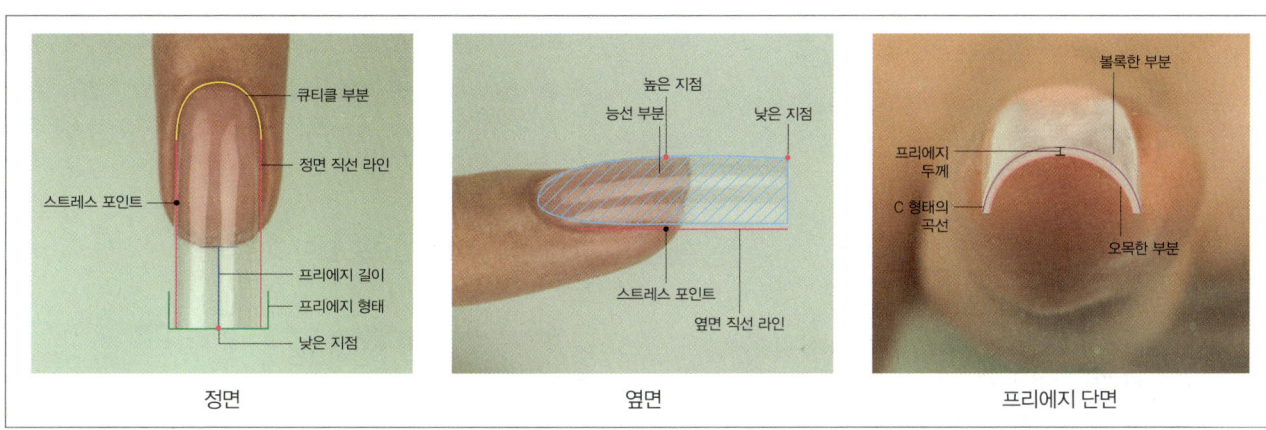

정면 / 옆면 / 프리에지 단면

구분	특징	조형 방법
큐티클 부분 (큐티클 에어리어)	인조네일에서 가장 얇아야 하는 부분	자연네일과 인조네일이 들뜨지 않고 자연스럽게 연결하여 네일 파일링
정면 직선 라인 (프런트 스레이트)	정면에서 본 외관의 직선 라인	프리에지 끝까지 일직선으로 네일 파일링
프리에지 길이 (프리에지 렝스)	옐로 라인의 중심부터 연장된 인조네일의 프리에지 단면까지의 길이	프리에지의 길이가 0.5~1cm 미만이 되도록 네일 파일링
프리에지 형태 (프리에지 셰이프)	연장된 인조네일의 프리에지 형태	프리에지 끝까지 직선으로 이어지고, 모서리에서 90°의 직각이 나오도록 네일 파일링
능선 부분 (아시 로케이션)	인조네일의 표면에 높은 지점을 중심으로 낮은 지점까지 상하좌우 완만하게 곡선을 형성하는 부분	부드럽게 연결하여 네일 파일링
옆면 직선 라인 (사이드 스트레이트)	옆면에서 본 직선 라인	프리에지 단면과 90°의 각도로, 일직선으로 네일 파일링
높은 지점 (하이 포인트)	인조네일에서 가장 높은 부분으로, 자연네일의 양쪽 스트레스 포인트 중앙 부분과 동일한 지점	이 부분이 높아야 부러짐을 방지할 수 있으며, 높은 부분을 중심으로 완만한 곡선을 형성하며 네일 파일링
낮은 지점 (로우 포인트)	인조네일에서 가장 낮은 프리에지의 끝부분	프리에지의 두께를 고려하여 높은 지점에서 연결하여 네일 파일링
프리에지 두께 (프리에지 티크니스)	프리에지 단면의 두께	0.5~1mm 이하로 네일 파일링
C 형태의 곡선 (C 커브)	프리에지 단면의 C-형태 곡선	원형의 20~40% 사이로 네일 파일링
볼록한 부분(콘 벡스)	C 형태의 곡선 윗부분인 볼록한 부분	콘 케이브와 곡선이 동일하고 두께가 일정하게 네일 파일링
오목한 부분(콘 케이브)	C 형태의 곡선 안쪽인 오목한 부분	콘 벡스와 곡선이 동일하고 두께가 일정하게 네일 파일링

CHAPTER 01 인조네일의 분류와 구조 | 출제 예상문제

1 인조네일의 분류

01 네일 팁을 사용하여 길이를 늘려 주는 방법은?
① 팁 오버레이   ② 아크릴 스컬프처
③ 젤 스컬프처   ④ 네일 랩 익스텐션

> 팁 오버레이는 네일 팁을 사용하여 길이를 연장하고 아크릴, 젤 등의 다양한 네일 재료를 사용하여 오버레이하는 방법임

02 팁 위드 아크릴에 대한 설명으로 옳은 것은?
① 네일 팁 위에 오버레이하는 재료로서 아크릴이 사용된다.
② 네일 폼을 지지대로 사용하여 인조네일을 연장시킨다.
③ 필러 파우더와 아크릴 리퀴드를 사용한다.
④ 아크릴 스컬프처를 네일 랩이라고도 한다.

> • 네일 팁을 사용하여 인조네일을 연장시킴
> • 아크릴 파우더와 아크릴 리퀴드를 사용함
> • 아크릴 스컬프처를 네일 랩이라고 하지 않음

03 [신규 문제 공략] 젤 네일 폴리시에 대한 설명으로 틀린 것은?
① 주된 성분은 올리고머와 시아노아크릴레이트이다.
② 광원으로부터 에너지를 흡수하여 광 중합 반응을 개시시키는 물질인 광 중합 개시제가 있다.
③ 젤 네일은 램프기기를 사용하여 경화해야 한다.
④ 올리고머는 분자량이 많아서 끈적인다.

> 시아노아크릴레이트는 네일 접착제(네일 글루)의 성분임

04 팁 위드 젤에 대한 설명으로 틀린 것은?
① 네일 팁을 자연네일에 접착시킨다.
② 접착된 네일 팁 위에 젤로 오버레이한다.
③ 자연네일과 네일 팁을 보강하여 인조네일을 만든다.
④ 컬러 젤을 사용하여 오버레이한다.

> 클리어 젤을 사용하여 오버레이함

05 화이트 네일 팁과 아크릴 재료를 사용하여 손톱을 연장하는 기법은?
① 프렌치 팁 위드 파우더   ② 네일 팁 아크릴 스컬프처
③ 프렌치 팁 위드 아크릴   ④ 네일 랩 익스텐션

> 화이트 네일 팁과 아크릴 재료를 사용하여 손톱을 연장하는 기법은 프렌치 팁 위드 아크릴이라고 함

06 [신규 문제 공략] 팁 네일의 작업 방법으로 틀린 것은?
① 아크릴로 작업한다.
② 젤로 작업한다.
③ 일반 네일 폴리시로 작업한다.
④ 필러 파우더로 작업한다.

> 네일 팁을 접착한 후 필러 파우더, 네일 랩, 아크릴, 젤을 사용하여 다양한 작업을 할 수 있으나 일반 네일 폴리시를 사용하여 작업할 수는 없음

07 아크릴 네일의 제작 완료된 형태를 가리키는 용어는?
① 모너머   ② 폴리머
③ 네일 프라이머   ④ 카탈리스트

> • 모너머(아크릴 리퀴드): 아크릴 파우더와 혼합하는 액상 제품
> • 네일 프라이머: 자연네일의 유·수분을 제거하는 제품
> • 카탈리스트: 함유량에 따라 아크릴 네일의 굳는 속도를 조절하는 촉매제

08 [신규 문제 공략] 그물구조의 점성에 액체 덩어리 분자구조를 지닌 것은?
① 모노머   ② 폴리머
③ 카탈리스트   ④ 올리고머

> 올리고머는 2개 이상의 분자 화합물이 결합한 저분자·중분자로 점성이 있고 반응이 완료되지 않은 그물구조의 물질임

09 아크릴 네일의 기본 물질이 아닌 것은?
① 모노머   ② 폴리머
③ 카탈리스트   ④ 아세톤

> 아세톤은 인조네일의 제거 용액임

정답 | 01 ① 02 ① 03 ① 04 ④ 05 ③ 06 ③ 07 ② 08 ④ 09 ④

10
중합 반응에 대한 설명으로 옳은 것은?

① 광 중합: 물에 의해 일어나는 중합 반응
② 광 중합: 빛에 의해 일어나는 중합 반응
③ 상온 화학 중합: 상온에서 일어나는 수소 반응
④ 상온 화학 중합: 상온에서 일어나는 빛 반응

- 광 중합: 빛에 의해 일어나는 중합 반응
- 상온 화학 중합: 상온에서 일어나는 화학 중합 반응

11
모노머와 폴리머의 상온 화학 중합 반응을 나타내는 말은?

① 포토라이제이션
② 올리고머라이제이션
③ 폴리머라이제이션
④ 포토폴리머라이제이션

- 폴리머라이제이션(상온 화학 중합): 상온에서 일어나는 화학 중합 반응
- 포토폴리머라이제이션(광 중합): 광(빛)에 의해 일어나는 중합 반응

12
중합 반응에 대한 설명으로 옳은 것은?

① 폴리머라이제이션: 상온에서 일어나는 화학 중합 반응
② 폴리머라이제이션: 상온에서 일어나는 수소 반응
③ 포토폴리머라이제이션: 빛에서 일어나는 수소 반응
④ 포토폴리머라이제이션: 물에 의해 일어나는 중합 반응

- 폴리머라이제이션: 상온에서 일어나는 화학 중합 반응
- 포토폴리머라이제이션: 빛에 의해 일어나는 중합 반응

13
아크릴 네일 작업 시 약알칼리 물질로 굳는 속도를 촉진시키는 촉매제 역할을 하며 촉매제의 함유량에 따라 굳는 속도를 조절할 수 있는 물질은?

① 올리고머
② 카탈리스트
③ 이이소프로판올
④ 니트로셀룰로오스

카탈리스트는 아크릴 네일의 촉매제 역할을 하며, 카탈리스트의 함유량에 따라 아크릴 네일의 굳는 속도를 조절하는 물질임

14
네일 팁을 사용하지 않고 네일 폼으로 길이를 늘려 주는 방법은?

① 팁 오버레이
② 팁 위드 랩
③ 스컬프처 네일
④ 실크 익스텐션

- 팁 오버레이: 네일 팁을 사용하여 길이를 연장하고 다양한 재료로 오버레이하는 방법
- 팁 위드 랩: 네일 팁을 사용하여 길이를 연장하고 네일 랩을 사용하는 방법
- 실크 익스텐션: 네일 랩(실크)를 사용하여 길이를 연장하는 방법

2 인조네일의 구조

15
인조네일 작업 시 가장 얇아야 하는 곳은?

① 큐티클 부분
② 스트레스 포인트 부분
③ 프리에지 부분
④ 네일 보디 부분

큐티클 부분이 얇아야 리프팅이 발생하지 않고 연장한 부분이 자연스러움

16
인조네일의 프리에지를 스퀘어 형태로 조형하기 위한 네일 파일의 각도로 옳은 것은?

① 30°로 네일 파일링한다.
② 45°로 네일 파일링한다.
③ 60°로 네일 파일링한다.
④ 90°로 네일 파일링한다.

스퀘어 형태로 조형하기 위해 90°의 직각으로 네일 파일링함

17
인조네일의 구조에 대한 설명으로 틀린 것은?

① 하이포인트는 스트레스 포인트와 동일해야 한다.
② 콘 벡스와 콘 케이브의 곡선은 동일해야 한다.
③ 옆면 라인이 네일 월 부분과 자연스럽게 연결되어야 한다.
④ 인조네일의 형태는 스퀘어 형태로만 조형할 수 있다.

인조네일의 형태는 스퀘어, 스퀘어 오프, 라운드, 오발 등 다양함

18
인조네일의 구조에서 C 커브의 가장 적절한 범위는?

① 원형의 10~20% 사이로 조형한다.
② 원형의 20~40% 사이로 조형한다.
③ 원형의 40~60% 사이로 조형한다.
④ 원형의 60~80% 사이로 조형한다.

C 커브는 원형을 중심으로 20~40% 사이로 네일 파일링함

19 신규 문제 공략
젤 네일 구조에 대한 설명으로 옳은 것은?

① 씨커브는 원형의 50% 이상으로 완성한다.
② 두께는 1mm 이하로 완성한다.
③ 측면에서 옆선이 처지도록 완성한다.
④ 씨커브는 원형의 20% 미만으로 완성한다.

- 씨커브는 원형의 20~40% 사이로 완성해야 함
- 측면에서 옆선이 처지지 않도록 일직선으로 완성해야 함

| 정답 | 10 ② 11 ③ 12 ① 13 ② 14 ③ 15 ① 16 ④ 17 ④ 18 ② 19 ②

CHAPTER 02
팁 네일 B

합격 TIP 팁 네일 재료의 특성을 이해하고 풀 커버 팁은 접착 방법이 일반 네일 팁과 다르므로 유의해서 학습하세요.
팁 위드 파우더와 팁 위드 랩은 작업 과정이 비슷하니 연결해서 학습하세요!

1 팁 네일

(1) 팁 네일의 재료 빈출

① 네일 팁
- 이미 만들어진 인조 손톱, 길이를 연장하기 위해 사용
- 크기에 따라 1(0)~10단위의 숫자로 분류되어 있음
- 아세테이트, 플라스틱, 나일론의 재질로 되어 있음

② 네일 팁의 프리에지 형태

스퀘어 / 내로 / 스퀘어 오프 / 라운드 / 오발 / 포인트

③ 웰(Well)

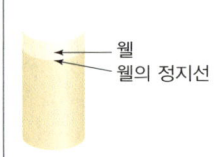

웰 / 웰의 정지선

- 웰: 네일 접착제를 바르는 곳으로 자연 네일과 네일 팁이 접착될 홈이 파여 있는 부분
- 웰의 정지선(포지션 스톱): 웰이 끝나는 부분의 경계선으로 네일 접착제가 넘치면 안 되는 부분

④ 웰의 구분
- 웰은 형태에 따라 하프 웰과 풀 웰로 구분됨
- 웰이 없는 네일 팁과 네일 접착제를 전체적으로 도포하여 접착하는 풀 커버 팁도 존재함

하프 웰	자연스럽다는 장점이 있는 반면, 네일 접착제를 도포하는 부분이 적어 풀 웰에 비해 약함
풀 웰	부자연스러우나 네일 접착제를 도포하는 부분이 넓어 하프 웰에 비해 보존력이 강함

⑤ 필러 파우더
- 분말 타입의 제품으로 네일 접착제와 함께 사용
- 네일 팁 턱을 채우거나 보강과 두께 조절을 위해 사용

⑥ 네일 접착제(네일 글루)
- 네일 팁을 접착하거나 네일 랩 등을 고정할 때 사용
- 공기 중의 수분을 흡수하여 굳는 성질의 이온 중합을 함
- 점성이 약하면 얇고 빠르게 건조하나 흐르는 단점이 있고, 점성이 강하면 접착력과 보존력이 우수하나 제거가 어려움
- 성분: 시아노아크릴레이트(Cyanoacrylate)

스틱 글루	• 투명하며 가장 약한 점성 • 손으로 눌러 떨어뜨려 사용
투웨이 글루 (2-way Glue)	• 젤의 형태로 중간 정도의 점성 • 상단에 있는 마개를 열어 손으로 눌러 떨어뜨려 사용하는 방법과, 뚜껑에 부착된 브러시를 사용하는 두 가지 방법
브러시 글루 (젤 글루)	• 젤의 형태로 중간 정도의 점성 • 뚜껑에 부착된 브러시를 사용
액세서리 글루 (파츠 글루)	• 끈끈한 젤의 형태로 가장 강한 점성 • 튜브 타입으로 손으로 눌러 짜면서 사용

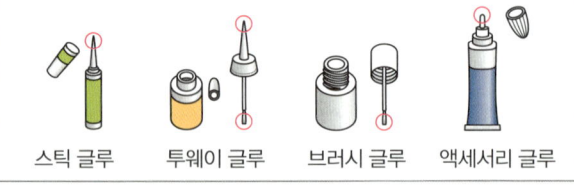

스틱 글루 / 투웨이 글루 / 브러시 글루 / 액세서리 글루

⑦ 팁 커터
- 네일 팁의 길이를 줄일 때 사용
- 네일 팁과 팁 커터가 90°가 되도록 재단

⑧ 경화 촉진제(글루 드라이어, 액티베이터)
- 네일 접착제를 빠르게 경화시키는 제품
- 한 번에 많은 양을 가까이에서 분사하면 네일 접착제가 급속히 경화되어 매트릭스와 네일 베드가 일시적으로 뜨거워질 수 있음
- 약 10~15cm 정도 거리에서 약하게 분사해야 함

(2) 팁 위드 파우더 – 풀 커버 팁

주요 재료	네일 팁, 네일 접착제, 필러 파우더, 경화 촉진제, 팁 커터
주요 순서	손 소독 → 자연네일 형태 조형 → 표면 정리 및 광택 제거 → 네일 팁 선택 → 큐티클 라인 조형 → 커브 확인 → 채우기 → 표면 조형 및 정리 → 네일 팁 접착 → 네일 팁 재단 → 프리에지 형태 조형

① **손 소독**: 소독제를 사용하여 작업자와 고객의 손 소독하기

② **자연네일 형태 조형**: 자연네일의 프리에지를 약 1mm의 길이로 조형하기

③ **표면 정리 및 광택 제거**: 네일 팁의 접착력을 높이기 위해 자연네일 표면을 정리하고 광택 제거하기

* 필요에 따라 네일 프라이머를 자연네일에 소량 도포할 수 있음

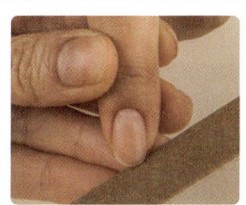

자연네일 형태 조형   표면 정리 및 광택 제거

④ **풀 커버 팁 선택**: 자연네일의 사이즈와 형태에 알맞은 네일 팁 선택하기

⑤ **큐티클 라인 조형**: 큐티클 라인과 동일하게 풀 커버 팁의 윗부분라인 조형하기

⑥ **커브 확인**: 자연네일 표면의 커브와 풀 커버 팁의 커브 확인하기

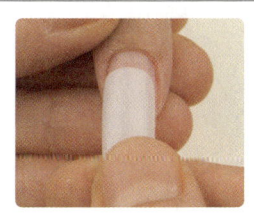

큐티클 라인 조형   커브 확인

⑦ **채우기**: 네일 접착제와 필러 파우더를 반복적으로 사용하여 자연네일 표면의 커브를 풀커버 팁의 커브와 동일하게 채우기

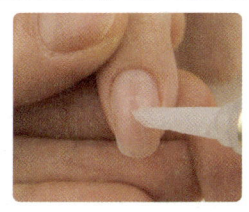
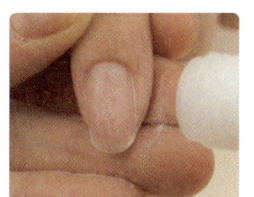

채우기

⑧ **표면 조형 및 정리**: 인조네일용 파일을 사용하여 자연네일 표면을 조형하고 샌딩 파일을 사용하여 자연네일의 표면 다듬기

표면 조형 및 정리

⑨ **풀 커버 팁 접착**: 자연네일 중앙부분과 풀 커버 팁의 가장자리를 중심으로 브러시 글루를 도포하고 네일 팁을 큐티클 라인에 접착한 후 경화 촉진제(글루 드라이어)를 약 10~15cm 거리에서 약하게 분사하기

> 풀 커버 팁 접착 방법
> - 큐티클 라인에서 천천히 아래로 접착해야 함
> - 자연네일의 양쪽 옆면을 모두 커버해야 함
> - 기포가 생기지 않도록 접착해야 함
> - 네일 접착제가 넘치지 않게 주의해서 접착해야 함

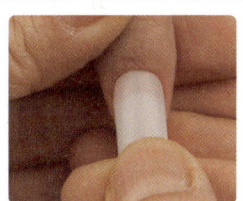

풀 커버 팁 접착

⑩ **풀 커버 팁 재단**: 네일 팁과 팁 커터의 각도가 90°가 되도록 네일 팁의 길이 자르기

⑪ **프리에지 형태 조형**: 인조네일용 파일을 사용하여 스퀘어 형태로 구조 조형하기

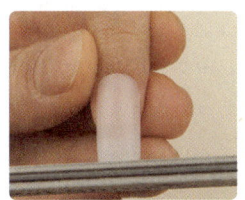

풀 커버 팁 재단   프리에지 형태 조형

(3) 팁 위드 파우더 – 내추럴 팁, 프렌치 팁

주요 재료	네일 팁, 네일 접착제, 필러 파우더, 경화 촉진제, 팁 커터
주요 순서	손 소독 → 자연네일 형태 조형 → 표면 정리 및 광택 제거 → 네일 팁 선택 → 네일 팁 접착 → 네일 팁 재단 → 네일 팁 턱 제거 → 채우기 → 구조 조형 → 표면 정리 → 광택

용어
- 프렌치 팁: 화이트 등의 컬러가 있는 하프 웰 네일 팁을 말함

① 손 소독: 소독제를 사용하여 작업자와 고객의 손 소독하기

② 자연네일 형태 조형: 자연네일의 프리에지를 웰의 모양과 동일하게 약 1mm의 길이로 조형하기

③ 표면 정리 및 광택 제거: 네일 팁의 접착력을 높이기 위해 자연네일 표면을 정리하고 광택 제거하기

＊필요에 따라 네일 프라이머를 자연네일에 소량 도포할 수 있음

④ 네일 팁 선택: 자연네일의 사이즈와 형태에 알맞은 네일 팁 선택하기

> **네일 팁 선택 방법**
> - 각진 네일인 경우: 하프 웰 네일 팁 선택
> - 아래로 향한 네일인 경우: 일자 네일 팁 선택
> - 넓적한 네일인 경우: 끝이 좁아지는 내로 네일 팁 선택
> - 위로 솟아오른 네일인 경우: 옆선에 커브가 있는 네일 팁 선택
> - 잘 모르겠을 경우: 한 사이즈 크게 선택하여 조절해서 사용

⑤ 네일 팁 접착: 웰 부분에 적당한 양의 네일 접착제를 도포하고 네일 팁을 프리에지에 접착한 후 경화 촉진제(글루 드라이어)를 약 10~15cm 거리에서 약하게 분사하기

> **네일 팁 접착 방법**
> - 자연네일의 양쪽 옆면을 모두 커버해야 함
> - 자연네일의 45°로 접착해야 함
> - 자연네일의 1/2 미만으로 접착해야 함
> - 기포가 생기지 않도록 접착해야 함
> - 네일 팁의 양쪽 끝부분도 접착해야 함
> - 자연네일과 네일 팁이 정면과 옆면에서 자연스럽게 연결되어야 함

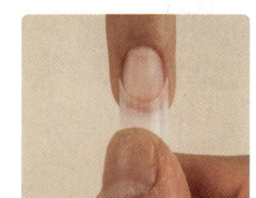
내추럴 팁 접착

프렌치 팁 접착

⑥ 네일 팁 재단: 네일 팁과 팁 커터의 각도가 90°가 되도록 네일 팁의 길이 자르기

⑦ 네일 팁 턱 제거: 자연네일과 매끄럽게 연결되도록 네일 팁 턱 제거하기

＊프렌치 팁일 경우에는 네일 팁 턱을 제거하지 않음

내추럴 팁 턱 제거

프렌치 팁 턱은 제거 안 함

⑧ 네일 팁 턱 채우기: 네일 접착제와 필러 파우더를 반복적으로 사용하여 자연네일과 네일 팁 턱 사이 채우기

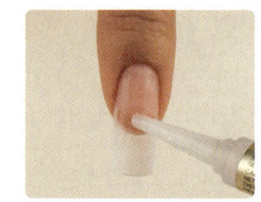
내추럴 팁 채우기

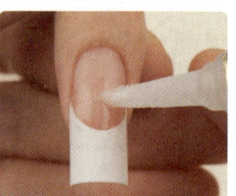
프렌치 팁 채우기

⑨ 구조 조형: 인조네일용 파일을 사용하여 스퀘어 형태로 구조 조형하기

⑩ 표면 정리: 샌딩 파일을 사용하여 인조네일의 표면 다듬기

⑪ 코팅: 광택과 두께를 보강하기 위해 브러시 글루 도포하기

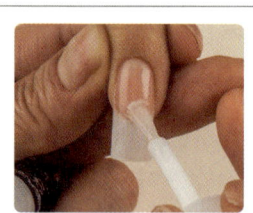
내추럴 팁 코팅

프렌치 팁 코팅

⑫ 광택: 광택용 파일을 사용하여 인조네일의 표면에 광택 내기

(4) 팁 위드 랩 [빈출]

주요 재료	네일 팁, 네일 랩(실크), 네일 접착제, 필러 파우더, 경화 촉진제, 팁 커터, 가위
주요 순서	손 소독 → 자연네일 형태 조형 → 표면 정리 및 광택 제거 → 네일 팁 선택 → 네일 팁 접착 → 네일 팁 재단 → 네일 팁 턱 제거 → 채우기 → 구조 조형 → 표면 정리 → 네일 랩 재단 → 네일 랩 접착 → 네일 랩 고정 → 네일 랩 턱 제거 → 코팅 → 광택

① **손 소독**: 소독제를 사용하여 작업자와 고객의 손 소독하기

② **자연네일 형태 조형**: 자연네일의 프리에지를 웰의 모양과 동일하게 약 1mm의 길이로 조형하기

③ **표면 정리 및 광택 제거**: 네일 팁의 접착력을 높이기 위해 자연네일 표면을 정리하고 광택 제거하기

＊ 필요에 따라 네일 프라이머를 자연네일에 소량 도포할 수 있음

④ **네일 팁 선택**: 자연네일의 사이즈와 형태에 알맞은 네일 팁 선택하기

> 네일 팁 선택 방법
> - 각진 네일인 경우: 하프 웰 네일 팁 선택
> - 아래로 향한 네일인 경우: 일자 네일 팁 선택
> - 넓적한 네일인 경우: 끝이 좁아지는 내로 네일 팁 선택
> - 위로 솟아오른 네일인 경우: 옆선에 커브가 있는 네일 팁 선택
> - 잘 모르겠을 경우: 한 사이즈 크게 선택하여 조절해서 사용

⑤ **네일 팁 접착**: 웰 부분에 적당한 양의 네일 접착제를 도포하고 네일 팁을 프리에지에 접착한 후 경화 촉진제(글루 드라이어)를 약 10~15cm 거리에서 약하게 분사하기

> 네일 팁 접착 방법
> - 자연네일의 양쪽 옆면을 모두 커버해야 함
> - 자연네일의 45°로 접착해야 함
> - 자연네일의 1/2 미만으로 접착해야 함
> - 기포가 생기지 않도록 접착해야 함
> - 네일 팁의 양쪽 끝부분도 접착해야 함
> - 자연네일과 네일 팁이 정면과 옆면에서 자연스럽게 연결되어야 함

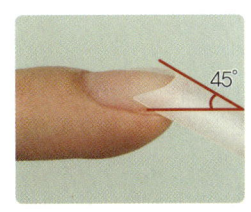

네일 팁 접착

⑥ **네일 팁 재단**: 네일 팁과 팁 커터의 각도가 90°가 되도록 네일 팁의 길이 자르기

⑦ **네일 팁 턱 제거**: 자연네일과 매끄럽게 연결되도록 네일 팁 턱 제거하기

⑧ **채우기**: 네일 접착제와 필러 파우더를 반복적으로 사용하여 자연네일과 네일 팁 턱 사이 채우기

⑨ **구조 조형**: 인조네일용 파일을 사용하여 스퀘어 형태로 구조 조형하기

⑩ **표면 정리**: 샌딩 파일을 사용하여 인조네일의 표면 다듬기

⑪ **네일 랩 재단**: 접착할 네일의 면적을 재고 네일 랩 재단하기

⑫ **네일 랩 접착**: 올바른 방법으로 네일 랩을 접착하기

> 네일 랩 접착 방법
> - 큐티클 라인에서 약 1mm 정도 남기고 접착
> - 네일 랩이 비틀어지지 않게 접착
> - 네일 랩이 구겨지지 않게 접착
> - 자연네일의 양쪽 옆면을 모두 커버하게 접착

⑬ **네일 랩 고정**: 스틱 글루로 네일 랩을 고정하고 경화 촉진제(글루 드라이어)를 약 10~15cm 정도 거리에서 분사하기

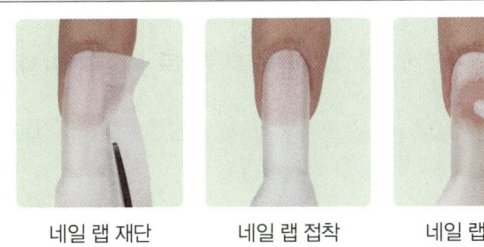

네일 랩 재단 　 네일 랩 접착 　 네일 랩 고정

⑭ **네일 랩 턱 제거**: 인조네일용 파일을 사용하여 네일 랩 턱 제거하기

⑮ **코팅**: 광택과 두께를 보강하기 위해 브러시 글루 도포하기

⑯ **광택**: 광택용 파일을 사용하여 인조네일의 표면에 광택내기

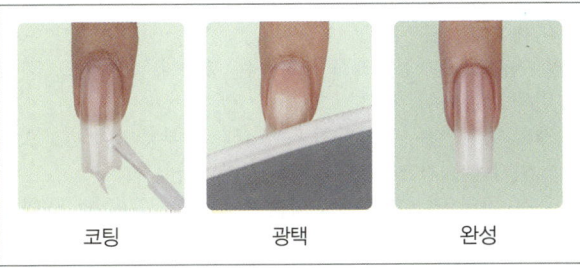

코팅 　 광택 　 완성

CHAPTER 02 팁 네일 | 출제 예상문제 B

1 팁 네일

01
네일 팁의 재질이 아닌 것은?
① 플라스틱   ② 차이나실크
③ 나일론   ④ 아세테이트

- 차이나실크는 가벼운 중국산 평직물로 네일 팁의 재질이 아님
- 네일 팁의 재질은 아세테이트, 플라스틱, 나일론임

02
네일 팁이 자연네일과 접착되는 부분으로 네일 접착제를 바르는 곳은?
① 웰(Well)   ② 네일 베드
③ 익스텐션   ④ 네일 랩

웰은 네일 접착제를 바르는 곳으로 자연네일과 네일 팁이 접착되는 홈이 파여 있는 부분을 말함

03
웰에 대한 설명으로 틀린 것은?
① 하프 웰은 네일 접착제를 도포하는 부분이 적어 풀 웰에 비해 약하다.
② 풀 웰은 네일 접착제를 도포하는 부분이 넓어 하프 웰에 비해 보존력이 강하다.
③ 웰의 정지선은 네일 팁의 웰이 끝나는 부분의 경계선으로 네일 접착제가 넘치면 안 되는 부분이다.
④ 웰은 네일 접착제를 도포하는 부분으로, 웰이 없는 네일 팁은 없다.

웰이 없는 네일 팁도 존재하며, 웰이 없는 네일 팁은 네일 상태에 맞게 웰을 임의로 만들어 사용함

04
팁 위드 랩 작업 시 자연네일과 네일 팁 턱을 효과적으로 채울 수 있는 제품은?
① 필러 파우더   ② 아크릴 파우더
③ 모노머   ④ 네일 프라이머

- 아크릴 파우더: 아크릴 리퀴드와 혼합하는 분말 제품
- 아크릴 리퀴드(모노머): 아크릴 파우더와 혼합하는 액상 제품
- 네일 프라이머: 자연네일의 유·수분을 제거하는 제품

05
네일 접착제의 종류에 대한 설명으로 틀린 것은?
① 스틱 글루는 젤의 형태로 가장 강한 점성을 지니며, 손으로 눌러 떨어뜨려 사용한다.
② 투웨이 글루는 상단에 있는 마개를 열어 손으로 눌러 떨어뜨려 사용하는 방법과 뚜껑에 부착된 브러시를 사용하는 두 가지 방법이 있다.
③ 브러시 글루는 젤의 형태로, 중간 정도의 점성을 지니며 뚜껑에 부착된 브러시를 사용하여 도포한다.
④ 액세서리 글루는 끈끈한 젤의 형태로 가장 강한 점성을 지니며 튜브 타입으로 손으로 눌러 짜면서 사용한다.

스틱 글루는 가장 약한 점성을 지님

06
네일 접착제에 대한 설명으로 틀린 것은?
① 네일 팁을 접착하거나 네일 랩 등을 고정할 때 사용한다.
② 공기 중의 수분을 흡수하여 굳는 성질의 수소 중합을 한다.
③ 점성이 약하면 얇고 빠르게 건조하나 흐를 수 있다는 단점이 있다.
④ 점성이 강하면 접착력과 보존력이 우수하나 제거가 어렵다는 단점이 있다.

네일 접착제는 공기 중의 수분을 흡수하여 굳는 성질의 이온 중합을 함

07
팁 네일 작업 시 한 번에 많은 양의 네일 접착제와 경화 촉진제를 사용한 경우 어느 부위의 손상으로 통증을 유발할 수 있는가?
① 매트릭스, 네일 베드
② 네일 월, 네일 그루브
③ 큐티클, 프리에지
④ 에포니키움, 하이포니키움

팁 네일 작업 시 많은 양의 네일 접착제와 경화 촉진제를 가까이에서 분사하면 네일 접착제가 급속히 경화되어 매트릭스와 네일 베드가 일시적으로 뜨거워져 통증을 유발할 수 있음

| 정답 | 01 ② | 02 ① | 03 ④ | 04 ① | 05 ① | 06 ② | 07 ① |

08
팁 커터에 대한 설명으로 틀린 것은?
① 팁 커터는 손톱, 발톱의 길이를 줄일 때 사용하는 도구이다.
② 네일 팁의 길이는 고객이 원하는 만큼 팁 커터로 재단한다.
③ 팁 커터는 네일 팁의 길이를 재단할 때 사용하는 도구이다.
④ 팁 커터는 일회용품이 아니다.

- 팁 커터는 네일 팁의 길이를 줄일 때 사용하는 도구임
- 손톱, 발톱의 길이를 줄일 때 사용하는 도구는 네일 클리퍼임

09
팁 네일 작업 시 자연네일의 광택을 제거하는 목적으로 가장 적절한 것은?
① 네일 접착제가 잘 퍼지게 하기 위해
② 네일 팁의 접착력을 높여 주기 위해
③ 네일을 부드럽게 하기 위해
④ 네일 폴리시를 잘 도포하기 위해

팁 네일 작업 시 자연네일의 광택을 제거하는 에칭의 가장 큰 목적은 네일 팁의 접착력을 높여 주기 위해서임

10
자연네일의 형태에 따른 네일 팁 선택 방법으로 옳은 것은?
① 각진 네일은 풀 웰의 네일 팁을 적용한다.
② 아래로 향한 네일에는 커브 네일 팁을 적용한다.
③ 위로 솟아오른 네일에는 옆선에 커브가 없는 네일 팁을 적용한다.
④ 넓적한 네일에는 끝이 좁아지는 내로 네일 팁을 적용한다.

- 각진 네일의 경우: 하프 웰 네일 팁을 적용
- 아래로 향한 네일의 경우: 일자 네일 팁을 적용
- 위로 솟아오른 네일의 경우: 옆선에 커브가 있는 네일 팁을 적용

11
네일 팁을 접착하는 방법으로 옳은 것은?
① 90°로 공기가 들어가지 않게 밀착시킨다.
② 자연네일의 1/2을 넘게 안전하게 접착한다.
③ 기포가 발생하지 않게 접착한다.
④ 네일 팁을 밀착시킨 후 바로 앞에서 분사형 경화 촉진제를 분사한다.

- 자연네일의 45°로 접착해야 함
- 자연네일의 1/2 미만으로 접착해야 함
- 경화 촉진제는 10~15cm 거리를 유지하여 분사해야 함

12
팁 위드 파우더에서 사용하지 않는 재료는?
① 네일 랩
② 네일 접착제
③ 필러 파우더
④ 네일 팁

팁 위드 파우더에서는 네일 랩을 사용하지 않음

13 신규 문제 공략
네일 팁 접착 방법에 대하여 틀린 것은?
① 자연네일과 네일 팁 전체에 네일 프라이머를 도포한다.
② 네일 팁의 양쪽 옆면을 살짝 눌러 접착한다.
③ 공기가 들어가지 않도록 유의한다.
④ 자연네일의 45°로 접착한다.

네일 팁 접착 시 네일 팁 부분에는 네일 프라이머를 도포하지 않음

14
팁 네일의 작업 방법에 대한 설명으로 틀린 것은?
① 네일 팁의 양쪽 끝부분도 접착한다.
② 자연네일 길이의 1/2 미만으로 접착한다.
③ 기포가 생기지 않도록 접착해야 한다.
④ 네일 팁은 90°로 접착한다.

네일 팁은 45°로 접착해야 함

15
풀 커버 팁을 접착하는 방법으로 틀린 것은?
① 네일 접착제가 넘치지 않게 주의해서 접착해야 한다.
② 기포가 생기지 않도록 접착해야 한다.
③ 프리에지에서 천천히 접착해야 한다.
④ 자연네일의 양쪽 옆면을 모두 커버해야 한다.

풀 커버 팁을 큐티클 라인에서 천천히 아래쪽으로 접착해야 함

16
팁 위드 파우더의 작업 방법 중 프렌치 팁에 대한 설명으로 옳은 것은?
① 팁 턱을 제거하지 않는다.
② 접착할 때 큐티클 라인부터 접착한다.
③ 팁 턱을 재우지 않는다.
④ 구조를 조형하지 않는다.

프렌치 팁은 프렌치 라인을 강조하기 위해 팁 턱을 제거하지 않음

17
팁 위드 랩 작업 방법에 대한 설명으로 틀린 것은?
① 고객의 취향에 맞게 자연네일의 형태를 만든다.
② 네일 접착제를 사용하여 네일 팁을 자연네일 길이의 1/2 미만으로 접착한다.
③ 네일 접착제가 넘치지 않게 주의한다.
④ 큐티클 아래에서 약 1mm 정도 남기고 네일 랩을 접착한다.

자연네일의 형태는 월의 모양과 동일하게 작업해야 함

CHAPTER 03

랩 네일 ⓒ

합격 TIP 네일 랩의 종류별 특성을 묻는 문제가 자주 출제되므로 구분해서 확실히 암기하세요.
네일 랩 익스텐션은 네일 랩 접착 방법 위주로 학습하세요!

1 랩 네일

(1) 랩 네일의 재료 빈출

① 네일 랩
- 페브릭 랩 자체를 지칭하며, 일반적으로 실크를 말함
- 약한 네일, 찢어진 네일을 덮어 단단하게 보강하며 인조네일을 더욱 튼튼하게 유지하거나 길이를 연장하는데 사용
- 오염 예방과 접착력 저하 방지를 위해 봉지에 밀봉해서 보관

파이버 글라스	• 인조유리섬유로 짠 직물로, 투명하며 매우 반짝거림 • 실크에 비해 조직이 느슨하며, 접착제가 잘 스며듦
실크	• 명주실로 짠 직물로, 부드럽고 가벼움 • 조직이 얇고 섬세하여 가장 많이 사용
리넨	• 아마의 실로 짠 직물로, 다른 소재에 비해 강함 • 천의 조직이 비치고 두꺼우며 투박함
멘딩 티슈 (페이퍼 랩)	• 섬유로 만든 아주 얇은 종이 • 보수가 되지 않으며, 일회용으로만 사용 • 너무 약해 거의 사용하지 않음

(2) 네일 랩 익스텐션

주요 재료	네일 랩(실크), 네일 접착제, 필러 파우더, 경화 촉진제(글루 드라이어), 가위
주요 순서	손 소독 → 자연네일 형태 조형 → 표면 정리 및 광택 제거 → 네일 랩 재단 → 네일 랩 접착 → 네일 랩 고정 → 채우기 → 구조 조형 → 표면 정리 → 코팅 → 광택

① **손 소독**: 소독제를 사용하여 작업자와 고객의 손 소독하기
② **자연네일 형태 조형**: 자연네일의 프리에지를 라운드 형태로 약 1mm의 길이로 조형하기
③ **표면 정리 및 광택 제거**: 네일 랩의 접착력을 높이기 위해 자연네일 표면을 정리하고 광택 제거하기
④ **네일 랩 재단**: 접착할 네일의 면적을 재고 네일 랩 윗부분을 큐티클 라인과 동일하게 재단하고 아랫부분은 연장하는 길이보다 조금 넉넉하게 재단하기

⑤ **네일 랩 접착**: 올바른 방법으로 네일 랩 접착하기

> **네일 랩 접착 방법**
> • 큐티클 라인에서 약 1mm 정도 남기고 접착
> • 네일 랩이 비틀어지지 않게 접착
> • 네일 랩이 구겨지지 않게 접착
> • 자연네일의 양쪽 옆면을 모두 커버하게 접착

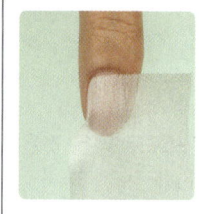 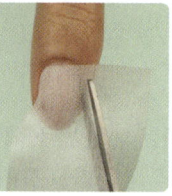 

네일 랩 재단 및 접착

⑥ **네일 랩 고정**: 스틱 글루로 네일 랩을 고정하고 경화 촉진제(글루 드라이어)를 약 10~15cm 거리에서 약하게 분사하기
⑦ **채우기**: 네일 접착제와 필러 파우더를 반복적으로 사용하여 두께 형성하기

 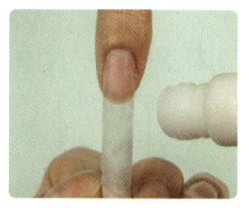

네일 랩 고정   채우기

⑧ **구조 조형**: 인조네일용 파일을 사용하여 스퀘어 형태로 구조 조형하기
⑨ **표면 정리**: 샌딩 파일을 사용하여 인조네일의 표면 다듬기
⑩ **코팅**: 광택과 두께를 보강하기 위해 브러시 글루 도포하기
⑪ **광택**: 광택용 파일을 사용하여 인조네일의 표면에 광택 내기

CHAPTER 03 랩 네일

출제 예상문제

1 랩 네일

01 네일 랩의 종류가 아닌 것은?
① 실크 ② 리넨
③ 무슬린 천 ④ 파이버 글라스

> 무슬린 천은 왁싱 시 사용하는 부직포로, 네일 랩으로는 거의 사용하지 않음

02 [신규 문제 공략] 네일 랩의 보관 방법으로 옳은 것은?
① 유연하게 하기 위해 습기가 많은 곳에 보관한다.
② 편하게 사용하기 위해 미리 재단하여 보관한다.
③ 편리성을 위해 테이블 위해 펼쳐 보관한다.
④ 오염 예방을 위해 봉지에 밀봉해서 보관한다.

> 네일 랩은 오염 예방과 접착력 저하 방지를 위해 봉지에 밀봉해서 보관해야 함

03 네일 랩의 종류에 대한 설명으로 틀린 것은?
① 실크는 조직이 얇고 섬세하게 짜여져 부드럽고 가볍다.
② 파이버 글라스는 가느다란 인조섬유로 짜여 있으므로 네일 접착제가 잘 스며든다.
③ 리넨은 실크보다 굵은 소재의 천으로 짜여 있어 두껍고 강하다.
④ 멘딩 티슈는 네일 접착제를 잘 흡수하여 실크보다 튼튼하다.

> 멘딩 티슈(페이퍼 랩)는 섬유로 만든 아주 얇은 종이로 일회용으로만 사용하며 너무 약해 거의 사용하지 않음

04 네일 랩의 종류에 대한 설명으로 틀린 것은?
① 실크: 명주실로 짠 직물로 부드럽고 가볍다.
② 페이퍼 랩: 일회용으로만 사용이 가능하다.
③ 리넨: 가장 얇고 투명하며 인조유리섬유로 되어 있다.
④ 파이버 글라스: 실크에 비해 조직이 느슨하며 접착제가 잘 스며든다.

> 리넨은 네일 랩의 종류 중 가장 두꺼움

05 네일 랩 작업 과정에서 가장 먼저 해야 할 절차는?
① 네일 랩 접착하기 ② 자연네일 형태 조형하기
③ 손 소독하기 ④ 네일 랩 재단하기

> 모든 네일미용 작업 과정에서 가장 먼저 해야 할 절차는 손 소독임

06 네일 랩 익스텐션에서 사용하는 재료가 아닌 것은?
① 네일 팁 ② 네일 랩
③ 필러 파우더 ④ 네일 접착제

> 네일 랩 익스텐션은 네일 랩을 사용하여 손톱을 연장하는 방법임

07 [신규 문제 공략] 실크의 특징으로 옳은 것은?
① 면소재로 가볍고 견고하다.
② 자연섬유로 가볍고 투명하다.
③ 천의 조직이 비치고 두꺼우며 투박하다.
④ 다른 소재에 비해 강하다.

> 실크는 자연섬유인 누에고치에서 뽑은 명주실로 짠 직물로, 부드럽고 가벼우며 네일 랩 작업의 완성 시 투명하게 표현됨

08 네일 랩의 접착 방법으로 틀린 것은?
① 큐티클 라인에서 약 1mm 정도 남기고 접착한다.
② 자연네일의 양쪽 옆면을 약 1mm 정도 남기고 접착한다.
③ 네일 랩이 정면에서 비틀어지지 않게 접착한다.
④ 네일 랩이 들뜨거나 구겨지지 않게 접착한다.

> 자연네일의 양쪽 옆면을 모두 커버하여 접착해야 함

09 랩 네일에 대한 설명으로 틀린 것은?
① 찢어진 네일에 작업할 수 있다.
② 약한 자연네일이나 인조네일 위에 덧씌움으로써 튼튼하게 유지시켜 준다.
③ 자연네일을 보호하기 위해 사용하는 방법이다.
④ 부러진 네일에는 작업할 수 없다.

> 랩 네일은 연장이 가능하기 때문에 부러진 네일에도 작업할 수 있음

| 정답 | 01 ③ | 02 ④ | 03 ④ | 04 ③ | 05 ③ | 06 ① | 07 ② | 08 ② | 09 ④ |

CHAPTER 04
젤 네일

합격 TIP 젤 네일에서 사용하는 재료의 특성에 대해 정확히 알아야 해요.
젤 램프기기의 주의사항이 자주 출제되므로 특징을 암기하고 순서는 전체적인 흐름만 이해하세요.

1 젤 네일

(1) 젤 네일의 재료 [빈출]

① 젤(클리어)
- 네일의 두께를 보강하거나 길이를 연장하기 위해 사용
- 젤 램프기기에 경화하기 전까지는 자유롭게 다룰 수 있음
- 젤은 스스로 퍼지는 셀프 레벨링 현상이 나타남
- 아크릴과 같은 성분을 함유하고 있어 알레르기 반응을 일으킬 수 있으므로 피부에 닿지 않게 해야 함
- 냄새가 거의 없고 아크릴에 비해 강도가 약함
- 라이트 큐어드 젤: 자외선(UV), 가시광선(LED)에 경화
- 노 라이트 큐어드 젤: 광선을 사용하지 않고 응고제 사용

소프트 젤	• 대부분의 젤로 점도가 낮아 고르게 퍼지는 제품 • 내구력과 약해 주로 네일을 보강할 때 사용 • 제거제(아세톤 등)로 제거 가능 • 유지 기간이 짧음
하드 젤	• 점도가 높아 다루기 어려우며 단단한 제품 • 내구력과 강해 주로 길이를 연장할 때 사용 • 제거제로 제거 어려움 • 유지 기간이 긺

② 젤 램프기기
- 젤을 경화(큐어링)시키는 기기로, 정확한 시간을 맞추어 경화해야 함
- 젤에 첨가되어 있는 광 중합 개시제에 따라 종류가 달라짐

UV 램프	UV-A 약 320~400nm 파장 사용
LED 램프	가시광선 약 400~700nm 파장 사용

- 불투명 네일 폼은 투과력이 약해 뒤집어서 경화할 수 있음
- 젤 램프기기는 경화 시 네일 베드가 뜨거워지는 히팅 현상이 발생할 수 있으므로 사전에 고객에게 얘기해야 함
- 젤 작업이 두껍게 되었을 경우나 네일이 얇거나 상처가 있을 경우에는 히팅 현상이 더욱 심해짐
- 젤 작업 시 얇게 여러 번 도포하고 경화하여 히팅 현상이 발생하지 않게 주의해야 함
- 히팅 현상 발생 시 잠시 손을 빼고 천천히 경화해야 함

③ 젤 클렌저
- 에탄올이 주성분으로 미경화 젤을 제거할 때 사용
- 탈지면에 젤 클렌저를 묻혀 미경화 젤을 닦아냄

④ 젤 브러시
- 젤을 네일에 도포하거나 아트 시 사용
- 젤 브러시에 묻은 젤을 닦고 브러시 끝을 모아 빛이 투과하지 않는 재질의 브러시 케이스 안에 넣어 서랍에 보관

(2) 젤 스컬프처 [빈출]

주요 재료	네일 폼, 젤, 베이스 젤, 톱 젤, 젤 브러시, 젤 램프기기
주요 순서	손 소독 → 자연네일 형태 조형 → 표면 정리 및 광택 제거 → 네일 폼 재단 → 네일 폼 접착 → 젤 본더 도포 → 베이스 젤 도포 및 경화 → 젤 적용 → 미경화 젤 제거 → 네일 폼 제거 → 구조 조형 → 표면 정리 → 톱 젤 도포 및 경화 → 미경화 젤 제거

① 손 소독: 소독제를 사용하여 작업자와 고객의 손 소독하기
② 자연네일 형태 조형: 자연네일의 프리에지를 라운드 또는 오발 형태로 약 1mm의 길이로 조형하기
③ 표면 정리 및 광택 제거: 젤의 접착력을 높이기 위해 자연네일 표면을 정리하고 광택 제거하기
④ 네일 폼 재단: 옐로 라인에 맞게 네일 폼 재단하기
⑤ 네일 폼 접착: 정면과 옆면에서 올바르게 네일 폼 접착하기

> **네일 폼 접착 방법**
> - 자연네일과 네일 폼 사이의 공간이 없게 접착
> - 하이포니키움이 손상되지 않도록 너무 깊지 않게 넣어 접착
> - 네일 폼이 틀어지지 않도록 중심에 맞게 접착
> - 정면과 옆면에서도 처지지 않게 자연스럽게 연결되도록 접착

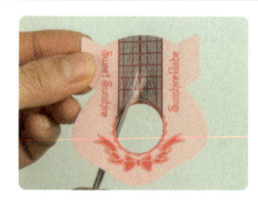
네일 폼 재단

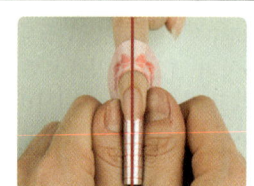
네일 폼 접착

⑥ 전 처리제 도포: 젤 본더를 자연네일에 소량 도포하기
⑦ 베이스 젤 도포 및 경화: 자연네일에 베이스 젤을 1회 도포한 후 경화하기

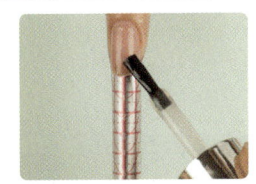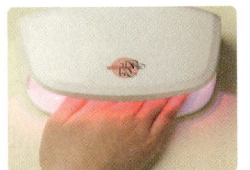

베이스 젤 도포 및 경화

⑧-1 젤 원톤 스컬프처 적용
- 클리어 젤을 올려 길이를 연장하고 스퀘어 형태로 정리한 후 경화하기
- 클리어 젤로 가장 높은 지점을 만들면서 자연스럽게 연결한 후 경화하기
- 큐티클 부분에 얇게 클리어 젤을 올리고 자연스럽게 연결한 후 경화하기
- 부족한 부분을 확인하며 전체를 연결한 후 경화하기

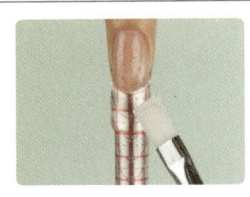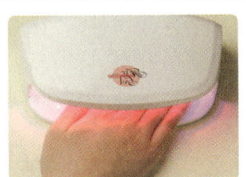

젤 원톤 스컬프처 적용

⑧-2 젤 프렌치 스컬프처 적용
- 자연네일에 핑크 젤을 도포한 후 경화하기
- 화이트 젤을 올리고 프리에지 라인을 따라 스마일 라인을 만들면서 길이를 연장하고 스퀘어 형태로 정리한 후 경화하기

> 스마일 라인 조형 방법
> - 네일 상태에 따라 둥근 라인의 깊이를 조절할 수 있음
> - 양쪽 포인트의 밸런스를 맞추고 좌우대칭이 되도록 함
> - 얼룩지지 않고 깨끗하고 선명한 라인을 만들어야 함

- 클리어 젤을 반복적으로 사용하여 가장 높은 지점을 만들고 두께를 형성한 후 경화하기

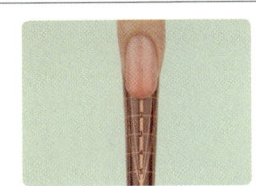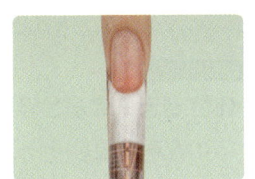

젤 프렌치 스컬프처 적용

⑨ 미경화 젤 제거: 젤 클렌저를 사용하여 미경화 젤 제거하기
⑩ 네일 폼 제거: 네일 폼의 끝을 모아 아래로 내려 제거하기

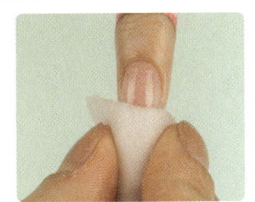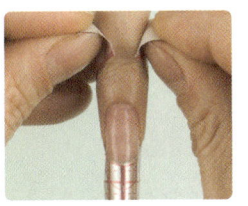

미경화 젤 제거   네일 폼 제거

⑪ 구조 조형: 인조네일용 파일을 사용하여 스퀘어 형태로 구조 조형하기
⑫ 표면 정리: 샌딩 파일을 사용하여 인조네일 표면 다듬기

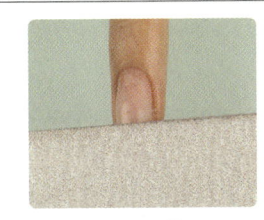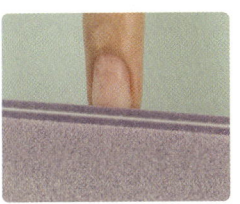

구조 조형   표면 정리

⑬ 톱 젤 도포 및 경화: 톱 젤을 1회 도포한 후 경화하기

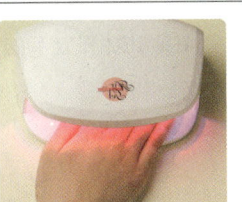

톱 젤 도포 및 경화

⑭ 미경화 젤 제거: 젤 클렌저를 사용하여 미경화 젤을 제거하기
⑮ 완성

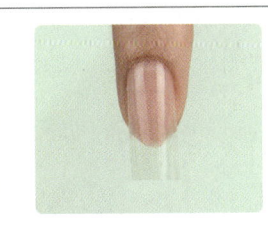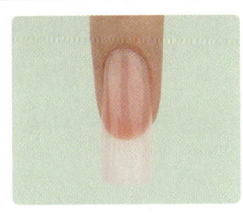

젤 원톤 스컬프처   젤 프렌치 스컬프처

출제 예상문제 B

1 젤 네일

01
젤 네일에 대한 설명으로 틀린 것은?
① 냄새가 거의 나지 않는다.
② 작업이 용이하여 작업 시간 단축이 가능하다.
③ 네일 폴리시보다 제거가 쉽고 아크릴 네일보다 강하다.
④ 광택이 오래 지속된다.

> 젤 네일은 네일 폴리시보다 제거가 어렵고 아크릴에 비해 강도가 약함

02
LED 램프와 UV 램프의 빛을 사용하여 경화되는 젤은?
① 네일 팁 라이트 젤 ② 라이트 큐어드 젤
③ 노 라이트 큐어드 젤 ④ 네일 랩 큐어드 젤

> • 라이트 큐어드 젤: LED, UV에 경화하는 젤
> • 노 라이트 큐어드 젤: 광선을 사용하지 않고 응고제 사용으로 굳는 젤

03
광선을 사용하지 않고 응고제 사용으로 굳는 젤은?
① 네일 팁 라이트 젤 ② 라이트 큐어드 젤
③ 노 라이트 큐어드 젤 ④ 네일 랩 큐어드 젤

> • 노 라이트 큐어드 젤: 광선을 사용하지 않고 응고제 사용으로 굳는 젤
> • 라이트 큐어드 젤: LED, UV에 경화하는 젤

04
젤 네일에 대한 설명으로 틀린 것은?
① 네일 폴리시에 비해 제거가 어렵다.
② 네일 폴리시에 비해 유지 기간이 오래 지속된다.
③ 소프트 젤은 아세톤에 녹지 않는다.
④ 소프트 젤과 하드 젤로 구분된다.

> 소프트 젤은 아세톤에 녹으며, 하드 젤은 아세톤에 녹지 않을 수 있음

05
젤 네일의 특징으로 옳은 것은?
① 하드 젤: 단단하게 도포되므로 제거가 더 어렵다.
② 젤 네일 폴리시: 클리어 젤에 비해 제거가 어려우며, 경화 속도가 빠르다.
③ 소프트 젤: 하드 젤보다 강하고, 내구력도 뛰어나다.
④ 하드 젤: 유지 기간이 짧아 더 자주 제거하게 된다.

> • 젤 네일 폴리시: 클리어 젤에 비해 제거가 쉬우며, 경화 속도가 느림
> • 소프트 젤: 하드 젤보다 약하고, 내구력도 약함
> • 하드 젤: 유지 기간이 길어 자주 제거하지 않음

06
젤 네일의 히팅 현상에 대한 설명으로 틀린 것은?
① 네일이 얇을 경우 히팅 현상이 나타날 수 있다.
② 네일에 상처가 있을 경우 히팅 현상이 나타날 수 있다.
③ 젤 작업이 두껍게 되었을 경우 히팅 현상이 나타날 수 있다.
④ 히팅 현상 발생 시 손을 위로 들어 잠시 참는다.

> 젤 작업 시 얇게 여러 번 도포하고 경화하여 히팅 현상이 발생하지 않게 주의해야 하며, 히팅 현상 발생 시에는 잠시 손을 빼고 천천히 다시 경화하는 것이 효과적임

07
젤 네일에 대한 설명으로 틀린 것은?
① 젤 네일은 완벽한 굳기를 위해 긴 시간 경화하는 것이 좋다.
② 젤은 점성이 있어 스스로 퍼지는 셀프 레벨링 기능이 있다.
③ 젤은 아크릴과 화학적으로 비슷한 밀도를 갖고 있는 물질이다.
④ 젤 램프기기에 경화해야 하는 특징이 있다.

> 젤 네일의 과도한 경화는 네일의 변색을 초래할 수 있으므로 정확한 시간을 맞추어 경화해야 함

08 신규 문제 공략
광 중합 젤에 대한 설명으로 틀린 것은?
① 베이스 젤은 컬러 젤보다 두껍게 도포한다.
② 셀프 레벨링이 나타난다.
③ 큐어링 시간을 맞추어야 한다.
④ 피부에 닿지 않게 해야 한다.

> 베이스 젤을 컬러 젤보다 두껍게 도포하지 않음

09 신규 문제 공략
젤에 대한 설명으로 옳은 것은?
① 온도와 습도에 민감하다.
② 글루 드라이어를 분사하면 응고한다.
③ 공기 중에 응고한다.
④ 특수한 빛에 의해 경화한다.

> 젤은 자외선(UV), 가시광선(LED)의 특수한 빛에 경화함

정답 | 01 ③ 02 ② 03 ③ 04 ③ 05 ① 06 ④ 07 ① 08 ① 09 ④

10
젤 네일에 사용하는 UV 램프의 파장 범위는?

① UV-A 약 320~400nm
② UV-A 약 290~320nm
③ UV-A 약 200~290nm
④ UV-A 약 400~7000nm

UV 램프는 UV-A 약 320~400nm 파장을 사용함

11
젤 램프기기에 대한 설명으로 틀린 것은?

① 젤에 첨가되어 있는 광 중합 개시제에 따라 종류가 달라진다.
② LED 젤 램프기기는 가시광선 약 400~700nm 파장을 이용한다.
③ 젤 램프기기에 손을 넣었을 때 히팅 현상이 발생할 수 있다.
④ 소프트 젤은 LED 젤 램프기기에 경화해야 한다.

소프트 젤은 LED 젤 램프기기, UV 젤 램프기기 모두에 경화가 가능함

12
젤 네일 재료에 포함되지 않는 것은?

① 젤 램프기기
② 젤 브러시
③ 투웨이 글루
④ 소프트 젤

투웨이(2-way) 글루는 네일 접착제의 한 종류임

13
젤 네일의 관리에 대한 설명으로 틀린 것은?

① 젤에 첨가되어 있는 광 중합 개시제에 따라 종류가 달라진다.
② 정기적으로 보수해야 한다.
③ 젤은 알레르기 반응을 일으키지 않는다.
④ 소프트 젤은 아세톤에 의해 제거할 수 있다.

젤은 완벽한 경화 전에 만지면 알레르기를 일으킬 수 있음

14
젤 클렌저의 주성분은?

① 아세톤
② 오일
③ 알코올
④ 글리세린

젤 클렌저는 에탄올이 주성분으로 미경화 젤을 제거할 때 사용

15
젤 네일에 대한 설명으로 틀린 것은?

① 젤 램프기기에 경화하기 전까지는 수정이 용이하다.
② 빛에 의해 일어나는 중합 반응을 한다.
③ 온도에 민감하여 온도가 높을수록 빨리 굳는다.
④ 젤은 2개 이상의 분자 화합물이 결합한 반응이 완료되지 않은 물질인 올리고머라고 한다.

젤 네일은 빛에 의해 일어나는 중합 반응을 하는 올리고머로 젤 램프기기에 경화하는 시간이 중요하며, 온도가 높을수록 빨리 굳지 않고 정확한 시간을 지켜야 완벽히 굳음

16
젤 네일 작업 시 발생하는 히팅 현상에 대한 설명으로 틀린 것은?

① 네일이 뜨거워지는 현상이다.
② 손톱이 얇으면 일어날 수 있다.
③ 파고드는 발톱에서 주로 나타나는 현상이다.
④ 젤을 한 번에 두껍게 올리면 발생할 수 있다.

히팅 현상은 젤 네일 경화 시 네일이 뜨거워지는 현상으로, 파고드는 발톱과 관련 없음

17
젤 스컬프처에 대한 설명으로 틀린 것은?

① 불투명 네일 폼을 접착한 경우 손을 뒤집어 경화시켜서는 안 된다.
② 젤 램프기기에 손을 넣었을 때 뜨거울 수 있으므로 미리 고객에게 얘기한다.
③ 젤이 피부에 묻었을 경우 알레르기 반응을 일으킬 수 있다.
④ 투명감에 의해 광택이 오랫동안 유지된다.

불투명 네일 폼은 투과력이 약하기 때문에 손을 뒤집어서 경화할 수 있음

18
젤 프렌치 스컬프처 작업 시 스마일 라인에 대한 설명으로 틀린 것은?

① 선명한 스마일 라인을 만들어야 한다.
② 스마일 라인의 깊이를 최대한 깊게 한다.
③ 얼룩지지 않도록 해야 한다.
④ 양쪽 포인트의 좌우대칭을 맞추어야 한다.

스마일 라인의 깊이는 손톱의 상태에 따라 조절함

| 정답 | 10 ① 11 ④ 12 ③ 13 ③ 14 ③ 15 ③ 16 ③ 17 ① 18 ②

CHAPTER 05 아크릴 네일

합격 TIP 아크릴 네일에서 사용하는 재료의 특성에 대해 정확히 이해하고, 네일 프라이머는 반드시 암기하세요.
아크릴 네일의 특징과 네일 폼 접착 방법, 스마일 라인 조형 방법 위주로 학습하세요!

1 아크릴 네일

(1) 아크릴 네일의 재료 [빈출]

① 아크릴 파우더
- 아크릴 리퀴드와 혼합하여 사용하는 분말 제품
- 성분: 에틸메타크릴레이트, 메틸메타크릴레이트

② 아크릴 리퀴드(모노머)
- '모노머'라고도 하며, 아크릴 파우더와 함께 사용하는 액상
- 독특한 냄새로 환기에 주의, 산화되므로 적당량을 덜어 사용
- 냄새가 나지 않는 제품을 오더리스 모노머라고 함
- 화학물질로 라벨을 붙이고 온도와 빛에 변질될 우려가 있으므로 어두운 색 용기에 넣어 서늘하고 통풍이 잘 되는 곳에 보관

③ 아크릴 브러시
- 아크릴 파우더와 아크릴 리퀴드를 혼합하여 볼을 만들 때 사용
- 브러시의 길이, 크기, 형태에 따라 스컬프처용과 아트용으로 나뉘며, 담비의 털로 만든 브러시가 최상급 브러시임
- 아크릴 혼합 볼의 크기는 브러시 각도에 따라 다르며, 크기가 클수록 각도를 내려야 함
- 브러시 잔여물을 아크릴 리퀴드나 브러시 클리너로 닦고, 브러시 끝을 가지런히 모아 아크릴 리퀴드가 마르지 않도록 뚜껑을 덮어 브러시 끝이 아래쪽으로 향하게 보관

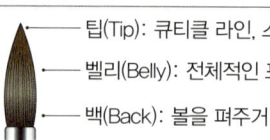
- 팁(Tip): 큐티클 라인, 스마일 라인, 디자인의 미세 작업
- 벨리(Belly): 전체적인 표면의 형태를 균일하게 정리
- 백(Back): 볼을 펴주거나 두께, 길이 조절

④ 네일 폼: 스컬프처 네일 시 길이를 연장하기 위해 사용하는 받침대로, 다양한 형태로 조형이 가능

⑤ 다펜디시(디펜디시): 화학물질에도 녹지 않는 재질로 아크릴 리퀴드 등을 덜어서 사용하는 뚜껑이 있는 작은 용기

⑥ 전 처리제
- 전 처리제는 네일 프라이머, 젤 본더 등을 총칭함
- 전 처리제 사용 시에는 보안경과 마스크를 착용하며, 피부에 묻었을 경우에는 흐르는 물에 씻어 줌
- 성분: 메타크릴산, 아크릴레이트, 부틸아세테이트
- 빛이 투과되지 않는 어두운 색 작은 유리 용기에 넣어 서늘한 공간에 보관

네일 프라이머	• 자연네일의 유·수분을 제거하는 제품 • 메타크릴산의 산성 성분으로 케라틴 단백질을 화학 작용으로 녹임 • pH 밸런스를 맞추어 박테리아 성장을 억제하는 방부제 역할을 함 • 아크릴, 인조네일의 접착 효과를 높여 줌 • 산성 성분이 포함되어 있어 네일의 부식 및 피부에 화상을 입힐 수 있으므로 최소량만을 사용
젤 본더	• 젤 네일 전용 제품 • 네일 프라이머와 동일한 효과를 가짐
논 애시드 프라이머	• 자연네일의 유·수분만 제거하는 제품 • 산성 성분이 없어 컬러링 전에도 사용 가능

(2) 아크릴 네일의 특징 [빈출]

① 손·발톱 모양의 보정이 가능하며, 파고드는 발톱과 물어뜯어 프리에지가 없는(오니코파지, 교조증) 손톱에 효과적임
② 리바운드(Rebound) 현상으로 인해 핀치를 넣고 형태를 만들어 놓아도 원래 형태로 되돌아가려는 성질이 있음
③ 온도에 매우 민감하여 온도가 높을수록 빨리 굳고 온도가 낮으면 잘 굳지 않고 깨지거나 들뜰 수 있음
④ 굳는 시간은 약 3분이며 완벽하게 움직임 없이 굳는 시간은 약 24~48시간 소요됨
⑤ 작업하기 적당한 온도는 22~25℃이며, 자연네일의 pH는 4.5~5.5가 좋음
⑥ 작업 시 독특한 냄새가 나므로 자주 환기를 해 주어야 함
⑦ 젤보다 강하나, 아트 작업 시 수정이 어렵고 광택이 덜 함
⑧ 아크릴 네일은 아세톤으로 제거됨

(3) 아크릴 스컬프처 빈출

주요 재료	네일 폼, 아크릴 파우더, 아크릴 리퀴드(모노머), 아크릴 브러시, 다펜디시
주요 순서	손 소독 → 자연네일 형태 조형 → 표면 정리 및 광택 제거 → 네일 폼 재단 → 네일 폼 접착 → 네일 프라이머 도포 → 아크릴 적용 → 네일 폼 제거 → 핀치 넣기 → 구조 조형 → 표면 정리 → 광택

① 손 소독: 소독제를 사용하여 작업자와 고객의 손 소독하기
② 자연네일 형태 조형: 자연네일의 프리에지를 라운드 또는 오발 형태로 약 1mm의 길이로 조형하기
③ 표면 정리 및 광택 제거: 아크릴의 접착력을 높이기 위해 자연네일 표면을 정리하고 광택 제거하기
④ 네일 폼 재단: 옐로 라인에 맞게 네일 폼 재단하기
⑤ 네일 폼 접착: 정면과 옆면에서 올바르게 네일 폼 접착하기

> **네일 폼 접착 방법**
> • 자연네일과 네일 폼 사이의 공간이 없게 접착
> • 하이포니키움이 손상되지 않도록 너무 깊지 않게 넣어 접착
> • 네일 폼이 틀어지지 않도록 중심에 맞게 접착
> • 정면과 옆면에서도 처지지 않게 자연스럽게 연결되도록 접착

⑥ 전 처리제 도포: 네일 프라이머를 자연네일에 소량 도포하기
⑦-1 아크릴 원톤 스컬프처 적용
• 클리어 볼을 올려 길이를 연장하고 스퀘어 형태로 조형하기
• 클리어 볼로 높은 지점을 만들면서 자연스럽게 연결하기
• 큐티클 부분에 클리어 볼을 올리고 자연스럽게 연결하기
• 부족한 부분을 확인하며 전체를 연결하기

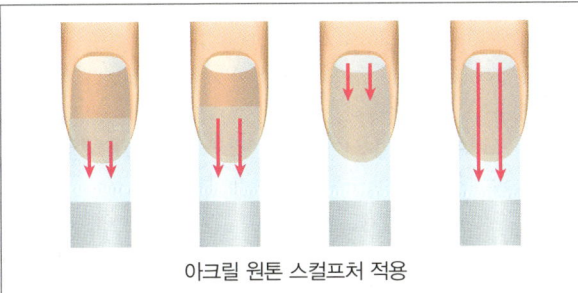

아크릴 원톤 스컬프처 적용

⑦-2 아크릴 프렌치 스컬프처 적용
• 화이트 볼로 스마일 라인을 만들면서 길이를 연장하고 스퀘어 형태로 조형하기

> **스마일 라인 조형 방법**
> • 네일의 상태에 따라 둥근 라인의 깊이를 조절할 수 있음
> • 양쪽 포인트의 밸런스를 맞추고 좌우대칭이 되도록 함
> • 얼룩지지 않고 깨끗하고 선명한 라인을 만들어야 함

아크릴 프렌치 스컬프처 적용(화이트 볼)

• 스마일 라인 안쪽으로 클리어 볼을 올리고 연결하기
• 클리어 볼을 반복적으로 사용하여 가장 높은 지점을 만들고 두께 형성하기

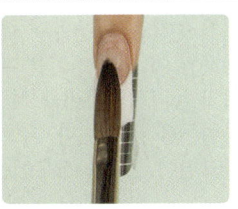

아크릴 프렌치 스컬프처 적용(클리어 볼)

⑧ 네일 폼 제거: 네일 폼의 끝을 모아 아래로 내려 제거하기
⑨ 핀치 넣기: C 커브를 만들고 옆면 라인이 일직선이 되도록 핀치 넣기

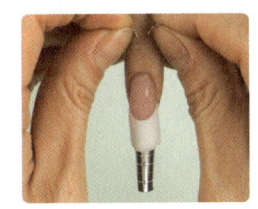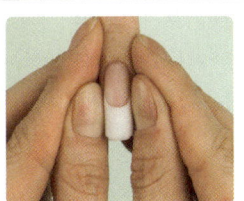

네일 폼 제거   핀치 넣기

⑩ 구조 조형: 인조네일용 파일을 사용하여 스퀘어 형태로 구조 조형하기
⑪ 표면 정리: 샌딩 파일을 사용하여 인조네일의 표면 다듬기
⑫ 광택: 광택용 파일을 사용하여 인조네일의 표면 광택 내기
⑬ 완성

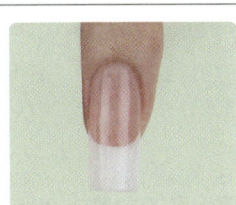

아크릴 원톤 스컬프처   아크릴 프렌치 스컬프처

CHAPTER 05 아크릴 네일

출제 예상문제 B

1 아크릴 네일

01
아크릴 브러시의 보관 방법으로 틀린 것은?
① 브러시에 아크릴이 남아 있지 않도록 아크릴 리퀴드로 여러 번 페이퍼타월에 닦아 아크릴의 잔여물을 제거한다.
② 브러시 끝을 모아 주고 아크릴 리퀴드가 마르지 않도록 뚜껑을 덮어 브러시 끝을 아래쪽으로 향하게 보관한다.
③ 네일 폴리시리무버를 적시고 오렌지 우드스틱을 사용하여 잔여물을 긁어 낸다.
④ 아크릴이 굳었을 경우에는 브러시 클리너로 세척한다.

> 잔여물이 남은 경우 아크릴 리퀴드로 여러 번 페이퍼타월에 닦아 아크릴의 잔여물을 제거해야 하며, 네일 폴리시리무버를 사용하면 안 됨

02 신규 문제공략
아크릴 프렌치 스컬프처 작업 시 스마일 라인이나 큐티클 라인을 조형할 때 사용하는 브러시의 위치는?
① Back(브러시 뒷부분) ② Belly(브러시 중간 부분)
③ Base(브러시 중간 부분) ④ Tip(브러시 앞부분)

> • 백(Back): 볼을 펴주거나 두께, 길이 조절
> • 벨리(Belly): 전체적인 표면의 형태를 균일하게 정리
> • 팁(Tip): 큐티클 라인, 스마일 라인, 디자인의 미세 작업

03
아크릴 브러시에 대한 설명으로 틀린 것은?
① 아크릴 혼합 볼의 크기는 브러시 각도에 따라 다르며, 크기가 작을수록 각도를 내려야 한다.
② 브러시의 길이, 크기, 형태에 따라 스컬프처용과 아트용으로 나누어 사용한다.
③ 담비의 털로 만든 브러시가 최상급의 브러시이다.
④ 아크릴 브러시의 팁 부분은 큐티클 라인, 스마일 라인, 디자인의 미세 작업에 사용한다.

> 아크릴 혼합 볼의 크기는 브러시 각도에 따라 다르며, 크기가 작을수록 각도를 올려야 함

04
화학물질을 포함하고 있는 네일 재료(아크릴 리퀴드 등)를 덜어서 사용하는 뚜껑이 있는 제품의 명칭은?
① 디스펜서 ② 콘 커터
③ 멘다 ④ 다펜디시

> • 디스펜서(멘다): 아세톤 등의 용액을 담아 펌프식으로 사용하는 용기
> • 콘 커터: 발바닥의 두꺼운 굳은살을 제거할 때 사용하는 도구

05
산성 제품으로 피부에 화상을 입힐 수 있으므로 최소량만을 사용하며 아크릴 스컬프처 작업 시 아크릴의 리프팅을 최소화해 주는 데 도움을 주는 제품은?
① 아크릴 리퀴드 ② 네일 프라이머
③ 모노머 ④ 카탈리스트

> • 아크릴 리퀴드(모노머): 아크릴 파우더와 혼합하는 액상 제품
> • 카탈리스트: 함유량에 따라 아크릴 네일의 굳는 속도를 조절하는 촉매제

06
논 애시드 프라이머(Non-acid Primer)에 대한 설명으로 틀린 것은?
① 네일을 부식시키지 않는다.
② 피부에 닿아도 화상을 초래하지 않는다.
③ 메타크릴 애시드가 포함되어 있다.
④ 컬러링 전에도 사용 가능하다.

> 논 애시드 프라이머는 산성 성분인 메타크릴 애시드가 없음

07
네일 프라이머에 대한 설명으로 틀린 것은?
① 산 성분이 있어 빛에 노출되면 변질될 우려가 있으므로 어두운 색의 유리 용기를 사용해야 한다.
② 이물질이 들어가도 오염되지 않아 작은 용기보다 큰 용기에 사용하는 것이 좋다.
③ 네일 프라이머 작업 시에는 보안경과 마스크를 착용한다.
④ 눈에 들어가지 않게 주의해서 사용한다.

> 네일 프라이머는 이물질에 오염되거나 빛에 변질될 우려가 있어 빛이 투과되지 않는 어두운 색 작은 유리 용기에 넣어 서늘한 공간에 보관해야 함

08
네일 프라이머가 피부에 묻었을 때 대처 방법으로 가장 적절한 것은?
① 흐르는 물에 씻어 준다.
② 피부 소독제에 담가 둔다.
③ 알코올이나 아세톤으로 닦는다.
④ 면봉이나 솜으로 눌러 준다.

> 네일 프라이머는 산성 제품으로 피부에 화상을 입힐 수 있으므로 사용 시에는 보안경과 마스크를 착용하며 피부에 묻었을 경우에는 흐르는 물에 씻어 줘야 함

| 정답 | 01 ③ 02 ④ 03 ① 04 ④ 05 ② 06 ③ 07 ② 08 ① |

09 신규 문제 공략
네일 재료와 기기에 대한 설명으로 틀린 것은?
① 네일 프라이머는 꼼꼼하게 덧바른다.
② 젤 램프기기는 젤을 경화하는 기기이다.
③ 모노머는 폴리머와 함께 사용하는 재료이다.
④ 네일 파일의 그릿은 숫자가 작을수록 거칠다.

> 네일 프라이머는 덧바르지 않고 최소량만을 사용해야 함

10
아크릴 스컬프처를 권장하는 것이 가장 적합한 경우는?
① 네일이 긴 경우
② 네일이 작을 경우
③ 네일이 너무 큰 경우
④ 네일이 너무 짧아 하이포니키움을 덮지 못한 경우

> 아크릴 네일은 네일이 너무 짧아 프리에지가 없어 하이포니키움을 덮지 못한 물어뜯는 손톱에 효과적임

11
화이트 아크릴 파우더, 핑크 아크릴 파우더 또는 클리어 아크릴 파우더를 사용하여 작업하는 것은?
① 아크릴 프렌치 스컬프처
② 젤 원톤 스컬프처
③ 젤 프렌치 스컬프처
④ 아크릴 원톤 스컬프처

> - 젤 원톤 스컬프처: 젤을 사용하여 하나의 톤으로 작업함
> - 젤 프렌치 스컬프처: 젤을 사용하여 프렌치로 작업함
> - 아크릴 원톤 스컬프처: 아크릴을 사용하여 하나의 톤으로 작업함

12
아크릴 네일을 작업하기에 가장 적당한 온도는?
① 5~10℃
② 10~18℃
③ 22~25℃
④ 27~33℃

> 아크릴 네일은 온도에 매우 민감하여 온도가 높을수록 빨리 굳고 온도가 낮으면 잘 굳지 않고 깨지거나 들뜰 수 있으므로 작업하기 가장 적당한 온도는 22~25℃임

13 신규 문제 공략
네일 폼 접착 방법으로 틀린 것은?
① 자연네일과 네일 폼 사이의 공간이 없게 접착한다.
② 3mm 정도 하이포니키움에 띄어서 접착한다.
③ 네일 폼이 틀어지지 않도록 중심에 맞게 접착한다.
④ 옆면에서도 처지지 않게 자연스럽게 연결되도록 접착한다.

> 하이포니키움이 손상되지 않도록 너무 깊지 않게 넣어 접착해야 하는 것이지 하이포니키움에 띄어서 접착하면 안 됨

14 신규 문제 공략
잘못된 방법으로 네일 폼을 접착했을 경우에 해당하는 사항이 아닌 것은?
① 전체적인 균형이 깨질 수 있다.
② 스트레스 포인트 부분이 들뜰 수 있다.
③ 콘 벡스와 콘 케이브가 맞지 않을 수 있다.
④ 큐티클 라인을 조형하기 어려울 수 있다.

> 네일 폼을 잘못된 방법으로 접착하면 전체적인 균형이 깨져 들뜨거나 C-커브의 위아래(콘 벡스, 콘 케이브)가 맞지 않을 수 있으나 네일 폼 잘못 접착해도 큐티클 라인을 조형하는 것과는 관련이 없음

15
아크릴 스컬프처의 재료가 아닌 것은?
① 화이트 파우더
② 핑크 파우더
③ 클리어 파우더
④ 필러 파우더

> 필러 파우더는 팁 네일과 랩 네일에서 사용하는 재료임

16
아크릴 네일에 대한 설명으로 틀린 것은?
① 아크릴 볼은 온도에 민감하다.
② 온도가 높을수록 빨리 굳는다.
③ 아크릴 리퀴드는 산화되기 쉬워 적당량을 덜어 사용한다.
④ 아크릴 작업은 환기와 관련 없다.

> 아크릴은 독특한 냄새가 나므로 자주 환기를 해 주어야 함

17
아크릴 원톤 스컬프처의 작업 과정이다. ( ) 안에 들어갈 내용으로 옳은 것은?

| 손 소독 → 네일 폼 접착 → ( ) → 아크릴 볼 올리기 → 네일 폼 제거하기 |

① 네일 프라이머 도포
② 큐디클 오일 도포
③ 네일 강화제 도포
④ 큐티클 리무버 도포

> 네일 폼을 접착한 후 아크릴을 올리기 전에 아크릴의 접착 효과를 높이기 위해 네일 프라이머를 도포해야 함

18 신규 문제 공략
아크릴 프렌치 스컬프처 작업 시 스마일 라인 조형 방법에 대해 틀린 것은?
① 얼룩지지 않게 조형한다.
② 스마일 라인을 조형할 경우 브러시는 네일 베드를 향한다.
③ 사이드 라인이 틀린 경우 샌딩 파일로 조절한다.
④ 네일 상태에 따라 둥근 라인의 깊이를 조절할 수 있다.

> 사이드 라인 양쪽 포인트의 밸런스를 맞추고 좌우대칭이 되도록 함

| 정답 | 09 ① | 10 ④ | 11 ① | 12 ③ | 13 ② | 14 ④ | 15 ④ | 16 ④ | 17 ① | 18 ③ |

CHAPTER 06 자연네일 보강

합격 TIP 네일 랩, 아크릴, 젤의 사용 방법은 앞서 학습했으므로 어렵지 않은 챕터입니다.
자연네일 보강의 의미를 정확히 이해하고 연장에서 사용하는 불필요한 재료가 없는지 유념해서 학습하세요!

1 자연네일 보강

(1) 자연네일 보강
① 자연네일 보강: 약해지거나 손상되거나 찢어진 자연네일을 다양한 네일 재료를 사용하여 두께를 보강하는 것을 의미함
② 자연네일의 분류

약해진 자연네일		두께가 얇아 약해진 상태
손상된 자연네일		표면이 뜯겨져 손상된 상태
찢어진 자연네일		충격에 의해 찢어진 상태

(2) 자연네일 보강의 범위
① 전체 보강
- 자연네일을 전체적으로 보강하는 방법
- 주로 전체적으로 약해진 자연네일에 사용하나, 찢어지거나 손상된 자연네일도 범위가 넓으면 적용할 수 있음

② 부분 보강: 부분적으로 손상되거나 찢어진 자연네일을 중심으로 보강하는 방법

(3) 자연네일 보강의 분류
① 네일 랩 자연네일 보강
- 네일 랩과 네일 접착제를 사용하여 자연네일을 보강
- 손상 정도에 따라 필러 파우더를 함께 적용할 수 있음
- 네일 접착제를 사용하여 찢어진 네일을 붙인 후 네일 랩을 적용하면 아크릴이나 젤보다 리프팅될 가능성이 적음
- 찢어진 부분을 단단히 연결시켜 주어 찢어진 자연네일의 경우에는 네일 랩이 가장 효과적임

② 아크릴 자연네일 보강
- 아크릴은 한 번에 두께를 줄 수 있다는 장점이 있음
- 손상된 부분이 크고 단단하게 두께를 형성해야 하는 경우에는 아크릴로 보강하는 것이 가장 적절함
- 찢어진 자연네일의 경우 네일 접착제를 사용하여 찢어진 부위를 붙이고, 아크릴을 적용하기 전에 올바른 전 처리를 하지 않으면 리프팅될 수 있으므로 반드시 표면의 광택을 제거하고 전 처리제를 도포해야 함
- 아크릴은 인조네일 중 가장 단단하고 경화 후에도 수축과 변형이 없으므로 파고드는 내향성 네일(조갑감입증)에도 효과적임

③ 젤 자연네일 보강
- 젤은 퍼지는 성질이 있기 때문에 약해진 자연네일을 전체적으로 보강하거나 자연네일의 손상을 사전에 예방할 때 효과적임
- 찢어진 자연네일의 경우 네일 접착제를 사용하여 찢어진 부위를 붙이고, 젤을 적용하기 전에 올바른 전처리를 하지 않으면 리프팅될 수 있으므로 반드시 표면의 광택을 제거하고 전 처리제를 도포해야 함
- 자연네일의 상태에 따라 경도가 강한 하드 젤과 부드러운 소프트 젤을 선택하여 적용할 수 있음

(4) 네일 랩 자연네일 보강

주요 재료	네일 랩(실크), 네일 접착제, 필러 파우더, 경화 촉진제 (글루 드라이어), 가위
주요 순서	손 소독 → 찢어진 부분 접착 → 표면 정리 및 광택 제거 → 네일 랩 재단 → 네일 랩 접착 → 네일 랩 고정 → 채우기 → 표면 및 프리에지 조형 → 코팅 → 광택

① **손 소독**: 소독제를 사용하여 작업자와 고객의 손 소독하기
② **찢어진 부분 접착**: 네일 접착제를 사용하여 찢어진 부분을 붙이고 들뜨지 않게 오렌지 우드스틱으로 눌러주기

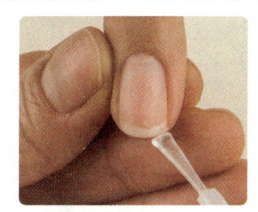 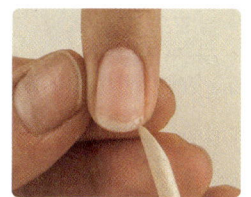

찢어진 부분 붙이기

③ **표면 정리 및 광택 제거**: 네일 랩의 접착력을 높이기 위해 자연네일 표면을 정리하고 광택 제거하기
④ **네일 랩 적용**: 보강할 부분에 네일 랩을 접착하고 스틱 글루로 네일 랩을 고정한 후 경화 촉진제를 약 10~15cm 거리에서 약하게 분사하기

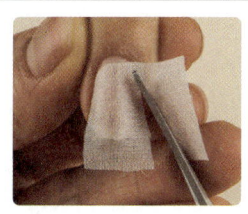 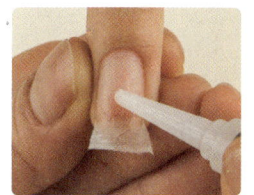

네일 랩 적용

⑤ **두께 형성**: 브러시 글루를 도포하여 두께를 형성하거나 찢어진 부분이 심할 경우에는 네일 접착제와 필러 파우더를 반복적으로 사용하여 두께를 형성할 수 있음
⑥ **표면 및 프리에지 조형**: 표면을 매끄럽게 조형하고 프리에지의 형태 조형하기
⑦ **코팅**: 광택과 두께를 보강하기 위해 브러시 글루 도포하기
⑧ **광택**: 광택용 파일을 사용하여 인조네일의 표면에 광택 내기

(5) 아크릴 자연네일 보강

주요 재료	아크릴 파우더, 아크릴 리퀴드, 아크릴 브러시, 다펜디시
주요 순서	손 소독 → 찢어진 부분 접착 → 표면 정리 및 광택 제거 → 네일 프라이머 도포 → 아크릴 적용 → 핀치 넣기 → 표면 및 프리에지 조형 → 광택

① **손 소독**: 소독제를 사용하여 작업자와 고객의 손 소독하기
② **찢어진 부분 접착**: 네일 접착제를 사용하여 찢어진 부분을 붙이고 들뜨지 않게 오렌지 우드스틱으로 눌러주기

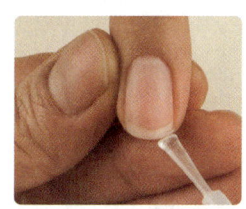 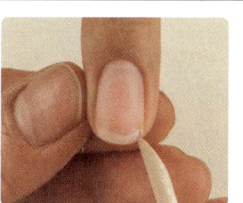

찢어진 부분 붙이기

③ **표면 정리 및 광택 제거**: 아크릴의 접착력을 높이기 위해 자연네일 표면을 정리하고 광택 제거하기
④ **전 처리제 도포**: 네일 프라이머를 자연네일에 소량 도포하기
⑤ **아크릴 적용**: 보강할 부분에 아크릴 볼을 올리고 두께를 형성한 후 자연스럽게 연결하기
⑥ **핀치 넣기**: C 커브를 만들고 옆면 라인이 일직선이 되도록 핀치 넣기

 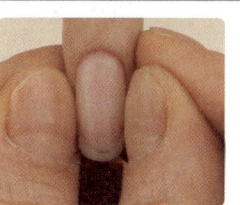

아크릴 적용

⑦ **표면 및 프리에지 조형**: 표면을 매끄럽게 조형하고 프리에지의 형태 조형하기
⑧ **광택**: 광택용 파일을 사용하여 인조네일의 표면 광택 내기

(6) 젤 자연네일 보강

주요 재료	젤, 베이스 젤, 톱 젤, 젤 브러시, 젤 램프기기
주요 순서	손 소독 → 찢어진 부분 접착 → 표면 정리 및 광택 제거 → 젤 본더 도포 → 베이스 젤 도포 및 경화 → 젤 적용 → 미경화 젤 제거 → 표면 및 프리에지 조형 → 톱 젤 도포 및 경화 → 미경화 젤 제거

① 손 소독: 소독제를 사용하여 작업자와 고객의 손 소독하기
② 찢어진 부분 접착: 네일 접착제를 사용하여 찢어진 부분을 붙이고 들뜨지 않게 오렌지 우드스틱으로 눌러주기

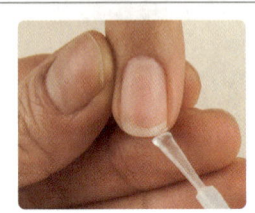 
찢어진 부분 붙이기

③ 표면 정리 및 광택 제거: 젤의 접착력을 높이기 위해 자연네일 표면을 정리하고 광택 제거하기
④ 전 처리제 도포: 젤 본더를 자연네일에 소량 도포하기
⑤ 베이스 젤 도포 및 경화: 자연네일에 베이스 젤을 1회 도포한 후 경화하기

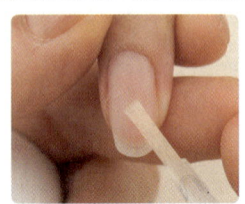 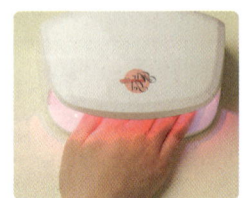
베이스 젤 도포 및 경화

⑥ 젤 적용: 보강할 부분에 젤을 올리고 두께를 형성한 후 자연스럽게 연결한 후 경화하기

베이스 젤 도포 및 경화

⑦ 미경화 젤 제거: 젤 클렌저를 사용하여 미경화 젤 제거하기
⑧ 표면 및 프리에지 조형: 표면을 매끄럽게 조형하고 프리에지의 형태 조형하기

 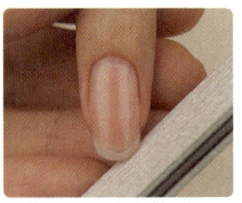
표면 및 프리에지 조형

⑨ 톱 젤 도포 및 경화: 톱 젤을 1회 도포한 후 경화하기

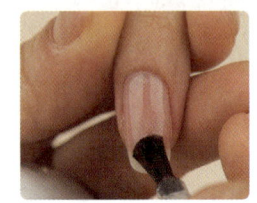 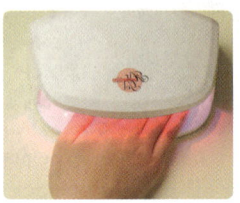
톱 젤 도포 및 경화

⑩ 미경화 젤 제거: 젤 클렌저를 사용하여 미경화 젤 제거하기

CHAPTER 06 자연네일 보강 | 출제 예상문제

1 자연네일 보강

01 자연네일 보강에 대한 설명으로 틀린 것은?
① 자연네일의 길이를 연장하는 것을 의미한다.
② 자연네일을 튼튼하게 하는 것을 의미한다.
③ 찢어진 자연네일을 붙여 단단하게 하는 것을 의미한다.
④ 손상된 자연네일의 두께를 형성하는 것을 의미한다.

> 자연네일 보강이란 약해지거나 손상되거나 찢어진 자연네일을 다양한 네일 재료를 사용하여 두께를 보강하는 것을 의미함

02 자연네일 보강의 종류로 틀린 것은?
① 네일 랩을 이용한 자연네일 보강
② 네일 팁을 이용한 자연네일 보강
③ 아크릴을 이용한 자연네일 보강
④ 젤을 이용한 자연네일 보강

> 네일 팁은 길이를 연장할 때 사용하는 재료로, 자연네일을 보강할 때에는 사용하지 않음

03 찢어진 자연네일의 경우 가장 효과적인 네일 재료는?
① 네일 팁   ② 네일 랩
③ 아크릴   ④ 젤

> 찢어진 자연네일의 경우에는 네일 랩이 찢어진 부분을 단단히 연결시켜 주어 가장 효과적임

04 아크릴 자연네일 보강에서 사용되는 재료가 아닌 것은?
① 네일 폼   ② 모노머
③ 아크릴 파우더   ④ 다펜디시

> 네일 폼은 길이를 연장할 때 사용하는 재료로, 스컬프처 네일 작업 시 사용함

05 파고드는 내향성 네일(조갑감입증)에 효과적인 자연네일 보강 방법은?
① 네일 팁   ② 네일 랩
③ 아크릴   ④ 젤

> 아크릴은 인조네일 중 가장 단단하고 경화 후에도 수축과 변형이 없으므로 파고드는 내향성 네일(조갑감입증)에 효과적임

06 자연네일 보강에 대한 설명으로 틀린 것은?
① 네일 랩을 이용한 자연네일 보강 시 손상 정도에 따라 필러 파우더를 함께 적용할 수 있다.
② 아크릴은 한 번에 두께를 줄 수 있어 단단하게 두께를 형성해야 하는 경우에는 아크릴이 가장 적절하다.
③ 젤은 퍼지는 성질이 있어 두께를 형성할 수 없으므로 자연네일 보강에는 사용하지 않는다.
④ 자연네일의 상태에 따라 경도가 강한 하드 젤과 부드러운 소프트 젤을 선택하여 적용할 수 있다.

> 젤은 퍼지는 성질이 있기 때문에 약해진 자연네일을 전체적으로 보강하거나 자연네일의 손상을 사전에 예방할 때 효과적임

07 자연네일 보강에 대한 설명으로 틀린 것은?
① 자연네일 보강은 손상된 부분만 부분적으로 할 수 있다.
② 젤을 사용한 자연네일의 보강일 경우에는 두께가 두껍지 않기 때문에 톱 젤을 생략한다.
③ 약해진 자연네일에는 전체보강이 효과적이다.
④ 자연네일이 찢어진 경우에는 네일 접착제를 사용하여 찢어진 부분을 붙이고 들뜨지 않게 오렌지 우드스틱으로 눌러준다.

> 톱 젤은 두께와 관계없이 도포해야 함

| 정답 | 01 ① 02 ② 03 ② 04 ④ 05 ③ 06 ③ 07 ② |

CHAPTER 07 인조네일 보수 ⓒ

합격 TIP 보수를 언제 왜 해야 하는지를 이해하고 인조네일의 조기 손상 원인을 집중적으로 암기하세요.
인조네일별 작업 방법은 대부분 동일하므로 차이점만 가볍게 학습하세요!

1 인조네일 보수

(1) 인조네일의 보수(리페어, Repair)

① 자연네일은 네일 베드에서 공급하는 수분을 통과시키는 역할을 하나, 인조네일을 한 경우에는 수분의 증발력이 감소되어 리프팅이 발생함
② 리프팅 현상은 일반적으로 2~3주 사이에 걸쳐 서서히 나타나지만, 일정 기간 전에 발생하는 리프팅 현상은 잘못된 작업 방법과 고객의 부주의 등이 원인이 될 수 있음
③ 정기적인 보수를 하지 않으면 리프팅이 생긴 공간에서 곰팡이나 세균 등이 서식하고 변색이 될 수 있으며 균열이나 부러짐의 현상을 초래할 수 있으므로 약 2~3주의 간격을 두고 손상된 인조네일의 표면을 정리한 후 새롭게 보수를 해야 함
④ 인조네일의 보수 시기는 개인의 네일 보디 수분량과 인조네일의 길이, 작업자의 잘못된 작업 방법, 고객의 부주의 등 상황에 따라 적절히 조절해야 함
⑤ 인조네일을 작업한 후 너무 많은 시간이 경과되어 인조네일의 30% 이상이 없어지거나 심하게 깨진 경우에는 보수보다 인조네일을 제거하는 것이 적절함

> **용어**
> • 리프팅(Lifting): 인조네일과 자연네일 사이가 들뜨는 현상

(2) 인조네일의 조기 손상 원인 빈출

① 잘못된 작업 방법
- 유효기간이 경과하고 품질이 나쁜 재료를 사용한 경우
- 에칭을 제대로 주지 않아 자연네일의 광택이 충분히 제거되지 않은 경우
- 자연네일의 유·수분 제거를 충분히 하지 않은 경우
- 스트레스 포인트와 프리에지를 미흡하게 커버한 경우
- 큐티클 부분이 두껍고 충분히 네일 파일링하지 못한 경우
- 아크릴 파우더와 아크릴 리퀴드의 혼합 비율이 적당하지 않고 너무 낮은 온도에서 작업한 경우
- 젤을 한 번에 두껍게 오버레이하고 경화 시간(큐어링 시간)을 적절하게 지키지 않았을 경우
- 자연네일에 비해 길이가 길고 두께가 얇게 연장했을 경우
- 네일 접착제, 아크릴, 젤 등이 주변 피부에 넘치고 이를 잘 닦지 않은 경우
- 네일 랩의 턱을 매끄럽게 제거하지 못한 경우
- 네일 접착제가 필러 파우더를 충분히 흡수하지 않았을 경우
- 가까운 거리에서 과도하게 경화 촉진제를 사용하여 네일 접착제의 표면만 경화된 경우

② 고객의 부주의
- 일상생활에서 네일 끝부분을 과도하게 사용하고, 외부적인 압력으로 인해 충격이 가해진 경우
- 과도한 자외선 노출과 화학 제품 사용, 흡연으로 네일이 변색된 경우
- 보수 시기를 놓쳐 자연네일이 과도하게 자라 나와 무게 중심이 변화한 경우

(3) 팁 네일, 랩 네일 보수(팁 위드 랩)

손 소독	소독제를 사용하여 작업자와 고객의 손 소독하기
경계 제거	인조네일용 파일을 사용하여 들뜬 부분 경계 없애기
광택 제거	인조네일의 접착력을 높이기 위해 자연네일과 인조네일 표면의 광택 제거하기
채우기	• 자라 나온 부분에 네일 접착제와 필러 파우더를 반복적으로 사용하여 매끄럽게 채우며 연결하기 • 가장 높은 지점을 만들고 두께 형성하기
구조 조형	인조네일용 파일을 사용하여 구조를 조형하기
표면 정리	샌딩 파일을 사용하여 인조네일 표면 다듬기
코팅	브러시 글루를 사용하여 두께를 보강하기
광택	광택용 파일을 사용하여 인조네일 표면에 광택 내기

(4) 아크릴 네일 보수(아크릴 원톤 스컬프처) 빈출

손 소독	소독제를 사용하여 작업자와 고객의 손 소독하기
경계 제거	인조네일용 파일과 니퍼 등을 사용하여 들뜬 부분 경계 없애기
광택 제거	인조네일의 접착력을 높이기 위해 자연네일과 인조네일 표면의 광택 제거하기
전 처리제	네일 프라이머를 자라 나온 자연네일에 소량 도포하기
아크릴 볼 올리기	• 자라 나온 부분에 클리어 볼을 올려 매끄럽게 채우며 연결하기 • 클리어 볼을 반복적으로 사용하여 가장 높은 지점을 만들고 부족한 두께 형성하기
핀치 넣기	옆면 라인이 일직선이 되도록 핀치 넣기
구조 조형	인조네일용 파일을 사용하여 구조를 조형하기
표면 정리	샌딩 파일을 사용하여 인조네일 표면 다듬기
광택	광택용 파일을 사용하여 인조네일 표면에 광택 내기

(5) 젤 네일 보수(젤 원톤 스컬프처)

손 소독	소독제를 사용하여 작업자와 고객의 손 소독하기
경계 제거	인조네일용 파일을 사용하여 들뜬 부분 경계 없애기
광택 제거	인조네일의 접착력을 높이기 위해 자연네일과 인조네일 표면의 광택 제거하기
전 처리제	젤 본더를 자라 나온 자연네일에 소량 도포하기
베이스 젤	자연네일과 인조네일에 베이스 젤을 1회 도포한 후 경화하기
클리어 젤 올리기	• 자라 나온 부분에 클리어 젤을 올려 매끄럽게 채우며 연결한 후 경화하기 • 클리어 젤을 반복적으로 사용하여 가장 높은 지점을 만들고 두께를 형성한 후 경화하기
미경화 젤 제거	젤 클렌저를 사용하여 미경화 젤 제거하기
구조 조형	인조네일용 파일을 사용하여 구조를 조형하기
표면 정리	샌딩 파일을 사용하여 인조네일 표면 다듬기
톱 젤	톱 젤을 1회 도포한 후 경화하기
미경화 젤 제거	젤 클렌저를 사용하여 미경화 젤 제거하기

CHAPTER 07 인조네일 보수 | 출제 예상문제

1 인조네일 보수

01
인조네일 보수에 대한 설명으로 틀린 것은?
① 정기적인 보수로 깨지거나 부러지거나 떨어지는 것을 미연에 방지한다.
② 적절한 보수를 하지 않았을 경우 습기 및 오염으로 인해 곰팡이나 박테리아 감염 등 각종 문제가 발생할 수 있다.
③ 보수 시기를 놓치고 네일의 길이가 많이 자라면 인조네일이 부러질 수 있다.
④ 새로 자라난 자연네일로 인해 인조네일과 표면이 균일하지 않으면 반드시 떼어 내고 다시 작업해야 한다.

> 보수란 새로 자라난 표면을 균일하게 연결하는 것이므로 반드시 떼어 내고 다시 작업할 필요는 없음

02
네일 랩을 했을 경우 들뜨는 현상이 일어나는 원인으로 틀린 것은?
① 자연네일의 광택을 제대로 제거하지 않았을 경우
② 큐티클 주위에 네일 접착제가 묻었을 경우
③ 네일 랩의 턱을 매끄럽게 제거한 경우
④ 자연네일에 비해 길이가 너무 길고 두께가 얇게 연장되었을 경우

> 네일 랩의 턱을 매끄럽게 제거하지 못한 경우에는 들뜨는 현상이 나타남

03
아크릴 네일 작업 후 리프팅의 원인으로 틀린 것은?
① 큐티클 부분에 너무 두껍게 올렸을 경우
② 스트레스 포인트를 충분히 감싸지 못했을 경우
③ 자연네일의 유·수분을 충분히 제거하지 못했을 경우
④ 네일 보디가 짧은 네일에 작업했을 경우

> 네일 보디가 짧은 이유만으로 리프팅의 원인이 될 수 없음

04
아크릴 네일의 보수 방법으로 적절한 것은?
① 보수는 5주 후부터 하는 것이 좋다.
② 필러 파우더와 네일 접착제를 사용한다.
③ 떨어진 부분의 아크릴을 갈아내고 전에 있던 부분과 자연스럽게 연결시킨다.
④ 새로 자라난 부분을 네일 파일링하여 형태만 조형한다.

> • 보수는 2~3주 후부터 하는 것이 좋음
> • 아크릴 파우더와 아크릴 리퀴드를 사용함
> • 새로 자라난 부분을 네일 파일링하고 아크릴을 사용하여 보수해야 함

05
팁 위드 랩의 보수에 대한 설명으로 틀린 것은?
① 자연스럽게 보일 수 있도록 보수한다.
② 필러 파우더와 네일 접착제를 사용하여 자라 나온 부분을 채워준다.
③ 자라난 부위의 턱을 매끄럽게 갈아내고 나머지 부분도 가볍게 네일 파일링한다.
④ 깨진 부위는 네일 파일로 갈지 않고 네일 접착제만 이용하여 보수한다.

> 깨져서 들뜬 부위는 네일 파일로 갈고 네일 접착제와 필러 파우더를 사용하여 보수해 주어야 함

06 신규 문제 공략
팁 위드 랩을 보수할 때 사용하는 재료가 아닌 것은?
① 실크(네일 랩)
② 젤 글루(브러시 글루)
③ 글루 드라이어(경화 촉진제)
④ 아크릴 파우더

> 아크릴 파우더는 아크릴 네일을 보수할 때 사용하며, 팁 위드 랩을 보수할 때에는 필러 파우더를 사용해야 함

| 정답 | 01 ④ 02 ③ 03 ④ 04 ③ 05 ④ 06 ④

07
젤 네일의 손상 원인이 아닌 것은?
① 고객의 부주의한 관리
② 젤을 큐티클 부분에 넘치게 발랐을 경우
③ 경화 시간이 적절하지 못한 경우
④ 스트레스 포인트 부분을 충분히 감싼 경우

> 스트레스 포인트 부분을 충분히 감싸지 못한 경우 손상의 원인이 될 수 있음

08
아크릴 네일의 보수에 대한 설명으로 틀린 것은?
① 인조네일용 파일을 사용하여 들뜬 부분의 경계를 없애야 한다.
② 인조네일의 접착력을 높이기 위해 자연네일과 인조네일 표면의 광택을 낸다.
③ 네일 프라이머를 자라 나온 자연네일에 소량 도포한다.
④ 아크릴을 큐티클 부분에 올려 전에 있던 부분과 자연스럽게 연결시킨다.

> 인조네일의 접착력을 높이기 위해 자연네일과 인조네일 표면의 광택을 제거하는 에칭 작업을 해야 함

09
아크릴 스컬프처의 보수에 대한 설명으로 틀린 것은?
① 자라 나온 들뜬 경계 부분을 네일 파일링한다.
② 들뜬 부분에 큐티클 오일을 도포한 후 큐티클을 정리한다.
③ 새로 자라난 자연네일 부분에 전 처리제를 도포한다.
④ 아크릴이 단단하게 굳은 후 네일 파일링한다.

> 들뜬 부분에 큐티클 오일을 도포하면 리프팅이 발생할 수 있으므로 인조네일 보수 시에는 큐티클 오일을 사용하지 않는 것이 적절함

10
아크릴 네일 보수에 대한 설명으로 틀린 것은?
① 심하게 들뜬 부분은 경계가 없도록 네일 파일링한다.
② 새로 자라난 손톱 부분에 네일 프라이머를 도포한다.
③ 새로 자라난 큐티클 부분에 자연스러운 라인을 만든다.
④ 새로 아크릴 볼을 얹은 부위는 네일 파일링이 필요하지 않다.

> 새로 아크릴 볼을 얹은 부위에도 자연스럽게 네일 파일링해야 함

11 신규 문제 공략
아크릴 프렌치 스컬프처 작업 후 리프팅의 원인이 아닌 것은?
① 큐티클 부분이 두꺼운 경우
② 에칭을 제대로 주지 않은 경우
③ 주변으로 아크릴이 넘친 경우
④ 자연네일 자체에 유·수분이 많을 경우

> 자연네일 자체에 유·수분이 많다고 무조건 리프팅의 원인이 되는 것은 아니며, 자연네일의 유·수분 제거를 충분히 하지 않은 경우가 리프팅의 원인이 됨

12
젤 스컬프처의 보수 방법으로 틀린 것은?
① 들뜬 젤 부분과 자연네일의 경계 부분을 네일 파일링한다.
② 투웨이 젤을 이용하여 두께를 만들고 경화한다.
③ 너무 거칠지 않은 네일 파일을 사용하여 표면을 부드럽게 네일 파일링한다.
④ 표면을 부드럽게 네일 파일링한 후 톱 젤을 도포한다.

> • 클리어 젤을 이용하여 두께를 만들어야 함
> • 투웨이 젤은 잘못된 표현이며, 투웨이 글루는 네일 접착제의 한 종류임

13
젤 네일의 관리에 대한 설명으로 틀린 것은?
① 젤 네일은 일반 네일 폴리시에 비해 광택이 우수하다.
② 젤 네일은 유지력이 좋아 5주에 한 번씩 정기적으로 보수해야 한다.
③ 젤도 아크릴과 마찬가지로 알레르기 반응이 일어날 수 있다.
④ 소프트 젤은 아세톤으로 제거할 수 있다.

> 젤 네일의 보수는 2~3주의 간격으로 해야 함

14
새로 성장한 손톱과 아크릴 네일 사이의 공간을 보수하는 방법으로 옳은 것은?
① 손톱과 아크릴 네일 사이의 경계를 거친 네일 파일로 강하게 네일 파일링한다.
② 아크릴 네일 보수 시 새로 자라난 자연손톱 부분에 네일 프라이머를 도포한다.
③ 들뜬 부분은 니퍼나 다른 도구를 이용하여 강하게 뜯어 낸다.
④ 들뜬 부분에 오일 도포 후 큐티클을 정리한다.

> • 손톱과 아크릴 네일 사이의 경계를 부드러운 네일 파일로 조심스럽게 네일 파일링함
> • 들뜬 부분은 네일 도구를 이용하여 약하게 제거함
> • 아크릴 네일의 보수 시에는 큐티클 오일을 사용하면 리프팅이 발생할 수 있으므로 큐티클 오일을 사용하지 않음

PART
04
NAIL TECHNICIAN

네일아트

출제비중 **5%**

| 출제 (예상)문제 수 | Ⓐ 7~5문제 Ⓑ 4~2문제 Ⓒ 2~1문제

Ⓒ **CHAPTER 01**　일반 네일 폴리시 아트
Ⓒ **CHAPTER 02**　젤 네일 폴리시 아트
Ⓒ **CHAPTER 03**　통 젤 네일 폴리시 아트

CHAPTER 01 일반 네일 폴리시 아트 ⓒ

합격 TIP 색의 3속성과 색상이 가지는 특징을 이해하면서 학습하세요.
워터 마블은 독특한 네일아트 기법으로 출제될 가능성이 높으므로 워터 마블의 특징과 장단점에 대해 암기하세요!

1 기초 색채 배색

(1) 색의 3속성

① 색상: 빛이 물체를 비추었을 때 생겨나는 반사, 흡수, 투과, 굴절 등을 통해 인간의 눈을 자극하여 얻어지는 지각 현상

② 명도: 색의 밝고 어두운 정도, 명도가 낮을수록 어두움

| 검정 | 저명도 | 중명도 | 고명도 | 흰색 |

③ 채도
- 색의 맑고 깨끗한 선명도, 색의 포화도를 나타내는 성질
- 아무것도 섞지 않아 원색에 가까운 것을 채도가 높다고 표현
- 채도가 없는 흰색과 검은색은 무채색이라고 함

| 저채도 | 중채도 | 고채도 |

(2) 색의 지각 현상

① 색의 온도감
- 난색: 붉은색 계열로 따뜻하게 느껴짐
- 한색: 파란색 계열로 차갑게 느껴짐
- 중성색: 녹색이나 보라 계열로 온도감이 거의 없음

② 색의 중량감과 경연감❓
- 고명도의 밝은 색은 가볍고 부드러운 느낌
- 저명도의 어두운 색은 무겁고 딱딱한 느낌

용어
• 경연감: 단단한지 부드러운지에 대한 느낌

(3) 4계절 색채

① 봄: 부드러움, 은은함(노랑, 연두, 핑크, 파스텔 계열)
② 여름: 정열, 젊음, 강렬함(파랑, 청록색, 청색 계열)
③ 가을: 차분함, 풍부함(베이지, 갈색, 적자색, 난색 계열)
④ 겨울: 차가움, 화려함(흰색, 회색, 무채색 계열)

(4) 색의 조화

① 다양한 표현을 위해 여러 색을 서로 배색❓하여 효율적이고 미적으로 만드는 것을 말함
② 네일 디자인의 배색 조건은 미적인 부분과 안정감을 주는 유행성을 고려하여 실생활에 맞는 배색으로 표현함

용어
• 배색: 두 가지 이상의 색을 조합하여 얻을 수 있는 효과

③ 색상 배색

동일 색상		따뜻함, 차가움, 부드러움
유사 색상		친근함, 즐거움, 온화함
반대 색상		화려함, 동적임, 생생함

④ 명도 배색

고명도 배색		밝고 깨끗한 느낌
중명도 배색		불분명하고 모호한 느낌
저명도 배색		무거우며 음침한 느낌
명도 차이가 큰 배색		뚜렷하고 명쾌한 느낌

⑤ 채도 배색

고채도 배색		화려하고 자극적인 느낌
저채도 배색		부드럽고 온화한 느낌
채도 차이가 큰 배색		활기차며 명쾌한 느낌

2 일반 네일 폴리시 아트

(1) 표현 기법

① 직접적인 아트 표현 기법: 브러시, 닷 툴 등의 도구를 이용하며, 도안에 따라 네일 위에 직접 디자인하는 기법

② 간접적인 아트 표현 기법
- 음각된 디자인 판에 네일 폴리시를 얇게 남겨 도장처럼 찍어 표현하는 기법
- 네일 폴리시 물성의 움직임으로 표현하는 마블❷ 디자인 기법
- 제작한 도구를 사용하거나 네일 폴리시의 성질을 활용하여 움직임을 이끌어내는 기법

> **용어**
> - 마블(Marble)
>   - 프랑스어 마르브뤼르(Marbrure)에서 유래한 말
>   - 대리암(석)으로 만든 조각물로, 네일미용에서는 대리암의 무늬를 지칭함
>   - 서로 섞이지 않는 물과 기름의 성질을 이용하여 대리석 등의 맥리를 닮은 줄무늬를 생성하는 기법

(2) 워터 마블

① 특성
- 물 위에 일반 네일 폴리시를 떨어뜨려 퍼짐성을 이용하여 색을 유연하게 만들고 움직임에 의한 디자인을 표현함
- 컬러가 물 위에서 퍼져야 하고 살짝 건조한 후 막을 형성해야 하기 때문에 일반 네일 폴리시로만 작업이 가능함
- 물 위에 디자인이 완료된 후 손톱을 덮어 무늬를 찍어냄

② 단점
- 고객의 손톱을 직접 물에 담가야 하는 번거로움이 있음
- 손톱을 담그면서 디자인이 손상될 수 있음
- 손톱을 뺀 후 주변 피부에 네일 폴리시가 묻을 수 있음
- 물을 사용하기 때문에 손톱 표면에 기포가 생길 수 있음
- 제시한 디자인을 정확히 표현하기 어렵고 시간이 걸려 네일 팁에 디자인한 후 네일 팁을 접착하는 경우가 많음

③ 주의사항
- 자연네일에 직접 작업할 경우 주변 피부에 바셀린이나 전용 크림을 발라주면 추후 잔여물 제거가 용이함
- 물에 손톱을 깊게 넣어 마블 디자인이 바닥에 닿으면 형태가 변형되므로 유의해서 작업해야 함
- 물기가 완전히 마른 후에 톱코트를 도포해야 함

(3) 폴리시 마블

① 네일 폴리시 위에 네일 폴리시를 올려 퍼짐성을 표현
② 유연한 컬러의 움직임을 마블의 원리로 응용한 디자인 표현 기법으로, 일반 네일 폴리시, 젤 네일 폴리시도 가능함

(4) 일반 네일 폴리시 워터 마블 아트

① 오렌지 우드스틱 끝부분에 네일 팁 고정하기
② 베이스코트를 도포한 후 화이트 컬러로 풀코트 도포하기
③ 마블 디자인 만들기
- 용기에 5cm 이상 물을 담고 일반 네일 폴리시를 떨어뜨리기
- 다양한 컬러의 일반 네일 폴리시를 반복적으로 떨어뜨리기
- 오렌지 우드스틱으로 다양한 방향으로 그어 마블링하기

④ 마블 디자인 찍어내기
- 네일 팁을 45°로 넣어 디자인을 찍어내고 물 속에서 유지하기
- 물의 위에 일반 네일 폴리시 막을 오렌지 우드스틱으로 걷어내기
- 물의 표면이 깨끗해진 것을 확인 후 네일 팁 꺼내기

⑤ 물기를 건조하고 기포와 디자인을 확인한 후 톱코트 도포하기

(5) 일반 네일 폴리시 마블 아트

① 베이스코트를 도포한 후 레드 컬러로 풀코트 도포하기
② 화이트 컬러로 5개의 도트를 떨어뜨려 번짐 확인하기
③ 컬러가 마르기 전에 세필 브러시로 꽃잎 모양 표현하기
④ 중심에 점을 찍어 꽃 심 표현하기
⑤ 톱코트 도포하기

> **톱코트 도포 방법**
> - 톱코트로 인해 디자인이 뭉개질 수 있으므로 디자인을 네일 건조기에 잘 건조시킨 후 톱코트를 발라야 함
> - 도트는 두께감이 있으므로 완성된 디자인이 번지지 않도록 톱코트는 좀 도톰하게 발라야 함
> - 프리에지 부분까지 감싸 발라주어 유지력을 높여야 함
> - 네일 주변에 묻은 톱코트를 제거한 후 건조시킴

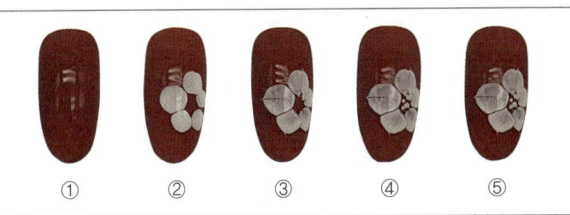

① ② ③ ④ ⑤

CHAPTER 01 일반 네일 폴리시 아트 | 출제 예상문제

1 기초 색채 배색

01
색의 3속성이 아닌 것은?
① 색상　　　　② 명암
③ 명도　　　　④ 채도

> 색의 3속성: 색상, 명도, 채도

02
명도에 대한 설명으로 옳은 것은?
① 색의 밝고 어두운 정도를 표현한다.
② 색의 맑고 깨끗한 선명도를 말한다.
③ 물체를 비추었을 때 생겨나는 반사 현상이다.
④ 인간의 눈을 자극하여 얻어지는 지각 현상이다.

> 명도는 색의 밝고 어두움을 나타내는 정도로, 명도가 낮으면 어둡고, 높으면 밝음

03
색의 맑고 깨끗한 선명도를 나타내는 것은?
① 색상　　　　② 명도
③ 채도　　　　④ 중량

> 채도는 색의 맑고 깨끗한 선명도를 말하며, 채도가 높으면 원색에 가깝고, 채도가 낮으면 탁함

04
색의 온도감에 대한 설명으로 틀린 것은?
① 난색: 붉은색 계열로 따뜻하게 느껴진다.
② 한색: 파란색 계열로 차갑게 느껴진다.
③ 중성색: 녹색 계열로 온도감이 거의 없다.
④ 난색: 보라 계열로 가장 따뜻하게 느껴진다.

> 중성색: 녹색이나 보라 계열로 온도감이 거의 없음

05
고명도 색이 주로 나타내는 느낌은?
① 가벼운 느낌　　② 무거운 느낌
③ 딱딱한 느낌　　④ 무서운 느낌

> 고명도의 밝은 색은 가볍고 부드러운 느낌을 나타냄

06
단단한지 부드러운지에 대한 느낌을 무엇이라고 하는가?
① 질감　　　　② 원근감
③ 경연감　　　④ 중량감

> • 질감: 물체 표면의 재질 차이에 대한 느낌
> • 원근감: 가깝거나 먼 거리에 대한 느낌
> • 중량감: 물체의 무게감에 대한 느낌

07
봄 네일아트 디자인에 어울리는 색채 배열로 적절한 것은?
① 노랑, 연두, 핑크 등의 파스텔 계열로 색채를 배열한다.
② 파랑, 물색, 청록색 등의 청색 계열로 색채를 배열한다.
③ 베이지, 갈색, 적자색 등의 난색 계열로 색채를 배열한다.
④ 흰색, 회색 등의 무채색 계열로 색채를 배열한다.

> • 봄: 부드러움, 은은함(노랑, 연두, 핑크, 파스텔 계열)
> • 여름: 정열, 젊음, 강렬함(파랑, 청록색, 청색 계열)
> • 가을: 차분함, 풍부함(베이지, 갈색, 적자색, 난색 계열)
> • 겨울: 차가움, 화려함(흰색, 회색, 무채색 계열)

08
서로 반대되는 색상으로 배색할 경우 나타나는 이미지로 가장 적절한 것은?
① 무거우며 음침한 이미지를 나타낸다.
② 화려하고 동적이며 생생한 이미지를 나타낸다.
③ 불분명하고 모호한 이미지를 나타낸다.
④ 부드럽고 온화한 이미지를 나타낸다.

> 서로 반대되는 색상으로 배색하면 화려하고 동적이며 생생한 이미지를 나타냄

09
네일 디자인의 배색 조건으로 가장 적절한 것은?
① 미적인 부분보다 안정감을 최우선으로 배색한다.
② 실생활보다 최근 유행성을 고려하여 배색한다.
③ 미적인 부분이 가장 중요하므로 고객의 의견대로 배색한다.
④ 미적인 부분과 유행성을 고려하여 실생활에 맞게 배색한다.

> 네일 디자인의 배색 조건은 미적인 부분과 안정감을 주는 유행성을 고려하여 실생활에 맞는 배색으로 표현함

| 정답 | 01 ② | 02 ① | 03 ③ | 04 ④ | 05 ① | 06 ③ | 07 ① | 08 ② | 09 ④ |

2 일반 네일 폴리시 아트

10
간접적인 아트 표현 기법에 대한 설명으로 틀린 것은?

① 네일 폴리시의 성질을 활용하여 자연스러운 움직임을 이끌어내는 기법이다.
② 음각된 디자인 판에 네일 폴리시를 얇게 남겨 도장처럼 찍어 표현하는 기법이다.
③ 네일 폴리시 물성의 움직임으로 표현하는 마블 디자인 기법이다.
④ 도안에 따라 폴리시를 사용하여 네일 위에 디자인하는 기법이다.

> 도안에 따라 네일 폴리시를 사용하여 네일 위에 디자인하는 기법은 직접적인 표현 기법임

11
워터 마블 아트 시 주의사항으로 틀린 것은?

① 자연네일에 직접 작업할 경우 주변 피부에 아세톤을 미리 발라주면 추후 잔여물 제거가 용이하다.
② 물에 손톱을 넣을 시 깊게 넣어 마블 디자인이 바닥에 닿으면 형태가 변형되므로 유의해서 작업해야 한다.
③ 손톱 표면에 기포가 생기지 않도록 유의해야 한다.
④ 물기가 완전히 마른 후에 톱코트를 도포하여 마무리해야 한다.

> 자연네일에 직접 작업할 경우 주변 피부에 바셀린이나 전용 크림을 발라주면 추후 잔여물 제거가 용이함

12
워터 마블에 대한 설명으로 틀린 것은?

① 물 위에 일반 네일 폴리시를 떨어뜨려 퍼짐성을 이용하여 색을 유연하게 만들고 움직임에 의한 디자인을 표현하는 기법이다.
② 물 위에 디자인이 완료된 후 손톱을 덮어 무늬를 찍어 만들어 내는 기법이다.
③ 네일 팁을 활용하여 워터 마블 디자인을 한 후 완성된 아트 네일 팁을 접착하는 경우가 많다.
④ 제시한 디자인을 정확히 표현할 수 있고 시간이 짧아 고객이 선호하여 가장 자주하는 아트 기법이다.

> 제시한 디자인을 정확히 표현하기 어렵고 시간이 걸려 자주 하지 않으며 네일 팁에 디자인한 후 네일 팁을 접착하는 경우가 많으며 번거로움이 있어 자주하는 아트 기법은 아님

13
마블에 대한 설명으로 틀린 것은?

① 대리석 또는 대리암으로 만든 조각물을 말한다.
② 네일미용에서는 대리암의 무늬를 지칭하는 단어로 사용한다.
③ 프랑스어 마르브뤼르(Marbrure)에서 유래한 말이다.
④ 물과 기름이 섞여 뿌옇게 백탁화된 성질을 이용한 유화 기법을 말한다.

> 마블은 서로 섞이지 않는 물과 기름의 성질을 이용하여 대리석 등의 맥리를 닮은 줄무늬를 생성하는 기법임

14
워터 마블 기법에 대한 설명으로 틀린 것은?

① 물 표면에 만들어진 마블 디자인에 네일 팁을 넣고 지워지지 않게 바로 꺼낸다.
② 물 표면에 남아 있는 일반 네일 폴리시 막을 도구를 사용하여 정리해야 한다.
③ 물의 표면이 깨끗해진 것을 확인한 후 꺼내야 한다.
④ 마블 디자인 위에 네일 팁을 45° 넣는다.

> 마블 디자인 위에 네일 팁을 45°로 천천히 눌러 물 속에 넣고 주변의 막을 정리할 때까지 그 상태로 유지해야 함

15
일반 네일 폴리시 꽃 마블 아트 작업에 대한 설명으로 틀린 것은?

① 가장 처음에 베이스코트를 도포하여 착색을 방지한다.
② 원하는 컬러를 사용하여 풀코트로 도포할 수 있다.
③ 도트를 떨어뜨린 후 도트가 완전히 건조되면 꽃잎 모양으로 마블을 표현한다.
④ 디자인 완성 후 톱코트를 도포한다.

> 도트를 떨어뜨린 후 꽃잎이 완전히 건조되면 마블이 되지 않으므로 컬러가 마르기 전에 네일 도구를 사용하여 꽃잎 모양으로 마블을 표현해야 함

16
마블 아트 작업에 대한 설명으로 틀린 것은?

① 아트 작업 시에도 컬러 전에 베이스코트를 도포해야 한다.
② 화이트 컬러로 5개의 도트를 떨어뜨려 번짐을 확인한다.
③ 컬러가 마르기 전에 네일 도구로 꽃잎 모양을 표현한다.
④ 도트는 두께감이 있으므로 완성된 디자인이 번지지 않도록 톱코트를 도포하지 않는다.

> 도트는 두께감이 있으므로 완성된 디자인이 번지지 않도록 톱코트는 좀 도톰하게 발라야 함

| 정답 | 10 ④ | 11 ① | 12 ④ | 13 ④ | 14 ④ | 15 ③ | 16 ④ |

CHAPTER 02 젤 네일 폴리시 아트

합격 TIP 조형의 기본 요소인 점, 선, 면, 형에 대한 특징을 정확하게 암기하세요.
젤 네일 폴리시 아트는 재료의 역할을 암기하고, 순서보다 아트 작업 시 유의사항 위주로 학습하세요.

1 기초 디자인 적용

(1) 디자인
주어진 목적을 조형적으로 실체화하는 모든 행위를 말함

> **용어**
> • 조형: 여러 가지 재료를 사용하여 구체적인 형태나 형상을 만드는 것

(2) 조형의 기본 요소
점, 선, 면, 형(형태), 명암, 색, 질감, 공간

(3) 점

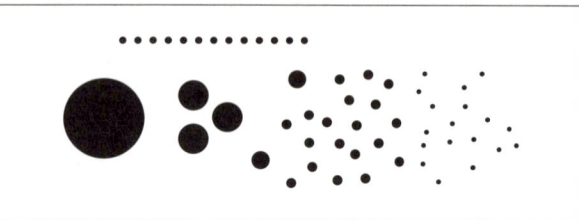

① 더 이상 나눌 수 없는 형태를 지각하는 최소의 단위
② 조형의 기본 단위로 방향은 존재하지 않고 위치만 나타냄
③ 점들 사이의 간격이 좁으면 빠르고, 간격이 넓으면 느린 느낌을 가짐
④ 점의 크기를 점점 크거나 작게 하면 운동감, 공간감을 줄 수 있음

점을 활용한 네일아트

(4) 선
① 점이 이동한 흔적, 점이 연속되어 이루는 조형의 기본 요소
② 길이와 위치, 방향을 나타내며, 면적이나 부피는 없음
③ 직선, 곡선, 절선을 3대 기본선이라고 함

④ 선의 종류

구분	이미지	느낌
직선	—	단순하면서 강한 남성적인 느낌
곡선	～	부드러우며 여성적인 느낌
가는 선	—	섬세함 우아한 느낌
굵은 선	—	둔탁하고 힘 있는 느낌
수평선	≡	평온, 평화, 정지, 정적인 느낌
수직선	‖‖	희망, 상승, 권위, 숭고한 느낌
사선	∥∥	운동감, 속도감, 불안한 느낌
기하학적인 선		긴장감을 주고 기계적인 느낌
자유 곡선		아름답고 자유분방한 느낌
유기적인 선		부드러우며 자유스러운 느낌

(5) 면
① 점의 확대나 선이 모여서 만들어진 표면
② 선이 둘러 싸여진 윤곽선의 내부를 면이라고 함
③ 길이와 넓이는 존재하지만, 두께가 없음
④ 면에 색채를 넣어 공간, 입체감, 원근감, 질감을 나타냄

> **용어**
> • 원근감: 가깝거나 먼 거리에 대한 느낌

(6) 형
① 점, 선, 면이 만나 보여지는 사물의 모양
② 사물을 둘러싸고 있는 윤곽선을 형이라고 함
③ 원형, 삼각형, 사각형 등

2 젤 네일 폴리시 아트

(1) 젤 네일 폴리시

① 특성
- 일반 네일 폴리시와 아크릴의 단점들을 보완한 제품
- 컬러를 부여하기 위해 사용, 베이스 젤 도포 후 2회 도포
- 젤 램프기기에 경화해야 하며 경화가 빠르나 제거가 어려움
- 유지 기간이 오래 지속되며, 광택이 뛰어남
- 안료를 포함하고 있어 클리어 젤에 비해 경화 속도가 느림
- 경화 전에는 굳지 않으므로 아트 시 수정이 가능함
- 작업 시간을 단축하며 탄성과 지속력이 우수함
- 셀프 레벨링으로 컬러의 뭉침과 불균형이 최소화 됨

② 조건
- 탄력성과 지속력이 높고 발림성이 용이할 것
- 제거 용액으로 제거가 용이하며 독성이 없을 것
- 경화 시 수축 현상이 없고 컬러가 변색되지 않을 것
- 일정한 컬러와 광택을 유지할 것

(2) 베이스 젤

① 손톱의 변색을 방지하며 자연네일과 젤의 접착력을 증가시킴
② 젤 네일 폴리시 도포 전 자연네일에 도포

(3) 톱 젤

① 젤 네일 폴리시의 지속성을 높이고 광택을 부여하며, 매트한 질감으로 마무리하는 무광 톱 젤도 존재함
② 젤 네일 폴리시를 도포한 후 마지막에 도포

유광 톱 젤	• 고광택을 주며 명료한 이미지를 표현하여 작품의 완성도를 높여줌 • 제품에 따라 미경화가 남는 톱 젤과 남지 않는 톱 젤로 구분됨
무광 톱 젤	• 포근한 이미지를 표현하며 벨벳 느낌과 고급스러움, 독특한 색감을 표현해 줌 • 유광 톱 젤보다 뿌연 색으로 점성이 강한 고무질감으로 제품이 분리될 수 있어 잘 섞어준 후 도포해야 매트한 느낌이 남 • 유지력을 위해 유광 톱 젤 후 덧바르기도 함 • 코팅된 느낌이 없어 때가 잘 타는 단점이 있음

유광 톱 젤   무광 톱 젤

(4) 젤 네일 폴리시 선 마블링 아트

① 베이스 젤을 도포한 후 젤 램프기기에 경화하기
② 레드 컬러로 4개의 세로선 그리기
* 손톱을 8개의 폭으로 나눈 후 중앙에서 오른쪽에 1번 세로선 그리기
* 1번 선의 폭과 동일한 간격을 남기고 오른쪽에 2번 세로선 그리기
* 1번 선의 폭과 동일한 간격을 남기고 왼쪽에 3번 세로선 그리기
* 3번 선의 폭과 동일한 간격을 남기고 왼쪽에 4번 세로선 그리기

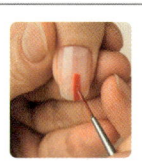

레드 세로선 4개 그리기

③ 선이 비뚤어지지 않고 색이 혼합되지 않게 레드 컬러 사이에 화이트 컬러로 4개의 세로선 그리기

화이트 세로선 4개 그리기

④ 브러시로 가로줄 5개를 그려 마블링한 후 경화하기
* 넓은 젤 브러시를 오른쪽으로 닦으며 1번 가로줄을 그려 마블링하기
* 동일한 간격으로 오른쪽 2개, 왼쪽 2개의 가로줄이 들어가도록 세필 브러시로 그려 마블링하기
* 색의 조화와 선이 깔끔하게 마블링되도록 자주 브러시를 닦아야 함
* 마블링 후 주변에 묻은 젤 네일 폴리시를 정리하고 경화해야 함

가로줄 5개로 마블링하기

⑤ 톱 젤을 도포한 후 젤 램프기기에 경화하기

톱 젤 도포 방법
• 톱 젤이 뭉치지 않게 공기방울이 생기지 않도록 부드럽게 잘 펴서 도포해야 함 • 톱 젤이 손톱 밖으로 넘치면 리프팅의 원인이 되므로 양을 적절히 조절해야 함 • 미경화 톱 젤은 젤 클렌저로 닦아 끈적임이 없도록 해야 함

CHAPTER 02 젤 네일 폴리시 아트 | 출제 예상문제

1 기초 디자인 적용

01
디자인에 대한 설명으로 옳은 것은?
① 주어진 목적을 조형적으로 실체화하는 모든 행위를 말한다.
② 선에 의해 이미지를 그린 작품을 말한다.
③ 다양한 표현을 위해 여러 색을 서로 배색하여 효율적이고 미적으로 만드는 것이다.
④ 2가지 이상의 색을 조합하여 얻을 수 있는 효과를 말한다.

- 데생: 선에 의해 이미지를 그린 작품
- 색의 조화: 다양한 표현을 위해 여러 색을 서로 배색하여 효율적이고 미적으로 만드는 것
- 배색: 두 가지 이상의 색을 조합하여 얻을 수 있는 효과

02
여러 가지 재료를 사용하여 구체적인 형태나 형상을 만드는 것을 무엇이라고 하는가?
① 데생　　② 배색
③ 성형　　④ 조형

여러 가지 재료를 사용하여 구체적인 형태나 형상을 만드는 것을 조형이라고 함

03
조형의 기본 요소가 아닌 것은?
① 점　　② 양
③ 면　　④ 선

조형의 기본 요소: 점, 선, 면, 형(형태), 명암, 색, 질감, 공간

04
3대 기본선이 아닌 것은?
① 직선　　② 곡선
③ 절선　　④ 윤곽선

3대 기본선: 직선, 곡선, 절선

05
점에 대한 설명으로 틀린 것은?
① 더 이상 나눌 수 없는 형태를 지각하는 최소의 단위이다.
② 조형의 기본 단위로, 방향은 존재하지 않고 위치만을 나타낸다.
③ 점들 사이의 간격이 좁으면 느린 느낌을 가진다.
④ 점의 크기를 점점 크게 작게 하면 운동감과 공간감을 줄 수 있다.

점들 사이의 간격이 좁으면 빠르고, 간격이 넓으면 느린 느낌을 나타냄

06
선에 대한 설명으로 틀린 것은?
① 점이 이동한 자취나 흔적을 나타낸다.
② 점이 연속되어 이루는 조형의 기본 요소이다.
③ 길이와 위치, 방향을 나타낸다.
④ 면적이나 부피를 가진다.

선은 길이와 위치, 방향을 나타내며, 면적이나 부피는 없음

07
기하학적인 선이 주는 느낌은?
① 긴장감을 주고 기계적인 느낌
② 부드러우며 자유스러운 느낌
③ 아름답고 자유분방한 느낌
④ 평온, 평화, 정지, 정적인 느낌

- 유기적인 선: 부드러우며 자유스러운 느낌
- 자유 곡선: 아름답고 자유분방한 느낌
- 수평선: 평온, 평화, 정지, 정적인 느낌

08
면에 대한 설명으로 틀린 것은?
① 점의 확대나 선이 모여 만들어진 표면이다.
② 선이 둘러 싸여진 윤곽선의 외부를 말한다.
③ 길이와 넓이가 존재한다.
④ 면에 색채를 넣으면 질감을 나타낼 수 있다.

선이 둘러 싸여진 윤곽선의 내부를 면이라고 할 수 있음

| 정답 | 01 ① 02 ④ 03 ② 04 ④ 05 ③ 06 ④ 07 ① 08 ②

2 젤 네일 폴리시 아트

09
젤 네일 폴리시에 대한 설명으로 틀린 것은?
① 일반 네일 폴리시와 아크릴의 단점들을 보완한 제품이다.
② 경화 전에 굳어 수정이 어렵다.
③ 경화를 위해 젤 램프기기를 사용해야 한다.
④ 아트 시 작업 시간을 단축하며 탄성과 지속력이 우수하다.

젤 네일 폴리시는 경화 전에는 굳지 않으므로 수정이 가능함

10
셀프 레벨링에 대한 설명으로 옳은 것은?
① 젤의 유동성으로 스스로 퍼지는 현상을 말한다.
② 젤이 불균형하게 한쪽으로 치우치는 현상을 말한다.
③ 컬러가 뭉치는 현상을 말한다.
④ 컬러를 도포하면 브러시 결이 그대로 남는 현상을 말한다.

셀프 레벨링이란 젤의 유동성으로 스스로 퍼지는 현상을 말하며, 컬러의 뭉침과 불균형이 최소화됨

11
손톱의 변색을 방지하며 자연네일과 젤의 접착력을 증가시키는 제품은?
① 베이스코트   ② 베이스 젤
③ 톱코트   ④ 톱 젤

베이스 젤은 베이스코트와 같은 역할을 하며, 젤 네일 폴리시 도포 전에는 베이스 젤을 사용해야 함

12
젤 네일 폴리시의 지속성을 높이고 광택을 부여하는 제품으로 마지막에 도포하는 것은?
① 클리어 젤   ② 베이스 젤
③ 스컬프처 젤 ④ 톱 젤

톱 젤은 젤 네일 폴리시의 지속성을 높이고 기본적으로는 광택을 부여하는 제품임

13
톱 젤에 대한 설명으로 틀린 것은?
① 젤 네일 폴리시의 지속성을 높이기 위해 도포한다.
② 젤 네일의 광택을 부여하는 제품이다.
③ 매트한 질감으로 마무리하는 무광 톱 젤은 존재하지 않는다.
④ 젤 네일 폴리시를 도포한 후 마지막에 도포한다.

톱 젤은 광택을 부여하는 유광 톱 젤과 매트한 질감으로 마무리하는 무광 톱 젤로 구분됨

14
무광 톱 젤에 대한 설명으로 틀린 것은?
① 제품이 분리될 수 있어 잘 섞어준 후 도포해야 한다.
② 벨벳 느낌과 포근한 이미지를 표현할 때 도포한다.
③ 유광 톱 젤보다 뿌연 색으로 점성이 강한 고무질감이다.
④ 코팅된 느낌이 없어 때가 타지 않는 장점이 있다.

무광 톱 젤은 코팅된 느낌이 없어 때가 잘 타는 단점이 있음

15
무광 톱 젤에 대한 설명으로 틀린 것은?
① 유지력을 위해 유광 톱 젤을 도포한 후 덧바르기도 한다.
② 독특한 색감을 표현할 때 사용한다.
③ 제품이 분리될 수 있어 잘 섞어준 후 도포해야 한다.
④ 고광택을 주며 명료한 이미지를 표현하여 작품의 완성도를 높여준다.

무광 톱 젤은 광택이 없는 매트한 느낌의 톱 젤을 말함

16
선 마블링 아트 작업에 대한 설명으로 틀린 것은?
① 색의 조화와 선이 깔끔하게 마블링되어야 하므로 자주 브러시를 닦아야 한다.
② 마블링 후 주변에 묻은 젤 네일 폴리시를 정리하고 경화해야 한다.
③ 선이 비뚤어지지 않게 주의해서 그린다.
④ 선 마블은 색이 섞여 부드럽게 퍼져야 예쁘기 때문에 선을 그릴 때 색을 자연스럽게 혼합한다.

선 마블링 아트 시에는 선의 색이 서로 혼합되지 않고 선을 깔끔하게 그려야 함

17
톱 젤 도포 방법에 대한 설명으로 틀린 것은?
① 톱 젤이 뭉치지 않게 잘 펴서 도포해야 한다.
② 공기방울이 생기지 않도록 부드럽게 펴서 도포해야 한다.
③ 경화 후에도 미경화가 남는 톱 젤은 경화 시간이 부족한 것이므로 조금 더 경화해야 한다.
④ 톱 젤이 손톱 밖으로 넘치면 리프팅의 원인이 되므로 양을 적절히 조절해야 한다.

미경화가 남는 톱 젤은 젤 클렌저로 닦아 끈적임이 없도록 완성해야 함

CHAPTER 03
통 젤 네일 폴리시 아트

> **합격 TIP** 네일 폴리시 디자인 도구를 사진을 통해 이해하고 각각의 역할에 대해 암기하세요.
> 통 젤 네일 폴리시의 종류별 특성과 차이점을 비교해 가며 학습하세요!

1 네일 폴리시 디자인 도구

(1) 점 표현 도구

구분	특징	이미지
도트 봉 (dot tool)	다양한 크기가 있으며, 가장 깨끗한 점을 표현하며, 가장 많이 활용됨	
오렌지 우드스틱	큐티클을 밀거나 이물질을 제거하는 것 이외에 점을 찍을 때에도 사용함	
세필 브러시 (라인 브러시)	기본적으로 선을 그릴 때 사용하나, 끝부분을 활용하여 점을 표현하기도 함	

(2) 선 표현 도구

① 세필 브러시는 끝이 뾰족하고 모가 얇은 브러시로, 가는 선이나 곡선 등의 섬세한 작업을 하거나 윤곽을 그릴 때 사용함
② 세필 브러시가 휘었을 경우에는 뜨거운 물에 담갔다 빼고 결을 다듬어 주면 휘어진 부분이 완만해질 수 있음

구분	특징	이미지
숏 라이너	점을 찍거나 레터링, 꽃을 그릴 때 사용	
미디움 라이너	세밀한 라인을 그릴 때 사용	
롱 라이너	긴 라인을 한번에 그릴 때 사용	

(3) 면 표현 도구

구분		특징	이미지
사선 브러시		• 끝이 사선이며 납작한 브러시 • 꽃잎을 그리거나 명암을 줄 때 주로 사용	
필벗 브러시 (라운드 브러시)		• 끝이 둥글며 납작한 브러시 • 둥근 꽃잎을 그리거나 잎사귀 그릴 때 주로 사용	
평 브러시	스퀘어 브러시	• 끝이 사각으로 반듯하며 납작한 브러시 • 바탕 컬러 등의 큰 면을 칠하거나 그러데이션을 할 때 주로 사용	
	미들 스퀘어 브러시	작은 면을 채우거나 균일한 두께의 라인이나 체크무늬를 할 때 주로 사용	

2 젤 네일 폴리시 아트

(1) 통 젤 네일 폴리시

① 통에 젤 네일 폴리시가 들어 있는 형태로, 젤 네일 폴리시보다 점성과 안료가 다양하며, 별도의 네일 브러시가 필요함
② 통에 담겨진 젤 네일 폴리시를 오렌지 우드스틱이나 스패출러 등의 네일미용 도구를 이용하여 덜어 사용해야 함

통 젤 네일 폴리시 　　　　젤 네일 폴리시

(2) 통 젤 네일 폴리시 종류

① 컬러 통 젤 네일 폴리시
- 다양한 컬러가 통에 담겨져 있어 네일아트 시 주로 사용
- 젤 네일 폴리시에 비해 점성이 강해 흐르는 성질이 없음
- 제품에 따라 젤을 물감처럼 혼합하여 사용함

② 반투명 컬러 통 젤 네일 폴리시
- 적은 색 안료를 혼합하여 배경이 비춰 보이는 특성이 있음
- 개성적인 이미지 표현과 시스루❓ 네일 디자인 시 사용함

> **용어**
> - 시스루(See-through): 속이 비치는 투명한 느낌

③ 글리터 통 젤 네일 폴리시
- 투명 젤에 글리터를 혼합한 젤로 글리터 크기에 따라 다양한 이미지를 표현함
- 큰 글리터는 그러데이션을 표현할 때 주로 적용함
- 작은 글리터는 라인을 그리거나 다양한 디자인 시 적용함

④ 스컬프처 통 젤 네일 폴리시
- 퍼짐이 매우 적은 젤로 가장 점성이 강함
- 젤을 도포하는 대로 형태가 유지되며 입체적으로 표현됨
- 완성 후 톱 젤을 두껍게 도포하면 입체감이 저하될 수 있으므로 톱 젤의 양을 적절히 조절해야 함

반투명 컬러　　글리터　　스컬프처
통 젤 네일 폴리시　통 젤 네일 폴리시　통 젤 네일 폴리시

(3) 통 젤 네일 폴리시 체크 아트

① 베이스 젤을 도포한 후 화이트 통 젤 네일 폴리시로 풀코트 후 경화하기
② 미들 스퀘어 브러시를 사용하여 레드 컬러로 교차되는 면 그리기
③ 롱 라이너 브러시를 사용하여 레드 컬러로 가로선 그리기
④ 롱 라이너 브러시를 사용하여 화이트 컬러로 교차선을 그려 체크 아트를 표현한 후 경화하기
⑤ 주변에 묻은 컬러를 정리하고 톱 젤을 도포한 후 젤 램프기기에 경화하기

(4) 통 젤 네일 폴리시 글리터 그러데이션

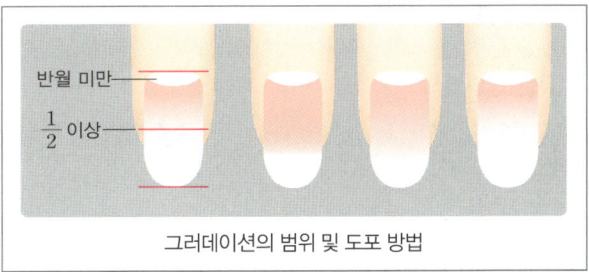

그러데이션의 범위 및 도포 방법

① 베이스 젤을 도포한 후 젤 램프기기에 경화하기
② 스퀘어 브러시를 사용하여 프리에지 부분에 글리터를 올리고 자연스럽게 그러데이션하기
　＊스펀지나 브러시 모두 사용 가능함
③ 스퀘어 브러시를 사용하여 프리에지에서 1/2 정도에 글리터를 올리고 자연스럽게 그러데이션하기
④ 스퀘어 브러시를 사용하여 부족한 부분에 글리터를 올리고 자연스럽게 그러데이션하기
⑤ 주변에 묻은 글리터를 정리하고 톱 젤을 도포한 후 젤 램프기기에 경화하기

CHAPTER 03 통 젤 네일 폴리시 아트 | 출제 예상문제

1 네일 폴리시 디자인 도구

01
네일 폴리시 디자인 도구에서 점을 표현할 때 사용할 수 있는 도구가 아닌 것은?
① 도트 봉　　② 오렌지 우드스틱
③ 세필 브러시　④ 디스펜서

> 디스펜서는 네일 폴리시리무버, 아세톤 등의 용액을 담아 펌프식으로 편리하게 사용하는 용기임

02
다양한 크기가 있으며 가장 깨끗하게 점을 표현할 수 있는 네일아트 도구는?
① 도트 봉　　② 콘 커터
③ 세필 브러시　④ 팁 커터

> 도트 봉은 점을 표현할 때 사용하는 도구로, 다양한 크기가 있으며, 가장 깨끗하게 점을 표현할 수 있음

03
브러시 관리를 소홀히 하여 세필 브러시가 휘었을 경우 원래 상태로 되돌릴 수 있는 방법으로 가장 적절한 것은?
① 얼음물에 담갔다 빼면 곧은 브러시로 되돌릴 수 있다.
② 뜨거운 물에 담갔다 빼면 곧은 브러시로 되돌릴 수 있다.
③ 차가운에 담갔다 빼면 곧은 브러시로 되돌릴 수 있다.
④ 녹차물에 담갔다 빼면 곧은 브러시로 되돌릴 수 있다.

> 브러시 관리를 소홀히 하여 브러시가 휘었을 경우에는 뜨거운 물에 담갔다 뺀 후 결을 다듬어 주면 휘어진 부분이 완만해질 수 있음

04
통 젤 네일 폴리시 아트에서 둥근 꽃잎을 그리거나 잎사귀 그릴 때 주로 사용하는 브러시는?
① 세필 브러시　② 라인 브러시
③ 도트 봉　　　④ 필벗 브러시

> • 세필 브러시(라인 브러시): 점을 찍거나 선을 그릴 때 사용하는 도구
> • 도트 봉: 점을 표현할 때 사용하는 도구

2 통 젤 네일 폴리시 아트

05
통 젤 네일 폴리시에 대한 설명으로 틀린 것은?
① 젤 네일 폴리시보다 점성과 혼합하는 안료가 다양해서 네일아트 시 주로 사용한다.
② 통에 있는 젤 네일 폴리시를 스패츌러 등을 이용하여 덜어 사용한다.
③ 통 젤 네일 폴리시는 통 뒷부분에 붙어 있는 네일 브러시를 사용하여 네일에 도포한다.
④ 젤 램프기기를 사용하여 경화해야 한다.

> 통 젤 네일 폴리시는 통에 담겨져 있는 젤 네일 폴리시를 말하며, 통 뒷부분에 네일 브러시가 붙어 있지 않고 별도의 네일 브러시를 사용하여 네일에 도포해야 함

06
컬러 통 젤 네일 폴리시에 대한 설명으로 틀린 것은?
① 제품에 따라 젤을 물감처럼 혼합하여 다양한 색상을 만들어 사용할 수 있다.
② 네일에 도포하거나 네일 디자인 표현 시 별도의 네일 브러시가 필요하다.
③ 오렌지 우드스틱 등의 미용 도구를 이용하여 덜어 사용해야 한다.
④ 점성이 약해 흐를 수 있어 통에 담겨져 있으므로 보관 시 뒤집어지지 않도록 주의해야 한다.

> 컬러 통 젤 네일 폴리시는 젤 네일 폴리시에 비해 점성이 강해 흐르는 성질이 없음

07
통 젤 네일 폴리시 중 적은 색 안료를 혼합하여 배경이 비쳐져 투명한 이미지를 표현해야 하는 네일 디자인 시 사용하는 젤은?
① 컬러 통 젤 네일 폴리시
② 시스루 통 젤 네일 폴리시
③ 글리터 통 젤 네일 폴리시
④ 스컬프처 통 젤 네일 폴리시

> 반투명 컬러 통 젤 네일 폴리시는 시스루 통 젤 네일 폴리시라고도 하며, 적은 색 안료를 혼합하여 배경이 비쳐 보이는 특성이 있어 투명한 이미지를 표현해야 할 때 주로 사용함

| 정답 | 01 ④　02 ①　03 ②　04 ④　05 ③　06 ④　07 ②

08
글리터 통 젤 네일 폴리시에 대한 설명으로 틀린 것은?

① 투명 젤에 글리터를 혼합한 젤로, 글리터 크기에 따라 다양한 이미지의 표현이 가능하다.
② 글리터는 기본적인 입자가 커 라인을 그릴 때에는 사용하지 않고 주로 그러데이션을 표현할 때 사용한다.
③ 큰 글리터 통 젤 네일 폴리시는 그러데이션을 표현할 때 주로 사용한다.
④ 작은 글리터 통 젤 네일 폴리시는 꽃 아트 등 다양한 디자인 표현 시 사용한다.

글리터 통 젤 네일 폴리시 중 작은 글리터는 입자가 작아 라인을 그릴 때 사용할 수 있음

09
스컬프처 통 젤 네일 폴리시에 대한 설명으로 틀린 것은?

① 스컬프처 통 젤 네일 폴리시는 네일 폼을 접착한 후 디자인을 표현하는 젤을 말한다.
② 젤을 도포하는 형태대로 유지되며 입체적으로 표현이 가능하다.
③ 혼합되는 안료에 따라 표현 범위가 달라지며 다양한 디자인을 표현할 수 있다.
④ 퍼짐이 매우 적은 젤로 가장 점성이 강한 특징이 있다.

• 스컬프처 통 젤 네일 폴리시: 젤을 도포하는 형태대로 유지되며 입체적으로 표현 가능한 젤
• 스컬프처 네일: 네일 팁을 사용하지 않고 네일 폼과 아크릴 또는 젤로 길이를 연장하는 방법

10
글리터 통 젤 네일 폴리시를 사용한 그러데이션 기법에 대한 설명으로 틀린 것은?

① 글리터 통 젤 네일 폴리시는 톱 젤을 사용할 경우 반짝임이 줄기 때문에 클리어 젤을 도포하여 마무리한다.
② 일반적으로 프리에지로 갈수록 색상이 자연스럽게 진해지게 해야 한다.
③ 글리터를 올리기 전 베이스 젤을 도포한 후 젤 램프기기에 경화해야 한다.
④ 자연네일의 1/2 이상 루눌라를 넘지 않게 그러데이션을 한다.

톱 젤은 광택을 주어 반짝임을 더 빛나게 하여 완성도를 높여주는 제품으로, 글리터 통 젤 네일 폴리시로 그러데이션을 한 경우에도 도포해야 함

11
통 젤 네일 폴리시 중 점성이 가장 강하여 젤을 도포하는 대로 형태가 유지되는 젤은?

① 스컬프처 통 젤 네일 폴리시
② 반투명 통 젤 네일 폴리시
③ 글리터 통 젤 네일 폴리시
④ 컬러 통 젤 네일 폴리시

스컬프처 통 젤 네일 폴리시는 점성이 가장 강하여 도포하는 대로 형태가 유지되어 조각한 것 같은 이미지를 연출하는 데 사용함

12
면과 선의 결합된 아트로 세필 브러시와 평 브러시를 사용하는 아트는?

① 글리터 아트
② 시스루 아트
③ 체크 아트
④ 워터 마블 아트

체크 아트는 면과 선이 결합된 바둑판 모양의 무늬가 있는 아트를 말함

13
체크 아트의 작업 방법에 대한 설명으로 옳은 것은?

① 곡선을 표현하는 대표적인 아트이다.
② 선을 그릴 때 선이 삐뚤어지지 않게 주의해야 한다.
③ 면과 선이 겹쳐지면 안 된다.
④ 입체감을 주기 때문에 스컬프처 네일이라고도 한다.

• 체크 아트는 직선을 표현하는 대표적인 아트임
• 체크 아트는 면과 선이 겹쳐져도 됨
• 체크 아트를 스컬프처 네일이라고 하지 않음

14
통 젤 네일 폴리시를 사용한 그러데이션 기법에 대한 설명으로 틀린 것은?

① 스펀지를 사용하여 그러데이션할 수 있다.
② 브러시를 사용하여 그러데이션할 수 없다.
③ 컬러를 혼합하여 그러데이션할 수 있다.
④ 글리터를 사용하여 그러데이션할 수 있다.

일반 네일 폴리시의 경우 컬러가 자연적으로 굳기 때문에 스펀지 이외에 브러시를 사용하여 그러데이션이 불가능하나, 통 젤 네일 폴리시는 젤 램프기기에 굳기 전에는 굳지 않아 브러시를 사용하여 그러데이션할 수 있음

PART
05

NAIL TECHNICIAN

공중위생관리

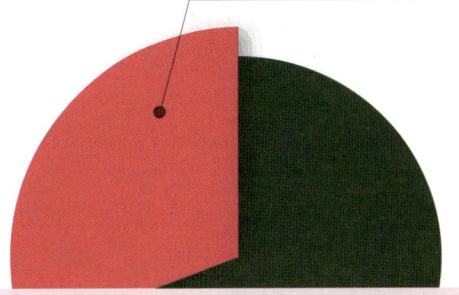

출제비중 **33%**

| 출제 (예상)문제 수 | Ⓐ 7~5문제 Ⓑ 4~2문제 Ⓒ 2~1문제 |

Ⓐ CHAPTER 01　공중보건
Ⓐ CHAPTER 02　소독
Ⓐ CHAPTER 03　공중위생관리법규

CHAPTER 01 공중보건 A

합격 TIP 범위가 넓고 학습하기 어려운 챕터이지만 빈출을 위주로 밑줄 친 부분은 꼭 학습하도록 하세요.
공중보건 기초와 질병 관리는 반드시 암기하고 이·미용업소에서 발생할 수 있는 질병을 유의해서 학습하세요!

1 공중보건 기초

(1) 공중보건의 개념
① 조직화된 지역 사회의 노력으로 질병 예방, 생명 연장, 신체 및 정신적 효율을 증진시키는 기술이자 과학임
② 대상: 지역 사회 전체 주민 또는 국민

(2) 공중보건의 범위 빈출

환경 보건 분야	환경위생, 식품위생, 산업 보건
질병관리 분야	비감염병·감염병 관리, 역학, 기생충 관리
보건관리 분야	보건행정, 보건통계, 사회보장제도, 보건 교육, 보건영양, 정신 보건, 학교 보건, 가족 보건, 모자 보건, 노인 보건, 인구 보건

(3) 보건수준 평가지표 빈출
① 영아사망률: 한 지역이나 국가의 대표적인 보건수준 평가 지표

$$영아사망률 = \frac{그\ 해의\ 1세\ 미만\ 사망아\ 수}{그\ 해의\ 연간\ 출생아\ 수} \times 1,000$$

② 비례사망지수: 연간 총 사망자 수에 대한 50세 이상 사망자 수의 구성 비율
③ 평균수명: 신생아가 평균 몇 년 동안 생존할 수 있는가 하는 기대 연수
④ 조사망률: 인구 1,000명당 1년간의 사망자 수

(4) 3대 보건수준지표
영아사망률, 비례사망지수, 평균수명

(5) 세계보건기구(WHO) 건강 수준지표 빈출
비례사망지수, 평균수명, 조사망률

용어
• 건강: 육체적·정신적·사회적으로 완전히 안녕한 상태

(6) 인구 보건 빈출
① 인구 통계

인구 동태	일정 기간 동안에 인구 변동의 상태로, 출생, 사망, 유입, 유출 등의 한 지역의 특징 지표
인구 정태	일정한 시점에서 정지시켜 고찰한 인구 상태로, 자연적 지표와 사회 경제적 지표를 기준으로 파악

② 인구 증가: 자연 증가(출생, 사망), 사회 증가(유입, 유출)
③ 인류의 생존 위협 3요소: 인구 문제, 환경오염, 빈곤
④ 토마스 R. 맬서스: '인구는 기하급수적으로 늘고 생산은 산술급수적으로 늘어 인구 조절이 필요하다.'라고 주장함
⑤ 인구 구성 형태

피라미드형	후진국형, 인구 증가형	• 출생률보다 사망률이 낮음 • 14세 이하 인구가 65세 이상 인구의 2배 이상
종형	이상형, 인구 정지형	• 출생률과 사망률이 모두 낮음 • 14세 이하 인구가 65세 이상 인구의 2배 정도
항아리형	선진국형, 인구 감소형	• 출생률보다 사망률이 높음 • 14세 이하 인구가 65세 이상 인구의 2배가 되지 않음
별형	도시형, 인구 유입형	• 생산층 인구 증가 • 생산층 인구가 전체 인구의 50% 이상
농촌형	농촌형, 인구 유출형	• 생산층 인구 감소 • 생산층 인구가 전체 인구의 50% 미만

2 질병 관리

(1) 질병 발생의 3대 요인 [빈출]

① 병인(병원체): 질병을 일으키는 직접적 감염원으로 세균, 바이러스, 진균 등
② 숙주: 감염을 당하는 사람이나 동물로, 성별, 연령, 선천적 요인, 생리적 방어기전, 면역 등에 영향
③ 환경: 질병에 영향을 미치는 외적 환경 전파 경로

(2) 감염병 생성 과정의 6대 요소 [빈출]

> 병원체 → 병원소 → 병원체의 탈출 →
> 병원체의 전파 → 신숙주로 침입 → 숙주의 감수성

① 병원체

바이러스	폴리오, 공수병(광견병), 후천성 면역결핍증(에이즈), 간염, 홍역, 두창, 인플루엔자, 일본뇌염
박테리아 (세균)	결핵, 장티푸스, 폐렴, 임질, 패혈증, 디프테리아, 파상풍, 이질, 나병, 백일해, 콜레라, 매독
진균	백선(무좀), 칸디다증
리케차	쯔쯔가무시증, 발진열, 발진티푸스
기생충	원충류, 선충류, 조충류, 흡충류

용어
- 진균: 곰팡이균으로 샴푸대나 배수구에서 주로 볼 수 있음

② 병원소: 병원체가 증식하면서 다른 숙주에 전파될 수 있는 상태로 저장되는 있는 장소
- 토양(흙) 병원소: 파상풍
- 인간(사람) 병원소: 감염자, 보균자, 건강 보균자
- 동물(가축) 병원소(인수공통 감염병)

쥐	페스트, 살모넬라증, 발진열, 렙토스피라, 신증후군 출혈열(유행성 출혈열), 쯔쯔가무시증
개	공수병(광견병), 톡소플라즈마증
고양이	살모넬라증, 톡소플라즈마증
돼지	탄저, 살모넬라증, 일본뇌염
소	탄저, 살모넬라증, 결핵
말	탄저, 살모넬라증
양	탄저

용어
- 건강 보균자: 병원체 보유자로서 균을 배출하지만 임상 증상이 보이지 않아 건강해 보이는 보균자로, 활동 영역이 넓고 색출이 어려워 격리할 수도 없어 감염병 관리상 가장 중요한 대상자임

③ 병원체의 탈출
- 호흡기계: 말, 기침, 재채기 등
- 소화기계: 분변, 토사물
- 비뇨생식기계: 소변, 성기 분비물
- 개방된 병소: 피부병, 상처
- 기계적 탈출: 주사기 등

④ 병원체의 전파
- 직접 전파

호흡기계	말이나 기침 등 오염된 공기로 전파되는 비말 감염 예 인플루엔자, 디프테리아, 결핵, 홍역, 유행성 이하선염, 성홍열, 백일해, 폐렴
혈액, 성 매개	면도날, 혈액, 성적인 접촉을 통해 전파되는 감염 예 B형 간염, 후천성 면역결핍증(에이즈), 매독, 임질

- 간접 전파

소화기계	오염된 식품과 물(수인성)에 의한 경구 감염 예 세균성 이질, 장티푸스, 콜레라, 파라티푸스
토양	오염된 토양으로 피부 상처 등에 의한 경피 감염 예 파상풍
개달물	환자가 사용한 의복, 침구, 수건, 완구 등에 의한 감염 예 트라코마(감염성 안질), 백선 등

절지동물 (절족동물)	모기	일본뇌염, 말라리아, 사상충, 황열, 뎅기열
	파리	장티푸스, 이질, 콜레라, 파라티푸스, 결핵
	이	발진티푸스, 재귀열, 참호열
	벼룩	페스트, 발진열, 재귀열
	바퀴	콜레라, 장티푸스, 이질, 폴리오
	진드기	쯔쯔가무시증, 신증후군 출혈열, 재귀열

⑤ 신숙주로 침입: 병원체의 탈출과 동일한 경로로 침입(기침, 경구, 성기, 피부, 수혈 등)

⑥ 숙주의 감수성
- 병원체가 숙주에 침입해도 면역이 형성되면 병이 발생하지 않을 수도 있으며, 감수성 지수가 높으면 면역성이 떨어지고, 감수성 지수가 낮으면 면역성이 높아짐
- 감수성 지수(감염 지수)

> 홍역, 두창 > 백일해 > 성홍열 > 디프테리아 > 폴리오(소아마비)

용어
- 경구 감염: 입을 통해 감염
- 경피 감염: 피부를 통해 감염
- 트라코마(감염성 안질): 환자의 분비물이 수건 등에 묻어 감염되는 눈의 결막 접촉 감염병으로, 예방접종으로 사전에 예방할 수 없으며, 비위생적인 이·미용업소에서 주로 발생함

(3) 면역 [빈출]

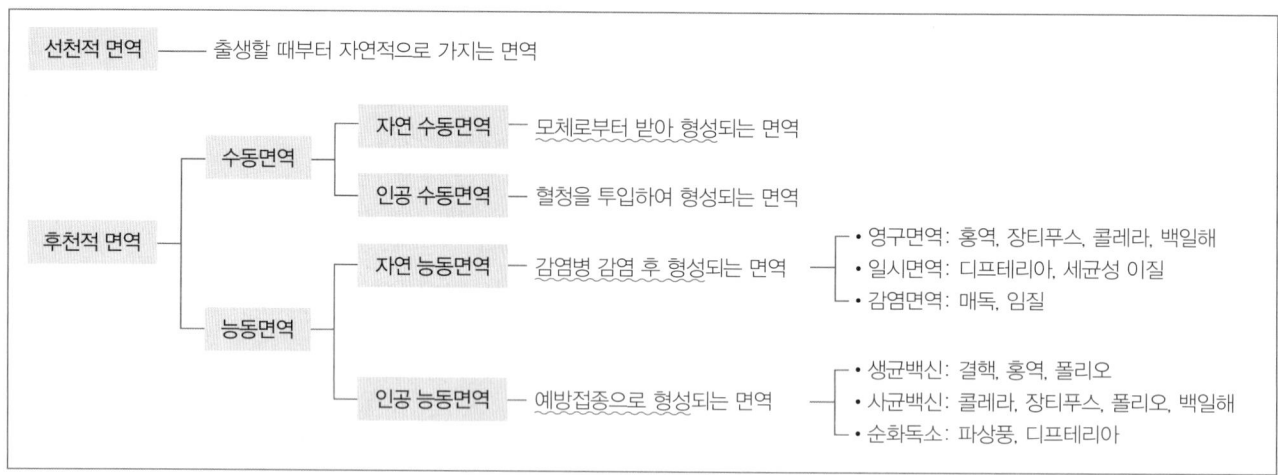

(4) 주요 예방접종 시기 [빈출]

생후 직후	생후 4주 이내	2, 4, 6개월	12~15개월
B형 간염	BCG(결핵)	DPT(디프테리아, 백일해, 파상풍), 폴리오	MMR(홍역, 유행성 이하선염, 풍진)

(5) 기생충 관리 [빈출]

① 모기 감염: 사상충, 말라리아 등
② 경구 감염

구분	증상	기생	원인	예방 및 관리
요충	항문 소양증, 습진, 소화기 증상	직장	감염된 어린이 접촉, 집단 감염	속옷과 침구류 소독, 개인 위생관리
구충 (십이지장충증)	피부염, 채독증	소장	토양(분뇨)의 피부 감염, 채소 섭취	토양 위생관리, 채소를 익혀 섭취
회충	발열, 복통, 구토	장	채소 섭취	토양 위생관리, 채소를 익혀 섭취
편충	빈혈, 신경증, 설사			
유구조충	복통, 구토, 두통, 발작	소장	중간숙주: 돼지고기 생식	돼지고기 생식 자제
무구조충	복통, 구토, 설사	소장	중간숙주: 소고기 생식	소고기 생식 자제
아니사키스충	복통, 구토	위장	중간숙주: 오징어, 고등어 생식	오징어, 고등어 생식 자제
광절열두조충 (긴촌충)	복통, 설사, 빈혈	소장	• 제1중간숙주: 물벼룩 • 제2중간숙주: 송어, 연어 생식	송어, 연어 생식 자제
요코가와흡충	설사, 복통, 장염	소장	• 제1중간숙주: 다슬기 • 제2중간숙주: 은어, 숭어 생식	은어, 숭어 생식 자제
폐흡충 (폐디스토마)	기침, 객담, 객혈	폐	• 제1중간숙주: 다슬기 • 제2중간숙주: 가재, 게 생식	가재, 게 생식 자제
간흡충 (간디스토마)	간 비대, 담관염, 빈혈	간	• 제1중간숙주: 우렁이 • 제2중간숙주: 잉어, 붕어, 피라미 생식	담수어(민물고기) 생식 자제

용어
• 요충: 선충류에 속하는 기생충으로, 충란을 산란할 때 항문 소양증이 있으며 집단으로 감염되는 특징이 있음

(6) 검역과 역학 빈출

① 검역
- 외국 질병의 국내 침입 방지를 위한 감염병의 예방 대책
- 감염병 유행 지역의 입국자에 대해 감염병 감염이 의심되는 사람의 강제 격리로, '건강 격리'라고도 함

② 역학: 인간 집단을 대상으로 질병의 발생 원인을 규명하고, 질병의 예방 대책을 모색하여 감염병이 미치는 영향을 연구하는 학문

(7) 법정 감염병 빈출

구분	제1급	제2급	제3급	제4급
감시	전수 감시	전수 감시	전수 감시	표본 감시
특성	생물 테러 감염병 또는 치명률이 높거나 집단 발생의 우려가 커 발생 또는 유행 즉시 신고, 음압 격리와 같은 높은 수준의 격리가 필요한 감염병	전파 가능성을 고려하여 발생 또는 유행 시 24시간 이내에 신고, 격리가 필요한 감염병	발생을 계속 감시할 필요가 있어 발생 또는 유행 시 24시간 이내 신고해야 하는 감염병	유행 여부를 조사하기 위해 표본 감시 활동이 필요한 감염병 (7일 이내 신고)
종류	• 두창 • 탄저 • 페스트 • 라싸열 • 야토병 • 마버그열 • 디프테리아 • 보툴리눔독소증 • 신종인플루엔자 • 신종감염병증후군 • 에볼라 바이러스병 • 리프트밸리열 • 남아메리카 출혈열 • 크리미안 콩고 출혈열 • 중동 호흡기 증후군(MERS) • 중증급성 호흡기 증후군(SARS) • 동물인플루엔자 인체감염증	• 결핵 • 수두 • 홍역 • 풍진 • 폴리오 • 콜레라 • 성홍열 • 한센병 • 백일해 • A형 간염 • E형 간염 • 장티푸스 • 파라티푸스 • 세균성 이질 • 유행성 이하선염 • b형헤모필루스 인플루엔자 • 수막구균 감염증 • 폐렴구균 감염증 • 장출혈성 대장균 감염증 • 반코마이신 내성황색포도알균(VRSA) 감염증 • 카바페넴내성장내세균목(CRE) 감염증	• 매독 • 황열 • 큐열 • 뎅기열 • 발진열 • 파상풍 • 라임병 • 공수병 • 유비저 • 말라리아 • 발진티푸스 • 일본뇌염 • B형 간염 • C형 간염 • 진드기매개뇌염 • 웨스트나일열 • 치쿤구니야열 • 신증후군 출혈열 • 브루셀라증 • 쯔쯔가무시증 • 렙토스피라증 • 레지오넬라증 • 비브리오패혈증 • 지카바이러스 감염증 • 후천성 면역결핍증(AIDS) • 크로이츠펠트 – 야콥병(CJD) 및 변종크로이츠펠트 – 야콥병(vCJD) • 중증열성혈소판감소 증후군(SFTS) • 엠폭스	• 임질 • 회충증 • 편충증 • 요충증 • 간흡충증 • 폐흡충증 • 장흡충증 • 수족구병 • 연성하감 • 첨규콘딜롬 • 인플루엔자 • 성기단순포진 • 장관 감염증 • 클라미디아 감염증 • 급성 호흡기 감염증 • 엔테로바이러스 감염증 • 해외유입 기생충 감염증 • 사람유두종 바이러스 감염증 • 반코마이신 내성장알균(VRE) 감염증 • 메티실린내성 황색포도일균(MRSA) 감염증 • 다제내성녹농균(MRPA) 감염증 • 다제내성아시네토 박터바우마니균(MRAB) 감염증 • 코로나바이러스감염증-19

① 법정 감염병의 신고 방법: 의사, 치과의사, 한의사, 의료기관의 장 → 관할보건소로 신고
② 법정 감염병의 보고 방법: 보건소장 → 특별자치시장 · 특별자치도지사 또는 시장 · 군수 · 구청장 → 질병관리청(특별자치시장 · 특별자치도지사), 질병관리청장 및 시 · 도지사에게 각각 보고(시장 · 군수 · 구청장)

3 가족 및 노인 보건

(1) 가족 보건 빈출

① 가족계획

출산계획	• 출산 횟수 조절 • 출산 연령 조절
조출생률	• 가족계획사업의 효과 판정 시 유력한 지표 • 인구 1,000명에 대한 연간 출생아 수 $$조출생률 = \frac{연간\ 출생아\ 수}{그\ 해의\ 인구} \times 1,000$$

② 모자 보건
- 모성 및 영유아의 생명과 건강을 보호하고 건전한 자녀의 출산과 양육을 도모함으로써 국민 보건 향상에 이바지함
- 대상: 임산부, 분만 후 6개월 미만 여성, 6세 미만의 영유아
- 주요 지표: 영아사망률, 주산기사망률, 모성사망률

③ 모성 보건: 산전 보호 관리, 산욕 보호 관리, 분만 보호 관리를 목표로 함

유산	임신 28주(7개월) 이전의 생존 불가능한 상태의 분만
조산	임신 28주~37주 이전의 분만(조산아 2.5kg 이하)
사산	죽은 태아를 분만

④ 모유
- 모유에는 각종 감염으로부터 장을 보호하고 설사를 예방함
- 모유수유를 하면 배란이 억제되는 자연피임 효과가 있음

(2) 성인 보건 빈출

장년기 이후의 고혈압, 암 등의 만성 질환이나 정신적 피로에 대한 예방과 초기 발견, 조기 치료 및 개선을 도모함

① 당뇨병: 인슐린의 분비량이 부족하여 혈중 당 수치가 높은 증상, 감염으로 생기는 감염병이 아님
② 폐암: 폐에 발생하는 암으로, 국내 암 사망률 1위
③ 폐결핵: 폐에 결핵균이 침입한 호흡기 감염병으로, 폐결핵 환자는 공중보건 사업의 기본 개념에 따라 우선적 관리 대상임

(3) 노인 보건

① 노인: 65세 이상의 신체적·정신적인 기능의 쇠퇴와 자기 유지 기능 및 사회적 역할의 기능이 약화되고 있는 사람
② 노인 비율에 따른 사회 구분 빈출

고령화 사회	총인구 중 65세 이상 인구가 7~13%인 사회
고령 사회	총인구 중 65세 이상 인구가 14~19%인 사회
초고령화 사회	총인구 중 65세 이상 인구가 20% 이상인 사회

4 환경 보건

(1) 환경위생 빈출

① 기후(체감 온도)의 3요소: 기온, 기습, 기류
② 4대 온열 요소: 기온, 기습, 기류, 복사열
③ 불쾌지수 산출 시 고려사항: 기온, 기습
④ 실내 환경

실내 적정 온도	18±2℃(쾌적 온도 18℃)
실내 적정 습도	40~70%(쾌적 습도 60%)
실내·외 온도 차	5~7℃

(2) 대기 환경 빈출

① 공기: 지구를 둘러싸는 대기를 구성하는 무색, 무취의 기체
② 공기의 구성

질소(N_2)	• 공기 중의 약 78% 차지 • 고압, 감압 시 동통성 관절 장애를 수발
산소(O_2)	• 공기 중의 약 21% 차지 • 산소가 10% 이하 호흡 곤란, 7% 이하 질식사
아르곤(Ar)	• 공기 중의 약 0.93% 차지 • 무색, 무미, 무취 비활성 기체
이산화탄소(CO_2)	• 공기 중의 약 0.03% 차지 • 실내공기 오염의 지표 • 온난화 현상의 원인이 되는 대표 가스 • 이산화탄소의 기체상을 탄산가스라고 함 • 탄산가스의 실내 최대 허용 한계량은 0.1%

③ 공기의 자정 작용

희석 작용	공기 자체의 희석 작용
살균 작용	자외선에 의한 살균 작용
탄소 동화 작용	식물에 탄소 동화 작용에 의한 이산화탄소(CO_2), 산소(O_2)의 교환 작용
산화 작용	산소, 오존, 과산화수소 등에 의한 산화 작용
세정 작용	비나 눈에 의한 가스, 분진 등 세정 작용

④ 군집독: 실내에 다수가 밀집하면 기온, 이산화탄소, 습도가 높아져 일어나는 불쾌감, 두통, 권태, 현기증, 구토 등의 증상
⑤ 기온 역전: 고도가 상승함에 따라 상부의 기온이 하부의 기온보다 높아져 대기가 정체되고 공기의 수직 확산이 일어나지 않아 대기오염이 심해지는 현상
⑥ 1차 오염 물질: 발생원이 직접 대기오염을 일으키는 물질
  예 분진, 매연, 이산화황(SO_2), 일산화탄소(CO), 이산화질소(NO_2) 등
⑦ 2차 오염 물질: 1차 오염 물질과 광화학 반응을 일으키는 물질
  예 오존(O_3), PAN, NOCl, 아크로레인 등

⑥ 대기오염 물질

일산화탄소 (CO)	• 불완전 연소 시 발생하는 맹독성 유독가스 • 화기 산업 공정, 연탄, 산불 등으로 발생 • 헤모글로빈과 결합 능력이 뛰어남 • 공기보다 가벼워 확산성과 침투성이 강함 • 피해: 산소 결핍증, 중추 신경계 손상, 사망
아황산가스, 이산화황 (SO_2)	• 대표적인 대기오염의 지표 • 황화물의 대표적인 가스상 대기오염 물질 • 인체에 가장 심한 자극을 주는 공해 유독가스 • 석탄의 연소, 배기가스, 산업 공정에서 발생 • 피해: 식물 고사, 생리적 장애, 폐렴
황산화물 (SOx)	• 석탄, 석유 속에 포함되며 연료 속의 가연성 유황분이 연소하여 생기는 황의 산화물 • 피해: 만성 기관지염, 산성비, 식물 고사
염화불화탄소 (CFC)	• 오존층 파괴의 대표 가스 • 에어컨, 스프레이에서 발생하는 프레온 가스 • 피해: 성층권까지 도달하면 오존층 파괴
이산화질소 (NO_2)	• 자극성 냄새가 나는 갈색의 유해한 기체 • 고온 연소와 화학물질 제조 공정에서 발생 • 피해: 눈, 호흡기 자극, 기침, 두통, 구토, 폐렴
오존 (O_3)	• 2차 오염 물질로 광화학 옥시던트 발생 • 피해: 가슴 통증, 기침, 기관지염, 폐기종

(3) **수질환경** 빈출

① 상수의 구분

연수	칼슘과 마그네슘의 함유량이 적어 거품이 잘 일어나고 부드러움
경수	• 칼슘과 마그네슘의 함유량이 많아 거품이 일어나지 않고 뻣뻣함 • 일시 경수: 끓이면 정도가 낮아져 연수가 됨 • 영구 경수: 끓여도 연수가 안 됨 • 경수를 연수로 만들 때에는 붕사를 사용함

② 상수의 수질 기준

대장균	• 상수오염의 생물학적 지표 • 100mL 기준으로 검출되지 않아야 함
유리 잔류 염소 농도	4mg/L 이하
경도	300mg/L 이하

> **용어**
> • 상수: 음용수나 사용수 등으로 쓰이는 식수용 수돗물
> • 경도: 물의 세기 정도를 말하며, 물 100mL 속에 탄산칼슘 1mg이 함유되어 있을 때 1도라고 함

③ 수질오염 측정 지표

용존산소 (DO)	• 물 속에 용해된 유리 산소 • 적조 현상 등으로 생물의 증식이 많으면 DO는 낮음 • DO가 낮으면 오염도가 높음
생물학적 산소요구량 (BOD)	• 하수오염의 지표 • 호기성 박테리아에 의해 소비되는 산소량을 ppm으로 나타낸 생물학적 산소요구량 • BOD가 높으면 DO가 낮아 오염도가 높음
화학적 산소요구량 (COD)	• 오염 물질을 산화할 때 필요한 산소량을 ppm으로 나타낸 화학적 산소요구량 • COD가 높으면 오염도가 높음
부유물질 (SS)	• 물에 용해되지 않는 물질 • 물 속에 부유하고 있는 미생물, 모래 등

④ 수질오염의 피해
- 수은 중독: 치은괴사, 구내염, 혈성구토, 미나마타병
- 카드뮴 중독: 이타이이타이병
- 납 중독: 빈혈, 신경마비, 뇌 중독 증상

> **용어**
> • 이타이이타이병: 카드뮴이 강으로 흘러 들어가 식수나 농업용 수로 사용하여 발생한 수인성 질병

⑤ 하수 처리 과정

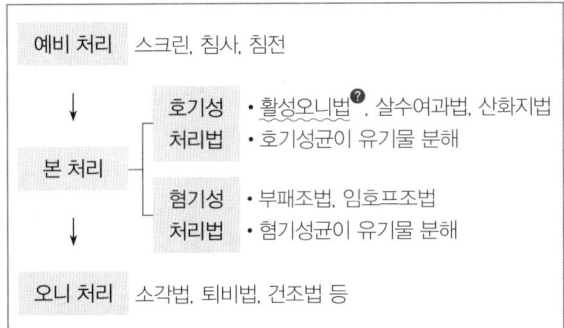

> **용어**
> • 활성오니법: 산소를 공급하여 호기성균을 촉진하고 하수 내 유기물의 산화 작용을 하는 호기성 분해법

⑥ 폐기물 처리

소각법	불에 태우는 방법, 가장 위생적인 폐기물 처리 방법
매립법	우묵한 땅에 묻는 방법, 지하수를 오염시킬 수 있음

(4) **의복위생** 빈출

① 의복의 기능: 신체 보호, 사회생활, 체온 조절, 신체 장식 등
② 의복의 함기량: 모피 > 모직 > 무명 > 견직 > 마직

> **용어**
> • 함기량(율): 옷감이 공기를 포함하고 있는 양(비율)

(5) 주거환경

① 자연 조명: 남향으로 창의 면적은 방바닥 면적의 1/7~1/5 정도가 좋음
② 인공 조명: 균등한 조도를 위해 간접 조명이 되도록 해야 함

구분	직접 조명	간접 조명
방법	비추고자 하는 면을 향해 빛을 직접 조사함	빛을 천장이나 벽에 투사하여 반사되는 빛을 이용함
효율성	효율성이 높고 경제적임	효율성이 낮음
특징	눈이 부시고 강한 음영으로 그림자가 생겨 눈의 피로를 유발	눈부심과 음영이 적고 부드러운 빛으로 눈의 보호에 좋음
조도	균등한 조도를 얻기 힘듦	균등한 조도를 얻음

③ 소음
- 소음 피해: 데시벨, 주파수, 폭로 기간에 따라 다름
- 소음 영향: 불안증, 노이로제, 청력 장애, 작업 능률 저하 등

> **용어**
> - dB(decibel, 데시벨): 소리의 크기를 나타내는 단위

(6) 산업환경

① 임신 중인 여자, 18세 미만인 자는 도덕상 또는 보건상 유해하거나 위험한 산업 현장에 고용할 수 없음
② 산업재해 지표: 도수율, 건수율(발생률), 강도율
③ 산업 종사자와 직업병

종사자	원인	질병
항공정비사	소음	난청
식자공	시력	근시안
파일럿, 승무원	저압	고산병
해녀, 잠수부	고압	잠함병, 잠수병
냉동고 취급자	저온	참호족, 동상
제철소 작업자	고온	열사병, 열중증, 열쇠약증
광부, 탄광 종사자	분진	진폐증
석공, 암석 연마자	규산	규폐증
석면 취급자	석면	석면폐증
인쇄공	납	납 중독
방사선 취급자	방사선	백혈병, 조혈·생식 기능 장애
불량조명 사용자	조명	안구 진탕증, 근시, 피로
진동 작업자	진동	레이노이드

5 식품위생과 영양

(1) 식중독 빈출

① 병원성 미생물에 오염된 음식물 섭취로 발생한 건강 장애
② 한 지역에서 같은 음식의 섭취로 인해 집단으로 발생함
③ 온도가 높은 여름철에 가장 많이 발생함

화학물질에 의한 식중독		• 유해성 금속화합물이 식품을 오염 • 농약의 잔류로 인해 식중독 유발
곰팡이독		• 땅콩(아플라톡신) • 쌀(황변미독소) • 빵(푸른곰팡이)
자연독	식물성	• 버섯(무스카린) • 감자(솔라닌) • 맥각류(에르고톡신) • 미나리(시큐톡신) • 청매(아미그달린)
	동물성	• 복어(테트로도톡신) • 조개류(삭시톡신, 베네루핀)
세균성	감염형	• 살모넬라균 • 병원성 대장균 • 장염비브리오균
	독소형	• 포도상구균 • 보툴리누스균 • 웰치균

> **용어**
> - 장염비브리오균: 세균 증식 시 높은 염도를 필요로 하는 호염성균

(2) 세균성 식중독의 분류 빈출

① 감염형: 식품 섭취 시 들어온 세균성 병원균의 감염으로 발생

구분	원인	증상
살모넬라균	오염된 육류 섭취	발열(고열), 두통, 설사, 복통, 구토
병원성 대장균	오염된 음식물 섭취	두통, 설사, 복통, 구토
장염 비브리오균	오염된 어패류 생식	급성 위장염, 혈변, 설사, 복통, 구토

② 독소형: 세균이 증식하여 독소가 생성된 식품 섭취로 발생

구분	원인	증상
포도상구균	화농성 질환자 식품 취급, 장관 독소 섭취	급성위장염, 설사, 복통, 구토
보툴리누스균	신경독소 섭취, 통조림	치사율이 가장 높음, 신경계·소화기계 증상
웰치균	장관독소 섭취	위장계 증상, 설사, 구토

(3) 세균성 식중독과 소화기계 감염병의 비교

세균성 식중독	소화기계 감염병
• 식중독균에 오염된 원인 식품 섭취로 발병 • 균량이나 독소량이 많음 • 잠복기가 짧음 • 면역이 형성되지 않음 • 2차 감염이 드묾	• 감염병균에 오염된 식품과 물의 섭취로 발병 • 소량의 균으로도 발병 • 잠복기가 긺 • 면역이 대부분 성립됨 • 2차 감염이 됨

(4) 식품의 변질

① 산패: 유기물이 산소 등에 의해 산화되어 악취가 나고 변색되는 것
② 부패: 유기물(단백질)이 미생물에 의해 분해되어 악취가 나고 유해한 물질을 생성하는 것
③ 변패: 변질되어 썩는 것
④ 발효: 미생물이 지니고 있는 효소의 작용으로 유기물이 분해되어 더욱 유용하게 되는 것

6 보건행정

(1) 보건행정 빈출

① 의의
- 공중보건의 목적을 달성하기 위해 공공의 책임하에 수행하는 행정 활동
- 질병 예방, 생명 연장, 신체 및 정신적 효율을 증진시키는 공중보건학에 기초한 과학적 기술이 필요하기 때문에 시행
- 공중위생행정에 대한 종합계획을 수립하고 환경위생업소와 공중위생업소의 위생과 시설에 관한 업무를 관리

② 요건: 사회의 합리적인 전망과 계획, 건전한 행정 조직과 인사, 법적 근거 마련
③ 특성: 공공성, 교육성, 과학성, 사회성, 봉사성, 조장성, 기술성
④ 기획 과정

> 전제 → 예측 → 목표 설정 → 행동 계획의 전제 → 체계 분석

(2) 보건소 빈출

① 역할: 시·군·구에 두는 보건행정의 최일선 조직으로, 국민건강 증진 및 예방 등에 관한 사항을 실시하는 지방 공중보건 조직의 중요한 역할을 하는 기관
② 예방접종: 특별자치도지사 또는 시장·군수·구청장은 관할 보건소를 통하여 필수 예방접종을 실시해야 함

(3) 사회 보장 제도 빈출

① 의료보호: 자력으로 의료 문제를 해결할 수 없는 생활 무능력자 및 저소득층을 대상으로 공적으로 의료를 보장하는 제도
② 의료보험(건강보험): 질병이나 부상에 대한 고액의 진료비로 인해 발생하는 가계의 부담을 덜기 위해 의료비 경감을 목적으로 하는 사회보험(1989년 7월 전 국민에게 적용되었으며, 2000년 이후에는 건강보험으로 불림)
③ 의료급여 대상자: 북한 이탈 주민, 의상자 및 의사자의 유족, 국가유공자, 국민기초생활보장수급자, 이재민, 입양아동(18세 미만), 중요무형문화재 보유자, 5·18민주화운동 관련자, 노숙인 등

(4) 세계보건기구(WHO) 빈출

① 특징

창설	1948년 4월 7일 국제연합 보건전문기관
본부	스위스의 제네바에 위치
가입	• 우리나라: 1949년에 가입 • 북한: 1973년에 가입
소속	• 우리나라: 서태평양 지역에 소속됨 • 북한: 동남아시아 지역에 소속됨

② 기능
- 국제적인 보건 사업의 지휘 조정
- 보건 문제 기술 지원 및 자문 활동
- 회원국에 대한 보건 관계 자료 공급
- 국제 검역 대책과 진단, 검사 등의 기준 확립

③ 보건행정 범위
보건 관계 기록의 보존, 환경위생, 감염병 관리, 모자 보건, 보건 간호, 의료 제공, 보건 교육

출제 예상문제 A

1 공중보건 기초

01 공중보건의 정의로 가장 적절한 것은?
① 질병 예방, 생명 연장, 질병 치료에 주력하는 기술이며 과학이다.
② 질병 예방, 생명 유지, 조기 치료에 주력하는 기술이며 과학이다.
③ 질병의 조기 발견, 조기 치료, 생명 연장에 주력하는 기술이며 과학이다.
④ 질병 예방, 생명 연장, 건강 증진에 주력하는 기술이며 과학이다.

> 공중보건은 치료에 주력하지 않으며 질병 예방, 생명 연장, 신체 및 정신적 효율을 증진시키는 기술이자 과학임

02 [신규 문제 공략]
공중보건의 목적에 해당하지 않는 것은?
① 질병 예방   ② 생명 연장
③ 정신적 효율 증진 ④ 물질적 풍요

> 공중보건의 목적: 질병 예방, 생명 연장, 신체 및 정신적 효율 증진

03 공중보건학 개념상 공중보건 사업의 최소 단위는?
① 직장 단위의 건강
② 가족 단위의 건강
③ 지역 사회 전체 주민의 건강
④ 노약자 및 빈민 계층의 건강

> 공중보건의 대상은 개인이 아닌 지역 사회 전체 주민 또는 국민임

04 공중보건의 범위 중 보건관리 분야에 해당하지 않는 사업은?
① 보건통계   ② 모자 보건
③ 학교 보건   ④ 산업 보건

> 공중보건의 보건관리 분야
> 보건행정, 보건통계, 사회보장제도, 보건 교육, 보건영양, 정신 보건, 학교 보건, 가족 보건, 모자 보건, 노인 보건, 인구 보건

05 한 지역이나 국가의 공중보건수준을 평가하는 기초 자료로 가장 신뢰성 있게 인정되고 있는 것은?
① 질병이환율   ② 영아사망률
③ 신생아사망률 ④ 조사망률

> 건강수준이 향상되면 영아사망률이 줄어들기 때문에 영아사망률은 한 지역이나 국가의 보건수준을 평가하는 대표적인 기준임

06 다음 영아사망률 계산식에서 (A)는?

$$영아사망률 = \frac{(A)}{연간\ 출생아\ 수} \times 1,000$$

① 연간 생후 28일까지의 사망자 수
② 연간 생후 1년 미만 사망자 수
③ 연간 1~4세 사망자 수
④ 연간 임신 28주 이후 사산아 수 + 출생 1주 이내 사망자 수

> $영아사망률 = \frac{그\ 해의\ 1세\ 미만\ 사망아\ 수}{그\ 해의\ 연간\ 출생아수} \times 1,000$

07 연간 전체 사망자 수에 대한 50세 이상 사망자 수의 구성 비율을 나타낸 것은?
① 평균수명   ② 조사망률
③ 영아사망률 ④ 비례사망지수

> • 평균수명: 신생아가 평균 몇 년 동안 생존할 수 있는가 하는 기대 연수
> • 조사망률: 인구 1,000명당 1년간의 총 사망자 수
> • 영아사망률: 한 지역이나 국가의 대표적인 보건수준 평가지표

08 세계보건기구(WHO)가 제시한 국가 간의 건강수준지표는?
① 영아사망률, 비례사망지수, 평균수명
② 비례사망지수, 평균수명, 조사망률
③ 영아사망률, 평균수명, 조사망률
④ 조사망률, 평균수명, 주거상태

> 세계보건기구 건강수준지표: 비례사망지수, 평균수명, 조사망률

| 정답 | 01 ④ 02 ④ 03 ③ 04 ④ 05 ② 06 ② 07 ④ 08 ②

09
인구 동태와 가장 관련있는 사항은?

① 인구 밀도 ② 출생과 사망
③ 가족계획 ④ 인구 구조

> 인구 동태는 일정 기간 동안에 출생, 사망, 유입, 유출 등으로 일어나는 인구 변동의 상태로, 출생과 사망이 가장 관련이 있음

10
인구 증가에 대한 사항으로 옳은 것은?

① 자연 증가: 유입 인구, 유출 인구
② 사회 증가: 출생 인구, 사망 인구
③ 인구 증가: 자연 증가, 사회 증가
④ 조자연 증가: 유입 인구, 유출 인구

> 인구 증가: 자연 증가(출생, 사망), 사회 증가(유입, 유출)

11
18세기 말 '인구는 기하급수적으로 늘고 생산은 산술급수적으로 늘기 때문에 인구 조절이 필요하다.'라고 주장한 사람은?

① 프랜시스 플레이스 ② 에드워드 윈슬로
③ 토마스 R. 맬서스 ④ 포베르토 코흐

> 토마스 R 맬서스는 저서 「인구론」에서 인구 증가 문제를 해결하지 못하면 식량 부족 사태가 온다고 주장함

12
인구 구성 형태가 바르게 연결되지 않은 것은?

① 피라미드형: 인구 증가형
② 종형: 인구 정지형
③ 별형: 농촌 지역 인구형
④ 항아리형: 인구 감소형

> 별형: 도시형의 인구 유입형

13
출생률보다 사망률이 낮으며, 14세 이하 인구가 65세 이상 인구의 2배 이상인 인구 구성 형태는?

① 항아리형 ② 종형
③ 피라미드형 ④ 별형

> - 항아리형: 출생률보다 사망률이 높음, 14세 이하 인구가 65세 이상 인구의 2배가 되지 않음
> - 종형: 출생률과 사망률이 모두 낮음, 14세 이하 인구가 65세 이상 인구의 2배 정도
> - 별형: 생산층 인구 증가, 생산층 인구가 전체 인구의 50% 이상

2 질병 관리

14
질병 발생의 3대 요인이 아닌 것은?

① 병인 ② 연령
③ 숙주 ④ 환경

> 질병 발생의 3대 요인: 병인(병원체), 숙주, 환경

15
질병 발생의 요인 중 숙주적 요인에 해당하지 않는 것은?

① 선천적 요인 ② 연령
③ 생리적 방어기전 ④ 경제적 수준

> 숙주는 감염을 당하는 사람이나 동물로서 성별, 연령, 선천적 요인, 생리적 방어기전, 면역 등에 영향을 받음

16
감염병 생성 과정의 6대 요소를 순서대로 나열한 것은?

① 병원소 → 병원체 → 병원체의 전파 → 병원소로부터 병원체의 탈출 → 병원체가 신숙주로 침입 → 숙주의 감수성
② 병원체 → 병원소 → 병원소로부터 병원체의 탈출 → 숙주의 감수성 → 병원체의 전파 → 병원체가 신숙주로 침입
③ 병원체 → 병원소 → 병원소로부터 병원체의 탈출 → 병원체의 전파 → 병원체가 신숙주로 침입 → 숙주의 감수성
④ 병원소 → 병원체의 전파 → 병원체 → 병원소로부터 병원체의 탈출 → 병원체가 신숙주로 침입 → 숙주의 감수성

> 감염병 생성 과정의 6대 요소 순서: 병원체 → 병원소 → 병원체의 탈출 → 병원체의 전파 → 신숙주로 침입 → 숙주의 감수성

17
공수병(광견병)의 병원체가 해당하는 것은?

① 세균 ② 바이러스
③ 리케차 ④ 진균

> 바이러스 병원체: 폴리오, 공수병(광견병), 후천성 면역결핍증(에이즈), 간염, 홍역, 두창, 인플루엔자, 일본뇌염

18
병원체가 바이러스인 질병은?

① 장티푸스 ② 쯔쯔가무시증
③ 폴리오 ④ 발진열

> - 장티푸스: 박테리아 병원체
> - 쯔쯔가무시증: 리케차 병원체
> - 발진열: 리케차 병원체

19
세균성인 감염병은?

① 말라리아 ② 결핵
③ 일본뇌염 ④ 유행성 간염

박테리아(세균) 감염: 결핵, 장티푸스, 폐렴, 임질, 패혈증, 디프테리아, 파상풍, 이질, 나병, 백일해, 콜레라, 매독

20 신규 문제 공략
샴푸대나 배수구처럼 습기가 많은 곳에서 주로 볼 수 있는 균은?

① 진균 ② 리케차
③ 헤르페스 바이러스 ④ 그람음성균 박테리아

진균은 곰팡이로 샴푸대나 배수구에서 주로 볼 수 있음

21
건강 보균자가 감염병 관리상 어려운 대상인 이유로 적절하지 않은 것은?

① 색출이 어려우므로 ② 활동 영역이 넓으므로
③ 격리가 어려우므로 ④ 치료가 되지 않으므로

건강 보균자는 병원체 보유자로서 균을 배출하지만 임상 증상이 보이지 않아 건강해 보이는 보균자로, 활동 영역이 넓고 색출이 어려워 격리할 수도 없으나 치료가 불가능한 것은 아님

22
인수공통 감염병에 해당하는 것은?

① 두창 ② 콜레라
③ 디프테리아 ④ 공수병(광견병)

개로 감염되는 공수병(광견병)은 사람과 동물 사이에서 자연적으로 감염되는 인수공통 감염병임

23
쥐와 관련 없는 감염병은?

① 신증후군 출혈열 ② 페스트
③ 공수병(광견병) ④ 살모넬라증

공수병(광견병): 개

24
병원체의 탈출 경로로 적절하지 않은 것은?

① 호흡기계통으로부터 탈출
② 소화기계통으로부터 탈출
③ 비뇨생식기계통으로부터 탈출
④ 수질계통으로부터 탈출

병원체의 탈출 경로
호흡기계, 소화기계, 비뇨생식기계, 개방된 병소, 기계적 탈출

25
공기 오염으로 전파되는 감염병만으로 짝지어진 것은?

① 장티푸스, 폴리오 ② 뇌염, 나병
③ 페스트, 이질 ④ 결핵, 인플루엔자

호흡기계 전파: 인플루엔자, 디프테리아, 결핵, 홍역, 유행성 이하선염, 성홍열, 백일해, 폐렴

26
호흡기계 감염병에 해당하지 않는 것은?

① 인플루엔자 ② 유행성 이하선염
③ 파라티푸스 ④ 홍역

파라티푸스는 오염된 식품과 물에 의해 감염되는 소화기계 감염병임

27
비말로 인한 감염병이 아닌 것은?

① 유행성 일본뇌염 ② 디프테리아
③ 성홍열 ④ 백일해

유행성 일본뇌염: 모기

28
비말 감염과 가장 관련 있는 사항은?

① 영양 ② 상처
③ 피로 ④ 밀집

비말은 말, 기침, 재채기 등을 할 때 나오는 침방울을 말하며, 비말 감염은 밀집된 상태에서 공기 오염으로 확산 가능성이 높음

29
이·미용업소에서 소독하지 않은 면도기로 주로 감염이 될 수 있는 질병은?

① 파상풍 ② B형 간염
③ 결핵 ④ 콜레라

B형 간염은 혈액이나 성적인 접촉을 통해 전파되는 감염병으로 면도날의 출혈로 감염될 수 있음

30
일반적으로 이·미용업소에서 이·미용 작업을 통해 감염될 수 있는 가능성이 가장 적은 것은?

① 인플루엔자 ② 세균성 이질
③ 트라코마 ④ 결핵

- 세균성 이질: 오염된 식품과 물에 의한 감염으로 비위생적인 음식점에서 주로 발생함
- 인플루엔자, 결핵: 이·미용업소에서 오염된 공기로 감염될 수 있음
- 트라코마: 이·미용업소에서 사용하는 수건 등에 의해 감염될 수 있음

정답 | 19 ② 20 ① 21 ④ 22 ④ 23 ③ 24 ④ 25 ④ 26 ③ 27 ① 28 ④ 29 ② 30 ②

31
감염병 중 음용수를 통해 감염될 가능성이 가장 큰 것은?

① 세균성 이질
② 백일해
③ 풍진
④ 한센병

> 세균성 이질은 오염된 식품과 물(음용수)에 의해 감염됨

32
환경위생의 향상으로 감염을 예방할 수 있는 감염병으로만 짝지어진 것은?

① 뇌염, 공수병
② 유행성 이하선염, 결핵
③ 장티푸스, 세균성 이질
④ 유행성 이하선염, 두창

> 장티푸스, 세균성 이질은 오염된 식품과 물에 의해 감염되므로 환경위생의 향상을 통해 감염 예방이 가능함

33
동물과 감염병의 병원소 연결이 옳지 않은 것은?

① 소 - 결핵
② 쥐 - 말라리아
③ 돼지 - 일본뇌염
④ 개 - 공수병

> 모기 - 말라리아

34
수인성으로 감염(물에 의한 감염)되는 질병으로 짝지어진 것은?

① 장티푸스 - 파라티푸스 - 간흡충증 - 세균성 이질
② 콜레라 - 파라티푸스 - 세균성 이질 - 폐흡충증
③ 장티푸스 - 파라티푸스 - 콜레라 - 세균성 이질
④ 장티푸스 - 파라티푸스 - 콜레라 - 간흡충증

> 수인성 감염: 장티푸스, 파라티푸스, 콜레라, 세균성 이질

35
토양(흙)이 병원소가 될 수 있는 질환은?

① 디프테리아
② 콜레라
③ 간염
④ 파상풍

> 파상풍은 오염된 토양으로 피부 상처 등에 의한 경피 감염임

36
감염병을 옮기는 매개 곤충과 질병이 바르게 연결된 것은?

① 재귀열 - 이
② 말라리아 - 진드기
③ 일본뇌염 - 파리
④ 발진티푸스 - 모기

> • 말라리아 - 모기
> • 일본뇌염 - 모기
> • 발진티푸스 - 이

37
질병 전파의 개달물(介達物)에 해당되는 것은?

① 공기, 물
② 우유, 음식물
③ 의복, 침구
④ 파리, 모기

> 개달물에는 환자가 사용하던 의복, 침구, 수건, 완구 등이 있음

38
이·미용업소에서 감염될 수 있는 트라코마에 대한 설명으로 틀린 것은?

① 수건, 세면기 등에 의해 감염된다.
② 감염원은 환자의 눈물, 콧물 등이다.
③ 예방접종으로 사전에 예방할 수 있다.
④ 실명의 원인이 될 수 있다.

> 트라코마는 환자의 분비물이 수건 등에 묻어 감염되는 눈의 결막 접촉 감염병으로, 예방접종으로 사전에 예방할 수 없으며, 위생 상태가 좋지 않은 이·미용업소에서 주로 발생함

39
위생해충인 바퀴벌레가 주로 전파할 수 있는 병원균의 질병이 아닌 것은?

① 재귀열
② 이질
③ 콜레라
④ 장티푸스

> 바퀴벌레 전파: 콜레라, 장티푸스, 이질, 폴리오

40
파리의 전파로 인한 병에 해당하지 않는 것은?

① 장티푸스
② 이질
③ 콜레라
④ 유행성 출혈열

> 파리 전파: 장티푸스, 이질, 콜레라, 파라티푸스, 결핵

41
절지동물에 의해 전파되는 감염병이 아닌 것은?

① 일본뇌염
② 페스트
③ 탄저
④ 말라리아

> 절지(절족)동물은 곤충류, 거미류, 갑각류를 말하며, 탄저는 돼지, 소, 말, 양에 의해 매개되는 감염병임

42
감수성 지수가 가장 높은 질병은?

① 홍역
② 폴리오
③ 디프테리아
④ 성홍열

> 감수성 지수(감염 지수)
> 홍역, 두창 > 백일해 > 성홍열 > 디프테리아 > 폴리오(소아마비)

| 정답 | 31 ① 32 ③ 33 ② 34 ③ 35 ④ 36 ① 37 ③ 38 ③ 39 ① 40 ④ 41 ③ 42 ① |

43 신규 문제공략
감염 지수가 가장 낮은 것은?
① 두창
② 백일해
③ 소아마비(폴리오)
④ 홍역

감수성 지수(감염 지수)
홍역, 두창 > 백일해 > 성홍열 > 디프테리아 > 폴리오(소아마비)

44
자연 능동면역 중 감염면역만 형성되는 감염병은?
① 두창, 홍역
② 일본뇌염, 폴리오
③ 매독, 임질
④ 디프테리아, 폐렴

감염면역: 매독, 임질

45
인공 능동면역에 대한 설명으로 옳은 것은?
① 항독소 등 인공제제를 접종하여 형성되는 면역
② 생균백신, 사균백신, 순화독소의 예방접종으로 형성되는 면역
③ 태반이나 수유를 통해 형성되는 면역
④ 각종 감염병 감염 후 형성되는 면역

인공 능동면역은 생균백신, 사균백신, 순화독소의 예방접종으로 항체가 형성되는 면역임

46
콜레라에 대한 설명으로 틀린 것은?
① 발생 시 24시간 이내에 신고가 필요한 감염병이다.
② 수인성 감염병으로 경구 감염된다.
③ 제2급 법정 감염병이다.
④ 예방접종은 생균백신(Vaccine)을 사용한다.

콜레라는 사균백신의 예방접종을 사용함

47
디피티(DPT)에 해당하지 않는 것은?
① 디프테리아
② 결핵
③ 백일해
④ 파상풍

DPT: 디프테리아(Diphtheria), 백일해(Pertussis), 파상풍(Tetanus)

48
결핵에 대한 설명으로 틀린 것은?
① 호흡기계 감염병이다.
② 병원체는 세균이다.
③ 예방접종은 PPD로 한다.
④ 제2급 법정 감염병이다.

결핵의 예방접종은 BCG로 함

49
생후 4주 이내에 하는 예방접종은?
① 결핵
② 폴리오
③ 홍역
④ 파상풍

- 생후 직후: B형 간염
- 생후 4주 이내: BCG(결핵)
- 2, 4, 6개월: DPT(디프테리아, 백일해, 파상풍), 폴리오
- 12~15개월: MMR(홍역, 유행성 이하선염, 풍진)

50
경구 감염을 일으키지 않는 기생충으로만 짝지어진 것은?
① 폐흡충, 이질
② 회충, 요충
③ 사상충, 말라리아
④ 유구조충, 편충

사상충, 말라리아는 모기 감염임

51
피부로 감염되는 기생충은?
① 요충
② 십이지장충
③ 편충
④ 회충

- 요충: 감염된 어린이 접촉, 집단 감염
- 편충: 경구 감염
- 회충: 경구 감염

52
요충에 대한 설명으로 옳은 것은?
① 집단 감염력이 있다.
② 충란을 산란할 때에는 소양증이 없다.
③ 흡충류에 속한다.
④ 심한 복통이 특징적이다.

요충은 선충류에 속하고, 충란을 산란할 때 항문 소양증이 있음

53
오징어, 고등어 등을 생식하였을 때 감염되는 기생충은?
① 아니사키스충
② 유구조충
③ 폐흡충
④ 간흡충

- 유구조충: 돼지고기 생식
- 폐흡충: 가재, 게 생식
- 간흡충: 잉어, 붕어, 피라미 생식

54
기생충의 인체 내 기생 부위 연결이 옳지 않은 것은?
① 구충 – 폐
② 간흡충 – 간
③ 요충 – 직장
④ 폐흡충 – 폐

구충증 – 소장

| 정답 | 43 ③ 44 ③ 45 ② 46 ④ 47 ② 48 ③ 49 ① 50 ③ 51 ② 52 ① 53 ① 54 ①

55
돼지고기를 생식하는 지역 주민에게 많이 나타나며 성충 감염보다 충란 섭취로 뇌, 안구, 근육, 장벽, 심장, 폐 등에 낭충증 감염을 많이 유발시키는 것은?

① 유구조충
② 무구조충
③ 광절열두조충
④ 폐흡충

- 무구조충: 소고기 생식
- 광절열두조충: 송어, 연어 생식
- 폐흡충: 가재, 게 생식

56
무구조충(민촌충)에 대한 예방 대책으로 가장 적절한 것은?

① 소고기를 익혀 먹는다.
② 바다생선의 생식을 금한다.
③ 돼지고기를 익혀 먹는다.
④ 채소는 흐르는 물에 깨끗이 씻어 먹는다.

무구조충은 소고기의 생식으로 감염되며, 예방을 위해서는 소고기를 익혀 섭취해야 함

57
긴촌충(광절열두조충)의 제2중간숙주는?

① 가재
② 붕어
③ 송어
④ 물벼룩

광절열두조충(긴촌충)
- 제1중간숙주: 물벼룩
- 제2중간숙주: 송어, 연어

58
폐흡충의 제2중간숙주는?

① 잉어
② 다슬기
③ 모래무지
④ 가재

폐흡충(폐디스토마)
- 제1중간숙주: 다슬기
- 제2중간숙주: 가재, 게

59
간흡충(간디스토마)에 대한 설명으로 틀린 것은?

① 인체 감염형은 피낭유충이다.
② 제1중간숙주는 우렁이이다.
③ 인체 주요 기생 부위는 간의 담도이다.
④ 경피 감염된다.

간흡충은 잉어, 붕어, 피라미의 생식으로 인한 경구 감염임

60
민물고기와 기생충 질병의 연결이 옳지 않은 것은?

① 송어, 연어 – 광절열두조충증
② 붕어, 우렁이 – 간디스토마증
③ 잉어, 피라미 – 폐디스토마증
④ 은어, 숭어 – 요코가와흡충증

가재, 게 – 페디스토마증(폐흡충증)

61
기생충과 중간숙주의 연결이 옳지 않은 것은?

① 광절열두조충 – 물벼룩, 송어
② 유구조충 – 오염된 풀, 소
③ 폐흡충 – 게, 가재
④ 간흡충 – 우렁이, 잉어

유구조충증 – 돼지고기

62
기생충과 중간숙주의 연결이 옳지 않은 것은?

① 회충 – 채소
② 흡충류 – 돼지
③ 무구조충 – 소
④ 사상충 – 모기

유구조충 – 돼지

63
기생충과 전파 매개체의 연결이 옳은 것은?

① 무구조충 – 돼지고기
② 간디스토마 – 오징어
③ 폐디스토마 – 가재
④ 광절열두조충 – 소고기

- 무구조충 – 소고기
- 간디스토마 – 우렁이, 잉어, 붕어, 피라미
- 광절열두조충 – 물벼룩, 송어, 연어

64
생활 습관과 관련 있는 질병의 연결이 옳지 않은 것은?

① 담수어 생식 – 간디스토마
② 여름철 야숙 – 일본뇌염
③ 경조사 등 행사 음식 – 식중독
④ 가재 생식 – 무구조충

- 가재 생식 – 폐흡충
- 소고기 생식 – 무구조충

65
감염병 유행 지역에서 입국하는 사람이나 동물 등을 대상으로 실시하며, 외국 질병의 국내 침입 방지를 위한 수단으로 쓰이는 것은?
① 역학
② 검역
③ 박멸
④ 병원소 제거

> 검역은 외국 질병의 국내 침입 방지를 위한 감염병의 예방 대책으로 감염병 유행 지역의 입국자에 대하여 감염병 감염이 의심되는 사람의 강제 격리로서 '건강 격리'라고도 함

66
검역의 의미를 가장 잘 표현한 것은?
① 급성 감염병 환자 격리
② 법정 감염병 환자 격리
③ 감염병 감염 의심자 격리
④ 감염병 감염 환자 격리

> 검역에서 격리가 필요한 경우 감염병의 감염이 의심되는 사람을 격리함

67
제1급 감염병에 대한 설명으로 옳은 것은?
① 전파 가능성을 고려하여 발생 또는 유행 시 24시간 이내에 신고, 격리가 필요한 감염병이다.
② 발생을 계속 감시할 필요가 있어 발생 또는 유행 시 24시간 이내 신고해야 하는 감염병이다.
③ 생물 테러 감염병 또는 치명률이 높거나 집단 발생의 우려가 커 발생 또는 유행 즉시 신고, 음압 격리와 같은 높은 수준의 격리가 필요한 감염병이다.
④ 유행 여부를 조사하기 위해 표본 감시 활동이 필요한 감염병이다.

> • 제2급 감염병: 전파 가능성을 고려하여 발생, 유행 시 24시간 이내에 신고, 격리 필요
> • 제3급 감염병: 발생을 계속 감시할 필요가 있어 발생, 유행 시 24시간 이내 신고
> • 제4급 감염병: 유행 여부를 조사하기 위해 표본 감시 활동 필요

68
감염병 예방법상 제1급 감염병에 해당하는 것은?
① 백일해
② 공수병
③ 페스트
④ 홍역

> • 백일해: 제2급 감염병
> • 공수병: 제3급 감염병
> • 홍역: 제2급 감염병

69
발생 즉시 환자의 격리가 필요한 제1급 감염병에 해당하는 법정 감염병은?
① 황열
② 디프테리아
③ 폴리오
④ B형 간염

> • 황열: 제3급 감염병
> • 폴리오: 제2급 감염병
> • B형 간염: 제3급 감염병

70
우리나라 감염병 예방법상 제2급 감염병이 아닌 것은?
① 후천성 면역결핍증
② 결핵
③ 홍역
④ 수두

> 후천성 면역결핍증(AIDS): 제3급 감염병

71
제3급 감염병이 아닌 것은?
① 말라리아
② 결핵
③ C형 간염
④ 신증후군 출혈열

> 결핵: 제2급 감염병

72
법정 감염병 중 제3급 감염병에 해당하는 것은?
① 발진열
② 인플루엔자
③ 유행성 이하선염
④ 세균성 이질

> • 인플루엔자: 제4급 감염병
> • 유행성 이하선염: 제2급 감염병
> • 세균성 이질: 제2급 감염병

73
제3급 감염병에 해당하지 않는 것은?
① 황열
② B형 간염
③ 홍역
④ 뎅기열

> 홍역: 제2급 감염병

74
제4급 감염병에 해당하는 것은?
① 콜레라
② 디프테리아
③ 인플루엔자
④ 말라리아

> • 콜레라: 제2급 감염병
> • 디프테리아: 제1급 감염병
> • 말라리아: 제3급 감염병

3 가족 및 노인 보건

75
가족계획에 포함되는 것을 모두 고른 것은?

| A. 결혼 연령 제한 | B. 출산 연령 조절 |
| C. 인공임신 중절 | D. 출산 횟수 조절 |

① A, B, C ② A, C
③ B, D ④ A, B, C, D

> 가족계획은 출산 횟수와 출산 연령을 조절함

76
가족계획사업의 효과 판정 시 가장 유력한 지표는?
① 인구증가율 ② 조출생률
③ 남녀 출생비 ④ 평균여명연수

> 조출생률은 인구 1,000명에 대한 연간 출생아 수로, 가족계획사업의 효과 판정 시 유력한 지표임

77
임신 7개월(28주) 이전의 분만을 뜻하는 것은?
① 조산 ② 유산
③ 사산 ④ 정기산

> • 조산: 임신 28주~37주 이전의 분만
> • 유산: 임신 7개월(28주) 이전의 생존 불가능한 상태의 분만
> • 사산: 죽은 태아를 분만

78
조산아를 판단하는 출생 당시의 체중 기준은?
① 2kg 이하 ② 2.5kg 이하
③ 3kg 이하 ④ 3.2kg 이하

> 조산아는 달을 다 채우지 못하고 보통 28주에서 37주 이전에 태어난 아이로, 출생 시 체중이 2.5kg 이하임

79 신규 문제 공략
공중보건사업의 기본 개념에 따른 우선적인 관리 대상은?
① 폐결핵환자 ② 심장질환자
③ 암환자 ④ 당뇨병환자

> 폐결핵은 호흡기 감염병으로, 환자와 접촉한 경우 감염될 위험이 높고 매년 수많은 사망자를 내고 있어 우선적 관리 대상임

80
인구 구성 시 노령 인구의 연령은?
① 56~64세 ② 40~50세
③ 51~55세 ④ 65세 이후

> 노인은 65세 이상의 사람을 지칭함

4 환경 보건

81 신규 문제 공략
체감 온도의 3요소는?
① 기온, 기습, 기류
② 기온, 기압, 기류
③ 기압, 기습, 기류
④ 기온, 기압, 기습

> 기후(체감 온도)의 3요소: 기온, 기습, 기류

82
실내의 가장 쾌적한 온도와 습도는?
① 14℃, 20% ② 16℃, 30%
③ 18℃, 60% ④ 20℃, 89%

> • 실내 쾌적 온도: 18℃
> • 실내 쾌적 습도: 60%

83
인체가 느끼는 불쾌지수 산출에 고려해야 하는 사항은?
① 기류와 기습 ② 기류와 온도
③ 기습과 복사열 ④ 기습과 기온

> 불쾌지수 산출 시 인체가 느끼는 기온(온도)과 기습(습도)을 고려해야 함

84
가장 적합한 실내·외의 온도 차는?
① 1~3℃ ② 5~7℃
③ 8~12℃ ④ 12℃ 이상

> 실내·외의 온도 차: 5℃~7℃

85
탄산가스의 실내 최대 허용 한계량은?
① 0.3% ② 0.7%
③ 0.5% ④ 0.1%

> 이산화탄소의 기체상을 탄산가스라고 하며, 탄산가스의 실내 최대 허용 한계량은 0.1%임

86
공기의 자정 작용과 관련이 없는 것은?
① 이산화탄소와 산소의 교환 작용
② 자외선의 살균 작용
③ 강우·강설에 의한 세정 작용
④ 기온의 역전 작용

> 공기의 자정 작용: 희석 작용, 살균 작용, 탄소 동화 작용, 산화 작용, 세정 작용

| 정답 | 75 ③ 76 ② 77 ② 78 ② 79 ① 80 ④ 81 ① 82 ③ 83 ④ 84 ② 85 ④ 86 ④

87
실내공기의 오염 지표로 측정되는 것은?
① N_2 ② NH_3
③ CO ④ CO_2

> CO_2(이산화탄소)는 온난화 현상의 원인이 되는 대표 가스로 실내공기의 오염 지표임

88 신규 문제 공략
1차 대기오염 물질은?
① CO, CO_2, SO_2 ② 분진, NOC, O_3
③ 분진, 매연, SO_2 ④ O_3, PAN, NOCl

> 1차 오염 물질: 발생원이 직접 대기오염을 일으키는 물질로 분진, 매연, 이산화황(SO_2), 일산화탄소(CO), 이산화질소(NO_2) 등이 있음

89
공기 중 이산화탄소(CO_2)는 약 몇 %를 차지하고 있는가?
① 0.03% ② 0.3%
③ 3% ④ 13%

> 이산화탄소는 공기 중의 약 0.03% 차지함

90
고도가 상승함에 따라 상부의 기온이 하부의 기온보다 높아져 대기가 정체되고 공기의 수직 확산이 일어나지 않아 대기오염이 심해지는 현상은?
① 고기압 ② 기온 역전
③ 엘리뇨 ④ 열섬

> 기온 역전은 지표면의 기온이 상층보다 낮아지는 현상으로, 대류 작용이 약화되어 복사 안개와 오염된 대기가 결합하여 스모그 현상이 발생하는데, 이는 대기오염의 발생 원인이 됨

91
대기오염의 지표로 주로 측정되는 것은?
① N_2 ② CO_2
③ Ar ④ SO_2

> SO_2(아황산가스)는 대표적인 대기오염 지표임

92
인체에 가장 심한 자극을 일으키고 식물을 고사시키는 공해 유독가스는?
① 일산화탄소 ② 이산화탄소
③ 아황산가스 ④ 이산화질소

> • 일산화탄소: 불완전 연소 시 발생하는 맹독성 유독가스
> • 이산화탄소: 온난화 현상의 원인이 되는 대표 가스
> • 이산화질소: 자극성 냄새가 나는 갈색의 유해성 기체

93
대기오염 물질 중 석탄이나 석유가 연소할 때 산화되어 발생하며, 만성 기관지염과 산성비 등을 유발시키는 것은?
① 일산화탄소 ② 질소화합물
③ 황산화물 ④ 부유분진

> • 일산화탄소: 불완전 연소 시 발생하는 맹독성 유독가스
> • 질소화합물: 일산화질소, 이산화질소 등 질소가 포함된 화합물
> • 부유분진: 먼지나 그을음 등 공기 중에 떠다니는 미세한 입자

94 신규 문제 공략
실내에 다수가 밀집하면 어떠한 현상이 나타나는가?
① 기온 증가 – 습도 감소 – 이산화탄소 증가
② 기온 증가 – 습도 증가 – 이산화탄소 증가
③ 기온 증가 – 습도 증가 – 이산화탄소 감소
④ 기온 증가 – 습도 감소 – 이산화탄소 감소

> 실내에 다수가 밀집하면 기온, 이산화탄소, 습도가 높아짐

95
칼슘, 마그네슘, 철분 등이 많이 함유된 물은?
① 자연수 ② 경수
③ 중수 ④ 연수

> 경수는 칼슘과 마그네슘의 함유량이 많아 거품이 일어나지 않고 뻣뻣함

96
물의 경수와 연수에 대한 설명으로 틀린 것은?
① 경수에는 일시 경수와 영구 경수가 있다.
② 일시 경수는 끓이면 경도가 낮아져 연수가 된다.
③ 경도는 탄산칼슘 1mg이 함유되어 있을 때 10도라고 한다.
④ 연수는 비누가 잘 풀리고 거품이 잘 일어나서 세탁에 적합하다.

> 경도는 물의 세기 정도를 말하며, 물 100mL 속에 탄산칼슘 1mg이 함유되어 있을 때 1도라고 함

97
세안물로서 경수를 연수로 만들 때 사용하는 약품은?
① 붕사 ② 에탄올
③ 석탄산 ④ 크레졸

> 경수를 연수로 만들 때에는 붕사를 사용함

98
일반적인 음용수로서 적합한 유리 잔류 염소의 기준은?
① 250mg/L 이하 ② 4mg/L 이하
③ 2mg/L 이하 ④ 0.1mg/L 이하

> 상수의 유리 잔류 염소 농도는 4mg/L 이하여야 함

99
식수용 수돗물에서 경도는 얼마 이하를 유지하도록 되어 있는가?
① 300mg/L ② 400mg/L
③ 500mg/L ④ 600mg/L

상수(식수용 수돗물)의 경도는 300mg/L 이하여야 함

100
상수의 수질오염 분석 시 대표적인 생물학적 지표로 이용되는 것은?
① 대장균 ② 살모넬라균
③ 장티푸스균 ④ 포도상구균

대장균은 상수오염의 지표로 100mL 기준으로 검출되지 않아야 함

101
음용수(상수)에서의 대장균 검출 의의로 적절한 것은?
① 오염의 지표
② 전염병 발생 예고
③ 음용수의 부패 상태 파악
④ 비병원성

대장균은 상수오염의 지표임

102
하수오염의 지표로 주로 이용하는 것은?
① pH ② BOD
③ 대장균 ④ DO

하수오염의 지표는 BOD 생물학적 산소요구량임

103
상호 관계가 있는 것의 연결이 옳지 않은 것은?
① 상수오염의 생물학적 지표 – 대장균
② 실내공기 오염의 지표 – CO_2
③ 대기오염의 지표 – SO_2
④ 하수오염의 지표 – 탁도

하수오염의 지표 – BOD(생물학적 산소요구량)

104
환경오염 지표와 관련 있는 연결이 옳은 것은?
① 수소이온 농도 – 음료수오염 지표
② 대장균 – 하천오염 지표
③ 용존산소 – 대기오염 지표
④ 생물학적 산소요구량 – 수질오염 지표

생물학적 산소요구량(BOD)은 수질의 오염을 나타내는 하수오염 지표임

105
'하수에서 DO가 아주 낮다.'가 의미하는 바는?
① 수생식물이 잘 자랄 수 있는 물의 환경이다.
② 물고기가 잘 살 수 있는 물의 환경이다.
③ 물의 오염도가 높다.
④ 하수의 BOD가 낮은 것과 같다.

적조 현상 등으로 생물의 증식이 많으면 용존산소(DO)는 낮고, 이는 오염도가 높다는 것을 의미함

106
수질오염을 측정하는 지표로서 물에 녹아 있는 유리산소를 의미하는 것은?
① 용존산소(DO)
② 생물학적 산소요구량(BOD)
③ 화학적 산소요구량(COD)
④ 수소이온 농도(pH)

용존산소는 물 속에 용해된 유리 산소임

107
하수오염이 심할수록 BOD는 어떻게 되는가?
① 수치가 낮아진다.
② 수치가 높아진다.
③ 아무런 영향이 없다.
④ 높아졌다 낮아졌다를 반복한다.

하수오염이 심할수록 생물학적 산소요구량(BOD)이 높아짐

108
수은 중독의 증세와 관련 없는 것은?
① 치은괴사 ② 호흡 장애
③ 구내염 ④ 혈성구토

수은 중독 시 치은괴사, 구내염, 혈성구토 등의 증상이 발생함

109
카드뮴 중금속이 원인이 되어 발생하는 수인성 질병은?
① 미나마타병 ② 이타이이타이병
③ 발진티푸스 ④ 장티푸스

이타이이타이병은 폐광석을 통해 카드뮴이 유출되어 강으로 흘러 들어가 식수나 농업 용수로 사용하여 발생한 수인성 질병임

110
납 중독으로 인한 증상에 해당하지 않는 것은?
① 빈혈 ② 신경마비
③ 뇌 중독 증상 ④ 과다행동장애

납 중독 시 빈혈, 신경마비, 뇌 중독 증상 등이 나타남

111
하수 처리법 중 호기성 처리법에 해당하지 않는 것은?
① 부패조법
② 살수여과법
③ 산화지법
④ 활성오니법

- 호기성 처리법 : 활성오니법, 살수여과법, 산화지법
- 혐기성 처리법 : 부패조법, 임호프조법

112
하수 처리에 사용되는 활성오니법에 대한 설명으로 옳은 것은?
① 상수도부터 하수까지 연결되어 정화시키는 방법
② 대도시 하수만 분리하여 처리하는 방법
③ 하수 내 유기물을 산화시키는 호기성 분해법
④ 쓰레기를 하수에서 걸러 내는 방법

활성오니법은 산소를 공급하여 호기성균을 촉진하고 하수 내 유기물의 산화 작용을 하는 호기성 분해법임

113
하수 처리에서 활성오니법이 이용한 작용은?
① 부패 작용
② 산화 작용
③ 희석 작용
④ 침전 작용

활성오니법은 하수 내 유기물의 산화 작용을 이용함

114
자연 조명을 위한 이상적인 주택의 방향과 창의 면적은?
① 남향, 방바닥 면적의 1/7~1/5
② 남향, 방바닥 면적의 1/5~1/2
③ 동향, 방바닥 면적의 1/10~1/7
④ 동향, 방바닥 면적의 1/5~1/2

자연 조명은 남향으로 창의 면적은 방바닥 면적의 1/7~1/5 정도가 좋음

115
실내 조명에서 조명 효율이 천장의 색깔에 의해 가장 크게 좌우되는 것은?
① 직접 조명
② 반직접 조명
③ 반간접 조명
④ 간접 조명

간접 조명은 빛을 천장이나 벽에 투사하여 반사되어 나오는 빛을 이용하는 방식으로 조명 효율이 천장의 색깔에 의해 좌우됨

116
눈의 피로를 적게 하고 눈을 보호하기 위해 가장 좋은 조명은?
① 직접 조명
② 간접 조명
③ 반직접 조명
④ 반간접 조명

- 직접 조명: 눈이 부시고 강한 음영으로 눈의 피로를 유발함
- 간접 조명: 음영과 눈부심이 적고 온화하여 눈의 보호에 좋음

117
dB(데시벨)은 무엇의 단위인가?
① 소리의 파장
② 소리의 질
③ 소리의 크기(강도)
④ 소리의 음색

dB(decibel): 소리의 크기를 나타내는 단위

118
소음이 인체에 미치는 영향으로 가장 거리가 먼 것은?
① 불안증 및 노이로제
② 청력 장애
③ 중이염
④ 작업능률 저하

중이염은 중이강 내에 일어나는 염증성 질환으로, 소음과 관련 없음

119
산업재해의 지표로 주로 사용되는 것을 모두 고른 것은?

| ㉠ 도수율 | ㉡ 발생률 | ㉢ 강도율 | ㉣ 사망률 |

① ㉠, ㉡, ㉢
② ㉠, ㉢
③ ㉡, ㉢
④ ㉠, ㉡, ㉢, ㉣

산업재해의 지표: 도수율, 건수율(발생률), 강도율

120
「근로기준법」상 보건상 유해하거나 위험한 사업에 종사하지 못하도록 규정되어 있는 대상은?
① 21세 미만인 자
② 여자
③ 임신 중인 여자와 18세 미만인 자
④ 여자와 21세 미만인 자

산업재해 예방 대책으로 임신 중인 여자, 18세 미만인 자는 도덕상 또는 보건상 유해하거나 위험한 산업 현장에 고용할 수 없음

121
분진 흡입에 의해 폐에 조직 반응을 일으킨 상태는?
① 진폐증
② 기관지염
③ 폐렴
④ 결핵

진폐증은 분진의 흡입이 원인으로 광부, 탄광 종사자에게 발생함

122
직업병과 관련 직업의 연결이 옳은 것은?
① 근시안 - 식자공
② 규폐증 - 용접공
③ 열사병 - 채석공
④ 잠함병 - 방사선 기사

- 규폐증 - 석공, 암석 연마자
- 열사병 - 제철소 작업자
- 잠함병 - 해녀, 잠수부

| 정답 | 111 ① 112 ③ 113 ② 114 ① 115 ④ 116 ② 117 ③ 118 ③ 119 ① 120 ③ 121 ① 122 ①

123
산업 종사자와 직업병의 연결이 옳지 <u>않은</u> 것은?
① 광부 – 진폐증
② 인쇄공 – 납 중독
③ 용접공 – 규폐증
④ 항공정비사 – 난청

> 규산이 원인인 규폐증은 석공, 암석 연마자의 직업병임

124
직업병으로만 구성된 것은?
① 열중증 – 잠수병 – 식중독
② 열중증 – 소음성 난청 – 잠수병
③ 열중증 – 소음성 난청 – 폐결핵
④ 열중증 – 소음성 난청 – 대퇴부 골절

> 열중증(제철소 작업자), 소음성 난청(항공정비사), 잠수병(해녀, 잠수부)은 직업에 의해 발생함

125
저온 폭로에 의한 건강 장애는?
① 동상 – 무좀 – 전신 체온 상승
② 참호족 – 동상 – 전신 체온 하강
③ 참호족 – 동상 – 전신 체온 상승
④ 동상 – 기억력 저하 – 참호족

> 저온의 작업 환경 시 참호족, 동상 등으로 전신 체온 하강의 증상이 나타남

126
이상 저온 작업으로 인한 건강 장애는?
① 참호족
② 열경련
③ 울열증
④ 열쇠약증

> • 저온: 참호족, 동상
> • 고온: 열사병, 열중증, 열쇠약증, 열허탈증, 열경련, 울열증 등

127
방사선과 관련된 직업에 의해 발생하는 질병이 <u>아닌</u> 것은?
① 조혈 기능 장애
② 백혈병
③ 생식 기능 장애
④ 잠함병

> 잠함병은 해녀, 잠수부와 같이 고압의 작업 환경에서 발생함

128
고기압 상태에서 나타날 수 있는 인체 장애는?
① 안구진탕증
② 잠함병
③ 레이노이드병
④ 섬유증식증

> • 고기압: 잠함병, 잠수병
> • 조명: 안구진탕증
> • 진동: 레이노이드

5 식품위생과 영양

129
식중독의 분류가 바르게 연결된 것은?
① 세균성 – 자연독 – 화학물질 – 수인성
② 세균성 – 자연독 – 화학물질 – 곰팡이
③ 세균성 – 자연독 – 화학물질 – 수술 전후 감염
④ 세균성 – 외상성 – 화학물질 – 곰팡이

> 식중독은 세균성, 자연독, 화학물질, 곰팡이로 분류됨

130
식중독에 대한 설명으로 옳은 것은?
① 세균성 식중독 중 치사율이 가장 낮은 것은 보툴리누스균 식중독이다.
② 테트로도톡신은 감자에 다량 함유되어 있다.
③ 식중독은 급격한 발생률, 지역과 무관한 동시다발성의 특성이 있다.
④ 식중독은 원인에 따라 세균성, 화학물질, 자연독, 곰팡이 등으로 분류된다.

> • 세균성 식중독 중 치사율이 가장 높은 것은 보툴리누스균 식중독임
> • 테트로도톡신은 복어에 다량 함유되어 있음
> • 식중독은 한 지역에서 같은 음식의 섭취로 인해 집단으로 발생함

131
식품의 대장균 검사의 의의로 옳은 것은?
① 대장균 자체가 식중독의 원인균이다.
② 부패 여부를 판정할 수 있다.
③ 병원균 오염의 지표가 된다.
④ 신선도 측정이 가능하다.

> 대장균은 오염된 환경에서 쉽게 발견되기 때문에 오염의 지표로 사용하며, 청결을 필요로 하는 식당 등에서 대장균 검사를 실시함

132
식중독 세균이 가장 잘 증식할 수 있는 온도는?
① 0~10℃
② 10~20℃
③ 18~22℃
④ 25~37℃

> 식중독 세균은 온도가 높은 여름철에 많이 발생함

133
자연독에 의한 식중독 원인 물질의 연결이 옳지 <u>않은</u> 것은?
① 테트로도톡신 – 복어
② 솔라닌 – 감자
③ 무스카린 – 버섯
④ 에르고톡신 – 조개

> 에르고톡신 – 맥각

| 정답 | 123 ③ | 124 ② | 125 ② | 126 ① | 127 ④ | 128 ② | 129 ② | 130 ④ | 131 ③ | 132 ④ | 133 ④ |

134
발열 증상이 가장 심한 식중독은?

① 살모넬라 식중독　② 웰치균 식중독
③ 복어 식중독　　　④ 포도상구균 식중독

살모넬라 식중독은 38~40℃의 고열 증상이 발생함

135 신규 문제 공략
자연계에 널리 분포되어 있고 빵에 청록색으로 번식하는 곰팡이는?

① 아플라톡신　② 푸른곰팡이
③ 지오트리쿰　④ 누룩곰팡이

푸른곰팡이는 빵과 떡 등에 생기고 빗자루 모양으로 청록·초록 등의 색을 띠고 있음

136
감염형 식중독이 아닌 것은?

① 살모넬라균　　② 웰치균
③ 장염비브리오균　④ 병원성 대장균

- 감염형 식중독: 살모넬라균, 병원성 대장균, 장염비브리오균
- 독소형: 포도상구균, 보툴리누스균, 웰치균

137
독소형 식중독의 원인균에 해당하는 것은?

① 포도상구균　② 장티푸스균
③ 돈 콜레라균　④ 장염균

- 독소형 식중독: 포도상구균, 보툴리누스균, 웰치균
- 감염형 식중독: 살모넬라균, 병원성 대장균, 장염비브리오균

138
주로 여름철에 발병하며 어패류의 생식으로 인해 급성위장염 등의 증상을 나타내는 식중독은?

① 포도상구균 식중독
② 병원성 대장균 식중독
③ 장염비브리오균 식중독
④ 보툴리누스균 식중독

장염비브리오균 식중독은 오염된 어패류의 생식으로 발생함

139
손가락 등의 화농성 질환의 병원균이며 식중독의 원인균이 될 수 있는 것은?

① 살모넬라균　② 포도상구균
③ 바이러스　　④ 곰팡이독소

포도상구균은 손가락 등의 화농성 질환의 병원균임

140
장염비브리오균 식중독에 대한 설명으로 틀린 것은?

① 원인균은 보균자의 분변이 주원인이다.
② 복통, 설사, 구토 등이 발생한다.
③ 예방은 저온 저장, 조리기구, 손 등의 살균으로 가능하다.
④ 여름철에 집중적으로 발생한다.

장염비브리오균 식중독의 원인균은 오염된 어패류가 주원인임

141
통조림, 소시지 등 식품의 혐기성 상태에서 발육하여 신경독소를 분비하여 중독이 되는 식중독은?

① 포도상구균 식중독
② 솔라닌 독소형 식중독
③ 병원성 대장균 식중독
④ 보툴리누스균 식중독

보툴리누스균 식중독은 식품의 혐기성 상태에서 발육하여 신경독소를 분비하여 중독되며, 통조림에서 주로 발견됨

142
세균성 식중독의 특성이 아닌 것은?

① 2차 감염률이 낮다.
② 잠복기가 길다.
③ 다량의 균이 발생한다.
④ 수인성 전파가 드물다.

세균성 식중독은 잠복기가 짧음

143
세균성 식중독에 대한 설명으로 옳은 것은?

① 균량이나 독소량이 소화기계 감염병에 비해 소량이다.
② 대체적으로 잠복기가 소화기계 감염병에 비해 길다.
③ 연쇄 전파에 의한 2차 감염이 소화기계 감염병에 비해 드물다.
④ 원인이 되는 식품 섭취와 무관하게 감염된다.

소화기계 감염병은 2차 감염률이 높으며 세균성 식중독은 2차 감염이 드문 편임

144
일반적으로 식품의 부패란 무엇이 변질된 것인가?

① 비타민　② 탄수화물
③ 지방　　④ 단백질

부패는 단백질이 혐기성 상태에서 미생물에 의해 분해되어 악취가 나고 유해한 물질을 생성하는 것임

6 보건행정

145
보건행정에 대한 설명으로 옳은 것은?
① 공중보건의 목적을 달성하기 위해 공공의 책임하에 수행하는 행정 활동
② 개인보건의 목적을 달성하기 위해 공공의 책임하에 수행하는 행정 활동
③ 국가 간의 질병 교류를 막기 위해 공공의 책임하에 수행하는 행정 활동
④ 공중보건의 목적을 달성하기 위해 개인의 책임하에 수행하는 행정 활동

> 보건행정은 공중보건의 목적을 달성하기 위해 공공의 책임하에 수행하는 행정 활동임

146
보건행정의 정의에 포함되는 내용이 아닌 것은?
① 국민의 수명 연장
② 질병 예방
③ 수질 및 대기 보전
④ 공적인 행정 활동

> 보건행정은 질병 예방, 생명 연장, 신체 및 정신적 효율을 증진시키는 공중보건에 기초한 과학적 기술이 필요하기 때문에 시행하는 공적인 행정 활동임

147
보건행정의 의의에 대한 설명으로 옳은 것은?
① 일반행정의 관리 과정적 특성과 기획 과정은 적용되지 않는다.
② 의사결정 과정에서 미래를 예측하고, 행동하기 전의 행동계획을 결정한다.
③ 보건행정에서는 생태학이나 역학적 고찰이 필요 없다.
④ 보건행정은 공중보건에 기초한 과학적 기술이 필요하다.

> 보건행정은 질병 예방, 생명 연장, 신체 및 정신적 효율을 증진시키는 공중보건에 기초한 과학적 기술이 필요함

148
보건기획이 전개되는 과정으로 옳은 것은?
① 전제 → 예측 → 목표 설정 → 행동계획 전제 → 체계 분석
② 예측 → 전제 → 목표 설정 → 행동계획 전제 → 체계 분석
③ 목표 설정 → 전제 → 예측 → 행동계획 전제 → 체계 분석
④ 목표 설정 → 예측 → 전제 → 행동계획 전제 → 체계 분석

> 보건행정 기획 과정
> 전제 → 예측 → 목표 설정 → 행동계획의 전제 → 체계 분석

149 신규 문제 공략
보건소에서 예방접종을 실시하는 자는?
① 시·도지사
② 의료원장
③ 보건복지부장관
④ 시장·군수·구청장

> 특별자치도지사 또는 시장·군수·구청장은 관할 보건소를 통하여 필수 예방접종을 실시해야 함

150
보건행정의 특성에 해당하지 않는 것은?
① 공공성
② 교육성
③ 정치성
④ 과학성

> 보건행정의 특성: 공공성, 교육성, 과학성, 사회성, 봉사성, 조장성, 기술성

151
사회보장의 종류의 내용의 연결이 옳은 것은?
① 사회보험 – 교육보장, 의료보장
② 사회보험 – 소득보장, 의료보장
③ 공공부조 – 기초생활보장, 보건의료서비스
④ 공공부조 – 기초생활보장, 사회복지서비스

> • 사회보험: 소득보장, 의료보장
> • 공공부조: 기초생활보장, 의료 급여

152 신규 문제 공략
의료보험에 대한 설명으로 가장 적절한 것은?
① 의료비 경감
② 공공기관 의료비 전액 보장
③ 의료사고 대비
④ 의료비 과다 청구 방지

> 의료보험(건강보험): 고액의 진료비로 인해 발생하는 가계의 부담을 덜기 위해 의료비 경감을 목적으로 하는 사회보험임

153 신규 문제 공략
의료급여 대상자가 아닌 것은?
① 북한 이탈 주민
② 의상자 및 의사자 유족
③ 해외에서 근무하다 질병에 감염된 근로자
④ 국가유공자

> 의료급여 대상자: 북한 이탈 주민, 의상자 및 의사자의 유족, 국가유공자, 국민기초생활보장수급자, 이재민, 입양아동(18세 미만), 중요무형문화재 보유자, 5·18민주화운동 관련자, 노숙인

154
세계보건기구의 기능이 아닌 것은?
① 보건 문제 기술 지원 및 자문
② 국제적 보건 사업의 지휘·조정
③ 회원국에 대한 보건 관계 자료 공급
④ 회원국에 대한 보건 정책 조정

> 세계보건기구에서는 회원국에 대한 보건 정책을 조정하지 않음

155
세계보건기구에서 규정한 보건행정의 범위에 해당하지 않는 것은?
① 산업발전
② 모자 보건
③ 환경위생
④ 보건 간호

> 보건행정의 범위: 보건 관계 기록의 보존, 환경위생, 감염병 관리, 모자 보건, 보건 간호, 의료 제공, 보건 교육

CHAPTER 02 소독

합격 TIP 출제 빈도가 높지만 내용이 많지 않아 학습하기 좋은 챕터입니다. 소독의 정의와 병원성 미생물의 특징을 집중적으로 학습하세요. 물리적 소독법은 온도와 시간을, 화학적 소독법은 대상물 위주로 암기하세요!

1 소독의 정의 및 분류

(1) 소독 [빈출]

① 소독의 정의 및 분류

멸균	미생물 및 아포를 가진 것을 전부 사멸시킨 무균 상태
살균	물리적·화학적 처리로 미생물을 급속 사멸시키는 것
소독	병원성 미생물을 가능한 제거하여 사람에게 감염의 위험이 없도록 하는 것
방부	미생물의 발육과 작용을 억제하여 부패나 발효를 방지하는 것
희석	용품이나 기구 등을 일차적으로 청결하게 세척하는 것
여과	여과기로 액체에 있는 침전물과 입자를 걸러내는 것

용어
- 아포(포자): 미생물의 증식을 억제하는 영양 고갈과 건조 등 불리한 환경 속에서 생존하기 위해 포자를 형성하는 것

② 소독력의 크기

> 멸균 > 살균 > 소독 > 방부

(2) 소독약의 농도 표시법

① 농도 단위

퍼센트(%)	소독액 100mL 중에 포함된 소독약의 양
퍼밀리(‰)	소독액 1,000mL 중에 포함된 소독약의 양
피피엠(ppm)	소독액 1,000,000mL 중에 포함된 소독약의 양

② 농도 계산법

- 퍼센트(%) = $\dfrac{용질(소독약)}{용액(소독액)} \times 100$
- 퍼밀리(‰) = $\dfrac{용질(소독약)}{용액(소독액)} \times 1{,}000$
- 피피엠(ppm) = $\dfrac{용질(소독약)}{용액(소독액)} \times 1{,}000{,}000$

(3) 소독약 [빈출]

① 소독에 영향을 미치는 인자: 온도, 시간, 수분, 농도
② 소독 작용에 영향을 주는 요인
- 온도가 높을수록 소독력의 효과가 큼
- 농도가 높을수록 소독력의 효과가 큼
- 접촉 시간이 길수록 소독력의 효과가 큼
- 유기물질이 많을수록 소독력이 감소됨

③ 구비조건
- 인체에 독성과 자극성이 없어야 함
- 냄새가 없는 것이 좋음
- 살균력과 용해성, 안정성이 높아야 함
- 소독의 효력은 즉시 나타나야 함
- 부식성, 표백성, 소독 물품에 손상이 없어야 함
- 취급 방법이 간단하고 경제적이어야 함

④ 주의사항
- 소독물의 성질, 병원체의 저항력, 아포 유무를 고려해야 함
- 병원 미생물의 종류와 소독의 목적, 소독법, 시간을 고려하여 선택함
- 사전에 조제하여 사용하는 것과 새로 만드는 것을 구별함
- 희석시킨 소독약은 장기간 보관하지 않음
- 소독약은 밀폐시켜 열과 빛을 차단하는 냉암소에 보관하고 라벨을 붙여 구분함
- 인체에 유해한 소독제는 특별히 주의하여 취급해야 함
- 취급 방법, 농도 표시, 소독제 병의 오염을 확인해야 함
- 소독제를 수돗물로 사용할 때는 물의 경도에 주의해야 함

(4) 지속소독

감염병 유행 중 환자가 접촉한 물체나 접촉자 등에게 수시로 반복하여 실시하는 소독

(5) 종말소독 [빈출]

환자가 퇴원, 사망하거나 격리수용된 감염병을 완전 제거하기 위한 소독

2 미생물 총론

미생물은 육안으로 보이지 않는 0.1mm 이하의 미세한 생물로, 온도, 습도, 영양분이 번식에 많은 영향을 줌

(1) 미생물의 역사 [빈출]

레벤후크	현미경 사용	파스퇴르	저온 살균법
쉼멜부시	증기 소독법	코흐	결핵균, 콜레라균

(2) 미생물의 증식 환경 [빈출]

① 온도

저온균	최적 온도 15~20℃, 0℃에서도 발육 가능 예 식품 부패균
중온균	최적 온도 20~40℃, 28~38℃에서 가장 활발히 증식, 인간 체온에 최적화 예 질병 병원균
고온균	최적 온도 40~80℃ 예 온천균

② 습도(수분): 미생물은 습도가 높은 환경에서 서식함
③ 영양분: 미생물의 에너지원은 탄소원, 질소원, 무기질 등
④ 산소

호기성균	산소가 필요한 세균 예 결핵균, 백일해균, 녹농균, 디프테리아균
미호기성균	산소보다 낮은 농도에서 증식이 가능한 세균 예 젖산균
혐기성균	산소가 필요하지 않은 세균 예 보툴리누스균, 파상풍균, 가스괴저균
통성 혐기성균	산소의 유·무에 관계없이 생육이 가능한 세균 예 살모넬라균, 대장균, 장티푸스균, 포도상구균

⑤ 수소이온 농도: 세균 증식에 적합한 수소이온 농도는 pH 6.0~8.0(중성)임

> **용어**
> • 결핵균: 결핵을 일으키는 세균으로, 세포벽에 지질이 많아 춥고 건조한 환경에 강함

(3) 미생물의 종류 [빈출]

유산균, 효모, 바이러스, 리케차, 세균, 진균, 원충 등

비병원성 미생물	인체에 해를 주지 않는 미생물 예 유산균, 효모 등
병원성 미생물	인체에 침입하여 질병의 원인이 되는 미생물 예 바이러스, 리케차, 세균, 진균, 원충 등

(4) 병원성 미생물의 크기

바이러스 < 리케차 < 세균

3 병원성 미생물

(1) 바이러스 [빈출]

① 미생물 중 가장 작아 전자현미경으로만 관찰 가능
② 핵산 DNA와 RNA 중 하나만 가지고 있음
③ 살아 있는 세포 내에서 증식하며, 항생제에 반응하지 않음
④ 황열바이러스는 인간 질병 최초의 바이러스임

(2) 리케차

① 세균보다 작으며 살아 있는 세포에서 증식 가능
② 곤충을 매개로 인체에 침입해 질환을 일으킴

(3) 세균(박테리아) [빈출]

① 현미경으로 보는 단세포 원핵생물
② 대부분은 동식물의 생체와 사체, 유기물에 기생함
③ 증식 환경이 부적당하면 저항력을 높이기 위해 아포를 형성
④ 세균의 구조

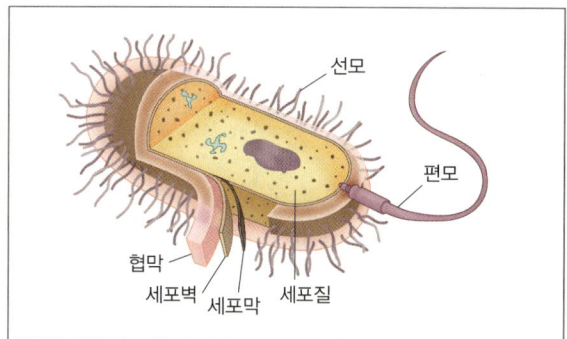

세포질	항상성을 유지, 물질대사에 사용, 저장하는 장소
세포막	세포질을 둘러싸고 있는 막
세포벽	세포를 보호하고 형상을 유지
협막	세포벽의 가장 외층을 둘러싸고 있는 막으로 백혈구의 식균 작용에 대항하여 세균의 세포를 보호
편모	운동성을 지닌 부속기관
선모	표면의 미세한 털

⑤ 세균의 형태

구분		이미지	형태	질병
구균	쌍구균		2개의 짝	폐렴
	연쇄상 구균		사슬	패혈증
	포도상 구균		포도	화농성 질환
간균			막대기	결핵
나선균			S자	콜레라

4 소독 방법

(1) 소독 방법의 분류 [빈출]

구분	물리적 소독법			화학적 소독법		
의미	자외선, 열, 물, 여과 등의 물리적인 방법을 이용			소독력이 있는 약제를 사용하는 화학적인 방법을 이용		
유형	• 일광 소독법 • 화염 멸균법 • 고압증기 멸균법 • 초고온 순간 살균법 • 여과 멸균법	• 자외선 소독법 • 소각법 • 유통증기 멸균법 • 고온 살균법 • 초음파 멸균법	• 건열 멸균법 • 자비 소독법 • 간헐 멸균법 • 저온 살균법 • 방사선 멸균법	• 석탄산 • 포르말린 • 과산화수소 • 오존 • E.O가스	• 승홍수 • 크레졸 • 표백분 • 과망가니즈산칼륨	• 알코올 • 역성비누 • 염소 • 생석회

(2) 물리적 소독법 [빈출]

구분	소독법	대상물	소독 방법
자외선	일광 소독법	수건, 의류	• 살균 작용을 하며 20분 이상 조사해야 함 • 비용이 들지 않는 장점이 있음
	자외선 소독법	미용도구(철제 도구, 브러시 등)	• 소독 물품이 겹치지 않고 자외선에 직접 노출되어야 함 • 자외선 소독기 사용
건열법❓	건열 멸균법	유리, 도자기, 주사침, 바셀린, 파우더	• 170℃에서 1~2시간 가열 후 서서히 냉각시킴 • 드라이 오븐을 사용하며 젖은 손으로 조작 금지
	화염 멸균법	백금선, 시험관	불꽃에서 20초 이상 직접 접촉시킴
	소각법	환자의 객담, 오염된 휴지	불에 태워 없앰
습열법❓	자비 소독법 (열탕 소독법)	수건, 의류, 금속 기구, 도자기	• 100℃ 끓는 물에 15~20분 가열 • 부적합: 고무, 플라스틱, 아포 • 탄산나트륨 1~2% 첨가 시 살균력 상승, 금속 손상 방지 • 소독할 물건을 열탕 속에 완전히 잠기도록 함
	고압증기 멸균법	의류, 금속 기구, 거즈, 아포, 에이즈, B형 간염	• 10lbs(파운드): 115℃에서 30분 가열 • 15lbs(파운드): 121℃에서 20분 가열(기본) • 20lbs(파운드): 126℃에서 15분 가열 • 부적합: 가죽, 바셀린, 파우더 • 짧은 시간에 많은 물품을 멸균할 수 있어 소독 비용이 저렴함 • 멸균 방법이 쉽고 아포를 사멸하여 가장 효과적인 소독 방법
	유통증기 멸균법	도자기, 의류	100℃ 유통증기에서 30~60분 가열(코흐 증기솥, 아놀드 증기솥 사용)
	간헐 멸균법	도자기, 금속 기구, 아포	• 100℃ 유통증기에서 30~60분간 24시간마다 가열 처리 3회 반복 • 고압증기 멸균에 의해 손상될 위험이 있는 경우 이용
	초고온 순간 살균법	유제품	130~140℃에서 1~3초간 살균
	고온 살균법	유제품	72~75℃에서 15~20초간 살균
	저온 살균법	유제품	62~63℃에서 30분간 살균, 파스퇴르가 발명함
비열법❓	여과 멸균법	당, 혈청, 약제	열에 의해 변성되거나 불안정한 액체를 멸균함
	초음파 멸균법	액체	초음파 파장으로 미생물을 파괴하여 멸균함
	방사선 멸균법	포장 물품	방사선을 투과하여 미생물을 멸균함

용어
• **건열법**: 열을 이용하여 소독하는 방법   • **습열법**: 열과 수분을 이용하여 소독하는 방법   • **비열법**: 열을 이용하지 않고 소독하는 방법

(3) 소독제의 작용기전 빈출
① 단백질 변성 작용: 석탄산, 알코올, 크레졸, 승홍수, 포르말린
② 산화 작용: 과산화수소, 오존, 과망가니즈산칼륨, 염소, 표백분
③ 가수 분해 작용: 생석회

(4) 화학적 소독법 빈출

소독제	농도	대상물	특징
석탄산 (페놀)	3%	하수구, 토사물, 기구	• 단백질 변성 작용 • 부적합: 피부 점막, 금속 기구, 아포(포자), 바이러스 • 소금(염화나트륨) 첨가 시 소독력이 높아짐 • 유기물에서도 소독력이 약화되지 않고 가장 안정적이어서 방역 소독제로 사용함 • 소독제의 살균력 지표로 사용되며, 석탄산의 계수가 높을수록 살균력이 강함 • 피부에 자극성, 금속에 부식성이 있으며 독성과 취기가 강함 • 어떤 소독제의 탄산 계수가 2라는 것은 살균력이 석탄산의 2배라는 의미임 • 석탄산 계수 = 소독약의 희석배수/석탄산의 희석배수
승홍수	0.1%	피부, 아포	• 단백질 변성 작용 • 부적합: 금속 기구, 상처, 음료수 • 1,000배의 희석배율로 소독, 물에 잘 녹지 않고 살균력과 독성이 매우 강함 • 소금(식염) 첨가 시 용액이 중성으로 변화되고 자극성이 완화됨 • 착색한 후 잘 보관해야 하며 인체에 유해하므로 취급 주의
알코올 (에탄올)	70%	손, 피부, 유리, 금속 도구	• 단백질 변성 작용 • 부적합: 고무, 플라스틱, 아포 • 사용법이 간단하고 독성이 적음
포르말린	1~1.5%	아포	• 단백질 변성 작용 • 부적합: 배설물, 객담 • 수증기를 동시에 혼합하여 사용하는 훈증 소독법에 이용됨
크레졸	3%	손, 아포, 바닥, 배설물	• 단백질 변성 작용 • 페놀 화합물로, 석탄산보다 2배 정도 높은 살균력을 가짐 • 물에 잘 녹지 않아 알칼리성 수용액에 녹인 크레졸 비누액을 주로 사용함
역성비누	0.01~0.1%	손, 식기, 기구	• 물에 잘 녹으며 세정력은 약하지만 소독력이 강함 • 저자극으로 독성과 냄새가 없어 이·미용업 종사자가 손을 씻을 때 사용함
과산화수소	3%	구강, 피부 상처	• 산화 작용, 살균력과 침투성은 약하지만 자극이 적음 • 분해 시 발생하는 산소의 산화력을 이용하여 표백, 탈취, 살균 효과를 가짐
표백분		음료수, 수영장	• 산화 작용 • 물에 분해될 때 염소가스가 발생되어 살균 작용을 가짐
염소		채소, 과일, 음용수, 상수도, 하수도, 아포	• 산화 작용 • 살균력이 강하고 조작이 간단하나 냄새가 있고 자극성과 부식성이 강함
오존		물	• 산화 작용 • 반응성이 풍부함
과망가니즈산칼륨 (과망간산칼륨)		피부 창상	• 산화 작용 • 발생기 산소의 산화력으로 살균 작용을 하며 착색력이 강함
생석회		하수도, 쓰레기통, 화장실, 분변	• 가수 분해 작용 • 저렴한 비용으로 넓은 장소에 주로 사용
E.O가스		전자기기, 고무, 플라스틱, 아포	• 가열에 변질되는 물품을 50~60℃의 저온에서 아포까지 멸균 • 멸균 후 장기 보존이 가능하나 멸균 시간이 길고 고가임

출제 예상문제 A

1 소독의 정의 및 분류

01
소독의 분류에 대한 설명으로 틀린 것은?
① 살균: 생활력을 가지고 있는 미생물을 여러 물리·화학적 처리로 급속히 죽이는 것을 말한다.
② 방부: 병원성 미생물의 발육과 그 작용을 제거하거나 정지시켜 음식물의 부패나 발효를 방지하는 것을 말한다.
③ 소독: 사람에게 유해한 미생물을 파괴시켜 감염의 위험성을 제거하는 비교적 강한 살균 작용으로 세균의 포자까지 사멸하는 것을 말한다.
④ 멸균: 병원성 또는 비병원성 미생물 및 포자를 가진 모든 것을 전부 사멸 또는 제거하는 것을 말한다.

> 소독은 병원성 미생물을 가능한 제거하여 사람에게 감염의 위험이 없도록 하는 것으로, 세균의 포자(아포)는 사멸하지 못함

02
소독에 대한 설명으로 옳은 것은?
① 감염의 위험성을 제거하는 비교적 약한 살균 작용이다.
② 세균의 포자까지 사멸한다.
③ 아포 형성균을 사멸한다.
④ 모든 균을 사멸한다.

> 소독은 아포(포자)까지 사멸하지 못함

03
소독력이 강한 순서대로 바르게 나열한 것은?
① 멸균 > 살균 > 소독 > 방부
② 살균 > 멸균 > 소독 > 방부
③ 살균 > 멸균 > 방부 > 소독
④ 멸균 > 살균 > 방부 > 소독

> 소독력의 크기: 멸균 > 살균 > 소독 > 방부

04 신규 문제 공략
동일한 조건일 경우 살균이 어려운 균은?
① 녹농균　　　　② 결핵균
③ 아포 형성균　　④ 리스테리아균

> 아포는 미생물의 증식을 억제하는 불리한 환경 속에서 생존하기 위해 포자를 형성하는 것으로 아포 형성균은 동일한 조건일 경우 살균이 어려움

05
소독약이 고체인 경우 1% 수용액이란?
① 소독약 0.1g을 물 100mL에 녹인 것
② 소독약 1g을 물 100mL에 녹인 것
③ 소독약 10g을 물 100mL에 녹인 것
④ 소독약 10g을 물 990mL에 녹인 것

> 1% 수용액은 소독약 1g을 물 100mL에 녹인 것임

06
소독액 1,000L 중에 포함된 소독약의 양을 나타내는 단위는?
① 밀리그램(mg)　　② 피피엠(ppm)
③ 퍼밀리(‰)　　　④ 퍼센트(%)

> • 피피엠(ppm): 소독액 1,000,000mL(1,000L) 중에 포함된 소독약의 양
> • 퍼밀리(‰): 소독액 1,000mL 중에 포함된 소독약의 양
> • 퍼센트(%): 소독액 100mL 중에 포함된 소독약의 양

07
용액 100mL 속의 용질의 함량을 표시하는 수치는?
① 푼　　　　② 퍼센트
③ 퍼밀리　　④ 피피엠

> 퍼센트(%): 소독액(용액) 100mL 중에 포함된 소독약(용질)의 양

08
소독액 1,000mL 중에 포함된 소독약의 양을 나타내는 단위는?
① 밀리그램(mg)　　② 피피엠(ppm)
③ 퍼밀리(‰)　　　④ 퍼센트(%)

> 퍼밀리(‰): 소독액 1,000mL 중에 포함된 소독약의 양

09
소독에 영향을 미치는 인자가 아닌 것은?
① 온도　　② 수분
③ 시간　　④ 풍속

> 소독에 영향을 미치는 인자: 온도, 시간, 수분, 농도

| 정답 | 01 ③　02 ①　03 ①　04 ③　05 ②　06 ②　07 ②　08 ③　09 ④

10
미용용품이나 기구 등을 일차적으로 청결하게 세척하는 소독 방법은?

① 여과   ② 정균
③ 희석   ④ 방부

- 여과: 여과기로 액체에 들어 있는 침전물과 입자를 걸러내는 것
- 정균: 세균의 성장과 대사가 저지되는 것
- 방부: 증식과 미생물의 발육과 작용을 억제하여 부패나 발효를 방지하는 것

11
소독 작용에 미치는 일반적인 조건에 대한 설명으로 틀린 것은?

① 온도가 높을수록 소독력의 효과가 크다.
② 유기물질이 많을수록 소독력이 증대된다.
③ 접촉 시간이 길수록 소독력의 효과가 크다.
④ 농도가 짙을수록 소독력의 효과가 크다.

유기물질이 많을수록 소독력이 감소함

12
소독에 사용되는 약제의 이상적인 조건은?

① 살균하고자 하는 대상물을 손상시키지 않아야 한다.
② 취급 방법이 복잡해야 한다.
③ 용매에 쉽게 용해되지 않아야 한다.
④ 향기로운 냄새가 나야 한다.

- 취급 방법이 간단해야 함
- 용매에 쉽게 용해되어야 함
- 냄새가 없는 것이 좋음

13
소독제의 소독 효과를 감소시킬 수 있는 원인이 아닌 것은?

① 정수로 희석한 경우
② 경수로 희석한 경우
③ 고온에 노출될 경우
④ 햇빛에 노출될 경우

소독제는 햇빛이나 고온 등 온도가 높을수록 소독 효과가 크며, 이물질이 없는 정수를 사용하여 희석한 경우에는 소독 효과가 감소되지 않음

14
소독약의 구비조건으로 틀린 것은?

① 인체에는 독성이 없어야 한다.
② 소독 물품에 손상이 없어야 한다.
③ 사용 방법이 간단하고 경제적이어야 한다.
④ 소독 실시 후 서서히 소독 효력이 증대되어야 한다.

소독 실시 후 소독의 효력은 즉시 나타나야 함

15
화학적 약제를 사용하여 소독 시 소독약품의 구비조건으로 옳지 않은 것은?

① 용해성이 낮아야 한다.
② 살균력이 강해야 한다.
③ 부식성 표백성이 없어야 한다.
④ 경제적이고 사용 방법이 간편해야 한다.

소독약품은 용해성이 높아야 함

16
소독 방법에서 반드시 고려되어야 할 사항이 아닌 것은?

① 소독 대상물의 형태와 크기
② 병원체의 아포 형성 유무
③ 소독 대상물의 성질
④ 병원체의 저항력

소독 대상물의 형태와 크기는 반드시 고려되어야 할 사항이 아님

17
소독약의 사용법과 보존상의 주의사항으로 틀린 것은?

① 병원 미생물의 종류, 저항성에 따라 멸균·소독의 목적에 의해 그 방법과 시간을 고려한다.
② 약품을 냉암소에 보관함과 동시에 라벨이 오염되지 않도록 다른 것과 구분해 둔다.
③ 소독 물체에 따라 적당한 소독약이나 소독 방법을 선정한다.
④ 모든 소독약은 미리 제조해 둔 뒤 필요량만큼 두고 사용한다.

소독약은 사전에 조제해 두고 사용하는 것과 새로 만들어 사용하는 것을 구별해야 함

18
소독약의 사용 및 보존상의 주의사항으로 틀린 것은?

① 일반적으로 소독약은 밀폐시켜 일광이 직사되지 않는 곳에 보존해야 한다.
② 모든 소독약은 사용할 때마다 반드시 새로 만들어 사용해야 한다.
③ 승홍이나 석탄산 같은 것은 인체에 유해하므로 특별히 주의하여 취급해야 한다.
④ 염소제는 일광과 열에 의해 분해되지 않도록 냉암소에 보존하는 것이 좋다.

모든 소독약을 사용할 때마다 반드시 새로 만들어 사용해야 하는 것은 아님

2 미생물 총론

19
다음 ( ) 안에 알맞은 것은?

> 미생물이란 일반적으로 육안의 가시 한계를 넘어선 ( )mm 이하의 미세한 생물체를 총칭한다.

① 0.01　　　② 0.1
③ 1　　　　④ 10

> 미생물은 육안으로 보이지 않는 0.1mm 이하의 미세한 생물임

20
일반적인 미생물의 번식에 가장 중요한 요소로만 나열된 것은?

① 온도 – 습도 – pH
② 온도 – 습도 – 자외선
③ 온도 – 습도 – 영양분
④ 온도 – 습도 – 시간

> 미생물은 온도, 습도, 영양분이 번식에 많은 영향을 줌

21
사람의 온도인 37°에서 가장 잘 성장하는 균은?

① 고온균　　　② 중온균
③ 저온균　　　④ 호냉성균

> 중온균: 28~38℃에서 가장 활발히 증식하며 인간 체온에 최적화됨

22
산소가 있어야만 잘 성장할 수 있는 균은?

① 호기성균　　　② 혐기성균
③ 통성 혐기성균　　　④ 미호기성균

> - 혐기성균: 산소가 필요하지 않은 세균
> - 통성 혐기성균: 산소의 유·무에 관계없이 생육이 가능한 세균
> - 미호기성균: 산소보다 낮은 농도에서 증식이 가능한 세균

23 신규 문제 공략
건조한 환경에서 가장 강한 세균은?

① 이질　　　② 임질
③ 대장균　　　④ 결핵균

> 결핵균은 세포벽에 지질이 많아 춥고 건조한 환경에 강함

24
병원성 미생물이 아닌 것은?

① 세균　　　② 효모
③ 포도상구균　　　④ 바이러스

> 효모는 인체에 해를 주지 않는 비병원성 미생물임

3 병원성 미생물

25
바이러스에 대한 설명으로 **틀린** 것은?

① 항생제에 반응하지 않는다.
② 전자현미경으로 관찰이 가능하다.
③ DNA와 RNA 둘 중 하나만 가지고 있다.
④ 죽은 세포에서만 증식이 가능하다.

> 바이러스는 살아 있는 세포 내에서 증식이 가능함

26
영양 부족, 건조, 열 등 세균이 증식할 수 있는 환경이 부적당한 경우 균의 저항력을 키우기 위해 형성하는 것은?

① 섬모　　　② 세포벽
③ 아포　　　④ 핵

> 세균은 증식 환경이 적당하지 않은 경우 외부 작용에 저항력을 높이기 위해 아포(포자)를 형성함

27
세균 세포벽의 가장 외측을 둘러싸고 있는 물질로 백혈구의 식균 작용에 대항하여 세균의 세포를 보호하는 것은?

① 편모　　　② 섬모
③ 협막　　　④ 아포

> - 편모: 운동성을 지닌 부속기관
> - 섬모: 세균 표면의 미세한 털
> - 아포: 증식 환경이 적당하지 않은 경우 저항력을 높이기 위해 포자를 형성하는 것

28
세균의 운동성을 지닌 사상 부속기관은?

① 아포　　　② 편모
③ 원형질막　　　④ 협막

> 세균은 운동성을 지닌 부속기관인 편모가 있음

29
세균의 형태가 S자형 혹은 가늘고 길게 만곡되어 있는 것은?

① 구균　　　② 간균
③ 쌍구균　　　④ 나선균

> - 구균: 둥근 형태
> - 간균: 막대기 형태
> - 쌍구균: 2개의 짝

| 정답 | 19 ② 20 ③ 21 ② 22 ① 23 ④ 24 ② 25 ④ 26 ③ 27 ③ 28 ② 29 ④

4 소독 방법

30
물리적 소독법이 아닌 것은?

① 알코올　　② 초음파
③ 일광　　　④ 자외선

- 물리적 소독법: 일광 소독법, 자외선 소독법, 건열 멸균법, 화염 멸균법, 소각법, 자비 소독법, 고압증기 멸균법, 유통증기 멸균법, 간헐 멸균법, 초고온 순간 살균법, 고온 살균법, 저온 살균법, 여과 멸균법, 초음파 멸균법, 방사선 멸균법
- 화학적 소독법: 석탄산, 승홍수, 알코올, 포르말린, 크레졸, 역성비누, 과산화수소, 표백분, 염소, 오존, 과망가니즈산칼륨, 생석회, E.O가스

31
소독약을 사용하여 균 자체에 화학 반응을 일으켜 세균의 생활력을 빼앗아 살균하는 것은?

① 물리적 소독법　　② 건열 멸균법
③ 여과 멸균법　　　④ 화학적 소독법

화학적 소독법은 소독력이 있는 약제를 사용하여 균 자체에 화학 반응을 일으키는 소독법임

32
소독 방법과 소독 대상이 바르게 연결된 것은?

① 화염 멸균법: 의류나 수건
② 자비 소독법: 아마씨유
③ 고압증기 멸균법: 예리한 칼날
④ 건열 멸균법: 바셀린 및 파우더

물리적 소독법의 대상물
- 일광 소독법: 수건, 의류
- 자외선 소독법: 미용도구(철제 도구, 브러시)
- 건열 멸균법: 유리, 도자기, 주사침, 바셀린, 파우더
- 화염 멸균법: 백금선, 시험관
- 소각법: 환자의 객담, 오염된 휴지
- 자비 소독법: 수건, 의류, 금속 기구, 도자기
- 고압증기 멸균법: 의류, 금속 기구, 거즈, 아포, 에이즈, B형 간염
- 유통증기 멸균법: 도자기, 의류
- 간헐 멸균법: 도자기, 금속 기구, 아포
- 초고온 순간·고온·저온 살균법: 유제품
- 여과 멸균법: 당, 혈청, 약제
- 초음파 멸균법: 액체
- 방사선 멸균법: 포장 물품

33
건열에 의한 멸균법이 아닌 것은?

① 화염 멸균법　　② 자비 소독법
③ 건열 멸균법　　④ 소각 소독법

- 건열법: 건열 멸균법, 화염 멸균법, 소각법
- 습열법: 자비 소독법, 고압증기 멸균법, 유통증기 멸균법, 간헐 멸균법, 초고온 순간 살균법, 고온 살균법, 저온 살균법
- 비열법: 여과 멸균법, 초음파 멸균법, 방사선 멸균법

34 신규 문제공략
일광 소독을 할 경우 가장 큰 장점은?

① 비용이 감소된다.
② 소독의 효과가 크다.
③ 짧은 시간에 많은 물품을 멸균할 수 있다.
④ 손상될 위험이 크다.

일광 소독은 아포를 사멸하지 못해 소독 효과가 크지 않으며, 다른 소독법에 비해 비용이 거의 들지 않는 것이 가장 큰 장점임

35
자외선의 살균에 대한 설명으로 옳은 것은?

① 투과력이 강해 매우 효과적인 살균법이다.
② 자외선에 직접 쪼여져 노출된 부위만 소독된다.
③ 짧은 시간에 충분히 소독된다.
④ 액체의 표면을 통과하지 못하고 반사한다.

자외선은 소독 물품이 겹치지 않고 자외선에 직접 노출되어야 함

36
건열 멸균법에 대한 설명으로 틀린 것은?

① 드라이 오븐을 사용한다.
② 유리 제품이나 주사기 등에 적합하다.
③ 젖은 손으로 조작하지 않는다.
④ 110~130℃에서 1시간 내에 실시한다.

건열 멸균법은 170℃에서 1~2시간 가열 후 서서히 냉각함

37
자비 소독(열탕 소독)에 대한 내용으로 틀린 것은?

① 물에 탄산나트륨을 넣으면 살균력이 강해진다.
② 소독할 물건은 열탕 속에 완전히 잠기도록 해야 한다.
③ 100℃에서 15~20분간 소독한다.
④ 금속 기구, 고무, 가죽의 소독에 적합하다.

자비 소독(열탕 소독)은 고무, 플라스틱 제품에는 부적합함

38
자비 소독법에 대한 설명으로 틀린 것은?

① 아포 형성균에는 적당하지 않은 방법이다.
② 물에 탄산나트륨 1~2%를 넣으면 살균력이 강해진다.
③ 금속 기구 소독 시 날이 무뎌질 수 있다.
④ 물리적 소독법에서 가장 효과적이다.

자비 소독법은 아포를 사멸하지 못하기 때문에 물리적 소독법 중 가장 효과적인 소독법은 아님

| 정답 | 30 ① | 31 ④ | 32 ④ | 33 ② | 34 ① | 35 ② | 36 ④ | 37 ④ | 38 ④ |

39
결핵 환자의 객담 처리 방법으로 가장 효과적인 것은?

① 소각법 ② 에탄올 소독
③ 크레졸 소독 ④ 매몰법

> 소각법은 불에 태워 없애는 방법으로, 환자의 객담, 오염된 휴지 처리에 가장 효과적임

40
소독 방법에 대한 설명으로 틀린 것은?

① 건열 멸균: 170℃의 건열에 1~2시간 처리
② 화염 멸균: 불꽃 중에 20분 이상 처리
③ 자비 소독: 100℃ 끓는 물에 15~20분 처리
④ 유통증기 멸균: 100℃의 유통증기에 30~60분 처리

> 물리적 소독법의 소독 방법
> - 건열 멸균법: 170℃에서 1~2시간 가열 후 냉각
> - 화염 멸균법: 불꽃에서 20초 이상 직접 접촉
> - 자비 소독법: 100℃ 끓는 물에서 15~20분 가열
> - 고압증기 멸균법: 121℃에서 20분 가열(15파운드)
> - 유통증기 멸균법: 100℃ 유통증기에서 30~60분 가열
> - 간헐 멸균법: 100℃ 유통증기에서 30~60분간 24시간마다 가열 처리 3회 반복
> - 초고온 순간 살균법: 130~140℃에서 1~3초간 살균
> - 고온 살균법: 72~75℃에서 15~20초간 살균
> - 저온 살균법: 62~63℃에서 30분간 살균

41
고압증기 멸균법의 압력과 처리 시간이 틀린 것은?

① 10lbs(파운드)에서 30분
② 15lbs(파운드)에서 20분
③ 20lbs(파운드)에서 15분
④ 30lbs(파운드)에서 10분

> - 10lbs(파운드): 115℃에서 30분 가열
> - 15lbs(파운드): 121℃에서 20분 가열
> - 20lbs(파운드): 126℃에서 15분 가열

42
120℃ 이상 고온의 수증기를 15파운드 압력하에서 미생물, 아포 등과 접촉시켜 가열·살균하는 방법은?

① 건열 멸균법 ② 자비 소독법
③ 고압증기 멸균법 ④ 간헐 멸균법

> 고압증기 멸균법: 121℃ 고압 증기를 15파운드에서 20분 가열하는 방법

43
유통증기 멸균법에 사용되는 소독기는?

① 자비 소독기 ② 오토 크레이브
③ 심멜부시 ④ 코흐 증기솥

> 유통증기 멸균법은 코흐 증기솥과 아놀드 증기솥을 사용함

44 신규 문제 공략
소독법에 대한 설명으로 틀린 것은?

① 가위는 고압증기 멸균법으로 소독한다.
② 면도날은 염소제를 사용하여 소독한다.
③ 빗은 자외선 소독기에 넣어 소독한다.
④ 수건은 일광에 소독한다.

> 면도날은 사용 후 폐기하는 일회용품으로, 소독해야 하는 대상물에 해당하지 않음

45
고압증기 멸균법의 단점으로 옳은 것은?

① 멸균 비용이 많이 든다.
② 많은 멸균 물품을 한꺼번에 처리할 수 없다.
③ 멸균 물품에 잔류 독성이 있다.
④ 수증기가 통과함으로써 용해되는 물질은 멸균할 수 없다.

> 수증기가 통과함으로써 용해되는 바셀린, 파우더는 고압증기 멸균법으로 멸균할 수 없음

46
100℃의 유통증기 속에서 30~60분간 멸균시킨 다음 20℃ 이상의 실온에서 24시간 방치하는 방법을 3회 반복하는 멸균법은?

① 자비 소독법 ② 간헐 멸균법
③ 건열 멸균법 ④ 고압증기 멸균법

> - 자비 소독법: 100℃ 끓는 물에 15~20분 가열
> - 건열 멸균법: 170℃에서 1~2시간 가열 후 냉각
> - 고압증기 멸균법: 121℃에서 20분 가열(15파운드)

47
아포 형성균을 사멸하며 고압증기 멸균법에 의한 가열 온도에서 파괴될 위험이 있는 물품을 멸균할 때 이용되는 멸균법은?

① 간헐 멸균법 ② 자비 소독법
③ 여과 멸균법 ④ 초음파 멸균법

> - 자비 소독법: 끓는 물을 사용하여 소독할 때 이용됨
> - 여과 멸균법: 열에 의해 변성되거나 불안정한 액체를 멸균할 때 이용됨
> - 초음파 멸균법: 초음파 파장으로 미생물을 파괴하여 멸균할 때 이용됨

48
우유의 초고온 순간 살균법으로 140℃에서 가장 적절한 처리 시간은?

① 1~3초 ② 30~60초
③ 1~3분 ④ 5~6분

> 초고온 순간 살균법은 130~140℃에서 1~3초간 살균함

49
저온 살균법에 이용되는 적절한 소독 온도와 시간은?

① 50~55℃, 1시간   ② 62~63℃, 30분
③ 65~68℃, 1시간   ④ 80~84℃, 30분

> 저온 살균법은 62~63℃에서 30분간 살균 처리함

50
당이나 혈청과 같이 열에 의해 변성되거나 불안정한 액체의 멸균에 이용되는 소독법은?

① 저온 살균법   ② 여과 멸균법
③ 간헐 멸균법   ④ 건열 멸균법

> - 저온 살균법: 저온(62~63℃)에서 유제품을 살균할 때 이용됨
> - 간헐 멸균법: 고압증기 멸균에 의해 손상될 위험이 있는 경우 이용됨
> - 건열 멸균법: 가열 후 냉각시키는 대상물을 사용할 때 이용됨

51
석탄산, 알코올, 포르말린 등의 소독제가 가지는 소독의 주된 원리는?

① 균체 원형질 중의 탄수화물 변성
② 균체 원형질 중의 지방질 변성
③ 균체 원형질 중의 단백질 변성
④ 균체 원형질 중의 수분 변성

> 단백질 변성 작용: 석탄산, 알코올, 크레졸, 승홍수, 포르말린

52
균체의 단백질 응고 작용과 관련 없는 소독약은?

① 석탄산   ② 크레졸
③ 알코올   ④ 과산화수소

> - 단백질 변성 작용: 석탄산, 알코올, 크레졸, 승홍수, 포르말린
> - 산화 작용: 과산화수소, 오존, 과망가니즈산칼륨, 염소, 표백분

53
가수 분해 작용을 하는 소독제는?

① 석탄산   ② 알코올
③ 오존   ④ 생석회

> - 가수 분해 작용: 생석회
> - 단백질 변성 작용: 석탄산, 알코올, 크레졸, 승홍수, 포르말린
> - 산화 작용: 과산화수소, 오존, 과망가니즈산칼륨, 염소, 표백분

54
산화 작용에 의한 소독법에 해당하는 것은?

① 알코올   ② 과산화수소
③ 자외선   ④ 끓는 물

> 산화 작용: 과산화수소, 오존, 과망가니즈산칼륨, 염소, 표백분

55
소독제의 살균력 평가지표가 되는 것은?

① 승홍수   ② 에탄올
③ 석탄산   ④ 염소

> 석탄산은 유기물에도 살균력이 약화되지 않고 가장 안정적이므로 소독제의 살균력 지표로 사용됨

56 신규 문제 공략
하수구, 토사물 등을 소독하는 방역 소독제는?

① 과산화수소   ② 승홍수
③ 석탄산   ④ 알코올

> - 과산화수소 – 구강, 피부 상처
> - 승홍수 – 피부, 아포
> - 알코올(에탄올) – 손, 피부, 유리, 금속 도구

57
실험기기, 의료용기, 오물 등의 소독에 사용되는 석탄산수의 적절한 농도는?

① 석탄산 0.1% 수용액   ② 석탄산 1% 수용액
③ 석탄산 3% 수용액   ④ 석탄산 50% 수용액

> 석탄산 농도: 3%

58
승홍수에 대한 설명으로 틀린 것은?

① 액 온도가 높을수록 살균력이 강하다.
② 금속 부식성이 있다.
③ 0.1% 수용액을 사용한다.
④ 상처 소독에 적당한 소독약이다.

> 승홍수
> - 농도: 0.1%, 1,000배의 희석배율로 소독
> - 대상물: 피부, 아포
> - 작용: 단백질 변성 작용
> - 부적합: 금속 기구, 상처, 음료수
> - 특징: 물에 잘 녹지 않고 살균력과 독성이 매우 강함, 소금(식염) 첨가 시 용액이 중성으로 변화되고 자극성이 완화됨, 착색한 후 잘 보관해야 하며 인체에 유해하므로 취급 주의

59
이·미용실에 소독 약품을 보관할 때 반드시 착색을 하여 잘 보관해야 하는 것은?

① 크레졸수   ② 포르말린수
③ 석탄산수   ④ 승홍수

> 승홍수는 착색한 후 잘 보관해야 하며 인체에 유해하므로 취급에 주의해야 함

| 정답 | 49 ② | 50 ② | 51 ③ | 52 ④ | 53 ④ | 54 ② | 55 ③ | 56 ③ | 57 ③ | 58 ④ | 59 ④ |

60
승홍을 희석하여 소독하고자 할 때 경제적 희석배율은?

① 500배 ② 1,000배
③ 1,500배 ④ 2,000배

- 승홍수의 기본 농도: 0.1%, 0.1×x=100 ∴ x=1,000
- 승홍수는 1,000배의 희석배율로 소독

61
음료수 소독에 사용되는 소독 방법으로 적절하지 <u>않은</u> 것은?

① 염소 소독 ② 표백분 소독
③ 자비 소독 ④ 승홍수 소독

승홍수 부적합: 금속 기구, 상처, 음료수

62
소독약을 수용액으로 만들 때 식염(NaCl)을 첨가하면 용액이 중성으로 되고 자극성이 완화되는 소독약은?

① 알코올 ② 크레졸
③ 석탄산 ④ 승홍수

승홍수는 소금(식염) 첨가 시 용액이 중성으로 변화되고 자극성이 완화됨

63
알코올(에탄올) 소독에 대한 설명으로 <u>틀린</u> 것은?

① 사용법이 간단하고 독성이 적다.
② 소독력이 가장 강한 실용 농도는 70%이다.
③ 손, 발, 피부, 기구 등의 소독에 주로 이용된다.
④ 아포에 뚜렷한 살균 효력을 나타낸다.

알코올(에탄올)은 고무, 플라스틱, 아포에 살균 효과가 없음

64
알코올에 의한 소독 대상물로 적절한 것은?

① 유리 제품 ② 셀룰로이드 제품
③ 고무 제품 ④ 플라스틱 제품

알코올 대상물: 손, 피부, 유리, 금속 도구

65
70%의 희석 알코올 2L를 만들려면 무수알코올(알코올 원액) 몇 mL가 필요한가?

① 700mL ② 1,400mL
③ 1,600mL ④ 1,800mL

100% = 알코올 70% + 물 30%
2,000% = (200×7) + (200×3)
2,000mL = 알코 1,400mL + 물 600mL

66
소독약 중 독성이 적은 것은?

① 석탄산 ② 승홍수
③ 에틸알코올 ④ 포르말린

알코올은 사용법이 간단하고 독성이 적음

67
소독용 포르말린의 일반적인 사용 농도는?

① 3~5% ② 0.3~0.5%
③ 0.1~0.2% ④ 1~1.5%

포르말린
- 농도: 1~1.5%
- 대상물: 아포
- 작용: 단백질 변성 작용
- 부적합: 배설물, 객담
- 특징: 수증기를 동시에 혼합하여 사용하는 훈증 소독법에 이용됨

68
포르말린 소독에 적절하지 <u>않은</u> 것은?

① 금속 제품 ② 플라스틱
③ 배설물 ④ 고무 제품

포르말린 소독은 배설물과 객담에 부적합함

69
훈증 소독법으로 사용할 수 있는 약품은?

① 포르말린 ② 과산화수소
③ 염산 ④ 나프탈렌

포르말린은 훈증 소독법에 사용하는 약품임

70
소독 실시에 있어 수증기를 동시에 혼합하여 사용할 수 있는 것은?

① 승홍수 소독 ② 포르말린 소독
③ 석회수 소독 ④ 석탄산수 소독

포르말린 소독은 수증기를 동시에 혼합하여 사용하는 훈증 소독법에 사용함

71
세균의 포자를 사멸시킬 수 있는 것은?

① 포르말린 ② 알코올
③ 음이온 계면활성제 ④ 치아염소산

아포(포자)에 효과적인 소독제: 승홍수, 포르말린, 크레졸, 염소, E.O가스

| 정답 | 60 ② 61 ④ 62 ④ 63 ④ 64 ① 65 ② 66 ③ 67 ④ 68 ③ 69 ① 70 ② 71 ①

72
크레졸에 대한 설명으로 틀린 것은?

① 3%의 수용액을 주로 사용한다.
② 석탄산에 비해 2배의 소독력이 있다.
③ 손, 오물 등의 소독에 사용된다.
④ 물에 잘 녹는다.

크레졸
- 농도: 3%
- 대상물: 손, 아포, 바닥, 배설물
- 작용: 단백질 변성 작용
- 특징: 페놀 화합물로, 석탄산보다 2배 정도 높은 살균력을 가지며, 물에 잘 녹지 않아 알칼리성 수용액에 녹인 크레졸 비누액을 주로 사용함

73 신규 문제 공략
크레졸을 물에 잘 녹게 하는 pH 농도는?

① 산성
② 강산성
③ 알칼리성
④ 중성

크레졸은 물에 잘 녹지 않으므로 용해도를 높이기 위해 알칼리성 수용액에 녹인 크레졸 비누액을 주로 사용함

74
역성비누액에 대한 설명으로 틀린 것은?

① 냄새가 거의 없고 자극이 적다.
② 소독력과 함께 세정력이 강하다.
③ 손, 기구, 식기 소독에 적당하다.
④ 물에 잘 녹고 흔들면 거품이 난다.

역성비누
- 농도: 0.01~0.1%
- 대상물: 손, 식기, 기구
- 특징: 물에 잘 녹으며 냄새가 없고, 세정력은 약하지만 소독력이 강하며, 자극과 독성이 없어 이·미용업 종사자가 손을 씻을 때 사용함

75 신규 문제 공략
페놀 화합물인 것은?

① 표백분
② 크레졸
③ 생석회
④ 과산화수소

크레졸은 페놀 화합물임

76
3% 수용액으로 자극성이 적어 구내염, 인두염, 입안 세척, 피부 상처 등에 사용되는 소독약은?

① 승홍수
② 과산화수소
③ 석탄산
④ 알코올

과산화수소는 살균력과 침투성이 약하지만, 자극이 적어 구강, 피부 상처 소독에 사용함

77
살균 및 탈취뿐만 아니라 특히 표백의 효과가 있어 손톱 표백제와 관련 있는 소독제는?

① 알코올
② 석탄산
③ 크레졸
④ 과산화수소

과산화수소는 분해 시 발생하는 산소의 산화력을 이용하여 표백 효과를 가짐

78
소독·살균제에 대한 설명으로 틀린 것은?

① 크레졸은 물에 잘 녹지 않고 석탄산보다 2배 정도 높은 살균력을 가진다.
② 승홍은 금속류, 상처, 음료수 소독에 부적합하다.
③ 표백분은 매우 불안정하여 산소와 물로 쉽게 분해되어 살균 작용을 한다.
④ 역성비누는 손, 기구 등의 소독에 적합하다.

표백분은 물에 분해될 때 염소가스가 발생되어 살균 작용을 가짐

79 신규 문제 공략
채소, 과일류의 소독제로 가장 적절한 것은?

① 알코올
② 크레졸
③ 염소계 화합물
④ 석탄산

염소는 채소, 과일, 음용수, 상수도, 하수도, 아포 소독에 가장 적절함

80
반응성이 풍부하고 산화 작용이 강하여 수년 동안 물의 소독에 사용되어 왔던 소독기제는?

① 과산화수소
② 오존
③ 크레졸
④ 생석회

- 과산화수소: 구강, 피부 상처
- 크레졸: 손, 아포, 바닥, 배설물
- 생석회: 하수도, 쓰레기통, 화장실, 분변

81
플라스틱, 전자기기, 열에 불안정한 제품들을 소독하기에 가장 효과적인 방법은?

① 열탕 소독
② 건열 소독
③ 가스 소독
④ 고압증기 소독

E.O가스
- 대상물: 전자기기, 고무, 플라스틱, 아포
- 특징: 가열에 변질되는 물품을 50~60℃의 저온에서 아포까지 멸균하며, 멸균 후 장기 보존이 가능하나, 멸균 시간이 길고 고가임

| 정답 | 72 ④ 73 ③ 74 ② 75 ② 76 ② 77 ④ 78 ③ 79 ③ 80 ② 81 ③

CHAPTER 03 공중위생관리법규

합격 TIP 법의 목적과 각 업종의 정의를 이해하고 이·미용 영업 시 지켜야 할 사항을 위주로 암기하세요.
법령에 따라 행사하는 자가 누구인지, 언제까지 무엇을 해야 하는지를 정리하면서 학습하세요.

1 목적 및 정의

(1) 「공중위생관리법」의 목적
공중이 이용하는 영업의 위생관리 등에 관한 사항을 규정함으로써 위생 수준을 향상시켜 국민의 건강 증진에 기여함

(2) 공중위생영업의 정의
다수인을 대상으로 위생관리서비스를 제공하는 영업으로, 숙박업, 목욕장업, 이용업, 미용업, 세탁업, 건물위생관리업을 말함

숙박업	손님이 잠을 자고 머물 수 있도록 시설 및 설비 등의 서비스를 제공하는 영업
목욕장업	손님이 물로 목욕을 하거나 맥반석·황토·옥 등을 직접 또는 간접 가열하여 발생되는 열기 또는 원적외선 등을 이용하여 땀을 낼 수 있는 시설 및 설비 등의 서비스를 제공하는 영업
이용업	손님의 머리카락 또는 수염을 깎거나 다듬는 등의 방법으로 손님의 용모를 단정하게 하는 영업
미용업	손님의 얼굴·머리·피부 및 손톱·발톱 등을 손질하여 손님의 외모를 아름답게 꾸미는 영업
세탁업	의류, 기타 섬유 제품이나 피혁 제품 등을 세탁하는 영업
건물위생관리업	공중이 이용하는 건축물·시설물 등의 청결 유지와 실내공기정화를 위한 청소 등을 대행하는 영업

(3) 미용업의 구분 및 정의

일반	파마·머리카락자르기·머리카락모양내기·머리피부 손질·머리카락염색·머리감기, 의료기기나 의약품을 사용하지 않는 눈썹손질을 하는 영업
피부	의료기기나 의약품을 사용하지 않는 피부상태 분석·피부관리·제모·눈썹손질을 하는 영업
네일	손톱과 발톱을 손질·화장하는 영업
화장·분장	얼굴 등 신체의 화장, 분장 및 의료기기나 의약품을 사용하지 않는 눈썹손질을 하는 영업
종합	일반, 피부, 네일, 화장·분장과 그 밖에 대통령령으로 정하는 세부 영업의 업무를 모두 하는 영업

2 영업의 신고 및 폐업

(1) 영업신고 빈출
① 공중위생영업소를 개설할 때에는 보건복지부령이 정하는 시설 및 설비를 갖추고 시장·군수·구청장에게 신고해야 함

영업신고 제출서류	• 영업신고서 • 영업시설 및 설비개요서 • 위생교육 수료증(미리 받은 경우에만 해당) • 면허증 원본

② 신고서를 제출받은 시장·군수·구청장은 건축물대장, 토지이용계획확인서, 면허증을 확인해야 함
③ 신고를 받은 시장·군수·구청장은 즉시 영업신고증을 교부하고, 신고관리대장을 작성·관리해야 함
④ 시장·군수·구청장은 해당 영업소의 시설 및 설비에 대한 확인이 필요한 경우에는 영업신고증을 교부한 후 30일 이내에 확인해야 함

이·미용업 시설 및 설비기준	• 공중위생영업장은 독립된 장소이거나 공중위생영업 외의 용도로 사용되는 시설 및 설비와 분리(벽, 층) 또는 구획(칸막이, 커튼)으로 구분되어야 함 • 미용업을 2개 이상 함께 하는 경우로서 각각의 영업에 필요한 시설 및 설비기준을 모두 갖추고 있으며, 각각의 시설이 선·줄 등으로 서로 구분될 수 있는 경우에는 별도로 분리 또는 구획하지 않음 • 그 밖에 보건복지부장관이 인정하는 경우에는 분리 또는 구획하지 않음 • 이·미용기구는 소독을 한 기구와 소독을 하지 않은 기구를 구분하여 보관할 수 있는 용기를 비치해야 함 • 소독기·자외선 살균기 등 미용기구를 소독하는 장비를 갖추어야 함 • 이용업은 영업소 안에 별실 그 밖에 이와 유사한 시설을 설치해서는 안 됨

(2) 변경신고 빈출

보건복지부령이 정하는 중요사항을 변경하고자 할 때에는 시장·군수·구청장에게 신고해야 함

변경신고 사항	• 영업소의 명칭 또는 상호 • 영업소의 주소(소재지) • 신고한 영업장 면적의 3분의 1 이상의 증감 • 대표자의 성명 또는 생년월일 • 미용업 업종 간 변경

(3) 폐업신고

① 보건복지부령이 정하는 폐업신고를 하려는 자는 공중위생영업 폐업일로부터 20일 이내에 시장·군수·구청장에게 신고해야 하며, 영업정지 등의 기간에는 폐업신고를 할 수 없음
② 이·미용업의 신고를 한 자의 사망으로 면허를 소지하지 아니한 자가 상속인이 된 경우에는 상속인은 상속받은 날부터 3개월 이내에 시장·군수·구청장에게 폐업신고를 해야 함
③ 시장·군수·구청장은 공중위생영업자가 「부가가치세법」에 따라 관할 세무서장에게 폐업신고를 하거나 관할 세무서장이 사업자등록을 말소한 경우에는 보건복지부령으로 정하는 바에 따라 신고사항을 직권으로 말소할 수 있음
④ 시장·군수·구청장은 직권 말소를 위해 관할 세무서장에게 공중위생영업자의 폐업여부에 대한 정보 제공을 요청할 수 있으며, 관할 세무서장은 「전자정부법」에 따라 공중위생영업자의 폐업여부에 대한 정보를 제공해야 함

(4) 영업승계 빈출

영업자의 지위를 승계하는 자는 1개월 이내에 보건복지부령이 정하는 바에 따라 시장·군수·구청장에게 신고해야 함

승계 조건	면허 소지자
승계 대상	• 양수인: 공중위생영업 양도한 경우 • 상속인: 공중위생영업자 사망한 경우 • 법인: 법인의 합병 후 존속하는 법인이나 합병에 의해 설립되는 법인인 경우 • 인수인: 공중위생영업 관련 시설, 설비 전부를 인수한 경우
승계 제출서류	• 영업자 지위승계 신고서 • 양도 시: 양도·양수 증명서류 사본 • 상속 시: 가족관계증명서, 상속자 증명서류 • 양도, 상속 이외: 해당 사유별로 영업자의 지위승계 증명서류

(5) 불법카메라 설치 금지

공중위생영업자는 영업소에 「성폭력 범죄의 처벌 등에 관한 특례법」에 위반되는 행위에 이용되는 카메라나 그 밖에 이와 유사한 기능을 갖춘 기계장치를 설치하면 안 됨

3 영업자 준수사항

(1) 공중이용시설의 위생관리의무

① 공중위생영업자는 그 이용자에게 건강상 위해 요인이 발생하지 않도록 영업 관련 시설 및 설비를 안전하고 위생적으로 관리해야 함
② 위생관리기준은 보건복지부령으로 정하고 미용기구의 종류, 재질 및 용도에 따른 구체적인 소독기준 및 방법은 보건복지부장관이 정하여 고시함

(2) 이·미용업자 위생관리기준 빈출

① 점 빼기, 귓불 뚫기, 쌍꺼풀 수술, 문신, 박피술, 그 밖에 이와 유사한 의료 행위를 해서는 안 됨
② 피부미용을 위해 의약품 또는 의료기기를 사용해서는 안 됨
③ 이·미용기구 중 소독을 한 기구와 소독을 하지 않은 기구는 각각 다른 용기에 넣어 보관해야 함
④ 1회용 면도날은 손님 1인에 한하여 사용해야 함
⑤ 영업장 안의 조명도를 75룩스 이상이 되도록 유지해야 함
⑥ 이·미용업 신고증, 개설자의 면허증 원본, 최종지불요금표를 영업소 내에 게시해야 함
⑦ 신고한 영업장 면적이 66제곱미터 이상인 영업소의 경우 영업소 외부에도 손님이 보기 쉬운 곳에 최종지불요금표를 게시 또는 부착해야 함
⑧ 3가지 이상의 이·미용서비스를 제공하는 경우에는 개별 미용서비스의 최종 지불가격 및 전체 미용서비스의 총액에 관한 내역서를 이용자에게 미리 제공해야 하며, 이·미용업자는 해당 내역서 사본을 1개월간 보관해야 함

(3) 이·미용기구의 소독기준 및 방법 빈출

자외선 소독	1cm² 당 85μW 이상의 자외선을 20분 이상 쬐어 줌
건열 멸균 소독	섭씨 100℃ 이상 건조한 열에 20분 이상 쬐어 줌
증기 소독	섭씨 100℃ 이상 습한 열에 20분 이상 쬐어 줌
열탕 소독	섭씨 100℃ 이상 물 속에 10분 이상 끓여 줌
석탄산수 소독	석탄산수(석탄산 3%, 물 97%)에 10분 이상 담가 둠
크레졸수 소독	크레졸수(크레졸 3%, 물 97%)에 10분 이상 담가 둠
에탄올 소독	에탄올 수용액 70%에 10분 이상 담가 두거나, 에탄올 수용액을 머금은 면이나 거즈로 기구의 표면을 닦아 줌

4 면허

(1) 면허 [빈출]
① 면허 취득, 면허취소·정지 처분의 세부적인 기준은 보건복지부령으로 정하고 시장·군수·구청장에게 발급받아야 함
② 면허증은 빌려주거나 빌려서는 안 되며, 이와 같은 행위를 알선해서도 안 됨

(2) 면허 발급 조건 [빈출]
① 전문대학 또는 이와 같은 수준 이상의 학력이 있다고 교육부장관이 인정하는 학교에서 이·미용에 관한 학과를 졸업한 자
② 「학점인정 등에 관한 법률」에 따라 대학 또는 전문대학을 졸업한 자와 같은 수준 이상의 학력이 있는 것으로 인정되어 이·미용에 관한 학위를 취득한 자
③ 고등학교 또는 이와 같은 수준의 학력이 있다고 교육부장관이 인정하는 학교에서 이·미용에 관한 학과를 졸업한 자
④ 초·중등교육법령에 따른 특성화고등학교, 고등기술학교나 고등학교 또는 고등기술학교에 준하는 각종 학교에서 1년 이상 이·미용에 관한 소정의 과정을 이수한 자
⑤ 「국가기술자격법」에 의한 이·미용사의 자격을 취득한 자

(3) 면허 발급 금지 사유
① 피성년후견인(금치산자)
② 정신질환자(전문의가 적합하다고 인정하는 경우 제외)
③ 감염병환자(보건복지부령이 정하는 자)
④ 약물중독자(마약 등 대통령령으로 정하는 자)
⑤ 면허가 취소된 후 1년이 경과되지 않은 자

(4) 면허 발급 제출서류
① 졸업증명서, 학위증명서, 이수를 증명할 수 있는 서류, 학점은행제학위증명, 국가기술자격증 취득사항 확인서 중 1부
② 의사진단서 1부, 정면 상반신 사진 1매 또는 전자파일(최근 6개월 이내)

(5) 면허 재발급
면허증의 재발급을 받고자 하는 자는 시장·군수·구청장에게 신청서를 제출해야 함

재발급 사유	• 면허증의 기재사항에 변경이 있는 때(성명, 주민번호 등) • 면허증이 헐어 못 쓰게 된 때 • 면허증을 잃어버린 때

(6) 면허정지 및 취소 [빈출]
① 시장·군수·구청장은 다음의 경우 면허를 취소하거나 6개월 이내의 기간을 정하여 면허정지를 명할 수 있음
② 면허취소, 정지명령을 받은 자는 지체 없이 시장·군수·구청장에게 면허증을 반납하고, 시장·군수·구청장은 면허정지 기간 동안 반납한 면허증을 보관해야 함

면허 취소	• 「국가기술자격법」에 따라 미용 자격이 취소된 때 • 이중으로 면허를 취득한 때(나중에 받은 면허) • 면허정지 처분을 받고 정지 기간 중 업무를 행한 때 • 면허 발급 금지 사유에 해당된 때(피성년후견인, 정신질환자, 감염병환자, 약물중독자) * 면허취소 시 1년 경과 후 재취득할 수 있음
면허 정지 및 면허 취소	• 「국가기술자격법」에 따라 미용 자격정지 처분을 받은 때 : 면허정지 • 면허증을 다른 사람에게 대여한 때 : 1차(면허정지 3개월), 2차(면허정지 6개월), 3차(면허취소) • 손님에게 성매매 알선 등의 행위 또는 음란행위를 하게 하거나 이를 알선 또는 제공한 때 : 1차(면허정지 3개월), 2차(면허취소)

5 업무

(1) 이·미용사의 업무 범위
① 업무 범위와 업무보조 범위는 보건복지부령으로 정함
② 이·미용사의 면허를 받은 자가 아니면 이·미용업을 개설하거나 업무에 종사할 수 없으나, 이·미용사의 감독을 받아 이·미용 업무의 보조를 행하는 경우는 종사할 수 있음
③ 이·미용의 업무보조 범위
  • 이·미용 업무를 위한 사전 준비에 관한 사항
  • 이·미용 업무를 위한 기구, 제품 등의 관리에 관한 사항
  • 영업소의 청결 유지 등 위생관리에 관한 사항
  • 그 밖에 머리감기 등 이·미용 업무의 보조에 관한 사항

(2) 이·미용업의 장소 제한
① 이·미용사의 업무는 영업소 외의 장소에서 행할 수 없음
② 보건복지부령이 정하는 특별한 사유가 있는 경우 가능함
  • 질병이나 고령·장애 그 밖에 사유로 영업소에 나올 수 없는 자에 대하여 이·미용하는 경우
  • 혼례나 그 밖에 의식에 참여하는 자에 대하여 그 의식 직전에 이·미용하는 경우
  • 사회복지시설에서 봉사활동으로 이·미용하는 경우
  • 방송 등의 촬영에 참여하는 사람에 대하여 그 촬영 직전에 이·미용하는 경우
  • 특별한 사정이 있다고 시장·군수·구청장이 인정하는 경우

6 행정지도감독

(1) 보고 및 출입·검사 [빈출]

① 특별시장·광역시장·도지사 또는 시장·군수·구청장은 공중위생관리상 필요하다고 인정한 때 공중위생영업자에 대하여 필요한 보고를 하게 할 수 있음
② 소속 공무원은 영업소 등에 출입하여 공중위생영업자의 위생관리의무 이행 등에 대하여 검사하게 하거나 공중위생영업 장부나 서류를 열람하게 할 수 있으며, 보고 및 출입·검사 시 관계 공무원은 그 권한을 표시하는 증표를 관계인에게 보여야 함
③ 시·도지사 또는 시장·군수·구청장은 공중위생영업자의 영업소에 설치가 금지되는 카메라나 기계장치가 설치되었는지를 검사를 할 수 있으며, 특별한 사정이 없으면 검사에 따라야 함
④ 검사 시 관할 경찰관서장에게 협조를 요청할 수 있고 영업소 검사 결과 확인증을 발부할 수 있음

(2) 영업의 제한

시·도지사는 공익상 또는 선량한 풍속의 유지를 위하여 필요하다고 인정하는 때에는 공중위생영업자 및 종사원에 대하여 영업시간과 영업행위에 관한 필요한 제한을 할 수 있음(2025년 7월 31일부터 시장·군수·구청장도 영업의 제한을 할 수 있게 됨)

(3) 위생 지도 및 개선명령 [빈출]

① 시·도지사 또는 시장·군수·구청장은 다음 사항을 위반할 때에는 보건복지부령으로 정하는 바에 따라 즉시 개선을 명하거나 6개월의 범위에서 개선명령을 할 수 있음

개선명령 사항	• 공중위생영업의 종류별 시설 및 설비기준을 위반한 공중위생영업자 • 위생관리의무 등을 위반한 공중위생영업자

② 개선명령을 받은 공중위생영업자는 천재지변, 기타 부득이한 사유로 인하여 개선 기간 이내에 개선을 완료할 수 없는 경우에는 6개월의 범위에서 개선 기간을 연장할 수 있음

(4) 행정제재처분 효과의 승계

① 공중위생영업자가 그 영업을 양도하거나 사망한 때 또는 법인의 합병이 있는 때 종전의 영업자에 대하여 행정제재처분의 효과는 그 처분기간이 만료된 날부터 1년간 양수인·상속인 또는 합병 후 존속하는 법인에 승계됨
② 종전의 영업자에 대하여 진행 중인 행정제재처분 절차를 양수인·상속인 또는 합병 후 존속하는 법인에 대하여 속행할 수 있으며, 양수인이나 합병 후 존속하는 법인이 양수하거나 합병할 때에 그 처분 또는 위반 사실을 알지 못한 경우에는 승계할 수 없음

(5) 영업소의 폐쇄 [빈출]

영업정지, 일부 시설의 사용중지, 영업소 폐쇄명령 등의 세부적 기준은 보건복지부령으로 정하고 시장·군수·구청장이 집행함

영업소 폐쇄	• 영업정지 처분을 받고도 영업정지 기간에 영업하는 경우 • 정당한 사유 없이 6개월 이상 휴업하는 경우 • 관할 세무서장에게 폐업신고를 한 경우 • 관할 세무서장이 사업자등록을 말소한 경우 • 영업을 하지 않기 위해 영업시설의 전부를 철거한 경우
6개월 이내의 영업정지, 일부 시설 사용중지, 영업소 폐쇄	• 영업신고를 하지 않거나 시설과 설비기준을 위반한 경우 • 변경신고를 하지 않은 경우 • 지위승계 신고를 하지 않은 경우 • 위생관리의무 등을 지키지 않은 경우 • 설치가 금지되는 카메라나 기계장치를 설치한 경우 • 영업소 외 장소에서 이·미용 업무를 한 경우 • 보고를 하지 않거나 거짓으로 보고한 경우 • 관계 공무원의 출입, 검사 또는 공중위생영업 장부 또는 서류의 열람을 거부·방해하거나 기피한 경우 • 개선명령을 이행하지 않은 경우 • 「성매매 알선 등 행위의 처벌, 풍속영업의 규제, 청소년 보호법, 아동·청소년의 성보호, 의료법, 마약류 관리에 관한 법률」을 위반하여 관계 행정기관의 장으로부터 그 사실을 통보받은 경우
영업소 폐쇄명령 위반, 무신고 영업 시 관계 공무원의 조치	• 해당 영업소 간판 및 기타 영업표지물을 제거 • 해당 영업소가 위법한 영업소임을 알리는 게시물을 부착 • 영업을 위해 필요한 기구 또는 시설물을 사용할 수 없게 하는 봉인
봉인 해제 또는 위법 영업소 게시물 제거	• 위법한 업소임을 알리는 게시물 부착이나 봉인을 계속할 필요가 없다고 인정되는 때 • 영업자나 대리인이 영업소를 폐쇄할 것을 약속하는 때 • 정당한 사유를 들어 위법한 업소임을 알리는 게시물의 제거나 봉인의 해제를 요청하는 때

(6) 청문 [빈출]

보건복지부장관 또는 시장·군수·구청장은 다음의 처분을 하고자 하는 때 청문을 실시해야 함

청문 실시 사유	• 이·미용사 면허정지 • 이·미용사 면허취소 • 영업소 영업정지명령 • 일부 시설의 사용중지명령 • 영업소 폐쇄명령

(7) 과징금 [빈출]

① 시장·군수·구청장은 영업정지가 이용자에게 심한 불편을 주거나 그 밖에 공익을 해할 우려가 있는 경우에는 영업정지 처분에 갈음하여 1억 원 이하의 과징금을 부과할 수 있음
  * 과징금의 산정기준: 영업정지 1개월은 30일 기준
② 「성매매 알선 등 행위의 처벌, 아동·청소년의 성보호, 풍속영업의 규제, 마약류 관리에 관한 법률」 또는 이에 상응하는 위반행위로 인하여 처분을 받게 되는 경우를 제외함
③ 과징금을 부과하는 위반행위의 종별·정도 등에 따른 과징금의 금액 등에 관하여 필요한 사항은 대통령령으로 정하고 과징금의 징수 절차는 보건복지부령으로 정함
④ 시장·군수·구청장은 과징금을 납부해야 할 자가 납부기한까지 납부하지 않은 경우에는 대통령령에 따라 과징금 부과처분을 취소하고, 영업정지 처분을 하거나 「지방행정제재·부과금의 징수 등에 관한 법률」에 따라 이를 징수함
⑤ 부과·징수한 과징금은 해당 시·군·구에 귀속됨
⑥ 1일당 과징금의 금액은 위반행위를 한 공중위생영업자의 연간 총매출액을 기준으로 산출하며 연간 총매출액은 처분일이 속한 연도의 전년도의 1년간 총매출액을 기준으로 함
⑦ 시장·군수·구청장은 공중위생영업자의 사업규모·위반행위의 정도 및 횟수 등을 고려하여 과징금의 2분의 1 범위에서 과징금을 늘리거나 줄일 수 있으며 과징금을 늘리는 때에도 총액은 1억 원을 초과할 수 없으며, 과징금 납부 의무자는 통지 받은 날부터 20일 내에 납부해야 함

(8) 위반사실 공표

시장·군수·구청장은 행정처분이 확정된 공중위생영업자에 대한 처분 내용, 해당 영업소의 명칭 등 처분과 관련한 영업정보를 대통령령으로 정하는 바에 따라 공표해야 함

(9) 같은 종류의 영업 금지

① 「성매매 알선, 아동·청소년의 성보호, 풍속영업의 규제, 청소년 보호법, 마약류 관리에 관한 법률」을 위반한 경우
- 영업자: 폐쇄명령을 받은 후 2년이 경과하지 않은 때에는 같은 종류의 영업을 할 수 없음
- 영업장소: 폐쇄명령이 있은 후 1년이 경과하지 않은 때에는 누구든지 그 장소에서 같은 종류의 영업을 할 수 없음

② 그 외의 법률을 위반한 경우
- 영업자: 폐쇄명령을 받은 후 1년이 경과하지 않은 때에는 같은 종류의 영업을 할 수 없음
- 영업장소: 폐쇄명령이 있은 후 6개월이 경과하지 않은 때에는 누구든지 그 장소에서 같은 종류의 영업을 할 수 없음

7 업소 위생등급

(1) 위생서비스 수준 평가 [빈출]

① 위생서비스 평가주기·방법, 위생관리등급의 기준 및 기타 평가에 관한 필요사항은 보건복지부령으로 정함
② 시·도지사는 위생관리수준을 향상시키기 위하여 위생서비스 평가계획을 수립하여 시장·군수·구청장에게 통보함
③ 시장·군수·구청장은 평가계획에 따라 관할 지역별 세부 평가계획을 수립한 후 공중위생영업소의 위생서비스 평가를 2년에 한 번씩 실시함
④ 시장·군수·구청장은 평가의 전문성을 높이기 위해 필요한 경우에는 관련 전문기관 및 단체가 위생서비스 평가를 실시하게 할 수 있음

(2) 위생관리등급 공표 [빈출]

① 위생관리등급의 판정을 위한 세부항목, 등급 결정 절차와 기타 위생서비스 평가에 필요한 구체적인 사항은 보건복지부장관이 정하여 고시함
② 시장·군수·구청장은 보건복지부령이 정하는 바에 의하여 위생서비스 평가의 결과에 따른 위생관리등급을 해당 공중위생영업자에게 통보하고 이를 공표해야 함

최우수업소	녹색등급
우수업소	황색등급
일반업소	백색등급

③ 공중위생영업자는 시장·군수·구청장으로부터 통보받은 위생관리등급의 표지를 영업소의 명칭과 함께 영업소의 출입구에 부착할 수 있음
④ 시·도지사 또는 시장·군수·구청장은 위생서비스 평가의 결과 위생서비스의 수준이 우수하다고 인정되는 영업소에 대하여 포상을 실시할 수 있음
⑤ 시·도지사 또는 시장·군수·구청장은 위생서비스 평가의 결과에 따른 위생관리등급별로 영업소에 대한 위생 감시를 실시해야 함

위생감시 기준	• 영업소에 대한 출입, 검사 • 위생 감시의 실시 주기 • 위생 감시의 실시 횟수

(3) 국고보조

국가 또는 지방자치단체는 위생서비스 평가를 실시하는 자에 대하여 예산의 범위 안에서 위생서비스 평가에 소요되는 경비의 전부 또는 일부를 보조할 수 있음

(4) 공중위생 감시원 [빈출]

① 공중위생 감시원의 자격·임명·업무범위 등에 필요한 사항은 대통령령으로 정하며 공중위생영업의 위생관리의 업무 등 관계 공무원의 업무를 행하게 하기 위하여 특별시·광역시·도 및 시·군·구에 공중위생 감시원을 둠
② 특별시장·광역시장·도지사 또는 시장·군수·구청장은 공중위생 감시원 자격 중 어느 하나에 해당하는 소속 공무원 중에서 공중위생 감시원을 임명함
③ 공중위생 감시원의 인력 확보가 곤란하다고 인정되는 때에는 공중위생행정에 종사하는 사람 중 공중위생 감시에 관한 교육훈련을 2주 이상 받은 사람을 공중위생행정에 종사하는 기간 동안 공중위생 감시원으로 임명할 수 있음

자격	• 위생사 또는 환경기사 2급 이상의 자격증이 있는 사람 • 「고등교육법」에 따른 대학에서 화학·화공학·환경공학 또는 위생학 분야를 전공하고 졸업한 사람 또는 법령에 따라 이와 같은 수준 이상의 학력이 있다고 인정되는 사람 • 외국에서 위생사 또는 환경기사의 면허를 받은 사람 • 1년 이상 공중위생행정에 종사한 경력이 있는 사람
업무 범위	• 시설 및 설비 확인 • 공중위생영업 관련 시설, 설비의 위생상태 확인·검사 • 공중위생영업자의 위생관리의무 및 영업자 준수사항 이행 여부의 확인 • 위생지도 및 개선명령 이행 여부의 확인 • 영업의 정지, 일부 시설의 사용중지 또는 영업소 폐쇄명령 이행 여부의 확인 • 위생교육 이행 여부의 확인

(5) 명예공중위생 감시원

① 명예공중위생 감시원의 자격 및 위촉방법, 업무범위 등에 관하여 필요한 사항은 대통령령으로 정함
② 시·도지사는 명예공중위생 감시원의 운영에 관하여 필요한 사항을 정하고 공중위생의 관리를 위한 지도·계몽 등을 행하게 하기 위하여 명예공중위생 감시원을 둘 수 있으며, 활동 지원을 위하여 예산의 범위 안에서 시·도지사가 정하는 바에 따라 수당 등을 지급할 수 있음

자격	• 공중위생에 대한 지식과 관심이 있는 자 • 소비자단체, 공중위생관련 협회 또는 단체의 소속 직원 중에서 당해 단체 등의 장이 추천하는 자
업무 범위	• 공중위생 감시원이 행하는 검사 대상물의 수거 지원 • 법령 위반행위에 대한 신고 및 자료 제공 • 공중위생에 관한 홍보·계몽 등 공중위생관리 업무와 관련하여 시·도지사가 따로 정하여 부여하는 업무

8 위생교육

(1) 영업자 위생교육 [빈출]

① 위생교육의 방법·절차 등에 관하여 필요한 사항은 보건복지부령으로 정하고 세부사항은 보건복지부장관이 정함
② 공중위생영업자와 공중위생영업을 승계한 자, 영업에 직접 종사하지 않거나 두 개 이상의 장소에서 영업을 하는 자는 종업원 중 영업장별 공중위생 책임자는 매년 3시간의 위생교육을 받아야 함
③ 위생교육의 내용은 공중위생관리법규, 소양교육, 기술교육, 그 밖에 공중위생에 관하여 필요한 내용으로 함
④ 영업신고를 하고자 하는 자는 미리 위생교육을 받아야 함
⑤ 보건복지부령이 정하는 부득이한 사유일 때에는 영업개시 후 6개월 이내에 교육을 받을 수 있음
• 천재지변, 본인의 질병·사고, 업무상 국외출장 등의 사유
• 교육 실시 단체의 사정으로 미리 교육 받기 불가능한 경우

(2) 위생교육 유예사항

① 동일한 공중위생영업자가 둘 이상의 미용업을 같은 장소에서 하는 경우에는 그중 하나의 미용업에 대한 위생교육을 받으면 나머지 미용업에 대한 위생교육도 받은 것으로 봄
② 위생교육 대상자 중 보건복지부장관이 고시하는 섬·벽지지역에서 영업을 하고 있거나 하려는 자는 교육교재를 배부하여 익히고 활용하도록 함으로써 교육에 갈음할 수 있음
③ 위생교육 대상자 중 휴업신고를 한 자는 휴업신고를 한 다음 해부터 영업을 재개하기 전까지 위생교육을 유예함
④ 위생교육을 받은 자가 위생교육을 받은 날부터 2년 이내에 위생교육을 받은 업종과 같은 업종의 영업을 하려는 경우에는 해당 영업에 대한 위생교육을 받은 것으로 봄

(3) 위생교육 실시단체 [빈출]

① 위생교육은 보건복지부장관이 허가한 단체가 실시함
② 위생교육 실시단체는 교재를 편찬하여 대상자에게 제공해야 함
③ 실시단체의 장은 위생교육 수료자에게 수료증을 교부하고, 교육실시 결과를 교육 후 1개월 이내에 시장·군수·구청장에게 통보해야 하며, 수료증 교부대장 등 교육에 관한 기록을 2년 이상 보관·관리해야 함

(4) 공중위생영업자 단체의 설립

공중위생영업자는 공중위생과 국민 보건의 향상과 영업의 건전한 발전을 도모하기 위해 공중위생영업의 종류별로 전국적인 조직을 가지는 공중위생영업자 단체를 설립할 수 있음

9 벌칙

(1) 벌금 빈출

1년 이하의 징역 또는 1천만 원 이하의 벌금	• 영업신고를 하지 않고 영업소를 개설한 자 • 영업소 폐쇄명령을 받고도 계속하여 영업한 자 • 영업정지 또는 일부 시설의 사용중지명령을 받고도 그 기간 중에 영업을 하거나 그 시설을 사용한 자
6개월 이하의 징역 또는 500만 원 이하의 벌금	• 중요사항을 변경하고도 변경신고를 하지 않은 자 • 공중위생영업의 지위를 승계한 자로서 1개월 내에 신고하지 않은 자 • 건전한 영업질서를 위해 공중위생영업자가 준수해야 할 사항을 준수하지 않은 자
300만 원 이하의 벌금	• 면허가 취소된 후에도 계속하여 이·미용업을 한 사람 • 면허정지 기간 중에 이·미용업을 한 사람 • 면허를 받지 않고 이·미용업을 개설하거나 업무에 종사한 사람 • 다른 사람에게 이·미용사의 면허증을 빌려주거나 빌린 사람 • 이·미용사의 면허증을 빌려주거나 빌리는 것을 알선한 사람

(2) 과태료 빈출

300만 원 이하 과태료	• 개선명령을 위반한 자 • 필요한 보고를 당국에 하지 않은 자 • 관계 공무원의 출입·검사, 기타 조치를 거부·방해·기피한 자
200만 원 이하 과태료	• 이·미용업소의 위생관리의무를 지키지 않은 자 • 영업소 외의 장소에서 이·미용 업무를 행한 자 • 위생교육을 받지 않은 자

(3) 과태료의 부과기준 빈출

① 과태료는 대통령령으로 정하는 바에 따라 보건복지부장관 또는 시장·군수·구청장이 부과·징수함
② 보건복지부장관 또는 시장·군수·구청장은 과태료를 체납하고 있는 위반행위자를 제외하고 과태료 금액의 2분의 1 범위에서 금액을 줄이거나 과태료 금액의 상한을 넘을 수 없는 범위 내에서 금액을 늘려 부과할 수 있음

경감사유	• 위반행위자가 「질서위반행위규제법 시행령」에 해당한 경우 • 위반행위가 사소한 부주의나 오류로 인정되는 경우 • 위반의 내용·정도가 경미하다고 인정되는 경우 • 위반행위자가 법 위반 상태를 시정하거나 해소하기 위해 노력한 것이 인정되는 경우 • 그 밖에 위반행위의 정도, 위반행위의 동기와 그 결과 등을 고려하여 과태료 금액을 줄일 필요가 있다고 인정되는 경우
가중사유	• 위반의 내용 및 정도가 중대하여 이로 인한 피해가 크다고 인정되는 경우 • 법 위반상태의 기간이 6개월 이상인 경우 • 그 밖에 위반행위의 정도, 위반행위의 동기와 그 결과 등을 고려하여 가중할 필요가 있다고 인정되는 경우

(4) 양벌규정

법인의 대표자나 법인 또는 개인의 대리인·사용인, 그 밖의 종업원이 그 법인 또는 개인의 업무에 관하여 벌금에 해당하는 위반행위를 한 때, 그 행위자를 벌하는 외에 그 법인 또는 개인에게도 해당 조문의 벌금형을 부과함(법인 또는 개인이 그 위반행위를 방지하기 위해 주의와 감독을 한 경우 제외)

(5) 위임 및 위탁

보건복지부장관은 「공중위생관리법」에 의한 권한의 일부를 대통령령이 정하는 바에 의하여 시·도지사 또는 시장·군수·구청장에게 위임할 수 있으며, 대통령이 정하는 바에 의하여 관계 전문기관 등에 그 업무의 일부를 위탁할 수 있음

10 시행령 및 시행규칙 관련사항 빈출

위반사항	행정처분 기준			
	1차 위반	2차 위반	3차 위반	4차 위반
• 면허 발급 금지 사유에 해당된 경우(피성년후견인, 정신질환자, 감염병환자, 약물중독자) • 이중으로 면허를 취득한 경우(나중에 발급받은 면허를 말함) • 「국가기술자격법」에 따라 자격이 취소된 경우 • 면허정지 처분을 받고도 그 정지 기간 중 업무를 한 경우	면허취소			
「국가기술자격법」에 따라 자격정지 처분을 받은 경우	면허정지			
면허증을 다른 사람에게 대여한 경우	면허정지 3개월	면허정지 6개월	면허취소	
• 영업신고를 하지 않은 경우 • 영업정지 처분을 받고도 그 영업정지 기간에 영업을 한 경우 • 정당한 사유 없이 6개월 이상 계속 휴업하는 경우 • 관할 세무서장에게 폐업신고를 하거나 관할 세무서장이 사업자등록을 말소한 경우 • 영업을 하지 않기 위해 영업시설의 전부를 철거한 경우	영업장 폐쇄명령			
손님에게 성매매 알선 등의 행위 또는 음란행위를 하게 하거나 이를 알선 또는 제공한 경우 - 영업소	영업정지 3개월	영업장 폐쇄명령		
손님에게 성매매 알선 등의 행위 또는 음란행위를 하게 하거나 이를 알선 또는 제공한 경우 - 미용사	면허정지 3개월	면허취소		
• 피부미용을 위해 「약사법」에 따른 의약품 또는 「의료기기법」에 따른 의료기기를 사용한 경우 • 점 빼기·귓불 뚫기·쌍꺼풀수술·문신·박피술, 그 밖에 이와 유사한 의료 행위를 한 경우	영업정지 2개월	영업정지 3개월	영업장 폐쇄명령	
• 신고를 하지 않고 영업소의 소재지를 변경한 경우 • 손님에게 도박, 그 밖에 사행행위를 하게 한 경우 • 무자격안마사로 하여금 안마사의 업무에 관한 행위를 하게 한 경우 • 설치 금지되는 카메라나 기계장치를 설치한 경우 • 영업소 외의 장소에서 미용 업무를 한 경우	영업정지 1개월	영업정지 2개월	영업장 폐쇄명령	
보고를 하지 않거나 거짓으로 보고한 경우 또는 관계 공무원의 출입, 검사 또는 공중위생영업 장부 또는 서류의 열람을 거부·방해하거나 기피한 경우	영업정지 10일	영업정지 20일	영업정지 1개월	영업장 폐쇄명령
음란한 물건을 관람·열람하게 하거나 진열 또는 보관한 경우	경고	영업정지 15일	영업정지 1개월	영업장 폐쇄명령
• 개선명령을 이행하지 않은 경우 • 지위승계 신고를 하지 않은 경우	경고	영업정지 10일	영업정지 1개월	영업장 폐쇄명령
• 소독을 한 기구와 소독을 하지 않은 기구를 각각 다른 용기에 넣어 보관하지 않은 경우 • 1회용 면도날을 2인 이상의 손님에게 사용한 경우	경고	영업정지 5일	영업정지 10일	영업장 폐쇄명령
개별 미용서비스의 최종지불가격 및 전체 미용서비스의 총액에 관한 내역서를 이용자에게 미리 제공하지 않은 경우	경고	영업정지 5일	영업정지 10일	영업정지 1개월
이·미용업 신고증 및 면허증 원본을 게시하지 않거나 업소 내 조명도를 준수하지 않은 경우	경고 또는 개선명령	영업정지 5일	영업정지 10일	영업장 폐쇄명령
신고를 하지 않고 영업소의 명칭 및 상호, 미용업 업종 간 변경을 하였거나 영업장 면적의 3분의 1 이상을 변경한 경우	경고 또는 개선명령	영업정지 15일	영업정지 1개월	영업장 폐쇄명령
시설 및 설비기준을 위반한 경우	개선명령	영업정지 15일	영업정지 1개월	영업장 폐쇄명령

CHAPTER 03 공중위생관리법규
출제 예상문제 A

1 목적 및 정의

01
다음 「공중위생관리법」 목적에서 ( )에 들어갈 내용으로 알맞은 것은?

> [제1조(목적)] 이 법은 공중이 이용하는 ( )의 위생관리 등에 관한 사항을 규정함으로써 위생 수준을 향상시켜 국민의 건강 증진에 기여함을 목적으로 한다.

① 영업소 ② 영업장
③ 이용시설 ④ 영업

> [제1조(목적)] 공중이 이용하는 영업의 위생관리 등에 관한 사항을 규정함으로써 위생 수준을 향상시켜 국민의 건강 증진에 기여함을 목적으로 함

02
「공중위생관리법」상 다음 ( ) 안에 들어갈 내용으로 가장 적합한 것은?

> 「공중위생관리법」은 공중이 이용하는 영업의 ( ) 등에 관한 사항을 규정함으로써 위생 수준을 향상시켜 국민의 건강 증진에 기여함을 목적으로 한다.

① 위생 ② 위생관리
③ 위생과 소독 ④ 위생과 청결

> 공중이 이용하는 영업의 위생관리 등에 관한 사항을 규정함

03
다음 ( ) 안에 들어갈 적절한 내용은?

> 「공중위생관리법」의 목적은 위생수준을 향상시켜 국민의 ( )에 기여함에 있다.

① 건강 ② 건강관리
③ 건강 증진 ④ 삶의 질 향상

> 「공중위생관리법」의 목적: 공중이 이용하는 영업의 위생관리 등에 관한 사항을 규정함으로써 위생 수준을 향상시켜 국민의 건강 증진에 기여함을 목적으로 함

04
「공중위생관리법」의 궁극적인 목적은?

① 공중위생영업 종사자의 위생 및 건강관리
② 공중위생영업소의 위생관리
③ 국민의 건강 증진에 기여
④ 공중위생영업의 위상 향상

> 「공중위생관리법」은 위생수준을 향상시켜 국민의 건강 증진에 기여함을 목적으로 함

05
공중위생영업이란 다수인을 대상으로 무엇을 제공하는 영업으로 정의되고 있는가?

① 위생관리서비스 ② 위생서비스
③ 위생안전서비스 ④ 공중위생서비스

> 공중위생영업은 다수인을 대상으로 위생관리서비스를 제공하는 영업으로, 숙박업, 목욕장업, 이용업, 미용업, 세탁업, 건물위생관리업을 말함

06
「공중위생관리법」상 미용업의 정의로 옳은 것은?

① 손님의 얼굴을 손질하여 손님의 용모를 아름답고 단정하게 하는 영업
② 손님의 머리를 손질하여 손님의 용모를 아름답고 단정하게 하는 영업
③ 손님의 머리카락을 다듬거나 하는 등의 방법으로 손님의 용모를 단정하게 하는 영업
④ 손님의 얼굴·머리·피부 및 손톱·발톱 등을 손질하여 손님의 외모를 아름답게 꾸미는 영업

> 미용업의 정의: 손님의 얼굴·머리·피부 및 손톱·발톱 등을 손질하여 손님의 외모를 아름답게 꾸미는 영업

07
「공중위생관리법」에서 규정하고 있는 공중위생영업의 종류에 해당하지 않는 것은?

① 이용업 ② 목욕장업
③ 학원영업 ④ 세탁업

> 공중위생영업: 숙박업, 목욕장업, 이용업, 미용업, 세탁업, 건물위생관리업

| 정답 | 01 ④ 02 ② 03 ③ 04 ③ 05 ① 06 ④ 07 ③

08
「공중위생관리법」에서 정의하고 있는 공중위생영업이란?
① 공중을 위생적으로 관리하는 영업
② 다수인을 대상으로 위생관리서비스를 제공하는 영업
③ 다수인에게 공중위생을 준수하여 시행하는 영업
④ 공중위생서비스를 전달하는 영업

> 공중위생영업은 다수인을 대상으로 위생관리서비스를 제공하는 영업임

09
공중위생영업에 해당하지 않는 것은?
① 세탁업 ② 위생청소업
③ 미용업 ④ 목욕장업

> 위생청소업은 정확한 명칭이 아니며, 건물위생관리업이 해당함

10
이 · 미용업이 해당하는 것은?
① 위생접객업 ② 공중위생영업
③ 위생관리용역업 ④ 위생 관련업

> 이용업과 미용업은 공중위생영업에 해당함

11
공중위생영업 중 손님의 얼굴, 머리, 피부 및 손톱 · 발톱 등을 손질하여 외모를 아름답게 꾸미는 영업은?
① 미용업 ② 피부미용업
③ 메이크업 ④ 네일미용업

> 미용업의 정의: 손님의 얼굴 · 머리 · 피부 및 손톱 · 발톱 등을 손질하여 손님의 외모를 아름답게 꾸미는 영업

12
법률상에서 정의되는 공중위생영업에 대한 설명으로 옳은 것은?
① 미용업이란 손님의 얼굴 · 머리 · 피부 및 손톱 · 발톱 등을 손질하여 손님의 외모를 아름답게 꾸미는 영업을 말한다.
② 미용업이란 손님의 얼굴과 피부만을 손질하여 모양을 단정하게 꾸미는 영업을 말한다.
③ 이용업이란 손님의 머리, 수염, 피부 등을 손질하여 외모를 꾸미는 영업을 말한다.
④ 공중위생영업이란 미용업, 숙박업, 목욕장업, 수영장업, 유기영업 등을 말한다.

> 미용업이란 손님의 얼굴 · 머리 · 피부 및 손톱 · 발톱 등을 손질하여 손님의 외모를 아름답게 꾸미는 영업을 말함

13
「공중위생관리법」상 미용업을 할 경우 손질할 수 있는 손님의 신체 범위는?
① 얼굴, 손, 머리
② 손, 발, 얼굴, 머리
③ 머리, 피부
④ 얼굴, 머리, 피부, 손톱 · 발톱

> 미용업의 신체 범위: 얼굴, 머리, 피부, 손톱 · 발톱

14
「공중위생관리법」상 네일미용업의 정의로 옳은 것은?
① 손톱과 발톱을 다듬고 컬러링하는 영업
② 손톱과 발톱을 손질 · 화장하는 영업
③ 손톱과 발톱을 손질하고 매니큐어 · 페디큐어를 하는 영업
④ 손톱과 발톱을 손질 · 화장하고 발의 각질 제거를 하는 영업

> 네일미용업의 정의: 손톱과 발톱을 손질 · 화장하는 영업

15
다음 ( ) 안에 들어갈 용어로 가장 적합한 것은?

> 「공중위생관리법」상 미용업의 정의는 손님의 얼굴, 머리, 피부 및 손톱 · 발톱 등을 손질하여 손님의 ( )를(을) 아름답게 꾸미는 영업이다.

① 모습 ② 외양
③ 외모 ④ 신체

> 손님의 외모를 아름답게 꾸미는 영업

16
「공중위생관리법」상 종합 미용업의 정의로 옳은 것은?
① 일반, 피부, 네일, 반영구 화장과 그 밖에 대통령령으로 정하는 세부 영업의 업무를 모두 하는 영업
② 일반, 피부, 네일, 화장 · 분장과 그 밖에 대통령령으로 정하는 세부 영업의 업무를 모두 하는 영업
③ 헤어, 피부, 네일, 화장 · 분장과 그 밖에 대통령령으로 정하는 세부 영업의 업무를 모두 하는 영업
④ 일반, 피부, 네일, 화장 · 분장, 속눈썹 연장과 그 밖에 대통령령으로 정하는 세부 영업의 업무를 모두 하는 영업

> 종합 미용업의 정의: 일반, 피부, 네일, 화장 · 분장과 그 밖에 대통령령으로 정하는 세부 영업의 업무를 모두 하는 영업

| 정답 | 08 ② 09 ② 10 ② 11 ① 12 ① 13 ④ 14 ② 15 ③ 16 ②

2 영업의 신고 및 폐업

17
공중위생영업자가 영업소를 개설할 때의 절차에 대한 설명으로 옳은 것은?
① 영업소의 개설을 신고한다.
② 영업소의 개설을 허가받는다.
③ 영업소를 개설한 후 개설 사실을 통보한다.
④ 영업소 개설 후 감독 기관에서 방문할 때까지 기다린다.

> 공중위생영업소를 개설할 때에는 보건복지부령이 정하는 시설 및 설비를 갖추고 시장·군수·구청장에게 신고해야 함

18
이·미용업의 신고에 대한 설명으로 옳은 것은?
① 이·미용사 면허를 받은 사람만 신고할 수 있다.
② 일반인 누구나 신고할 수 있다.
③ 1년 이상의 이·미용 업무 실무 경력자가 신고할 수 있다.
④ 미용사 자격증을 소지해야 신고할 수 있다.

> 이·미용사 면허를 받은 사람만 신고할 수 있으며, 영업신고 시 면허증 원본을 제출해야 함

19
공중위생영업의 신고에 필요한 제출서류가 아닌 것은?
① 영업시설 및 설비개요서
② 위생교육 필증
③ 면허증 원본
④ 재산세 납부 영수증

> 영업신고 제출서류: 영업신고서, 영업시설 및 설비개요서, 위생교육 수료증, 면허증 원본

20
「공중위생관리법」상 공중위생영업의 신고를 하는 경우 반드시 필요한 서류가 아닌 것은?
① 이·미용사 자격증
② 위생교육 수료증
③ 영업시설 및 설비개요서
④ 면허증 원본

> 이·미용사 자격증은 필요하지 않으며, 면허증 원본이 필요함

21
공중위생영업의 신고서를 제출받은 시장·군수·구청장이 확인해야 하는 서류가 아닌 것은?
① 이·미용 경력 이력서　② 건축물대장
③ 토지이용계획확인서　④ 면허증

> 영업신고 확인서류: 건축물대장, 토지이용계획확인서, 면허증

22
이·미용업소의 시설 및 설비기준으로 옳은 것은?
① 소독을 한 기구와 소독을 하지 않은 기구를 구분하여 보관할 수 있는 용기를 비치해야 한다.
② 적외선 살균기를 갖추어야 한다.
③ 의자와 의자 사이에 칸막이를 설치해야 한다.
④ 영업소 내에 2개 이내의 별실을 설치해야 한다.

> 이·미용업 시설 및 설비기준
> • 공중위생영업장은 독립된 장소이거나 공중위생영업 외의 용도로 사용되는 시설 및 설비와 분리(벽, 층) 또는 구획(칸막이, 커튼)으로 구분되어야 함
> • 이·미용기구는 소독을 한 기구와 소독을 하지 않은 기구를 구분하여 보관할 수 있는 용기를 비치해야 함
> • 소독기·자외선 살균기 등 미용기구를 소독하는 장비를 갖추어야 함
> • 이용업은 영업소 안에 별실 그 밖에 이와 유사한 시설을 설치해서는 안 됨

23 신규 문제 공략
이·미용업의 시설 및 설비기준으로 옳은 것은?
① 화장실을 설치해야 한다.
② 소독기·자외선 살균기 등 미용기구를 소독하는 장비를 갖추어야 한다.
③ 환기를 위해 창문을 설치해야 한다.
④ 업소용 바닥은 내수재료로 해야 한다.

> 이·미용업소의 화장실, 창문, 바닥의 시설 및 설비기준은 별도로 없음

24
광역시 지역에서 이·미용업소를 운영하는 사람이 영업소의 주소를 변경하고자 할 때의 조치사항으로 옳은 것은?
① 시장에게 변경허가를 받아야 한다.
② 관할 구청장에게 변경허가를 받아야 한다.
③ 보건소장에게 변경신고를 한다.
④ 관할 구청장에게 변경신고를 한다.

> 보건복지부령이 정하는 중요사항을 변경하고자 할 때에는 시장·군수·구청장에게 신고해야 함

25
공중위생영업자가 공중위생영업 관련 중요사항을 변경하고자 할 때 시장·군수·구청장에게 취해야 하는 절차는?
① 통보　　　② 통고
③ 신고　　　④ 허가

> 시장·군수·구청장에게 신고해야 함

26
「공중위생관리법」상 이·미용업자의 변경신고사항에 해당하지 않는 것은?

① 영업소의 명칭 변경
② 영업소의 소재지 변경
③ 영업정지명령 이행
④ 대표자의 성명

변경신고사항
- 영업소의 명칭 또는 상호
- 영업소의 주소(소재지)
- 신고한 영업장 면적의 3분의 1 이상의 증감
- 대표자의 성명 또는 생년월일
- 미용업 업종 간 변경

27
다음 (   ) 안에 들어갈 내용으로 가장 적절한 것은?

이·미용업자는 신고한 영업장 면적의 (   ) 이상의 증감이 있을 때 변경신고를 해야 한다.

① 3분의 1
② 4분의 1
③ 5분의 1
④ 6분의 1

변경신고 면적은 신고한 영업장 면적의 3분의 1 이상의 증감임

28
이·미용업자가 시장·군수·구청장에게 변경신고를 해야 하는 사항이 아닌 것은?

① 영업소의 명칭 변경
② 영업소의 소재지 변경
③ 신고한 영업장 면적의 1/3 이상의 증감
④ 영업소 내 시설 인테리어의 변경

영업소 내 시설 인테리어의 변경은 변경신고사항이 아님

29
이·미용업자가 변경신고를 해야 하는 사항으로 틀린 것은?

① 영업소 내 직원 변경
② 신고한 영업장 면적의 1/3 이상의 증감
③ 영업소의 주소 변경
④ 영업소의 명칭 변경

영업소 내 직원 변경은 변경신고사항이 아님

30
영업자의 지위를 승계한 경우 누구에게 신고해야 하는가?

① 보건복지부장관
② 시·도지사
③ 시장·군수·구청장
④ 세무서장

영업자의 지위를 승계하는 자는 1개월 이내에 시장·군수·구청장에게 신고해야 함

31
이·미용업자의 지위를 승계받을 수 있는 자의 자격조건은?

① 자격증이 있는 자
② 면허를 소지한 자
③ 보조원으로 있는 자
④ 상속권이 있는 자

승계 조건: 면허 소지자

32
이·미용업의 상속으로 인한 영업자 지위승계 신고 시 구비서류가 아닌 것은?

① 영업자 지위승계 신고서
② 가족관계증명서
③ 양도계약서 사본
④ 상속자임을 증명할 수 있는 서류

상속 시 승계 제출서류
- 영업자 지위승계 신고서
- 가족관계증명서
- 상속자 증명서류

33
다음 (   ) 안에 들어갈 내용으로 가장 적합한 것은?

법이 준하는 절차에 따라 공중영업 관련 시설을 인수하여 공중위생 영업자의 지위를 승계한 자는 (   )개월 이내에 신고해야 한다.

① 1
② 2
③ 3
④ 6

영업자의 지위를 승계하는 자는 1개월 이내에 시장·군수·구청장에게 신고해야 함

34
이·미용업을 승계할 수 있는 경우가 아닌 것은? (단, 면허를 소지한 자에 한함)

① 이·미용업을 양수한 경우
② 이·미용업자의 사망으로 상속을 받은 경우
③ 「공중위생관리법」에 의한 영업장 폐쇄명령을 받은 경우
④ 이·미용업 영업자의 파산에 의해 시설 및 설비의 전부를 인수한 경우

승계 대상
- 양수인: 공중위생영업 양도한 경우
- 상속인: 공중위생영업자 사망한 경우
- 법인: 법인의 합병 후 존속하는 법인이나 합병에 의해 설립되는 법인인 경우
- 인수인: 공중위생영업 관련 시설, 설비 전부를 인수한 경우

정답 | 26 ③ 27 ① 28 ④ 29 ① 30 ③ 31 ② 32 ③ 33 ① 34 ③

3 영업자 준수사항

35
다음 (   ) 안에 들어갈 단어는?

> 공중위생영업자는 그 이용자에게 건강상 (   )이 발생하지 않도록 영업 관련 시설 및 설비를 안전하게 관리해야 한다.

① 질병
② 사망
③ 위해 요인
④ 전염병

> 공중위생영업자는 그 이용자에게 건강상 위해 요인이 발생하지 않도록 영업 관련 시설 및 설비를 안전하고 위생적으로 관리해야 함

36
이·미용기구의 소독기준 및 방법을 규정하는 법령은?

① 노동부령
② 대통령령
③ 행정안전부령
④ 보건복지부령

> 위생관리기준은 보건복지부령으로 정하고 미용기구의 종류, 재질 및 용도에 따른 구체적인 소독기준 및 방법은 보건복지부 장관이 정하여 고시함

37
공중위생영업자가 준수해야 할 위생관리기준을 정하고 있는 것은?

① 대통령령
② 국무총리령
③ 고용노동부령
④ 보건복지부령

> 위생관리기준은 보건복지부령으로 정함

38
이·미용업자의 준수사항으로 옳은 것은?

① 업소 내에서 이·미용 보조원의 명부만 비치하고 기록·관리하면 된다.
② 업소 내 게시물에는 준수사항이 포함된다.
③ 1회용 면도날은 손님 1인에 한하여 사용해야 한다.
④ 손님이 사용하는 앞가리개는 반드시 흰색이어야 한다.

> 이·미용업자의 위생관리기준
> • 점 빼기, 귓볼 뚫기 등 의료 행위를 해서는 안 됨
> • 의약품 또는 의료기기를 사용해서는 안 됨
> • 이·미용기구 중 소독을 한 기구와 소독을 하지 않은 기구는 각각 다른 용기에 넣어 보관해야 함
> • 1회용 면도날은 손님 1인에 한하여 사용해야 함
> • 영업장 안의 조명도를 75룩스 이상이 되도록 유지해야 함
> • 이·미용업 신고증, 개설자의 면허증 원본, 최종지불요금표를 영업소 내에 게시해야 함
> • 영업장 면적이 66제곱미터 이상인 경우 외부에도 최종지불요금표를 게시 또는 부착해야 함
> • 3가지 이상의 이·미용서비스를 제공하는 경우 최종지불가격 및 전체 미용서비스의 총액에 관한 내역서를 이용자에게 미리 제공해야 하며, 이·미용업자는 해당 내역서 사본을 1개월간 보관해야 함

39
공중위생시설의 소유자가 지켜야 하는 위생관리의 내용이 아닌 것은?

① 공중위생영업자는 이용자에게 건강상 위해 요인이 발생하지 않도록 관리해야 한다.
② 공중위생영업 관련 시설 및 설비를 안전하고 위생적으로 관리해야 한다.
③ 미용기구의 종류, 재질 및 용도에 따른 구체적인 소독기준 및 방법은 보건복지부장관이 정하여 고시한다.
④ 위생관리기준은 환경부령이 정하는 기준에 적합하도록 유지한다.

> 위생관리기준은 보건복지부령이 정하는 기준에 적합하도록 유지해야 함

40
공중위생관리법규에서 규정하고 있는 이·미용업자의 준수사항이 아닌 것은?

① 소독을 한 기구와 소독을 하지 않은 기구는 각각 다른 용기에 넣어 보관해야 한다.
② 손님의 피부에 닿는 수건은 악취가 나지 않아야 한다.
③ 이·미용 최종지불요금표를 업소 내에 게시해야 한다.
④ 이·미용업 신고증, 개설자의 면허증 원본 등은 업소 내에 게시해야 한다.

> 손님의 피부에 닿는 수건이 악취가 나지 않아야 한다는 것은 이·미용업자의 준수사항에 해당하지 않음

41
이·미용업소의 위생관리기준으로 적절하지 않은 것은?

① 소독한 기구와 소독을 하지 않은 기구를 분리하여 보관한다.
② 1회용 면도날은 손님 1인에 한하여 사용한다.
③ 피부미용을 위한 의약품은 따로 보관한다.
④ 영업장 안의 조명도는 75룩스 이상이어야 한다.

> 피부미용을 위한 의약품 또는 의료기기를 사용해서는 안 됨

42 신규 문제 공략

이·미용업자가 준수해야 할 위생관리기준으로 틀린 것은?

① 이·미용업 신고증, 개설자의 면허증 원본을 영업소 내에 게시해야 한다.
② 점 빼기, 귓볼 뚫기, 쌍꺼풀 수술, 문신, 박피술, 그 밖에 이와 유사한 의료 행위를 할 수 있다.
③ 영업장 안의 조명도를 75룩스 이상이 되도록 유지해야 한다.
④ 1회용 면도날은 손님 1인에 한하여 사용해야 한다.

> 이·미용업자는 점 빼기, 귓볼 뚫기, 쌍꺼풀 수술, 문신, 박피술, 그 밖에 이와 유사한 의료 행위를 해서는 안 됨

| 정답 | 35 ③ 36 ④ 37 ④ 38 ③ 39 ④ 40 ② 41 ③ 42 ②

43
이·미용업자가 갖추어야 할 시설 및 설비, 위생관리기준에 대한 내용으로 옳지 않은 것은?

① 이·미용사 및 보조원은 깨끗한 위생복을 착용해야 한다.
② 의료기기를 사용해서는 안 된다.
③ 면도기는 1회용 면도날만을 손님 1인에 한하여 사용한다.
④ 영업장 안의 조명도는 75룩스 이상이 되도록 유지한다.

이·미용사 및 보조원이 깨끗한 위생복을 착용해야 하는 것은 이·미용업자가 갖추어야 할 시설 및 설비, 위생관리기준에 해당하지 않음

44
이·미용업자가 준수해야 하는 위생관리기준에 대한 설명으로 틀린 것은?

① 영업장 안의 조명도는 100룩스 이상이 되도록 유지해야 한다.
② 업소 내에 이·미용업 신고증, 개설자의 면허증 원본 및 이·미용 최종지불요금표를 게시해야 한다.
③ 1회용 면도날은 손님 1인에 한하여 사용해야 한다.
④ 이·미용기구 중 소독을 한 기구와 소독을 하지 않은 기구는 각각 다른 용기에 넣어 보관해야 한다.

영업장 안의 조명도는 75룩스 이상이 되도록 유지해야 함

45
이·미용업소 내에 게시하지 않아도 되는 것은?

① 이·미용업 신고증
② 개설자의 면허증 원본
③ 개설자의 건강진단서
④ 최종지불요금표

이·미용업소 내 게시 항목: 이·미용업 신고증, 개설자의 면허증 원본, 최종지불요금표

46
이·미용사의 면허증에 대한 설명으로 옳은 것은?

① 영업소 내에 면허증 원본을 게시해야 한다.
② 영업소 내에 면허증 사본을 게시해도 된다.
③ 면허증 게시 여부는 영업자의 임의사항이다.
④ 면허증 분실 시 이·미용사 자격증을 게시해도 무방하다.

개설자의 면허증 원본을 게시해야 함

47 신규 문제 공략
공중위생관리법상 이·미용기구의 소독기준 및 방법에서 일반기준이 아닌 것은?

① 크레졸 소독
② 증기 소독
③ 방사선 소독
④ 자외선 소독

이·미용기구의 소독기준 및 방법: 자외선 소독, 건열 멸균 소독, 증기 소독, 열탕 소독, 석탄산수 소독, 크레졸수 소독, 에탄올 소독

48
이·미용기구 소독 시의 기준으로 틀린 것은?

① 크레졸 소독: 크레졸 3% 수용액에 10분 이상 담가 둔다.
② 증기 소독: 섭씨 100℃ 이상 습한 열에 10분 이상 쐬어 준다.
③ 자외선 소독: 1cm²당 85μW 이상의 자외선을 20분 이상 쐬어 준다.
④ 열탕 소독: 섭씨 100℃ 이상 물 속에 10분 이상 끓여 준다.

이·미용기구의 소독기준 및 방법
- 자외선 소독: 1cm²당 85μW 이상의 자외선을 20분 이상 쐬어 줌
- 건열 멸균 소독: 섭씨 100℃ 이상 건조한 열에 20분 이상 쐬어 줌
- 증기 소독: 섭씨 100℃ 이상 습한 열에 20분 이상 쐬어 줌
- 열탕 소독: 섭씨 100℃ 이상 물 속에 10분 이상 끓여 줌
- 석탄산수 소독: 석탄산 3% 수용액에 10분 이상 담가 둠
- 크레졸수 소독: 크레졸 3% 수용액에 10분 이상 담가 둠
- 에탄올 소독: 에탄올 수용액 70%에 10분 이상 담그거나, 에탄올 수용액을 머금은 면이나 거즈로 기구의 표면을 닦아 줌

49
「공중위생관리법 시행규칙」에 규정된 이·미용기구의 소독 기준으로 적절한 것은?

① 1cm² 당 85μW 이상의 자외선을 10분 이상 쐬어 준다.
② 100℃ 이상 건조한 열에 10분 이상 쐬어 준다.
③ 석탄산수(석탄산 3%, 물 97%의 수용액)에 10분 이상 담가 둔다.
④ 100℃ 이상 습한 열에 10분 이상 쐬어 준다.

- 1cm² 당 85μW 이상의 자외선을 20분 이상 쐬어 줌
- 100℃ 이상 건조한 열에 20분 이상 쐬어 줌
- 100℃ 이상 습한 열에 20분 이상 쐬어 줌

50
이·미용기구 소독 시의 기준으로 틀린 것은?

① 자외선 소독: 1cm²당 85μW 이상의 자외선을 10분 이상 쐬어 준다.
② 석탄산수 소독: 석탄산 3% 수용액에 10분 이상 담가 둔다.
③ 크레졸 소독: 크레졸 3% 수용액에 10분 이상 담가 둔다.
④ 열탕 소독: 섭씨 100℃ 이상 물 속에 10분 이상 끓여 준다.

자외선 소독: 1cm²당 85μW 이상의 자외선을 20분 이상 쐬어 줌

4 면허

51
이·미용사 면허를 받을 수 <u>없는</u> 자는?
① 고등학교 또는 고등기술학교에 준하는 각종 학교에서 6개월 이상 이·미용에 관한 소정의 과정을 이수한 자
② 전문대학에서 이·미용에 관한 학과를 졸업한 자
③ 「국가기술자격법」에 의한 이·미용사의 자격을 취득한 자
④ 고등학교에서 이·미용에 관한 학과를 졸업한 자

> **면허 발급 조건**
> - 전문대학 또는 이와 같은 수준 이상의 학력이 있다고 교육부장관이 인정하는 학교에서 이·미용에 관한 학과를 졸업한 자
> - 대학 또는 전문대학을 졸업한 자와 같은 수준 이상의 학력이 있는 것으로 인정되어 이·미용에 관한 학위를 취득한 자
> - 고등학교 또는 이와 같은 수준의 학력이 있다고 교육부장관이 인정하는 학교에서 이·미용에 관한 학과를 졸업한 자
> - 고등학교 또는 고등기술학교에 준하는 각종 학교에서 1년 이상 이·미용에 관한 소정의 과정을 이수한 자
> - 이·미용사의 자격을 취득한 자

52
이·미용사 면허를 받을 수 있는 자가 <u>아닌</u> 것은?
① 고등학교에서 이용 또는 미용에 관한 학과를 졸업한 자
② 이용사 또는 미용사 자격을 취득한 자
③ 보건복지부장관이 인정하는 외국인 이용사 또는 미용사 자격 소지자
④ 전문대학에서 이용 또는 미용에 관한 학과 졸업자

> - 보건복지부장관이 인정하는 외국인 이용사 또는 미용사 자격 소지자는 면허를 받을 수 없음
> - 교육부장관이 인정하는 학교에서 미용에 관한 학과를 졸업한 자, 미용에 관한 학위를 취득한 자, 1년 이상 미용에 관한 소정의 과정을 이수한 자, 이용사 또는 미용사의 자격을 취득한 자는 면허를 받을 수 있음

53
이·미용사 면허를 받을 수 <u>없는</u> 경우는?
① 전문대학 또는 같은 수준 이상의 학력이 있다고 교육부장관이 인정하는 학교에서 이용 또는 미용에 관한 학과 졸업자
② 인문계 고등학교에서 6개월 이상 이·미용에 관한 소정의 과정을 이수한 자
③ 「국가기술자격법」에 의한 이·미용사 자격을 취득한 자
④ 특성화고등학교에서 1년 이상 이용 또는 미용에 관한 소정의 과정을 이수한 자

> - 인문계 고등학교에서 6개월 이상 이·미용에 관한 소정의 과정을 이수한 자는 해당하지 않음
> - 고등학교 또는 고등기술학교에 준하는 각종 학교에서 1년 이상 미용에 관한 소정의 과정을 이수한 자는 해당함

54
이·미용사의 면허를 받을 수 있는 사람은?
① 전과기록이 있는 자
② 피성년후견인(금치산자)
③ 마약, 기타 대통령령으로 정하는 약물중독자
④ 정신질환자

> **면허 발급 금지 사유**
> - 피성년후견인
> - 정신질환자
> - 감염병환자
> - 약물중독자
> - 면허가 취소된 후 1년이 경과되지 않은 자

55
이·미용사의 면허를 받을 수 있는 자는?
① 피성년후견인(금치산자)
② 정신병자 또는 간질병자
③ 결핵환자
④ 면허취소 후 1년이 경과된 자

> 면허취소 후 1년이 경과된 자는 면허를 다시 받을 수 있음

56
이·미용사의 면허증 재발급을 신청할 수 <u>없는</u> 경우는?
① 「국가기술자격법」에 의한 이·미용사 자격증이 취소된 때
② 면허증의 기재사항에 변경이 있을 때
③ 면허증을 분실한 때
④ 면허증이 못 쓰게 된 때

> 면허가 취소된 자는 재발급을 신청할 수 없으며, 면허취소 사유가 없어지고 1년이 경과된 후 다시 면허발급 절차를 진행해야 함

57
미용사 면허증의 재발급 사유가 <u>아닌</u> 것은?
① 성명 등 면허증의 기재사항에 변경이 있을 때
② 영업장소의 상호 및 주소가 변경될 때
③ 면허증을 분실했을 때
④ 면허증이 헐어 못 쓰게 된 때

> **면허증의 재발급 사유**
> - 면허증의 기재사항에 변경이 있는 때(성명, 주민번호 등)
> - 면허증이 헐어 못 쓰게 된 때
> - 면허증을 잃어버린 때

58
이·미용사의 면허정지를 명할 수 있는 자는?
① 행정안전부장관　② 시·도지사
③ 시장·군수·구청장　④ 경찰서장

> 시장·군수·구청장은 면허를 취소하거나 면허정지를 명할 수 있음

59
이·미용사의 면허증을 대여한 때의 법적 조치사항에 해당하지 <u>않는</u> 것은?

① 2차 위반 시 6개월의 면허의 정지를 명할 수 있다.
② 3차 위반 시 면허를 취소할 수 있다.
③ 행정처분권자는 시·도지사이다.
④ 1차 위반 시 3개월의 면허정지를 명할 수 있다.

> 행정처분권자는 시장·군수·구청장임

60
이·미용사의 면허가 취소되었을 경우 몇 개월이 경과되어야 다시 그 면허를 받을 수 있는가?

① 3개월   ② 6개월
③ 9개월   ④ 1년

> 면허취소 시 1년 경과 후 재취득할 수 있음

61
「국가기술자격법」에 의해 이·미용사 자격이 취소된 때의 행정처분은?

① 면허취소   ② 업무정지
③ 50만 원 이하의 과태료   ④ 경고

> 면허취소 사유
> • 「국가기술자격법」에 따라 미용 자격이 취소된 때
> • 이중으로 면허를 취득한 때(나중에 받은 면허)
> • 면허정지 처분을 받고 그 정지 기간 중 업무를 행한 때
> • 면허 발급 금지 사유에 해당된 때(피성년후견인, 정신질환자, 감염병환자, 약물중독자)

62
이·미용사의 건강 진단 결과 마약중독자라고 판정될 경우 취할 수 있는 조치사항은?

① 자격정지   ② 영업소 폐쇄
③ 면허취소   ④ 1년 이상 업무정지

> 면허 발급 금지 사유인 마약중독자에 해당하므로 면허가 취소됨

63
이·미용사가 결핵환자에 해당하는 경우 취할 수 있는 조치사항은?

① 이환기간 동안 휴식 명령
② 3개월 이내의 기간을 정하여 면허정지
③ 6개월 이내의 기간을 정하여 면허정지
④ 면허취소

> 면허 발급 금지 사유인 감염병환자에 해당하므로 면허가 취소됨

64
이·미용사의 면허증을 다른 사람에게 대여한 경우 법적 행정처분 조치사항으로 옳은 것은?

① 시·도지사가 그 면허를 취소하거나 6개월 이내의 기간을 정하여 면허정지를 명할 수 있다.
② 시·도지사가 그 면허를 취소하거나 1년 이내의 기간을 정하여 면허정지를 명할 수 있다.
③ 시장·군수·구청장은 그 면허를 취소하거나 6개월 이내의 기간을 정하여 면허정지를 명할 수 있다.
④ 시장·군수·구청장은 그 면허를 취소하거나 1년 이내의 기간을 정하여 면허정지를 명할 수 있다.

> 면허증을 다른 사람에게 대여한 경우
> • 1차: 면허정지 3개월
> • 2차: 면허정지 6개월
> • 3차: 면허취소

65
면허의 정지명령을 받은 자는 그 면허증을 누구에게 제출해야 하는가?

① 시·도지사   ② 행정안전부장관
③ 시장·군수·구청장   ④ 보건복지부장관

> 면허취소, 정지명령을 받은 자는 지체 없이 시장·군수·구청장에게 면허증을 반납하고, 시장·군수·구청장은 면허정지 기간 동안 반납한 면허증을 보관해야 함

66
미용사의 면허증을 대여한 경우 3차 위반 행정처분 기준은?

① 면허취소   ② 면허정지 3개월
③ 면허정지 2개월   ④ 면허정지 1개월

> 면허증을 다른 사람에게 대여한 경우
> • 1차 위반: 면허정지 3개월
> • 2차 위반: 면허정지 6개월
> • 3차 위반: 면허취소

67
이중으로 이·미용사 면허를 취득한 경우 1차 위반 시 행정처분 기준은?

① 영업정지 15일
② 영업정지 30일
③ 영업정지 6개월
④ 나중에 발급받은 면허의 취소

> 이중으로 면허를 취득한 경우 나중에 발급받은 면허는 취소됨

| 정답 | 59 ③ | 60 ④ | 61 ① | 62 ③ | 63 ④ | 64 ④ | 65 ③ | 66 ① | 67 ④ |

5 업무

68
이용사 또는 미용사의 업무 범위에 관해 필요한 사항을 정하는 법령은?

① 대통령령 ② 국무총리령
③ 보건복지부령 ④ 노동부령

> 이·미용사의 업무 범위와 업무보조 범위는 보건복지부령으로 정함

69
이·미용의 업무보조 범위가 아닌 것은?

① 이·미용 업무를 위한 기구, 제품 등의 관리에 관한 사항
② 영업소의 청결 유지 등 위생관리에 관한 사항
③ 이·미용 업무를 위한 사전 준비에 관한 사항
④ 이·미용 업무를 위한 고객관리, 재고관리에 관한 사항

> 이·미용의 업무보조 범위
> - 이·미용 업무를 위한 사전 준비에 관한 사항
> - 이·미용 업무를 위한 기구, 제품 등의 관리에 관한 사항
> - 영업소의 청결 유지 등 위생관리에 관한 사항
> - 그 밖에 머리감기 등 이·미용 업무의 보조에 관한 사항

70
이·미용 업무의 보조를 할 수 있는 자는?

① 이·미용사의 감독을 받는 자
② 이·미용사 응시자
③ 이·미용학원 수강자
④ 시·도지사가 인정한 자

> 이·미용사의 감독을 받아 이·미용 업무의 보조를 행하는 경우는 업무에 종사할 수 있음

71
「공중위생관리법」상 이·미용사는 영업소 외의 장소에서는 이·미용 업무를 할 수 없는데 특별한 사유가 있는 경우에는 예외가 인정된다. 특별한 사유에 해당하지 않는 것은?

① 질병으로 영업소까지 나올 수 없는 자에 대한 이·미용
② 혼례나 그 밖에 의식에 참여하는 자에 대하여 그 의식 직전에 행하는 이·미용
③ 긴급히 국외에 출타하려는 자에 대한 이·미용
④ 시장·군수·구청장이 특별한 사정이 있다고 인정하는 경우에 행하는 이·미용

> 영업소 외의 장소에서 이·미용 업무가 가능한 특별한 사유
> - 질병이나 고령·장애 그 밖에 사유로 인하여 영업소에 나올 수 없는 자에 대하여 이·미용하는 경우
> - 혼례나 그 밖에 의식에 참여하는 자에 대하여 그 의식 직전에 이·미용하는 경우
> - 사회복지시설에서 봉사활동으로 이·미용하는 경우
> - 방송 등의 촬영에 참여하는 사람에 대하여 그 촬영 직전에 이·미용하는 경우
> - 특별한 사정이 있다고 시장·군수·구청장이 인정하는 경우

6 행정지도감독

72
특별시장·광역시장·도지사 또는 시장·군수·구청장이 공중위생관리상 필요하다고 인정하는 때 공중위생영업자에 대하여 취할 수 있는 조치는?

① 청문 ② 보고
③ 감시 ④ 검사

> 특별시장·광역시장·도지사 또는 시장·군수·구청장은 공중위생관리상 필요하다고 인정한 때 공중위생영업자에 대하여 필요한 보고를 하게 할 수 있음

73
영업소 출입 검사 관련 공무원이 영업자에게 제시해야 하는 것은?

① 주민등록증 ② 위생검사 통지서
③ 위생 감시 공무원증 ④ 위생검사 기록부

> 관계 공무원은 권한을 표시하는 위생 감시 공무원 증표를 제시해야 함

74
이·미용 영업소에 대하여 위생관리의무 이행 검사 권한을 행사할 수 없는 자는?

① 도 소속 공무원
② 국세청 소속 공무원
③ 시·군·구 소속 공무원
④ 특별시·광역시 소속 공무원

> 출입·검사 공무원 지역: 특별시, 광역시, 도, 시, 군, 구

75
시·도지사 또는 시장·군수·구청장은 공중위생영업의 종류별 시설 및 설비기준을 위반하거나 위생관리의무 등을 위반할 때에는 보건복지부령으로 정하는 바에 몇 개월의 범위에서 개선명령을 할 수 있는가?

① 1개월 ② 3개월
③ 6개월 ④ 9개월

> 보건복지부령으로 정하는 바에 따라 즉시 개선을 명하거나 6개월의 범위에서 기간을 정하여 개선명령을 할 수 있음

76
공중위생영업자가 위생관리의무 규정을 위반하였을 때 시·도지사 또는 시장·군수 구청장이 취할 수 있는 것은?

① 개선명령 ② 청문
③ 감시 ④ 교육

> 시·도지사 또는 시장·군수·구청장은 공중위생영업의 종류별 시설 및 설비기준을 위반하거나 위생관리의무 등을 위반할 때에는 개선명령을 할 수 있음

| 정답 | 68 ③ | 69 ④ | 70 ① | 71 ③ | 72 ② | 73 ③ | 74 ② | 75 ③ | 76 ① |

77
위생지도 및 개선을 명할 수 있는 대상이 아닌 자는?
① 위생관리의무 등을 위반한 공중위생영업자
② 공중위생영업의 설비기준을 위반한 공중위생영업자
③ 공중위생영업의 업무보조 범위를 위반한 자
④ 공중위생영업의 종류별 시설을 위반한 공중위생영업자

> 개선명령 대상
> • 공중위생영업의 종류별 시설 및 설비기준을 위반한 공중위생영업자
> • 위생관리의무 등을 위반한 공중위생영업자

78
공중위생업자에게 개선명령을 명할 수 없는 경우는?
① 공중위생업의 종류별 시설기준을 위반한 경우
② 공중위생영업의 설비기준을 위반한 공중위생영업자
③ 1회용 면도날을 손님 1인에 한하여 사용한 경우
④ 위생관리의 의무를 위반한 경우

> 1회용 면도날을 손님 1인에 한하여 사용한 경우에는 해당하지 않음

79
정당한 사유 없이 6개월 이상 계속 휴업을 하는 경우 시장·군수·구청장이 취할 수 있는 조치는?
① 3개월의 영업 정지
② 6개월의 영업정지
③ 영업소 폐쇄
④ 일부 시설의 사용중지

> 영업소 폐쇄사항
> • 영업정지 처분을 받고도 영업정지 기간에 영업을 한 경우
> • 정당한 사유 없이 6개월 이상 계속 휴업하는 경우
> • 관할 세무서장에게 폐업신고 한 경우
> • 관할 세무서장이 사업자등록을 말소한 경우
> • 영업을 하지 않기 위해 영업시설의 전부를 철거한 경우

80
이·미용업자가 「공중위생관리법」을 위반하여 관계 행정기관장의 요청이 있는 때에는 몇 개월 이내의 기간을 정하여 영업의 전지 또는 영업소 폐쇄 등을 명할 수 있는가?
① 3개월
② 6개월
③ 1년
④ 2년

> 관계 행정기관장의 요청이 있는 때에는 6개월 이내의 기간을 정하여 영업정지 또는 영업소 폐쇄 등을 명할 수 있음

81
영업소의 폐쇄명령을 받고도 계속하여 영업을 하는 때 관계 공무원으로 하여금 영업소를 폐쇄할 수 있도록 조치를 취할 수 있는 자는?
① 보건복지부장관
② 시·도지사
③ 시장·군수·구청장
④ 보건소장

> 영업정지, 일부 시설의 사용중지, 영업소 폐쇄명령은 시장·군수·구청장이 집행함

82
미용업자가 영업소 폐쇄명령을 받고도 계속하여 영업을 하는 때 시장·군수·구청장이 관계 공무원으로 하여금 해당 영업소를 폐쇄하기 위하여 조치할 수 있는 사항에 해당하지 않는 것은?
① 출입자 검문 및 통제
② 영업소의 간판, 기타 영업 표지물의 제거
③ 위법한 영업소임을 알리는 게시물 등의 부착
④ 영업을 위하여 필수불가결한 기구 또는 시설물을 사용할 수 없게 하는 봉인

> 영업소 폐쇄명령 위반, 무신고 영업 시 관계 공무원의 조치사항
> • 해당 영업소 간판 및 기타 영업 표지물을 제거
> • 해당 영업소가 위법한 영업소임을 알리는 게시물을 부착
> • 영업을 위해 필요한 기구 또는 시설물을 사용할 수 없게 하는 봉인

83
위법사항에 대하여 청문을 시행할 수 없는 기관장은?
① 경찰서장
② 구청장
③ 군수
④ 시장

> 보건복지부장관 또는 시장·군수·구청장은 청문을 실시할 수 있음

84
청문을 실시해야 할 행정처분 내용은?
① 시설 개수
② 경고
③ 시정명령
④ 영업정지

> 청문 실시 사유
> • 이·미용사 면허정지
> • 이·미용사 면허취소
> • 영업소 영업정지명령
> • 일부 시설의 사용중지명령
> • 영업소 폐쇄명령

85
청문을 실시해야 하는 경우는?
① 폐쇄명령을 받은 영업과 같은 종류의 영업을 새개업하려 할 때
② 국가기술자격을 취소하려 할 때
③ 공중위생영업의 정지 처분을 하고자 할 때
④ 벌금을 부과하려 할 때

> 공중위생영업의 정지 처분을 하고자 할 때에는 청문을 실시함

86
청문 대상이 아닌 것은?
① 면허정지 및 면허취소
② 영업정지
③ 영업소 폐쇄명령
④ 자격증 취소

> 이·미용사의 면허정지와 면허취소는 청문 대상에 해당하나, 자격증의 취소는 해당하지 않음

87
청문을 실시하는 사유에 해당하지 않는 것은?
① 공중위생영업의 정지 처분을 하고자 하는 경우
② 정신질환자에 해당되어 면허를 취소하고자 하는 경우
③ 공중위생영업의 일부 시설의 사용중지 및 영업소 폐쇄 처분을 하고자 하는 경우
④ 공중위생영업의 폐쇄 처분 후 그 기간이 끝난 경우

> 공중위생영업의 폐쇄 처분 후 그 기간이 끝난 경우에는 청문을 실시하지 않음

88
이·미용업에 있어 청문을 실시해야 하는 경우가 아닌 것은?
① 면허취소 처분을 하고자 하는 경우
② 면허정지 처분을 하고자 하는 경우
③ 일부 시설의 사용중지 처분을 하고자 하는 경우
④ 위생교육을 받지 않은 경우

> 위생교육을 받지 않은 경우에는 청문을 실시하지 않으며, 과태료가 부과됨

89
다음 ( ) 안에 들어갈 알맞은 내용은?

> 공중위생영업의 정지 또는 일부 시설의 사용중지 등의 처분을 하고자 하는 때에는 ( )을(를) 실시해야 한다.

① 열람
② 공중위생감사
③ 청문
④ 위생서비스 수준의 평가

> 공중위생영업의 정지 또는 일부 시설의 사용중지 등의 처분을 하고자 하는 때에는 청문을 실시함

90
시장·군수·구청장은 영업소의 영업정지가 이용자에게 심한 불편을 주거나 그 밖에 공익을 해할 우려가 있는 경우에 영업정지 처분을 갈음한 과징금을 부과할 수 있는데, 그 금액 기준은?
① 1천만 원 이하
② 2천만 원 이하
③ 4천만 원 이하
④ 1억 원 이하

> 시장·군수·구청장은 영업정지가 이용자에게 심한 불편을 주거나 그 밖에 공익을 해할 우려가 있는 경우에는 영업정지 처분에 갈음하여 1억 원 이하의 과징금을 부과할 수 있음

91
영업정지에 갈음한 과징금 부과의 기준이 되는 매출 금액은?
① 처분일이 속한 연도의 전년 1년간 총매출액
② 처분일이 속한 연도의 전년 2년간 총매출액
③ 처분일이 속한 연도의 전년 3년간 총매출액
④ 처분일이 속한 연도의 전년 4년간 총매출액

> 처분일이 속한 연도의 전년도의 1년간 총매출액을 기준으로 함

92
공중위생영업자의 사업규모·위반행위의 정도 및 횟수 등을 고려하여 시장·군수·구청장이 과징금을 늘리거나 줄일 수 있는 범위는?
① 2분의 1 범위
② 3분의 1 범위
③ 4분의 1 범위
④ 늘리거나 줄일 수 없음

> 시장·군수·구청장은 공중위생영업자의 사업규모·위반행위의 정도 및 횟수 등을 고려하여 과징금의 2분의 1 범위에서 과징금을 늘리거나 줄일 수 있음

93
공중위생관리법령에 따른 과징금에 관한 사항으로 틀린 것은?
① 시장·군수·구청장이 부과·징수한 과징금은 해당 시·군·구에 귀속된다.
② 과징금을 부과하는 위반행위의 종별·정도 등에 따른 과징금의 금액 등에 관하여 필요한 사항은 대통령령으로 정한다.
③ 과징금 납부 의무자는 통지 받은 날부터 30일 내에 납부해야 한다.
④ 과징금의 징수 절차는 보건복지부령으로 정한다.

> 과징금 납부 의무자는 통지 받은 날부터 20일 내에 납부해야 함

94
「성매매 알선, 아동·청소년의 성보호, 풍속영업의 규제, 청소년 보호법, 마약류 관리에 관한 법률」을 위반하여 영업소 폐쇄명령이 있은 후 동일한 장소에서 폐쇄명령을 받은 영업과 같은 종류의 영업을 하고자 할 때 얼마의 기간이 지나야 가능한가?
① 3개월
② 6개월
③ 1년
④ 2년

> 「성매매 알선, 아동·청소년의 성보호, 풍속영업의 규제, 청소년 보호법, 마약류 관리에 관한 법률」을 위반한 경우에는 영업소 폐쇄명령을 받은 후 1년이 지나야 동일한 장소에서 같은 종류의 영업을 할 수 있음

95
「성매매 알선 등 행위의 처벌에 관한 법률」 이외에 법률을 위반하여 영업소 폐쇄명령을 받은 후 동일한 장소에서 폐쇄명령을 받은 영업과 같은 종류의 영업을 하고자 할 때 얼마의 기간이 지나야 가능한가?
① 3개월
② 6개월
③ 1년
④ 2년

> 「성매매 알선 등 행위의 처벌에 관한 법률」 이외에 법률을 위반한 경우에는 영업소 폐쇄명령을 받은 후 6개월이 지나야 동일한 장소에서 같은 종류의 영업을 할 수 있음

| 정답 | 87 ④ | 88 ④ | 89 ③ | 90 ④ | 91 ① | 92 ① | 93 ③ | 94 ③ | 95 ② |

7 업소 위생등급

96
「공중위생관리법」상 위생서비스 수준의 평가에 대한 설명으로 옳은 것은?

① 평가의 전문성을 높이기 위해 필요하다고 인정하는 경우에는 관련 전문기관 및 단체로 하여금 위생서비스 평가를 실시하게 할 수 있다.
② 평가는 3년 주기로 실시한다.
③ 평가계획와 방법, 위생관리등급은 대통령령으로 정한다.
④ 위생관리등급은 2개 등급으로 나뉜다.

- 평가는 2년 주기로 실시함
- 평가주기와 방법, 위생관리등급은 보건복지부령으로 정함
- 위생관리등급은 3개 등급으로 나눔

97
공중위생업소의 위생서비스 수준의 평가는 몇 년마다 실시해야 하는가?

① 매년　　　② 2년
③ 3년　　　④ 4년

공중위생영업소의 위생서비스 평가를 2년에 한 번씩 실시함

98
위생서비스 평가의 결과에 따른 위생관리등급은 누구에게 통보하고 이를 공표해야 하는가?

① 공중위생영업자　　② 시장·군수·구청장
③ 시·도지사　　　　④ 보건소장

시장·군수·구청장은 보건복지부령이 정하는 바에 의하여 위생서비스 평가의 결과에 따른 위생관리등급을 해당 공중위생영업자에게 통보하고 이를 공표해야 함

99
위생서비스 평가의 전문성을 높이기 위해 필요하다고 인정하는 경우 관련 전문기관 및 단체로 하여금 위생서비스 평가를 실시하게 할 수 있는 자는?

① 대통령　　　　　　② 보건복지부장관
③ 시장·군수·구청장　④ 시·도지사

시장·군수·구청장은 위생서비스 평가의 전문성을 높이기 위해 필요한 경우에는 관련 전문기관 및 단체가 위생서비스 평가를 실시하게 할 수 있음

100
공중위생서비스 평가를 위탁받을 수 있는 기관은?

① 보건소　　　　　② 동사무소
③ 소비자 단체　　　④ 관련 전문기관 및 단체

관련 전문기관 및 단체가 위생서비스 평가를 위탁받을 수 있음

101
위생서비스 평가의 결과에 따른 위생관리등급별로 영업소에 대한 위생 감시를 실시할 때의 기준이 아닌 것은?

① 위생교육 실시 횟수
② 영업소에 대한 출입, 검사
③ 위생 감시의 실시 주기
④ 위생 감시의 실시 횟수

위생 감시 기준
- 영업소에 대한 출입, 검사
- 위생 감시의 실시 주기
- 위생 감시의 실시 횟수

102
공중위생영업소의 위생관리 수준을 향상시키기 위해 위생서비스 평가계획을 수립하는 자는?

① 대통령　　　　　② 보건복지부장관
③ 시·도지사　　　④ 공중위생 관련 협회

시·도지사는 위생관리 수준을 향상시키기 위해 위생서비스 평가계획을 수립하여 시장·군수·구청장에게 통보함

103
위생서비스 평가의 결과에 따른 조치에 해당하지 않는 것은?

① 이·미용업자는 위생관리등급 표지를 영업소 출입구에 부착할 수 있다.
② 시·도지사는 위생서비스의 수준이 우수하다고 인정되는 영업소에 대하여 포상을 실시할 수 있다.
③ 시장·군수·구청장은 위생관리등급별로 영업소에 대한 위생 감시를 실시할 수 있다.
④ 구청장은 위생관리등급의 결과를 세무서장에게 통보할 수 있다.

시장·군수·구청장은 위생서비스 평가의 결과에 따른 위생관리등급을 해당 공중위생영업자에게 통보하고 이를 공표해야 함

104
위생관리등급 공표사항으로 틀린 것은?

① 시장·군수·구청장은 위생서비스 평가 결과에 따른 위생관리등급을 공중위생영업자에게 통보하고 공표한다.
② 공중위생영업자는 통보받은 위생관리등급의 표지를 영업소 출입구에 부착할 수 있다.
③ 시장·군수·구청장은 위생서비스 결과에 따른 위생관리등급 우수업소에는 위생 감시를 면제할 수 있다.
④ 시장·군수·구청장은 위생서비스 평가의 결과에 따른 위생관리등급별로 영업소에 대한 위생 감시를 실시해야 한다.

우수업소에는 위생 감시를 면제할 수 없으며 위생관리등급별로 영업소에 대한 위생 감시를 실시해야 함

105
공중위생영업소 위생관리등급의 구분에 있어 최우수업소에 내려지는 등급은?

① 백색등급　　② 황색등급
③ 녹색등급　　④ 청색등급

> 위생관리등급
> • 최우수업소: 녹색등급
> • 우수업소: 황색등급
> • 일반업소: 백색등급

106
공중위생 감시원의 자격·임명·업무범위 등 필요한 사항을 정한 것은?

① 법률　　② 대통령령
③ 보건복지부령　　④ 해당 지방자치단체 조례

> 공중위생 감시원의 자격·임명·업무범위 등에 필요한 사항은 대통령령으로 정함

107
공중위생 감시원이 될 수 없는 사람은?

① 위생사 또는 환경기사 2급 이상의 자격증이 있는 사람
② 1년 이상 공중위생행정에 종사한 경력이 있는 사람
③ 외국에서 공중위생 감시원으로 활동한 경력이 있는 사람
④ 「고등교육법」에 의한 대학에서 화학, 화공학, 위생학 분야를 전공하고 졸업한 사람

> 공중위생 감시원의 자격
> • 위생사 또는 환경기사 2급 이상의 자격증이 있는 사람
> • 「고등교육법」에 따른 대학에서 화학·화공학·환경공학 또는 위생학 분야를 전공하고 졸업한 사람 또는 법령에 따라 이와 같은 수준 이상의 학력이 있다고 인정되는 사람
> • 외국에서 위생사 또는 환경기사의 면허를 받은 사람
> • 1년 이상 공중위생행정에 종사한 경력이 있는 사람

108
공중위생 감시원의 업무범위가 아닌 것은?

① 공중위생영업 관련 시설 및 설비의 위생상태 확인·검사에 관한 사항
② 공중위생영업소의 위생서비스 수준 평가에 관한 사항
③ 위생교육 이행 여부 확인에 관한 사항
④ 공중위생영업자의 위생관리의무 영업자 준수사항 이행 여부의 확인에 관한 사항

> 공중위생 감시원의 업무범위
> • 시설 및 설비 확인
> • 공중위생영업 관련 시설 및 설비의 위생상태 확인·검사
> • 공중위생영업자의 위생관리의무 및 영업자 준수사항 이행 여부의 확인
> • 위생 지도 및 개선명령 이행 여부의 확인
> • 영업의 정지, 일부 시설의 사용중지, 영업소 폐쇄명령 이행 여부의 확인
> • 위생교육 이행 여부의 확인

8 위생교육

109
위생교육에 대한 내용으로 틀린 것은?

① 위생교육을 받은 자가 위생교육을 받은 날부터 3년 이내에 위생교육을 받은 업종과 같은 업종의 영업을 하려는 경우 해당 영업에 대한 위생교육을 받은 것으로 본다.
② 위생교육의 내용은 「공중위생관리법」 및 관련 법규, 소양교육(친절 및 청결에 관한 사항을 포함), 기술교육, 그 밖에 공중위생에 관하여 필요한 내용으로 한다.
③ 영업신고 전에 위생교육을 받아야 하는 자 중 천재지변, 본인의 질병·사고, 업무상 국외 출장 등의 사유로 교육을 받을 수 없는 경우에는 영업신고를 한 후 6개월 이내에 위생교육을 받을 수 있다.
④ 위생교육 실시 단체는 교육용 교재를 편찬하여 교육대상자에게 제공해야 한다.

> 위생교육을 받은 자가 위생교육을 받은 날부터 2년 이내에 위생교육을 받은 업종과 같은 업종의 영업을 하려는 경우 해당 영업에 대한 위생교육을 받은 것으로 함

110
이·미용사의 위생교육에 대한 설명으로 옳은 것은?

① 위생교육 대상자는 이·미용업 영업자이다.
② 위생교육 대상자에는 이·미용사의 면허를 가지고 이·미용업에 종사하는 모든 자가 포함된다.
③ 위생교육은 시·군·구청장만이 할 수 있다.
④ 위생교육 시간은 분기당 4시간으로 한다.

> • 이·미용업에 종사하는 모든 자가 위생교육 대상자는 아님
> • 위생교육은 보건복지부장관이 허가한 단체가 실시함
> • 위생교육 시간은 1년에 3시간으로 함

111
이·미용업 종사자로 위생교육을 받아야 하는 자는?

① 공중위생영업의 종사자로 처음 시작하는 자
② 공중위생영업에 6개월 이상 종사자
③ 공중위생영업에 2년 이상 종사자
④ 공중위생영업을 승계한 자

> 공중위생영업의 종사자는 위생교육을 받아야 하는 자에 해당하지 않지만, 공중위생영업을 승계한 영업자는 해당함

112
공중위생영업소를 개설하고자 하는 자는 언제 위생교육을 받아야 하는가?

① 개설 전 미리 받는다.　　② 개설 후 3개월 내
③ 개설 후 6개월 내　　④ 개설 후 1년 내

> 공중위생업소를 개설하기 전에 미리 위생교육을 받아야 함

113
이·미용업의 영업주가 받아야 하는 위생교육 기간은?

① 매년 3시간 ② 분기별 4시간
③ 매년 8시간 ④ 분기별 8시간

> 공중위생영업자는 매년 3시간의 위생교육을 받아야 함

114
위생교육을 실시한 전문기관 또는 단체가 교육에 관한 기록을 보관·관리해야 하는 기간은?

① 1개월 이상 ② 6개월 이상
③ 1년 이상   ④ 2년 이상

> 위생교육에 관한 기록을 2년 이상 보관·관리해야 함

115
위생교육에 대한 설명으로 틀린 것은?

① 공중위생영업자는 매년 위생교육을 받아야 한다.
② 위생교육시간은 3시간으로 한다.
③ 위생교육 실시 단체의 장은 위생교육에 관한 기록을 1년 이상 보관·관리해야 한다.
④ 위생교육 실시 단체의 장은 위생교육 실시 결과를 교육 후 1개월 이내에 시장·군수·구청장에게 통보해야 한다.

> 위생교육에 관한 기록을 2년 이상 보관·관리해야 함

116
이·미용업 위생교육에 대한 내용으로 틀린 것은?

① 위생교육 대상자는 이·미용업 영업자이다.
② 이·미용사의 면허를 받은 사람은 모두 위생교육을 받아야 한다.
③ 위생교육은 보건복지부장관이 허가한 단체가 실시한다.
④ 위생교육 시간은 매년 3시간으로 한다.

> 이·미용사의 면허를 받은 사람 모두 위생교육을 받는 것이 아니라, 영업신고를 하고자 하는 자가 위생교육을 받아야 함

117
공중위생영업자 단체의 설립 목적으로 가장 적절한 것은?

① 국민 보건 향상을 기하고 영업종류별 조직을 확대하기 위해
② 국민 보건의 향상을 기하고 공중위생영업자의 정치·경제적 목적을 향상시키기 위해
③ 영업의 건전한 발전을 도모하고 공중위생영업의 종류별 단체의 이익을 옹호하기 위해
④ 공중위생과 국민 보건 향상을 기하고 영업의 건전한 발전을 도모하기 위해

> 공중위생영업자는 공중위생과 국민 보건의 향상을 기하고 그 영업의 건전한 발전을 도모하기 위해 공중위생영업자 단체를 설립할 수 있음

9 벌칙

118
가장 무거운 벌칙을 부과할 수 있는 위법사항은?

① 신고를 하지 않고 영업한 자
② 중요사항 변경 후 변경신고를 하지 않고 영업한 자
③ 면허정지 기간에 업무를 행한 자
④ 관계 공무원의 출입·검사를 거부한 자

> ① 1년 이하의 징역 또는 1천만 원 이하의 벌금
> ② 6개월 이하의 징역 또는 500만 원 이하의 벌금
> ③ 300만 원 이하의 벌금
> ④ 300만 원 이하 과태료

119
이·미용 영업에 있어 적용되는 벌칙 기준이 다른 것은?

① 영업신고를 하지 않은 자
② 영업소 폐쇄명령을 받고도 계속하여 영업을 한 자
③ 일부 시설의 사용중지명령을 받고도 그 기간 중에 영업을 한 자
④ 면허가 취소된 후에도 계속하여 이·미용 업무를 행한 자

> ①②③ 1년 이하의 징역 또는 1천만 원 이하의 벌금
> ④ 300만 원 이하의 벌금

120
1년 이하의 징역 또는 1천만 원 이하의 벌금에 처할 수 있는 경우는?

① 이·미용업 허가를 받지 않고 영업을 한 자
② 이·미용업 신고를 하지 않고 영업을 한 자
③ 음란행위를 알선 또는 제공하거나 이에 대한 손님의 요청에 응한 자
④ 위생교육을 받지 않은 자

> 1년 이하의 징역 또는 1천만 원 이하의 벌금
> • 영업의 신고를 하지 않고 영업소를 개설한 자
> • 영업정지 또는 일부 시설의 사용중지명령을 받고도 그 기간 중에 영업을 하거나 그 시설을 사용한 자
> • 영업소 폐쇄명령을 받고도 계속하여 영업한 자

121
「공중위생관리법」에 규정된 벌칙으로 1년 이하의 징역 또는 1천만 원 이하의 벌금에 해당하는 것은?

① 영업정지명령을 받고도 그 기간 중에 영업을 행한 자
② 위생관리기준을 위반한 자
③ 공중위생영업자의 지위를 승계하고도 신고를 하지 않은 자
④ 건전한 영업 질서를 위반하여 공중위생영업자가 지켜야 할 사항을 준수하지 않은 자

> ② 200만 원 이하 과태료
> ③④ 6개월 이하의 징역 또는 500만 원 이하의 벌금

122
영업소의 폐쇄명령을 받고도 계속하여 영업을 하였을 시에 대한 벌칙 기준은?

① 2년 이하의 징역 또는 3천만 원 이하의 벌금
② 1년 이하의 징역 또는 1천만 원 이하의 벌금
③ 200만 원 이하의 벌금
④ 100만 원 이하의 벌금

1년 이하의 징역 또는 1천만 원 이하의 벌금에 해당함

123
일부 시설의 사용중지명령을 받고도 중지 기간에 그 시설을 사용한 자에 대한 벌칙은?

① 3년 이하의 징역 또는 3,000만 원 이하의 벌금
② 2년 이하의 징역 또는 200만 원 이하의 벌금
③ 1년 이하의 징역 또는 1,000만 원 이하의 벌금
④ 500만 원 이하의 벌금

1년 이하의 징역 또는 1천만 원 이하의 벌금에 해당함

124
건전한 영업 질서를 위해 공중위생영업자가 준수해야 할 사항을 준수하지 않은 자에 대한 벌칙 기준은?

① 1년 이하의 징역 또는 1천만 원 이하의 벌금
② 6개월 이하의 징역 또는 500만 원 이하의 벌금
③ 3개월 이하의 징역 또는 300만 원 이하의 벌금
④ 300만 원 이하의 벌금

6개월 이하의 징역 또는 500만 원 이하의 벌금
- 중요사항을 변경하고도 변경신고하지 않은 자
- 공중위생업의 지위를 승계한 자로서 1개월 내에 신고하지 않은 자
- 건전한 영업 질서를 위해 공중위생영업자가 준수해야 할 사항을 준수하지 않은 자

125
이·미용사의 면허를 받지 않은 자가 이·미용 업무를 하였을 때의 벌칙 기준은?

① 100만 원 이하의 벌금
② 200만 원 이하의 벌금
③ 300만 원 이하의 벌금
④ 500만 원 이하의 벌금

300만 원 이하의 벌금
- 면허가 취소된 후에도 계속하여 이·미용업을 한 사람
- 면허정지 기간 중에 이·미용업을 한 사람
- 면허를 받지 않고 이·미용업을 개설하거나 업무에 종사한 사람
- 다른 사람에게 미용사의 면허증을 빌려주거나 빌린 사람
- 미용사의 면허증을 빌려주거나 빌리는 것을 알선한 사람

126
영업자의 지위를 승계한 자가 1개월 내에 신고를 하지 않았을 경우 해당하는 처벌 기준은?

① 1년 이하의 징역 또는 1천만 원 이하의 벌금
② 6개월 이하의 징역 또는 500만 원 이하의 벌금
③ 200만 원 이하의 벌금
④ 100만 원 이하의 벌금

6개월 이하의 징역 또는 500만 원 이하의 벌금에 해당함

127 신규 문제 공략
면허가 취소된 후에도 계속하여 업무를 행한 자에게 처해지는 벌칙은?

① 6개월 이하의 징역 또는 500만 원 이하의 벌금
② 200만 원 이하의 벌금
③ 500만 원 이하의 벌금
④ 300만 원 이하의 벌금

300만 원 이하의 벌금에 해당함

128
공중위생영업자가 법적으로 필요한 보고를 당국에 하지 않았을 때의 벌칙사항은?

① 300만 원 이하의 과태료
② 200만 원 이하의 과태료
③ 100만 원 이하의 벌금
④ 100만 원 이하의 과태료

300만 원 이하 과태료
- 개선명령을 위반한 자
- 필요한 보고를 당국에 하지 않은 자
- 관계 공무원의 출입·검사, 기타 조치를 거부·방해·기피한 자

129
관계 공무원의 영업소 출입 검사를 거부·방해·기피했을 때 영업자에 대한 과태료 부과 금액은?

① 300만 원 이하
② 200만 원 이하
③ 100만 원 이하
④ 500만 원 이하

300만 원 이하 과태료에 해당함

130
이·미용업소의 위생관리의무를 지키지 않은 자에 대한 과태료 기준은?

① 30만 원 이하
② 50만 원 이하
③ 100만 원 이하
④ 200만 원 이하

200만 원 이하 과태료
- 이·미용업소의 위생관리의무를 지키지 않은 자
- 영업소 외의 장소에서 이·미용 업무를 행한 자
- 위생교육을 받지 않은 자

| 정답 | 122 ② | 123 ③ | 124 ② | 125 ③ | 126 ② | 127 ④ | 128 ① | 129 ① | 130 ④ |

131
과태료 처분 기준이 200만 원 이하인 경우가 아닌 것은?
① 영업소 외의 장소에서 이·미용 업무를 행한 자
② 위생교육을 받지 않은 자
③ 위생관리의무를 지키지 않은 자
④ 관계 공무원의 출입·검사 및 기타 조치를 거부·방해 또는 기피한 자

관계 공무원의 출입·검사 및 기타 조치를 거부·방해 또는 기피한 자는 300만 원 이하의 과태료에 해당함

132
「공중위생관리법」상 위생교육을 받지 않은 때 부과되는 과태료의 기준은?
① 30만 원 이하 ② 50만 원 이하
③ 100만 원 이하 ④ 200만 원 이하

200만 원 이하 과태료에 해당함

133
이·미용업 영업과 관련하여 과태료 부과 대상이 아닌 사람은?
① 위생관리의무를 위반한 자
② 개선명령을 따르지 않은 자
③ 신고를 하지 않고 영업소를 개설한 자
④ 관계 공무원의 출입·검사 방해자

①②④ 과태료 대상임
③ 벌금 대상임

134
과태료 처분 대상에 해당되지 않는 자는?
① 관계 공무원의 출입·검사 등에 대한 업무를 기피한 자
② 영업소 폐쇄명령을 받고도 영업을 계속한 자
③ 이·미용업소 위생관리의무를 지키지 않은 자
④ 위생교육 대상자 중 위생교육을 받지 않은 자

①③④ 과태료 대상임
② 벌금 대상임

135
보건복지부장관 또는 시장·군수·구청장이 과태료의 금액을 줄여줄 수 있는 경우에 해당하지 않는 것은?
① 위반행위자가 「질서위반행위규제법 시행령」에 해당한 경우
② 국외에 거주하여 과태료를 체납하고 있는 경우
③ 위반의 내용·정도가 경미하다고 인정되는 경우
④ 위반행위자가 법 위반상태를 시정하거나 해소하기 위해 노력한 것이 인정되는 경우

과태료를 체납하고 있는 위반행위자는 과태료 경감 대상이 아님

136
보건복지부장관 또는 시장·군수·구청장은 위반의 내용·정도가 경미하다고 인정되는 경우 과태료의 금액을 어느 범위에서 경감할 수 있는가?
① 과태료의 금액은 경감할 수 없음
② 과태료 금액의 2분의 1 범위 내에서 경감할 수 있음
③ 과태료 금액의 3분의 1 범위 내에서 경감할 수 있음
④ 과태료 금액의 4분의 1 범위 내에서 경감할 수 있음

보건복지부장관 또는 시장·군수·구청장은 위반의 내용·정도가 경미하다고 인정되는 경우에는 과태료 금액의 2분의 1 범위에서 금액을 줄일 수 있음

137
법인의 대표자나 법인 또는 개인의 대리인, 사용인, 기타 종업원이 그 법인 또는 개인의 업무에 관하여 벌금형에 행하는 위반행위를 한 때 행위자를 벌하는 외에 그 법인 또는 개인에 대하여도 동조의 벌금형을 과하는 것은?
① 벌금 ② 과태료
③ 양벌규정 ④ 위임

양벌규정에 대한 설명임

138
이·미용업자에게 과태료를 부과·징수할 수 있는 처분권자에 해당하지 않는 자는?
① 시·도지사 ② 시장
③ 군수 ④ 구청장

과태료는 보건복지부장관 또는 시장·군수·구청장이 부과·징수함

139
보건복지부장관은 「공중위생관리법」에 의한 권한의 일부를 무엇이 정하는 바에 의해 시·도지사에게 위임할 수 있는가?
① 대통령령
② 보건복지부령
③ 「공중위생관리법 시행규칙」
④ 행정안전부령

보건복지부장관은 「공중위생관리법」에 의한 권한의 일부를 대통령령이 정하는 바에 의하여 시·도지사 또는 시장·군수·구청장에게 위임할 수 있음

140
대통령이 정하는 바에 의하여 관계 전문기관 등에 공중위생관리 임무의 일부를 위탁할 수 있는 자는?
① 시·도지사 ② 시장·군수·구청장
③ 보건복지부장관 ④ 보건소장

보건복지부장관은 대통령이 정하는 바에 의하여 관계 전문기관 등에 그 업무의 일부를 위탁할 수 있음

10 시행령 및 시행규칙 관련사항

141
행정처분 기준 중 1차 위반 시 영업장 폐쇄명령에 해당하는 것은?

① 영업정지 처분을 받고도 영업정지 기간 중 영업을 한 때
② 손님에게 성매매 알선 등의 행위를 한 때
③ 소독한 기구와 소독하지 않은 기구를 각각 다른 용기에 넣어 보관하지 않은 때
④ 1회용 면도날을 손님 1인에 한하여 사용하지 않은 때

1차 위반 시 영업장 폐쇄명령
- 영업신고를 하지 않은 경우
- 영업정지 처분을 받고도 그 영업정지 기간에 영업을 한 경우
- 정당한 사유 없이 6개월 이상 계속 휴업하는 경우
- 관할 세무서장에게 폐업신고를 하거나 관할 세무서장이 사업자등록을 말소한 경우
- 영업을 하지 않기 위해 영업시설의 전부를 철거한 경우

142
변경신고를 하지 않고 영업소 소재를 변경한 때의 1차 위반 행정처분은?

① 영업정지 1개월 ② 영업정지 2개월
③ 영업정지 3개월 ④ 영업정지 4개월

1차 위반 시 영업정지 1개월
- 신고를 하지 않고 영업소의 소재지를 변경한 경우
- 손님에게 도박, 그 밖에 사행행위를 하게 한 경우
- 무자격안마사로 하여금 안마사의 업무에 관한 행위를 하게 한 경우
- 설치 금지되는 카메라나 기계장치를 설치한 경우
- 영업소 외의 장소에서 이·미용 업무를 한 경우

143
영업소에서 무자격안마사가 손님에게 안마행위를 했을 때의 1차 위반 행정처분은?

① 경고 ② 영업정지 15일
③ 영업정지 1개월 ④ 영업장 폐쇄명령

무자격안마사에게 안마사의 업무에 관한 행위를 하게 한 경우
- 1차 위반: 영업정지 1개월
- 2차 위반: 영업정지 2개월
- 3차 위반: 영업장 폐쇄명령

144
이·미용사가 이·미용업소 외의 장소에서 이·미용을 한 경우의 1차 위반 행정처분은?

① 경고 ② 영업정지 10일
③ 영업정지 1개월 ④ 영업정지 2개월

영업소 외의 장소에서 이·미용 업무를 한 경우
- 1차 위반: 영업정지 1개월
- 2차 위반: 영업정지 2개월
- 3차 위반: 영업장 폐쇄명령

145
이·미용사가 이·미용업소 외의 장소에서 이·미용을 한 경우의 3차 위반 행정처분은?

① 영업장 폐쇄명령 ② 영업정지 10일
③ 영업정지 1개월 ④ 영업정지 2개월

영업소 외의 장소에서 이·미용 업무를 한 경우
- 1차 위반: 영업정지 1개월
- 2차 위반: 영업정지 2개월
- 3차 위반: 영업장 폐쇄명령

146
위반사항 중 1차 위반 행정처분이 경고에 해당하는 것은?

① 귓불 뚫기 작업을 한 때
② 시설 및 설비기준을 위반한 때
③ 신고를 하지 않고 영업소 소재를 변경한 때
④ 지위승계 신고를 하지 않은 때

1차 위반 시 경고
- 음란한 물건을 관람·열람하게 하거나 진열 또는 보관한 경우
- 개선명령을 이행하지 않은 경우
- 지위승계 신고를 하지 않은 경우
- 소독을 한 기구와 소독을 하지 않은 기구를 각각 다른 용기에 넣어 보관하지 않은 경우
- 1회용 면도날을 2인 이상의 손님에게 사용한 경우
- 개별 미용서비스의 최종지불가격 및 전체 미용서비스의 총액에 관한 내역서를 이용자에게 미리 제공하지 않은 경우

147
이·미용업 영업소에서 손님에게 음란한 물건을 관람·열람하게 한 때의 1차 위반 행정처분은?

① 영업정지 15일 ② 영업정지 1개월
③ 영업장 폐쇄명령 ④ 경고

음란한 물건을 관람·열람하게 하거나 진열 또는 보관한 경우
- 1차 위반: 경고
- 2차 위반: 영업정지 15일
- 3차 위반: 영업정지 1개월
- 4차 위반: 영업장 폐쇄명령

148
소독을 한 기구와 소독을 하지 않은 기구를 각각 다른 용기에 넣어 보관하지 않은 경우의 2차 위반 행정처분은?

① 경고 ② 영업정지 5일
③ 영업정지 10일 ④ 영업장 폐쇄명령

소독을 한 기구와 소독을 하지 않은 기구를 각각 다른 용기에 넣어 보관하지 않은 경우
- 1차 위반: 경고
- 2차 위반: 영업정지 5일
- 3차 위반: 영업정지 10일
- 4차 위반: 영업장 폐쇄명령

149
1회용 면도날을 2인 이상 손님에게 사용한 때의 1차 위반 행정처분은?

① 경고
② 영업정지 5일
③ 영업정지 10일
④ 영업정지 1개월

1회용 면도날을 2인 이상 손님에게 사용한 경우
- 1차 위반: 경고
- 2차 위반: 영업정지 5일
- 3차 위반: 영업정지 10일
- 4차 위반: 영업장 폐쇄명령

150
이·미용사의 면허증을 대여한 때의 1차 위반 행정처분은?

① 면허정지 3개월
② 면허정지 6개월
③ 영업정지 3개월
④ 영업정지 6개월

면허증을 다른 사람에게 대여한 경우
- 1차 위반: 면허정지 3개월
- 2차 위반: 면허정지 6개월
- 3차 위반: 면허취소

151
면허증을 다른 사람에게 대여한 때의 2차 위반 행정처분 기준은?

① 면허정지 6개월
② 면허정지 3개월
③ 영업정지 3개월
④ 영업정지 6개월

면허증을 다른 사람에게 대여한 때 2차 위반 시 면허정지 6개월의 행정처분을 받음

152
이·미용영업자가 신고를 하지 않고 영업소의 상호를 변경한 때의 1차 위반 행정처분은?

① 경고 또는 개선명령
② 영업정지 3일
③ 영업허가 취소
④ 영업장 폐쇄명령

1차 위반 시 경고 또는 개선명령
- 이·미용업 신고증 및 면허증 원본을 게시하지 않거나 업소 내 조명도를 준수하지 않은 경우
- 신고를 하지 않고 영업소의 명칭 및 상호 또는 영업장 면적의 3분의 1 이상을 변경한 경우

153
면허증 원본을 게시하지 않은 때의 3차 위반 행정처분은?

① 영업정지 10일
② 영업정지 15일
③ 영업정지 1개월
④ 영업장 폐쇄명령

면허증 원본을 게시하지 않은 때 3차 위반 시 영업정지 10일의 행정처분을 받음

154
신고를 하지 않고 이·미용업소의 면적을 3분의 1 이상 변경한 때 1차 위반 행정처분 기준은?

① 경고 또는 개선명령
② 영업정지 15일
③ 영업정지 1개월
④ 영업장 폐쇄명령

신고를 하지 않고 영업소의 명칭 및 상호 또는 영업장 면적의 3분의 1 이상을 변경한 경우
- 1차 위반: 경고 또는 개선명령
- 2차 위반: 영업정지 15일
- 3차 위반: 영업정지 1개월
- 4차 위반: 영업장 폐쇄명령

155
이·미용업자가 보건복지부령이 정하는 시설 및 설비를 갖추고 이를 유지·관리하지 않은 경우 1차 위반의 행정처분 기준은?

① 영업정지 15일
② 영업정지 20일
③ 개선명령
④ 영업정지 10일

시설 및 설비기준을 위반한 경우
- 1차 위반: 개선명령
- 2차 위반: 영업정지 15일
- 3차 위반: 영업정지 1개월
- 4차 위반: 영업장 폐쇄명령

156
이·미용 영업소 안에 면허증 원본을 게시하지 않은 경우 1차 행정처분 기준은?

① 경고 또는 개선명령
② 영업정지 5일
③ 영업정지 10일
④ 영업정지 15일

이·미용업 신고증 및 면허증 원본을 게시하지 않거나 업소 내 조명도를 준수하지 않은 경우
- 1차 위반: 경고 또는 개선명령
- 2차 위반: 영업정지 5일
- 3차 위반: 영업정지 10일
- 4차 위반: 영업장 폐쇄명령

157
이·미용업소에서 설치 금지되는 카메라나 기계장치를 설치한 경우의 1차 위반 행정처분은?

① 영업정지 1개월
② 영업정지 2개월
③ 영업정지 3개월
④ 영업장 폐쇄명령

설치 금지되는 카메라나 기계장치를 설치한 경우
- 1차 위반: 영업정지 1개월
- 2차 위반: 영업정지 2개월
- 3차 위반: 영업장 폐쇄명령

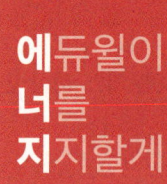

끝을 맺기를 처음과 같이하면 실패가 없다.
마지막에 이르기까지
처음과 마찬가지로 주의를 기울이면
어떤 일도 해낼 수 있을 것이다.

– 노자

NAIL TECHNICIAN

공개 기출문제

2014년 제1회 공개 기출문제
2015년 제2회 공개 기출문제
2015년 제4회 공개 기출문제
2015년 제5회 공개 기출문제
2016년 제1회 공개 기출문제
2016년 제2회 공개 기출문제
2016년 제4회 공개 기출문제

공개 기출문제 | 2014년 제1회

01 다음 기생충 중 송어, 연어 등의 생식으로 주로 감염될 수 있는 것은?
① 유구낭충증
② 유구조충증
③ 무구조충증
④ **긴촌충증**

해설
01 공중위생관리 > 공중보건
- 유구낭충증, 유구조충증: 돼지고기 생식
- 무구조충증: 소고기 생식

02 다음 중 감염병 관리상 가장 중요하게 취급해야 할 대상자는?
① **건강 보균자**
② 잠복기 환자
③ 현성 환자
④ 회복기 보균자

02 공중위생관리 > 공중보건
건강 보균자는 병원체를 보유하지만 임상 증상이 보이지 않아 건강해 보이는 보균자로, 감염병 관리상 가장 중요하게 취급해야 할 대상자임

03 영아사망률의 계산 공식으로 옳은 것은?
① $\dfrac{\text{연간 출생아 수}}{\text{인구}} \times 1{,}000$
② $\dfrac{\text{그 해의 1∼4세 사망아 수}}{\text{어느 해의 1∼4세 인구}} \times 1{,}000$
③ $\dfrac{\text{그 해의 1세 미만 사망아 수}}{\text{그 해의 연간 출생아 수}} \times 1{,}000$
④ $\dfrac{\text{그 해의 생후 28일 이내의 사망아 수}}{\text{어느 해의 연간 출생아 수}} \times 1{,}000$

03 공중위생관리 > 공중보건
영아사망률의 계산 공식

$$\text{영아사망률} = \dfrac{\text{그 해의 1세 미만 사망아 수}}{\text{그 해의 연간 출생아 수}} \times 1{,}000$$

04 세계보건기구에서 규정한 보건행정의 범위에 속하지 <u>않는</u> 것은?
① 보건 관계 기록의 보존
② 환경위생과 감염병 관리
③ **보건통계와 만성병 관리**
④ 모자 보건과 보건 간호

04 공중위생관리 > 공중보건
보건행정의 범위
보건 관계 기록의 보존, 환경위생, 감염병 관리, 모자 보건, 보건 간호, 의료 제공, 보건 교육

05 공기의 자정 작용 현상이 아닌 것은?
① 산소, 오존, 과산화수소 등에 의한 산화 작용
② 태양광선 중 자외선에 의한 살균 작용
③ **식물의 탄소 동화 작용에 의한 CO_2의 생산 작용**
④ 공기 자체의 희석 작용

05 공중위생관리 > 공중보건
식물의 탄소 동화 작용에 의한 CO_2의 생산 작용이 아닌 이산화탄소(CO_2), 산소(O_2) 교환 작용임

06 절지동물에 의해 매개되는 감염병이 <u>아닌</u> 것은?
① 유행성 일본뇌염
② 발진티푸스
③ **탄저**
④ 페스트

06 공중위생관리 > 공중보건
절지(절족)동물은 곤충류, 거미류, 갑각류를 말하며 탄저는 돼지, 소, 말, 양에 의해 매개되는 감염병임

07 법정 감염병 중 제4급 감염병에 속하는 것은?
① 콜레라
② 디프테리아
③ **임질**
④ 말라리아

07 공중위생관리 > 공중보건
- 콜레라: 제2급 감염병
- 디프테리아: 제1급 감염병
- 말라리아: 제3급 감염병

08 소독용 승홍수의 희석 농도로 적합한 것은?
① 10~20% ② 5~7%
③ 2~5% ④ **0.1~0.5%**

08 공중위생관리 〉 소독
승홍수 농도: 0.1%

09 자비 소독법 시 일반적으로 사용하는 물의 온도와 시간은?
① 150℃에서 15분간
② 135℃에서 20분간
③ **100℃에서 20분간**
④ 80℃에서 30분간

09 공중위생관리 〉 소독
자비 소독법은 100℃의 끓는 물에 15~20분 가열하는 방법임

10 세균 증식에 가장 적합한 최적 수소이온 농도는?
① pH 3.5~5.5 ② **pH 6.0~8.0**
③ pH 8.5~10.0 ④ pH 10.5~11.5

10 공중위생관리 〉 소독
세균 증식에 가장 적합한 수소이온 농도는 pH 6.0~8.0의 중성임

11 호기성 세균이 아닌 것은?
① 결핵균 ② 백일해균
③ **파상풍균** ④ 녹농균

11 공중위생관리 〉 소독
- 호기성균: 결핵균, 백일해균, 녹농균, 디프테리아균
- 혐기성균: 보툴리누스균, 파상풍균, 가스괴저균

12 석탄산 10% 용액 200mL를 2% 용액으로 만들고자 할 때 첨가해야 하는 물의 양은?
① 200mL ② 400mL
③ **800mL** ④ 1000mL

12 공중위생관리 〉 소독
농도(%) = $\frac{용질량}{용액량} \times 100$

- $10(\%) = \frac{석탄산}{200} \times 100$이므로 석탄산 = 20g
- $2(\%) = \frac{20}{200+물} \times 100$이므로 물 = 800mL

13 다음 중 이·미용실에서 사용하는 수건을 철저하게 소독하지 않았을 때 주로 발생할 수 있는 감염병은?
① 장티푸스 ② **트라코마**
③ 페스트 ④ 일본뇌염

13 공중위생관리 〉 공중보건
트라코마는 환자의 눈물, 콧물 등의 분비물이 수건 등에 묻어 감염되는 눈의 접촉 감염병으로, 위생 상태가 좋지 않은 이·미용실에서 주로 발생함

14 석탄산 소독에 대한 설명으로 틀린 것은?
① 단백질 응고 작용이 있다.
② 저온에서는 살균 효과가 떨어진다.
③ 금속 기구 소독에 부적합하다.
④ **포자 및 바이러스에 효과적이다.**

14 공중위생관리 〉 소독
석탄산 소독은 피부 점막, 금속 기구, 금속류, 아포(포자), 바이러스에 부적합함

15 바이러스성 피부질환은?
① 모낭염 ② 절종
③ 용종 ④ **단순포진**

15 네일미용 서비스 〉 피부의 이해
- 바이러스성: 대상포진, 단순포진, 수두, 홍역, 사마귀, 풍진
- 세균성: 모낭염, 절종, 옹종, 농가진, 봉소염

16 다음 중 원발진(Primary Lesion)에 해당하는 피부질환은?

① **면포**　　② 미란
③ 가피　　　④ 반흔

16 네일미용 서비스 〉 피부의 이해
- 원발진: 반점, 홍반, 팽진, 수포, 면포, 구진, 농포, 결절, 낭종, 종양
- 속발진: 인설, 위축, 태선화, 균열, 가피, 찰상, 미란, 궤양, 켈로이드, 반흔

17 피부의 기능과 그 설명이 틀린 것은?

① 보호 기능 – 피부 표면의 산성막은 박테리아의 감염과 미생물의 침입으로부터 피부를 보호한다.
② 흡수 기능 – 피부는 외부의 온도를 흡수, 감지한다.
③ 영양분 교환 기능 – 프로비타민 D가 자외선을 받으면 비타민 D로 전환된다.
④ **저장 기능 – 진피조직은 신체 중 가장 큰 저장기관으로 각종 영양분과 수분을 보유하고 있다.**

17 네일미용 서비스 〉 피부의 이해
저장 기능 – 피하조직은 다량의 지방을 저장하고 각종 영양분을 보유함

18 멜라노사이트(Melanocyte)가 주로 분포되어 있는 곳은?

① 투명층　　② 과립층
③ 각질층　　④ **기저층**

18 네일미용 서비스 〉 피부의 이해
- 투명층: 엘라이딘
- 과립층: 각화유리질과립, 수분저지막
- 각질층: 천연보습인자, 세포 간 지질
- 기저층: 멜라닌세포, 각질형성세포, 머켈세포

19 피부의 면역에 관한 설명으로 옳은 것은?

① 세포성 면역에는 보체, 항체 등이 있다.
② T림프구는 항원전달세포에 해당된다.
③ **B림프구는 면역글로불린이라고 불리는 항체를 생성한다.**
④ 표피에 존재하는 각질형성세포는 면역조절에 작용하지 않는다.

19 네일미용 서비스 〉 피부의 이해
- 체액성 면역에는 보체, 항체 등이 있음
- T림프구는 항원을 인식하는 역할을 함
- 표피에 존재하는 각질형성세포는 사이토카인을 생성하여 면역조절에 작용을 함

20 비타민에 대한 설명 중 틀린 것은?

① 비타민 A가 결핍되면 피부가 건조해지고 거칠어진다.
② 비타민 C는 교원질 형성에 중요한 역할을 한다.
③ 레티노이드는 비타민 A를 통칭하는 용어이다.
④ **비타민 A는 많은 양이 피부에서 합성된다.**

20 네일미용 서비스 〉 피부의 이해
- 비타민 D는 피부에서 합성되며 이는 소량임
- 비타민은 대부분 식품을 통한 섭취로 이루어짐

21 다음 중 자외선 B(UV – B)의 파장 범위는?

① 100~190nm　　② 200~280nm
③ **290~320nm**　　④ 330~400nm

21 네일미용 서비스 〉 피부의 이해
- 자외선 A: 320~400nm
- 자외선 B: 290~320nm
- 자외선 C: 200~290nm

22 다음 중 이·미용사 면허를 받을 수 없는 자는?

① **교육부장관이 인정하는 고등기술학교에서 6개월 이상 이·미용에 관한 소정의 과정을 이수한 자**
② 전문대학에서 이·미용에 관한 학과를 졸업한 자
③ 「국가기술자격법」에 의한 이·미용사의 자격을 취득한 자
④ 고등학교에서 이·미용에 관한 학과를 졸업한 자

22 공중위생관리 〉 공중위생관리법규
초·중등교육법령에 따른 특성화고등학교, 고등기술학교나 고등학교 또는 고등기술학교에 준하는 각종 학교에서 1년 이상 이·미용에 관한 소정의 과정을 이수한 자가 해당함

23 이·미용업 영업과 관련하여 과태료 부과 대상이 아닌 사람은?
① 위생관리의무를 위반한 자
② 위생교육을 받지 않은 자
③ **무신고 영업자**
④ 관계공무원 출입·검사 방해자

> **23** 공중위생관리 〉 공중위생관리법규
> 영업의 신고를 하지 않은 자(무신고 영업자)는 1년 이하의 징역 또는 1천만 원 이하의 벌금이 적용됨

24 「공중위생관리법」상 이·미용업자의 변경신고 사항에 해당되지 않는 것은?
① 영업소의 주소(소재지) 변경
② 영업소의 명칭 또는 상호 변경
③ 대표자의 성명
④ **신고한 영업장 면적의 5분의 1 이하의 변경**

> **24** 공중위생관리 〉 공중위생관리법규
> 변경신고 사항
> • 영업소의 명칭 또는 상호
> • 영업소의 주소(소재지)
> • 신고한 영업장 면적의 3분의 1 이상의 증감
> • 대표자의 성명 또는 생년월일
> • 미용업 업종 간 변경

25 다음 중 공중위생감시원을 두는 곳을 모두 고른 것은?

| ㉠ 특별시 | ㉡ 광역시 |
| ㉢ 도 | ㉣ 군 |

① ㉡, ㉢
② ㉠, ㉢
③ ㉠, ㉡, ㉢
④ **㉠, ㉡, ㉢, ㉣**

> **25** 공중위생관리 〉 공중위생관리법규
> 공중위생감시원은 특별시, 광역시, 도, 시, 군, 구에 둠

26 과징금을 기한 내에 납부하지 않은 경우에 이를 징수하는 방법은?
① 지방세 체납처분 등에 관한 법률에 따라 징수
② 부가가치세 체납처분 등에 관한 법률에 따라 징수
③ **지방행정제재·부과금의 징수 등에 관한 법률에 따라 징수**
④ 소득세 체납처분 등에 관한 법률에 따라 징수

> **26** 공중위생관리 〉 공중위생관리법규
> 시장·군수·구청장은 과징금을 납부해야 할 자가 납부기한까지 이를 납부하지 않은 경우에는 대통령령으로 정하는 바에 따라 과징금 부과처분을 취소하고, 영업정지 처분을 하거나 「지방행정제재·부과금의 징수 등에 관한 법률」에 따라 이를 징수함

27 이·미용업소 내에 게시하지 않아도 되는 것은?
① 이·미용업 신고증
② 개설자의 면허증 원본
③ **근무자의 면허증 원본**
④ 최종지불요금표

> **27** 공중위생관리 〉 공중위생관리법규
> 영업소 내에 게시 항목
> 미용업 신고증, 개설자의 면허증 원본, 최종지불요금표

28 공중위생영업소의 위생서비스 평가계획을 수립하는 자는?
① **시·도지사**
② 안전행정부장관
③ 대통령
④ 시장·군수·구청장

> **28** 공중위생관리 〉 공중위생관리법규
> 시·도지사는 위생관리수준을 향상시키기 위해 위생서비스 평가계획을 수립함

29 다음 중 화장품의 4대 요건이 아닌 것은?
① 안전성
② 안정성
③ 유효성
④ **기능성**

> **29** 네일미용 서비스 〉 화장품 분류
> 화장품의 4대 요건: 안전성, 안정성, 사용성, 유효성

30 네일 에나멜(Nail Enamel)에 대한 설명으로 틀린 것은?
① 손톱에 광택을 부여하고 아름답게 할 목적으로 사용하는 화장품이다.
② **피막 형성제로 톨루엔이 함유되어 있다.**
③ 대부분 니트로셀룰로오스를 주성분으로 한다.
④ 안료가 배합되어 손톱에 아름다운 색채를 부여하기 때문에 네일 컬러(Nail Color)라고도 한다.

31 다음 중 햇빛에 노출했을 때 색소 침착의 우려가 있어 사용 시 유의해야 하는 에센셜 오일은?
① 라벤더   ② 티트리
③ 제라늄   ④ **레몬**

32 피부 표면에 물리적인 장벽을 만들어 자외선을 반사하고 분산하는 자외선 차단 성분은?
① 옥틸메톡시신나메이트
② 파라아미노안식향산(PABA)
③ **이산화 타이타늄(이산화티탄)**
④ 벤조페논

33 다량의 유성 성분을 물에 일정 기간 동안 안정한 상태로 균일하게 혼합시키는 화장품 제조 기술은?
① **유화**   ② 경화
③ 분산   ④ 가용화

34 기초 화장품을 사용하는 목적이 아닌 것은?
① 세안   ② 피부 정돈
③ 피부 보호   ④ **피부 결점 보완**

35 화장품의 원료로서 알코올의 작용에 대한 설명으로 틀린 것은?
① 다른 물질과 혼합해서 그것을 녹이는 성질이 있다.
② 소독 작용이 있어 화장수, 양모제 등에 사용한다.
③ **흡수 작용이 강하기 때문에 건조의 목적으로 사용한다.**
④ 피부에 자극을 줄 수도 있다.

36 네일의 특징에 대한 설명으로 틀린 것은?
① **네일 보디와 네일 루트는 산소를 필요로 한다.**
② 지각 신경이 집중되어 있는 반투명의 각질판이다.
③ 네일의 경도는 함유된 수분의 함량이나 각질의 조성에 따라 다르다.
④ 네일 베드의 모세혈관으로부터 산소를 공급받는다.

37 건강한 네일의 특성이 아닌 것은?
① 매끄럽고 광택이 나며 반투명한 핑크빛을 띤다.
② 약 8~12%의 수분을 함유하고 있다.
③ 모양이 고르고 표면이 균일하다.
④ 탄력이 있고 단단하다.

37 자연네일관리 > 자연네일의 구조와 특성
건강한 네일은 약 12~18%의 수분을 함유하고 있음

38 고객을 위한 네일미용사의 자세가 아닌 것은?
① 고객의 경제 상태 파악
② 고객의 네일 상태 파악
③ 선택 가능한 작업 방법 설명
④ 선택 가능한 관리 방법 설명

38 네일미용 서비스 > 네일미용 고객서비스
네일미용사의 자세로 고객의 경제 상태를 파악하는 것은 바람직하지 않음

39 네일관리의 유래와 역사에 대한 설명으로 틀린 것은?
① 중국에서는 네일에도 연지를 발라 '조홍'이라 하였다.
② 기원전 시대에는 관목이나 음식물, 식물 등에서 색상을 추출하였다.
③ 고대 이집트에서 왕족은 짙은 색으로, 낮은 계층의 사람들은 옅은 색만을 사용하게 하였다.
④ 중세시대에는 금색이나 은색 또는 검정이나 흑적색 등의 색상으로 특권층의 신분을 표시했다.

39 네일미용 서비스 > 네일미용의 이해
중세시대에는 전쟁에서 군 지휘관들이 입술과 손톱에 같은 색을 칠하여 용맹을 과시함

40 손톱의 생리적인 특성에 대한 설명으로 틀린 것은?
① 일반적으로 1일 평균 0.1~0.15mm 정도 자란다.
② 네일의 성장은 조소피의 조직이 경화되면서 오래된 세포를 밀어내는 현상이다.
③ 네일의 본체는 각질층이 변형된 것으로 얇은 층이 겹으로 이루어져 단단한 층을 이루고 있다.
④ 주로 경단백질인 케라틴과 이를 조성하는 아미노산 등으로 구성되어 있다.

40 자연네일관리 > 자연네일의 구조와 특성
네일의 성장은 매트릭스의 세포들이 네일 베드를 따라 네일 보디의 앞쪽으로 자라며 점차 각질화되는 현상임

41 몸쪽 손목뼈(근위 수근골)가 아닌 것은?
① 손배뼈(주상골)
② 알머리뼈(유두골)
③ 세모뼈(삼각골)
④ 콩알뼈(두상골)

41 네일미용 서비스 > 손발의 구조와 기능
• 근위 수근골: 두상골, 삼각골, 월상골, 주상골
• 원위 수근골: 소능형골, 대능형골, 유두골, 유구골

42 변색된 네일(Discolored Nails)의 특징이 아닌 것은?
① 네일 보디에 파란 멍이 반점처럼 나타난다.
② 혈액 순환이나 심장이 좋지 못한 상태에서 나타날 수 있다.
③ 베이스코트를 바르지 않고 유색 네일 폴리시를 바를 경우 나타날 수 있다.
④ 네일의 색상이 청색, 황색, 검푸른색, 자색 등으로 나타난다.

42 네일미용 서비스 > 네일미용 위생서비스
네일 보디에 파란 멍이 반점처럼 나타나는 것은 조갑하혈종(헤마토마)의 증상임

43 둘째에서 다섯째 손가락에 작용하며 손허리뼈 사이를 메워주는 손의 근육은?

① 벌레근(충양근)
② 뒤침근(회외근)
③ 손가락폄근(지신근)
④ 엄지맞섬근(무지대립근)

43 네일미용 서비스 〉 손발의 구조와 기능
충양근은 둘째에서 다섯째 손가락에 손허리뼈 사이를 메워주며, 중수골의 굴곡과 신전에 관여함

44 매니큐어의 어원으로 손을 지칭하는 라틴어는?

① 페디스(Pedis)
② 마누스(Manus)
③ 큐라(Cura)
④ 매니스(Manis)

44 네일미용 서비스 〉 네일미용의 이해
매니큐어: 마누스(손)와 큐라(관리)의 합성어

45 큐티클이 과잉 성장하여 손톱 위로 자라는 질병은?

① 표피조막(테리지움)
② 교조증(오니코파지)
③ 조갑비대증(오니콕시스)
④ 고랑 파인 네일(퍼로우 네일)

45 네일미용 서비스 〉 네일미용 위생서비스
- 교조증(오니코파지): 네일을 물어뜯거나 잡아뜯음
- 조갑비대증(오니콕시스): 네일이 비정상으로 두꺼움
- 고랑 파인 네일(퍼로우): 네일에 고랑이 파임

46 신경조직과 관련된 설명으로 옳은 것은?

① 말초신경은 외부나 체내에 가해진 자극에 의해 감각기에 발생한 신경흥분을 중추신경에 전달한다.
② 중추신경계에 체성신경은 12쌍의 뇌신경과 31쌍의 척수 신경으로 이루어져 있다.
③ 중추신경계는 뇌신경, 척수 신경 및 자율신경으로 구성된다.
④ 말초신경은 교감신경과 부교감신경으로 구성된다.

46 네일미용 서비스 〉 손발의 구조와 기능
- 말초신경계에 체성신경은 12쌍의 뇌신경과 31쌍의 척수 신경으로 이루어져 있음
- 중추신경계는 뇌와 척수로 구성됨
- 자율신경은 교감신경과 부교감신경으로 구성됨

47 젤 램프기기와 관련된 설명으로 틀린 것은?

① LED 램프는 400~700nm 정도의 파장을 사용한다.
② UV 램프는 UV-A 파장 정도를 사용한다.
③ 젤 네일에 사용되는 광선은 자외선과 적외선이다.
④ 젤 네일의 광택이 떨어지거나 경화 속도가 떨어지면 램프를 교체함이 바람직하다.

47 인조네일관리 〉 젤 네일
젤 네일에 사용되는 광선은 자외선과 가시광선으로, 적외선은 사용되지 않음

48 하이포니키움(하조피)에 대한 설명으로 옳은 것은?

① 매트릭스를 병원균으로부터 보호한다.
② 네일 아래 살과 연결된 끝부분으로 박테리아의 침입을 막아준다.
③ 네일 옆면의 피부로 네일 베드와 연결된다.
④ 매트릭스 윗부분으로 손톱을 성장시킨다.

48 자연네일관리 〉 자연네일의 구조와 특성
- 에포니키움: 매트릭스를 병원균으로부터 보호함
- 네일 월: 네일 옆면의 피부로 네일 베드와 연결됨
- 네일 루트: 매트릭스 윗부분으로 손톱 성장이 시작됨

49 네일의 구조에 대한 설명으로 옳은 것은?

① **매트릭스(조모): 네일의 성장이 진행되는 곳으로 이상이 생기면 네일의 변형을 가져온다.**
② 네일 베드(조상): 네일의 끝부분에 해당되며 손톱의 모양을 만들 수 있다.
③ 루눌라(조반월): 매트릭스와 네일 베드가 만나는 부분으로 미생물의 침입을 막는다.
④ 네일 보디(조체): 네일 옆면으로 손톱과 피부를 밀착시킨다.

49 자연네일관리 > 자연네일의 구조와 특성
- 네일 베드(조상): 네일을 받쳐주는 네일 밑의 피부
- 루눌라(조반월): 연 케라틴으로 유백색의 반달 모양
- 네일 보디(조체): 육안으로 보이는 손·발톱 판

50 네일의 길이와 형태를 자유롭게 조절할 수 있는 것은?

① **프리에지(자유연)**
② 네일 그루브(조구)
③ 네일 폴드(조주름)
④ 에포니키움(상조피)

50 자연네일관리 > 자연네일의 구조와 특성
- 네일 그루브: 네일 양 옆 피부 사이에 접혀진 홈
- 네일 폴드: 네일 보디를 잡아주는 피부 속주름
- 에포니키움: 매트릭스를 보호하는 피부

51 젤 네일에 관한 설명으로 틀린 것은?

① 아크릴에 비해 강한 냄새가 없다.
② 일반 네일 폴리시에 비해 광택이 오래 지속된다.
③ **소프트 젤(Soft Gel)은 아세톤에 녹지 않는다.**
④ 젤 네일은 하드 젤(Hard Gel)과 소프트 젤(Soft Gel)로 구분된다.

51 인조네일관리 > 젤 네일
소프트 젤은 아세톤에 녹음

52 오렌지 우드스틱의 사용 용도로 적합하지 않은 것은?

① 큐티클을 밀어 올릴 때
② 네일 폴리시의 여분을 닦을 때
③ **네일 주위의 굳은살을 정리할 때**
④ 네일 주위의 이물질을 제거할 때

52 네일미용 서비스 > 네일미용 위생서비스
네일 주위의 굳은살을 정리할 때 오렌지 우드스틱은 사용되지 않음

53 투톤 아크릴 스컬프처의 작업에 대한 설명으로 틀린 것은?

① 프렌치 스컬프처(French Sculpture)라고도 한다.
② 화이트 파우더 특성상 프리에지가 퍼져 보일 수 있으므로 핀칭에 유의해야 한다.
③ 스트레스 포인트에 화이트 파우더가 얇게 작업되면 떨어지기 쉬우므로 주의한다.
④ **스퀘어 형태를 잡기 위해 네일 파일은 30° 정도 살짝 기울여 네일 파일링한다.**

53 인조네일관리 > 아크릴 네일
스퀘어 형태로 잡기 위해 네일 파일은 90°의 직각으로 네일 파일링함

54 파고드는 발톱을 예방하기 위한 발톱의 형태로 적합한 것은?

① 라운드형
② **스퀘어형**
③ 포인트형
④ 오발형

54 자연네일관리 > 손톱 및 발톱관리
발톱을 둥글게 자르면 발톱이 자라면서 양쪽 살을 파고드는 현상이 생길 수 있으므로 이를 방지하기 위해 스퀘어 형태로 조형해야 함

55 매니큐어 작업에 관한 설명으로 옳은 것은?

① 자연네일의 형태를 조형할 때는 비벼서 네일 파일링한다.
② 큐티클은 상조피 바로 밑부분까지 완전히 제거한다.
③ **네일 폴리시를 도포하기 전에 유분기는 깨끗하게 제거한다.**
④ 자연네일이 약한 고객은 네일 컬러링 후 톱코트(Topcoat)를 2회 도포한다.

55 자연네일관리 〉 손톱 및 발톱관리
- 자연네일은 비벼서 네일 파일링하면 안 됨
- 큐티클은 완전히 제거하면 출혈이 발생할 수 있으므로 지저분한 부분만 조심히 정리해야 함
- 자연네일이 약한 고객은 컬러링 전 네일 강화제를 도포해야 함

56 아크릴 네일의 작업과 보수에 관련한 내용으로 틀린 것은?

① **공기 방울이 생긴 인조네일은 촉촉하게 젖은 브러시의 사용으로 인해 나타날 수 있는 현상이다.**
② 노랗게 변색되는 인조네일은 제품과 작업하는 과정에서 발생한 것으로 보수를 해야 한다.
③ 적절한 온도 이하에서 작업했을 경우 인조네일에 금이 가거나 깨지는 현상이 나타날 수 있다.
④ 기존에 작업된 인조네일과 새로 자라 나온 자연네일을 자연스럽게 연결해 주어야 한다.

56 인조네일관리 〉 인조네일 보수
인조네일에 공기 방울이 생기는 것은 아크릴 리퀴드와 아크릴 파우더의 혼합비율이 적당하지 않거나 브러시를 잘못 사용할 경우 나타나는 현상으로, 아크릴 네일의 보수와 관련이 없음

57 그러데이션 기법의 컬러링에 대한 설명으로 틀린 것은?

① 색상 사용의 제한이 없다.
② 스펀지를 사용하여 작업할 수 있다.
③ UV 젤의 적용 시에도 활용할 수 있다.
④ **일반적으로 큐티클 부분으로 갈수록 컬러링 색상이 자연스럽게 진해지는 기법이다.**

57 자연네일관리 〉 네일 컬러링
그러데이션은 일반적으로 프리에지로 갈수록 컬러의 색상이 자연스럽게 진해지는 컬러링 기법임

58 아크릴 네일 재료인 네일 프라이머에 대한 설명으로 틀린 것은?

① 네일 표면의 유·수분을 제거해 주고 건조시켜 주어 아크릴의 접착력을 강하게 해 준다.
② 산성 제품으로 피부에 화상을 입힐 수 있으므로 최소량만 사용한다.
③ **인조네일 전체에 사용하며 방부제 역할을 해 준다.**
④ 네일 표면의 pH 밸런스를 맞춘다.

58 인조네일관리 〉 아크릴 네일
네일 프라이머는 인조네일 전체에 사용하지 않고 자연네일에 최소량만 발라야 함

59 손톱의 프리에지 부분을 유색 폴리시로 바르는 테크닉은?

① **프렌치 매니큐어(French Manicure)**
② 핫 오일 매니큐어(Hot Oil Manicure)
③ 레귤러 매니큐어(Regular Manicure)
④ 파라핀 매니큐어(Paraffin Manicure)

59 자연네일관리 〉 네일 컬러링
프렌치 매니큐어는 큐티클 정리 후 프리에지 부분에만 컬러링하는 테크닉을 말함

60 자연네일의 형태 및 특성에 따른 네일 팁 적용 방법으로 옳은 것은?

① **넓적한 네일에는 끝이 좁아지는 내로 네일 팁을 적용한다.**
② 아래로 향한 네일(Claw Nail)에는 커브 네일 팁을 적용한다.
③ 위로 솟아 오른 네일(Spoon Nail)에는 옆선에 커브가 없는 네일 팁을 적용한다.
④ 물어뜯는 네일에는 네일 팁을 적용할 수 없다.

60 인조네일관리 〉 팁 네일
- 아래로 향한 네일에는 커브가 없는 일자 팁을 적용함
- 위로 솟아 오른 네일에는 옆선에 커브가 있는 네일 팁을 적용함
- 물어뜯는 네일에는 아크릴 네일이 효과적이나 프리에지 라인이 일정한 경우라면 네일 팁을 적용할 수 있음

답만 외워도 합격!
공개 기출문제 | 2015년 제2회

01 인공 조명을 할 때 고려사항 중 틀린 것은?
① 광색은 주광색에 가깝고, 유해가스의 발생이 없어야 한다.
② 열의 발생이 적고, 폭발이나 발화의 위험이 없어야 한다.
③ **균등한 조도를 위해 직접 조명이 되도록 해야 한다.**
④ 충분한 조도를 위해 빛이 좌상방에서 비춰야 한다.

02 일반적으로 이·미용업소의 실내 쾌적 습도 범위로 가장 알맞은 것은?
① 10~20%   ② 20~40%
③ **40~70%**   ④ 70~90%

03 자력으로 의료 문제를 해결할 수 없는 생활 무능력자 및 저소득층을 대상으로 공적으로 의료를 보장하는 제도는?
① 의료보험   ② **의료보호**
③ 실업보험   ④ 연금보험

04 공중보건학의 범위 중 보건관리 분야에 속하지 않는 사업은?
① 보건통계   ② 사회보장제도
③ 보건행정   ④ **산업보건**

05 다음 중 수인성 감염병에 속하는 것은?
① 유행성 출혈열   ② 성홍열
③ **세균성 이질**   ④ 탄저병

06 다음 중 감염병 유행의 3대 요소는?
① **병원체, 숙주, 환경**   ② 환경, 유전, 병원체
③ 숙주, 유전, 환경   ④ 감수성, 환경, 병원체

07 솔라닌(Solanine)이 원인이 되는 식중독과 관계 깊은 것은?
① 버섯   ② 복어
③ **감자**   ④ 조개

| 해설 |

01 공중위생관리 > 공중보건
음영이나 눈부심이 생기지 않는 균등한 조도는 간접 조명임

02 공중위생관리 > 공중보건
• 실내 적정 습도 범위: 40~70%
• 가장 쾌적한 습도: 60%

03 공중위생관리 > 공중보건
의료보호는 자력으로 의료문제를 해결할 수 없는 대상자들에게 공적으로 의료를 보장하는 제도임

04 공중위생관리 > 공중보건
공중보건의 보건관리 분야
공중보건학의 보건관리에는 보건행정, 보건통계, 사회보장제도, 보건 교육, 보건영양, 정신 보건, 학교 보건, 가족 보건, 모자 보건, 노인 보건, 인구 보건

05 공중위생관리 > 공중보건
수인성 감염은 물에 의한 감염으로 세균성 이질, 장티푸스, 콜레라, 파라티푸스 등이 있음

06 공중위생관리 > 공중보건
질병 발생의 3대 요소: 병인(병원체), 숙주, 환경

07 공중위생관리 > 공중보건
• 버섯: 무스카린
• 복어: 테트로도톡신
• 조개: 삭시톡신, 베네루핀

08 소독제를 사용할 때 주의사항이 아닌 것은?
① 취급 방법
② 농도 표시
③ 소독제 병의 세균 오염
④ **알코올 사용**

08 공중위생관리 > 소독
알코올을 사용하는 것 자체가 주의사항이 될 수는 없음

09 다음 중 금속 제품 기구의 소독에 가장 적합하지 않은 것은?
① 알코올 ② 역성비누
③ **승홍수** ④ 크레졸수

09 공중위생관리 > 소독
승홍수는 금속을 부식시키는 성질을 가지고 있어 금속 제품 소독에 적합하지 않은 소독제임

10 다음 중 하수도 주위에 흔히 사용되는 소독제는?
① **생석회** ② 포르말린
③ 역성비누 ④ 과망가니즈산칼륨(과망간산칼륨)

10 공중위생관리 > 소독
생석회는 저렴한 가격으로 하수도, 화장실 등 넓은 장소의 소독에 주로 사용됨

11 개달전염(介達傳染)과 무관한 것은?
① 의복 ② **식품**
③ 책상 ④ 장난감

11 공중위생관리 > 공중보건
개달전염(개달물 감염)은 환자가 사용하던 의복, 침구, 수건, 완구 등에 의해 전염되는 것임

12 소독제를 수돗물로 희석하여 사용할 경우 가장 주의해야 할 점은?
① **물의 경도** ② 물의 온도
③ 물의 취도 ④ 물의 탁도

12 공중위생관리 > 소독
- 경도는 물의 세기를 말하며, 100mL의 물 속에 탄산칼륨 1mg 함유 시 1도라고 함
- 소독제를 수돗물로 희석하여 사용할 경우에는 물의 경도를 주의해야 함

13 미생물의 발육과 그 작용을 제거하거나 정지시켜 음식물의 부패나 발효를 방지하는 것은?
① **방부** ② 소독
③ 살균 ④ 살충

13 공중위생관리 > 소독
- 소독: 병원성 미생물을 가능한 제거하여 사람에게 감염이 없도록 함
- 살균: 물리적·화학적 처리로 미생물을 급속 사멸시킴
- 살충: 벌레나 해충을 죽임

14 물의 살균에 많이 이용되고 있으며 산화력이 강한 것은?
① 포름알데하이드(Formaldehyde)
② **오존(O_3)**
③ E.O(Ethylene Oxide)가스
④ 에탄올(Ethanol)

14 공중위생관리 > 소독
오존은 반응성이 풍부하고 산화 작용이 강하여 물의 살균제로 많이 이용됨

15 정상 피부와 비교하여 점막으로 이루어진 피부의 특징으로 옳지 않은 것은?
① 혀와 경구개를 제외한 입안의 점막은 과립층을 가지고 있다.
② 당김미세섬유사(Tonofilament)의 발달이 미약하다.
③ 미세융기가 잘 발달되어 있다.
④ 세포에 다량의 글리코겐이 존재한다.

15 네일미용 서비스 〉 피부의 이해
과립층은 구강이나 눈꺼풀 뒷면 점막에는 존재하지 않음

16 성장기 어린이의 대사성 질환으로 비타민 D 결핍 시 뼈 발육에 변형을 일으키는 것은?
① 석회결석　　② 골막파열증
③ 괴혈증　　　④ 구루병

16 네일미용 서비스 〉 피부의 이해
비타민 D 결핍: 구루병, 골다공증, 골연화증

17 다음 중 원발진에 해당하는 피부 변화는?
① 가피　　② 미란
③ 위축　　④ 구진

17 네일미용 서비스 〉 피부의 이해
- 원발진: 반점, 홍반, 팽진, 수포, 면포, 구진, 농포, 결절, 낭종, 종양
- 속발진: 인설, 위축, 태선화, 균열, 가피, 찰상, 미란, 궤양, 켈로이드, 반흔

18 다음 중 기미의 생성 유발 요인이 아닌 것은?
① 유전적 요인　　② 임신
③ 갱년기 장애　　④ 갑상선 기능 저하

18 네일미용 서비스 〉 피부의 이해
갑상선 기능 저하는 우리 몸에서 필요로 하는 갑상선 호르몬의 부족으로 인하여 나타나는 것임

19 피부 구조에서 지방세포가 주로 위치하고 있는 곳은?
① 각질층　　② 진피
③ 피하조직　④ 투명층

19 네일미용 서비스 〉 피부의 이해
피하조직은 수많은 지방세포로 구성되어 있으며, 피부의 가장 아래층에 위치하고 진피층과 연결되어 있음

20 자외선으로부터 어느 정도 피부를 보호하며 진피조직에 투여하면 피부 주름과 처짐 현상에 가장 효과적인 것은?
① 콜라겐　　　② 엘라스틴
③ 무코다당류　④ 멜라닌

20 네일미용 서비스 〉 피부의 이해
콜라겐(교원섬유)은 그물 모양으로 짜여 있어 피부에서 주름과 처짐 현상에 효과적임

21 외인성 피부질환의 원인과 가장 거리가 먼 것은?
① 유전인자　　② 산화
③ 피부 건조　　④ 자외선

21 네일미용 서비스 〉 피부의 이해
유전인자는 유전적으로 발생하는 내인성 피부질환의 원인 중 하나임

22 공중위생관리법령상 위생교육에 대한 기준으로 (　　) 안에 적합한 것은?

> 공중위생관리법령상 위생교육을 받은 자가 위생교육을 받은 날부터 (　　) 이내에 위생교육을 받은 업종과 같은 업종의 영업을 하려는 경우에는 해당 영업에 대한 위생교육을 받은 것으로 본다.

① 2년　　　② 2년 6개월
③ 3년　　　④ 3년 6개월

22 공중위생관리 〉 공중위생관리법규
위생교육을 받은 자가 위생교육을 받은 날부터 2년 이내에 위생교육을 받은 업종과 같은 업종의 영업을 하려는 경우에는 해당 영업에 대한 위생교육을 받은 것으로 봄

23 손님에게 음란행위를 알선한 사람에 대한 관계행정기관의 장의 요청이 있을 때, 1차 위반에 대하여 행할 수 있는 행정처분으로 영업소와 업주에 대한 행정처분 기준이 바르게 짝지어진 것은?

① 영업정지 1개월 – 면허정지 1개월
② 영업정지 1개월 – 면허정지 2개월
③ 영업정지 2개월 – 면허정지 2개월
④ **영업정지 3개월 – 면허정지 3개월**

24 이·미용업 영업장 안의 조명도 기준은?

① 50룩스 이상
② **75룩스 이상**
③ 100룩스 이상
④ 125룩스 이상

25 다음 중 이·미용업에 있어서 과태료 부과 대상이 아닌 사람은?

① 위생관리의무를 지키지 않은 자
② 영업소 외의 장소에서 이용 또는 미용 업무를 행한 자
③ **보건복지부령이 정하는 중요사항을 변경하고도 변경신고를 하지 않은 자**
④ 관계공무원의 출입·검사를 거부·기피·방해한 자

26 미용사에게 금지되지 않는 업무는 무엇인가?

① **얼굴의 손질 및 화장을 행하는 업무**
② 의료기기를 사용하는 피부관리 업무
③ 의약품을 사용하는 눈썹 손질 업무
④ 의약품을 사용하는 제모

27 시·도지사 또는 시장·군수·구청장은 공중위생관리상 필요하다고 인정하는 때에 공중위생영업자 등에 대하여 필요한 조치를 취할 수 있다. 이 조치에 해당하는 것은?

① **보고**
② 청문
③ 감독
④ 협의

28 이·미용업 영업신고를 하면서 신고인이 첨부해야 하는 서류가 아닌 것은?

① 영업시설 및 설비개요서
② 위생교육 필증
③ **이·미용사 자격증**
④ 면허증

29 「화장품법」상 기능성 화장품에 속하지 않는 것은?
① 미백에 도움을 주는 제품
② **여드름 치료에 도움을 주는 연고 제품**
③ 주름 개선에 도움을 주는 제품
④ 자외선으로부터 피부를 보호하는 데 도움을 주는 제품

29 네일미용 서비스 〉 화장품 분류
여드름성 피부를 완화하는 데 도움을 주는 인체세정용 제품류에 한하여 기능성 화장품이라고 할 수 있음

30 여드름 피부에 맞는 화장품 성분으로 가장 거리가 먼 것은?
① 캠퍼(Camphor) ② 로즈마리 추출물
③ **알부틴** ④ 하마멜리스

30 네일미용 서비스 〉 화장품 분류
알부틴은 멜라닌 활성을 도와 주는 티로시나아제 효소의 작용을 억제하여 미백 효과를 주는 성분임

31 동물성 단백질의 일종으로 피부의 탄력 유지에 매우 중요한 역할을 하며 피부의 파열을 방지하는 스프링 역할을 하는 것은?
① 아줄렌 ② **엘라스틴**
③ 콜라겐 ④ DNA

31 네일미용 서비스 〉 피부의 이해
엘라스틴(탄력섬유)은 섬유아세포에서 생성되어 신축성이 강한 섬유단백질로 피부 탄력에 직접 관여하며, 화학물질에 대한 저항력이 강해 피부 파열을 방지하는 역할을 함

32 메이크업 화장품에 주로 사용되는 제조 방법은?
① 유화 ② 가용화
③ 겔화 ④ **분산**

32 네일미용 서비스 〉 화장품 분류
분산은 물 또는 오일에 미세한 고체입자가 균일하게 혼합된 상태로 마스카라, 파운데이션 등 메이크업 화장품에 주로 사용되는 제조 방법임

33 보습제가 갖추어야 할 조건으로 틀린 것은?
① 다른 성분과 혼용성이 좋을 것
② **모공 수축을 위해 휘발성이 있을 것**
③ 적절한 보습 능력이 있을 것
④ 응고점이 낮을 것

33 네일미용 서비스 〉 화장품 분류
보습제는 피부의 건조한 증상을 완화하는 수용성 물질로 흡착성이 높아 수분을 흡수하는 효과를 지니고 있으며 보습을 유지시키는 제품으로 휘발성이 없어야 함

34 식물의 꽃, 잎, 줄기, 뿌리, 씨, 과피, 수지 등에서 방향성이 높은 물질을 추출한 휘발성 오일은?
① 동물성 오일
② **에센셜 오일**
③ 광물성 오일
④ 밍크 오일

34 네일미용 서비스 〉 화장품 분류
• 식물성 오일(에센셜 오일): 식물의 꽃, 잎 등에서 추출
• 동물성 오일: 동물의 피하조직, 장기 등에서 추출
• 광물성 오일: 석유, 원유에서 추출

35 화장품의 피부 흡수에 관한 설명으로 옳은 것은?
① **분자량이 적을수록 피부 흡수율이 높다.**
② 수분이 많을수록 피부 흡수율이 높다.
③ 동물성 오일<식물성 오일<광물성 오일 순으로 피부 흡수력이 높다.
④ 크림류<로션류<화장수류 순으로 피부 흡수력이 높다.

35 네일미용 서비스 〉 화장품 분류
• 유분이 많을수록 피부 흡수율이 높음
• 동물성 오일>식물성 오일>광물성 오일 순으로 피부 흡수력이 높음
• 크림류>로션류>화장수류 순으로 피부 흡수력이 높음

36 손톱에 색소가 침착되거나 변색되는 것을 방지하고 네일 표면을 고르게 하여 네일 폴리시의 밀착성을 높이는 데 사용되는 네일미용 화장품은?

① 톱코트
② 베이스코트
③ 네일 폴리시리무버
④ 큐티클 오일

36 자연네일관리 > 네일 컬러링
- 톱코트: 컬러를 보호하고 광택을 내는 제품
- 네일 폴리시리무버: 네일 폴리시를 제거하는 제품
- 큐티클 오일: 큐티클을 부드럽게 하거나 보호하는 제품

37 손톱의 특성이 아닌 것은?

① 손톱은 피부의 일종이며, 머리카락과 같은 케라틴과 칼슘으로 만들어져 있다.
② 손톱의 손상으로 조갑이 탈락하고 회복되는 데는 6개월 정도 소요된다.
③ 손톱의 성장은 겨울보다 여름에 잘 자란다.
④ 엄지 손톱의 성장이 가장 느리며, 중지 손톱이 가장 빠르다.

37 자연네일관리 > 자연네일의 구조와 특성
소지 손톱의 성장이 가장 느리며, 중지 손톱의 성장 속도가 가장 빠름

38 네일 폴리시를 도포하는 방법으로 손톱을 가늘어 보이게 하는 기법은?

① 프리에지
② 루눌라
③ 프렌치
④ 프리 월

38 자연네일관리 > 네일 컬러링
- 프리에지 컬러링: 프리에지 부분에만 컬러링하지 않음
- 루눌라 컬러링: 루눌라(조반월) 부분을 남기고 컬러링함
- 프렌치 컬러링: 프리에지 부분에만 컬러링함

39 손톱이 나빠지는 후천적 요인이 아닌 것은?

① 잘못된 큐티클 푸셔와 큐티클 니퍼 사용에 의한 손상
② 손톱 강화제의 사용 빈도수
③ 과도한 스트레스
④ 잘못된 네일 파일링에 의한 손상

39 네일미용 서비스 > 네일미용 위생서비스
손톱 강화제는 손톱의 후천적 손상을 예방함

40 다음 중 하지의 신경에 속하지 않는 것은?

① 총비골신경
② 액와신경
③ 복재신경
④ 좌골신경

40 네일미용 서비스 > 손발의 구조와 기능
- 하지신경: 대퇴신경, 좌골신경, 경골신경, 총비골신경(심비골신경, 천비골신경), 비복신경, 복재신경
- 상지신경: 액와신경, 근피신경, 정중신경, 요골신경, 척골신경, 수지신경

41 네일 재료에 대한 설명으로 적합하지 않은 것은?

① 네일 폴리시 시너 – 네일 폴리시를 묽게 해 주기 위해 사용한다.
② 큐티클 오일 – 글리세린을 함유하고 있다.
③ 네일 블리치 – 20볼륨 과산화수소를 함유하고 있다.
④ 네일 강화제 – 자연네일이 강한 고객에게 사용하면 효과적이다.

41 네일미용 서비스 > 네일미용 위생서비스
네일 강화제는 자연네일이 약한 고객에게 사용하면 효과적인 제품임

42 표피성 진균증 중 네일 몰드는 습기, 열, 공기에 의해 균이 번식되어 발생한다. 이때 몰드가 발생한 수분 함유율이 옳게 표기된 것은?

① 2~5%
② 7~10%
③ 12~18%
④ 23~25%

42 네일미용 서비스 > 네일미용 위생서비스
네일 몰드는 인조네일 작업 전 네일에 유·수분이 남거나 인조네일의 보수 시기를 놓쳐 벌어진 틈으로 생육에 적합한 열과 습기로 인한 균이 번식되어 발생하며, 23~25%의 수분을 함유하고 있음

43 다음 ( ) 안의 a와 b에 알맞은 단어를 바르게 짝지은 것은?

- (a)는 네일 폴리시리무버나 아세톤을 담아 펌프식으로 편리하게 사용할 수 있다.
- (b)는 아크릴 리퀴드를 덜어 담아 사용할 수 있는 용기이다.

① a – 다크디시, b – 작은 종지
② a – 디스펜서, b – 다크디시
③ a – 다크디시, b – 디스펜서
④ **a – 디스펜서, b – 다펜디시**

43 네일미용 서비스 > 네일미용 위생서비스
- 디스펜서: 네일 폴리시리무버 등을 담아 펌프식으로 편리하게 사용하는 용기
- 다펜디시: 아크릴 리퀴드를 덜어 사용하는 용기

44 뼈의 기능이 아닌 것은?
① 지렛대 역할
② **흡수 기능**
③ 보호 작용
④ 무기질 저장

44 네일미용 서비스 > 손발의 구조와 기능
뼈의 기능
지지 기능, 보호 기능, 저장 기능, 운동 기능, 조혈 기능

45 매니큐어 작업 시에 미관상 제거의 대상이 되는 손톱을 덮고 있는 각질세포는?
① **네일 큐티클(Nail Cuticle)**
② 네일 플레이트(Nail Plate)
③ 네일 프리에지(Nail Free Edge)
④ 네일 그루브(Nail Groove)

45 자연네일관리 > 자연네일의 구조와 특성
- 네일 플레이트: 육안으로 보이는 손·발톱 판
- 네일 프리에지: 모양과 길이를 조절할 수 있는 부분
- 네일 그루브: 네일의 양 옆 피부 사이에 접혀진 홈

46 고객을 응대할 때 네일미용인의 자세로 틀린 것은?
① 고객에게 알맞은 서비스를 해야 한다.
② 모든 고객은 공평하게 해야 한다.
③ **진상 고객은 단념해야 한다.**
④ 안전 규정을 준수하고 충실히 해야 한다.

46 네일미용 서비스 > 네일미용 고객서비스
진상 고객이라도 최선을 다해 응대할 수 있도록 노력하는 것이 바람직함

47 손톱의 역할 및 기능과 가장 거리가 먼 것은?
① 물건을 잡거나 성상을 구별하는 기능
② 작은 물건을 들어 올리는 기능
③ 방어와 공격의 기능
④ **몸을 지탱해 주는 기능**

47 자연네일관리 > 자연네일의 구조와 특성
몸을 지탱해 주는 기능은 뼈의 기능임

48 매니큐어를 가장 잘 설명한 것은?
① 네일 폴리시를 바르는 것이다.
② 손톱 형태를 다듬고 색깔을 칠하는 것이다.
③ 손 매뉴얼 테크닉과 네일 폴리시를 바르는 것이다.
④ **손톱 형태를 다듬고 큐티클 정리, 컬러링 등을 포함한 관리이다.**

48 네일미용 서비스 > 네일미용의 이해
매니큐어는 손톱의 형태를 다듬어 주고 큐티클 정리, 마사지, 컬러링 등의 총체적인 손 관리를 의미함

49 매니큐어의 유래에 관한 설명 중 <u>틀린</u> 것은?

① 중국은 특권층의 신분을 드러내기 위해 홍화를 손톱에 바르기 시작했다.
② **매니큐어는 고대 희랍어에서 유래된 말로 '마누'와 '큐라'의 합성어이다.**
③ 17세기경 인도의 상류층 여성들은 손톱의 뿌리 부분에 신분을 나타내는 목적으로 문신을 했다.
④ 건강을 기원하는 주술적 의미에서 손톱에 빨간색을 물들이게 되었다.

49 네일미용 서비스 〉 네일미용의 이해
매니큐어는 라틴어의 마누스(Manus)와 큐라(Cura)의 합성어임

50 골격근에 대한 설명으로 <u>틀린</u> 것은?

① **인체의 약 60%를 차지한다.**
② 횡문근이라고도 한다.
③ 수의근이라고도 한다.
④ 대부분이 골격에 부착되어 있다.

50 네일미용 서비스 〉 손발의 구조와 기능
골격근은 골격에 부착되어 뼈의 움직임을 만드는 횡문근으로 자의적인 수의근임

51 발톱의 셰이프로 가장 적절한 것은?

① 라운드형　　② 오발형
③ **스퀘어형**　　④ 아몬드형

51 자연네일관리 〉 손톱 및 발톱관리
발톱은 파고들어가는 것을 방지하기 위해 스퀘어 형태로 다듬는 것이 가장 적절함

52 아크릴 스컬프처 작업 시 손톱에 부착하여, 길이를 연장할 때 받침대 역할을 하는 재료로 옳은 것은?

① **네일 폼**　　② 리퀴드
③ 모노머　　④ 아크릴 파우더

52 인조네일관리 〉 아크릴 네일
• 리퀴드, 모노머: 아크릴 파우더와 혼합하는 액상 제품
• 아크릴 파우더: 아크릴 리퀴드와 혼합하는 분말 제품

53 아크릴 네일 보수 과정 중 옳지 <u>않은</u> 것은?

① 심하게 들뜬 부분은 네일 파일과 큐티클 니퍼를 적절히 사용하여 세심히 잘라내고 경계가 없도록 네일 파일링한다.
② 새로 자라난 손톱 부분에 에칭을 주고 네일 프라이머를 도포한다.
③ 적절한 양의 비드로 큐티클 부분에 자연스러운 라인을 만든다.
④ **새로 비드를 얹은 부위는 네일 파일링이 필요하지 않다.**

53 인조네일관리 〉 인조네일 보수
새로 비드(아크릴 볼)를 얹은 부위도 자연스럽게 연결되도록 네일 파일링이 필요함

54 아크릴 네일의 설명으로 맞는 것은?

① 두꺼운 손톱 구조로만 완성되며 다양한 형태는 만들 수 없다.
② 투톤 스컬프처인 프렌치 스컬프처에 적용할 수 없다.
③ 물어뜯는 손톱에 사용해서는 안 된다.
④ **네일 폼을 사용하여 다양한 형태로 조형이 가능하다.**

54 인조네일관리 〉 아크릴 네일
아크릴 네일은 다양한 형태로 만들 수 있고, 프렌치 스컬프처와 물어뜯는 손톱에도 적용이 가능함

55 네일 팁 접착 방법의 설명으로 틀린 것은?

① 네일 팁 접착 시 자연네일의 1/2 이상은 덮지 않는다.
② 올바른 각도의 네일 팁 접착으로 공기가 들어가지 않도록 유의한다.
③ **손톱과 네일 팁 전체에 네일 프라이머를 도포한 후 접착한다.**
④ 네일 팁을 접착할 때 5~10초 동안 누르면서 기다린 후 네일 팁의 양쪽 꼬리 부분을 살짝 눌러 준다.

55 인조네일관리 > 팁 네일
네일 팁 접착 시 네일 팁 부분에는 네일 프라이머를 도포하지 않음

56 다른 셰이프보다 강한 느낌을 주며, 대회용으로 많이 사용되는 손톱의 셰이프는?

① 오발 셰이프
② 라운드 셰이프
③ **스퀘어 셰이프**
④ 아몬드형 셰이프

56 자연네일관리 > 자연네일의 구조와 특성
- 오발: 손이 길고 우아한 느낌을 주며 가장 여성스러움
- 라운드: 남성과 여성에게 모두 잘 어울림
- 아몬드(포인트): 손이 길고 가늘어 보이나 가장 약함

57 페디큐어 작업 과정에서 베이스코트를 바르기 전 발가락이 서로 닿지 않게 하기 위해 사용하는 도구는?

① 액티베이터
② 콘 커터
③ 네일 클리퍼
④ **토 세퍼레이터**

57 네일미용 서비스 > 네일미용 위생서비스
- 액티베이터: 네일 접착제를 빠르게 경화시키는 제품
- 콘 커터: 발바닥의 두꺼운 굳은살을 제거하는 도구
- 네일 클리퍼: 네일을 잘라 길이를 조절하는 도구

58 큐티클 정리 및 제거 시 필요한 도구로 알맞은 것은?

① 네일 파일, 톱코트
② 라운드 패드, 큐티클 니퍼
③ 샌딩 파일, 핑거볼
④ **큐티클 푸셔, 큐티클 니퍼**

58 네일미용 서비스 > 네일미용 위생서비스
- 큐티클 푸셔: 큐티클을 밀어주는 도구
- 큐티클 니퍼: 큐티클을 정리하는 도구

59 습식 매니큐어 작업에 관한 설명 중 틀린 것은?

① 베이스코트를 가능한 얇게 1회 전체에 도포한다.
② 벗겨짐을 방지하기 위해 도포한 네일 폴리시를 완전히 커버하여 톱코트를 도포한다.
③ 프리에지 부분까지 깔끔하게 도포한다.
④ **손톱의 길이 정리 시에는 네일 클리퍼를 사용할 수 없다.**

59 자연네일관리 > 손톱 및 발톱관리
손톱의 길이를 정리할 때에는 네일 클리퍼를 사용할 수 있음

60 UV 젤 네일 작업 시 리프팅이 일어나는 이유로 적절하지 않은 것은?

① 네일의 유·수분기를 제거하지 않고 작업했다.
② 젤을 프리에지까지 도포하지 않았다.
③ **젤을 큐티클 라인에 닿지 않게 작업했다.**
④ 큐어링 시간을 잘 지키지 않았다.

60 인조네일관리 > 젤 네일
젤이 큐티클 라인에 닿지 않게 작업한 것은 리프팅이 일어나는 이유가 아님

공개 기출문제 | 2015년 제4회

01 결핵 예방접종으로 사용하는 것은?
① DPT ② MMR
③ PPD ④ **BCG**

01 공중위생관리 > 공중보건
결핵은 생후 4주 이내에 BCG 예방접종을 함

02 장티푸스, 결핵, 파상풍 등의 예방접종으로 얻어지는 면역은?
① **인공 능동면역** ② 인공 수동면역
③ 자연 능동면역 ④ 자연 수동면역

02 공중위생관리 > 공중보건
인공 능동면역은 예방접종으로 형성되는 면역임

03 한 나라의 건강수준을 다른 국가들과 비교할 수 있는 지표로 세계보건기구가 제시한 것은?
① 인구증가율, 평균수명, 비례사망지수
② **비례사망지수, 조사망률, 평균수명**
③ 평균수명, 조사망률, 국민소득
④ 의료시설, 평균수명, 주거상태

03 공중위생관리 > 공중보건
세계보건기구(WHO) 건강수준지표
비례사망지수, 조사망률, 평균수명

04 질병 발생의 3대 요소는?
① 숙주, 환경, 병명 ② **병인, 숙주, 환경**
③ 숙주, 체력, 환경 ④ 감정, 체력, 숙주

04 공중위생관리 > 공중보건
질병 발생의 3대 요소: 병인(병원체), 숙주, 환경

05 상수(上水)에서 대장균 검출의 주된 의의는?
① 소독 상태가 불량하다.
② 환경위생 상태가 불량하다.
③ **오염의 지표가 된다.**
④ 전염병 발생의 우려가 있다.

05 공중위생관리 > 공중보건
대장균은 상수 수질오염을 판단하는 대표적인 생물학적 지표임

06 세계보건기구에서 정의하는 보건행정의 범위에 속하지 <u>않는</u> 것은?
① **산업행정** ② 모자 보건
③ 환경위생 ④ 감염병 관리

06 공중위생관리 > 공중보건
보건행정의 범위
보건 관계 기록의 보존, 환경위생, 감염병 관리, 모자 보건, 보건 간호, 의료 제공, 보건 교육

07 폐흡충 감염이 발생할 수 있는 경우는?
① **가재를 생식했을 때**
② 우렁이를 생식했을 때
③ 은어를 생식했을 때
④ 소고기를 생식했을 때

07 공중위생관리 > 공중보건
폐흡충(페디스토마)은 가재, 게의 생식으로 인한 경구감염이 원인임

08 미생물의 종류에 해당하지 않는 것은?
① 벼룩　　　　② 효모
③ 곰팡이　　　④ 세균

08 공중위생관리 > 소독
- 벼룩은 벼룩목에 속하는 곤충임
- 미생물: 유산균, 효모, 바이러스, 리케차, 세균, 진균, 원충 등

09 계면활성제 중 가장 살균력이 강한 것은?
① 음이온성　　　② 양이온성
③ 비이온성　　　④ 양쪽이온성

09 네일미용 서비스 > 화장품 분류
살균력의 세기
양이온성 > 음이온성 > 양쪽성 > 비이온성

10 재질에 관계없이 빗이나 브러시 등의 소독 방법으로 가장 적합한 것은?
① 70% 알코올 탈지면으로 닦는다.
② 고압증기 멸균기에 넣어 소독한다.
③ 락스액에 담근 후 씻어낸다.
④ 세제를 풀어 세척한 후 자외선 소독기에 넣는다.

10 공중위생관리 > 소독
- 빗이나 브러시와 같은 플라스틱 제품을 소독하기 위해 알코올을 사용하거나 고압증기 멸균기를 사용하는 것은 부적합함
- 빗이나 브러시는 세척한 후 자외선 소독을 하는 것이 가장 적합함

11 물리적 소독법에 속하지 않는 것은?
① 건열 멸균법　　　② 고압증기 멸균법
③ 크레졸 소독법　　④ 자비 소독법

11 공중위생관리 > 소독
크레졸 소독법은 화학적 소독법임

12 소독제인 석탄산의 단점이라 할 수 없는 것은?
① 유기물과 접촉 시 소독력이 약화된다.
② 피부에 자극성이 있다.
③ 금속에 부식성이 있다.
④ 독성과 취기가 강하다.

12 공중위생관리 > 소독
석탄산은 유기물에 닿아도 소독력이 약화되지 않음

13 소독제의 구비조건에 해당하지 않는 것은?
① 높은 살균력을 가질 것
② 인체에 해가 없을 것
③ 저렴하고 구입과 사용이 간편할 것
④ 용해성이 낮을 것

13 공중위생관리 > 소독
소독제는 용해성이 높아야 함

14 미생물의 증식을 억제하는 영양 고갈과 건조 등 불리한 환경 속에서 생존하기 위하여 세균이 형성하는 것은?
① 아포　　　② 협막
③ 세포벽　　④ 점질층

14 공중위생관리 > 소독
아포는 영양 부족, 건조, 열 등 미생물의 증식이 불리한 환경 속에서 외부 작용에 대한 저항력을 높이고 장기간 생존하기 위해 세균이 강하게 포자를 형성하는 것임

15 기계적 손상에 의한 피부질환이 아닌 것은?
① 굳은살　　② 티눈
③ 종양　　　④ 욕창

15 네일미용 서비스 > 피부의 이해
- 기계적 손상은 외력이 가해져서 생기는 손상을 말함
- 종양은 세포의 집합으로 조직에 고름과 피지가 축적된 상태로 기계적 손상에 의한 피부질환이 아님

16 표피와 진피의 경계선의 형태는?
① 직선　　　　　　② 사선
③ **물결상**　　　　　④ 점선

16 네일미용 서비스 > 피부의 이해
표피의 기저층은 진피와의 경계에 있고 물결의 형태로 이루어져 있음

17 사람의 피부 표면은 주로 어떤 형태인가?
① **삼각 또는 마름모꼴의 다각형**
② 삼각 또는 사각형
③ 삼각 또는 오각형
④ 사각 또는 오각형

17 네일미용 서비스 > 피부의 이해
피부 표면은 삼각 또는 마름모꼴의 다각형으로 이루어져 있음

18 다음 중 영양소와 그 최종 분해 산물의 연결이 옳은 것은?
① 탄수화물 – 지방산
② **단백질 – 아미노산**
③ 지방 – 포도당
④ 비타민 – 미네랄

18 네일미용 서비스 > 피부의 이해
- 탄수화물 – 포도당
- 지방 – 지방산과 글리세린
- 비타민 – 최종 분해 산물이 없음

19 건강한 피부를 유지하기 위한 방법이 아닌 것은?
① 적당한 수분을 항상 유지해 주어야 한다.
② 두꺼운 각질층은 제거해 주어야 한다.
③ **일광욕을 많이 해야 건강한 피부가 된다.**
④ 충분한 수면과 영양을 공급해 주어야 한다.

19 네일미용 서비스 > 피부의 이해
일광욕을 많이 하면 광노화 현상으로 피부가 거칠어지고 색소 침착이 발생할 수 있으므로 건강한 피부를 유지하는 방법이 아님

20 백반증에 관한 내용 중 틀린 것은?
① **멜라닌세포의 과다한 증식으로 일어난다.**
② 백색 반점이 피부에 나타난다.
③ 후천적 탈색소 질환이다.
④ 원형, 타원형 또는 부정형의 흰색 반점이 나타난다.

20 네일미용 서비스 > 피부의 이해
백반증은 후천성 피부 변화로 멜라닌세포가 결핍되어 흰색의 반점이 생기는 증상임

21 자외선 차단지수의 설명으로 옳지 않은 것은?
① SPF라 한다.
② **SPF 1이란 대략 1시간을 의미한다.**
③ 자외선의 강약에 따라 차단제의 효과 시간이 변한다.
④ 색소 침착 부위에는 가능하면 1년 내내 차단제를 사용하는 것이 좋다.

21 네일미용 서비스 > 화장품 분류
SPF 1이라는 개념은 아무 것도 바르지 않고 자외선 B에 노출되었을 때 피부 자극이나 홍반이 생기지 않고 견딜 수 있는 시간인 약 15분을 의미함

22 「공중위생관리법」상 이·미용업 영업장 안의 조명도는 얼마 이상이어야 하는가?
① 50룩스　　　　　② **75룩스**
③ 100룩스　　　　　④ 125룩스

22 공중위생관리 > 공중위생관리법규
이·미용업 영업장 안의 조명도는 75룩스 이상이 되도록 유지해야 함

23 공중위생영업자가 영업소 폐쇄명령을 받고도 계속하여 영업을 하는 때에 대한 조치사항으로 옳은 것은?

① 해당 영업소가 위법한 영업소임을 알리는 게시물 등의 부착
② 해당 영업소의 출입자 통제
③ 해당 영업소의 출입금지구역 설정
④ 해당 영업소의 강제 폐쇄 집행

23 공중위생관리 > 공중위생관리법규
영업소 폐쇄명령 위반, 무신고 영업 시 조치사항
- 해당 영업소 간판 및 기타 영업표지물을 제거
- 해당 영업소가 위법한 영업소임을 알리는 게시물을 부착
- 영업을 위하여 필요한 기구 또는 시설물을 사용할 수 없게 하는 봉인

24 다음 중 이·미용사 면허를 발급할 수 있는 사람만으로 짝지어진 것은?

| ㉠ 특별·광역시장 | ㉡ 도지사 | ㉢ 시장 |
| ㉣ 구청장 | ㉤ 군수 | |

① ㉠, ㉡
② ㉠, ㉡, ㉢
③ ㉠, ㉡, ㉢, ㉣
④ ㉢, ㉣, ㉤

24 공중위생관리 > 공중위생관리법규
이·미용사 면허 발급권자는 시장·군수·구청장임

25 이·미용업 영업신고를 하지 않고 영업을 한 자에 해당하는 벌칙 기준은?

① 6월 이하의 징역 또는 100만 원 이하의 벌금
② 6월 이하의 징역 또는 300만 원 이하의 벌금
③ 1년 이하의 징역 또는 500만 원 이하의 벌금
④ 1년 이하의 징역 또는 1천만 원 이하의 벌금

25 공중위생관리 > 공중위생관리법규
1년 이하의 징역 또는 1천만 원 이하의 벌금
- 영업신고를 하지 않고 영업소를 개설한 자
- 영업소 폐쇄명령을 받고도 계속하여 영업한 자
- 영업정지 또는 일부 시설의 사용중지명령을 받고도 그 기간 중에 영업을 하거나 그 시설을 사용한 자

26 「공중위생관리법」상 위생교육에 관한 설명으로 틀린 것은?

① 위생교육은 교육부장관이 허가한 단체가 실시할 수 있다.
② 공중위생영업의 신고를 하고자 하는 자는 원칙적으로 미리 위생교육을 받아야 한다.
③ 공중위생영업자는 매년 위생교육을 받아야 한다.
④ 위생교육을 받아야 하는 자 중 영업에 직접 종사하지 아니하거나 2 이상의 장소에서 영업을 하는 자는 종업원 중 영업장별로 공중위생에 관한 책임자를 지정하고 그 책임자로 하여금 위생교육을 받게 해야 한다.

26 공중위생관리 > 공중위생관리법규
위생교육은 보건복지부장관이 허가한 단체가 실시함

27 보건복지부장관 또는 시장·군수·구청장은 위반의 내용·정도가 경미하다고 인정되는 경우 과태료의 금액을 어느 범위에서 경감할 수 있는가?

① 과태료 금액의 4분의 1 범위
② 과태료 금액의 3분의 1 범위
③ 과태료 금액의 2분의 1 범위
④ 과태료의 금액은 경감할 수 없음

27 공중위생관리 > 공중위생관리법규
위반의 내용·정도가 경미하다고 인정되는 경우에는 과태료 금액의 2분의 1 범위에서 경감할 수 있음

28 이·미용업자는 신고한 영업장 면적을 얼마 이상 증감하였을 때 변경신고를 해야 하는가?

① 5분의 1
② 4분의 1
③ 3분의 1
④ 6분의 1

28 공중위생관리 > 공중위생관리법규
신고한 영업장 면적의 3분의 1 이상을 증감한 경우 변경신고를 해야 함

29 라벤더 에센셜 오일의 효능에 대한 설명으로 가장 거리가 먼 것은?
① 상처 재생 작용 ② 화상 치유 작용
③ 근육 이완 작용 **④ 모유 생성 작용**

29 네일미용 서비스 〉 화장품 분류
라벤더 오일은 심리적 안정, 근육의 이완 작용, 상처와 화상 치유 등의 재생 작용에 효과적임

30 SPF에 대한 설명으로 틀린 것은?
① Sun Protection Factor의 약자로서 자외선 차단지수라 불린다.
② 엄밀히 말하면 UV-B 방어 효과를 나타내는 지수라고 볼 수 있다.
③ 오존층으로부터 자외선이 차단되는 정도를 알아보기 위한 목적으로 이용된다.
④ 자외선 차단제를 바른 피부에 최소한의 홍반을 일어나게 하는 데 필요한 자외선 양을 바르지 않은 피부에 최소한의 홍반을 일어나게 하는 데 필요한 자외선 양으로 나눈 값이다.

30 네일미용 서비스 〉 화장품 분류
SPF는 UV-B의 차단 효과를 표시하는 지수로, 오존층으로부터 자외선이 차단되는 정도가 아니라 'UV-B 방어 효과'를 나타내는 목적으로 이용됨

31 AHA에 대한 설명으로 옳은 것은?
① 물리적으로 각질을 제거하는 기능을 한다.
② 글리콜산은 사탕수수에 함유된 것으로 침투력이 좋다.
③ pH 3.5 이상에서 15% 농도가 각질 제거에 가장 효과적이다.
④ AHA보다 안전성은 떨어지나 효과가 좋은 BHA가 많이 사용된다.

31 네일미용 서비스 〉 화장품 분류
- 화학적으로 각질을 제거하는 기능을 함
- pH 3~4에서 5~10% 농도가 각질 제거에 가장 효과적임
- BHA보다 AHA가 많이 사용됨

32 화장품의 분류에 관한 설명 중 틀린 것은?
① 샴푸, 헤어 린스는 모발용 화장품에 속한다.
② 팩, 마사지 크림은 스페셜 화장품에 속한다.
③ 퍼퓸 오데코롱은 방향 화장품에 속한다.
④ 자외선 차단제와 태닝 제품은 기능성 화장품에 속한다.

32 네일미용 서비스 〉 화장품 분류
팩, 마사지 크림은 기초 화장품에 속함

33 일반적으로 많이 사용하고 있는 화장수의 알코올 함유량은?
① 70% 전후 **② 10% 전후**
③ 30% 전후 ④ 50% 전후

33 네일미용 서비스 〉 화장품 분류
알코올은 소독 작용을 하여 함량이 많으면 피부에 자극을 줄 수 있으므로 화장수에 사용하는 알코올의 일반적인 함량은 10% 전후임

34 손을 대상으로 하는 제품 중 알코올(에탄올)을 주 베이스로 하며, 청결 및 소독을 주된 목적으로 하는 제품은?
① 핸드워시(Hand Wash)
② 세니타이저(Sanitizer)
③ 비누(Soap)
④ 핸드크림(Hand Cream)

34 네일미용 서비스 〉 네일미용 위생서비스
세니타이저는 손·발을 소독하는 제품으로 살균과 소독의 기능이 있으며 알코올(에탄올)이 주성분임

35 피부의 미백을 돕는 데 사용되는 화장품 성분이 아닌 것은?
① 플라센타, 비타민 C
② 레몬추출물, 감초추출물
③ 코직산, 구연산
④ 캠퍼, 카모마일

35 네일미용 서비스 〉 화장품 분류
캠퍼, 카모마일은 여드름 피부에 효과적인 성분임

36 다음 중 네일 팁의 재질이 아닌 것은?
① 아세테이트
② 플라스틱
③ **아크릴**
④ 나일론

36 인조네일관리 〉 팁 네일
네일 팁의 재질
플라스틱, 나일론, 아세테이트

37 건강한 네일의 조건에 대한 설명으로 틀린 것은?
① 건강한 네일은 유연하고 탄력성이 좋아서 튼튼하다.
② 건강한 네일은 네일 베드에 단단히 잘 부착되어야 한다.
③ 건강한 네일은 연한 핑크빛을 띠며 내구력이 좋아야 한다.
④ **건강한 네일은 25~30%의 수분과 10%의 유분을 함유해야 한다.**

37 자연네일관리 〉 자연네일의 구조와 특성
건강한 네일은 12~18%의 수분과 0.15~0.75%의 유분을 함유해야 함

38 네일 역사의 대한 설명으로 잘못 연결된 것은?
① 1930년대 – 인조네일 개발
② 1950년대 – 페디큐어 등장
③ **1970년대 – 포인트(아몬드)형 네일 유행**
④ 1990년대 – 네일 시장의 급성장

38 네일미용 서비스 〉 네일미용의 이해
1800년대 – 포인트(아몬드)형 네일 유행

39 네일숍에서 관리가 불가능한 손톱 병변에 해당하는 것은?
① **조갑박리증(오니코리시스)**
② 조갑위축증(오니카트로피아)
③ 조갑비대증(오니콕시스)
④ 조갑익상편(테리지움)

39 네일미용 서비스 〉 네일미용 위생서비스
• 조갑박리증: 네일이 분리되는 증상, 관리 불가능
• 조갑위축증: 네일이 감소하는 증상, 관리 가능
• 조갑비대증: 네일이 두꺼워지는 증상, 관리 가능
• 조갑익상편: 큐티클이 과잉 성장한 증상, 관리 가능

40 손과 발의 뼈 구조에 대한 설명으로 틀린 것은?
① 한 손은 손목뼈 8개, 손바닥뼈 5개, 손가락뼈 14개로 총 27개의 뼈로 구성되어 있다.
② 한 발은 발목뼈 7개, 발바닥뼈 5개, 발가락뼈 14개로 총 26개의 뼈로 구성되어 있다.
③ 손목뼈는 손목을 구성하는 뼈로, 8개의 작고 다른 뼈들이 두 줄로 손목에 위치하고 있다.
④ **발목뼈는 몸의 무게를 지탱하는 5개의 길고 가는 뼈로 체중을 지탱하기 위해 튼튼하고 길다.**

40 네일미용 서비스 〉 손발의 구조와 기능
발목뼈는 발목을 구성하는 7개의 뼈로 체중을 지탱함

41 큐티클에 대한 설명으로 옳은 것은?
① 살아 있는 각질세포이다.
② 완전히 제거가 가능하다.
③ 네일 베드에서 자라 나온다.
④ **손톱 주위를 덮고 있다.**

41 자연네일관리 〉 자연네일의 구조와 특성
• 죽은 각질세포임
• 완전히 제거하면 안 됨
• 에포니키움의 각질화 과정에서 생성되며 네일에 붙어 자라 나옴

42 손톱의 구조에 대한 설명으로 가장 거리가 먼 것은?
① 네일 플레이트(조판)는 단단한 각질 구조물로 신경과 혈관이 없다.
② 네일 루트(조근)는 손톱이 자라나기 시작하는 곳이다.
③ 프리에지(자유연)는 손톱의 끝부분으로 네일 베드와 분리되어 있다.
④ 네일 베드(조상)는 네일 플레이트(조판) 위에 위치하며 손톱의 신진대사를 돕는다.

42 자연네일관리 〉 자연네일의 구조와 특성
네일 베드는 네일 플레이트(네일 보디) 아래에 위치하며 손톱의 신진대사를 도움

43 자율신경에 대한 설명으로 틀린 것은?
① 복재신경 – 종아리 뒤 바깥쪽을 내려와 발뒤꿈치의 바깥쪽 뒤에 분포
② 비복신경 – 종아리 뒤쪽으로 연결되는 장딴지에 분포
③ 요골신경 – 손등의 외측과 요골에 분포
④ 수지신경 – 손가락에 분포

43 네일미용 서비스 〉 손발의 구조와 기능
복재신경 – 정강이 안쪽과 발등 안쪽의 피부에 분포

44 '마누스(Manus)'와 '큐라(Cura)'라는 말에서 유래된 용어는?
① 네일 팁(Nail Tip)
② 매니큐어(Manicure)
③ 페디큐어(Pedicure)
④ 아크릴(Acrylic)

44 네일미용 서비스 〉 네일미용의 이해
매니큐어(Manicure)
라틴어의 '마누스(Manus)'와 '큐라(Cura)'의 합성어

45 다음 중 조갑종렬증(오니코렉시스)에 관한 설명으로 옳은 것은?
① 손톱의 색이 푸르스름하게 변하는 증상이다.
② 멜라닌색소가 착색되어 일어나는 증상이다.
③ 손톱이 갈라지거나 부서지는 증상이다.
④ 큐티클이 과잉 성장하여 네일 플레이트 위로 자라는 증상이다.

45 네일미용 서비스 〉 네일미용 위생서비스
조갑종렬증(오니코렉시스)은 네일이 세로로 골이 파져 갈라지거나 부서지는 증상임

46 다음 중 고객관리카드의 작성 시 기록해야 할 내용과 가장 거리가 먼 것은?
① 손발의 질병 및 이상 증상
② 작업 시 주의사항
③ 고객이 원하는 서비스의 종류 및 작업 내용
④ 고객의 학력 여부 및 가족사항

46 네일미용 서비스 〉 네일미용 고객서비스
고객의 학력 여부 및 가족사항은 고객관리카드에 기록해야 할 내용과 관련 없음

47 손목을 굽히고, 손가락을 구부리는 데 작용하는 근육은?
① 회내근
② 회외근
③ 장근
④ 굴근

47 네일미용 서비스 〉 손발의 구조와 기능
굴근은 굽힘근으로 관절을 굽히는 굴곡 작용을 함

48 네일의 구조에서 모세혈관, 림프 및 신경조직이 있는 부분은?
① 매트릭스
② 에포니키움
③ 큐티클
④ 네일 보디

48 자연네일관리 〉 자연네일의 구조와 특성
• 에포니키움: 네일 보디의 시작점에서 자라나는 피부
• 큐티클: 네일에 붙어 자라나오는 얇은 각질 막
• 네일 보디: 육안으로 보이는 손·발톱 판

49 다음 중 손톱 밑의 구조에 포함되지 <u>않는</u> 것은?
① 조반월(루눌라) ② 조모(매트릭스)
③ **조근(네일 루트)** ④ 조상(네일 베드)

49 자연네일관리 > 자연네일의 구조와 특성
- 네일 밑 피부조직: 매트릭스, 루눌라, 네일 베드, 옐로 라인, 스트레스 포인트
- 네일 자체: 네일 루트, 네일 보디, 프리에지

50 에포니키움과 관련된 설명으로 <u>틀린</u> 것은?
① 매트릭스를 보호한다.
② **에포니키움 위에는 큐티클이 존재한다.**
③ 에포니키움 아래편은 끈적한 형질로 되어있다.
④ 에포니키움의 부상은 영구적인 손상을 초래한다.

50 자연네일관리 > 자연네일의 구조와 특성
에포니키움 아래에는 큐티클이 존재함

51 큐티클 푸셔로 큐티클을 밀어 올릴 때 가장 적합한 각도는?
① 15° ② 30°
③ **45°** ④ 60°

51 자연네일관리 > 손톱 및 발톱관리
큐티클을 밀어 올릴 때에는 큐티클 푸셔를 연필을 쥐듯이 잡고 45° 각도로 부드럽게 밀어 올림

52 팁 위드 랩 작업 시 사용하지 <u>않는</u> 재료는?
① 글루 드라이어 ② 실크
③ 젤 글루 ④ **아크릴 파우더**

52 인조네일관리 > 팁 네일
팁 위드 랩 주요 재료
네일 팁, 네일 접착제(스틱 글루, 젤 글루 등), 경화 촉진제(글루 드라이어), 네일 랩(실크, 리넨 등), 필러 파우더

53 컬러링의 설명으로 <u>틀린</u> 것은?
① 베이스코트는 네일 폴리시의 착색을 방지한다.
② **네일 폴리시 브러시의 각도는 90°로 잡는 것이 가장 적합하다.**
③ 네일 폴리시는 얇게 바르는 것이 빨리 건조되고 색상도 오래 유지된다.
④ 톱코트는 네일 폴리시의 광택을 더해 주고 지속력을 높인다.

53 자연네일관리 > 네일 컬러링
네일 폴리시 브러시는 45° 각도로 잡는 것이 가장 적합함

54 네일 종이 폼의 적용 설명으로 <u>틀린</u> 것은?
① 다양한 스컬프처 네일 작업 시에 사용한다.
② 자연스런 네일의 연장을 만들 수 있다.
③ **디자인 UV 젤 팁 오버레이 시에 사용한다.**
④ 일회용이며 프렌치 스컬프처에 적용한다.

54 인조네일관리 > 젤 네일
팁 오버레이 시에는 네일 폼 대신에 '네일 팁'을 사용하여 네일의 길이를 연장함

55 페디큐어 작업 순서로 가장 적합한 것은?

① 소독하기 - 네일 폴리시 지우기 - 발톱 형태 만들기 - 큐티클 오일 바르기 - 큐티클 정리하기
② 네일 폴리시 지우기 - 소독하기 - 발톱 표면 정리하기 - 큐티클 오일 바르기 - 큐티클 정리하기
③ 소독하기 - 발톱 표면 정리하기 - 네일 폴리시 지우기 - 발톱 형태 만들기 - 큐티클 정리하기
④ 네일 폴리시 지우기 - 소독하기 - 발톱 형태 만들기 - 큐티클 오일 바르기 - 큐티클 정리하기

55 자연네일관리 > 손톱 및 발톱관리
페디큐어의 작업 순서
소독하기 - 네일 폴리시 지우기 - 발톱 형태 만들기 - 큐티클 오일 바르기 - 큐티클 정리하기

56 프렌치 컬러링에 대한 설명으로 옳은 것은?

① 옐로 라인에 맞추어 완만한 U자 형태로 컬러링한다.
② 프리에지의 컬러링의 너비는 규격화되어 있다.
③ 프리에지의 컬러링 색상은 흰색으로 규정되어 있다.
④ 프리에지 부분만을 제외하고 컬러링한다.

56 자연네일관리 > 네일 컬러링
프렌치 컬러링은 옐로 라인에 맞추어 완만한 U자 형태로 프리에지 부분에만 컬러링하는 기법임

57 아크릴 작업에서 핀칭(Pinching)을 하는 주된 이유는?

① 리프팅(Lifting) 방지에 도움이 된다.
② C 커브에 도움이 된다.
③ 하이 포인트 형성에 도움이 된다.
④ 에칭(Etching)에 도움이 된다.

57 인조네일관리 > 아크릴 네일
아크릴 네일 작업에서 핀칭(Pinching)을 하는 이유는 이상적인 C 커브를 만들기 위함임

58 아크릴 네일의 제거 방법으로 가장 적합한 것은?

① 드릴머신으로 갈아 준다.
② 탈지면에 아세톤을 적셔 포일로 감싸 30분 정도 불린 후 오렌지 우드스틱으로 밀어서 떼어 준다.
③ 100그릿의 네일 파일로 네일 파일링하여 제거한다.
④ 탈지면에 알코올을 적셔 포일로 감싸 30분 정도 불린 후 오렌지 우드스틱으로 떼어 준다.

58 자연네일관리 > 네일 화장물 제거
- 아크릴 네일은 아세톤으로 용해되기 때문에 포일로 감싸 불린 후 오렌지 우드스틱으로 밀어서 떼어줌
- 용해 시간은 약 10~20분 정도가 적절하나 사전에 인조네일의 두께를 제거하지 않은 경우에는 약 30분 정도까지도 가능할 수 있음

59 UV 젤의 특징이 아닌 것은?

① 올리고머 형태의 분자구조를 가지고 있다.
② 톱 젤의 광택은 인조네일 중 가장 좋다.
③ 젤은 농도에 따라 묽기가 약간씩 다르다.
④ UV 젤은 상온에서 경화가 가능하다.

59 인조네일관리 > 젤 네일
UV 젤은 UV(자외선) 젤 램프기기에서 경화가 가능함

60 페디큐어 작업 시 굳은살을 제거하는 도구의 명칭은?

① 큐티클 푸셔   ② 토 세퍼레이터
③ 콘 커터   ④ 네일 클리퍼

60 네일미용 서비스 > 네일미용 위생서비스
- 큐티클 푸셔: 큐티클을 밀어 올릴 때 사용하는 도구
- 토 세퍼레이터: 발가락끼리 닿지 않게 해 주는 제품
- 네일 클리퍼: 네일을 잘라 길이를 조절하는 도구

공개 기출문제 | 2015년 제5회

답만 외워도 합격!

01 영양소의 3대 작용으로 틀린 것은?
① 신체의 생리 기능 조절
② **에너지 열량 감소**
③ 신체의 조직 구성
④ 열량 공급 작용

02 다음 중 식물에게 가장 피해를 많이 줄 수 있는 기체는?
① 일산화탄소
② 이산화탄소
③ 탄화수소
④ **이산화황**

03 ( ) 안에 들어갈 알맞은 것은?

> ( )(이)란 감염병 유행 지역의 입국자에 대하여 감염병 감염이 의심되는 사람의 강제 격리로서 '건강 격리'라고도 한다.

① **검역**
② 감금
③ 감시
④ 전파 예방

04 감염병을 옮기는 질병과 그 매개곤충을 연결한 것으로 옳은 것은?
① 말라리아 – 진드기
② 발진티푸스 – 모기
③ **쯔쯔가무시증 – 진드기**
④ 일본뇌염 – 체체파리

05 사회보장의 종류에 따른 내용의 연결이 옳은 것은?
① 사회보험 – 기초생활보장, 의료보장
② **사회보험 – 소득보장, 의료보장**
③ 공적부조 – 기초생활보장, 보건의료서비스
④ 공적부조 – 의료보장, 사회복지서비스

06 일명 도시형, 인구 유입형이라고도 하며 생산층 인구가 전체 인구의 50% 이상이 되는 인구 구성 유형은?
① **별형**
② 항아리형
③ 농촌형
④ 종형

07 다음 감염병 중 호흡기계 감염병에 속하는 것은?
① 발진티푸스
② 파라티푸스
③ **디프테리아**
④ 황열

| 해설 |

01 네일미용 서비스 〉 피부의 이해
영양소의 3대 작용
열량 공급, 신체 조직 구성, 생리적 기능 조절

02 공중위생관리 〉 공중보건
이산화황(아황산가스)은 인체에 가장 심한 자극을 일으키며 식물을 고사시키는 유독가스임

03 공중위생관리 〉 공중보건
검역이란 감염병 유행 지역의 입국자에 대하여 감염병 감염이 의심되는 사람을 강제 격리시키는 것으로 '건강 격리'라고도 함

04 공중위생관리 〉 공중보건
• 말라리아 – 모기
• 발진티푸스 – 이
• 일본뇌염 – 모기

05 공중위생관리 〉 공중보건
• 사회보험: 소득보장, 의료보장
• 공공부조: 기초생활보장, 의료 급여

06 공중위생관리 〉 공중보건
• 항아리형: 인구 감소형, 14세 이하 인구가 65세 이상 인구의 2배가 되지 않음
• 농촌형: 인구 유출형, 생산층 인구가 전체 인구의 50% 미만
• 종형: 인구 정지형, 14세 이하 인구가 65세 이상 인구의 2배 정도

07 공중위생관리 〉 공중보건
디프테리아는 비말핵이 먼지와 섞여 공기를 통해 감염되는 호흡기계 감염병임

08 이·미용업소에서 공기 중 비말 감염으로 가장 쉽게 옮겨질 수 있는 감염병은?

① **인플루엔자**
② 대장균
③ 뇌염
④ 장티푸스

08 공중위생관리 〉 공중보건
인플루엔자는 말이나 기침 등 오염된 공기로 전파되는 비말 감염으로 이·미용업소에서 쉽게 옮겨질 수 있음

09 소독약의 살균력 지표로 가장 많이 이용되는 것은?

① 알코올
② 크레졸
③ **석탄산**
④ 포름알데하이드

09 공중위생관리 〉 소독
석탄산은 소독약의 살균력 지표로 가장 많이 이용됨

10 소독제의 구비조건과 가장 거리가 먼 것은?

① 높은 살균력을 가질 것
② 인축에 해가 없을 것
③ 저렴하고 구입과 사용이 간편할 것
④ **냄새가 강할 것**

10 공중위생관리 〉 소독
소독제는 안정성 및 용해성이 높고 냄새가 없는 것이 좋음

11 다음 소독 방법 중 완전 멸균으로 가장 빠르고 효과적인 방법은?

① 유통증기 멸균법
② 간헐 멸균법
③ **고압증기 멸균법**
④ 건열 멸균법

11 공중위생관리 〉 소독
• 유통증기 멸균법: 30~60분 가열
• 간헐 멸균법: 30~60분, 24시간마다 가열 3회 반복
• 고압증기 멸균법: 20분 가열
• 건열 멸균법: 1~2시간 가열 후 냉각

12 인체에 질병을 일으키는 병원체 중 대체로 살아 있는 세포에서만 증식하고 크기가 가장 작아 전자현미경으로만 관찰할 수 있는 것은?

① 구균
② 간균
③ **바이러스**
④ 원생동물

12 공중위생관리 〉 소독
바이러스는 인체에 질병을 일으키는 병원체로, 살아 있는 세포에서만 증식하고 크기가 가장 작아 전자현미경으로만 관찰할 수 있음

13 다음 중 아포(포자)까지도 사멸시킬 수 있는 멸균 방법은?

① 자외선 조사법
② **고압증기 멸균법**
③ PO(Propylene Oxide)가스 멸균법
④ 자비 소독법

13 공중위생관리 〉 소독
고압증기 멸균법은 아포(포자)까지도 사멸시킬 수 있는 멸균 방법임

14 이·미용업소의 쓰레기통, 하수도 소독으로 효과적인 것은?

① 과산화수소
② 승홍수
③ **생석회**
④ 역성비누액

14 공중위생관리 〉 소독
• 과산화수소: 구강, 피부 상처
• 승홍수: 피부, 아포
• 역성비누액: 손, 식기, 기구

15 여드름을 유발하는 호르몬은?

① 인슐린(Insulin)
② **안드로겐(Androgen)**
③ 에스트로겐(Estrogen)
④ 티록신(Thyroxine)

15 네일미용 서비스 > 피부의 이해
테스토스테론과 안드로겐의 남성호르몬은 여드름을 유발함

16 멜라닌세포가 주로 위치하는 곳은?

① 각질층
② **기저층**
③ 유극층
④ 망상층

16 네일미용 서비스 > 피부의 이해
피부 색상을 결정짓는 데 주요한 요인이 되는 멜라닌세포는 표피의 기저층에 주로 분포되어 있음

17 사춘기 이후 성호르몬의 영향을 받아 분비되기 시작하는 땀샘으로 체취선이라고 하는 것은?

① 소한선
② **대한선**
③ 갑상선
④ 피지선

17 네일미용 서비스 > 피부의 이해
대한선(아포크린 한선)은 본래 무색, 무취, 무균성이나 표피에 배출된 후 세균의 작용을 받아 부패하여 냄새가 나며 사춘기 이후에 주로 분비되는 땀샘임

18 일광화상의 주된 원인이 되는 자외선은?

① UV – A
② **UV – B**
③ UV – C
④ 가시광선

18 네일미용 서비스 > 피부의 이해
자외선 B(UV – B)는 진피의 상부에 도달하며 수포, 일광화상, 색소 침착, 피부 홍반 등을 유발함

19 노화 피부에 대한 전형적인 증세는?

① 피지가 과다 분비되어 번들거린다.
② 항상 촉촉하고 매끈하다.
③ 수분이 80% 이상이다.
④ **유분과 수분이 부족하다.**

19 네일미용 서비스 > 피부의 이해
노화가 되면 피부의 유·수분 부족 현상이 일어남

20 다음 중 뼈와 치아의 주성분이며, 결핍되면 혈액의 응고 현상이 나타나는 영양소는?

① 인(P)
② 요오드(I)
③ **칼슘(Ca)**
④ 철분(Fe)

20 네일미용 서비스 > 피부의 이해
칼슘(Ca)은 뼈와 치아를 형성하며 결핍되면 혈액의 응고 현상이 나타남

21 피지, 각질세포, 박테리아가 서로 엉겨서 모공이 막힌 상태를 무엇이라 하는가?

① 구진
② **면포**
③ 반점
④ 결절

21 네일미용 서비스 > 피부의 이해
- 구진: 표피에 붉은 융기로 상처 없이 치유 가능
- 반점: 피부의 함몰 없이 색조가 변화하는 반점 상태
- 결절: 염증이 진피까지 침범하여 통증을 동반한 상태

22 보건복지부장관 또는 시장·군수·구청장이 과태료의 금액을 줄여줄 수 있는 경우에 해당하지 <u>않는</u> 것은?
① 위반행위가 사소한 부주의로 인정되는 경우
② 위반의 내용·정도가 경미하다고 인정되는 경우
③ **개인적인 사정으로 과태료를 체납하고 있는 경우**
④ 위반행위자가 법 위반상태를 시정하거나 해소하기 위해 노력한 것이 인정되는 경우

22 공중위생관리 〉 공중위생관리법규
개인적인 사정으로 과태료를 체납하고 있는 경우에는 과태료 경감대상이 아님

23 면허의 정지명령을 받은 자가 반납한 면허증은 정지 기간 동안 누가 보관하는가?
① 관할 시·도지사
② **관할 시장·군수·구청장**
③ 보건복지부장관
④ 관할 경찰서장

23 공중위생관리 〉 공중위생관리법규
관할 시장·군수·구청장은 면허의 정지명령을 받은 자가 반납한 면허증을 정지 기간 동안 보관함

24 공중위생업자가 매년 받아야 하는 위생교육 시간은?
① 5시간
② 4시간
③ **3시간**
④ 2시간

24 공중위생관리 〉 공중위생관리법규
공중위생업자는 위생교육을 매년 3시간 받아야 함

25 다음 중 청문의 대상이 아닌 때는?
① 면허취소 처분을 하고자 하는 때
② 면허정지 처분을 하고자 하는 때
③ 영업소 폐쇄명령의 처분을 하고자 하는 때
④ **벌금으로 처벌하고자 하는 때**

25 공중위생관리 〉 공중위생관리법규
청문 실시 사유
• 이·미용사 면허정지
• 이·미용사 면허취소
• 영업소 영업정지명령
• 일부 시설의 사용중지명령
• 영업소 폐쇄명령

26 신고를 하지 않고 영업소의 소재지를 변경한 때에 대한 1차 위반 시 행정처분 기준은?
① **영업정지 1개월**
② 영업정지 6개월
③ 영업정지 3개월
④ 영업정지 2개월

26 공중위생관리 〉 공중위생관리법규
신고를 하지 않고 영업소의 소재지를 변경한 경우
• 1차 위반: 영업정지 1개월
• 2차 위반: 영업정지 2개월
• 3차 위반: 영업장 폐쇄명령

27 이·미용업 영업신고 신청 시 필요한 구비서류에 해당하는 것은?
① 이·미용사 자격증 원본
② **면허증 원본**
③ 호적등본 및 주민등록등본
④ 건축물 대장

27 공중위생관리 〉 공중위생관리법규
영업신고 제출서류
• 영업신고서
• 영업시설 및 설비개요서
• 위생교육 수료증
• 면허증 원본

28 「공중위생관리법」상 이·미용기구의 소독기준 및 방법으로 틀린 것은?
① **건열 멸균 소독: 섭씨 100℃ 이상의 건조한 열에 10분 이상 쐬어 준다.**
② 증기 소독: 섭씨 100℃ 이상의 습한 열에 20분 이상 쐬어 준다.
③ 열탕 소독: 섭씨 100℃ 이상의 물 속에서 10분 이상 끓여 준다.
④ 석탄산수 소독: 석탄산수(석탄산 3%, 물 97%의 수용액)에 10분 이상 담가 둔다.

28 공중위생관리 〉 공중위생관리법규
건열 멸균 소독은 섭씨 100℃ 이상의 건조한 열에 20분 이상 쐬어 주어야 함

29 다음 중 미백 기능과 가장 거리가 먼 것은?
① 비타민 C ② 코직산
③ 캠퍼 ④ 감초

30 린스의 기능으로 틀린 것은?
① 정전기를 방지한다. ② 모발 표면을 보호한다.
③ 자연스러운 광택을 준다. **④ 세정력이 강하다.**

31 화장수에 대한 설명 중 올바르지 않은 것은?
① 수렴 화장수는 아스트린젠트라고 불린다.
② 수렴 화장수는 지성, 복합성 피부에 효과적으로 사용된다.
③ 유연 화장수는 건성 또는 노화 피부에 효과적으로 사용된다.
④ 유연 화장수는 모공을 수축시켜 피부결을 섬세하게 정리해 준다.

32 화장품의 4대 요건에 속하지 않는 것은?
① 안전성 ② 안정성
③ 치유성 ④ 유효성

33 아줄렌(Azulene)은 어디에서 얻어지는가?
① 카모마일(Camomile)
② 로얄젤리(Royal Jelly)
③ 아르니카(Arnica)
④ 조류(Algae)

34 화장품 성분 중 기초 화장품이나 메이크업 화장품에 널리 사용되는 고형의 유성 성분으로 화학적으로는 고급지방산에 고급알코올이 결합된 에스테르이며, 화장품의 굳기를 증가시켜 주는 원료에 속하는 것은?
① 왁스(Wax)
② 폴리에틸렌글리콜(Polyethylene Glycol)
③ 피자마유(Caster Oil)
④ 바셀린(Vaseline)

35 향수에 대한 설명으로 옳은 것은?
① 퍼퓸(Perfume Extract) - 알코올 70%와 향수 원액을 30%를 포함하여, 향이 3일 정도 지속될 수 있다.
② 오데퍼퓸(Eau de Perfume) - 알코올 95% 이상, 향수 원액 2~3%로 30분 정도 향이 지속된다.
③ 샤워코롱(Shower Cologne) - 알코올 80%와 물 및 향수 원액 15%가 함유된 것으로 5시간 정도 향이 지속된다.
④ 헤어 토닉(Hair Tonic) - 알코올 85~95%와 향수 원액 8%가량이 함유된 것으로 향이 2~3시간 정도 지속된다.

---

29 네일미용 서비스 > 화장품 분류
캠퍼는 수렴 작용, 피지 조절, 항염, 여드름 억제 기능이 있는 여드름 피부에 효과적인 성분임

30 네일미용 서비스 > 화장품 분류
세정력이 있는 것은 샴푸임

31 네일미용 서비스 > 화장품 분류
모공을 수축시켜 피부결을 섬세하게 정리해 주는 것은 수렴 화장수임

32 네일미용 서비스 > 화장품 분류
화장품의 4대 요건: 안전성, 안정성, 사용성, 유효성

33 네일미용 서비스 > 화장품 분류
아줄렌은 카모마일에서 추출한 오일로 진정·살균·소독 작용, 항염증 및 여드름에 효과가 있음

34 네일미용 서비스 > 화장품 분류
왁스는 고급지방산에 고급알코올이 결합된 에스테르를 의미하며 녹는점이 높아 화장품의 굳기를 조절, 광택을 부여하는 역할을 함

35 네일미용 서비스 > 화장품 분류
일반적인 퍼퓸은 15~30%의 향료를 함유하며 약 6~7시간 지속되나, 향료가 30% 함유된 경우는 잔향이 3일 정도 지속될 수도 있음

36 네일숍(Shop)의 안전관리를 위한 대처 방법으로 가장 적합하지 않은 것은?

① 화학물질을 사용할 때는 반드시 뚜껑이 있는 용기를 이용한다.
② 작업 시 마스크를 착용하여 가루의 흡입을 막는다.
③ 작업 공간에서는 음식물 섭취 및 흡연을 금한다.
④ **가능하면 스프레이 형태의 화학물질을 사용한다.**

37 손톱의 구조 중 조근에 대한 설명으로 가장 적합한 것은?

① 손톱 모양을 만든다.
② 연분홍의 반달 모양이다.
③ **손톱이 자라기 시작하는 곳이다.**
④ 손톱의 수분 공급을 담당한다.

38 네일 질환 중 교조증(오니코파지, Onychophagy)의 원인과 관리 방법으로 가장 적합한 것은?

① 유전에 의하여 손톱의 끝이 두껍게 자라는 것이 원인으로 매니큐어나 페디큐어가 증상을 완화시킨다.
② 멜라닌색소가 착색되어 일어나는 증상이 원인이며 손톱이 자라면서 없어지기도 한다.
③ **손톱을 심하게 물어뜯을 경우 원인이 되며 인조 손톱을 붙여서 보정할 수 있다.**
④ 식습관이나 질병에서 비롯된 증상이 원인이며 부드러운 네일 파일을 사용하여 관리한다.

39 네일미용관리 중 고객관리에 대한 응대로 지켜야 할 사항이 아닌 것은?

① 작업의 우선순위에 대한 논쟁을 막기 위해서 예약 고객을 우선으로 한다.
② 고객이 도착하기 전에 필요한 물건과 도구를 준비해야 한다.
③ **관리 중에는 고객과 대화를 나누지 않는다.**
④ 고객에게 소지품과 옷 보관함을 제공하고 고객끼리 소지품과 옷 등이 바뀌는 일이 없도록 한다.

40 다음 중 손톱의 역할과 가장 거리가 먼 것은?

① 손끝과 발끝을 외부 자극으로부터 보호한다.
② 미적·장식적 기능이 있다.
③ 방어와 공격의 기능이 있다.
④ **분비 기능이 있다.**

41 한국의 네일미용 역사에 관한 설명 중 틀린 것은?

① 우리나라 네일 장식의 시작은 봉선화 꽃물을 들이던 것이라 할 수 있다.
② **한국의 네일 산업이 본격화되기 시작한 것은 1960년대 중반으로 미국과 일본의 영향으로 네일 산업이 급성장하면서 대중화되기 시작했다.**
③ 1990년대부터 대중화되어 왔고, 1998년에는 민간자격증이 도입되었다.
④ 화장품 회사에서 다양한 색상의 네일 폴리시를 판매하면서 일반인들이 네일에 대한 관심을 갖기 시작했다.

---

36 네일미용 서비스 〉 네일미용 위생서비스
화학물질을 사용할 때는 공중에 분사하지 않도록 하며 스프레이 형태보다 스포이트나 솔 형태로 사용하는 것이 좋음

37 자연네일관리 〉 자연네일의 구조와 특성
조근(네일 루트)은 손톱이 자라기 시작하는 뿌리 부분임

38 네일미용 서비스 〉 네일미용 위생서비스
교조증은 손톱을 심하게 물어뜯을 경우 원인이 되며, 아크릴 네일로 보정하여 관리할 수 있음

39 네일미용 서비스 〉 네일미용 고객서비스
관리 중에도 고객과 대화를 나누어 고객의 요구를 듣고 응대해야 함

40 자연네일관리 〉 자연네일의 구조와 특성
손톱은 분비 기능이 없음

41 네일미용 서비스 〉 네일미용의 이해
미국과 일본의 영향으로 네일 산업이 급성장하면서 대중화되기 시작한 시기는 1990년대임

42 다음 중 네일미용관리가 가능한 경우는?
① 사상균증   ② 조갑구만증
③ 조갑탈락증   ④ 행 네일

42 네일미용 서비스 > 네일미용 위생서비스
- 사상균증: 녹황균, 곰팡이균의 감염으로 관리 불가능
- 조갑구만증: 네일이 심하게 변형되어 관리 불가능
- 조갑탈락증: 네일이 없어지는 증상으로 관리 불가능
- 행 네일: 거스러미가 일어나는 증상으로 관리 가능

43 화학물질로부터 자신과 고객을 보호하는 방법으로 틀린 것은?
① 화학물질은 피부에 닿아도 되기 때문에 신경 쓰지 않아도 된다.
② 통풍이 잘 되는 작업장에서 작업을 한다.
③ 스프레이 제품보다 찍어 바르거나 솔로 바르는 제품을 선택한다.
④ 콘택트렌즈의 사용을 제한한다.

43 네일미용 서비스 > 네일미용 위생서비스
화학물질은 피부에 닿지 않게 주의해서 사용해야 함

44 손가락과 손가락 사이가 붙지 않고 벌어지게 하는 외향에 작용하는 손등의 근육은?
① 외전근   ② 내전근
③ 대립근   ④ 회외근

44 네일미용 서비스 > 손발의 구조와 기능
- 내전근: 관절을 모으는 내전 작용을 하는 근육
- 대립근: 물건을 잡는 작용을 하는 근육
- 회외근: 손등이 뒤쪽으로 향하게 작용하는 팔의 근육

45 고객관리에 대한 설명으로 옳은 것은?
① 피부 습진이 있는 고객은 처치를 하면서 서비스한다.
② 진한 메이크업을 하고 고객을 응대한다.
③ 네일 제품으로 인한 알레르기 반응이 생길 수 있으므로 원인이 되는 제품의 사용을 멈추도록 한다.
④ 문제성 피부를 지닌 고객에게 주어진 업무 수행을 자유롭게 한다.

45 네일미용 서비스 > 네일미용 고객서비스
- 피부 습진이 있는 고객에게는 서비스할 수 없음
- 단정한 용모로 고객 서비스를 해야 함
- 문제성 피부를 지닌 고객은 주의하여 관리해야 함

46 네일미용의 역사에 대한 설명으로 틀린 것은?
① 최초의 네일미용은 기원전 3000년경에 이집트에서 시작되었다.
② 고대 이집트에서는 헤나를 이용하여 붉은 오렌지색으로 손톱을 물들였다.
③ 그리스에서는 달걀 흰자와 아라비아산 고무나무 수액을 섞어 손톱에 칠하였다.
④ 15세기 중국의 명 왕조에서는 흑색과 적색을 손톱에 칠하여 장식하였다.

46 네일미용 서비스 > 네일미용의 이해
중국에서는 달걀 흰자와 아라비아산 고무나무 수액을 섞어 손톱에 칠하였음

47 손톱의 구조에서 자유연(프리에지) 밑부분의 피부를 무엇이라 하는가?
① 하조피(하이포니키움)   ② 조구(네일 그루브)
③ 큐티클   ④ 조상연(페리오니키움)

47 자연네일관리 > 자연네일의 구조와 특성
하조피는 프리에지 아래의 돌출된 피부조직으로 박테리아와 이물질의 침입을 막아 네일 아랫부분을 보호함

48 다음 중 발의 근육에 해당하는 것은?
① 비복근   ② 대퇴근
③ 장골근   ④ 족배근

48 네일미용 서비스 > 손발의 구조와 기능
발의 근육
족배근(발등), 족척근(발바닥), 중간근(발허리뼈 사이)

49 네일 도구의 설명으로 틀린 것은?

① 큐티클 니퍼: 네일 위에 거스러미가 생긴 살을 제거할 때 사용한다.
② 아크릴 브러시: 아크릴 파우더로 볼을 만들어 인조네일을 만들 때 사용한다.
③ **네일 클리퍼: 네일 팁을 잘라 길이를 조절할 때 사용한다.**
④ 아크릴 폼: 네일 팁 없이 아크릴 파우더만을 가지고 네일을 연장할 때 일종의 받침대로 사용한다.

49 네일미용 서비스 〉 네일미용 위생서비스
- 네일 클리퍼: 손·발톱을 잘라 길이를 조절할 때 사용
- 팁 커터: 네일 팁을 잘라 길이를 조절할 때 사용

50 다음 중 손가락의 수지골의 명칭이 아닌 것은?

① 기절골　　　　② 말절골
③ 중절골　　　　④ **요골**

50 네일미용 서비스 〉 손발의 구조와 기능
요골은 아래팔뼈를 이루는 2개의 뼈 중 요측에 있는 뼈임

51 네일 폴리시를 바르는 방법 중 손톱이 길고 가늘게 보이도록 하기 위해 양쪽 사이드 부위를 남겨 두는 컬러링 방법은?

① 프리에지(Free Edge)
② 풀코트(Full Coat)
③ **슬림라인(Slim Line)**
④ 루눌라(Lunula)

51 자연네일관리 〉 네일 컬러링
- 프리에지 컬러링: 프리에지 부분에만 컬러링하지 않음
- 풀코트 컬러링: 네일 전체에 컬러링함
- 루눌라 컬러링: 루눌라(조반월) 부분을 남기고 컬러링함

52 UV – 젤 네일의 설명으로 옳지 않은 것은?

① 젤은 끈끈한 점성을 가지고 있다.
② **파우더와 믹스되었을 때 단단해진다.**
③ 네일 리무버로 제거되지 않는다.
④ 투명도와 광택이 뛰어나다.

52 인조네일관리 〉 젤 네일
UV – 젤 네일은 UV – 젤 램프기기에 경화했을 때 단단해짐

53 페디큐어의 작업 방법으로 맞는 것은?

① **파고드는 발톱의 예방을 위하여 발톱의 형태는 일자형으로 한다.**
② 혈압이 높거나 심장병이 있는 고객은 마사지를 더 강하게 해 준다.
③ 모든 각질 제거에는 콘 커터를 사용하여 완벽하게 제거한다.
④ 발톱의 형태는 무조건 고객이 원하는 형태로 잡아준다.

53 자연네일관리 〉 손톱 및 발톱관리
파고드는 발톱의 예방을 위하여 프리에지 끝부분이 일자 형태인 스퀘어 형태로 조형함

54 습식 매니큐어 작업에 관한 설명으로 틀린 것은?

① 고객의 취향과 기호에 맞게 손톱의 형태를 다듬는다.
② 자연손톱 네일 파일링 시 한 방향으로 작업한다.
③ 손톱 질환이 심각할 경우 의사의 진료를 권한다.
④ **큐티클은 죽은 각질 피부이므로 반드시 모두 제거하는 것이 좋다.**

54 자연네일관리 〉 손톱 및 발톱관리
큐티클은 깊게 제거할 시 출혈이 발생할 수 있으므로 반드시 모두 제거해야 하는 것은 아니며, 지저분한 부분만 조심히 정리해야 함

55 페디 파일의 사용 방향으로 가장 적합한 것은?
① 바깥쪽에서 안쪽으로
② 왼쪽에서 오른쪽으로
③ 족문 방향으로
④ 사선 방향으로

55 네일미용 서비스 > 네일미용 위생서비스
페디 파일은 족문 방향인 안쪽에서 바깥쪽으로 사용함

56 네일 팁에 대한 설명으로 틀린 것은?
① 네일 팁 접착 시 손톱의 1/2 이상 커버해서는 안 된다.
② 네일 팁은 손톱의 크기에 너무 크거나 작지 않은 가장 잘 맞는 사이즈의 팁을 사용한다.
③ 웰 부분의 형태에 따라 풀 웰(Full Well)과 하프 웰(Half Well)이 있다.
④ 자연손톱이 크고 납작한 경우 커브 타입의 네일 팁이 좋다.

56 인조네일관리 > 팁 네일
자연네일이 크고 납작한 경우 축소 효과를 보이기 위해 끝이 좁아지는 내로(Narrow) 네일 팁을 적용하는 것이 적절함

57 큐티클을 정리하는 도구의 명칭으로 가장 적합한 것은?
① 핑거볼   **② 큐티클 니퍼**
③ 핀셋   ④ 네일 클리퍼

57 네일미용 서비스 > 네일미용 위생서비스
• 핑거볼: 큐티클을 불려 주기 위해 손을 담그는 용기
• 핀셋: 네일 스톤, 네일 스티커 등을 집는 도구
• 네일 클리퍼: 네일을 잘라 길이를 조절하는 도구

58 팁 오버레이의 작업 과정에 대한 설명으로 틀린 것은?
① 네일 팁 접착 시 자연손톱 길이의 1/2 이상 덮지 않는다.
② 자연손톱이 넓은 경우, 좁게 보이기 위해 작은 사이즈의 네일 팁을 붙인다.
③ 네일 팁의 접착력을 높여 주기 위해 자연손톱의 에칭 작업을 한다.
④ 프리네일 프라이머를 자연손톱에만 도포한다.

58 인조네일관리 > 팁 네일
자연네일이 넓은 경우, 좁게 보이기 위해 끝이 좁아지는 내로(Narrow) 네일 팁을 접착함

59 아크릴 작업 시 바르는 네일 프라이머에 대한 설명 중 틀린 것은?
① 단백질을 화학 작용으로 녹여 준다.
② 아크릴 네일이 손톱에 잘 부착되도록 도와 준다.
③ 피부에 닿으면 화상을 입힐 수 있다.
④ 충분한 양으로 여러 번 도포해야 한다.

59 인조네일관리 > 아크릴 네일
네일 프라이머는 소량으로 도포해야 함

60 아크릴 네일의 보수 과정에 대한 설명으로 가장 거리가 먼 것은?
① 들뜬 부분의 경계를 네일 파일링한다.
② 아크릴 표면이 단단하게 굳은 후에 네일 파일링한다.
③ 새로 자라난 자연손톱 부분에 네일 프라이머를 바른다.
④ 들뜬 부분에 오일 도포 후 큐티클을 정리한다.

60 인조네일관리 > 인조네일 보수
아크릴 네일의 보수 시에는 큐티클 오일을 사용하면 리프팅이 발생할 수 있으므로 큐티클 오일의 사용을 피해야 함

공개 기출문제 | 2016년 제1회

01 야채를 고온에서 요리할 때 가장 파괴되기 쉬운 비타민은?
① 비타민 A
② **비타민 C**
③ 비타민 D
④ 비타민 K

| 해 설 |

01 네일미용 서비스 〉 피부의 이해
비타민 C는 높은 온도에 파괴되기 쉬운 영양소임

02 다음 중 병원소에 해당하지 않는 것은?
① 흙
② **물**
③ 가축
④ 보균자

02 공중위생관리 〉 공중보건
병원소는 토양 병원소(흙), 인간 병원소(보균자), 동물 병원소(가축)가 있음

03 일반폐기물 처리 방법 중 가장 위생적인 방법은?
① 매립법
② **소각법**
③ 투기법
④ 비료화법

03 공중위생관리 〉 공중보건
소각법은 불에 태우는 방법으로 가장 위생적인 폐기물 처리 방법임

04 인구통계에서 5~9세 인구란?
① 만 4세 이상~만 8세 미만 인구
② **만 5세 이상~만 10세 미만 인구**
③ 만 4세 이상~만 9세 미만 인구
④ 4세 이상~9세 이하 인구

04 공중위생관리 〉 공중보건
5~9세 인구: 만 5세 이상에서 만 10세 미만의 인구

05 모유수유에 대한 설명으로 옳지 않은 것은?
① 수유 전 산모의 손을 씻어 감염을 예방해야 한다.
② **모유수유를 하면 배란을 촉진시켜 임신을 예방하는 효과가 없다.**
③ 모유에는 림프구, 대식세포 등의 백혈구가 들어 있어 각종 감염으로부터 장을 보호하고 설사를 예방하는 데 큰 효과를 갖고 있다.
④ 초유는 영양가가 높고 면역체가 있으므로 아기에게 반드시 먹이도록 한다.

05 공중위생관리 〉 공중보건
모유수유를 하면 젖 분비 호르몬이 분비되어 배란이 억제되고 임신을 예방하는 자연피임 효과가 있음

06 감염병 감염 후 얻어지는 면역의 종류는?
① 인공 능동면역
② 인공 수동면역
③ **자연 능동면역**
④ 자연 수동면역

06 공중위생관리 〉 공중보건
• 인공 능동면역: 예방접종으로 형성되는 면역
• 인공 수동면역: 혈청을 투입하여 형성되는 면역
• 자연 수동면역: 모체로부터 받아 형성되는 면역

07 다음 중 출생 후 아기에게 가장 먼저 실시하게 되는 예방접종은?
① 파상풍
② **B형 간염**
③ 홍역
④ 폴리오

07 공중위생관리 〉 공중보건
• 출생 직후: B형 간염
• 출생 4주 이내: 결핵
• 2, 4, 6개월: 폴리오, 디프테리아, 백일해, 파상풍
• 12~15개월: 홍역, 유행성 이하선염, 풍진

08 바이러스(Virus)의 특성으로 가장 거리가 먼 것은?

① 생체 내에서만 증식이 가능하다.
② 일반적으로 병원체 중에서 가장 작다.
③ 황열바이러스가 인간 질병 최초의 바이러스이다.
④ 항생제에 감수성이 있다.

08 공중위생관리 > 소독
바이러스성 질환은 항생제 등 약물의 감수성이 없어 감염원 접촉을 피하는 것이 최선의 예방 방법임

09 소독제의 적정 농도로 틀린 것은?

① 석탄산 3%
② 승홍수 0.1%
③ 크레졸수 1~3%
④ 알코올 1~3%

09 공중위생관리 > 소독
- 석탄산 농도: 3%
- 승홍수 농도: 0.1%
- 크레졸 농도: 3%
- 알코올 농도: 70%

10 병원성·비병원성 미생물 및 포자를 가진 미생물 모두를 사멸 또는 제거하는 것은?

① 소독　　　　　**② 멸균**
③ 방부　　　　　④ 정균

10 공중위생관리 > 소독
- 소독: 병원성 미생물을 가능한 제거하여 사람에게 감염의 위험이 없도록 하는 것
- 방부: 미생물의 발육과 작용을 억제하여 부패나 발효를 방지하는 것
- 정균: 세균의 성장과 대사가 저지되는 것

11 다음 중 이·미용업소에서 가장 쉽게 옮겨질 수 있는 질병은?

① 폴리오　　　　② 뇌염
③ 비활동성 결핵　**④ 감염성 안질**

11 공중위생관리 > 공중보건
감염성 안질(트라코마)은 환자의 눈물, 콧물 등의 분비물이 수건 등에 묻어 감염되는 눈의 접촉 감염병으로, 수건의 사용이 많은 이·미용업소에서 가장 쉽게 옮겨질 수 있는 질병임

12 다음 중 음용수 소독에 사용되는 소독제는?

① 석탄산　　　　**② 액체염소**
③ 승홍수　　　　④ 알코올

12 공중위생관리 > 소독
- 석탄산 대상물: 하수구, 토사물, 기구
- 염소 대상물: 음용수, 상수도, 하수도, 아포
- 승홍수 대상물: 피부, 아포
- 알코올 대상물: 손, 피부, 유리, 금속 도구

13 다음 중 미생물학의 대상에 속하지 않는 것은?

① 세균(Bacteria)　② 바이러스(Virus)
③ 원충(Protoza)　**④ 원시동물**

13 공중위생관리 > 소독
원시동물은 고생대에 번성했던 원시적인 동물로 미생물학의 대상에 속하지 않음

14 소독제의 사용 및 보존상의 주의점으로 틀린 것은?

① 일반적으로 소독제는 밀폐시켜 일광이 직사되지 않는 곳에 보존해야 한다.
② 부식과 상관이 없으므로 보관 장소의 제한이 없다.
③ 승홍이나 석탄산 같은 것은 인체에 유해하므로 특별히 주의 취급해야 한다.
④ 염소제는 일광과 열에 의해 분해되지 않도록 냉암소에 보존하는 것이 좋다.

14 공중위생관리 > 소독
소독제는 밀폐시켜 일광이 직사되지 않는 곳에 보존해야 하므로 보관 장소에 제한이 있음

15 리보플래빈이라고도 하며, 녹색 채소류, 밀의 배아, 효모, 달걀, 우유 등에 함유되어 있고 결핍되면 피부염을 일으키는 것은?

① 비타민 B_2
② 비타민 E
③ 비타민 K
④ 비타민 A

15 네일미용 서비스 〉 피부의 이해
- 비타민 E: 토코페롤이라고 하며 결핍 시 피부 건조, 노화, 혈색 약화, 불임증, 신경체계 손상
- 비타민 K: 필로키논이라고 하며 결핍 시 과다 출혈, 피부염, 모세혈관 약화
- 비타민 A: 레티놀이라고 하며 결핍 시 피부 건조, 세균 감염, 야맹증, 색소 침착, 모발 퇴색

16 다음 태양광선 중 파장이 가장 짧은 것은?

① UV – A
② UV – B
③ UV – C
④ 가시광선

16 네일미용 서비스 〉 피부의 이해
- UV – A: 장파장, 320~400nm
- UV – B: 중파장, 290~320nm
- UV – C: 단파장, 200~290nm
- 가시광선: 400~800nm

17 멜라닌색소 결핍의 선천적 질환으로 쉽게 일광화상을 입는 피부 병변은?

① 주근깨
② 기미
③ 백색증
④ 노인성 반점(검버섯)

17 네일미용 서비스 〉 피부의 이해
백색증(백피증)은 선천성 질환이며, 멜라닌 합성에 필요한 티로시나아제의 이상으로 자외선에 대한 방어능력이 약화되어 쉽게 일광화상 등을 입을 수 있는 증상임

18 진균에 의한 피부 병변이 아닌 것은?

① 족부백선
② 대상포진
③ 무좀
④ 두부백선

18 네일미용 서비스 〉 피부의 이해
- 진균성: 백선(무좀), 칸디다증, 어루러기
- 바이러스성: 대상포진, 단순포진, 수두, 홍역, 사마귀, 풍진

19 피부에 대한 자외선의 영향으로 인한 피부의 급성 반응과 가장 거리가 먼 것은?

① 홍반 반응
② 화상
③ 비타민 D 합성
④ 광노화

19 네일미용 서비스 〉 피부의 이해
광노화는 바람, 공해, 자외선 등의 외부 환경으로 일어나는 환경적 노화 현상으로, 급성 반응이 아닌 누적된 햇빛 노출로 야기되는 노화임

20 얼굴에서 피지선이 가장 발달된 곳은?

① 이마 부분
② 코 옆 부분
③ 턱 부분
④ 뺨 부분

20 네일미용 서비스 〉 피부의 이해
피지선은 코 주위에 가장 발달되어 있음

21 에크린 땀샘(소한선)이 가장 많이 분포된 곳은?

① 발바닥
② 입술
③ 음부
④ 유두

21 네일미용 서비스 〉 피부의 이해
에크린 땀샘(소한선)은 입술, 생식기, 손톱을 제외한 신체 전신에 분포하며 손바닥, 발바닥에 가장 많이 분포되어 있음

22 이·미용업소 내에 반드시 게시하지 않아도 무방한 것은?

① 이·미용업 신고증
② 개설자의 면허증 원본
③ 최종지불요금표
④ 이·미용사 자격증

22 공중위생관리 〉 공중위생관리법규
이·미용사 자격증은 업소 내에 반드시 게시해야 하는 항목이 아님

23 다음 중 이·미용업의 시설 및 설비기준으로 옳은 것은?

① 소독기, 자외선 살균기 등의 소독 장비를 갖추어야 한다.
② 이용업소 안에는 별실 그 밖에 이와 유사한 시설을 설치할 수 있다.
③ 응접 장소와 작업 장소를 구분해야 하는 경우에는 반드시 벽으로 분리해야 한다.
④ 탈의실, 욕실, 욕조 내 샤워기를 반드시 설치한다.

23 공중위생관리 〉 공중위생관리법규
• 이용업소 안에는 별실, 그 밖에 이와 유사한 시설을 설치할 수 없음
• 장소를 구분해야 하는 경우에는 벽, 층으로 분리하거나 칸막이, 커튼으로 구획할 수 있음
• 탈의실, 욕실, 욕조 내 샤워기를 설치하는 기준은 없음

24 풍속 관련 법령 등 다른 법령에 의하여 관계행정기관장의 요청이 있을 때 공중위생영업자를 처벌할 수 있는 자는?

① 시·도지사
② 시장·군수·구청장
③ 보건복지부장관
④ 행정안전부장관

24 공중위생관리 〉 공중위생관리법규
시장·군수·구청장은 공중위생영업자가 「풍속영업의 규제에 관한 법률」 등을 위반하여 관계행정기관의 장의 요청이 있는 때에는 공중위생영업자를 처벌할 수 있음

25 1차 위반 시의 행정처분이 면허취소가 아닌 것은?

① 「국가기술자격법」에 따라 이·미용사 자격이 취소된 때
② 이중으로 면허를 취득한 때
③ 면허정지 처분을 받고 그 정지 기간 중 업무를 행한 때
④ 「국가기술자격법」에 의하여 이·미용사 자격정지 처분을 받은 때

25 공중위생관리 〉 공중위생관리법규
1차 위반 시 면허취소
• 면허 발급 금지 사유에 해당하게 된 경우(피성년후견인, 정신질환자, 감염병환자, 약물중독자)
• 이중으로 면허를 취득한 경우(나중에 받은 면허)
• 「국가기술자격법」에 따라 자격이 취소된 경우
• 면허정지 처분을 받고 정지 기간 중 업무를 한 경우

26 다음 중 영업소 외에서 이용 또는 미용 업무를 할 수 있는 경우는?

ㄱ. 중병에 걸려 영업소에 나올 수 없는 자의 경우
ㄴ. 혼례, 기타 의식에 참여하는 자에 대한 경우
ㄷ. 이용장의 감독을 받은 보조원이 업무를 하는 경우
ㄹ. 미용사가 손님 유치를 위하여 통행이 빈번한 장소에서 업무를 하는 경우

① ㄷ
② ㄱ, ㄴ
③ ㄱ, ㄴ, ㄷ
④ ㄱ, ㄴ, ㄷ, ㄹ

26 공중위생관리 〉 공중위생관리법규
영업소 외의 장소에서 이·미용 업무가 가능한 사유
• 질병·고령·장애 등의 사유로 영업소에 나올 수 없는 자의 경우
• 혼례 등 의식에 참여자로 의식 직전인 경우
• 사회복지시설에서 봉사활동을 하는 경우
• 방송 등의 참여자로 촬영 직전인 경우
• 특별한 사정으로 시장·군수·구청장이 인정하는 경우

27 공중위생영업의 승계에 대한 설명으로 틀린 것은?

① 공중위생영업자가 그 공중위생영업을 양도하거나 사망한 때 또는 법인의 합병이 있는 때에는 그 양수인·상속인 또는 합병 후 존속하는 법인이나 합병에 의하여 설립되는 법인은 그 공중위생영업자의 지위를 승계한다.
② 이용업 또는 미용업의 경우에는 규정에 의한 면허를 소지한 자에 한하여 공중위생영업자의 지위를 승계할 수 있다.
③ 「민사집행법」에 의한 경매, 「채무자 회생 및 파산에 관한 법률」에 의한 환가나 「국세징수법」·「관세법」 또는 「지방세기본법」에 의한 압류재산의 매각, 그 밖에 이에 준하는 절차에 따라 공중위생영업 관련 시설 및 설비의 전부를 인수한 자는 이 법에 의한 그 공중위생영업자의 지위를 승계한다.
④ 공중위생영업자의 지위를 승계한 자는 1개월 이내에 보건복지부령이 정하는 바에 따라 보건복지부장관에게 신고해야 한다.

27 공중위생관리 〉 공중위생관리법규
공중위생영업자의 지위를 승계하는 자는 1개월 이내에 보건복지부령이 정하는 바에 따라 시장·군수·구청장에게 신고해야 함

28 처분기준이 2백만 원 이하의 과태료가 아닌 것은?

① 규정을 위반하여 영업소 이외 장소에서 이·미용 업무를 행한 자
② 위생교육을 받지 않은 자
③ 위생관리의무를 지키지 않은 자
④ **관계공무원의 출입·검사·기타 조치를 거부·방해 또는 기피한 자**

28 공중위생관리 〉 공중위생관리법규
200만 원 이하 과태료
- 이·미용업소의 위생관리의무를 지키지 않은 자
- 영업소 외의 장소에서 이·미용 업무를 행한 자
- 위생교육을 받지 않은 자

29 향수의 부향률이 높은 순에서 낮은 순으로 바르게 정렬된 것은?

① **퍼퓸 > 오데퍼퓸 > 오데토일렛 > 오데코롱**
② 퍼퓸 > 오데토일렛 > 오데퍼퓸 > 오데코롱
③ 오데코롱 > 오데퍼퓸 > 오데토일렛 > 퍼퓸
④ 오데코롱 > 오데토일렛 > 오데퍼퓸 > 퍼퓸

29 네일미용 서비스 〉 화장품 분류
향수의 부향률 단계
퍼퓸 > 오데퍼퓸 > 오데토일렛 > 오데코롱 > 샤워코롱

30 화장품의 요건 중 제품이 일정 기간 동안 변질되거나 분리되지 않는 것을 의미하는 것은 무엇인가?

① 안전성
② **안정성**
③ 사용성
④ 유효성

30 네일미용 서비스 〉 화장품 분류
- 안전성: 피부에 대한 자극, 알레르기, 독성이 없어야 함
- 사용성: 흡수성, 발림성 등 피부에 사용감이 좋아야 함
- 유효성: 미백, 주름 개선, 자외선 차단 등의 효과를 나타내야 함

31 자외선 차단 성분의 기능이 아닌 것은?

① 노화를 막는다.
② 과색소를 막는다.
③ 일광화상을 막는다.
④ **미백 작용을 한다.**

31 네일미용 서비스 〉 화장품 분류
미백 작용은 미백 화장품 성분의 기능임

32 다음 중 화장수의 역할이 아닌 것은?

① 피부의 수렴 작용을 한다.
② **피부 노폐물의 분비를 촉진시킨다.**
③ 각질층에 수분을 공급한다.
④ 피부의 pH 균형을 유지시킨다.

32 네일미용 서비스 〉 화장품 분류
유연 화장수는 피부의 보습 작용을 하며, 수렴 화장수는 노폐물 분비를 억제시켜 모공 수축 작용을 함

33 양모에서 추출한 동물성 왁스는?

① **라놀린**
② 스쿠알렌
③ 레시틴
④ 리바이탈

33 네일미용 서비스 〉 화장품 분류
라놀린은 양모에서 추출한 동물성 왁스임

34 세정제(Cleanser)에 대한 설명으로 옳지 않은 것은?

① 가능한 한 피부의 생리적 균형에 영향을 미치지 않는 제품을 사용하는 것이 바람직하다.
② 대부분의 비누는 알칼리성의 성질을 가지고 있어서 피부의 산·염기 균형에 영향을 미치게 된다.
③ 피부 노화를 일으키는 활성산소로부터 피부를 보호하기 위해 비타민 C, 비타민 E를 사용한 기능성 세정제를 사용할 수도 있다.
④ **세정제는 피지선에서 분비되는 피지와 피부장벽의 구성 요소인 지질성분을 제거하기 위하여 사용된다.**

34 네일미용 서비스 〉 화장품 분류
세정제는 피지선에서 분비되는 피지와 피부장벽의 구성 요소인 지질성분을 보호하여 가능한 한 피부의 생리적 균형에 영향을 미치지 않아야 함

35 보디 샴푸(Body Shampoo)가 갖추어야 할 이상적인 성질과 가장 거리가 먼 것은?

① **각질의 제거 능력**
② 적절한 세정력
③ 풍부한 거품과 거품의 지속성
④ 피부에 대한 높은 안정성

> **35** 네일미용 서비스 〉 화장품 분류
> 각질의 제거 능력이 요구되는 화장품은 딥 클렌징 제품임

36 네일 파일의 거칠기 정도를 구분하는 기준은?

① 네일 파일의 두께
② **그릿(Grit) 숫자**
③ 소프트(Soft) 숫자
④ 네일 파일의 길이

> **36** 자연네일관리 〉 자연네일의 구조와 특성
> 그릿은 네일 파일 위의 연마재 수 단위로, 그릿 숫자는 네일 파일의 거칠기를 나타내며, 연마재가 많을수록 그릿 수가 높아 부드럽고, 그릿 수가 낮을수록 거칠어짐

37 네일이 전체적으로 부드럽고 가늘며 하얗게 되어 네일 끝이 굴곡진 상태의 증상으로 질병, 다이어트, 신경성 등에서 기인되는 네일 병변으로 옳은 것은?

① 위축된 네일(Onychatrophia)
② 파란 네일(Onychocyanosis)
③ **달걀껍질 네일(Onychomalacia)**
④ 거스러미 네일(Hang Nail)

> **37** 네일미용 서비스 〉 네일미용 위생서비스
> • 위축된 네일: 네일이 오므라들어 감소한 증상으로 내과적 질병, 물과 화학 제품의 잦은 사용으로 발생
> • 파란 네일: 네일의 색이 푸르스름하게 변하는 증상으로 혈액 순환 저하로 발생
> • 거스러미 네일: 거스러미가 일어난 증상으로 물과 화학 제품의 잦은 사용으로 건조해져서 발생

38 인체를 구성하는 생태학적 단계를 바르게 나열한 것은?

① **세포 – 조직 – 기관 – 계통 – 인체**
② 세포 – 기관 – 조직 – 계통 – 인체
③ 세포 – 계통 – 조직 – 기관 – 인체
④ 인체 – 계통 – 기관 – 세포 – 조직

> **38** 네일미용 서비스 〉 손발의 구조와 기능
> 인체를 구성하는 생태학적 단계
> 세포 – 조직 – 기관 – 계통 – 인체

39 네일의 역사에 대한 설명으로 틀린 것은?

① 최초의 네일관리는 기원전 3000년경에 이집트와 중국의 상류층에서 시작되었다.
② 고대 이집트에서는 헤나(Henna)라는 관목에서 빨간색과 오렌지색을 추출하였다.
③ **고대 이집트에서는 조홍이라고 하는 입술 연지를 만드는 홍화를 손톱에 물들였다.**
④ 네일관리는 지금까지 5000년에 걸쳐 변화되어 왔다.

> **39** 네일미용 서비스 〉 네일미용의 이해
> 조홍이라고 하는 입술 연지를 만드는 홍화를 손톱에 물들인 것은 중국임

40 고객의 홈 케어 용도로 큐티클 오일을 사용 시 주된 사용 목적으로 옳은 것은?

① 네일 표면에 광택을 주기 위해서
② **네일과 네일 주변의 피부에 트리트먼트 효과를 주기 위해서**
③ 네일 표면에 변색과 오염을 방지하기 위해서
④ 찢어진 네일을 보강하기 위해서

> **40** 네일미용 서비스 〉 네일미용 위생서비스
> 큐티클 오일은 네일과 네일 주변 피부의 건조를 예방하기 위해 사용함

41 네일 폴리시를 도포하는 방법 중 네일을 가늘어 보이게 하는 것은?
① 프리에지
② 루눌라
③ 프렌치
④ 프리 월

42 다음 중 네일의 병변과 그 원인의 연결이 잘못된 것은?
① 흑색 반점(멜라노니키아) – 네일의 멜라닌색소 작용
② 과잉 성장으로 두꺼운 네일 – 유전, 질병, 감염
③ 고랑 파인 네일 – 아연 결핍, 과도한 푸셔링, 순환계 이상
④ 붉거나 검붉은 네일 – 비타민, 레시틴 부족, 만성질환 등

43 매트릭스에 대한 설명 중 틀린 것은?
① 손·발톱의 세포가 생성되는 곳이다.
② 매트릭스의 세로 길이는 네일 보디(네일 플레이트)의 두께를 결정한다.
③ 매트릭스의 가로 길이는 네일 베드의 길이를 결정한다.
④ 매트릭스는 네일세포를 생성시키는 데 필요한 산소를 모세혈관을 통해서 공급받는다.

44 다음 중 손의 중간근에 속하는 것은?
① 엄지맞섬근(무지대립근)
② 엄지모음근(무지내전근)
③ 벌레근(충양근)
④ 작은원근(소원근)

45 다음 중 뼈의 구조가 아닌 것은?
① 골막
② 골질
③ 골수
④ 골 조직

46 건강한 네일의 조건으로 틀린 것은?
① 12~18%의 수분을 함유해야 한다.
② 네일 베드에 단단히 부착되어 있어야 한다.
③ 루눌라(조반월)가 선명하고 커야 한다.
④ 유연성과 강도가 있어야 한다.

47 일반적인 손·발톱의 성장에 관한 설명 중 틀린 것은?
① 소지 손톱이 가장 빠르게 자란다.
② 여성보다 남성의 경우 성장 속도가 빠르다.
③ 여름철에 더 빨리 자란다.
④ 발톱의 성장 속도는 손톱의 성장 속도보다 1/2 정도 늦다.

---

41 자연네일관리 〉 네일 컬러링
- 프리에지: 프리에지 부분에만 컬러링하지 않음
- 루눌라: 루눌라(조반월) 부분을 남기고 컬러링함
- 프렌치: 프리에지 부분에만 컬러링함

42 네일미용 서비스 〉 네일미용 위생서비스
- 붉거나 검붉은 네일 – 혈액 순환 악화, 모세혈관 파열 등
- 네일 균열 및 손상 – 비타민, 레시틴 부족, 만성질환 등

43 자연네일관리 〉 자연네일의 구조와 특성
매트릭스의 길이는 네일의 두께를 결정함

44 네일미용 서비스 〉 손발의 구조와 기능
중간근(손허리뼈 사이의 근육): 지신근, 시지신근, 천지굴근, 심지굴근, 충양근, 배측골간근, 장측골간근

45 네일미용 서비스 〉 손발의 구조와 기능
뼈의 구조
골막, 골 조직, 골수강, 골수

46 자연네일관리 〉 자연네일의 구조와 특성
루눌라(조반월)의 선명도와 크기는 건강한 네일과 관련 없음

47 자연네일관리 〉 자연네일의 구조와 특성
일반적으로 중지 손톱이 가장 빠르게 자라며, 소지 손톱의 성장이 가장 느림

48 다음 중 소독 방법에 대한 설명으로 틀린 것은?
① 과산화수소 3%의 용액을 피부 상처의 소독에 사용한다.
② 포르말린 1~1.5%의 수용액을 도구 소독에 사용한다.
③ 크레졸 3%, 물 97%의 수용액을 도구 소독에 사용한다.
④ 알코올 30%의 용액을 손, 피부 상처에 사용한다.

48 공중위생관리 〉 소독
알코올 70%의 용액을 손, 피부 소독에 사용함

49 한국 네일미용의 역사와 가장 거리가 먼 것은?
① 고려시대부터 시작하였다.
② 1990년대부터 네일 산업이 점차 대중화되어 갔다.
③ 1998년 민간자격시험 제도가 시행되었다.
④ 상류층 여성들은 네일 뿌리 부분에 문신 바늘로 색소를 주입하여 상류층임을 과시하였다.

49 네일미용 서비스 〉 네일미용의 이해
17세기 인도의 상류층 여성들은 네일 뿌리 부분에 문신 바늘로 색소를 주입하여 상류층임을 과시하였음

50 네일 도구를 제대로 위생 처리하지 않고 사용했을 때 생기는 질병으로, 관리할 수 없는 네일의 병변은?
① 오니코렉시스(조갑종렬증)
② 오니키아(조갑염)
③ 에그셸 네일(조갑연화증)
④ 니버스(흑조증)

50 네일미용 서비스 〉 네일미용 위생서비스
• 오니코렉시스(조갑종렬증): 네일이 세로로 갈라짐
• 에그셸 네일(조갑연화증): 네일이 얇게 벗겨짐
• 니버스(흑조증): 네일이 갈색이나 흑색으로 변함

51 젤 경화 시 발생하는 히팅 현상과 관련된 내용으로 가장 거리가 먼 것은?
① 네일이 얇거나 상처가 있을 경우에 히팅 현상이 나타날 수 있다.
② 젤 작업이 두껍게 되었을 경우에 히팅 현상이 나타날 수 있다.
③ 히팅 현상 발생 시 경화가 잘 되도록 잠시 참는다.
④ 젤 작업 시 얇게 여러 번 도포하고 경화하여 히팅 현상에 대처한다.

51 인조네일관리 〉 젤 네일
히팅 현상 발생 시에는 잠시 손을 빼고 천천히 경화하는 것이 효과적임

52 스마일 라인에 대한 설명 중 틀린 것은?
① 네일의 상태에 따라 라인의 깊이를 조절할 수 있다.
② 깨끗하고 선명한 라인을 만들어야 한다.
③ 좌우대칭의 밸런스보다 자연스러움을 강조해야 한다.
④ 빠른 시간에 작업해서 얼룩지지 않도록 해야 한다.

52 인조네일관리 〉 아크릴 네일
스마일 라인은 좌우대칭의 밸런스가 중요함

53 네일 프라이머의 특징이 아닌 것은?
① 아크릴 작업 시 자연네일에 잘 부착되도록 돕는다.
② 피부에 닿으면 화상을 입힐 수 있다.
③ 자연네일 표면의 단백질을 녹인다.
④ 알칼리 성분으로 자연네일을 강하게 한다.

53 인조네일관리 〉 아크릴 네일
네일 프라이머는 일반적으로 산 성분을 포함하고 있으며, 네일 강화와는 관련 없음

54 가장 기본적인 네일관리법으로 손톱 형태 만들기, 큐티클 정리, 마사지, 컬러링 등을 포함하는 네일관리법은?

① **습식 매니큐어**
② 페디아트
③ UV 젤 네일
④ 아크릴 오버레이

54 네일미용 서비스 〉네일미용의 이해
습식 매니큐어는 손톱 형태 만들기, 큐티클 정리, 마사지, 컬러링 등을 포함하는 손 관리법임

55 다음 중 아크릴 원톤 스컬프처 제거에 대한 설명으로 틀린 것은?

① 큐티클 니퍼로 뜯는 행위는 자연네일에 손상을 주므로 피한다.
② 표면에 에칭을 주어 아크릴 제거가 수월하도록 한다.
③ 100% 아세톤을 사용하여 아크릴을 녹여 준다.
④ **네일 파일링만으로 제거하는 것이 원칙이다.**

55 자연네일관리 〉네일 화장물 제거
아크릴 원톤 스컬프처 제거 시 일반적으로 아세톤을 사용하여 제거함

56 페디큐어 과정에서 필요한 재료로 가장 거리가 먼 것은?

① 큐티클 니퍼
② 콘 커터
③ **액티베이터(경화 촉진제)**
④ 토 세퍼레이터

56 자연네일관리 〉손톱 및 발톱관리
액티베이터(경화 촉진제)는 네일 접착제를 빠르게 경화시키는 제품으로 기본적인 페디큐어 과정에서 필요하지 않음

57 자연네일에 네일 팁을 붙일 때 유지하는 가장 적합한 각도는?

① 35°
② **45°**
③ 90°
④ 95°

57 인조네일관리 〉팁 네일
자연네일에 네일 팁을 붙일 때에는 45°의 각도로 붙여야 함

58 원톤 스컬프처의 완성 시 인조네일의 아름다운 구조 설명으로 틀린 것은?

① 옆선이 네일의 사이드 월 부분과 자연스럽게 연결되어야 한다.
② 콘 벡스와 콘 케이브의 균형이 균일해야 한다.
③ 하이포인트의 위치가 스트레스 포인트 부근에 위치해야 한다.
④ **인조네일의 길이는 길어야 아름답다.**

58 인조네일관리 〉인조네일의 분류와 구조
인조네일의 길이가 길다고 무조건 아름다운 것은 아님

59 네일 폼의 사용에 관한 설명으로 옳지 않은 것은?

① **측면에서 볼 때 네일 폼은 항상 20° 하향하도록 장착한다.**
② 자연네일과 네일 폼 사이가 벌어지지 않도록 장착한다.
③ 하이포니키움이 손상되지 않도록 주의하며 장착한다.
④ 네일 폼이 틀어지지 않도록 균형을 잘 조절하여 장착한다.

59 인조네일관리 〉젤 네일
옆면에서 볼 때 네일 폼이 처지지 않고 자연네일과 연결이 자연스럽게 이어지도록 접착함

60 페디큐어의 정의로 옳은 것은?

① 발톱을 관리하는 것을 말한다.
② **발과 발톱을 관리, 손질하는 것을 말한다.**
③ 발을 관리하는 것을 말한다.
④ 손상된 발톱을 교정하는 것을 말한다.

60 네일미용 서비스 〉네일미용의 이해
페디큐어는 발톱의 형태 다듬기, 큐티클 정리, 마사지, 컬러링 등의 총체적인 발 관리를 의미함

공개 기출문제 | 2016년 제2회

답만 외워도 합격!

01 제1급 감염병에 해당하는 것은?
① 두창, 페스트
② 파라티푸스, 홍역
③ 세균성 이질, 폴리오
④ A형 간염, 결핵

01 공중위생관리 〉 공중보건
제2급 감염병: 파라티푸스, 홍역, 세균성 이질, 폴리오, A형 간염, 결핵 등

02 흡연이 인체에 미치는 영향으로 가장 적합한 것은?
① 구강암, 식도암 등의 원인이 된다.
② 피부혈관을 이완시켜서 피부 온도를 상승시킨다.
③ 소화촉진, 식욕 증진 등에 영향을 미친다.
④ 폐기종에는 영향이 없다.

02 네일미용 서비스 〉 피부의 이해
지속적인 흡연은 구강암, 식도암 등의 원인이 될 수 있음

03 인구 구성 유형 중 14세 이하가 65세 이상 인구의 2배 정도이며 출생률과 사망률이 모두 낮은 형태는?
① 피라미드형(Pyramid Form)
② 종형(Bell Form)
③ 항아리형(Pot Form)
④ 별형(Accessive Form)

03 공중위생관리 〉 공중보건
- 피라미드형: 출생률보다 사망률이 낮음, 14세 이하 인구가 65세 이상 인구의 2배 이상
- 항아리형: 출생률보다 사망률이 높음, 14세 이하 인구가 65세 이상 인구의 2배가 되지 않음
- 별형: 생산 연령 인구 증가, 생산층 인구가 전체 인구의 50% 이상

04 식생활이 탄수화물이 주가 되며, 단백질과 무기질이 부족한 음식물을 장기적으로 섭취함으로써 발생되는 단백질 결핍증은?
① 펠라그라(Pellagra)
② 각기병
③ 콰시오르코르(Kwashiorkor)
④ 괴혈병

04 네일미용 서비스 〉 피부의 이해
콰시오르코르는 필수아미노산을 함유하는 단백질의 섭취가 부족하여 생기는 단백질 결핍성 영양실조로, 전분을 많이 섭취하나 단백질은 적게 섭취하는 빈민국에서 흔히 나타남

05 자연적 환경요소에 속하지 않는 것은?
① 기온
② 기습
③ 소음
④ 위생시설

05 공중위생관리 〉 공중보건
위생시설은 인위적 환경요소에 속함

06 파리가 매개할 수 있는 질병과 거리가 먼 것은?
① 아메바성 이질
② 장티푸스
③ 발진티푸스
④ 콜레라

06 공중위생관리 〉 공중보건
발진티푸스는 이가 매개할 수 있는 질병임

07 역학에 대한 내용으로 옳은 것은?
① 인간 개인을 대상으로 질병 발생 현상을 설명하는 학문 분야이다.
② 원인과 경과보다 결과 중심으로 해석하여 질병 발생을 예방한다.
③ 질병 발생 현상을 생물학적 환경적으로 이분하여 설명한다.
④ 인간 집단을 대상으로 질병 발생과 그 원인을 탐구하는 학문이다.

07 공중위생관리 〉 공중보건
역학은 집단 현상으로 발생하는 질병의 발생 원인과 감염병이 미치는 영향을 연구하는 학문임

08 다음 중 미생물의 종류에 해당하지 않는 것은?
① 진균
② 바이러스
③ 박테리아
④ 편모

08 공중위생관리 〉 소독
편모는 인간의 다리와 같은 것으로 세균(박테리아)의 운동기관임

09 여러 가지 물리 화학적 방법으로 병원성 미생물을 가능한 제거하여 사람에게 감염의 위험이 없도록 하는 것은?
① 멸균
② 소독
③ 방부
④ 살충

09 공중위생관리 〉 소독
- 멸균: 미생물 및 아포를 가진 것을 전부 사멸시킨 무균 상태
- 방부: 미생물의 발육과 작용을 억제하여 부패나 발효를 방지하는 것
- 살충: 벌레나 해충을 죽임

10 대장균이 사멸되지 않는 경우는?
① 고압증기 멸균
② 저온 소독
③ 방사선 멸균
④ 건열 멸균

10 공중위생관리 〉 소독
소독은 병원성 미생물을 가능한 제거하는 것으로 멸균은 대장균을 사멸하지만 저온 소독은 사멸하지 못함

11 다음 중 자외선 소독기의 사용으로 소독 효과를 기대할 수 없는 경우는?
① 여러 개의 머리빗
② 날이 열린 가위
③ 염색용 보올
④ 여러 장의 겹쳐진 수건

11 공중위생관리 〉 소독
자외선 소독기는 소독 물품이 자외선에 직접 노출될 수 있도록 해야 하므로 여러 장의 겹쳐진 수건은 소독 효과를 기대하기 어려움

12 다음 중 가위를 끓이거나 증기 소독한 후 처리 방법으로 가장 적합하지 않은 것은?
① 소독 후 수분을 잘 닦아낸다.
② 수분 제거 후 엷게 기름칠을 한다.
③ 자외선 소독기에 넣어 보관한다.
④ 소독 후 탄산나트륨을 발라준다.

12 공중위생관리 〉 소독
탄산나트륨은 자비 소독 시 살균력을 상승시키고 금속의 상함을 방지하기 위해 첨가하는 물질로, 금속 제품을 소독한 후 바르지는 않음

13 금속성 식기, 면 종류의 의류, 도자기의 소독에 적합한 소독 방법은?
① 화염 멸균법
② 건열 멸균법
③ 소각 소독법
④ 자비 소독법

13 공중위생관리 〉 소독
- 화염 멸균법 대상물: 백금선, 시험관
- 건열 멸균법 대상물: 유리, 도자기, 주사침, 바셀린, 파우더
- 소각법 대상물: 오염된 휴지, 환자복, 환자의 객담

14 100℃에서 30분간 가열하는 처리를 24시간마다 3회 반복하는 멸균법은?
① 고압증기 멸균법
② 건열 멸균법
③ 고온 멸균법
④ 간헐 멸균법

14 공중위생관리 〉 소독
- 고압증기 멸균법: 121℃ 15파운드로 20분 가열
- 건열 멸균법: 170℃ 1~2시간 가열 후 냉각
- 고온 살균법: 72~75℃ 15~20초간 살균

15 다음 중 입모근과 가장 관련 있는 것은?
① 수분 조절　　　　② **체온 조절**
③ 피지 조절　　　　④ 호르몬 조절

> **15** 네일미용 서비스 〉 피부의 이해
> 추위에 피부가 노출되거나 공포를 느끼면 입모근이 수축하여 모공을 닫아 체온 손실을 막아 주는 체온 조절의 역할을 함

16 얼굴에 있어 T존 부위는 번들거리고, 볼 부위는 당기는 피부 유형은?
① 건성 피부　　　　② 정상(중성) 피부
③ 지성 피부　　　　④ **복합성 피부**

> **16** 네일미용 서비스 〉 피부의 이해
> • 건성 피부: 피부가 얇고 건조하며 미세한 각질이 보임
> • 정상 피부: 피부가 매끄럽고 탄력이 있으며 촉촉함
> • 지성 피부: 피지가 많아 화장이 잘 받지 않음

17 지용성 비타민이 아닌 것은?
① Vitamin D　　　② Vitamin A
③ Vitamin E　　　④ **Vitamin B**

> **17** 네일미용 서비스 〉 피부의 이해
> • 지용성 비타민: A, D, E, K
> • 수용성 비타민: B, C, H, P

18 적외선이 피부에 미치는 작용이 아닌 것은?
① 온열 작용
② **비타민 D 형성 작용**
③ 세포 증식 작용
④ 모세혈관 확장 작용

> **18** 네일미용 서비스 〉 피부의 이해
> 비타민 D 형성은 자외선이 피부에 미치는 작용임

19 다음 중 기미의 유형이 아닌 것은?
① 표피형 기미　　　② 진피형 기미
③ **피하조직형 기미**　④ 혼합형 기미

> **19** 네일미용 서비스 〉 피부의 이해
> 기미는 표피형 기미, 진피형 기미, 혼합형 기미로 구분됨

20 피지선에 대한 설명으로 틀린 것은?
① 피지를 분비하는 선으로 진피 중에 위치한다.
② 피지선은 손바닥에는 없다.
③ **피지의 1일 분비량은 10~20g 정도이다.**
④ 피지선이 많은 부위는 코 주위이다.

> **20** 네일미용 서비스 〉 피부의 이해
> 성인 기준으로 피지의 분비량은 하루에 약 1~2g 정도임

21 단순포진이 나타나는 증상으로 가장 거리가 먼 것은?
① **통증이 심하여 다른 부위로 통증이 퍼진다.**
② 홍반이 나타나고 곧이어 수포가 생긴다.
③ 상체에 나타나는 경우 얼굴과 손가락에 잘 나타난다.
④ 하체에 나타나는 경우 성기와 둔부에 잘 나타난다.

> **21** 네일미용 서비스 〉 피부의 이해
> 단순포진은 한 곳에 국한하여 발생하는 수포성 증상으로 통증이 다른 부위로 퍼지지 않음

22 「공중위생관리법」에서 사용하는 용어의 정의로 **틀린** 것은?
① "공중위생영업"이라 함은 다수인을 대상으로 위생관리서비스를 제공하는 영업으로서 숙박업, 목욕장업, 이용업, 미용업, 세탁업, 건물위생관리업을 말한다.
② "숙박업"이라 함은 손님이 잠을 자고 머물 수 있도록 시설 및 설비 등의 서비스를 제공하는 영업을 말한다.
③ "건물위생관리업"이라 함은 공중이 이용하는 건축물·시설물 등의 청결유지와 실내공기 정화를 위한 청소 등을 대행하는 영업을 말한다.
④ **"미용업"이라 함은 손님의 머리카락 또는 수염을 깎거나 다듬는 등의 방법으로 손님의 용모를 단정하게 하는 영업을 말한다.**

22 공중위생관리 〉 공중위생관리법규
"미용업"이라 함은 손님의 얼굴·머리·피부 및 손톱·발톱 등을 손질하여 손님의 외모를 아름답게 꾸미는 영업을 말함

23 손님에게 도박, 그 밖에 사행행위를 하게 한 때에 대한 1차 위반 시 행정처분 기준은?
① **영업정지 1개월**
② 영업정지 2개월
③ 영업정지 3개월
④ 영업장 폐쇄명령

23 공중위생관리 〉 공중위생관리법규
손님에게 도박, 그 밖에 사행행위를 하게 한 경우
• 1차 위반: 영업정지 1개월
• 2차 위반: 영업정지 2개월
• 3차 위반: 영업장 폐쇄명령

24 개선을 명할 수 있는 경우에 해당하지 **않는** 사람은?
① 공중위생영업의 종류별 시설을 위반한 공중위생영업자
② 위생관리의무 등을 위반한 공중위생영업자
③ **공중위생영업자의 지위를 승계한 자로서 이관한 신고를 하지 않은 자**
④ 공중위생영업의 종류별 설비기준을 위반한 공중위생영업자

24 공중위생관리 〉 공중위생관리법규
개선명령 사항
• 공중위생영업의 종류별 시설 및 설비기준을 위반한 공중위생영업자
• 위생관리의무 등을 위반한 공중위생영업자

25 「공중위생관리법상」의 규정에 위반하여 위생교육을 받지 않은 때 부과되는 과태료의 기준은?
① 300만 원 이하
② 500만 원 이하
③ 400만 원 이하
④ **200만 원 이하**

25 공중위생관리 〉 공중위생관리법규
200만 원 이하 과태료
• 이·미용업소의 위생관리의무를 지키지 않은 자
• 영업소 외의 장소에서 이·미용 업무를 행한 자
• 위생교육을 받지 않은 자

26 위생서비스 평가결과 위생서비스의 수준이 우수하다고 인정되는 영업소에 대하여 포상을 실시할 수 있는 자에 해당하지 **않는** 것은?
① 구청장
② 시·도지사
③ 군수
④ **보건소장**

26 공중위생관리 〉 공중위생관리법규
시·도지사 또는 시장·군수·구청장은 위생서비스 평가의 결과 위생서비스의 수준이 우수하다고 인정되는 영업소에 대하여 포상을 실시할 수 있음

27 이·미용사의 면허가 취소되거나 면허의 정지명령을 받은 자는 누구에게 면허증을 반납해야 하는가?
① 보건복지부장관
② 시·도지사
③ **시장·군수·구청장**
④ 보건소장

27 공중위생관리 〉 공중위생관리법규
면허증은 시장·군수·구청장에게 반납해야 함

28 이·미용업자의 위생관리기준에 대한 내용 중 **틀린** 것은?
① **요금표 외의 요금을 받지 않을 것**
② 의료행위를 하지 않을 것
③ 의료용구를 사용하지 않을 것
④ 1회용 면도날은 손님 1인에 한하여 사용할 것

28 공중위생관리 〉 공중위생관리법규
요금표 외의 요금을 받지 않는 것은 위생관리기준과 관련 없음

29 에멀션의 형태를 가장 잘 설명한 것은?

① 지방과 물이 불균일하게 섞인 것이다.
② 두 가지 액체가 같은 농도의 한 액체로 섞여 있다.
③ 고형의 물질이 아주 곱게 혼합되어 균일한 것처럼 보인다.
④ **두 가지 또는 그 이상의 액상 물질이 균일하게 혼합되어 있는 것이다.**

30 기능성 화장품에 사용되는 원료와 그 기능의 연결이 틀린 것은?

① 비타민 – 미백 효과
② AHA(Alpha-Hydroxy Acid) – 각질 제거
③ **DHA(DiHydroxy Acetone) – 자외선 차단**
④ 레티노이드(Retinoid) – 콜라겐과 엘라스틴의 회복을 촉진

31 에센셜 오일의 보관 방법에 관한 내용으로 틀린 것은?

① 뚜껑을 닫아 보관해야 한다.
② 직사광선을 피하는 것이 좋다.
③ 통풍이 잘 되는 곳에 보관해야 한다.
④ **투명하고 공기가 통할 수 있는 용기에 보관해야 한다.**

32 기초화장품의 기능이 아닌 것은?

① 피부 세정
② 피부 정돈
③ 피부 보호
④ **피부 결점 커버**

33 방부제가 갖추어야 할 조건이 아닌 것은?

① **독특한 색상과 냄새를 지녀야 한다.**
② 적용 농도에서 피부에 자극을 주어서는 안 된다.
③ 방부제로 인하여 효과가 상실되거나 변해서는 안 된다.
④ 일정 기간 동안 효과가 있어야 한다.

34 다음 중 피부 상재균의 증식을 억제하는 항균 기능을 가지고 있고, 발생한 체취를 억제하는 기능을 가진 것은?

① 보디 샴푸
② **데오도란트**
③ 샤워코롱
④ 오데토일렛

35 「화장품법」상 화장품이 인체에 사용되는 목적 중 틀린 것은?

① 인체를 청결하게 한다.
② 인체를 미화한다.
③ 인체의 매력을 증진시킨다.
④ **인체의 용모를 치료한다.**

36 손톱 밑의 구조가 아닌 것은?

① **조근(네일 루트)**
② 조반월(루눌라)
③ 조모(매트릭스)
④ 조상(네일 베드)

36 자연네일관리 > 자연네일의 구조와 특성
- 네일 밑 피부조직: 매트릭스, 루눌라, 네일 베드, 옐로 라인, 스트레스 포인트
- 네일 자체: 네일 루트, 네일 보디, 프리에지

37 손가락 마디에 있는 뼈로서 총 14개로 구성되어 있는 뼈는?

① **손가락뼈(수지골)**
② 손목뼈(수근골)
③ 노뼈(요골)
④ 자뼈(척골)

37 네일미용 서비스 > 손발의 구조와 기능
손가락뼈(수지골)는 엄지손가락 뼈 2개, 둘째에서 다섯째 손가락 뼈 각 3개씩 12개로 총 14개의 뼈로 구성되어 있음

38 발허리뼈(중족골) 관절을 굴곡시키고 외측 4개 발가락의 지절간관절을 신전시키는 발의 근육은?

① **벌레근(충양근)**
② 새끼발가락벌림근(소지외전근)
③ 짧은소지굽힘근(단소지굴근)
④ 짧은엄지굽힘근(단무지굴근)

38 네일미용 서비스 > 손발의 구조와 기능
벌레근은 둘째에서 다섯째 발가락에 발허리뼈 사이를 메우주는 근육으로 둘째에서 다섯째 발가락의 굴곡과 신전에 관여함

39 손톱의 특성에 대한 설명으로 가장 거리가 먼 것은?

① **조체(네일 보디)는 약 5% 수분을 함유하고 있다.**
② 아미노산과 시스테인이 많이 함유되어 있다.
③ 조상(네일 베드)은 혈관에서 산소를 공급받는다.
④ 피부의 부속물로 신경, 혈관, 털이 없으며 반투명의 각질판이다.

39 자연네일관리 > 자연네일의 구조와 특성
건강한 손톱은 약 12~18%의 수분을 함유하고 있음

40 네일미용관리 후 고객이 불만족할 경우 네일미용인이 우선적으로 해야 할 대처방법으로 가장 적합한 것은?

① 만족할 수 있는 주변의 네일숍 소개
② **불만족 부분을 파악하고 해결방안 모색**
③ 숍 입장에서의 불만족 해소
④ 할인이나 서비스 티켓으로 상황 마무리

40 네일미용 서비스 > 네일미용 고객서비스
고객이 불만족할 경우에는 불만족한 부분을 파악하고 해결방안을 모색해야 함

41 외국의 네일미용 변천과 관련하여 그 시기와 내용의 연결이 옳은 것은?

① **1885년: 네일 폴리시의 필름 형성제인 니트로셀룰로오스가 개발되었다.**
② 1892년: 손톱 끝이 뾰족한 포인트(아몬드)형 네일이 유행하였다.
③ 1917년: 도구를 이용한 케어가 시작되었으며 유럽에서 네일관리가 본격적으로 시작되었다.
④ 1960년: 인조손톱 작업이 본격적으로 시작되었으며 네일관리와 아트가 유행하기 시작하였다.

41 네일미용 서비스 > 네일미용의 이해
- 1800년: 포인트(아몬드)형 네일이 유행
- 1900년: 도구를 이용한 케어가 시작
- 1970년: 인조네일의 활성기

42 한국 네일미용에서 부녀자와 처녀들 사이에서 염지갑화(染指甲化)라고 하는 봉선화 물들이기 풍습이 이루어졌던 시기로 옳은 것은?

① 신라시대
② 고구려시대
③ **고려시대**
④ 조선시대

42 네일미용 서비스 > 네일미용의 이해
고려시대는 한국의 네일미용의 기원으로, 봉선화 꽃물 들이는 풍습이 이루어진 시기임

43 자연네일이 매끄럽게 되도록 손톱 표면의 거칠음과 기복을 제거하는 데 사용하는 도구로 가장 적합한 것은?

① 100그릿 네일 파일
② 에머리 보드
③ 네일 클리퍼
④ **샌딩 파일**

43 네일미용 서비스 〉 네일미용 위생서비스
샌딩 파일은 네일 표면의 굴곡을 매끄럽게 해 주기 위해 사용하는 도구임

44 다음 중 손의 근육이 아닌 것은?

① 손바닥쪽뼈사이근(장측골간근)
② 손등쪽뼈사이근(배측골간근)
③ 새끼맞섬근(소지대립근)
④ **반힘줄근(반건양근)**

44 네일미용 서비스 〉 손발의 구조와 기능
반힘줄근(반건양근)은 다리의 근육으로 종아리를 굽히고 다리를 펴는 작용을 함

45 손톱의 이상 증상 중 손톱을 심하게 물어뜯어 생기는 증상으로 인조손톱 관리나 매니큐어를 통해 습관을 개선할 수 있는 것은?

① 고랑 파인 손톱
② **교조증**
③ 조갑위축증
④ 조갑감입증

45 네일미용 서비스 〉 네일미용 위생서비스
• 고랑 파인 손톱: 네일에 고랑이 파임
• 조갑위축증: 네일이 오므라들어 감소함
• 조갑감입증: 네일의 양쪽 옆면이 살 속으로 파고듦

46 매트릭스(Matrix)에 대한 설명으로 옳은 것은?

① 네일 베드를 보호하는 기능을 한다.
② 네일 보디를 받쳐 주는 역할을 한다.
③ **모세혈관, 림프, 신경조직이 있다.**
④ 손톱이 자라기 시작하는 곳이다.

46 자연네일관리 〉 자연네일의 구조와 특성
• 네일 보디: 네일 베드를 보호하는 기능을 함
• 네일 베드: 네일 보디를 받쳐 주는 역할을 함
• 네일 루트: 손톱이 자라기 시작하는 곳

47 손톱과 발톱을 너무 짧게 자를 경우 발생할 수 있는 것은?

① 오니코렉시스
② 오니카트로피아
③ 오니코파이마
④ **오니코크립토시스**

47 네일미용 서비스 〉 네일미용 위생서비스
오니코크립토시스(조갑감입증)는 네일의 양쪽 옆면 부분이 파고드는 증상으로, 손톱과 발톱을 너무 짧게 자를 경우 발생할 수 있음

48 손톱의 주요한 기능 및 역할과 가장 거리가 먼 것은?

① 물건을 잡거나 긁을 때 또는 성상을 구별하는 기능이 있다.
② 방어와 공격의 기능이 있다.
③ **노폐물의 분비 기능이 있다.**
④ 손끝을 보호한다.

48 자연네일관리 〉 자연네일의 구조와 특성
손톱은 노폐물의 분비 기능이 없음

49 손톱에 대한 설명 중 옳은 것은?
① 손톱에는 혈관이 있다.
② 손톱의 주성분은 인이다.
③ **손톱의 주성분은 단백질이며, 죽은 세포로 구성되어 있다.**
④ 손톱에는 신경과 근육이 존재한다.

49 자연네일관리 > 자연네일의 구조와 특성
- 손톱 자체에는 혈관이 없음
- 주성분은 케라틴 경단백질임
- 손톱 자체에는 신경과 근육이 없음

50 손톱의 성장과 관련된 내용 중 틀린 것은?
① 겨울보다 여름에 빨리 자란다.
② 임신 기간 동안에는 호르몬의 변화로 손톱이 빨리 자란다.
③ **피부 유형 중 지성 피부의 손톱이 더 빨리 자란다.**
④ 연령이 젊을수록 손톱이 더 빨리 자란다.

50 자연네일관리 > 자연네일의 구조와 특성
지성 피부와 손톱의 성장 속도는 관련 없음

51 라이트 큐어드 젤(Light Cured Gel)에 대한 설명으로 옳은 것은?
① 공기 중에 노출되면 자연스럽게 응고된다.
② **특수한 빛에 노출시켜 젤을 경화시키는 방법이다.**
③ 경화 시 실내 온도와 습도에 민감하게 반응한다.
④ 네일 접착제(글루) 사용 후 액티베이터(글루 드라이어)를 분사시켜 말리는 방법이다.

51 인조네일관리 > 젤 네일
라이트 큐어드 젤은 UV, LED 빛에 노출시켜 젤을 경화하는 방법임

52 남성 매니큐어 시 자연네일의 손톱 형태 중 가장 적합한 형태는?
① 오발형
② 포인트형(아몬드형)
③ **라운드형(둥근형)**
④ 스퀘어형(사각형)

52 자연네일관리 > 자연네일의 구조와 특성
라운드형은 남성의 손톱 형태로 가장 적합함

53 인조네일을 보수하는 이유로 틀린 것은?
① 깨끗한 네일미용의 유지
② 녹황색균의 방지
③ 인조네일의 견고성 유지
④ **인조네일의 원활한 제거**

53 인조네일관리 > 인조네일 보수
보수는 인조네일을 제거하지 않고 조금 더 유지시키는 것을 의미함

54 아크릴 프렌치 스컬프처 작업 시 형성되는 스마일 라인의 설명으로 틀린 것은?
① 선명한 라인 형성
② **일자 라인 형성**
③ 균일한 라인 형성
④ 좌우 라인 대칭

54 인조네일관리 > 아크릴 네일
아크릴 프렌치 스컬프처는 일자로 라인을 형성하는 것이 아니라 고객의 손톱과 어울리는 둥근 라인을 형성해야 함

55 페디큐어 작업 과정 중 ( )에 해당하는 것은?

> 손·발 소독 – 네일 폴리시 제거 – 길이 및 형태 조형하기 – ( ) – 큐티클 정리 – 각질 제거하기

① 매뉴얼 테크닉
② 족욕기에 발 담그기
③ 페디 파일링
④ 톱코트 도포하기

55 자연네일관리 > 손톱 및 발톱관리
큐티클 정리 전에는 족욕기에 발을 담가 큐티클을 불려 줌

56 베이스코트와 톱코트의 주된 기능에 대한 설명으로 가장 거리가 먼 것은?
① 베이스코트는 손톱에 색소가 착색되는 것을 방지한다.
② 베이스코트는 네일 폴리시가 곱게 도포되는 것을 도와준다.
③ 톱코트는 네일 폴리시 광택을 더하여 컬러를 돋보이게 한다.
④ 톱코트는 손톱에 영양을 주어 손톱을 튼튼하게 해 준다.

56 자연네일관리 > 네일 컬러링
손톱에 영양을 주어 손톱을 튼튼하게 해 주는 제품은 네일 강화제임

57 페디큐어 컬러링 시 작업 공간 확보를 위해 발가락 사이에 끼워 주는 도구는?
① 페디 파일
② 큐티클 푸셔
③ 토 세퍼레이터
④ 콘 커터

57 네일미용 서비스 > 네일미용 위생서비스
- 페디 파일: 발바닥 각질을 부드럽게 밀어 줄 때 사용
- 큐티클 푸셔: 큐티클을 밀어 올릴 때 사용
- 콘 커터: 발바닥의 두꺼운 굳은살을 제거할 때 사용

58 습식 매니큐어 작업 과정에서 가장 먼저 해야 할 절차는?
① 컬러 제거하기
② 손톱 형태 조형하기
③ 손 소독하기
④ 핑거볼에 손 담그기

58 자연네일관리 > 손톱 및 발톱관리
모든 네일미용 작업 과정에서 가장 먼저 해야 할 절차는 손 소독임

59 네일 팁을 접착하는 올바른 방법은?
① 자연네일보다 한 사이즈 정도 작은 네일 팁을 접착한다.
② 큐티클에 최대한 가깝게 접착한다.
③ 45° 각도로 네일 팁을 접착한다.
④ 자연네일의 절반 이상을 덮도록 한다.

59 인조네일관리 > 팁 네일
- 자연네일 사이즈와 알맞은 네일 팁을 접착해야 함
- 자연네일의 1/2 미만으로 접착해야 함

60 자연네일을 오버레이하여 보강할 때 사용할 수 없는 재료는?
① 실크
② 아크릴
③ 젤
④ 네일 파일

60 인조네일관리 > 자연네일 보강
네일 파일은 길이와 형태를 조형하는 도구로, 오버레이하는 재료가 아님

답만 외워도 합격!
공개 기출문제 | 2016년 제4회

01 다음 중 제2급 감염병이 아닌 것은?
① 홍역　　　② 성홍열
③ 폴리오　　④ 디프테리아

02 다음 5대 영양소 중 신체의 생리 기능 조절에 주로 작용하는 것은?
① 단백질, 지방　　② 비타민, 무기질
③ 지방, 비타민　　④ 탄수화물, 무기질

03 다음 중 감염병이 아닌 것은?
① 폴리오　　② 풍진
③ 성병　　　④ 당뇨병

04 다음 중 실내공기 오염의 지표로 널리 사용되는 것은?
① CO_2　　② CO
③ Ne　　　④ NO

05 보건행정의 특성과 거리가 먼 것은?
① 공공성과 사회성　　② 과학성과 기술성
③ 조장성과 교육성　　④ 독립성과 독창성

06 출생 시 모체로부터 받는 면역은?
① 인공 능동면역　　② 인공 수동면역
③ 자연 능동면역　　④ 자연 수동면역

07 오늘날 인류의 생존을 위협하는 대표적인 3요소는?
① 인구문제 - 환경오염 - 교통문제
② 인구문제 - 환경오염 - 인간관계
③ 인구문제 - 환경오염 - 빈곤
④ 인구문제 - 환경오염 - 전쟁

| 해 설 |

01 공중위생관리 > 공중보건
디프테리아는 제1급 감염병임

02 네일미용 서비스 > 피부의 이해
비타민, 무기질은 신체의 생리적 기능 조절 작용을 함

03 공중위생관리 > 공중보건
당뇨병은 혈중 당 수치가 높게 유지되는 증상으로 인슐린 결핍이 원인으로 감염으로 생기는 병이 아님

04 공중위생관리 > 공중보건
이산화탄소(CO_2)는 실내공기 오염의 지표임

05 공중위생관리 > 공중보건
보건행정의 특성
공공성, 사회성, 봉사성, 교육성, 조장성, 과학성, 기술성

06 공중위생관리 > 공중보건
• 인공 능동면역: 예방접종으로 형성되는 면역
• 인공 수동면역: 혈청을 투입하여 형성되는 면역
• 자연 능동면역: 감염 후 저항력이 형성되는 면역

07 공중위생관리 > 공중보건
인류의 생존을 위협하는 3요소
인구문제, 환경오염, 빈곤

08 다음 중 이학적(물리적) 소독법에 속하는 것은?
① 크레졸 소독
② 생석회 소독
③ **열탕 소독**
④ 포르말린 소독

08 공중위생관리 〉 소독
자비 소독(열탕 소독)은 물리적 소독법이며, 크레졸, 생석회, 포르말린은 화학적 소독법임

09 다음 중 살균 효과가 가장 높은 소독 방법은?
① 염소 소독
② 일광 소독
③ 저온 소독
④ **고압증기 멸균**

09 공중위생관리 〉 소독
- 고압증기 멸균법은 아포(포자)까지도 사멸시키는 소독 방법임
- 멸균은 소독보다 살균 효과가 높음

10 이·미용 작업 시 작업자의 손 소독 방법으로 가장 거리가 먼 것은?
① 흐르는 물에 비누로 깨끗이 씻는다.
② **락스액에 충분히 담갔다가 깨끗이 헹군다.**
③ 시술 전 70% 농도의 알코올을 적신 솜으로 깨끗이 씻는다.
④ 세척액을 넣은 미온수와 솔을 이용하여 깨끗하게 닦는다.

10 공중위생관리 〉 소독
락스액에 손을 담그는 방법으로 손 소독을 하지 않음

11 소독용 과산화수소(H_2O_2) 수용액의 적당한 농도는?
① **2.5~3.5%**
② 3.5~5.0%
③ 5.0~6.0%
④ 6.5~7.5%

11 공중위생관리 〉 소독
과산화수소 수용액의 적당한 농도는 약 3%임

12 세균의 단백질 변성과 응고 작용에 의한 기전을 이용하여 살균하고자 할 때 주로 이용하는 방법은?
① **가열**
② 희석
③ 냉각
④ 여과

12 공중위생관리 〉 소독
- 단백질 변성이란 여러 가지 원인에 의하여 단백질의 성질이 변화하고 생물적 활성이 상실, 저하하는 것임
- 단백질 변성을 일으키는 물리적 요인은 가열, 압력, 동결 등이 있으며 일반적으로 단백질은 가열에 의해 변성하여 응고함

13 이·미용실의 기구(가위, 레이저) 소독으로 가장 적합한 소독제는?
① **70%의 알코올**
② 100~200배 희석 역성비누
③ 5% 크레졸 비누액
④ 50%의 페놀액

13 공중위생관리 〉 소독
이·미용실의 기구(가위 등)는 70%의 알코올 수용액으로 소독함

14 살균 작용의 기전 중 산화에 의하지 않는 소독제는?
① 오존
② **알코올**
③ 과망가니즈산칼륨 (과망간산칼륨)
④ 과산화수소

14 공중위생관리 〉 소독
- 산화 작용: 과산화수소, 오존, 과망가니즈산칼륨, 염소, 표백분
- 단백질 변성 작용: 석탄산, 알코올, 크레졸, 승홍수, 포르말린

15 흡연이 인체에 미치는 영향에 대한 설명으로 적절하지 않은 것은?

① 간접 흡연은 인체에 해롭지 않다.
② 흡연은 암을 유발할 수 있다.
③ 흡연은 피부의 표피를 얇아지게 해서 피부의 잔주름 생성을 증가시킨다.
④ 흡연은 비타민 C를 파괴한다.

15 네일미용 서비스 〉 피부의 이해
간접 흡연도 인체에 해로움

16 피부관리가 가능한 여드름의 단계로 가장 적절한 것은?

① 결절　　　　　② 구진
③ 흰 면포　　　　④ 농포

16 네일미용 서비스 〉 피부의 이해
• 여드름은 비염증성 여드름인 백면포, 흑면포와 염증성 여드름인 구진, 농포, 결절, 낭종으로 구분되며, 피부관리가 가능한 여드름은 가장 초기 단계인 백면포임
• 여드름의 진행 단계
백면포 → 흑면포 → 구진 → 농포 → 결절 → 낭종

17 다음 중 체모의 색상을 좌우하는 멜라닌이 가장 많이 함유되어 있는 곳은?

① 모표피　　　　② 모피질
③ 모수질　　　　④ 모유두

17 네일미용 서비스 〉 피부의 이해
• 모표피: 모발의 바깥 부분, 각질세포로 구성됨
• 모수질: 모발의 안쪽 부분, 모발에 따라 크기가 다름
• 모유두: 모근의 가장 아래 부분, 산소와 영양 공급

18 다음에서 설명하는 피부 병변은?

> 신진대사의 저조가 원인으로 중년 여성 피부의 유핵층에 자리하며, 안면의 상반부에 위치한 기름샘과 땀구멍에 주로 생성되며 모래알 크기의 각질세포로서 특히 눈 아래 부분에 생긴다.

① 매상 혈관종　　　　② 비립종
③ 섬망성 혈관종　　　④ 섬유종

18 네일미용 서비스 〉 피부의 이해
• 매상 혈관종: 모세혈관이 막혀 붉은 혈색을 띰
• 섬망성 혈관종: 거미줄 모양의 돌출된 붉은 점
• 섬유종: 결합 조직세포와 섬유로 이루어진 양성 종양

19 피부 상피세포 조직의 성장과 유지 및 점막 손상 방지에 필수적인 비타민은?

① 비타민 A　　　　② 비타민 B_2
③ 비타민 E　　　　④ 비타민 K

19 네일미용 서비스 〉 피부의 이해
• 비타민 B_2: 피부염증 예방
• 비타민 E: 호르몬 생성, 항산화 작용
• 비타민 K: 출혈 발생 시 혈액 응고 촉진

20 다한증과 관련된 설명으로 가장 거리가 먼 것은?

① 더위에 견디기 어렵다.
② 땀이 지나치게 많이 분비된다.
③ 스트레스가 악화 요인이 될 수 있다.
④ 손바닥의 다한증은 악수 등의 일상생활에서 불편함을 초래한다.

20 네일미용 서비스 〉 피부의 이해
다한증은 과도한 땀 분비가 일어나는 것을 말하며, 더위를 견디는 것과 관련 없음

21 인체에 있어 피지선이 존재하지 않는 곳은?

① 이마　　　　② 코
③ 귀　　　　　④ 손바닥

21 네일미용 서비스 〉 피부의 이해
손바닥에는 피지선이 존재하지 않음

22. 이·미용업 영업자가 시설 및 설비기준을 위반한 경우 1차 위반에 대한 행정처분 기준은?
① 경고
② **개선명령**
③ 영업정지 5일
④ 영업정지 10일

> **22** 공중위생관리 > 공중위생관리법규
> 시설 및 설비기준을 위반한 경우
> • 1차 위반: 개선명령
> • 2차 위반: 영업정지 15일
> • 3차 위반: 영업정지 1개월
> • 4차 위반: 영업장 폐쇄명령

23. 공중위생감시원의 업무에 해당하지 않는 것은?
① 공중위생영업 신고 시 시설 및 설비의 확인에 관한 사항
② 공중위생영업자 준수사항 이행 여부의 확인에 관한 사항
③ 위생지도 및 개선명령 이행 여부의 확인에 관한 사항
④ **세금납부 걱정 여부의 확인에 관한 사항**

> **23** 공중위생관리 > 공중위생관리법규
> 공중위생감시원의 업무 범위
> • 시설 및 설비 확인
> • 시설 및 설비의 위생상태 확인·검사
> • 위생관리의무 및 영업자 준수사항 이행 여부의 확인
> • 위생지도 및 개선명령 이행 여부의 확인
> • 영업정지, 사용중지, 폐쇄명령 이행 여부의 확인
> • 위생교육 이행 여부의 확인

24. 법에 따라 이·미용업 영업소 안에 게시해야 하는 게시물에 해당하지 않는 것은?
① 이·미용업 신고증
② 개설자의 면허증 원본
③ 최종지불요금표
④ **이·미용사 국가기술자격증**

> **24** 공중위생관리 > 공중위생관리법규
> 이·미용업소 내 게시사항
> • 이·미용업 신고증
> • 개설자의 면허증 원본
> • 최종지불요금표

25. 과태료의 부과기준은 다음 중 어느 것으로 정하고 있는가?
① 보건복지부령
② 국무총리령
③ 고용노동부령
④ **대통령령**

> **25** 공중위생관리 > 공중위생관리법규
> 과태료는 대통령령으로 정하는 바에 따라 보건복지부장관 또는 시장·군수·구청장이 부과·징수함

26. 이·미용업 위생교육에 관한 내용이 맞는 것은?
① **위생교육 대상자는 이·미용업 영업자이다.**
② 이·미용사의 면허를 받은 사람은 모두 위생교육을 받아야 한다.
③ 위생교육은 시·군·구청장이 실시한다.
④ 위생교육 시간은 매년 4시간으로 한다.

> **26** 공중위생관리 > 공중위생관리법규
> • 위생교육 대상자: 이·미용업 영업자
> • 위생교육 실시: 보건복지부장관이 허가한 단체
> • 위생교육 시간: 매년 3시간

27. 이·미용사의 면허를 받을 수 없는 자는?
① 전문대학에서 이용 또는 미용에 관한 학과를 졸업한 자
② 교육부장관이 인정하는 이·미용 고등학교에서 이용 또는 미용에 관한 학과를 졸업한 자
③ **교육부장관이 인정하는 고등기술학교에서 6개월 과정의 이용 또는 미용에 관한 소정의 과정을 이수한 자**
④ 「국가기술자격법」에 의한 이·미용사의 자격을 취득한 자

> **27** 공중위생관리 > 공중위생관리법규
> 고등기술학교에서 6개월 과정이 아닌 1년 이상 이·미용에 관한 소정의 과정을 이수한 자는 가능함

28. 영업정지 처분을 받고 그 영업정지 기간 중 영업을 한 때, 1차 위반 시 행정처분 기준은?
① 경고 또는 개선명령
② 영업정지 1개월
③ **영업장 폐쇄명령**
④ 영업정지 2개월

> **28** 공중위생관리 > 공중위생관리법규
> 영업정지 처분을 받고 그 영업정지 기간 중 영업을 한 때는 1차 위반 시 영업장 폐쇄명령을 받음

29 다음 중 립스틱의 성분으로 가장 거리가 먼 것은?
① 색소　　　　　　　② 라놀린
③ 알란토인　　　　　**④ 알코올**

29 네일미용 서비스 > 화장품 분류
립스틱에는 색소와 보습 작용을 하는 라놀린, 입술이 트는 것을 방지해 주는 알란토인의 성분이 함유됨

30 화장품 제조와 판매 시 품질의 특성으로 틀린 것은?
① 효과성　　　　　② 유효성
③ 안전성　　　　　　④ 안정성

30 네일미용 서비스 > 화장품 분류
화장품의 4대 요건: 안전성, 안정성, 사용성, 유효성

31 다음에서 설명하는 것은?

> 비타민 A 유도체로 콜라겐 생성을 촉진, 케라티노사이트의 증식 촉진, 표피의 두께 증가, 히아루론산 생성을 촉진하여 피부 주름을 개선시키고 탄력을 증대시키는 성분이다.

① 코엔자임Q10　　　**② 레티놀**
③ 알부틴　　　　　　④ 세라마이드

31 네일미용 서비스 > 화장품 분류
- 코엔자임Q10: 항산화 작용, 면역력 증가, 혈압 감소에 도움을 주는 성분
- 알부틴: 티로시나아제 효소의 작용을 억제하는 대표적인 미백 화장품 성분
- 세라마이드: 보습제 성분

32 화장품의 사용 목적과 가장 거리가 먼 것은?
① 인체를 청결, 미화하기 위하여 사용한다.
② 용모를 변화시키기 위하여 사용한다.
③ 피부, 모발의 건강을 유지하기 위하여 사용한다.
④ 인체에 대한 약리적인 효과를 주기 위해 사용한다.

32 네일미용 서비스 > 화장품 분류
화장품은 약리적인(약물이 인체에 미치는 영향) 효과를 주기 위하여 사용하지 않고, 인체에 대한 작용이 경미해야 함

33 향수의 구비조건으로 가장 거리가 먼 것은?
① 향에 특징이 있어야 한다.
② 향은 적당히 강하고 지속성이 좋아야 한다.
③ 향은 확산성이 낮아야 한다.
④ 시대성에 부합되는 향이어야 한다.

33 네일미용 서비스 > 화장품 분류
향수는 확산성이 높아야 함

34 계면활성제에 대한 설명으로 옳은 것은?
① 계면활성제는 일반적으로 둥근 머리 모양의 소수성기와 막대꼬리 모양의 친수성기를 가진다.
② 계면활성제의 피부에 대한 자극은 양쪽성 > 양이온성 > 음이온성 > 비이온성의 순으로 감소한다.
③ 비이온성 계면활성제는 피부에 대한 안전성이 높고 유화력이 우수하여 에멀션의 유화제로 사용된다.
④ 양이온성 계면활성제는 세정 작용이 우수하여 비누, 샴푸 등에 사용된다.

34 네일미용 서비스 > 화장품 분류
- 계면활성제는 일반적으로 둥근 머리 모양의 친수성기와 막대 모양의 친유성기를 가짐
- 피부 자극은 '양이온성 > 음이온성 > 양쪽성 > 비이온성' 순임
- 양이온성 계면활성제는 살균, 소독 작용이 우수하고, 정전기 발생을 억제하여 헤어 린스, 헤어 트리트먼트 등에 주로 사용됨

35 자외선 차단제의 올바른 사용법은?
① 자외선 차단제는 아침에 한 번만 바르는 것이 중요하다.
② 자외선 차단제는 도포 후 시간이 경과되면 덧바르는 것이 좋다.
③ 자외선 차단제는 피부에 자극이 되므로 되도록 사용하지 않는다.
④ 자외선 차단제는 자외선이 강한 여름에만 사용하면 된다.

35 네일미용 서비스 > 화장품 분류
자외선 차단제는 자외선으로부터 피부를 보호하기 위해 사용하는 기능성 화장품으로, 도포 후 시간이 경과되면 덧바르는 것이 좋음

36 마누스(Manus)와 큐라(Cura)라는 단어에서 유래된 용어는?
① 네일 팁(Nail Tip) ② **매니큐어(Manicure)**
③ 페디큐어(Pedicure) ④ 아크릴(Acrylic)

36 네일미용 서비스 > 네일미용의 이해
매니큐어는 라틴어의 마누스[Manus(손)]와 큐라[Cura(관리)]의 합성어로, '손 관리'라는 뜻임

37 각 나라 네일미용 역사의 설명으로 틀리게 연결된 것은?
① 그리스·로마 – 네일관리로서 '마누스 큐라'라는 단어가 시작되었다.
② **미국 – 노크 행위는 예의에 어긋난 행동으로 여겨 손톱을 길게 길러 문을 긁도록 하였다.**
③ 인도 – 상류 여성들은 손톱의 뿌리 부분에 문신 바늘로 색소를 주입하여 상류층임을 과시하였다.
④ 중국 – 특권층의 신분을 드러내기 위해 '홍화'의 재배가 유행하였고, 손톱에도 바르며 이를 '조홍'이라 하였다.

37 네일미용 서비스 > 네일미용의 이해
궁전에서 노크 대신 손톱을 길러 문을 긁도록 하여 방문을 알린 나라는 프랑스임

38 네일미용 작업 시 실내공기 환기 방법으로 틀린 것은?
① **작업장 내에 설치된 커튼은 장기적으로 관리한다.**
② 자연 환기와 신선한 공기의 유입을 고려하여 창문을 설치한다.
③ 공기보다 무거운 성분이 있으므로 환기구를 아래쪽에도 설치한다.
④ 겨울과 여름에는 냉, 난방을 고려하여 공기청정기를 준비한다.

38 네일미용 서비스 > 네일미용 위생서비스
작업장 내에 설치된 커튼은 단기적으로 자주 세탁하고 관리해야 함

39 손·발톱에서 함유량이 가장 높은 성분은?
① 칼슘 ② 철분
③ **케라틴** ④ 콜라겐

39 자연네일관리 > 자연네일의 구조와 특성
손·발톱은 케라틴 경단백질이 주성분임

40 네일 기본 관리 작업 과정으로 옳은 것은?
① 손 소독 → 프리에지 모양 만들기 → 네일 폴리시 제거 → 큐티클 정리하기 → 컬러 도포하기 → 마무리하기
② **손 소독 → 네일 폴리시 제거 → 프리에지 모양 만들기 → 큐티클 정리하기 → 컬러 도포하기 → 마무리하기**
③ 손 소독 → 프리에지 모양 만들기 → 큐티클 정리하기 → 네일 폴리시 제거 → 컬러 도포하기 → 마무리하기
④ 프리에지 모양 만들기 → 네일 폴리시 제거 → 마무리하기 → 손 소독

40 자연네일관리 > 손톱 및 발톱관리
네일 기본 관리 작업 순서
손 소독 → 네일 폴리시 제거 → 프리에지 모양 만들기 → 큐티클 정리하기 → 컬러 도포하기 → 마무리하기

41 손의 근육과 가장 거리가 먼 것은?
① 벌림근(외전근) ② 모음근(내전근)
③ 맞섬근(대립근) ④ **엎침근(회내근)**

41 네일미용 서비스 > 손발의 구조와 기능
엎침근(회내근)은 팔의 근육임

42 매니큐어 작업 시 알코올 소독 용기에 담가 소독하는 기구로 적절하지 못한 것은?
① **네일 파일** ② 네일 클리퍼
③ 오렌지 우드스틱 ④ 네일 더스트 브러시

42 자연네일관리 > 손톱 및 발톱관리
에탄올 소독 용기에는 큐티클 푸셔, 큐티클 니퍼, 네일 클리퍼, 오렌지 우드스틱, 네일 더스트 브러시를 담글 수 있음

43 네일숍에서의 감염 예방 방법으로 가장 거리가 먼 것은?
① 작업 장소에서 음식을 먹을 때는 환기에 유의해야 한다.
② 네일 서비스를 할 때는 상처를 내지 않도록 항상 조심해야 한다.
③ 감기 등 감염 가능성이 있거나 감염이 된 상태에서는 작업하지 않는다.
④ 작업 전, 후에는 70% 알코올이나 소독 용액으로 작업자와 고객의 손을 닦는다.

43 네일미용 서비스 > 네일미용 위생서비스
네일숍에서는 가능한 음식물을 섭취하지 말아야 함

44 손 근육의 역할에 대한 설명으로 틀린 것은?
① 물건을 잡는 역할을 한다.
② 손으로 세밀하고 복잡한 작업을 한다.
③ 손가락을 벌리거나 모으는 역할을 한다.
④ 자세를 유지하기 위해 지지대 역할을 한다.

44 네일미용 서비스 > 손발의 구조와 기능
자세를 유지하기 위해 지지대 역할을 하는 것은 뼈의 기능임

45 잘못된 습관으로 손톱을 물어뜯어 손톱이 자라지 못하는 증상은?
① 교조증(Onychophagy)
② 조갑비대증(Onychauxis)
③ 조갑위축증(Onychatrophia)
④ 조갑감입증(Onychocryptosis)

45 네일미용 서비스 > 네일미용 위생서비스
• 조갑비대증: 네일이 비정상적으로 두꺼워짐
• 조갑위축증: 네일이 오므라들어 감소함
• 조갑감입증: 네일의 양쪽 옆면이 살 속으로 파고듦

46 건강한 손톱에 대한 조건으로 틀린 것은?
① 반투명하며 아치형을 이루고 있어야 한다.
② 조반월(루눌라)이 크고 두께가 두꺼워야 한다.
③ 표면이 굴곡이 없고 매끈하며 윤기가 나야 한다.
④ 단단하고 탄력 있어야 하며 끝이 갈라지지 않아야 한다.

46 자연네일관리 > 자연네일의 구조와 특성
조반월(루눌라)의 크기와 두께는 손톱 건강과 관련 없음

47 기기 및 도구류의 위생관리로 틀린 것은?
① 타월은 1회 사용 후 세탁, 소독한다.
② 소독 및 세제용 화학 제품은 서늘한 곳에 밀폐 보관한다.
③ 큐티클 니퍼 및 네일 푸셔는 자외선 소독기에 소독할 수 없다.
④ 철제 도구(금속 도구)는 70% 알코올을 이용하며 20분 동안 담근 후 건조시켜 사용한다.

47 네일미용 서비스 > 네일미용 위생서비스
큐티클 니퍼 및 네일 푸셔는 자외선 소독기에 넣어 소독 및 보관할 수 있음

48 네일숍 고객관리 방법으로 틀린 것은?
① 고객의 질문에 경청하며 성의 있게 대답한다.
② 고객의 잘못된 관리 방법을 제품 판매로 연결한다.
③ 고객의 대화를 바탕으로 고객 요구사항을 파악한다.
④ 고객의 직무와 취향 등을 파악하여 관리 방법을 제시한다.

48 네일미용 서비스 > 네일미용 고객서비스
고객의 잘못된 관리 방법을 전문가로서 설명하고 올바르게 관리할 수 있도록 해야 함

49 손가락뼈의 기능으로 틀린 것은?
① 지지 기능
② 흡수 기능
③ 보호 기능
④ 운동 기능

50 네일 서비스 고객관리카드에 기재하지 않아도 되는 것은?
① 예약 가능한 날짜와 시간
② 손톱의 상태와 선호하는 색상
③ 은행 계좌정보와 고객의 월수입
④ 고객의 기본 인적사항

51 큐티클 정리 시 유의사항으로 가장 적합한 것은?
① 큐티클 푸셔는 90°의 각도를 유지해 준다.
② 에포니키움의 밑부분까지 깨끗하게 정리한다.
③ 큐티클은 외관상 지저분한 부분만을 정리한다.
④ 에포니키움과 큐티클 부분은 힘을 주어 밀어 준다.

52 UV 젤 스컬프처 보수 방법으로 가장 적합하지 않은 것은?
① UV 젤과 자연네일의 경계 부분을 파일링한다.
② 투웨이 젤을 이용하여 두께를 만들고 큐어링한다.
③ 네일 파일링 시 너무 부드럽지 않은 파일을 사용한다.
④ 거친 네일 표면 위에 UV 젤 톱코트를 바른다.

53 네일 팁의 사용과 관련하여 가장 적합한 것은?
① 네일 팁 접착 부분에 공기가 들어갈수록 손톱의 손상을 줄일 수 있다.
② 네일 팁을 부착할 시 유지력을 높이기 위해 모든 네일에 하프 웰 팁을 적용한다.
③ 네일 팁을 부착할 시 네일 팁이 자연손톱의 1/2 이상 덮어야 유지력을 높이는 기준이 된다.
④ 네일 팁을 선택할 때에는 자연손톱의 사이즈와 동일하거나 한 사이즈 큰 것을 선택한다.

54 내추럴 프렌치 스컬프처의 설명으로 틀린 것은?
① 자연스러운 스마일 라인을 형성한다.
② 네일 프리에지가 내추럴 파우더로 조형된다.
③ 네일 보디 전체가 내추럴 파우더로 오버레이된다.
④ 네일 베드는 핑크 파우더 또는 클리어 파우더로 작업한다.

---

49 네일미용 서비스 > 손발의 구조와 기능
뼈의 기능
지지 기능, 보호 기능, 저장 기능, 운동 기능, 조절 기능

50 네일미용 서비스 > 네일미용 고객서비스
고객의 은행 계좌정보와 월수입은 고객에게 질문하지 않으며 고객관리카드에도 기재하지 않음

51 자연네일관리 > 손톱 및 발톱관리
• 큐티클 푸셔는 45°의 각도를 유지함
• 출혈이 발생할 수 있으므로 에포니키움의 밑부분까지 깊게 자르면 안 됨
• 네일에 굴곡이 생길 수 있으므로 큐티클 부분을 강한 압력으로 누르면 안 됨

52 인조네일관리 > 젤 네일
• 투웨이 젤은 잘못된 표현이며, 투웨이 글루가 정확한 명칭으로 투웨이 글루는 네일 접착제의 한 종류임
• 클리어 젤을 이용하여 두께를 만들고 큐어링해야 함

53 인조네일관리 > 팁 네일
• 네일 팁의 접착 시 공기가 들어가면 안 됨
• 모든 네일에 하프 웰 팁을 적용하지 않음
• 자연손톱의 1/2 미만으로 접착해야 유지력을 높일 수 있음

54 인조네일관리 > 아크릴 네일
내추럴 프렌치 스컬프처는 프렌치 라인이 내추럴 컬러로 자연스러운 스마일 라인을 형성하며, 네일 베드 윗부분은 핑크 또는 클리어 파우더로 작업함

55 손톱에 네일 폴리시가 착색되었을 때 착색을 제거하는 제품은?

① 시너
② **네일 표백제**
③ 네일 강화제
④ 네일 폴리시리무버

56 자외선 램프기기에 조사해야만 경화되는 네일 재료는?

① 아크릴 모노머
② 아크릴 폴리머
③ 아크릴 올리고머
④ **UV 젤**

57 새로 성장한 손톱과 아크릴 네일 사이의 공간을 보수하는 방법으로 옳은 것은?

① 들뜬 부분은 니퍼나 다른 도구를 이용하여 강하게 뜯어 낸다.
② 손톱과 아크릴 네일 사이의 턱을 거친 네일 파일로 강하게 네일 파일링한다.
③ 아크릴 네일 보수 시 네일 프라이머를 손톱과 인조네일 전체에 바른다.
④ **들뜬 부분을 네일 파일로 갈아내고 손톱 표면에 네일 프라이머를 도포한 후 아크릴 화장물을 올려 준다.**

58 매니큐어 과정으로 ( ) 안에 들어갈 가장 적합한 작업 과정은?

> 소독하기 – 네일 폴리시 지우기 – ( ) – 샌딩 파일 사용하기 – 핑거볼 담그기 – 큐티클 정리하기

① **손톱 모양 만들기**
② 큐티클 오일 바르기
③ 거스러미 제거하기
④ 네일 표백하기

59 네일 폴리시의 작업 방법으로 가장 적합한 것은?

① 네일 폴리시는 1회 도포가 이상적이다.
② 네일 폴리시를 섞을 때에는 위, 아래로 흔들어 준다.
③ 네일 폴리시가 굳었을 때에는 네일 리무버를 혼합한다.
④ **네일 폴리시는 손톱 가장자리 피부에 최대한 가깝게 도포한다.**

60 매니큐어와 관련된 설명으로 틀린 것은?

① 일반 매니큐어와 파라핀 매니큐어는 함께 병행할 수 있다.
② **큐티클 니퍼와 큐티클 푸셔는 하루에 한 번 오전에 소독해서 사용한다.**
③ 손톱의 네일 파일링은 한 방향으로 해야 자연네일의 손상을 줄일 수 있다.
④ 과도한 큐티클 정리는 고객에게 통증을 유발하거나 출혈이 발생하므로 주의한다.

---

55 네일미용 서비스 > 네일미용 위생서비스
- 네일 폴리시 시너: 굳은 네일 폴리시를 묽게 하는 제품
- 네일 강화제: 네일의 손상 예방과 강화에 도움을 주는 제품
- 네일 폴리시리무버: 네일 폴리시를 제거하는 제품

56 인조네일관리 > 젤 네일
UV 젤은 자외선 램프기기에 조사해야만 경화됨

57 인조네일관리 > 인조네일 보수
- 들뜬 부분은 네일 도구를 이용하여 약하게 제거함
- 손톱과 아크릴 네일 사이의 턱을 부드러운 네일 파일로 조심스럽게 네일 파일링함
- 아크릴 네일 보수 시 네일 프라이머를 자라 나온 손톱 부분에만 소량 바름

58 자연네일관리 > 손톱 및 발톱관리
네일 폴리시를 제거한 후 손톱의 형태를 조형함

59 자연네일관리 > 네일 컬러링
- 네일 폴리시는 2회 도포가 이상적임
- 네일 폴리시를 섞을 때에는 옆으로 돌려 줌
- 네일 폴리시가 굳었을 때에는 시너를 1~2방울 넣음

60 자연네일관리 > 손톱 및 발톱관리
큐티클 니퍼와 큐티클 푸셔는 1명의 고객에게 사용 후 매번 소독해서 사용함

에듀윌이
너를
지지할게

ENERGY

도중에 포기하지 말라.
망설이지 말라.
최후의 성공을 거둘 때까지 밀고 나가자.

– 헨리 포드(Henry Ford)

NAIL TECHNICIAN

비공개 기출 복원문제

제1회 비공개 기출 복원문제
제2회 비공개 기출 복원문제
제3회 비공개 기출 복원문제
제4회 비공개 기출 복원문제
제5회 비공개 기출 복원문제
제6회 비공개 기출 복원문제

비공개 기출 복원문제 | 제1회

최신 기출문제 풀이는 필수!

◀ 모바일로 풀어보기

01 국가 간이나 지역 사회 간의 보건수준을 비교하는 데 사용되는 대표적인 3대 지표는?

① 평균수명, 모성사망률, 비례사망지수
② 영아사망률, 비례사망지수, 평균수명
③ 유아사망률, 사인별 사망률, 영아사망률
④ 영아사망률, 사인별 사망률, 평균수명

[신규 문제 공략]

02 의복에서 함기량이 가장 높은 것은?

① 모직
② 모피
③ 무명
④ 마직

[신규 문제 공략]

03 B형 간염의 전파 요소 중 가장 위험한 것은?

① 면도날
② 클리퍼(전동형)
③ 빗
④ 가운

04 보건행정의 의의에 대한 설명으로 틀린 것은?

① 공중위생업소의 위생과 시설에 관한 업무를 관리한다.
② 질병 예방, 생명 연장, 신체 및 정신적 효율을 증진시킨다.
③ 공중보건학에 기초한 과학적 기술이 필요하다.
④ 개인보건의 목적을 달성하기 위해 공공의 책임하에 수행하는 행정 활동이다.

05 직업병과 관련 직업이 옳게 연결된 것은?

① 난청 – 항공정비사
② 규폐증 – 용접공
③ 열사병 – 채석공
④ 잠함병 – 방사선 기사

06 성층권의 오존층을 파괴시키는 대표적인 가스는?

① 아황산가스(SO_2)
② 일산화탄소(CO)
③ 이산화탄소(CO_2)
④ 염화불화탄소(CFC)

07 감염형 식중독에 속하는 것은?

① 살모넬라균 식중독
② 보툴리누스균 식중독
③ 포도상구균 식중독
④ 웰치균 식중독

| 해설 |

01 공중위생관리 > 공중보건
3대 보건수준 지표
영아사망률, 비례사망지수, 평균수명

02 공중위생관리 > 공중보건
의복의 함기량: 모피 > 모직 > 무명 > 견직 > 마직

03 공중위생관리 > 공중보건
B형 간염은 면도날, 혈액, 성적인 접촉을 통해 전파되는 감염병으로 특히 면도날은 전파 위험성이 가장 높음

04 공중위생관리 > 공중보건
보건행정은 공중보건의 목적을 달성하기 위해 공공의 책임하에 수행하는 행정 활동임

05 공중위생관리 > 공중보건
• 규폐증 – 석공, 암석 연마자
• 열사병 – 제철소 작업자
• 잠함병 – 해녀, 잠수부

06 공중위생관리 > 공중보건
염화불화탄소(CFC)는 냉장고나 에어컨의 냉매, 스프레이의 분사제에서 발생하는 프레온 가스로 오존이 존재하는 성층권까지 도달하면 오존층이 파괴됨

07 공중위생관리 > 공중보건
• 감염형 식중독균: 살모넬라균, 병원성 대장균, 장염 비브리오균
• 독소형 식중독균: 포도상구균, 보툴리누스균, 웰치균

08 인체에 질병을 일으키는 병원체 중 대체로 살아 있는 세포에서만 증식하고 크기가 가장 작아 전자현미경으로만 관찰할 수 있는 것은?

① 구균 ② 간균
③ 바이러스 ④ 원생동물

08 공중위생관리 〉소독
바이러스의 주요 특징
- 미생물 중 가장 작음
- 전자현미경으로만 관찰 가능
- 살아 있는 세포 내에서 증식 가능
- 항생제에 반응하지 않음

09 멸균의 의미로 가장 적합한 표현은?

① 병원균의 발육, 증식 억제 상태
② 체내에 침입하여 발육을 증식하는 상태
③ 세균의 독성만을 파괴한 상태
④ 아포를 포함한 모든 균을 사멸시킨 무균 상태

09 공중위생관리 〉소독
멸균은 미생물 및 아포를 가진 것을 전부 사멸시킨 무균 상태를 의미함

10 이상적인 소독제의 구비조건과 거리가 먼 것은?

① 생물학 작용을 충분히 발휘할 수 있어야 한다.
② 빨리 효과를 내고 살균 소요 시간이 짧을수록 좋다.
③ 독성이 적으면서 사용자에게도 자극성이 없어야 한다.
④ 원액 혹은 희석된 상태에서 화학적으로는 불안정된 것이어야 한다.

10 공중위생관리 〉소독
이상적인 소독제는 화학적으로는 안정된 것이어야 함

11 다음 중 물리적 소독법에 해당하는 것은?

① 승홍수 소독 ② 크레졸 소독
③ 건열 소독 ④ 석탄산 소독

11 공중위생관리 〉소독
- 건열 소독은 건조한 열을 이용한 물리적 소독법임
- 승홍수 소독, 크레졸 소독, 석탄산 소독은 소독력이 있는 약제를 사용한 화학적 소독법임

12 자비 소독 시 살균력 상승과 금속의 상함을 방지하기 위해서 첨가하는 물질(약품)로 알맞은 것은?

① 승홍수 ② 알코올
③ 염화칼슘 ④ 탄산나트륨

12 공중위생관리 〉소독
자비 소독(열탕 소독) 시 탄산나트륨을 1~2% 첨가하면 살균력 상승과 금속의 상함을 방지할 수 있음

13 석탄산의 희석배수 90배를 기준으로 할 때 어떤 소독약의 석탄산 계수가 4였다면 이 소독약의 희석배수는?

① 90배 ② 94배
③ 360배 ④ 400배

13 공중위생관리 〉소독
석탄산 계수 $= \dfrac{\text{소독약의 희석배수}}{\text{석탄산의 희석배수}}$, $4 = \dfrac{x}{90}$
$x = 4 \times 90$ ∴ $x = 360$

14 알코올 소독의 미생물세포에 대한 주된 작용은?

① 할로겐 복합물 형성 ② 단백질 변성
③ 효소의 완전 파괴 ④ 균체의 완전 융해

14 공중위생관리 〉소독
화학적 소독 중 알코올 소독은 미생물세포에 단백질 변성 작용을 함

15 각화유리질과립(Keratohyalin)은 피부 표피의 어떤 층에 주로 존재하는가?
① 과립층 ② 유극층
③ 기저층 ④ 투명층

15 네일미용 서비스 > 피부의 이해
- 유극층: 랑게르한스세포
- 기저층: 멜라닌세포, 각질형성세포, 머켈세포
- 투명층: 엘라이딘

16 피지 분비와 피지선의 활성을 높여 주는 호르몬은?
① 에스트로겐 ② 프로게스테론
③ 인슐린 ④ 안드로겐

16 네일미용 서비스 > 피부의 이해
남성 호르몬인 안드로겐은 사춘기 때 피지 분비와 피지선의 활성을 높여 줌

17 기미가 생기는 원인으로 가장 거리가 먼 것은?
① 정신적 불안
② 비타민 C 과다
③ 내분비 기능 장애
④ 질이 좋지 않은 화장품의 사용

17 네일미용 서비스 > 피부의 이해
기미가 생기는 원인에는 유전적 요인, 스트레스, 임신, 갱년기, 내분비 기능 장애, 품질이 저하된 화장품의 사용 등이 있음

18 주로 40~50대에 나타나며 혈액 흐름이 나빠져 모세혈관이 파손되어 코를 중심으로 양 뺨이 나비 형태로 붉어지는 증상으로, 피지선과 가장 관련이 깊은 질환은?
① 비립종 ② 섬유종
③ 주사 ④ 켈로이드

18 네일미용 서비스 > 피부의 이해
- 비립종: 신진대사의 저조가 원인으로 유핵층에 위치
- 섬유종: 섬유성 결합조직으로 구성되는 양성 종양
- 켈로이드: 결합조직이 과다 증식되어 흉터가 표면 위로 굵게 융기된 상태

19 두피에서 비듬이 생기는 것에 해당되는 것은?
① 지루성 피부염 ② 알레르기
③ 습진 ④ 두드러기

19 네일미용 서비스 > 피부의 이해
지루성 피부염은 피지선이 발달된 부위에 나타나는 피지 과다로 인한 염증성 피부질환이며, 특징으로는 기름기가 있는 인설(비듬), 가려움증이 있음

20 탄수화물에 대한 설명으로 틀린 것은?
① 당질이라고도 하며 신체의 중요한 에너지원이다.
② 장에서 포도당, 과당 및 갈락토오스로 흡수된다.
③ 지나친 탄수화물의 섭취는 신체를 알칼리성 체질로 만든다.
④ 탄수화물의 소화흡수율은 99%에 가깝다.

20 네일미용 서비스 > 피부의 이해
탄수화물을 과다 섭취하면 신체가 산성 체질로 변해 저항력이 떨어짐

21 피부 과색소 침착의 증상이 아닌 것은?
① 기미 ② 주근깨
③ 백반증 ④ 검버섯

21 네일미용 서비스 > 피부의 이해
- 과색소: 기미, 흑색증(흑피증), 노인성 반점, 주근깨, 검버섯, 몽고반점
- 저색소: 백색증(백피증), 백반증

22 2도 화상에 해당하는 것은?
① 햇볕에 탄 피부
② 진피층까지 손상되어 수포가 발생한 피부
③ 피하지방층까지 손상된 피부
④ 피하지방층 아래의 근육까지 손상된 피부

22 네일미용 서비스 > 피부의 이해
- 제1도 화상: 피부가 붉어짐
- 제2도 화상: 홍반, 부종, 진피층까지 손상되어 수포 형성
- 제3도 화상: 흉터가 남음

23 「공중위생관리법 시행규칙」에 규정된 이·미용기구의 소독기준으로 적합한 것은?

① 1cm²당 85μW 이상의 자외선을 10분 이상 쬐어 준다.
② 100℃ 이상 건조한 열에 10분 이상 쐬어 준다.
③ 크레졸수(크레졸 3%, 물 97%의 수용액)에 10분 이상 담가 둔다.
④ 100℃ 이상 습한 열에 10분 이상 쐬어 준다.

23 공중위생관리 > 공중위생관리법규
- 1cm²당 85μW 이상의 자외선을 20분 이상 쬐어 줌
- 100℃ 이상 건조한 열에 20분 이상 쐬어 줌
- 100℃ 이상 습한 열에 20분 이상 쐬어 줌

24 선량한 풍속 유지를 위하여 필요하다고 인정하는 경우에 이·미용업의 영업시간 및 영업행위에 관해 필요한 제한을 할 수 있는 자는?

① 관련 전문기관장
② 보건복지부장관
③ 시·도지사
④ 경찰청장

24 공중위생관리 > 공중위생관리법규
시·도지사는 공익상 또는 선량한 풍속의 유지를 위하여 필요하다고 인정하는 때에는 공중위생영업자 및 종사원에 대하여 영업시간과 영업행위에 관한 필요한 제한을 할 수 있음(2025년 7월 31부터 시장·군수·구청장도 영업의 제한을 할 수 있게 됨)

25 이·미용사의 면허취소와 공중위생영업의 정지, 영업소 폐쇄명령 등의 처분을 하고자 하는 때에 실시해야 하는 절차는?

① 통보
② 개선명령
③ 공지
④ 청문

25 공중위생관리 > 공중위생관리법규
청문 실시 사유
- 이·미용사 면허정지
- 이·미용사 면허취소
- 영업소 영업정지명령
- 일부 시설의 사용중지명령
- 영업소 폐쇄명령

26 공중위생영업자 단체의 설립 목적이 아닌 것은?

① 영업의 건전한 발전을 도모하기 위해
② 국민 보건의 향상을 기하기 위해
③ 영업자 단체의 조직을 갖추기 위해
④ 공중위생의 향상을 기하기 위해

26 공중위생관리 > 공중위생관리법규
공중위생영업자는 공중위생과 국민 보건의 향상을 기하고 그 영업의 건전한 발전을 도모하기 위하여 공중위생영업의 종류별로 전국적인 조직을 가지는 공중위생영업자 단체를 설립할 수 있음

27 이·미용의 업무를 영업장소 외에서 행하였을 때 이에 대한 처벌 기준은?

① 200만 원 이하의 과태료
② 200만 원 이하의 벌금
③ 300만 원 이하의 과태료
④ 300만 원 이하의 벌금

27 공중위생관리 > 공중위생관리법규
200만 원 이하 과태료
- 이·미용업소의 위생관리의무를 지키지 않은 자
- 영업소 외의 장소에서 이·미용 업무를 행한 자
- 위생교육을 받지 않은 자

28 보건복지부장관 또는 시장·군수·구청장이 과태료의 금액을 늘려 부과할 수 있는 경우에 해당하는 것은?

① 과태료의 금액은 늘려서 부과할 수 없음
② 법 위반상태의 기간이 6개월 이상인 경우
③ 법 위반상태의 기간이 3개월 이상인 경우
④ 법 위반상태의 기간이 1개월 이상인 경우

28 공중위생관리 > 공중위생관리법규
보건복지부장관 또는 시장·군수·구청장은 법 위반상태의 기간이 6개월 이상인 경우 과태료 금액의 2분의 1 범위에서 그 금액을 늘려 부과할 수 있음

신규 문제 공략

29 메이크업 특수분장 시 주름을 만들려고 사용하는 재료는?
① 컨실러
② 글리세린
③ 스프리트 검
④ 라텍스

29 네일미용 서비스 > 화장품 분류
라텍스는 고무나무에서 추출한 액체로 인조 피부, 상처 분장, 노인분장의 주름 등을 만들 때 사용함

30 다음 설명에 적합한 유화 형태의 대표적인 제품은?

> 유화 형태를 판별하기 위해서 물을 첨가한 결과 잘 섞여 O/W형으로 판별되었다.

① 데오도란트
② 핸드 로션
③ 보디 크림
④ 파우더

30 네일미용 서비스 > 화장품 분류
- O/W 에멀션: 물 안에 오일이 혼합된 로션 제품류
- W/O 에멀션: 오일 안에 물이 혼합된 크림 제품류

31 세정용 화장수의 일종으로 가장 유성 성분이 없으며 가벼운 화장의 제거에 사용하기에 가장 적합한 것은?
① 클렌징오일
② 클렌징워터
③ 클렌징로션
④ 클렌징크림

31 네일미용 서비스 > 화장품 분류
- 클렌징오일: 유성 성분이 많아 포인트 메이크업과 베이스 메이크업을 동시에 제거할 수 있음
- 클렌징로션: 피부 자극이 적어 민감성·복합성·지성 피부에 적합함
- 클렌징크림: 클렌징로션보다 유성 성분이 많아 짙은 화장 제거에 효과적이며, 중성·건성 피부에 적합함

32 향수를 구입하여 샤워 후 보디에 나만의 향으로 산뜻함과 상쾌함을 유지시키고자 한다면, 부향률은 어느 정도로 하는 것이 좋은가?
① 1~3%
② 3~5%
③ 6~8%
④ 9~12%

32 네일미용 서비스 > 화장품 분류
샤워코롱은 1~3%의 향료를 함유함

33 에센셜 오일에 대한 설명으로 가장 적절한 것은?
① 수증기 증류법에 의해 얻어진 에센셜 오일이 주로 사용되고 있다.
② 에센셜 오일은 공기 중 산소나 빛에 안전하기 때문에 주로 투명 용기에 보관하여 사용한다.
③ 에센셜 오일은 주로 향기식물의 줄기나 뿌리 부위에서만 추출된다.
④ 에센셜 오일은 주로 베이스 노트이다.

33 네일미용 서비스 > 화장품 분류
- 산소, 빛 등에 변질될 수 있으므로 갈색병에 보관
- 식물의 꽃, 줄기, 뿌리 등 다양한 부위에서 추출함
- 에센셜 오일은 주로 미들 노트임

신규 문제 공략

34 마그네슘을 주성분으로 하는 암석인 활석(Talc)으로 만든 화장품은?
① 스킨커버
② 메이크업 베이스
③ 파운데이션
④ 파우더

34 네일미용 서비스 > 화장품 분류
파우더는 마그네슘을 주성분으로 하는 암석인 활석(탈크)으로 만듦

35 기능성 화장품의 주요 효과가 아닌 것은?
① 피부 주름 개선에 도움을 준다.
② 자외선으로부터 보호한다.
③ 피지와 노폐물을 제거하는 데 도움을 준다.
④ 피부 미백에 도움을 준다.

35 네일미용 서비스 > 화장품 분류
피지와 노폐물을 제거하는 데 도움을 주는 것은 기초 화장품 중 클렌징 제품의 주요 효과임

36 네일 보디가 네일 베드에서 분리되는 옐로 라인의 양쪽 끝 점으로 라운드 형태와 오발 형태를 구분하는 부분은?

① 네일 베드
② 스트레스 포인트
③ 매트릭스
④ 네일 그루브

36 자연네일관리 > 자연네일의 구조와 특성
- 네일 베드: 네일 보디 밑의 피부로 산소를 공급받음
- 매트릭스: 네일을 만드는 세포 생성, 성장 담당
- 네일 그루브: 네일의 양 옆 피부 사이에 접혀진 홈

37 태아의 손톱 끝마디 뼈 윗부분부터 손톱의 성장 부위가 형성되어 피부가 휘어져 들어가기 시작하며, 손톱의 형성·성장이 시작되는 시기는?

① 임신 4주
② 임신 9주
③ 임신 14주
④ 임신 20주

37 자연네일관리 > 자연네일의 구조와 특성
- 임신 9주: 손톱의 형성·성장이 시작됨
- 임신 14주: 손톱이 자라는 모습을 확인할 수 있음
- 임신 20주: 완전한 손톱이 형성됨

신규 문제공략

38 네일 도구 및 네일 재료가 네일 산업에 도입된 순서대로 나열된 것은?

① 오렌지 우드스틱 → 네일 폼 → 라이트 큐어드 젤 → 네일 광택제
② 오렌지 우드스틱 → 네일 광택제 → 네일 폼 → 라이트 큐어드 젤
③ 오렌지 우드스틱 → 네일 폼 → 네일 광택제 → 라이트 큐어드 젤
④ 오렌지 우드스틱 → 라이트 큐어드 젤 → 네일 광택제 → 네일 폼

38 네일미용 서비스 > 네일미용의 이해
오렌지 우드스틱(1830년) → 네일 광택제(니트로셀룰로오스, 1885년) → 네일 폼(1957년) → 라이트 큐어드 젤(1994년)

39 네일의 구조에 대한 설명으로 옳은 것은?

① 매트릭스(조모): 네일의 성장이 진행되는 곳으로 이상이 생기면 네일의 변형을 가져온다.
② 네일 보디(조체): 네일 측면에 해당하며 네일과 피부를 밀착시킨다.
③ 루눌라(조반월): 네일 보디의 시작점에서 자라나는 피부로 매트릭스를 보호하는 역할을 한다.
④ 네일 베드(조상): 네일의 끝부분에 해당되며 손톱의 모양을 만들 수 있다.

39 자연네일관리 > 자연네일의 구조와 특성
- 네일 월(조벽): 네일 측면에 해당하며 네일과 피부를 밀착시킴
- 에포니키움(상조피): 네일 보디의 시작점에서 자라나는 피부로 매트릭스를 보호하는 역할을 함
- 프리에지(자유연): 네일의 끝부분에 해당되며 손톱의 모양을 만들 수 있음

40 매트릭스의 세포 배열 길이로 네일의 무엇이 달라지는가?

① 네일의 크기가 달라진다.
② 네일의 두께가 달라진다.
③ 네일의 모양이 달라진다.
④ 네일의 성장 속도가 달라진다.

40 자연네일관리 > 자연네일의 구조와 특성
- 매트릭스의 세포 배열 길이에 따라 네일의 두께가 달라짐
- 얇은 네일: 매트릭스의 세포 배열 길이가 짧음
- 두꺼운 네일: 매트릭스의 세포 배열 길이가 깊

41 오발 형태에 대한 설명으로 틀린 것은?

① 네일이 타원형의 곡선 형태이다.
② 손이 길어 보이며 우아한 느낌을 준다.
③ 좌우대칭을 맞추어 가며 네일 파일링한다.
④ 스트레스 포인트부터 일정 부분 직선이 유지되어야 한다.

41 자연네일관리 > 자연네일의 구조와 특성
- 오발 형태: 스트레스 포인트부터 곡선
- 라운드 형태: 스트레스 포인트부터 일정 부분 직선

42 네일미용사가 관리할 수 있는 네일의 증상은?

① 테리지움
② 오니코마이코시스
③ 오니키아
④ 파로니키아

42 네일미용 서비스 > 네일미용 위생서비스
- 테리지움: 큐티클의 과잉 성장으로 관리 가능
- 오니코마이코시스: 네일의 무좀으로 관리 불가능
- 오니키아: 네일의 염증으로 관리 불가능
- 파로니키아: 네일 주위 피부의 염증으로 관리 불가능

43 오니코크립토시스(조갑감입증)에 대한 설명으로 틀린 것은?

① 네일의 양쪽 옆면이 살 속으로 파고드는 증상이다.
② 발톱을 동그랗게 잘라 주어야 한다.
③ 네일미용사가 관리 가능한 이상 증세이다.
④ 꽉 끼는 신발 착용으로 발생할 수 있다.

43 네일미용 서비스 > 네일미용 위생서비스
발톱은 스퀘어 형태로 짧지 않게 잘라 주어야 함

신규 문제 공략

44 매트릭스(조모)가 탈락되어 프리에지(자유연)까지 새로 자라나오는 기간으로 가장 적절한 것은?

① 1~2개월
② 8~10개월
③ 2~3개월
④ 5~6개월

44 자연네일관리 > 자연네일의 구조와 특성
손톱이 탈락한 후 전체적으로 다시 자라나는 데 소요되는 기간은 약 4~6개월임

45 골격계에 대한 설명으로 틀린 것은?

① 뼈는 체중의 약 20%를 차지한다.
② 뼈는 약 206개로 구성된다.
③ 인체의 형태를 유지하고 체중을 지지하는 기능을 한다.
④ 수축과 이완에 의해 움직여 인체를 움직일 수 있도록 힘을 발휘한다.

45 네일미용 서비스 > 손발의 구조와 기능
수축과 이완에 의해 움직여 인체를 움직일 수 있도록 힘을 발휘하는 것은 근육의 역할임

46 하지신경이 아닌 것은?

① 좌골신경(궁둥신경)
② 척골신경(자뼈신경)
③ 경골신경(정강신경)
④ 대퇴신경(넙다리신경)

46 네일미용 서비스 > 손발의 구조와 기능
- 하지신경: 대퇴신경, 좌골신경, 경골신경, 총비골신경(심비골신경, 천비골신경), 비복신경, 복재신경
- 상지신경: 액와신경, 근피신경, 정중신경, 요골신경, 척골신경, 수지신경

47 관절에 대한 설명으로 틀린 것은?

① 신근: 관절을 펼치는 신전 작용을 한다.
② 굴근: 관절을 굽히는 굴곡 작용을 한다.
③ 외전근: 관절을 벌리는 외전 작용을 한다.
④ 대립근: 관절을 모으는 내전 작용을 한다.

47 네일미용 서비스 > 손발의 구조와 기능
- 대립근: 관절을 손바닥으로 향하여 물건을 잡는 작용을 함
- 내전근: 관절을 모으는 내전 작용을 함

48 발의 근육으로 엄지발가락을 펴는 작용을 하는 근육을 무엇이라고 하는가?

① 무지대립근(엄지맞섬근)
② 충양근(벌레근)
③ 장무지신근(긴엄지폄근)
④ 장무지굴근(긴엄지굽힘근)

48 네일미용 서비스 > 손발의 구조와 기능
- 무지대립근(엄지맞섬근): 엄지손가락을 다른 손가락과 마주 보고 물건을 잡게 하는 근육
- 충양근(벌레근): 둘째~다섯째 발가락에 발허리뼈 사이를 메워주는 근육
- 장무지굴근(긴엄지굽힘근): 엄지발가락을 굽히는 근육

49 큐티클을 밀어 올릴 때 과도한 압력이 가해질 경우 일어날 수 있는 현상은?

① 프리에지에 균열이 생긴다.
② 아무 이상이 없다.
③ 네일 보디에 굴곡이 생길 수 있다.
④ 하이포니키움이 들뜬다.

49 네일미용 서비스 〉 네일미용 위생서비스
큐티클 푸셔로 큐티클을 과도하게 밀어 올려 압력이 가해지면 루눌라가 손상되어 네일 보디에 굴곡이 생길 수 있음

50 골격계에 대한 설명으로 틀린 것은?

① 인체의 골격은 약 206개의 뼈로 구성되어 있다.
② 체중의 약 20%를 차지한다.
③ 기관을 둘러싸 장기를 외부의 충격으로부터 보호한다.
④ 골격에서는 혈액세포를 생성하지 않는다.

50 네일미용 서비스 〉 손발의 구조와 기능
뼈 속 적골수에서 혈액을 생산하는 조혈 기능을 함

51 매니큐어 시 출혈이 발생했을 때의 잘못된 대처 방법은?

① 지혈제를 출혈 부위에 떨어뜨린다.
② 출혈이 멈추도록 문지른다.
③ 출혈 부위에 지혈한다.
④ 분말형 지혈제도 사용 가능하다.

51 네일미용 서비스 〉 네일미용 위생서비스
출혈이 발생했을 때 출혈 부위를 문지르면 안 됨

52 네일 폴리시에 대한 설명으로 틀린 것은?

① 색상을 주고 광택을 보이게 하는 화장제이다.
② 휘발성 물질이다.
③ 굳는 것을 방지하기 위해 병 입구를 닦아 보관한다.
④ 비인화성 물질로 되어 있다.

52 자연네일관리 〉 네일 컬러링
네일 폴리시는 인화성 물질이므로 취급 시 주의해야 함

[신규 문제 공략]

53 아크릴에 사용하는 화학 성분 중 물질을 빨리 굳게 하는 성분은?

① 프라이머
② 모노머
③ 카탈리스트
④ 폴리머

53 인조네일관리 〉 아크릴 네일
카탈리스트는 함유량에 따라 아크릴 네일의 굳는 속도를 조절하는 촉매제임

[신규 문제 공략]

54 팁 위드 젤(내추럴 팁)의 작업 중 네일 파일링 방법으로 틀린 것은?

① 스마일 라인이 손상되지 않도록 주의한다.
② 젤 네일에서는 가볍게 네일 파일링한다.
③ 네일 파일링 시 큐티클 주변 피부의 손상이 없도록 주의한다.
④ 콘 벡스와 콘 케이브의 두께를 일정하게 네일 파일링한다.

54 인조네일관리 〉 팁 네일
내추럴 팁을 접착한 후 젤을 오버레이하는 팁 위드 젤은 프렌치가 아니므로 스마일 라인이 없음

55 조직이 얇고 섬세하게 짜여 부드럽고 가벼운 네일 랩은?

① 리넨
② 실크
③ 멘딩 티슈
④ 파이버 글라스

55 인조네일관리 〉 랩 네일
• 리넨: 천의 조직이 비치고 두꺼우며 투박함
• 멘딩 티슈: 섬유로 만든 아주 얇은 종이로 약함
• 파이버 글라스: 투명하고 반짝거리며 조직이 느슨함

> 신규 문제 공략

56 미생물 역사에 대한 설명으로 **틀린** 것은?

① 코흐 – 결핵균
② 파스퇴르 – 저온 살균법
③ 레벤후크 – 현미경 사용
④ 쉼멜부시 – 고온 살균법

57 아크릴 네일에 대한 설명으로 옳은 것은?

① 필러 파우더와 같이 사용한다.
② 인조네일에만 작업이 가능하다.
③ 자연네일에만 작업이 가능하다.
④ 네일의 모양을 보정할 수 있다.

> 신규 문제 공략

58 그러데이션 컬러링에 대한 설명으로 **틀린** 것은?

① 프리에지는 제외하고 컬러를 도포한다.
② 컬러의 경계를 없애 자연스러운 그러데이션이 되도록 한다.
③ 다양한 색상을 사용할 수 있다.
④ 프리에지로 갈수록 자연스럽게 컬러가 진해진다.

> 신규 문제 공략

59 네일 프라이머에 대한 설명으로 **틀린** 것은?

① 산성 성분이 포함되어 있다.
② 네일을 부식시킬 수 있다.
③ 광택 향상을 위해 바른다.
④ 최소량만 사용한다.

60 아크릴 네일의 제거 방법으로 **틀린** 것은?

① 아크릴 네일이 용해된 후 네일 파일을 사용하여 떼어 낸다.
② 아크릴 네일이 용해된 후 큐티클 푸셔를 사용하여 떼어 낸다.
③ 아크릴 네일이 용해된 후 오렌지 우드스틱을 사용하여 떼어 낸 후 잔여물을 부드러운 네일 파일로 제거한다.
④ 아크릴 네일이 용해된 후 콘 커터를 사용하여 떼어 낸다.

56 공중위생관리 > 소독
쉼멜부시 – 증기 소독법

57 인조네일관리 > 아크릴 네일
아크릴 네일은 아크릴 파우더를 사용하며, 인조네일과 자연네일 모두에 작업이 가능함

58 자연네일관리 > 네일 컬러링
그러데이션 컬러링도 프리에지에 컬러를 도포해야 함

59 인조네일관리 > 아크릴 네일
네일 프라이머는 자연네일의 유·수분을 제거하여 인조네일의 접착 효과를 높여 주는 제품으로 광택 향상과는 관련이 없음

60 자연네일관리 > 네일 화장물 제거
아크릴 네일의 제거를 위해서는 아세톤을 탈지면에 적셔 포일로 감싸 불린 후 다양한 네일 도구를 활용하여 떼어 낼 수 있지만, 발바닥의 두꺼운 굳은살을 제거할 때 사용하는 콘 커터는 사용할 수 없음

정답표(제1회)

01	②	02	②	03	①	04	④	05	①	06	④	07	①	08	③	09	④	10	④
11	③	12	④	13	③	14	②	15	①	16	④	17	②	18	③	19	①	20	③
21	③	22	②	23	③	24	③	25	④	26	③	27	①	28	②	29	④	30	②
31	②	32	①	33	①	34	④	35	④	36	②	37	②	38	②	39	①	40	②
41	④	42	①	43	②	44	④	45	④	46	②	47	④	48	①	49	③	50	④
51	②	52	④	53	③	54	①	55	②	56	④	57	④	58	①	59	③	60	④

비공개 기출 복원문제 | 제2회

최신 기출문제 풀이는 필수!

◀ 모바일로 풀어보기

01 다음 중 가장 대표적인 보건수준 평가기준으로 사용되는 것은?
① 성인사망률   ② 영아사망률
③ 노인사망률   ④ 사인별 사망률

02 장티푸스에 대한 설명으로 옳은 것은?
① 식물 매개 감염병이다.
② 우리나라에서는 제3급 법정 감염병이다.
③ 대장 점막에 궤양성 병변을 일으킨다.
④ 일종의 열병으로 경구 침입 감염병이다.

신규 문제 공략
03 에이즈 예방대책으로 틀린 것은?
① 경구 피임약 사용   ② 수혈이나 일회용 주사기 사용
③ 건전한 성생활 유지   ④ 보건교육 강화

04 예방접종에 있어서 생균백신을 사용하는 것은?
① 결핵   ② 백일해
③ 디프테리아   ④ 장티푸스

신규 문제 공략
05 생물학적 산소요구량(BOD)과 용존산소(DO)의 값은 어떤 관계가 있는가?
① BOD와 DO는 무관하다.
② BOD가 낮으면 DO는 낮다.
③ BOD가 높으면 DO는 낮다.
④ BOD가 높으면 DO도 높다.

신규 문제 공략
06 다음 (   ) 안의 알맞은 용어를 순서대로 나열한 것은?

> 세계보건기구(WHO)의 본부는 스위스 제네바에 있으며 6개 지역사무소를 운영하고 있다. 이 중 우리나라는 (   ) 지역에, 북한은 (   ) 지역에 소속되어 있다.

① 서태평양, 서태평양   ② 동남아시아, 동남아시아
③ 동남아시아, 서태평양   ④ 서태평양, 동남아시아

07 실내의 적정 습도는?
① 30~70%   ② 60~80%
③ 40~70%   ④ 40~80%

| 해 설 |

01 공중위생관리 〉 공중보건
건강수준이 향상되면 영아사망률이 줄어들기 때문에 영아사망률은 보건수준 평가의 대표적인 기준임

02 공중위생관리 〉 공중보건
- 오염된 음식물 매개 감염병임
- 제2급 법정 감염병임
- 발열과 복통 등의 위장 장애를 일으킴

03 공중위생관리 〉 공중보건
후천성 면역결핍증인 에이즈는 면도날, 혈액, 성적인 접촉을 통해 전파되는 감염으로 피임약을 먹는 것으로는 예방할 수 없음

04 공중위생관리 〉 공중보건
- 생균백신: 결핵, 홍역, 폴리오
- 사균백신: 콜레라, 장티푸스, 폴리오, 백일해
- 순화독소: 파상풍, 디프테리아

05 공중위생관리 〉 공중보건
생물학적 산소요구량(BOD)이 높으면, 물 속에 용해되어 있는 용존산소(DO)는 낮음

06 공중위생관리 〉 공중보건
- 우리나라 소속 지역: 서태평양
- 북한 소속 지역: 동남아시아

07 공중위생관리 〉 공중보건
- 실내 적정 습도: 40~70%
- 쾌적 습도: 60%

08 이·미용실 바닥과 배설물 소독에 가장 적당한 것은?

① 알코올 ② 크레졸
③ 생석회 ④ 승홍수

08 공중위생관리 > 소독
- 알코올: 손, 피부, 유리, 금속 도구
- 크레졸: 손, 아포, 바닥, 배설물
- 생석회: 하수도, 쓰레기통, 화장실, 분변
- 승홍수: 피부, 아포

09 바이러스에 대한 설명으로 옳은 것은?

① 항생제에 감수성이 있다.
② 광학현미경으로 관찰이 가능하다.
③ 핵산 DNA와 RNA를 둘 다 가지고 있다.
④ 바이러스는 살아 있는 세포 내에서만 증식 가능하다.

09 공중위생관리 > 소독
- 바이러스는 항생제에 감수성이 없음
- 전자현미경으로만 관찰이 가능함
- 핵산 DNA와 RNA 둘 중 하나만 가지고 있음

10 생활력을 가지고 있는 미생물을 여러 물리·화학적 처리로 급속히 죽이는 것은 다음의 소독 방법 중 어디에 해당되는가?

① 여과 ② 멸균
③ 살균 ④ 방부

10 공중위생관리 > 소독
- 여과: 여과기로 액체에 있는 침전물, 입자를 걸러내는 것
- 멸균: 미생물 및 아포를 가진 것을 전부 사멸시킨 무균 상태
- 방부: 미생물의 발육과 작용을 억제하여 부패나 발효를 방지하는 것

11 다음 중 소독에 영향을 가장 적게 미치는 인자(因子)는?

① 온도 ② 대기압
③ 수분 ④ 시간

11 공중위생관리 > 소독
소독에 영향을 주는 인자: 온도, 수분, 시간, 농도

12 중량 백만분율을 표시하는 단위는?

① ppm ② %
③ ppb ④ ‰

12 공중위생관리 > 소독
- 피피엠(ppm): 소독액 1,000,000mL 중에 포함된 소독약의 양
- 퍼센트(%): 소독액 100mL 중에 포함된 소독약의 양
- 피피비(ppb): 소독액 1,000,000,000mL 중에 포함된 소독양의 양
- 퍼밀리(‰): 소독액 1,000mL 중에 포함된 소독약의 양

13 금속 기구를 자비 소독할 때 탄산나트륨을 넣으면 살균력도 강해지고 녹이 슬지 않는다. 이때 가장 적정한 농도는?

① 0.1~0.5% ② 1~2%
③ 5~10% ④ 10~15%

13 공중위생관리 > 소독
금속 기구를 자비 소독(열탕 소독)할 때 탄산나트륨 1~2%를 넣으면 살균력도 강해지고 녹이 슬지 않아 금속의 손상을 방지함

신규 문제 공략

14 헤어 브러시 소독과 주의사항에 대한 설명으로 틀린 것은?

① 헤어 브러시는 자외선 소독기에 넣어 보관한다.
② 헤어 브러시는 전용 세제로 헹구고 잘 건조한다.
③ 플라스틱 브러시는 열을 가하면 녹을 수 있으므로 주의한다.
④ 헤어 브러시를 떨어뜨릴 경우 털어서 사용한다.

14 공중위생관리 > 소독
헤어 브러시를 떨어뜨릴 경우 털어서 바로 사용하지 말고 전용 세제로 헹구고 자외선 소독기에 넣어 소독해야 함

15 피부의 생물학적 노화 현상이 아닌 것은?
① 색소 침착이 증가한다.
② 저항 능력이 떨어진다.
③ 안드로겐의 양이 늘어난다.
④ 표피 두께가 줄어든다.

16 피부의 피지막에 대한 설명으로 틀린 것은?
① 보통 알칼리성을 나타내고 독물을 중화시킨다.
② 땀과 피지가 섞여서 합쳐진 막이다.
③ 피지막에 의해 세균이 죽거나 발육이 억제당한다.
④ 피지막 형성은 피부의 상태에 따라 그 정도가 다르다.

17 알레르기의 원인이 되는 히스타민을 분비하는 곳은?
① 랑게르한스세포　② 비만세포
③ 말피기세포　④ 유극세포

18 사마귀(Wart, Verruca)의 원인은?
① 바이러스　② 진균
③ 내분비 이상　④ 당뇨병

19 단백질의 최종 가수 분해 물질은?
① 지방산　② 콜레스테롤
③ 아미노산　④ 포도당

20 얼굴관리 시 가장 주의해야 할 부위는?
① 코　② 눈
③ 입　④ 이마

21 자외선 B는 자외선 A보다 홍반 발생 능력이 몇 배 정도인가?
① 10배　② 100배
③ 1,000배　④ 10,000배

---

15 네일미용 서비스 > 피부의 이해
안드로겐은 피지 분비와 관련이 있는 남성호르몬으로, 피부의 노화 현상으로 안드로겐의 양이 늘어나지 않음

16 네일미용 서비스 > 피부의 이해
피지막은 pH 4.5~6.5의 약산성을 나타냄

17 네일미용 서비스 > 피부의 이해
비만세포 안의 물질인 히스타민이 과도하게 분비될 경우 알레르기와 같은 부정적 반응을 일으킬 수 있음

18 네일미용 서비스 > 피부의 이해
사마귀는 인체 유두종 바이러스(HPV) 감염으로 발생함

19 네일미용 서비스 > 피부의 이해
• 지방의 최소 단위: 지방산과 글리세린
• 탄수화물의 최소 단위: 포도당

20 네일미용 서비스 > 피부의 이해
눈가 피부는 다른 피부 부위에 비해 두께가 1/2 정도로 얇아 약한 편이므로 주름이 잘 생겨 얼굴관리 시 가장 주의해야 할 부위임

21 네일미용 서비스 > 피부의 이해
자외선 B는 자외선 A보다 홍반 발생 능력이 1,000배 높음

22 이·미용업의 양도로 인한 영업자 지위승계 신고 시 구비서류가 아닌 것은?

① 영업자 지위승계 신고서
② 양도 증명서류
③ 양수 증명서류
④ 가족관계증명서

22 공중위생관리 〉 공중위생관리법규
- 양도 시 승계 제출서류: 영업자 지위승계 신고서, 양도·양수 증명서류 사본
- 상속 시 승계 제출서류: 영업자 지위승계 신고서, 가족관계증명서, 상속자 증명서류

23 이·미용기구의 소독기준 및 방법을 규정하는 법령은?

① 노동부령
② 대통령령
③ 행정안전부령
④ 보건복지부령

23 공중위생관리 〉 공중위생관리법규
이·미용기구의 소독기준 및 방법은 보건복지부령으로 규정함

24 이·미용사의 면허증을 대여한 때의 법적 조치사항으로 옳은 것은?

① 영업소에 대해 폐쇄명령을 할 수 있다.
② 1차 위반 시 면허를 취소할 수 있다.
③ 2차 위반 시 1년 동안 영업정지 처분을 받는다.
④ 행정처분권자는 시장·군수·구청장이다.

24 공중위생관리 〉 공중위생관리법규
면허증을 다른 사람에게 대여한 경우
- 1차 위반: 면허정지 3개월
- 2차 위반: 면허정지 6개월
- 3차 위반: 면허취소

25 이·미용영업자가 오염 허용 기준을 지키지 아니하여 당국의 개선명령에 따르지 않았을 때의 벌칙사항은?

① 300만 원 이하의 벌금
② 300만 원 이하의 과태료
③ 200만 원 이하의 벌금
④ 200만 원 이하의 과태료

25 공중위생관리 〉 공중위생관리법규
300만 원 이하 과태료
- 개선명령을 위반한 자
- 필요한 보고를 당국에 하지 않은 자
- 관계 공무원의 출입·검사, 기타 조치를 거부·방해·기피한 자

[신규 문제 공략]

26 공중위생 감시원에 해당되지 않는 사람은?

① 위생사 자격증이 있는 사람
② 대학에서 화학·화공학·환경공학 또는 위생학 분야를 전공하고 졸업한 사람
③ 외국에서 환경기사 면허를 받은 사람
④ 6개월 이상 공중위생행정에 종사한 경력이 있는 사람

26 공중위생관리 〉 공중위생관리법규
공중위생 감시원 자격
- 위생사, 환경기사 2급 이상의 자격증이 있는 사람
- 대학에서 화학·화공학·환경공학 또는 위생학 분야를 전공하고 졸업한 사람
- 외국에서 위생사, 환경기사의 면허를 받은 사람
- 1년 이상 공중위생행정에 종사한 경력이 있는 사람

27 다음 중 1년 이하의 징역 또는 1,000만 원 이하의 벌금에 처할 수 있는 것은?

① 영업소 폐쇄명령을 받고도 계속하여 영업을 한 자
② 건전한 영업질서를 위하여 공중위생영업자가 준수해야 할 사항을 준수하지 않은 자
③ 음란행위를 알선 또는 제공하거나 이에 대한 손님의 요청에 응한 자
④ 미용사의 면허증을 빌려주거나 빌리는 것을 알선한 사람

27 공중위생관리 〉 공중위생관리법규
1년 이하의 징역 또는 1천만 원 이하의 벌금
- 영업의 신고를 하지 않고 영업소를 개설한 자
- 영업정지 또는 일부 시설의 사용중지명령을 받고도 그 기간 중에 영업을 하거나 그 시설을 사용한 자
- 영업소 폐쇄명령을 받고도 계속하여 영업한 자

28 200만 원 이하의 과태료가 아닌 것은?

① 영업소 외의 장소에서 이·미용 업무를 행한 자
② 위생교육을 받지 않은 자
③ 위생관리의무를 지키지 않은 자
④ 관계공무원의 출입·검사 및 기타 조치를 거부·방해 또는 기피한 자

28 공중위생관리 〉 공중위생관리법규
관계공무원의 출입·검사 및 기타 조치를 거부·방해 또는 기피한 자는 300만 원 이하의 과태료에 해당함

29 향수를 뿌린 후 마지막에 남은 잔향으로, 주로 휘발성이 낮은 향료들로 이루어져 있는 노트(Note)는?

① 톱 노트
② 하트 노트
③ 미들 노트
④ 베이스 노트

29 네일미용 서비스 〉 화장품 분류
- 톱 노트: 첫 느낌의 향, 휘발성이 강한 향료
- 미들 노트(하트 노트): 중간 느낌의 향, 휘발성이 중간인 향료

30 물과 오일처럼 서로 녹지 않는 2개의 액체를 미세하게 분산시켜 놓은 상태는?

① 에멀션
② 레이크
③ 아로마
④ 왁스

30 네일미용 서비스 〉 화장품 분류
로션(에멀션)은 계면활성제에 의해 물 안에 오일이 균일하게 혼합되어 있는 유화 상태의 제품임

31 비누에 대한 설명으로 틀린 것은?

① 비누의 세정 작용은 비누 수용액이 오염 물질과 피부 사이에 침투하여 부착을 약화시켜 떨어지기 쉽게 하는 것이다.
② 비누는 거품이 풍성하고 잘 헹구어져야 한다.
③ 비누는 대체로 세정 작용뿐만 아니라 살균, 소독 효과가 높다.
④ 메디케이티드 비누는 소염제를 배합한 제품으로 여드름, 면도 상처 및 피부 거칠음 방지 효과가 있다.

31 네일미용 서비스 〉 화장품 분류
일반적인 비누는 세정 효과가 있으며 살균과 소독 효과가 거의 없음

32 향료 사용의 설명으로 옳지 않은 것은?

① 향 발산을 목적으로 맥박이 뛰는 손목이나 목에 분사한다.
② 자외선에 반응하여 피부에 광 알레르기를 유발할 수도 있다.
③ 색소 침착된 피부에 향료를 분사하고 자외선을 받으면 색소 침착이 완화된다.
④ 향수 사용 시 시간이 지나면서 향의 농도가 변하는데 그것은 조합 향료의 차이 때문이다.

32 네일미용 서비스 〉 화장품 분류
색소가 침착된 피부에 향수를 분사하고 자외선을 받으면 향료 원액이 전부 휘발되지 않고 남아 있을 경우 원액(레몬)으로 인해 색소 침착이 악화되어 벨록 피부염이 발생할 수 있음

33 캐리어 오일로서 부적합한 것은?

① 미네랄 오일
② 살구씨 오일
③ 아보카도 오일
④ 호호바 오일

33 네일미용 서비스 〉 화장품 분류
미네랄 오일은 석유에서 얻은 액체 상태의 탄화수소류 혼합물이며, 유성감이 강하여 피부가 호흡하는 것을 방해하여 캐리어 오일로 사용하지 않음

34 SPF에 대한 설명으로 틀린 것은?

① 일광 노출 전 발라야 하며, 시간이 지나면 덧발라야 한다.
② SPF 1이란 대략 15분을 의미한다.
③ 오존층으로부터 자외선 C가 차단되는 정도를 알아보기 위한 목적으로 이용된다.
④ 자외선으로부터 피부를 보호하기 위해 사용한다.

34 네일미용 서비스 〉 화장품 분류
SPF는 자외선 B의 방어 효과를 나타내는 목적으로 이용됨

35 오일의 설명으로 틀린 것은?

① 동물성 오일: 쉽게 변질되며 냄새가 강해 탈취·탈색의 정제 과정을 거쳐야 한다.
② 식물성 오일: 흡수력이 높고 부패하지 않아 가장 많이 사용한다.
③ 광물성 오일: 무색·무취이며 쉽게 변질되지 않는다.
④ 합성 오일: 사용성 및 화학적 안정성이 우수하나 자연 분해가 되지 않아 환경에 좋지 않다.

35 네일미용 서비스 > 화장품 분류
식물성 오일은 식물의 꽃, 잎, 열매 등에서 추출한 오일로 자극이 적고 향기가 좋으나 흡수력이 떨어지고 부패하기 쉬운 단점이 있음

신규 문제 공략

36 화장품 성분이 갖추어야 할 내용으로 틀린 것은?

① 사용 목적에 적합한가
② 안전성이 우수한가
③ 변색, 변질되지 않고 안정성이 우수한가
④ 살균 작용을 하는가

36 네일미용 서비스 > 화장품 분류
화장품의 4대 요건은 안전성, 안정성, 사용성, 유효성으로 살균 작용은 관련이 없음

37 네일 프리에지에 중간층의 각질 배열로 옳은 것은?

① 세로의 각질 배열
② 가로의 각질 배열
③ 사선의 각질 배열
④ 원형의 각질 배열

37 자연네일관리 > 자연네일의 구조와 특성
- 프리에지 위층의 각질 배열: 세로
- 프리에지 중간층의 각질 배열: 가로
- 프리에지 아래층의 각질 배열: 세로

38 손발톱이 없어지는 오니콥토시스의 원인과 가장 거리가 먼 것은?

① 매독, 고열, 약물의 부작용 등으로 인하여 발생한다.
② 네일 매트릭스가 일시적으로 정지되어 네일 보디와의 연결이 끊어진 경우에 발생한다.
③ 네일 폴드의 염증으로 네일 베드의 일부가 소실되거나 심한 외상으로 인해 발생한다.
④ 네일의 멜라닌색소 증가 및 색소 침착으로 인하여 발생한다.

38 네일미용 서비스 > 네일미용 위생서비스
네일의 멜라닌색소 증가 및 색소 침착으로 인해 발생하는 증상은 흑조증(멜라노니키아, 니버스)임

39 네일의 특성에 대한 설명으로 틀린 것은?

① 손톱은 1일 약 0.1~0.15mm로 자란다.
② 발톱은 손톱 성장 속도의 2배 정도로 빨리 자란다.
③ 네일의 수분 함유량은 프리에지로 갈수록 저하된다.
④ 손가락마다 성장이 다르며 중지 손톱이 가장 빨리 자란다.

39 자연네일관리 > 자연네일의 구조와 특성
발톱은 손톱 성장 속도의 1/2 정도로 늦게 자람

40 네일에 흰 반점이 나타나는 증상을 무엇이라 하는가?

① 조갑비대증(오니콕시스)
② 손거스러미(행 네일)
③ 고랑 파인 네일(퍼로우)
④ 조백반증(루코니키아)

40 네일미용 서비스 > 네일미용 위생서비스
- 조갑비대증(오니콕시스): 네일이 비정상으로 두꺼워짐
- 행 네일(손거스러미): 거스러미가 일어남
- 고랑 파인 네일(퍼로우): 네일에 고랑이 파임

41 네일미용사가 관리할 수 없는 네일의 증상은?

① 조갑비대증(오니콕시스)
② 조갑위축증(오니카트로피아)
③ 조갑감입증(오니코크립토시스)
④ 조갑박리증(오니코리시스)

41 네일미용 서비스 > 네일미용 위생서비스
- 조갑비대증: 네일이 두꺼운 증상으로 관리 가능
- 조갑위축증: 네일이 감소한 증상으로 관리 가능
- 조갑감입증: 네일이 파고드는 증상으로 관리 가능
- 조갑박리증: 네일 보디가 분리되어 관리 불가능

42 네일관리 시 소독이 잘 안 된 도구로 인해 생길 수 있는 박테리아의 감염 증상으로 네일 주위 피부가 빨개지고 부어오르며 살이 물러지는 증상은?

① 조갑탈락증(오니콥토시스)
② 조갑구만증(오니코그리포시스)
③ 조갑감입증(오니코크립토시스)
④ 조갑주위염(파로니키아)

42 네일미용 서비스 > 네일미용 위생서비스
- 조갑탈락증: 네일이 떨어져 나감
- 조갑구만증: 네일이 심하게 변형되어 돌출됨
- 조갑감입증: 네일의 양쪽 옆면이 살 속으로 파고듦

43 화학물질 사용 시 주의사항으로 틀린 것은?

① 화학물질을 사용할 때에는 콘택트렌즈의 사용을 제한한다.
② 화학물질 제품은 스프레이 타입보다 스포이트나 솔로 바르는 타입을 사용하는 것이 좋다.
③ 통풍이 잘 되는 작업장에서 작업을 한다.
④ 따뜻하게 사용하기 위해 습도가 있는 곳에 보관한다.

43 네일미용 서비스 > 네일미용 위생서비스
화학물질은 빛을 차단하는 용기에 넣어 밀봉하고 라벨을 붙인 후 습기가 없는 서늘한 곳에 보관해야 함

44 뼈의 기본 구조가 아닌 것은?

① 골막　　② 골조직
③ 골수　　④ 장골

44 네일미용 서비스 > 손발의 구조와 기능
- 뼈의 구조: 골막, 골 조직, 골수강, 골수
- 장골: 뼈 형태의 종류인 긴 뼈를 말함

45 뼈의 길이 성장에 관여하며 골단연골의 성장이 멈추면서 완전한 뼈가 형성되는 장골의 양쪽 둥근 끝부분을 무엇이라고 하는가?

① 골화　　② 골단
③ 골막　　④ 골수

45 네일미용 서비스 > 손발의 구조와 기능
- 골화: 조직이 단단하게 변화하여 뼈가 형성되는 과정
- 골막: 뼈 표면의 이중 막으로 뼈를 보호함
- 골수: 뼈 속 혈액세포를 만드는 조혈조직

46 네일의 성장에 대한 설명으로 틀린 것은?

① 손톱이 발톱보다 빨리 자란다.
② 새끼손톱의 성장이 가장 느리다.
③ 손톱의 성장 속도는 외부의 영향, 환경과 관련이 없다.
④ 남성이 여성보다 빨리 자란다.

46 자연네일관리 > 자연네일의 구조와 특성
손톱의 성장 속도는 외부의 영향, 환경과 관련이 있어 많이 사용하는 손가락의 손톱 성장이 빠름

47 뉴런과 뉴런의 접촉 부위를 무엇이라고 하는가?

① 신경원　　② 랑비에르 결절
③ 시냅스　　④ 축삭돌기

47 네일미용 서비스 > 손발의 구조와 기능
시냅스는 뉴런(신경)과 다른 뉴런(신경)을 연결해 주는 접촉 부위임

48 새끼손가락을 벌리는 기능을 하는 손의 근육은?

① 소지외전근(새끼손가락벌림근)
② 장무지굴근(긴엄지굽힘근)
③ 소지대립근(새끼손가락맞섬근)
④ 소지굴근(새끼손가락굽힘근)

48 네일미용 서비스 〉 손발의 구조와 기능
- 장무지굴근: 엄지손가락을 굽히는 근육
- 소지대립근: 새끼손가락을 굽히고 모아 주는 근육
- 소지굴근: 새끼손가락을 굽히는 근육

신규 문제 공략

49 뼈의 형태 중 짧은 뼈에 해당되는 부위는?

① 머리뼈(두개골)   ② 무릎뼈(슬개골)
③ 발목뼈(족근골)   ④ 종아리뼈(비골)

49 네일미용 서비스 〉 손발의 구조와 기능
짧은 뼈는 수근골, 수지골, 족근골, 족지골 등이 있음

50 다음 중 매니큐어 과정에 반드시 필요하지 않은 과정은?

① 손톱의 형태 조형   ② 네일 폴리시 도포
③ 네일 프라이머 도포   ④ 유분기 제거

50 자연네일관리 〉 손톱 및 발톱관리
네일 프라이머는 인조네일 시 사용하는 재료로 매니큐어의 과정에서 반드시 필요하지는 않음

신규 문제 공략

51 네일 화장물 제거에 대한 설명으로 틀린 것은?

① 100Grit 거친 네일 파일로 표면을 제거한다.
② 큐티클 오일을 도포하여 네일 주변 피부를 보호한다.
③ 고객의 손을 소독한다.
④ 네일 클리퍼를 사용하여 길이를 재단한다.

51 자연네일관리 〉 네일 화장물 제거
네일 화장물 제거 시에는 손상 예방을 위해 180Grit 이상의 부드러운 네일 파일로 표면을 다듬어야 함

52 다음 중 페디큐어의 재료가 아닌 것은?

① 토 세퍼레이터   ② 큐티클 푸셔
③ 핑거볼   ④ 큐티클 니퍼

52 네일미용 서비스 〉 네일미용 위생서비스
핑거볼은 손을 담그는 용기로 페디큐어 작업 시에는 발을 담그는 족욕기를 사용해야 함

신규 문제 공략

53 손의 근육에 대한 설명으로 거리가 먼 것은?

① 모음근(내전근): 손가락과 손가락을 모으는 내향에 작용한다.
② 맞섬근(대립근): 엄지손가락을 손바닥쪽으로 향하게 하여 물건을 잡을 수 있게 하는 작용을 한다.
③ 벌림근(외전근): 새끼손가락과 엄지손가락을 벌리는 작용을 한다.
④ 가시아래근(극하근): 손을 안쪽으로 회전시켜 손등이 위, 손바닥이 아래를 향하게 작용한다.

53 네일미용 서비스 〉 손발의 구조와 기능
엎침근(회내근): 손을 안쪽으로 회전시켜 손등이 앞(위)쪽으로 향하게 작용함

신규 문제 공략

54 화장실, 하수구, 쓰레기통 소독에 가장 적절한 것은?

① 승홍수   ② 생석회
③ 알코올   ④ 염소

54 공중위생관리 〉 소독
생석회는 하수도, 쓰레기통, 화장실, 분변 소독을 하며 저렴한 비용으로 넓은 장소에 주로 사용함

55 다음 중 네일 랩의 장점이 <u>아닌</u> 것은?

① 실크는 조직이 얇고 섬세하게 짜여져 부드럽고 가볍다.
② 파이버 글라스는 가느다란 인조섬유로 짜여 있기에 접착제가 잘 스며든다.
③ 리넨은 실크보다 굵은 소재의 천으로 짜여 있어 두껍고 강하다.
④ 페이퍼 랩은 네일 접착제를 잘 흡수하여 실크보다 훨씬 튼튼하다.

55 인조네일관리 〉 랩 네일
페이퍼 랩은 섬유로 만든 아주 얇은 종이로, 일회용으로만 사용하며 튼튼하지 않기 때문에 거의 사용하지 않음

신규 문제 공략

56 젤 네일에 대한 설명으로 <u>틀린</u> 것은?

① 분자량이 큰 올리고머 물질로 경화 후 유연성이 증가한다.
② 젤은 대부분 소프트 젤이다.
③ LED 램프와 UV 램프를 사용하여 경화한다.
④ 분자량이 작은 올리고머의 물질로 경화 후 분자량이 촘촘해진다.

56 인조네일관리 〉 젤 네일
젤은 분자량이 크지 않은 저분자, 중분자의 올리고머 물질로 경화 후 단단해짐

57 경화 후 젤 표면에 남아 있는 끈적임을 제거하는 네일미용 재료는?

① 젤 클렌저   ② 오일
③ 아세톤   ④ 글리세린

57 인조네일관리 〉 젤 네일
경화 후에도 젤 표면에 끈적임이 남는 미경화 젤을 제거하는 재료는 젤 클렌저임

58 젤 자연네일 보강에서 사용되는 재료로 옳은 것은?

① 네일 폼   ② 올리고머
③ 필러 파우더   ④ 네일 랩

58 인조네일관리 〉 자연네일 보강
젤 자연네일 보강은 젤을 사용하여 보강하며, 젤은 다른 용어로 올리고머라고도 함

신규 문제 공략

59 화장품의 정의에 대한 설명으로 <u>틀린</u> 것은?

① 인체를 청결·미화하여 매력을 더하기 위해 사용한다.
② 피부·모발의 건강을 유지, 증진시키기 위해 사용한다.
③ 용모를 밝게 변화시키기 위해 사용한다.
④ 비만관리 후 건강을 회복하기 위해 사용한다.

59 네일미용 서비스 〉 화장품 분류
화장품의 정의
- 인체를 청결·미화하여 매력을 더하고 용모를 밝게 변화시키기 위해 사용되는 물품
- 피부·모발의 건강을 유지, 증진시키기 위해 사용되는 물품
- 인체에 바르고 문지르거나 뿌리는 등 이와 유사한 방법으로 사용되는 물품
- 인체에 대한 작용이 경미해야 함
- 의약품은 제외함

60 아크릴 스컬프처의 재료가 <u>아닌</u> 것은?

① 다펜디시   ② 네일 폼
③ 모노머   ④ 네일 팁

60 인조네일관리 〉 아크릴 네일
- 다펜디시: 아크릴 리퀴드 등을 담는 작은 유리용기
- 네일 폼: 길이 연장을 위해 사용하는 받침대
- 모노머: 아크릴 파우더와 혼합하는 액상 제품

정답표(제2회)

01	②	02	④	03	①	04	①	05	③	06	④	07	③	08	②	09	④	10	③
11	②	12	①	13	②	14	④	15	③	16	①	17	②	18	①	19	③	20	②
21	③	22	④	23	①	24	④	25	②	26	④	27	①	28	④	29	④	30	①
31	③	32	④	33	①	34	③	35	②	36	④	37	②	38	④	39	②	40	④
41	④	42	④	43	①	44	④	45	②	46	④	47	③	48	①	49	③	50	③
51	①	52	③	53	④	54	②	55	④	56	①	57	①	58	②	59	④	60	④

비공개 기출 복원문제 | 제3회

최신 기출문제 풀이는 필수!

◀ 모바일로 풀어보기

01 인구 1,000명당 1년간의 전체 사망자 수는?
① 평균수명
② 조사망률
③ 영아사망률
④ 비례사망지수

02 검역에 대한 설명으로 틀린 것은?
① 외국 질병의 국내 침입 방지
② 감염병 감염이 의심되는 사람의 강제 격리
③ 감염병이 미치는 영향을 연구하는 학문
④ 감염병의 예방 대책

03 BCG는 다음 중 어느 질병의 예방법인가?
① 홍역
② 결핵
③ 두창
④ 임질

[신규 문제 공략]
04 우리나라에서 발생하는 암 중 사망률이 가장 높은 것은?
① 자궁경부암
② 유방암
③ 폐암
④ 위암

[신규 문제 공략]
05 일산화탄소(CO)에 대한 설명으로 틀린 것은?
① 헤모글로빈과 결합 능력이 뛰어나다.
② 공기보다 무겁다.
③ 물체가 불완전 연소 시 발생한다.
④ 확산성과 침투성이 강하다.

06 수돗물로 사용할 상수의 대표적인 오염 지표는? (단, 심미적 영향 물질은 제외함)
① BOD
② 대장균 수
③ 증발 잔류량
④ COD

07 버섯에 함유되어 있는 독소는?
① 에르고톡신
② 무스카린
③ 솔라닌
④ 아미그달린

| 해 설 |

01 공중위생관리 > 공중보건
- 평균수명: 신생아의 평균적인 생존 기대 연수
- 영아사망률: 대표적인 보건수준 평가지표
- 비례사망지수: 연간 전체 사망자 수에 대한 50세 이상 사망자 수의 구성 비율

02 공중위생관리 > 공중보건
감염병이 미치는 영향을 연구하는 학문은 역학임

03 공중위생관리 > 공중보건
BCG는 결핵의 예방법임

04 공중위생관리 > 공중보건
폐암은 폐에 발생하는 암으로, 국내 암 사망률 1위임

05 공중위생관리 > 공중보건
일산화탄소는 공기보다 가벼움

06 공중위생관리 > 공중보건
대장균의 수는 상수의 대표적인 오염지표임

07 공중위생관리 > 공중보건
- 에르고톡신: 맥각류
- 솔라닌: 감자
- 아미그달린: 청매

08 병원성 미생물의 종류에 해당되지 않는 것은?
① 세균
② 리케차
③ 유산균
④ 클라미디아

08 공중위생관리 〉 소독
유산균은 비병원성 미생물임

09 미생물의 번식 요소와 가장 거리가 먼 것은?
① 온도
② 습도
③ 기압
④ 영양분

09 공중위생관리 〉 소독
미생물 번식 요소
온도, 습도, 영양분, 산소, 수소이온 농도(pH) 등

10 소독의 정의에 대한 설명 중 가장 올바른 것은?
① 모든 미생물을 열이나 약품으로 사멸
② 병원성 미생물을 사멸하든가 또는 제거하여 감염력을 잃게 하는 것
③ 병원성 미생물에 의한 부패를 방지하는 것
④ 병원성 미생물에 의한 발효를 방지하는 것

10 공중위생관리 〉 소독
소독은 병원성 미생물을 가능한 제거하여 사람에게 감염의 위험이 없도록 하는 것임

[신규 문제공략]
11 에이즈나(AIDS)나 B형 간염 소독에 가장 효과적인 소독 방법은?
① 일광 소독법
② 여과 멸균법
③ 고압증기 멸균법
④ 방사선 멸균법

11 공중위생관리 〉 소독
고압증기 멸균법은 아포까지도 사멸시키는 소독 방법으로 에이즈나 B형 간염 소독에 가장 효과적임

12 비열에 의한 멸균법이 아닌 것은?
① 여과 멸균법
② 화염 멸균법
③ 초음파 멸균법
④ 방사선 멸균법

12 공중위생관리 〉 소독
• 건열법: 건열 멸균법, 화염 멸균법, 소각법
• 비열법: 여과 멸균법, 초음파 멸균법, 방사선 멸균법
• 습열법: 자비 소독법, 고압증기 멸균법, 유통증기 멸균법, 간헐 멸균법, 초고온 순간 살균법, 고온 살균법, 저온 살균법

13 자비 소독법에 대한 설명 중 틀린 것은?
① 고무, 플라스틱, 아포에 적합하다.
② 물에 탄산나트륨 1~2%를 넣으면 살균력이 강해진다.
③ 금속 기구 소독 시 날이 무디어질 수 있다.
④ 100℃ 끓는 물에 15~20분 가열하는 방법이다.

13 공중위생관리 〉 소독
자비 소독법은 고무, 플라스틱, 아포에 부적합하며, 주로 수건, 의류, 금속 기구, 도자기 소독 시 사용됨

14 석탄산에 관한 설명이 틀린 것은?
① 유기물에도 소독력은 약화되지 않는다.
② 고온일수록 소독력이 커진다.
③ 금속 부식성이 없다.
④ 세균단백에 대한 살균 작용이 있다.

14 공중위생관리 〉 소독
석탄산은 금속 제품을 부식시킬 수 있어 금속류 소독에는 부적합함

15 피부의 천연보습인자(NMF)의 구성 성분 중 가장 많은 분포를 나타내는 것은?

① 아미노산 ② 요소
③ 피롤리돈 카르본산 ④ 젖산염

15 네일미용 서비스 〉 피부의 이해
천연보습인자는 아미노산, 젖산염, 암모니아, 요소 등으로 구성되며, 아미노산이 40%로 가장 많음

신규 문제 공략

16 B세포가 관여하는 면역은?

① 체액성 면역 ② 선천적 면역
③ 자연적 면역 ④ 세포 매개성 면역

16 네일미용 서비스 〉 피부의 이해
B세포는 B림프구라고도 불리며 면역글로불린 항체를 생성하는 체액성 면역에 관여함

17 대한선 분비물이 세균에 의해 부패되어 악취가 나는 증상의 원인이 되는 것은?

① 다한증 ② 액취증
③ 무한증 ④ 소한증

17 네일미용 서비스 〉 피부의 이해
- 다한증: 땀이 과다하게 분비되는 증상
- 무한증: 땀이 분비되지 않는 증상
- 소한증: 땀의 분비가 감소하는 증상

18 각질 이상에 의한 피부질환은?

① 주근깨 ② 기미
③ 티눈 ④ 반점

18 네일미용 서비스 〉 피부의 이해
티눈은 피부에 계속적인 압박으로 생기는 각질층의 이상 증식 현상으로 인한 피부질환임

19 부족하면 피부가 건조해지고 세균에 쉽게 감염되며, 야맹증의 증상이 나타나는 비타민은?

① 비타민 C ② 비타민 B_2
③ 비타민 A ④ 비타민 K

19 네일미용 서비스 〉 피부의 이해
- 비타민 C 결핍: 색소 침착, 괴혈병, 출혈, 빈혈
- 비타민 B_2 결핍: 피부염, 구순염
- 비타민 K 결핍: 과다 출혈

20 항산화제에 속하지 않는 것은?

① 베타 – 카로틴(β – carotene)
② 수퍼옥사이드 디스뮤타제(SOD)
③ 비타민 E
④ 비타민 F

20 네일미용 서비스 〉 피부의 이해
비타민 F는 필수지방산 혹은 불포화지방산이라고 하며, 피부 노화 억제 물질인 항산화제와 관련 없음

신규 문제 공략

21 강한 자외선에 의한 피부 질병이 아닌 것은?

① 아토피 피부염 ② 피부 홍반
③ 수포 ④ 색소 침착

21 네일미용 서비스 〉 피부의 이해
아토피 피부염은 피부가 거칠고 가려움증을 유발하는 증상으로 유전적, 환경적 영향으로 발생하며 강한 자외선과는 관련이 없음

22 이·미용사는 영업소 외의 장소에서는 이·미용 업무를 할 수 없다. 그러나 특별한 사유가 있는 경우에는 예외가 인정되는데 다음 중 특별한 사유에 해당하지 않는 것은?

① 사회복지시설에서 봉사활동으로 이·미용하는 경우
② 질병이나 고령·장애 그 밖에 사유로 인하여 영업소에 나올 수 없는 자에 대하여 이·미용하는 경우
③ 방송 등의 촬영에 참여하는 사람에 대하여 촬영 직전에 이·미용하는 경우
④ 긴급한 회의에 참여하는 자에 대하여 회의 직전에 행하는 이·미용

22 공중위생관리 〉 공중위생관리법규
영업소 외의 장소에서 이·미용 업무가 가능한 사유
- 질병·고령·장애 등의 사유로 영업소에 나올 수 없는 자의 경우
- 혼례 등 의식에 참여자로 의식 직전인 경우
- 사회복지시설에서 봉사활동을 하는 경우
- 방송 등의 참여자로 촬영 직전인 경우
- 특별한 사정으로 시장·군수·구청장이 인정하는 경우

23 점빼기·귓볼뚫기·쌍꺼풀수술·문신·박피술 그 밖에 이와 유사한 의료행위를 한 경우 1차 위반 시 행정처벌 기준은?

① 영업정지 2개월
② 영업정지 3개월
③ 영업정지 4개월
④ 영업장 폐쇄명령

23 공중위생관리 〉 공중위생관리법규
의료행위를 한 경우
- 1차 위반: 영업정지 2개월
- 2차 위반: 영업정지 3개월
- 3차 위반: 영업장 폐쇄명령

24 다음 (   ) 안에 들어갈 가장 적절한 말은?

> 국가 또는 지방자치단체는 (   )를 실시하는 자에 대하여 예산의 범위 안에서 (   )에 소요되는 경비의 전부 또는 일부를 보조할 수 있다.

① 위생서비스 평가
② 청문
③ 보고
④ 개선명령

24 공중위생관리 〉 공중위생관리법규
국고보조
국가 또는 지방자치단체는 위생서비스 평가를 실시하는 자에 대하여 예산의 범위 안에서 위생서비스 평가에 소요되는 경비의 전부 또는 일부를 보조할 수 있음

25 공중위생 감시원을 둘 수 없는 곳은?

① 특별시
② 광역시
③ 군
④ 읍

25 공중위생관리 〉 공중위생관리법규
공중위생 감시원은 특별시·광역시·도 및 시·군·구에 둘 수 있음

[신규 문제 공략]
26 이·미용기구의 소독기준 및 방법으로 틀린 것은?

① 증기 소독: 섭씨 100℃ 이상 습한 열에 10분 이상 쐬어 준다.
② 석탄산수 소독: 석탄산수(석탄산 3%, 물 97%)에 10분 이상 담가 둔다.
③ 열탕 소독: 섭씨 100℃ 이상 물 속에 10분 이상 끓여 준다.
④ 크레졸수 소독: 크레졸수(크레졸 3%, 물 97%)에 10분 이상 담가 둔다.

26 공중위생관리 〉 공중위생관리법규
증기 소독: 섭씨 100℃ 이상 습한 열에 20분 이상 쐬어 줌

27 과태료의 부과기준을 규정한 법령은?

① 고용노동부령
② 보건복지부령
③ 대통령령
④ 법무부령

27 공중위생관리 〉 공중위생관리법규
과태료는 대통령령으로 정하는 바에 따라 보건복지부장관 또는 시장·군수·구청장이 부과·징수함

신규 문제 공략

28 화장품의 피부 흡수에 대한 설명으로 옳은 것은?

① 세포 간 지질을 통하는 경로가 흡수 효과가 가장 큰 경로이다.
② 분자량이 클수록 피부 흡수율이 높아진다.
③ 피지에 잘 녹는 지용성 성분은 피부 흡수가 안 된다.
④ 피지선이나 모낭을 통한 흡수는 시간이 지나면서 증가한다.

29 기초 화장품을 사용하는 목적이 아닌 것은?

① 체취 방지
② 노폐물 제거
③ 피부 보호
④ 영양 공급

30 화장품의 분류와 사용 목적, 제품이 일치하지 않는 것은?

① 네일 화장품: 색채 부여 – 네일 폴리시
② 방향 화장품: 향취 부여 – 퍼퓸
③ 메이크업 화장품: 유분기 제거 – 파운데이션
④ 기초 화장품: 피부 정돈 – 화장수

31 캐리어 오일이 아닌 것은?

① 라벤더 오일
② 호호바 오일
③ 아몬드 오일
④ 아보카도 오일

32 땀의 분비로 인한 냄새와 세균 증식을 억제하기 위해 주로 겨드랑이 부위에 사용하는 제품은?

① 데오도란트
② 핸드 로션
③ 보디 로션
④ 파우더

33 다음 중 여드름의 발생 가능성이 가장 적은 화장품 성분은?

① 호호바 오일
② 바셀린
③ 미네랄 오일
④ 유동 파라핀

34 화학적인 필링제의 성분으로 사용되는 것은?

① AHA
② 에탄올
③ 카모마일
④ 올리브 오일

28 네일미용 서비스 〉 화장품 분류

화장품은 분자량이 적고 피지에 잘 녹는 지용성 성분이 피부 흡수율이 높으며, 화장품이 적정량 피부에 흡수되면 시간이 지나도 더 이상 흡수되지 않음

29 네일미용 서비스 〉 화장품 분류

체취 방지는 보디 관리 화장품 중 데오도란트의 사용 목적임

30 네일미용 서비스 〉 화장품 분류

메이크업 화장품 중 유분기 제거의 목적으로 사용하는 제품은 페이스 파우더임

31 네일미용 서비스 〉 화장품 분류

- 캐리어 오일: 호호바 오일, 맥아 오일, 살구씨 오일, 아보카도 오일, 아몬드 오일 등
- 에센셜 오일: 레몬, 아줄렌, 라벤더, 티트리, 자스민 등

32 네일미용 서비스 〉 화장품 분류

데오도란트는 땀의 분비로 인한 냄새와 세균 증식을 억제하기 위해 사용하는 제품임

33 네일미용 서비스 〉 화장품 분류

- 호호바 오일은 인체 피지와 지방산의 조성이 유사하여 피부 친화성이 좋아 여드름 발생 가능성이 적음
- 광물성 오일(바셀린, 유동 파라핀, 미네랄 오일, 클렌징크림 등)은 피부 호흡을 방해할 수 있어 여드름 발생 가능성이 높음

34 네일미용 서비스 〉 화장품 분류

AHA(아하)는 화학적인 필링제의 대표 성분으로 각질을 제거하여 주름을 개선하고 미백 효과를 높이는 성분임

35 화장품 성분 중 유기 안료의 특성이 아닌 것은?

① 내광성 · 내열성이 우수하다.
② 선명도와 착색력이 뛰어나다.
③ 유기 용매에 잘 녹는다.
④ 무기 안료에 비해 색의 종류가 다양하다.

신규 문제 공략

36 화장품의 성분 중 수분을 공급하는 물질에 해당하는 것은?

① 에탄올 ② 위치하젤
③ 보습제 ④ 페놀

신규 문제 공략

37 1830년 의사인 시트가 개발한 것은?

① 오렌지 우드스틱 ② 니트로셀룰로오스
③ 네일 파일 ④ 큐티클 크림

38 에포니키움에 대한 설명으로 옳은 것은?

① 매트릭스를 병원균으로부터 보호한다.
② 네일 아래 살과 연결된 끝부분으로 박테리아의 침입을 막아 준다.
③ 모양과 길이를 자유롭게 조절할 수 있는 부분이다.
④ 매트릭스 윗부분으로 네일의 근원이다.

39 네일 보디의 양 옆 피부 사이에 접혀 벽으로 형성된 성곽 부분으로 되어 있는 네일의 구조의 명칭은?

① 네일 월(조벽) ② 네일 베드(조상)
③ 루눌라(조반월) ④ 하이포니키움(하조피)

40 건강한 네일의 조건이 아닌 것은?

① 12~18% 수분을 함유해야 한다.
② 네일 베드에 단단히 부착되어야 한다.
③ 세균의 침범이 있고 진균의 감염이 없어야 한다.
④ 연한 핑크색을 띠고 둥근 아치 모양을 형성해야 한다.

신규 문제 공략

41 네일미용사가 관리할 수 있는 네일은?

① 파로니키아 ② 오니콥토시스
③ 오니코크립토시스 ④ 오니코그리포시스

---

35 네일미용 서비스 〉 화장품 분류

내광성 · 내열성이 우수한 것은 무기 안료의 특성이며, 유기 안료는 내광성 · 내열성이 떨어짐

36 네일미용 서비스 〉 화장품 분류

- 에탄올: 소독, 수렴 작용을 하는 물질
- 위치하젤: 피부 재생, 항균 작용을 하는 물질
- 페놀: 기구, 의료 용기를 소독하는 물질

37 네일미용 서비스 〉 네일미용의 이해

1830년도의 의사인 '시트'가 오렌지 우드스틱을 개발함

38 자연네일관리 〉 자연네일의 구조와 특성

- 하이포니키움: 프리에지 아래의 돌출된 피부조직으로, 박테리아의 침입을 막아줌
- 프리에지: 모양과 길이를 자유롭게 조절할 수 있는 부분
- 네일 루트: 매트릭스 윗부분으로 네일의 근원

39 자연네일관리 〉 자연네일의 구조와 특성

- 네일 베드: 네일 보디 밑의 피부로 네일 보디를 받쳐줌
- 루눌라: 연 케라틴으로 유백색의 반달 모양인 부분
- 하이포니키움: 프리에지 아래의 돌출된 피부조직으로, 박테리아의 침입을 막아줌

40 자연네일관리 〉 자연네일의 구조와 특성

세균의 침범이 없고 진균의 감염이 없어야 건강한 네일임

41 네일미용 서비스 〉 네일미용 위생서비스

- 파로니키아: 네일 주위 피부에 염증으로 관리 불가능
- 오니콥토시스: 네일이 떨어져 나가는 증상으로 관리 불가능
- 오니코크립토시스: 네일의 양쪽 옆면이 살 속으로 파고드는 증상으로 관리 가능
- 오니코그리포시스: 네일이 심하게 변형되어 관리 불가능

42 스퀘어 형태에 대한 설명으로 틀린 것은?
① 한 방향으로 네일 파일링한다.
② 네일 양끝 모서리 부분이 사각의 형태이다.
③ 네일 양끝 코너의 각만 제거된 형태이다.
④ 네일 양끝 모서리의 각도는 90°인 형태이다.

42 자연네일관리 > 자연네일의 구조와 특성
네일 양끝 코너의 각만 제거된 형태는 스퀘어 오프 형태에 해당함

43 뼈의 골화 초기 발생 과정을 무엇이라고 하는가?
① 연골내골화
② 막성골화(막내골화)
③ 늑갑골화
④ 연유골화

43 네일미용 서비스 > 손발의 구조와 기능
연골내골화는 완전한 뼈가 되기 전, 연골조직이 형성되고 연골이 뼈로 변하는 뼈의 골화 초기 발생 과정임

[신규 문제 공략]
44 순환기계통의 질병과 아연 부족의 식습관으로 발생하는 병변은?
① 교조증
② 조갑비대증
③ 조갑변색증
④ 고랑 파인 네일

44 네일미용 서비스 > 네일미용 위생서비스
• 교조증: 네일을 물어뜯어 발생
• 조갑비대증: 유전이나 질병, 내부의 감염으로 발생
• 조갑변색증: 혈액 순환, 심장 기능 이상, 베이스코트를 바르지 않아 착색, 흡연, 과도한 자외선 노출로 발생

45 발허리뼈라고 하며 발등과 발바닥을 이루는 5개 형태의 뼈를 무엇이라고 하는가?
① 족근골
② 중족골
③ 족지골
④ 수근골

45 네일미용 서비스 > 손발의 구조와 기능
• 족근골: 발목을 구성하는 7개의 뼈
• 족지골: 발가락을 구성하는 14개의 뼈
• 수근골: 손목을 구성하는 8개의 뼈

46 발바닥의 근육을 무엇이라고 하는가?
① 족배근
② 족척근
③ 족수근
④ 족구근

46 네일미용 서비스 > 손발의 구조와 기능
• 족척근: 발바닥의 근육
• 족배근: 발등의 근육

47 일부 손바닥의 감각과 손목의 뒤집힘 등의 운동 기능을 담당하는 신경으로 팔의 중앙부를 관통해서 손가락으로 들어가며 엄지손가락 근육 및 손바닥의 피부에 분포하는 신경은?
① 정중신경(중앙신경)
② 좌골신경(궁둥신경)
③ 근피신경(근육피부신경)
④ 액와신경(겨드랑이신경)

47 네일미용 서비스 > 손발의 구조와 기능
• 좌골신경(궁둥신경): 다리의 감각을 느끼고 근육의 운동을 조절하는 신경
• 근피신경(근육피부신경): 위쪽 팔 근육의 운동 기능과 아래팔 바깥쪽 피부의 감각 기능을 담당하는 신경
• 액와신경(겨드랑이신경): 겨드랑이 부위의 신경

48 손가락을 모으는 역할을 하는 근육은?
① 외전근
② 내전근
③ 신근
④ 폄근

48 네일미용 서비스 > 손발의 구조와 기능
• 외전근(벌림근): 관절을 벌리는 외전 작용을 함
• 신근(폄근): 관절을 늘려서 펼치는 신전 작용을 함

49 매니큐어에 대한 설명으로 틀린 것은?
① 부드러운 네일 파일을 사용하여 네일 파일링한다.
② 네일 폴리시는 2회 반복하여 도포한다.
③ 베이스코트는 여러 번 도포하는 것이 좋다.
④ 관리가 끝난 후 사용한 도구는 소독한다.

49 자연네일관리 > 손톱 및 발톱관리
베이스코트는 얇게 한 번만 도포하는 것이 좋음

50 큐티클 정리 시 큐티클을 부드럽게 연화시켜 주는 제품은?

① 네일 폴리시리무버　② 논 아세톤 리무버
③ 큐티클 리무버　④ 아이 리무버

50 네일미용 서비스 > 네일미용 위생서비스
- 네일 폴리시리무버: 네일 폴리시를 제거하는 제품
- 논 아세톤 리무버: 아세톤 성분이 없는 제품
- 아이 리무버: 눈 화장을 제거하는 제품

51 토 세퍼레이터에 대한 설명으로 틀린 것은?

① 기성제품 이외에 페이퍼타월이나 솜 등을 사용할 수 있다.
② 베이스코트 도포 전에 사용한다.
③ 한 고객에게 사용한 후 반드시 소독하여 자외선 소독기에 넣어 보관한다.
④ 컬러링을 할 때 발가락끼리 닿지 않게 해 주는 제품이다.

51 네일미용 서비스 > 네일미용 위생서비스
토 세퍼레이터는 일회용으로 사용 후 폐기해야 함

신규 문제 공략

52 네일 폴리시의 성분과 기능에 대한 설명으로 틀린 것은?

① 가소제: 유연성을 주어 갈라지지 않게 하기 위해 사용한다.
② 필름제: 피막을 형성하여 코팅을 주고 광택을 내기 위해 사용한다.
③ 자외선 차단제: 햇빛을 차단하여 부스러지지 않게 하기 위해 사용한다.
④ 착색제: 무기안료, 유기안료 등의 안료를 사용하여 색상을 주기 위해 사용한다.

52 자연네일관리 > 네일 컬러링
자외선 차단제: 햇빛을 차단하여 변색되는 것을 방지하기 위해 사용함

신규 문제 공략

53 네일의 특성에 대해 옳은 것은?

① 중지 손톱이 소지 손톱에 비해 빨리 자란다.
② 발톱이 손톱보다 빨리 자란다.
③ 여름보다 겨울이 빨리 자란다.
④ 외부의 영양이 공급되어야 한다.

53 네일미용 서비스 > 자연네일의 구조와 특성
- 발톱이 손톱보다 늦게 자람
- 여름보다 겨울이 늦게 자람
- 내부의 영양이 공급되어야 함

54 랩 네일에 대한 설명으로 틀린 것은?

① 네일 랩은 큐티클 라인에서 1mm 정도 남기고 접착한다.
② 네일 랩을 사용하여 길이를 연장하는 방법을 네일 랩 익스텐션이라고 한다.
③ 찢어진 네일을 보강하는 방법을 랩핑이라고 한다.
④ 길이를 연장하는 경우 네일 랩을 1장만 사용하면 얇을 수 있어 2장을 사용하여 두께를 준다.

54 인조네일관리 > 랩 네일
길이를 연장하는 경우 네일 랩을 접착한 후 필러 파우더와 네일 접착제를 사용하여 두께를 줘야 함

55 팁 네일 작업 시 네일 접착제를 빠르게 경화시켜 주는 제품은?

① 젤 램프기기　② 액티베이터
③ 아크릴 리퀴드　④ 네일 프라이머

55 인조네일관리 > 팁 네일
- 젤 램프기기: 젤을 경화시키는 기기
- 아크릴 리퀴드: 아크릴 파우더와 혼합하는 액상 제품
- 네일 프라이머: 자연네일의 유·수분을 제거하는 제품

신규 문제 공략

56 페디큐어의 작업 방법으로 틀린 것은?

① 샌딩 파일로 표면을 매끄럽게 한다.
② 발톱 모양은 스퀘어 형태로 조형한다.
③ 작업 전에 손 소독을 한다.
④ 컬러링 시 톱코트는 생략할 수 있다.

신규 문제 공략

57 후천적 면역에 대한 설명으로 옳은 것은?

① 식세포들은 세균과 같은 이물질을 세포 내로 흡수하고 소화하여 이들을 제거한다.
② 항원에 대한 2차 시간이 길다.
③ 특정 병원체에 노출된 후 그 병원체에만 선별적으로 방어기전이 작용한다.
④ 모든 이물질에 대해 저항하는 비특이성 면역이다.

신규 문제 공략

58 아크릴 네일에 대한 설명으로 틀린 것은?

① 독특한 냄새로 환기에 주의해야 한다.
② 글루, 글루 드라이어, 필러 파우더를 사용한다.
③ 특수한 발톱을 보정할 수 있다.
④ 온도에 매우 민감하여 온도가 높을수록 빨리 굳는다.

59 젤 네일에 대한 설명으로 틀린 것은?

① 젤 램프기기에 경화하기 전까지는 자유롭게 다룰 수 있다.
② 톱 젤이 있어 쉽게 고광택을 낼 수 있다.
③ 아크릴 성분도 포함되어 있다.
④ 톱 젤은 경화하지 않아도 된다.

60 아크릴 네일의 보수에 대한 설명으로 가장 거리가 먼 것은?

① 자연네일 부분에 전 처리제를 도포한다.
② 적당량의 아크릴을 이용해 새로 자라난 부분을 보수한다.
③ 아크릴을 큐티클 부분에 올려 전에 있던 부분과 자연스럽게 연결시킨다.
④ 아크릴 볼을 큐티클 부위에 올려 항상 프리에지까지 덮어 준다.

56 자연네일관리 > 손톱 및 발톱관리
페디큐어의 컬러링 시에도 톱코트는 생략할 수 없음

57 네일미용 서비스 > 피부의 이해
- 식세포 작용은 선천적 면역의 방어 중 하나임
- 항원에 대한 2차 시간이 짧음
- 항원을 기억하는 특이성 면역임

58 인조네일관리 > 아크릴 네일
아크릴 네일은 아크릴 파우더, 아크릴 리퀴드를 사용함

59 인조네일관리 > 젤 네일
톱 젤도 반드시 경화해야 함

60 인조네일관리 > 인조네일 보수
아크릴 네일의 보수 시에는 보수할 부분에만 아크릴 볼을 올려 자연스럽게 연결해도 됨

정답표(제3회)

01	②	02	③	03	②	04	③	05	②	06	②	07	②	08	③	09	③	10	②
11	③	12	③	13	①	14	③	15	①	16	①	17	②	18	③	19	③	20	④
21	①	22	④	23	②	24	①	25	④	26	①	27	③	28	①	29	①	30	③
31	①	32	①	33	①	34	①	35	①	36	①	37	①	38	①	39	①	40	③
41	③	42	③	43	①	44	①	45	②	46	②	47	①	48	②	49	③	50	③
51	③	52	③	53	①	54	①	55	②	56	④	57	③	58	②	59	④	60	④

비공개 기출 복원문제 | 제4회

최신 기출문제 풀이는 필수!

▶ 모바일로 풀어보기

01 전체 인구 중 65세 이상 인구가 차지하는 비율이 몇% 이상일 때 초고령화 사회인가?
① 10% ② 20%
③ 10~15% ④ 15~20%

01 공중위생관리 〉 공중보건
- 고령화 사회: 65세 이상이 7~13%인 사회
- 고령 사회: 65세 이상이 14~19%인 사회
- 초고령화 사회: 65세 이상 20% 이상인 사회

02 건강 보균자를 설명한 것으로 가장 적절한 것은?
① 감염병에 이환되어 앓고 있는 자
② 병원체를 보유하고 있으나 증상이 없으며 체외로 균을 배출하고 있는 자
③ 감염병에 이환되어 발생하기까지의 기간에 있는 자
④ 감염병에 걸렸다 완전히 치유된 자

02 공중위생관리 〉 공중보건
건강 보균자는 병원체 보유자로서 균을 배출하지만 임상 증상이 보이지 않아 건강해 보이는 보균자로 감염병 관리상 가장 중요한 대상자임

03 사회보험에 속하지 않는 것은?
① 산재보험 ② 연금보험
③ 고용보험 ④ 의료 급여

03 공중위생관리 〉 공중보건
- 사회보험: 산재보험, 연금보험, 고용보험, 건강보험
- 의료 급여는 의료를 보호하는 공적 부조임

04 산란과 동시에 감염 능력이 있으며, 건조에 대한 저항성이 커 어린 연령층이 집단으로 생활하는 공간에서 집단 감염이 가장 잘 되는 기생충은?
① 회충 ② 십이지장충
③ 광절열두조충 ④ 요충

04 공중위생관리 〉 공중보건
요충은 건조한 실내에서도 장기간 생존이 가능하여 밀집된 공간에서의 접촉으로 집단 감염이 될 수 있기 때문에 집단으로 생활 시 침구류 소독과 개인 위생관리를 해야 함

05 세균 증식 시 높은 염도를 필요로 하는 호염성균에 속하는 것은?
① 장염비브리오균 ② 장티푸스
③ 콜레라 ④ 이질

05 공중위생관리 〉 공중보건
잔염비브리오균은 세균 증식 시 높은 염도를 필요로 하는 호염성균으로 오염된 어패류 생식이 원인임

06 수질오염의 지표로 사용하는 '생물학적 산소요구량'을 나타내는 용어는?
① BOD ② DO
③ COD ④ SS

06 공중위생관리 〉 공중보건
BOD는 호기성 박테리아에 의해 소비되는 산소량을 ppm으로 나타낸 생물학적 산소요구량으로 수질오염의 지표로 사용됨

07 2차 오염 물질로 광화학 옥시던트를 발생하며 가슴 통증과 메스꺼움, 기침 증상으로 기관지염의 피해를 유발하는 대기오염 물질은?
① 오존 ② 이산화질소
③ 일산화탄소 ④ 이산화탄소

07 공중위생관리 〉 공중보건
- 이산화질소: 눈과 호흡기 자극, 현기증
- 일산화탄소: 산소 결핍, 사고능력 저하, 심하면 사망
- 이산화탄소: 호흡 곤란, 심하면 사망

08 일반적으로 병원성 미생물이 가장 잘 증식되는 pH는?

① 산성 ② 중성
③ 알칼리성 ④ 강산성

08 공중위생관리 > 소독
병원성 미생물(세균)은 pH 6.0~8.0인 중성에서 가장 활발하게 증식함

09 산소의 유·무에 관계없이 생육이 가능한 세균은?

① 호기성균 ② 혐기성균
③ 통성 혐기성균 ④ 미호기성균

09 공중위생관리 > 소독
- 호기성균: 산소가 필요한 세균
- 혐기성균: 산소가 필요하지 않은 세균
- 미호기성균: 산소보다 낮은 농도 2~10% 범위에서만 증식이 가능한 세균

10 산화 작용에 의한 소독법이 아닌 것은?

① 과망가니즈산칼륨 ② 과산화수소
③ 염소 ④ 크레졸

10 공중위생관리 > 소독
- 산화 작용: 과산화수소, 오존, 과망가니즈산칼륨, 염소, 표백분
- 단백질 변성 작용: 석탄산, 알코올, 크레졸, 승홍수, 포르말린

신규 문제 공략

11 감염병환자의 퇴원 시 소독 방법으로 가장 효과적인 것은?

① 지속소독 ② 수시소독
③ 반복소독 ④ 종말소독

11 공중위생관리 > 소독
- 지속소독: 감염병 유행 중 환자가 접촉한 물체나 접촉자 등에게 수시로 반복하는 소독
- 종말소독: 환자가 퇴원, 사망하거나 격리수용된 감염병을 완전 제거하기 위한 소독

12 건열 멸균에 대한 설명으로 가장 적절한 것은?

① 300℃ 이상으로 하여 멸균한다.
② 고압솥을 사용한다.
③ 주로 유리 기구 등의 멸균에 이용된다.
④ 건열 멸균기에 많은 기구를 쌓아서 내부를 완전히 채운 다음 멸균시키는 것이 좋다.

12 공중위생관리 > 소독
건열 멸균은 170℃에서 1~2시간 가열하고 멸균 후 서서히 냉각시키는 방법으로 드라이 오븐을 사용하며, 유리, 도자기 등의 멸균에 이용되는 방법임

13 소독제의 농도가 알맞지 않은 것은?

① 승홍수 0.1% ② 알코올 70%
③ 석탄산 0.3% ④ 크레졸 3%

13 공중위생관리 > 소독
- 승홍수 농도: 0.1%
- 알코올 농도: 70%
- 석탄산 농도: 3%
- 크레졸 농도: 3%

14 고압증기 멸균법을 실시할 때 온도, 압력, 소요 시간으로 가장 알맞은 것은?

① 71℃에 10lbs로 30분간 소독
② 105℃에 15lbs로 30분간 소독
③ 121℃에 15lbs로 20분간 소독
④ 211℃에 10lbs로 10분간 소독

14 공중위생관리 > 소독
고압증기 멸균법은 120℃ 이상의 고압에서 15lbs로 20분간 가열하여 소독하는 방법임

15 피부 구조에 대한 설명 중 **틀린** 것은?

① 피부는 표피, 진피, 피하지방층의 3개 층으로 구성된다.
② 표피는 일반적으로 내측으로부터 기저층, 유극층, 과립층, 투명층, 각질층의 5층으로 나뉜다.
③ 멜라닌세포는 표피의 유극층에 산재한다.
④ 멜라닌세포 수는 민족과 피부색에 관계없이 일정하다.

> 15 네일미용 서비스 > 피부의 이해
> 멜라닌세포는 표피의 기저층에 존재함

신규 문제 공략

16 적외선에 대한 설명으로 **틀린** 것은?

① 모세혈관을 확장한다.
② 신진대사를 촉진한다.
③ 통증을 완화한다.
④ 피부의 체온이 하강한다.

> 16 네일미용 서비스 > 피부의 이해
> 적외선을 조사하면 온열 작용으로 피부의 체온이 상승함

17 분비선 중 모낭에 부착되어 있는 것은?

① 소한선(에크린 땀샘)   ② 대한선(아포크린 땀샘)
③ 내분비선   ④ 모세혈관

> 17 네일미용 서비스 > 피부의 이해
> 대한선은 털과 함께 존재하며 모낭에 부착되어 모공을 통해 땀을 분비함

18 다음 중 모발의 주기로 옳은 것은?

① 성장기 → 퇴화기 → 휴지기
② 성장기 → 휴지기 → 퇴화기
③ 퇴화기 → 휴지기 → 성장기
④ 휴지기 → 성장기 → 퇴화기

> 18 네일미용 서비스 > 피부의 이해
> 모발의 주기: 성장기 → 퇴화기 → 휴지기

19 산과 합쳐지면 레티노산이 되고, 피부의 각화 작용을 정상화시키며, 피지 분비를 억제하므로 각질 연화제로 많이 사용되는 비타민은?

① 비타민 A   ② 비타민 B 복합체
③ 비타민 C   ④ 비타민 D

> 19 네일미용 서비스 > 피부의 이해
> 비타민 A는 피부 각화 작용을 정상화시키며 피부 재생과 노화 방지 작용을 하여 주름 개선을 완화하는 각질 연화제의 성분으로 많이 사용됨

신규 문제 공략

20 종아리에 생기는 정맥류의 주요 원인이 **아닌** 것은?

① 운동 부족   ② 유전
③ 임신   ④ 혈액 순환 장애

> 20 네일미용 서비스 > 피부의 이해
> 종아리 정맥류의 주요 원인은 운동 부족, 유전, 임신, 정맥 순환 장애임

21 자외선에 대한 설명으로 **틀린** 것은?

① 자외선 C는 오존층에 의해 차단될 수 있다.
② 자외선 A의 파장은 320~400nm이다.
③ 자외선 B는 유리에 의해 차단할 수 있다.
④ 피부에 가장 깊게 침투하는 것은 자외선 B이다.

> 21 네일미용 서비스 > 피부의 이해
> 피부에 가장 깊게 침투하는 것은 자외선 A임

22 신고한 영업장 면적이 몇 제곱미터 이상인 영업소의 경우 영업소 외부에도 손님이 보기 쉬운 곳에 최종지불요금표를 게시 또는 부착해야 하는가?

① 66제곱미터 ② 50제곱미터
③ 40제곱미터 ④ 30제곱미터

22 공중위생관리 〉공중위생관리법규
신고한 영업장 면적이 66제곱미터 이상인 영업소의 경우 영업소 외부에도 손님이 보기 쉬운 곳에 최종지불요금표를 게시 또는 부착해야 함

23 영업자의 지위 승계를 받은 공중위생영업자는 누구에게 무슨 행정 절차를 해야 하는가?

① 시장·군수·구청장에게 신고 ② 시·도지사에게 신고
③ 세무서장에게 신고 ④ 보건복지부장관에게 신고

23 공중위생관리 〉공중위생관리법규
영업자의 지위를 승계하는 자는 1개월 이내에 시장·군수·구청장에게 신고해야 함

24 다음 중 이·미용사 면허를 받을 수 있는 경우가 아닌 것은?

① 전문대학 또는 같은 수준 이상의 학력이 있다고 교육부장관이 인정하는 학교에서 이용 또는 미용에 관한 학과 졸업자
② 교육부장관이 인정하는 인문계 고등학교에서 6개월 이상 이·미용에 관한 소정의 과정을 이수한 자
③ 「국가기술자격법」에 의한 이·미용사 자격을 취득한 자
④ 초·중등교육법령에 따른 고등기술학교에서 1년 이상 이용 또는 미용에 관한 소정의 과정을 이수한 자

24 공중위생관리 〉공중위생관리법규
초·중등교육법령에 따른 특성화고등학교, 고등기술학교나 고등학교 또는 고등기술학교에 준하는 각종 학교에서 1년 이상 이용 또는 미용에 관한 소정의 과정을 이수한 자가 이·미용사 면허를 받을 수 있음

25 공중위생영업소 위생관리등급의 구분에 있어 우수업소에 내려지는 등급은?

① 백색등급 ② 청색등급
③ 녹색등급 ④ 황색등급

25 공중위생관리 〉공중위생관리법규
위생관리등급
• 최우수업소: 녹색등급
• 우수업소: 황색등급
• 일반관리 대상업소: 백색등급

26 이·미용업에 있어 청문을 실시해야 하는 경우가 아닌 것은?

① 영업소 폐쇄명령을 하고자 하는 경우
② 위생서비스 평가를 하고자 하는 경우
③ 일부의 사용중지 처분을 하고자 하는 경우
④ 면허정지 처분을 하고자 하는 경우

26 공중위생관리 〉공중위생관리법규
청문 실시 사유
• 이·미용사 면허정지
• 이·미용사 면허취소
• 영업소 영업정지명령
• 일부 시설의 사용중지명령
• 영업소 폐쇄명령

27 이·미용 영업소 내 조명도를 준수하지 않은 경우, 1차 위반 행정처분 기준은?

① 영업정지 5일 ② 영업정지 10일
③ 영업장 폐쇄명령 ④ 경고 또는 개선명령

27 공중위생관리 〉공중위생관리법규
미용업 신고증 및 면허증 원본을 게시하지 않거나 업소 내 조명도를 준수하지 않은 경우
• 1차 위반: 경고 또는 개선명령
• 2차 위반: 영업정지 5일
• 3차 위반: 영업정지 10일

신규 문제 공략

28 면허를 발급 받을 수 있는 자는?
① 감염성 결핵환자 ② 성인병 환자
③ 정신질환자 ④ 마약중독자

28 공중위생관리 > 공중위생관리법규
면허 발급 금지 사유
- 피성년후견인
- 정신질환자
- 감염병환자
- 약물중독자
- 면허가 취소된 후 1년이 경과되지 않은 자

29 화장품은 장기간 피부에 사용하는 제품으로 피부에 대한 자극과 독성과 같은 부작용이 없어야 하는 것은 화장품의 4대 요건 중 어느 것에 해당하는가?
① 유효성 ② 안정성
③ 사용성 ④ 안전성

29 네일미용 서비스 > 화장품 분류
- 유효성: 미백, 주름 개선, 자외선 차단 등의 효과를 나타내야 함
- 안정성: 변색, 변질되거나 미생물의 오염이 없어야 함
- 사용성: 흡수성, 발림성 등 피부에 사용감이 좋아야 함

30 왁스에 대한 설명으로 틀린 것은?
① 고급지방산에 고급알코올이 결합된 에스테르를 의미한다.
② 실온에서 고형화제인 유성 성분이며, 제품의 변질이 적다.
③ 동물성 왁스에는 카르나우바 왁스, 칸데릴라 왁스 등이 있다.
④ 화장품의 굳기를 조절, 광택을 부여하는 역할을 한다.

30 네일미용 서비스 > 화장품 분류
- 식물성 왁스: 호호바 왁스, 카르나우바 왁스, 칸데릴라 왁스 등
- 동물성 왁스: 라놀린(양모), 밀랍(벌집), 경랍(고래) 등

신규 문제 공략

31 화장품에서 사용하는 알코올 성분은?
① 프로판올 ② 메탄올
③ 부탄올 ④ 에탄올

31 네일미용 서비스 > 화장품 분류
화장품에서는 알코올 성분으로 에탄올을 사용함

신규 문제 공략

32 유연 화장수에 대한 설명으로 틀린 것은?
① 보습제가 함유되어 있다.
② 수분을 공급한다.
③ 모공을 수축한다.
④ 건성 피부에 적합하다.

32 네일미용 서비스 > 화장품 분류
- 유연 화장수: 보습제가 함유되어 피부에 수분·보습을 주어 건성·노화 피부에 적합
- 수렴 화장수: 알코올 성분으로 모공 수축, 피부의 수렴 작용으로 노폐물 분비를 억제하여 지성·복합성 피부에 적합

33 보디 샴푸의 특징으로 틀린 것은?
① 세포 간에 존재하는 지질을 가능한 보호
② 부드럽고 치밀한 기포 부여
③ 세균의 증식 억제
④ 각질층 내 세정제의 침투로 지질 용출

33 네일미용 서비스 > 화장품 분류
보디 샴푸의 사용으로 각질층 내 지질을 용출(분리)하면 안 되고, 세포 간 존재하는 지질을 가능한 한 보호해야 함

34 캐리어 오일 중 액체상 왁스에 속하고, 피지와 지방산의 조성이 유사하여 피부 친화성이 좋으며, 다른 식물성 오일에 비해 쉽게 산화되지 않아 보조 안정성이 높은 것은?

① 아몬드 오일
② 호호바 오일
③ 아보카도 오일
④ 맥아 오일

34 네일미용 서비스 〉 화장품 분류
- 아몬드 오일: 유연 작용이 우수, 가려움증·건성 피부에 효과적
- 아보카도 오일: 영양 성분 풍부, 건성·민감성·노화 피부에 효과적
- 맥아 오일: 토코페롤이 풍부하여 강력한 항산화 작용, 건성·손상 피부에 효과적

35 다음 중 옳은 것만을 모두 짝지은 것은?

A. 자외선 차단제에는 물리적 차단제와 화학적 차단제가 있다.
B. 물리적 차단제에는 벤조페논, 옥시벤존, 옥틸디메틸파바 등이 있다.
C. 화학적 차단제는 피부에 유해한 자외선을 흡수하여 피부 침투를 차단하는 방법이다.
D. 물리적 차단제는 자외선이 피부에 흡수되지 못하도록 피부 표면에서 빛을 반사 또는 산란시키는 방법이다.

① A, B, C
② A, C, D
③ A, B, D
④ B, C, D

35 네일미용 서비스 〉 화장품 분류
벤조페논, 옥시벤존, 옥틸디메틸파바 등은 화학적 차단제의 성분임

36 네일 산업의 발달 과정 중 연도와 내용의 연결이 옳은 것은?

① 1925년: 네일 폴리시 시장이 본격화
② 1935년: 근대적 페디큐어 등장
③ 1967년: 포인트(아몬드)형의 네일 유행
④ 1992년: 실크를 이용한 네일 랩 작업 시도

36 네일미용 서비스 〉 네일미용의 이해
- 1957년: 근대적 페디큐어 등장
- 1800년: 포인트(아몬드)형의 네일 유행
- 1960년: 네일 랩 작업이 시작됨

37 네일 보디의 시작점에서 자라나는 피부로 매트릭스를 보호하는 역할을 하며 큐티클 위를 덮고 있는 피부는?

① 에포니키움(상조피)
② 하이포니키움(하조피)
③ 네일 폴드(조주름)
④ 네일 루트(조근)

37 자연네일관리 〉 자연네일의 구조와 특성
- 하이포니키움(하조피): 프리에지 아래의 피부조직으로 박테리아와 이물질의 침입을 막음
- 네일 폴드(조주름): 네일 보디를 밀어주며 단단한 방어막을 하는 피부 속주름
- 네일 루트(조근): 네일이 자라기 시작하는 뿌리 부분

38 네일 구조의 설명으로 틀린 것은?

① 네일 보디: 육안으로 보이는 네일 부분으로 신경조직은 없으며 여러 개의 얇은 층으로 이루어져 있다.
② 매트릭스: 얇고 부드러운 곳으로 네일이 자라기 시작하는 부분이다.
③ 스트레스 포인트: 네일 보디가 피부에서 떨어져 나가기 시작하는 양 옆 끝의 포인트를 말한다.
④ 프리에지: 모양과 길이를 자유롭게 조절할 수 있는 네일의 끝부분을 지칭한다.

38 자연네일관리 〉 자연네일의 구조와 특성
- 매트릭스: 네일을 만드는 세포를 생성하며 성장 담당
- 네일 루트: 얇고 부드러운 곳으로 네일이 자라기 시작하는 부분

39 다음 중 태아의 완전한 손톱이 형성되는 시기는?

① 임신 4주
② 임신 9주
③ 임신 14주
④ 임신 20주

39 자연네일관리 〉 자연네일의 구조와 특성
- 임신 9주: 손톱의 형성·성장이 시작됨
- 임신 14주: 손톱이 자라는 모습을 확인할 수 있음
- 임신 20주: 완전한 손톱이 형성됨

40 페디큐어에 대한 설명으로 틀린 것은?

① 페디 파일은 바깥쪽에서 안쪽으로 사용한다.
② 족탕기에는 항균비누를 넣고 사용한다.
③ 족탕기는 반드시 소독한다.
④ 토 세퍼레이터 대신 페이퍼타월을 사용해도 된다.

40 네일미용 서비스 > 네일미용 위생서비스
페디 파일은 안쪽에서 바깥쪽으로 사용해야 함

41 손톱의 성장에 관한 설명이 틀린 것은?

① 손톱은 남성보다 여성이 빨리 자란다.
② 발톱은 손톱 성장 속도의 1/2 정도로 늦게 자란다.
③ 중지 손톱이 가장 빨리, 소지 손톱이 가장 늦게 자란다.
④ 손톱은 겨울보다 여름에 빨리 자란다.

41 자연네일관리 > 자연네일의 구조와 특성
손톱은 여성보다 남성이 빨리 자람

42 네일이 전체적으로 부드럽고 가늘며 하얗게 되어 네일 끝이 굴곡진 상태로 달걀껍질 같이 얇게 벗겨지는 증상으로 질병, 다이어트, 신경성 등에서 기인되는 네일의 증상은?

① 표피조막
② 조갑위축증
③ 조갑연화증
④ 파란 네일

42 네일미용 서비스 > 네일미용 위생서비스
• 표피조막: 큐티클이 과잉 성장하여 손톱 위로 자람
• 조갑위축증: 네일이 오므라들어 감소함
• 조갑청색증: 네일의 색이 푸르스름하게 변함

43 성장기에서 뼈의 길이 성장이 일어나는 곳을 무엇이라 하는가?

① 상지골
② 골화
③ 골수
④ 골단연골

43 네일미용 서비스 > 손발의 구조와 기능
• 상지골: 인체의 윗부분인 어깨, 팔, 손의 뼈를 말함
• 골화: 조직이 단단하게 변화하여 뼈가 형성되는 과정
• 골수: 뼈 속 골수강 사이에 혈액세포를 만드는 조혈조직

44 네일숍의 안전관리에 대한 설명으로 틀린 것은?

① 소방서, 종합병원, 119 구급차의 전화번호를 누구나 볼 수 있도록 한다.
② 경찰이나 사설 경비회사와 연결될 수 있는 비상 버튼을 설치한다.
③ 소화기를 비치하고 스모크 알람을 설치한다.
④ 외부와의 접촉이 쉬운 카운터는 출입구와 먼 곳으로 배치한다.

44 네일미용 서비스 > 네일미용 위생서비스
외부와의 접촉이 쉬운 카운터는 출입구와 가까운 곳으로 배치해야 함

45 네일의 멜라닌색소 증가 및 색소 침착으로 인하여 발생하며 네일에 일부 또는 전부가 갈색이나 흑색으로 변하는 네일의 증상은?

① 흑조증(멜라노니키아)
② 조갑비대증(오니콕시스)
③ 손거스러미(행 네일)
④ 고랑 파인 네일(퍼로우)

45 네일미용 서비스 > 네일미용 위생서비스
• 조갑비대증(오니콕시스): 네일이 비정상으로 두꺼워짐
• 손거스러미(행 네일): 거스러미가 일어남
• 고랑 파인 네일(퍼로우): 네일에 고랑이 파임

46 손과 손목은 몇 개의 뼈로 구성되어 있는가?

① 24개
② 25개
③ 26개
④ 27개

46 네일미용 서비스 > 손발의 구조와 기능
손목과 손의 뼈는 수지골 14개, 중수골 5개, 수근골 8개로 총 27개의 뼈로 구성됨

47 손바닥 안쪽의 근육을 지배하고 피부감각을 주관하는 신경으로 팔꿈치를 통과하며 팔뚝과 손의 소지 쪽에 분포되어 있는 신경을 무엇이라고 하는가?

① 복재신경(두렁신경)
② 대퇴신경(넙다리신경)
③ 척골신경(자뼈신경)
④ 정중신경(중앙신경)

47 네일미용 서비스 > 손발의 구조와 기능
- 복재신경: 다리 안쪽과 무릎에 신경 감각을 전함
- 대퇴신경: 허벅지 근육을 지배하고 감각을 느낌
- 정중신경: 손바닥의 감각, 움직임, 운동 기능을 담당함

신규 문제 공략

48 향수의 향취 중 나무나 동물의 향을 내는 것은?

① 오리엔탈
② 프로랄
③ 그린
④ 시트러스

48 네일미용 서비스 > 화장품 분류
- 프로랄 계열: 달콤한 꽃의 향
- 그린 계열: 신선한 풀이나 나뭇잎의 향
- 시트러스 계열: 레몬, 오렌지 등의 상큼한 감귤류의 향

49 페디큐어의 어원으로 발을 지칭하는 라틴어는?

① 페디스(Pedis)
② 마누스(Manus)
③ 큐라(Cura)
④ 매니스(Manis)

49 네일미용 서비스 > 네일미용의 이해
페디큐어는 페디스(발)와 큐라(관리)의 합성어이고, 발의 어원은 페데스(Pedes)로도 쓰임

50 매니큐어에 대한 설명으로 틀린 것은?

① 큐티클은 부드럽게 밀어 올린다.
② 큐티클 니퍼 날의 모든 부분이 닿게 조심스럽게 제거한다.
③ 출혈이 발생할 수 있으므로 깊게 제거하지 않아야 한다.
④ 컬러링 전에는 유분기를 제거한다.

50 자연네일관리 > 손톱 및 발톱관리
큐티클 니퍼 날의 모든 부분이 닿지 않게 사용함

51 네일 도구 중 일회용으로 사용해야 하는 것은?

① 큐티클 푸셔
② 큐티클 니퍼
③ 토 세퍼레이터
④ 핑거볼

51 네일미용 서비스 > 네일미용 위생서비스
토 세퍼레이터는 컬러링을 할 때 발가락끼리 닿지 않게 해 주는 제품으로 사용 후에는 폐기해야 함

52 네일 폴리시에 대한 설명으로 틀린 것은?

① 젤 램프기기에 경화 시 수축 현상이 없어야 한다.
② 인화성이 있어 취급 시 주의해야 한다.
③ 네일 폴리시리무버로 제거가 용이하다.
④ 휘발성이 있는 제품으로 뚜껑을 잘 닫아 보관해야 굳지 않는다.

52 자연네일관리 > 네일 컬러링
- 네일 폴리시: 네일 드라이기에 건조하는 제품
- 젤 네일 폴리시: 젤 램프기기에 경화하는 제품

신규 문제 공략

53 네일 컬러링에 대한 설명으로 틀린 것은?

① 헤어라인 팁: 네일 전체에 컬러링한 후 프리에지 단면을 얇게 지운다.
② 슬림라인: 좌우에서 1.5mm 남기고 컬러링한다.
③ 프리에지: 벗겨지기 쉬운 프리에지를 세심하게 컬러링한다.
④ 하프문 컬러링: 루눌라 부분을 남기고 컬러링한다.

53 자연네일관리 > 네일 컬러링
프리에지 컬러링: 프리에지 부분에만 컬러링하지 않는 기법임

54 네일 랩 접착 방법에 대한 설명으로 가장 적절하지 않은 것은?

① 접착할 네일의 면적을 재고 재단한다.
② 네일 랩의 모서리는 큐티클 옆 라인과 맞게 약간 둥글게 자른다.
③ 큐티클 라인에서 약 1mm를 남기고 접착한다.
④ 큐티클 라인을 꽉 채워서 접착시킨다.

54 인조네일관리 > 랩 네일
네일 랩은 큐티클 라인을 꽉 채우지 않고 약 1mm 정도 남기고 접착해야 함

55 자연네일에 네일 팁을 붙이기 위해 접근되는 가장 적당한 각도는?

① 25°   ② 35°
③ 45°   ④ 55°

55 인조네일관리 〉팁 네일
네일 팁은 자연네일에 45°의 각도로 접착함

신규 문제 공략

56 젤 네일 화장물에 대한 설명으로 틀린 것은?

① 젤 네일 화장물은 알코올로 용해된다.
② 빛에 반응하는 광중합을 포함한다.
③ 자외선 램프 또는 가시광선 램프를 사용하여 경화한다.
④ 올리고머가 빛에 반응하여 폴리머가 된다.

56 인조네일관리 〉젤 네일
젤 네일 화장물은 알코올로 용해되지 않으며 아세톤으로 용해됨

57 젤 램프기기의 설명으로 틀린 것은?

① UV 램프는 UV-B 파장 정도를 사용한다.
② LED 램프는 400~700nm 정도의 파장을 사용한다.
③ 젤 네일에 사용되는 광선은 자외선과 가시광선이다.
④ 젤 네일의 경화 속도가 떨어지면 램프를 교체한다.

57 인조네일관리 〉젤 네일
UV 램프는 UV-A 약 320~400nm 파장을 사용함

신규 문제 공략

58 화장품의 4대 요건으로 틀린 것은?

① 트랜드에 맞아야 한다.
② 사용성이 좋아야 한다.
③ 피부에 대한 안전성이 우수해야 한다.
④ 화장품의 효과가 있어야 한다.

58 네일미용 서비스 〉화장품 분류
화장품의 4대 요건
- 안전성: 피부에 대한 자극, 알레르기, 독성이 없어야 함
- 안정성: 변색, 변질되거나 미생물의 오염이 없어야 함
- 사용성: 흡수성, 발림성 등 피부에 사용감이 좋아야 함
- 유효성: 미백, 주름 개선, 자외선 차단 등의 효과가 있어야 함

59 젤 네일에 대한 설명으로 틀린 것은?

① 아크릴에 비해 강한 냄새가 없다.
② 네일 폴리시에 비해 광택이 오래 지속된다.
③ 소프트 젤은 아세톤으로 제거되지 않는다.
④ 젤 네일은 강도에 따라 하드 젤과 소프트 젤로 구분된다.

59 인조네일관리 〉젤 네일
소프트 젤은 아세톤으로 제거됨

신규 문제 공략

60 금속 기구 소독에 적합하지 않은 것은?

① 역성비누액   ② 크레졸
③ 승홍수   ④ 알코올

60 공중위생관리 〉소독
승홍수는 금속 기구, 상처, 음료수 소독에 부적합함

정답표(제4회)

01	02	03	04	05	06	07	08	09	10
②	②	④	④	①	①	①	②	③	④
11	12	13	14	15	16	17	18	19	20
④	③	③	③	③	④	②	①	①	④
21	22	23	24	25	26	27	28	29	30
④	①	④	①	④	②	④	②	④	③
31	32	33	34	35	36	37	38	39	40
④	④	④	④	②	①	①	②	④	①
41	42	43	44	45	46	47	48	49	50
①	③	④	④	①	④	③	①	①	②
51	52	53	54	55	56	57	58	59	60
③	①	①	①	③	①	①	①	③	③

비공개 기출 복원문제 | 제5회

◀ 모바일로 풀어보기

신규 문제 공략

01 자연적인 인구증가로 옳은 것은?
① 출생 – 전입
② 전입 – 전출
③ 출생 – 사망
④ 사망 – 전출

02 접촉자의 색출 및 치료가 가장 중요한 질병은?
① 성병
② 암
③ 당뇨병
④ 일본뇌염

03 다음 중 공기 오염으로 전파되는 감염병은?
① 인플루엔자
② 세균성 이질
③ 일본뇌염
④ 파라티푸스

04 사균백신 예방접종을 하는 감염병이 아닌 것은?
① 결핵
② 장티푸스
③ 콜레라
④ 폴리오

05 도시 지역에서 나타나는 인구 유입형으로, 생산층 인구가 전체 인구의 1/2 이상이 되는 인구 구성 형태는?
① 농촌형
② 항아리형
③ 별형
④ 종형

신규 문제 공략

06 병원균에서 내성이 생긴다는 의미는?
① 인체가 약에 대하여 저항성을 가진다.
② 균이 다른 균에 대하여 저항성을 가진다.
③ 약이 균에 대하여 유효한 것이다.
④ 균이 약에 대하여 저항성이 있는 것이다.

해설

01 공중위생관리 > 공중보건
인구 증가
- 자연 증가: 출생, 사망
- 사회 증가: 유입, 유출

02 공중위생관리 > 공중보건
성병은 성 접촉으로 감염되기 때문에 접촉자의 색출 및 치료가 특히 중요함

03 공중위생관리 > 공중보건
호흡기계 전파: 인플루엔자, 디프테리아, 홍역, 결핵, 유행성 이하선염, 성홍열, 백일해, 폐렴 등

04 공중위생관리 > 공중보건
- 사균백신: 콜레라, 장티푸스, 폴리오, 백일해
- 생균백신: 결핵, 홍역, 폴리오
- 순화독소: 파상풍, 디프테리아

05 공중위생관리 > 공중보건
- 항아리형: 인구 감소형, 14세 이하 인구가 65세 이상 인구의 2배가 되지 않음
- 농촌형: 인구 유출형, 생산층 인구가 전체 인구의 50% 미만
- 종형: 인구 정지형, 14세 이하 인구가 65세 이상 인구의 2배 정도

06 공중위생관리 > 공중보건
내성은 병원균이 어떤 약품에 대하여 나타내는 저항성으로, 질병 치료를 위해 약물을 투약했을 때 병원균이 약물을 이겨내고 살아남는 것을 의미함

07 공기의 자정 작용 중 이산화탄소와 산소는 어떤 작용을 하여 식물에 탄소 동화 작용을 하는가?

① 희석 작용　　② 살균 작용
③ 세정 작용　　④ 교환 작용

07 공중위생관리 > 공중보건
탄소 동화 작용: 식물에 탄소 동화 작용에 의한 이산화탄소, 산소의 교환 작용

08 다음 중 세균이 가장 잘 자라는 최적 수소이온 농도에 해당되는 것은?

① 강산성　　② 약산성
③ 중성　　④ 강알칼리성

08 공중위생관리 > 소독
세균은 pH 6.0~8.0인 중성에서 가장 활발하게 증식함

09 세균의 편모는 무슨 역할을 하는가?

① 세균의 증식 기관　　② 세균의 유전 기관
③ 세균의 운동 기관　　④ 세균의 영양 흡수 기관

09 공중위생관리 > 소독
편모는 세균 몸체에 있는 가느다란 채찍 같은 돌기로 세균의 운동 기관임

10 병원성 미생물을 크기에 따라 열거한 것으로 옳은 것은?

① 바이러스 < 리케차 < 세균
② 리케차 < 세균 < 바이러스
③ 세균 < 바이러스 < 리케차
④ 바이러스 < 세균 < 리케차

10 공중위생관리 > 소독
병원성 미생물의 크기: 바이러스 < 리케차 < 세균

11 다음 중 소독약의 구비조건으로 틀린 것은?

① 안정성 및 용해성이 높아야 한다.
② 소독 물품에 손상이 있어도 확실히 소독되어야 한다.
③ 인체에는 자극이 없어야 한다.
④ 살균력이 있고 소독의 효력은 즉시 나타나야 한다.

11 공중위생관리 > 소독
소독약은 소독 물품에 대한 손상이 없어야 함

12 유리 제품의 소독 방법으로 가장 적질한 것은?

① 끓는 물에 넣고 10분간 가열한다.
② 건열 멸균기에 넣고 소독한다.
③ 끓는 물에 넣고 5분간 가열한다.
④ 찬물에 넣고 75℃까지만 가열한다.

12 공중위생관리 > 소독
건열 멸균은 유리, 도자기 등에 효과적인 소독 방법임

13 소독 장비 사용 시 주의해야 할 사항 중 옳은 것은?

① 건열 멸균기 - 멸균된 물건을 소독기에서 꺼낸 즉시 냉각시켜야 살균 효과가 크다.
② 자비 소독기 - 금속성 기구들은 물이 끓기 전부터 넣고 끓인다.
③ 간헐 멸균기 - 가열과 가열 사이에 20℃ 이상의 온도를 유지한다.
④ 자외선 소독기 - 날이 예리한 기구 소독 시 수건 등으로 싸서 넣는다.

13 공중위생관리 > 소독
- 건열 멸균기 - 멸균된 물건을 소독기에서 꺼내고 서서히 냉각시켜야 살균 효과가 큼
- 자비 소독기 - 금속성 기구들은 물이 끓고 난 후 넣어야 함
- 자외선 소독기 - 소독 물품이 자외선에 직접 노출될 수 있도록 해야 하므로 수건 등으로 싸지 않아야 함

14 다음 중 화학적 소독법에 해당되는 것은?

① 알코올 소독법 ② 자비 소독법
③ 고압증기 멸균법 ④ 간헐 멸균법

> **14** 공중위생관리 > 소독
> - 화학적 소독법: 석탄산, 승홍수, 알코올, 포르말린, 크레졸, 역성비누, 과산화수소, 표백분, 염소, 오존, 과망가니즈산칼륨, 생석회, E.O가스
> - 물리적 소독법: 자비 소독법, 고압증기 멸균법, 간헐 멸균법 등

신규 문제 공략

15 흉터가 생기는 피부의 층은?

① 유극층 ② 과립층
③ 기저층 ④ 각질층

> **15** 네일미용 서비스 > 피부의 이해
> 표피의 기저층이 손상되면 흉터가 남음

16 피부에 있어 색소세포가 가장 많이 존재하고 있는 곳은?

① 표피의 각질층 ② 표피의 기저층
③ 진피의 유두층 ④ 진피의 망상층

> **16** 네일미용 서비스 > 피부의 이해
> 색소 제조세포인 멜라닌세포는 표피의 기저층에 가장 많이 존재함

17 한선에 대한 설명 중 틀린 것은?

① 체온 조절 기능이 있다.
② 진피와 피하지방 조직의 경계에 위치한다.
③ 입술을 포함한 전신에 존재한다.
④ 에크린 한선과 아포크린 한선이 있다.

> **17** 네일미용 서비스 > 피부의 이해
> 입술에는 한선(땀샘)이 없음

18 속발진에 해당하는 피부질환은?

① 비듬 ② 농포
③ 팽진 ④ 종양

> **18** 네일미용 서비스 > 피부의 이해
> - 속발진: 인설(비듬), 위축, 태선화, 균열, 가피, 찰상, 미란, 궤양, 켈로이드, 반흔
> - 원발진: 반점, 홍반, 팽진, 수포, 면포, 구진, 농포, 결절, 낭종, 종양

신규 문제 공략

19 콜라겐에 대한 설명으로 틀린 것은?

① 섬유아세포에서 생성한다.
② 부족하면 주름이 발생한다.
③ 노화되면 콜라겐의 합성이 감소한다.
④ 피부의 표피에 주로 존재한다.

> **19** 네일미용 서비스 > 피부의 이해
> 콜라겐은 피부의 진피에 존재하는 구성 물질임

신규 문제 공략

20 신진대사의 기능을 도와주는 영양소로, 무기질이 아닌 것은?

① 요오드 ② 철분
③ 비타민 ④ 나트륨

> **20** 네일미용 서비스 > 피부의 이해
> 비타민은 생리대사의 보조 역할을 하며, 신진대사를 촉진하는 기능이 있음

21 다음 중 자외선이 피부에 미치는 영향이 아닌 것은?

① 색소 침착 ② 살균 효과
③ 홍반 형성 ④ 비타민 A 합성

> **21** 네일미용 서비스 > 피부의 이해
> 자외선은 피부에서 비타민 D를 합성함

신규 문제 공략
22 신고를 하지 않고 영업소의 상호를 변경한 때의 1차 위반의 행정처분은?

① 영업정지 15일　　② 영업정지 1개월
③ 영업장 폐쇄명령　　④ 경고 또는 개선명령

22 공중위생관리 〉 공중위생관리법규
1차 위반 시 경고 또는 개선명령
- 신고를 하지 않고 영업소의 명칭 및 상호 또는 영업장 면적의 3분의 1 이상을 변경한 경우
- 이·미용업 신고증 및 면허증 원본을 게시하지 않거나 업소 내 조명도를 준수하지 않은 경우

신규 문제 공략
23 위생교육의 내용으로 틀린 것은?

① 기술교육　　② 시사상식교육
③ 공중위생관리 법규　　④ 친절 및 청결에 관한 교육

23 공중위생관리 〉 공중위생관리법규
위생교육의 내용은 공중위생관리법규, 소양교육, 기술교육, 그 밖에 공중위생에 관하여 필요한 내용으로 함

24 다음 중 이·미용사 면허를 취득할 수 없는 자는?

① 면허 취소 후 1년 경과 자
② 독감환자
③ 마약중독자
④ 전과기록자

24 공중위생관리 〉 공중위생관리법규
면허 발급 금지 사유
- 피성년후견인
- 정신질환자
- 감염병환자
- 약물중독자(마약 등 대통령령으로 정하는 자)
- 면허가 취소된 후 1년이 경과되지 않은 자

신규 문제 공략
25 청문을 실시해야 하는 사항과 거리가 먼 것은?

① 이·미용사의 면허취소, 면허정지
② 공중위생영업의 정지
③ 영업소의 폐쇄명령
④ 벌금 부과

25 공중위생관리 〉 공중위생관리법규
청문 실시 사유
- 이·미용사 면허정지
- 이·미용사 면허취소
- 영업소 영업정지명령
- 일부 시설의 사용중지명령
- 영업소 폐쇄명령

26 공중위생영업자가 위생관리의무사항을 위반할 때의 당국의 조치사항으로 옳은 것은?

① 영업정지　　② 자격정지
③ 업무정지　　④ 개선명령

26 공중위생관리 〉 공중위생관리법규
공중위생영업의 종류별 시설 및 설비기준을 위반하거나 위생관리의무 등을 위반할 때에는 개선명령을 할 수 있음

27 이·미용업의 업주가 받아야 하는 위생 교육 기간은 몇 시간인가?

① 매년 2시간　　② 매년 3시간
③ 매년 4시간　　④ 매년 5시간

27 공중위생관리 〉 공중위생관리법규
이·미용업의 업주는 매년 3시간의 위생교육을 받아야 함

28 이·미용 영업자에 대한 지도·감독을 위한 관계공무원의 출입·검사를 거부·방해한 자에 대한 처벌 규정은?

① 50만 원 이하의 과태료
② 100만 원 이하의 과태료
③ 200만 원 이하의 과태료
④ 300만 원 이하의 과태료

28 공중위생관리 〉 공중위생관리법규
관계공무원의 출입·검사, 기타 조치를 기피한 자는 300만 원 이하의 과태료의 처분을 받음

29 다음 중 기능성 화장품의 종류에 해당하지 않는 것은?

① 미백 크림
② 주름 개선 크림
③ 자외선 차단 크림
④ 헤어 펌 크림

29 네일미용 서비스 〉 화장품 분류
헤어 펌 크림은 기능성 화장품의 종류가 아님

30 화장품의 수성원료인 알코올에 대한 설명으로 틀린 것은?

① 알코올 함량이 많으면 피부가 건조해진다.
② 알코올의 일반적 함량은 70%가 적당하다.
③ 알코올은 청량감과 휘발성이 있다.
④ 알코올은 소독 작용과 수렴 작용을 한다.

30 네일미용 서비스 〉 화장품 분류
화장수에 사용하는 알코올의 일반적 함량은 10% 전후가 적당함

31 음이온성 계면활성제 성질에 대한 설명으로 틀린 것은?

① 세정 작용이 강하다.
② 기포 형성 작용이 우수하다.
③ 샴푸, 비누에 사용한다.
④ 피부 자극이 없다.

31 네일미용 서비스 〉 화장품 분류
음이온성 계면활성제는 세정 작용, 기포 형성 작용이 우수하여 샴푸, 비누 등에 사용하며 피부에 자극이 있음

32 클렌징로션에 대한 알맞은 설명은?

① 사용 후 반드시 비누 세안을 해야 한다.
② 친유성 에멀션(W/O 타입)이다.
③ 눈 화장을 지우는 데 주로 사용한다.
④ 민감성 피부에도 적합하다.

32 네일미용 서비스 〉 화장품 분류
- 사용 후 클렌징폼을 사용할 수 있으며 반드시 비누 세안을 하는 것은 아님
- 친수성 에멀션(O/W 타입)임
- 눈 화장을 지우는 데 주로 사용하는 제품은 아이 리무버임

33 샴푸에 대한 설명으로 틀린 것은?

① 모발과 눈을 보호해야 한다.
② 모발의 표면을 보호하고 정전기를 방지해야 한다.
③ 세정 시 마찰로 인한 손상을 최소화해야 한다.
④ 거품이 지속적이어야 한다.

33 네일미용 서비스 〉 화장품 분류
모발의 표면을 보호하고 정전기를 방지하는 목적을 가진 제품은 헤어 린스임

34 박하(Peppermint)에 함유된 시원한 느낌의 혈액 순환 촉진 성분은?

① 자일리톨
② 멘톨
③ 알코올
④ 마조람 오일

34 네일미용 서비스 〉 화장품 분류
박하(페퍼민트)는 시원한 느낌의 멘톨 성분으로 혈액 순환을 촉진함

35 양이온성 계면활성제에 대한 설명으로 틀린 것은?

① 살균 작용이 우수하다.
② 소독 작용이 있다.
③ 정전기 발생을 억제한다.
④ 피부 자극이 적어 저자극 샴푸에 사용된다.

35 네일미용 서비스 > 화장품 분류
- 저자극 샴푸에는 양쪽성 계면활성제가 사용됨
- 양이온성 계면활성제는 헤어린스, 헤어트리트먼트 등에 사용됨

36 가깝거나 먼 거리에 대한 느낌을 무엇이라고 하는가?

① 경연감 ② 질감
③ 중량감 ④ 원근감

36 네일아트 > 젤 네일 폴리시 아트
- 경연감: 단단한지 부드러운지의 대한 느낌
- 질감: 물체 표면의 재질 차이에 대한 느낌
- 중량감: 물체의 무게감에 대한 느낌

37 네일의 성장 방향으로 볼 때 매트릭스의 앞부분은 프리에지의 어느 층에 해당하는가?

① 프리에지의 위층 ② 프리에지의 중간층
③ 프리에지의 아래층 ④ 프리에지의 가로층

37 자연네일관리 > 자연네일의 구조와 특성
- 매트릭스 뒷부분: 프리에지의 위층
- 매트릭스 중간 부분: 프리에지의 중간층
- 매트릭스 앞부분: 프리에지의 아래층

신규 문제 공략

38 화장품 성분에 대한 설명으로 틀린 것은?

① 왁스는 부서짐을 예방하고 광택성이 뛰어나 립스틱 성분으로 사용한다.
② 양모에서 추출한 라놀린 성분을 사용한다.
③ 산화아연, 탈크, 카올린 등의 미네랄 성분을 화장품 성분으로 사용하지 않는다.
④ 동물성 원료로는 콜라겐, 엘라스틴을 사용한다.

38 네일미용 서비스 > 화장품 분류
산화아연(징크옥사이드), 탈크, 카올린은 자외선 산란제(물리적 차단제)의 성분으로 사용함

39 네일의 성장 속도로 틀린 것은?

① 소지의 손톱이 가장 빠르게 자란다.
② 여성보다 남성의 성장 속도가 빠르다.
③ 손톱은 하루에 약 0.1~0.15mm 정도가 자란다.
④ 발톱의 성장 속도는 손톱의 1/2 정도로 늦다.

39 자연네일관리 > 자연네일의 구조와 특성
중지의 손톱이 가장 빨리 자람

40 네일을 너무 심하게 물어뜯어 프리에지 형태가 좋지 않게 되는 증상은?

① 조갑비대증(오니코시스) ② 조갑주위염(파로니키아)
③ 고랑 파인 네일(퍼로우) ④ 교조증(오니코파지)

40 네일미용 서비스 > 네일미용 위생서비스
- 조갑비대증(오니코시스): 네일이 비정상으로 두꺼워짐
- 조갑주위염(파로니키아): 네일 주위 피부에 염증
- 고랑 파인 네일(퍼로우): 네일에 고랑이 파임

41 주로 발톱에 나타나며 네일이 두꺼워지며 손이나 발가락 밖으로 돌출되며 심한 변형을 동반하는 증상은?

① 루코니키아 ② 오니코그리포시스
③ 오니코파지 ④ 행 네일

41 네일미용 서비스 > 네일미용 위생서비스
- 루코니키아: 네일에 흰색 반점이 생김
- 오니코파지: 네일을 뜯어 프리에지가 없음
- 행 네일: 거스러미가 일어남

42 네일미용사의 자세로 틀린 것은?
① 고객과의 예약 시간을 반드시 지킨다.
② 청결한 용모와 복장을 유지하도록 한다.
③ 고객이 작업대에 앉으면 그때부터 작업 준비를 한다.
④ 동료들과 협조적으로 행동하고 꾸준한 지식 습득을 위해 노력한다.

43 손가락뼈(수지골)는 몇 개의 뼈로 구성되어 있는가?
① 11개　② 12개
③ 13개　④ 14개

신규 문제 공략
44 네일미용사의 자세에 대한 설명으로 틀린 것은?
① 접객 매뉴얼과 고객관리카드를 전혀 활용하지 않는다.
② 모든 고객을 공평하게 관리한다.
③ 고객에게 적합한 서비스를 시행한다.
④ 안전 규정을 준수하여 청결하게 관리한다.

45 신경계의 구조적 최소 단위인 신경세포를 무엇이라고 하는가?
① 뉴런　② DNA
③ 뇌　④ 혈액

46 다음 중 손목뼈(수근골)가 아닌 것은?
① 두상골(콩알뼈)　② 삼각골(세모뼈)
③ 유구골(갈고리뼈)　④ 거골(목말뼈)

신규 문제 공략
47 금속 제품을 열탕 소독할 때 살균력을 강하게 하고 금속의 녹을 방지하기 위해 첨가하는 것은?
① 1~2% 승홍수　② 1~2% 탄산나트륨
③ 1~2% 염화칼슘　④ 1~2% 알코올

신규 문제 공략
48 비위생적인 네일 도구 사용으로 발생하는 병변은?
① 테리지움　② 오니코렉시스
③ 오니키아　④ 오니코크립토시스

49 네일 도구 중 일회용으로 사용하지 않아도 되는 것은?
① 큐티클 니퍼　② 콘 커터의 면도날
③ 오렌지 우드스틱　④ 토 세퍼레이터

---

42 네일미용 서비스 > 네일미용 위생서비스
작업 준비는 고객이 작업대에 앉기 전에 마쳐야 함

43 네일미용 서비스 > 손발의 구조와 기능
손가락뼈는 손가락 마디를 구성하는 14개의 뼈로 구성되어 있음

44 네일미용 서비스 > 네일미용 고객서비스
네일미용사는 양질의 서비스를 위해 접객 매뉴얼과 고객관리카드를 활용해야 함

45 네일미용 서비스 > 손발의 구조와 기능
뉴런은 신경계의 구조적 최소 단위인 신경세포이며, 자극을 신경세포체에 전달하는 역할을 함

46 네일미용 서비스 > 손발의 구조와 기능
• 손목뼈: 소능형골, 대능형골, 유두골, 유구골, 두상골, 삼각골, 월상골, 주상골
• 발목뼈: 내측설상골, 중간설상골, 외측설상골, 입방골, 주상골, 거골, 종골

47 공중위생관리 > 소독
자비 소독(열탕 소독) 시 탄산나트륨을 1~2% 첨가하면 살균력 상승과 금속의 손상을 방지함

48 네일미용 서비스 > 네일미용 위생서비스
오니키아(조갑염)는 네일에 위생 처리가 되지 않은 네일 도구 등으로 인한 박테리아 감염으로 발생함

49 네일미용 서비스 > 네일미용 위생서비스
큐티클 니퍼는 일회용 도구가 아닌 소독해서 계속 사용하는 철제 도구임

신규 문제 공략

50 네일 컬러링의 대한 설명으로 틀린 것은?

① 프리에지 컬러링: 프리에지 부분에만 컬러를 도포하는 방법이다.
② 루눌라 컬러링: 루눌라 부분만 남기고 컬러를 도포하는 방법이다.
③ 슬림라인 컬러링: 네일의 양쪽 옆면을 남기고 컬러를 도포하는 방법이다.
④ 딥 프렌치 컬러링: 네일의 전체 길이 1/2 이상에서 루눌라를 넘지 않게 컬러를 도포하는 방법이다.

51 파라핀 매니큐어의 설명으로 틀린 것은?

① 혈액 순환 및 림프 순환을 촉진시킨다.
② 피부를 부드럽게 유지시켜 준다.
③ 피로 회복에 도움을 준다.
④ 노화된 피부를 재생시켜 주는 치료 효과가 있다.

신규 문제 공략

52 의류와 헝겊류 소독에 좋은 자연 소독 방법은?

① 일광 소독　　② 석탄산
③ 표백제　　　④ 알코올

53 네일 폴리시의 구비조건에 해당하지 않는 것은?

① 네일에 독성이 없을 것
② 네일 폴리시리무버로 쉽게 제거되지 않을 것
③ 네일에 바르기 적당한 점도가 있을 것
④ 안료가 균일하게 분산되고 일정한 컬러를 유지할 것

54 통 젤 네일 폴리시를 사용한 그러데이션 기법에 대한 설명으로 옳은 것은?

① 그러데이션은 경화하면 딱딱해지는 통 젤 네일 폴리시로는 적용할 수 없다.
② 그러데이션은 글리터는 적용할 수 없다.
③ 그러데이션은 무채색에는 적용할 수 없다.
④ 그러데이션은 브러시 글루(젤 글루)로는 적용할 수 없다.

55 일반 네일 폴리시 아트 작업 후 톱코트 도포 방법에 대한 설명으로 틀린 것은?

① 도트는 두께감이 있으므로 톱코트를 최대한 눌러 얇게 도포해야 한다.
② 프리에지 부분까지 감싸 발라주어 유지력을 높여야 한다.
③ 톱코트로 인해 디자인이 뭉개질 수 있으므로 디자인을 네일 폴리시 건조기에 잘 건조시킨 후 톱코트를 도포해야 한다.
④ 네일 주변에 묻은 톱코트를 제거한 후 건조해야 한다.

---

50 네일미용 서비스 〉 네일 컬러링
- 프리에지 컬러링: 프리에지 부분에만 컬러링하지 않음
- 프렌치 컬러링: 프리에지 부분에만 컬러링함

51 네일미용 서비스 〉 네일미용의 이해
파라핀 매니큐어가 노화된 피부를 재생시켜 주는 치료 효과는 없음

52 공중위생관리 〉 소독
일광 소독은 자연 소독 방법으로 의류와 헝겊류 소독에 효과적임

53 자연네일관리 〉 네일 컬러링
네일 폴리시리무버로 쉽게 제거되어야 함

54 네일아트 〉 통 젤 네일 폴리시 아트
- 그러데이션은 통 젤 네일 폴리시로 적용할 수 있음
- 그러데이션은 글리터로 적용할 수 있음
- 그러데이션은 무채색으로 적용할 수 있음

55 네일아트 〉 일반 네일 폴리시 아트
도트는 두께감이 있으므로 완성된 디자인이 번지지 않도록 톱코트는 힘을 빼고 좀 도톰하게 도포해야 함

56 네일 랩의 종류에 대한 설명으로 바르게 연결되지 <u>않은</u> 것은?

① 실크는 조직이 느슨하며 접착제가 잘 스며든다.
② 페이퍼 랩은 일회용으로만 사용이 가능하다.
③ 리넨은 천의 조직이 비치고 두꺼우며 투박하다.
④ 파이버 글라스는 인조유리섬유로 짠 직물로 투명하며 매우 반짝거린다.

56 인조네일관리 > 랩 네일
- 실크: 부드럽고 가벼우며 조직이 얇고 섬세함
- 파이버 글라스: 조직이 느슨하며 접착제가 잘 스며듦

57 다음 중 아크릴 네일의 재료로 사용되지 않는 것은?

① 모노머   ② 폴리머
③ 네일 프라이머   ④ 올리고머

57 인조네일관리 > 아크릴 네일
- 모노머: 아크릴 리퀴드
- 폴리머: 아크릴 파우더
- 네일 프라이머: 전 처리제
- 올리고머: 젤

58 네일 프라이머에 대한 설명으로 틀린 것은?

① 네일 표면의 유·수분을 제거해 주고 아크릴의 접착력을 높여 준다.
② 산성 제품으로 피부에 화상을 입힐 수 있으므로 최소량만 사용한다.
③ 인조네일 전체에 사용하며 방부제 역할을 해 준다.
④ 네일 표면의 pH 밸런스를 맞춘다.

58 인조네일관리 > 아크릴 네일
네일 프라이머는 인조네일 전체에 사용하지는 않으며 자연네일에만 최소량을 도포함

59 찢어진 네일에 덮어 단단하게 보강하는 네일 재료로 가장 적합한 것은?

① 네일 팁   ② 네일 폼
③ 네일 랩   ④ 네일 파일

59 인조네일관리 > 자연네일 보강
- 네일 팁: 길이를 연장하기 위해 만들어진 인조 손톱
- 네일 폼: 스컬프처 네일 시 사용하는 받침대
- 네일 파일: 네일의 길이 조절과 형태를 조형 시 사용

신규 문제 공략

60 돼지와 관련된 질병으로 거리가 먼 것은?

① 살모넬라   ② 발진티푸스
③ 일본뇌염   ④ 유구조충

60 공중위생관리 > 공중보건
발진티푸스는 이에 의해서 감염되는 질병임

정답표(제5회)

01	02	03	04	05	06	07	08	09	10
③	①	①	①	③	④	④	③	③	①
11	12	13	14	15	16	17	18	19	20
②	②	③	①	②	②	③	①	④	③
21	22	23	24	25	26	27	28	29	30
④	④	②	③	①	④	②	④	③	②
31	32	33	34	35	36	37	38	39	40
④	②	②	②	④	③	③	②	①	④
41	42	43	44	45	46	47	48	49	50
②	④	④	①	①	④	②	②	①	①
51	52	53	54	55	56	57	58	59	60
④	④	②	④	④	①	④	③	③	②

비공개 기출 복원문제 | 제6회

최신 기출문제 풀이는 필수!

▸ 모바일로 풀어보기

신규 문제 공략

01 노인 비율에 따른 사회 구분으로 다음 괄호에 알맞은 것은?

> 총인구 중 65세 이상 인구가 (　)%인 사회를 고령화 사회라고 하며, 총인구 중 65세 이상 인구가 (　)%인 사회를 고령 사회라고 하며, 총인구 중 65세 이상 인구가 (　)%인 사회를 초고령화 사회라고 한다.

① 6, 12, 18　　　② 5, 10, 15
③ 7, 14, 20　　　④ 10, 20, 30

해설

01 공중위생관리 〉 공중보건
- 고령화 사회: 총인구 중 65세 이상 인구가 7~13%인 사회
- 고령 사회: 총인구 중 65세 이상 인구가 14~19%인 사회
- 초고령화 사회: 총인구 중 65세 이상 인구가 20% 이상인 사회

02 건강의 정의를 가장 잘 설명한 것은?

① 신체적으로 안녕한 상태
② 육체적 · 정신적 · 사회적으로 안녕한 상태
③ 질병이 없고, 허약하지 않은 상태
④ 정신적으로 안녕한 상태

02 공중위생관리 〉 공중보건
건강의 정의
단순히 질병이 없거나 허약하지 않은 상태가 아닌, 육체적 · 정신적 · 사회적으로 완전히 안녕한 상태

03 다음 질병 중 병원체가 세균인 것은?

① 폴리오　　　② 간염
③ 디프테리아　　　④ 풍진

03 공중위생관리 〉 공중보건
- 박테리아: 결핵, 장티푸스, 폐렴, 임질, 패혈증, 디프테리아, 파상풍, 이질, 나병, 백일해, 콜레라, 매독
- 바이러스: 폴리오, 공수병(광견병), 후천성 면역결핍증(에이즈), 간염, 홍역, 두창, 인플루엔자, 일본뇌염

04 다음 감염병 중 환경위생의 개선과 관계가 가장 적은 것은?

① 유행성 이하선염　　　② 장티푸스
③ 세균성 이질　　　④ 콜레라

04 공중위생관리 〉 공중보건
유행성 이하선염(볼거리)은 접종으로 예방이 가능하며 환경위생의 개선과 관계가 적음

05 우리나라에서 의료보험이 전 국민에게 적용된 시기는 언제부터인가?

① 1964년　　　② 1977년
③ 1988년　　　④ 1989년

05 공중위생관리 〉 공중보건
1988년 농어촌 지역부터 의료보험이 실시되고 1989년 7월에는 도시 지역까지 실시됨으로써 전국 의료보험을 달성하게 됨

06 테트로도톡신(Tetrodotoxin)은 다음 중 어느 것에 들어 있는 독소인가?
① 복어　　② 감자
③ 버섯　　④ 조개

06 공중위생관리 > 공중보건
- 감자: 솔라닌
- 버섯: 무스카린
- 조개: 삭시톡신, 베네루핀

07 시·군·구에 두는 보건행정의 최일선 조직으로 국민건강 증진 및 예방 등에 관한 사항을 실시하는 기관은?
① 복지관　　② 보건소
③ 병·의원　　④ 시·군·구청

07 공중위생관리 > 공중보건
보건소는 시·군·구에 두는 보건행정의 최일선 조직으로 국민건강 증진 및 예방 등에 관한 사항을 실시하는 지방 공중보건조직의 중요한 역할을 하는 기관임

08 곤충을 매개로 인체에 침입해 질환을 일으키는 병원성 미생물은?
① 바이러스　　② 세균
③ 리케차　　④ 효모

08 공중위생관리 > 소독
리케차는 바이러스보다 크고 세균보다 작으며 살아 있는 세포에서 증식이 가능하여 곤충을 매개로 인체에 침입해 질환을 일으킴

09 산소보다 낮은 농도 2~10% 범위에서만 증식이 가능한 세균은?
① 호기성균　　② 혐기성균
③ 통성 혐기성균　　④ 미호기성균

09 공중위생관리 > 소독
- 호기성균: 산소가 필요한 세균
- 혐기성균: 산소가 필요하지 않은 세균
- 통성 혐기성균: 산소의 유·무에 관계없이 생육이 가능한 세균

10 고무장갑이나 플라스틱의 소독에 가장 적합한 것은?
① E.O가스 멸균법　　② 고압증기 멸균법
③ 자비 소독법　　④ 오존

10 공중위생관리 > 소독
- 고압증기 멸균법 대상물: 의류, 금속 기구, 약액, 거즈, 아포, 에이즈, B형 간염
- 자비 소독법 대상물: 수건, 의류, 금속 기구, 도자기
- 오존 대상물: 물

11 살균 작용의 기전 중 산화에 의하지 않는 소독제는?
① 석탄산
② 과망가니즈산칼륨(과망간산칼륨)
③ 과산화수소
④ 염소

11 공중위생관리 > 소독
- 산화 작용: 과산화수소, 오존, 과망가니즈산칼륨, 염소, 표백분
- 단백질 변성 작용: 석탄산, 알코올, 크레졸, 승홍수, 포르말린

12 각종 살균제와 기전 연결이 틀린 것은?

① 과산화수소(H_2O_2) - 가수 분해
② 생석회 - 가수 분해
③ 알코올(C_2H_5OH) - 단백질 변성 작용
④ 페놀(C_6H_5OH) - 단백질 응고

12 공중위생관리 〉 소독
- 가수 분해 작용: 생석회
- 산화 작용: 과산화수소, 오존, 과망가니즈산칼륨, 염소, 표백분
- 단백질 변성 작용: 석탄산(페놀), 알코올, 크레졸, 승홍수, 포르말린

13 에틸렌 옥사이드(E.O: Ethylene Oxide)가스 멸균법에 대한 설명 중 틀린 것은?

① 고압증기 멸균법에 비해 장기 보존이 가능하다.
② 50~60℃의 저온에서 멸균된다.
③ 경제성이 고압증기 멸균법에 비해 저렴하다.
④ 가열에 변질되기 쉬운 것들이 멸균 대상이 된다.

13 공중위생관리 〉 소독
E.O가스 멸균법은 전자기기, 고무, 플라스틱 등 가열에 변질되는 물품을 50~60℃의 저온에서 아포까지 멸균하며 멸균 후 장기 보존이 가능하나 멸균 시간이 길고 고가임

14 살균력은 강하지만 자극성과 부식성이 강해서 상수 또는 하수의 소독에 주로 이용되는 것은?

① 알코올　　② 과산화수소
③ 승홍수　　④ 염소

14 공중위생관리 〉 소독
- 알코올 대상물: 손, 피부, 유리, 금속 도구
- 과산화수소 대상물: 구강, 피부 상처
- 승홍수 대상물: 피부, 아포

15 다음 중 외부로부터 충격이 있을 때 완충 작용으로 피부를 보호하는 역할을 하는 것은?

① 피하지방과 모발　　② 한선과 피지선
③ 모공과 모낭　　④ 외피 각질층

15 네일미용 서비스 〉 피부의 이해
피하지방은 수많은 지방세포로 구성되어 있어 외부 충격으로부터 신체를 보호하고 모발은 머리를 감싸고 있어 외부의 충격을 막아 줌

16 다음 중 기저층의 중요한 역할로 가장 적당한 것은?

① 수분 방어　　② 면역
③ 팽윤　　④ 새 세포 형성

16 네일미용 서비스 〉 피부의 이해
기저층은 진피와 경계를 이루는 층으로 원주형의 세포가 단층으로 이어져 피부의 새 세포를 형성하는 중요한 역할을 함

17 피지에 대한 설명으로 틀린 것은?

① 피지는 피부나 털을 보호하는 작용을 한다.
② 피지가 외부로 분출이 안 되면 여드름 요소인 면포로 발전한다.
③ 일반적으로 남자는 여자보다도 피지의 분비가 많다.
④ 피지는 아포크린 한선에서 분비된다.

17 네일미용 서비스 〉 피부의 이해
피지는 모낭에 연결되어 모공을 통해 피지선으로 분비함

18 다음 중 적외선에 대한 설명으로 틀린 것은?

① 혈류의 증가를 촉진시킨다.
② 피부의 생성물을 흡수되도록 돕는 역할을 한다.
③ 노화를 촉진시킨다.
④ 피부에 열을 가하여 피부를 이완시키는 역할을 한다.

18 네일미용 서비스 〉 피부의 이해
노화의 촉진은 자외선에 의해 발생함

신규 문제 공략

19 멜라닌색소에 대한 설명으로 옳은 것은?

① 멜라닌은 각질층으로 배출되지 않는다.
② 몽고반점은 멜라닌과 상관이 없다.
③ 멜라닌은 본래의 역할을 자외선으로부터 피부를 보호하는 것이다.
④ 멜라닌은 황색인종에게 가장 많이 나타난다.

19 네일미용 서비스 〉 피부의 이해
- 자외선을 받아 만들어진 멜라닌은 각질층에서 배출되어 벗겨짐
- 몽고반점은 멜라닌세포의 침착에 의한 푸른색 반점임
- 멜라닌세포 수는 민족과 피부색에 관계없이 일정함

20 피부 표면의 구조와 생리를 설명한 것으로 옳은 것은?

① 각질층에 존재하는 친수성분을 천연보습인자라 한다.
② 피부의 이상적인 산성도(pH)는 6.2~7.8이다.
③ 피부의 pH는 성별·계절별로 변화가 거의 없다.
④ 피부의 피지막은 건강 상태 및 위생과는 상관없다.

20 네일미용 서비스 〉 피부의 이해
- 피부의 이상적인 산성도(pH)는 4.5~6.5임
- 피부의 pH는 성별·계절별로 변함
- 피부의 피지막은 건강 상태 및 위생에 따라 달라짐

21 피부에 계속적인 압박으로 생기는 각질층의 증식 현상이며, 원추형의 국한성 비후증으로 경성과 연성이 있는 것은?

① 사마귀 ② 무좀
③ 굳은살 ④ 티눈

21 네일미용 서비스 〉 피부의 이해
티눈은 사마귀, 굳은살과 비슷한 증상으로 보이지만, 티눈은 중심핵이 있으며 통증을 동반하고 원추형의 국한성 인설성 비후증으로 경성티눈과 연성티눈으로 구분됨

22 다음 중 이·미용 업무에 종사할 수 있는 자는?

① 공인 이·미용학원에서 3개월 이상 이·미용에 관한 강습을 받은 자
② 이·미용업소에 취업하여 6개월 이상 이·미용에 관한 기술을 수습한 자
③ 이·미용업소에서 이·미용사의 감독하에 이·미용 업무를 보조하고 있는 자
④ 시장·군수·구청장이 보조원이 될 수 있다고 인정하는 자

22 공중위생관리 〉 공중위생관리법규
이·미용사의 면허를 받은 자가 아니면 이·미용업을 개설하거나 업무에 종사할 수 없으나 이·미용사의 감독을 받아 이·미용 업무의 보조를 행하는 경우는 종사할 수 있음

23 영업소 이외의 장소에서 예외적으로 이·미용 영업을 할 수 있도록 규정한 법령은?

① 대통령령 ② 국무총리령
③ 보건복지부령 ④ 시·도 조례

23 공중위생관리 〉 공중위생관리법규
이·미용사의 업무는 영업소 외의 장소에서 행할 수 없으나, 보건복지부령이 정하는 특별한 사유가 있는 경우 가능함

24 미용사 면허증의 재발급 사유가 아닌 것은?

① 영업소의 상호가 변경되었을 때
② 주민등록번호가 변경되었을 때
③ 이름이 변경되었을 때
④ 면허증이 헐어 못 쓰게 된 때

24 공중위생관리 〉 공중위생관리법규
면허증의 재발급 사유
- 면허증 기재 사항에 변경이 있는 때(성명, 주민번호)
- 면허증이 헐어 못 쓰게 된 때
- 면허증을 잃어버린 때

25 명예공중위생 감시원이 될 수 없는 사람은?
① 공중위생협회의 단체장이 추천하는 단체의 소속 직원
② 소비자단체의 단체장이 추천하는 단체의 소속 직원
③ 공중위생에 대한 지식과 관심이 있는 자
④ 3년 이상 공중위생 행정에 종사한 경력이 있는 공무원

26 「공중위생관리법」에서 규정하고 있는 공중위생영업의 종류에 해당하지 않는 것은?
① 숙박업　　② 목욕장업
③ 요식업　　④ 미용업

27 피지선과 한선 분비물이 피부에 윤기를 주어 건강과 아름다움을 지니게 해주는 피부의 생리 작용은?
① 분비　　② 침투
③ 흡수　　④ 조절

28 미용업 영업자가 영업소 폐쇄명령을 받고도 계속하여 영업을 하는 때에 시장·군수·구청장이 관계공무원으로 하여금 해당 영업소를 폐쇄하기 위하여 조치를 하게 할 수 있는 사항에 해당하지 않는 것은?
① 해당 영업소 간판 및 기타 영업표지물을 제거
② 해당 영업소가 위법한 영업소임을 알리는 게시물을 부착
③ 위법한 영업소임을 알리기 위해 인터넷에 정보 공개
④ 영업을 위하여 필요한 기구 또는 시설물을 사용할 수 없게 하는 봉인

29 수렴 화장수의 원료에 포함되지 않는 것은?
① 습윤제　　② 알코올
③ 물　　④ 표백제

30 유연 화장수의 작용으로 틀린 것은?
① 피부의 모공을 넓혀 준다.
② 피부에 남아 있는 비누의 알칼리를 중화시킨다.
③ 유연 화장수는 보습제가 포함되어 있다.
④ 피부에 영양을 주고 윤택하게 한다.

---

25 공중위생관리 〉 공중위생관리법규
명예공중위생 감시원
- 공중위생에 대한 지식과 관심이 있는 자
- 소비자단체의 소속 직원 중에서 당해 단체 등의 장이 추천하는 자
- 공중위생관련 협회 또는 단체의 소속 직원 중에서 당해 단체 등의 장이 추천하는 자

26 공중위생관리 〉 공중위생관리법규
공중위생영업: 숙박업, 목욕장업, 이용업, 미용업, 세탁업, 건물위생관리업

27 네일미용 서비스 〉 피부의 이해
피부는 피지와 땀을 분비하여 피부에 윤기를 주고 인체의 노폐물을 배출하는 분비 기능을 함

28 공중위생관리 〉 공중위생관리법규
영업소 폐쇄명령 위반, 무신고 영업 시 관계공무원의 조치사항
- 해당 영업소 간판 및 기타 영업표지물을 제거
- 해당 영업소가 위법한 영업소임을 알리는 게시물을 부착
- 영업을 위하여 필요한 기구 또는 시설물을 사용할 수 없게 하는 봉인

29 네일미용 서비스 〉 화장품 분류
표백제는 화장품의 원료로 사용되지 않음

30 네일미용 서비스 〉 화장품 분류
유연 화장수는 피부의 모공을 넓혀 주지 않음

31 밑 화장용 화장품인 페이스 파우더를 사용해야 할 경우로서 가장 적당한 것은?

① 땀과 피지로 인해 화장이 번지는 것을 막을 경우
② 추운 날씨에 피지 분비 작용과 발한 작용이 적어질 경우
③ 여름철 파우더 타입의 파운데이션을 사용한 경우
④ 잔주름과 주름살이 많은 부분을 감출 경우

31 네일미용 서비스 〉 화장품 분류
페이스 파우더는 파운데이션의 유분기를 제거하고 땀과 피지로 인해 화장이 번지는 것을 막아 화장의 지속성을 높임

32 모발에 영양을 공급하고 모발의 손상을 예방하여 모발 건강에 도움을 주는 제품은?

① 헤어 스프레이 ② 헤어 트리트먼트
③ 포마드 ④ 헤어 젤

32 네일미용 서비스 〉 화장품 분류
헤어 스프레이, 포마드, 헤어 젤은 정발제로 모발의 고정이나 스타일링을 하기 위해 사용하는 제품임

33 자외선 차단제에 대한 설명으로 틀린 것은?

① 자외선 산란제는 투명하고 자외선 흡수제는 불투명하게 표현된다.
② 자외선 산란제는 물리적인 산란 작용을 이용한 제품이다.
③ 자외선 흡수제는 화학적인 흡수 작용을 이용한 제품이다.
④ 자외선 차단제의 구성 성분은 크게 자외선 산란제와 자외선 흡수제로 구분된다.

33 네일미용 서비스 〉 화장품 분류
자외선 산란제는 불투명하고, 자외선 흡수제는 투명함

34 기초 화장품에 대한 내용으로 틀린 것은?

① 기초 화장품이란 피부의 기능을 정상적으로 발휘하도록 도와주는 역할을 한다.
② 기초 화장품의 가장 중요한 기능은 각질층을 충분히 보습시키는 것이다.
③ 마사지 크림은 기초 화장품에 해당하지 않는다.
④ 화장수의 기본 기능으로 각질층에 수분, 보습 성분을 공급하는 것이 있다.

34 네일미용 서비스 〉 화장품 분류
마사지 크림은 피부의 혈액 순환 및 신진대사를 도와 건강한 피부가 되도록 도와 주는 크림으로 기초 화장품에 해당함

35 피지 조절과 항우울과 함께 분만 촉진에 효과적인 아로마 오일은?

① 라벤더 ② 로즈마리
③ 자스민 ④ 오렌지

35 네일미용 서비스 〉 화장품 분류
자스민 오일은 항우울 효과와 자궁을 건강하게 하여 출산의 통증을 완화하고 분만 촉진 효과가 있음

신규 문제공략

36 과도한 압력으로 큐티클을 밀어 올려서 나타날 수 있는 증상은?

① 조갑백선(오니코마이코시스)
② 고랑 파인 네일(퍼로우)
③ 손거스러미(행 네일)
④ 교조증(오니코파지)

36 네일미용 서비스 〉 네일미용 위생서비스
과도하게 압력을 가하여 큐티클을 밀어 올리면 네일 보디에 굴곡이 생겨 고랑 파인 네일이 될 수 있음

37 네일의 가운데 부분이 움푹 들어간 증상으로 선천성 요인이나 빈혈, 갑상샘 질병 등으로 발생하는 네일의 병변은?

① 코일로니키아
② 행 네일
③ 퍼로우
④ 오니코크립토시스

37 네일미용 서비스 〉 네일미용 위생서비스
- 행 네일: 큐티클과 피부에 거스러미가 일어남
- 퍼로우: 네일에 세로나 가로로 고랑이 파임
- 오니코크립토시스: 네일의 양쪽 옆면이 파고듦

[신규 문제 공략]
38 화장품에 대한 설명으로 틀린 것은?

① 부작용이 없어야 한다.
② 화장수, 로션 등이 있다.
③ 특정 부위에만 사용할 수 있다.
④ 인체를 청결, 미화하기 위해 사용한다.

38 네일미용 서비스 〉 화장품 분류
화장품은 전신에 사용 가능함

39 손톱의 성장 속도가 가장 빠른 손가락은?

① 소지
② 약지
③ 중지
④ 엄지

39 자연네일관리 〉 자연네일의 구조와 특성
일반적으로는 중지의 손톱이 가장 빨리 자람

40 굳은 네일 폴리시를 묽게 만들어 사용하기 위해 네일 폴리시 병에 1~2방울 넣어 사용하는 제품은?

① 네일 폴리시리무버
② 네일 폴리시 퀵 드라이
③ 네일 폴리시 시너
④ 세니타이저

40 네일미용 서비스 〉 네일미용 위생서비스
- 네일 폴리시리무버: 네일 폴리시를 제거하는 제품
- 네일 폴리시 퀵 드라이: 네일 폴리시의 건조를 빠르게 하기 위해 사용하는 제품
- 세니타이저: 에탄올(알코올)을 주성분으로 청결 및 소독을 목적으로 손을 대상으로 하는 제품

41 손톱이 가로로 깊은 골이 파져 있는 경우 가장 효과적인 관리 방법은?

① 굴곡진 부분 중 돌출된 부분의 두께를 네일 파일로 제거한다.
② 움푹 들어간 부분을 인조네일로 보강한다.
③ 네일 강화제를 도포한다.
④ 관리할 수 없는 네일이다.

41 네일미용 서비스 〉 네일미용 위생서비스
깊은 골이 파져 있는 경우 돌출된 부분을 네일 파일로 제거하면 네일이 얇아질 수 있으므로 주의해야 하며 깊은 굴곡은 강화제의 사용보다는 골이 파져 있는 부분을 인조네일로 보강하는 것이 가장 효과적임

42 둘째~다섯째 발가락을 벌리는 발의 근육은?

① 배측골간근(발등쪽뼈사이근)
② 저측골간근(발바닥뼈사이근)
③ 장무지신근(긴엄지폄근)
④ 무지내전근(엄지모음근)

42 네일미용 서비스 〉 손발의 구조와 기능
- 저측골간근: 셋째~다섯째 발가락을 모으는 근육
- 장무지신근: 엄지발가락을 펴는 근육
- 무지내전근: 엄지발가락을 모으는 근육

43 고대 그리스 로마에 대한 설명으로 옳은 것은?

① 마누스와 큐라라는 단어가 생겨났고 자연스럽고 건강한 아름다움을 이상적으로 여겼다.
② 주술적인 의미로 헤나를 사용하여 손톱을 염색하였다.
③ 보석, 금, 대나무 부목으로 손톱을 보호하였다.
④ 손톱의 색으로 사회적 계급을 분류하였고 금색, 은색을 사용하였다.

43 네일미용 서비스 > 네일미용의 이해
고대 그리스 로마
- 자연스럽고 건강한 아름다움을 이상적으로 여김
- 매니큐어를 남성의 전유물로 여김
- 매니큐어의 어원인 '마누스와 큐라' 단어가 생김

44 발목, 발, 발가락은 몇 개의 뼈들로 구성되어 있는가?

① 28개　② 32개
③ 30개　④ 26개

44 네일미용 서비스 > 손발의 구조와 기능
발목, 발, 발가락은 총 26개의 뼈로 구성되어 있음

45 하이포니키움에 대한 설명으로 틀린 것은?

① 네일 매트릭스를 보호하는 역할을 한다.
② 옐로 라인 밑에 위치해 있으며 프리에지 아래의 돌출된 피부조직이다.
③ 박테리아와 이물질로부터 네일 아랫부분을 보호하는 방어막 역할을 한다.
④ 하이포니키움에 상처가 생기면 네일 보디가 네일 베드에서 분리될 수 있다.

45 자연네일관리 > 자연네일의 구조와 특성
매트릭스를 보호하는 역할을 하는 것은 에포니키움임

46 네일미용의 위생관리에 대한 설명으로 틀린 것은?

① 아크릴 리퀴드 등은 다펜디시에 덜어 사용하고 사용하지 않을 때는 꼭 뚜껑을 덮어둔 후 빛이 투과하지 않는 서랍에 넣어 보관해야 한다.
② 콘 커터(크레도)의 면도날은 일회용으로 사용한 후 폐기해야 한다.
③ 수건은 자비 소독한 후 일광에 건조하며 사용한 수건은 재사용하지 않아야 한다.
④ 네일 재료의 유효기간을 확인하고 유효기간이 지나면 반드시 폐기해야 한다.

46 네일미용 서비스 > 네일미용 위생서비스
아크릴 리퀴드 등 한 번 덜어 사용한 제품은 재사용하지 않고 반드시 폐기해야 함

47 다음 중 상지신경이 아닌 것은?

① 비복신경　② 정중신경
③ 근피신경　④ 요골신경

47 네일미용 서비스 > 손발의 구조와 기능
- 상지신경: 액와신경, 근피신경, 정중신경, 요골신경, 척골신경, 수지신경
- 하지신경: 대퇴신경, 좌골신경, 경골신경, 총비골신경(심비골신경, 천비골신경), 비복신경, 복재신경

48 손상되기 쉬운 프리에지의 윗부분은 매트릭스의 어느 부분에 해당하는가?

① 매트릭스 뒷부분　② 매트릭스 중간 부분
③ 매트릭스 앞부분　④ 매트릭스와 관련이 없음

48 자연네일관리 > 자연네일의 구조와 특성
- 매트릭스 뒷부분: 프리에지의 위층
- 매트릭스 중간 부분: 프리에지의 중간층
- 매트릭스 앞부분: 프리에지의 아래층

신규 문제 공략

49 네일 팁 접착에 대한 설명으로 틀린 것은?

① 조갑박리 증상이 있는 네일은 점도가 있는 글루로 코팅을 한 후 그 위에 네일 팁을 연장한다.
② 힘을 빼고 살며시 눌러 접착한다.
③ 글루 드라이어를 가까운 거리에서 강하게 분사하지 않는다.
④ 45°의 각도로 천천히 접착한다.

49 인조네일관리 > 팁 네일

조갑박리는 하이포니키움 손상과 감염으로 인해 네일 보디가 네일 베드에서 분리되는 증상으로, 네일 팁을 접착할 수 없으며 네일숍에서 관리할 수 없는 네일임

50 네일 팁 턱을 제거하면 안 되는 네일 팁은?

① 내추럴 네일 팁
② 화이트 네일 팁
③ 클리어 네일 팁
④ 하프 웰 네일 팁

50 인조네일관리 > 팁 네일

화이트 네일 팁은 프렌치 라인을 선명하게 하기 위하여 네일 팁 턱을 제거하지 않음

51 그러데이션 컬러링에 대한 설명으로 맞는 것은?

① 스펀지 아랫부분의 짙은 컬러 부분이 큐티클에 닿게 한다.
② 스펀지를 사용하여 그러데이션 컬러링을 하는 경우 톱코트는 생략 가능하다.
③ 그러데이션은 한 가지의 컬러만 사용해야 한다.
④ 그러데이션은 네일 브러시로도 할 수 있다.

51 자연네일관리 > 네일 컬러링

- 스펀지 아랫부분의 짙은 컬러를 프리에지에 닿게 함
- 스펀지를 사용하여 그러데이션 컬러링을 하는 경우에도 톱코트는 도포해야 함
- 그러데이션은 2가지 이상의 컬러도 사용 가능함

신규 문제 공략

52 아크릴 스컬프처 작업 시 필요한 지식이 아닌 것은?

① 모노머 반응에 대한 지식
② 아크릴 브러시 사용 방법에 대한 지식
③ 접착제 사용에 대한 지식
④ 네일 구조에 대한 지식

52 인조네일관리 > 아크릴 네일

- 아크릴 스컬프처 작업 시 접착제는 사용하지 않아 접착제 사용에 대한 지식은 필요하지 않음
- 접착제 사용 지식은 네일 팁이나 네일 랩 작업 시 필요함

신규 문제 공략

53 자외선 소독기에 넣어 소독하는 재료가 아닌 것은?

① 큐티클 니퍼
② 큐티클 푸셔
③ 네일 클리퍼
④ 일회용 네일 파일

53 네일미용 서비스 > 네일미용의 이해

일회용 네일 파일은 사용 후 폐기해야 함

신규 문제 공략

54 영업소 이외에 장소에서 이·미용 업무를 할 수 있는 경우는?

① 일반 가정에서 초청이 있는 경우
② 학교나 단체 등 인원이 많은 경우
③ 혼례에 참여하는 자에 대하여 그 의식 직전에 행하는 경우
④ 영업점의 특별한 서비스를 제공해야 하는 경우

54 공중위생관리 > 공중위생관리법규

영업소 외의 장소에서 이·미용 업무가 가능한 사유
- 질병·고령·장애 등의 사유로 영업소에 나올 수 없는 경우
- 혼례 등 의식에 참여자로 의식 직전인 경우
- 사회복지시설에서 봉사활동을 하는 경우
- 방송 등의 참여자로 촬영 직전인 경우
- 특별한 사정으로 시장·군수·구청장이 인정하는 경우

55 에탄올이 주성분으로 미경화 젤을 제거할 때 사용하는 재료는?
① 오일
② 젤 클렌저
③ 아세톤
④ 글리세린

55 인조네일관리 〉 젤 네일
젤 클렌저는 에탄올이 주성분으로 경화 후 끈적임이 남은 미경화 젤을 제거할 때 사용함

신규 문제 공략
56 아크릴 네일에서 사용하는 재료는?
① 네일 팁
② 네일 랩
③ 젤
④ 모노머

56 인조네일관리 〉 아크릴 네일
아크릴 네일의 주요 재료: 네일 폼, 아크릴 파우더, 아크릴 리퀴드(모노머), 아크릴 브러시, 다펜디시

57 다음 중 인조네일 제거의 재료가 아닌 것은?
① 아세톤
② 네일 표백제
③ 네일 파일
④ 큐티클 오일

57 자연네일관리 〉 네일 화장물 제거
네일 표백제는 네일이 착색 또는 변색되었을 때 착색을 제거하는 제품으로, 인조네일 제거의 재료로 사용하지 않음

58 젤 네일 폴리시의 장점이 아닌 것은?
① 일반 네일 폴리시보다 광택이 뛰어나다.
② 안료를 포함하고 있어 클리어 젤에 비해 경화 속도가 빠르다.
③ 일반 네일 폴리시에 비해 유지 기간이 오래 지속된다.
④ 젤 램프기기에 경화하기 전 아트 수정이 용이하다.

58 네일아트 〉 젤 네일 폴리시 아트
젤 네일 폴리시는 안료를 포함하고 있어 클리어 젤에 비해 경화 속도가 느림

59 네일 랩 자연네일 보강에서 사용되는 재료가 아닌 것은?
① 네일 랩
② 경화 촉진제
③ 네일 접착제
④ 네일 팁

59 인조네일관리 〉 자연네일 보강
네일 팁은 길이를 연장하는 재료로 자연네일 보강은 연장이 아니기 때문에 네일 팁은 사용하지 않음

신규 문제 공략
60 발등을 굽혀 발가락이 바닥에 닿게 하는 근육은?
① 짧은엄지굽힘근(단무지굴근)
② 새끼발가락벌림근(소지외전근)
③ 짧은소지굽힘근(단소지굴근)
④ 긴발가락폄근(장지신근)

60 네일미용 서비스 〉 손발의 구조와 기능
긴발가락폄근(장지신근)은 2~5지 발가락 신전에 관여하며, 발등을 굽혀 발가락이 바닥에 닿게 하는 역할을 함

정답표(제6회)

01	③	02	②	03	③	04	①	05	④	06	①	07	②	08	③	09	④	10	①
11	①	12	①	13	③	14	④	15	①	16	④	17	④	18	③	19	③	20	①
21	④	22	③	23	③	24	①	25	④	26	③	27	①	28	③	29	④	30	①
31	①	32	②	33	①	34	③	35	③	36	②	37	①	38	③	39	③	40	③
41	②	42	①	43	①	44	④	45	①	46	①	47	③	48	①	49	①	50	②
51	④	52	③	53	④	54	③	55	②	56	④	57	②	58	②	59	④	60	④

에듀윌이 너를 지지할게

ENERGY

끝이 좋아야 시작이 빛난다.

– 마리아노 리베라(Mariano Rivera)

memo

memo

memo

**2026 에듀윌 네일미용사(네일아트) 필기
1주끝장+무료특강**

발 행 일	2025년 10월 14일 초판
저　자	민방경, 심예원, 설혜인, 최인희, 김재철
펴 낸 이	양형남
개　발	정상욱, 김규리, 허유진
펴 낸 곳	(주)에듀윌
등록번호	제25100-2002-000052호
주　소	08378 서울특별시 구로구 디지털로34길 55 코오롱싸이언스밸리 2차 3층
I S B N	979-11-360-3940-8(13590)

* 이 책의 무단 인용 · 전재 · 복제를 금합니다.

www.eduwill.net
대표전화 1600-6700

여러분의 작은 소리
에듀윌은 크게 듣겠습니다.

본 교재에 대한 여러분의 목소리를 들려주세요.
공부하시면서 어려웠던 점, 궁금한 점,
칭찬하고 싶은 점, 개선할 점, 어떤 것이라도 좋습니다.
에듀윌은 여러분께서 나누어 주신 의견을
통해 끊임없이 발전하고 있습니다.

에듀윌 도서몰 book.eduwill.net
- 부가학습자료 및 정오표: 에듀윌 도서몰 → 도서자료실
- 교재 문의: 에듀윌 도서몰 → 문의하기 → 교재(내용, 출간) / 주문 및 배송